DIE ENTWICKLUNGSGESCHICHTE DER TIERE

VON

A. GOETTE
EHEMALS PROFESSOR DER ZOOLOGIE
AN DER UNIVERSITÄT STRASSBURG

BERLIN UND LEIPZIG 1921
VEREINIGUNG WISSENSCHAFTLICHER VERLEGER
WALTER DE GRUYTER & CO.
VORMALS G. J. GÖSCHEN'SCHE VERLAGSHANDLUNG :: J. GUTTENTAG, VERLAGSBUCHHANDLUNG :: GEORG REIMER :: KARL J. TRÜBNER :: VEIT & COMP.

DIE ENTWICKLUNGSGESCHICHTE DER TIERE

KRITISCH UNTERSUCHT

VON

A. GOETTE
EHEMALS PROFESSOR DER ZOOLOGIE
AN DER UNIVERSITÄT STRASSBURG

MIT 102 TEXTFIGUREN

BERLIN UND LEIPZIG 1921
VEREINIGUNG WISSENSCHAFTLICHER VERLEGER
WALTER DE GRUYTER & CO.
VORMALS G. J. GÖSCHEN'SCHE VERLAGSHANDLUNG :: J. GUTTENTAG, VERLAGSBUCHHANDLUNG :: GEORG REIMER :: KARL J. TRÜBNER :: VEIT & COMP.

Druck von Metzger & Wittig in Leipzig.

Vorwort.

Wie schon der Titel dieses Buchs es deutlich ausspricht, wollen die hier gebotenen Darstellungen keineswegs gleich einem Lehrbuch einem deskriptiven Zweck dienen, sondern vor allem die allgemeinen kausalen Zusammenhänge der organischen Entwicklungserscheinungen untersuchen und darlegen. Ich verzichtete daher auf eine Vollständigkeit und Ausführlichkeit des Tatsachenmaterials, was den eigentlichen Lehrbüchern vorbehalten bleibt, und hielt es für einen ersten derartigen Versuch einer methodischen Verarbeitung der grundlegenden Vorgänge der organischen Genese für angemessener, nur ihre Hauptmomente hervorzuheben und mich mehr auf eine engere Auswahl prägnanter Paradigmen zu beschränken, als auf eine größere Zahl von solchen zu stützen.

Dabei sollte immer das Hauptziel der ganzen Untersuchung, der einheitliche Bestand der gesamten Entwicklungsgeschichte unverrückt im Auge behalten werden. Sie soll uns über die sichtbaren äußeren Erscheinungen hinaus und stets weiter zurückgreifend bis zu jenen Tiefen führen, wo an die Stelle der empirischen Befunde nur noch theoretische Vorstellungen und Begriffe treten. — Mein Zweck wäre erreicht, wenn die folgenden Ausführungen die Aufmerksamkeit des Lesers auf jenen weiteren Umfang der allgemeinen Entwicklungsgeschichte lenkten, innerhalb dessen ihre Bedeutung sich erst voll entfaltet.

A. Goette.

Inhaltsverzeichnis.

Seite

Einleitendes 1

Die Hauptkategorien der organischen Entwicklung 3

I. Die Ontogenese 12

1. Allgemeines. 12

Präformation und Epigenese 13

Definition von Präformation und Epigenese 19

Untersuchungsmethoden 22

Einteilung der Ontogenie. 25

Die konkreten Grundlagen der Ontogenese 27

2. Die morphologische Sonderung. 29

Die Eiteilungen 29

Die Blastula 39

Der Ursprung der morphologischen Sonderung 44

Die Gastrula 51

Gastrulation durch Einwanderung des Entoderms 52

Gastrulation durch Einstülpung und Umwachsung 61

Der Nahrungsdotter 65

Der Ursprung der Gastrulation 69

Urdarm und Urmund 76

Die Hauptkategorien der speziellen morphologischen Sonderung . 81

a) Über Homologie und Homoidie 82

b) Die Grundformen der polyplastiden tierischen Organismen . 95

Abänderungen der Grundform 113

c) Die Keimschichten 119

Die Determination 120

Das Blastoderm 122

Das Ectoderm und das Entoderm 123

Das Mesoderm 124

Das Cölom 137

d) Die Gliederung 140

e) Der Einfluß äußerer Momente auf die morphologische Sonderung 143

Die Befestigung 144

Der Parasitismus 156

Die Lokomotion 161

3. Die gewebliche Sonderung 173

Die Histiogenese der Protozoen 181

Die spezielle Histiogenese der Polyplastiden 199

Seite

II. Die Regeneration . . . 215
1. Isolierte Blastomeren und regenerierende Embryonen . 218
2. Regeneration auf höheren Entwicklungsstufen . . . 227
3. Die Morphallaxis . . . 228
4. Die physiologische Regeneration . . . 229
5. Die periodische Regeneration und Verwandtes . . . 233
6. Die regenerative Gewebsbildung . . . 239
7. Die Regeneration der Protozoen . . . 242

III. Die Fortpflanzung . . . 244
1. Die Teilung . . . 245
2. Die Knospung . . . 253
   a) Die Cnidarier . . . 254
   b) Die Schwämme . . . 265
   c) Die Bryozoen . . . 269
   d) Die Tunicaten . . . 281
3. Die Keimbildung . . . 290
   a) Das Ei . . . 291
   b) Die Keimbildung der Polyplastiden . . . 295
   c) Die Keimbildung der Protozoen und ihr Übergang zur Keimbildung der Polyplastiden . . . 306
   d) Über den Ursprung der Keimbildung überhaupt . . . 316
   e) Die Befruchtung . . . 321

IV. Die phyletischen Leistungen der Ontogenese . . . 326
1. Die Vererbung . . . 327
2. Die erblichen Abänderungen . . . 332
   a) Das biogenetische Grundgesetz . . . 336
   b) Die Ursachen der erblichen Abänderung . . . 345
3. Formbildung und Artbildung . . . 350

Allgemeine Ergebnisse . . . 354

Literatur . . . 367

Register . . . 373

Einleitendes.

Heutigentags gehört der Begriff „Entwicklung" zu den gangbarsten Vorstellungen und spielt in der Erörterung des historischen Geschehens im weitesten Sinne des Worts eine Hauptrolle. Daher gilt auch der Inhalt dieses Begriffs allgemein für selbstverständlich und die Methode einer entsprechenden Darstellung von vornherein gegeben. Das letztere trifft aber gerade in dem Wissensgebiet, woher die Vorstellung der Entwicklung stammt, nämlich in der Entwicklungsgeschichte der Lebewesen nicht ohne weiteres zu.

Die fragliche Definition lautet so: Die Entwicklung im Bereich der tierischen Organismen besteht überall aus Stufenreihen zusammenhängender Metamorphosen der in Entstehung begriffenen organischen Gebilde. Die Untersuchung und Darstellung dieser Metamorphosen hat naturgemäß von der Beobachtung der einzelnen Erscheinungen und ihrer Aufeinanderfolge auszugehen, so daß die Wiedergabe des Beobachteten zunächst auf eine Beschreibung hinausläuft. Darin erschöpft sich aber eine Entwicklungsgeschichte der Lebewesen nicht, ja es ist in einer solchen Beschreibung der sichtbaren Reihenfolge der Erscheinungen nicht einmal das eigentliche Wesen einer organischen Entwicklung auch nur äußerlich berührt. Denn der Gegenstand der letzteren sind nicht sowohl jene Erscheinungen an sich, überhaupt nicht Zustände, sondern deren Wandlungen in die Folgezustände, also Vorgänge; und dieses Geschehen wird durch die sichtbaren Erscheinungen nur äußerlich angezeigt, besteht aber dem Wesen nach in den Ursachen und Wirkungen der fortschreitenden Wandlungen.

Die Darstellung einer organischen Entwicklung wird daher stets eine Geschichte sein müssen, worin der ursprüngliche Zusammenhang der Erscheinungen den Hauptinhalt bildet. Damit ist aber die Vorfrage nach der Einrichtung einer Entwicklungsgeschichte der Lebewesen keineswegs erledigt.

Es ist kein Zufall, daß die Entwicklungsgeschichte der Tiere, nachdem sie die längste Zeit wesentlich beschreibend verfuhr, in neuerer Zeit sich nicht nur in überwiegendem Maße der Untersuchung der ursächlichen Zusammenhänge der entwicklungsgeschichtlichen Erscheinungen zuneigte, sondern daß dieser Teil der Forschung mehr und mehr sich von der ausschließlich beschreibenden Darstellung trennte. Die naheliegende Erklärung, daß dies infolge des zunehmenden Interesses an der eigentlichen Erklärung der sichtbaren Entwicklungsvorgänge und unter dem Einfluß der neueren Untersuchungsmethoden der experimentellen Entwicklungsgeschichte geschah, ist durch die weniger beachtete Tatsache zu ergänzen, daß eine rein sachliche Notwendigkeit jene Trennung in einen beschreibenden und einen allgemein erklärenden Teil veranlaßt.

Von den verschiedenen und oft zahlreichen Ursachen eines entwicklungsgeschichtlichen Geschehens lassen sich nur wenige aus der sichtbaren Erscheinung unmittelbar entnehmen, wie etwa Bewegungen als Ursachen von Lageveränderungen u. ä.; in der Regel müssen sie durch oft zahlreiche Vergleiche verschiedener, aber verwandter Vorgänge erschlossen werden, indem dabei das Gemeinsame und allgemein Gültige des Zusammenhangs erst in den einfachsten ursprünglichen Erscheinungen deutlich hervortritt.

Der Umfang dieser meist verwickelten Vergleiche schließt es vollständig aus, jeden Verlauf einer einzelnen ontogenetischen Beschreibung, sei es eines ganzen Organismus oder auch nur eines besonderen Körperteils zusammenhängend darzustellen. Denn schon im Eingang einer solchen zusammenfassenden Untersuchung würde die ausreichende Erklärung z. B. der Eiteilungen unter Umständen so viele Vergleiche mit anderen homologen Vorgängen erfordern, daß daraus eine eigene Abhandlung entstände, die die fortlaufende beschreibende Darstellung vollkommen unterbräche. Und dies würde sich bei jedem einzelnen Akt der fraglichen Ontogenese wiederholen.

So ist es zunächst unvermeidlich, die beschreibende Beobachtung, auf der die eigentliche Darstellung der Entwicklung doch notwendigerweise fußt, als einen selbständigen Teil vorauszuschicken oder für das Folgende als bekannt vorauszusetzen. Meine Aufgabe ist nun weit entfernt von einem so umfassenden Ziel, wie es das großartige Lehrbuch von Korschelt und Heider verfolgt, das nach dem mehrbändigen beschreibenden Teil einen noch größeren allgemeinen Teil folgen ließ. Ich beschränke mich ausschließlich auf die Untersuchung der Ursachen des ontogenetischen Geschehens, indem ich die beschreibende Darstellung als bekannt voraussetze. Und selbst diese

Grenzen muß ich noch enger ziehen, als ich es eben aussprach, da es mir weniger auf eine einigermaßen vollständige Bearbeitung aller vorliegenden Beobachtungen, als vielmehr darauf ankam, den zu suchenden Kausalzusammenhang der Erscheinungen im Werden der Organismen zunächst in ausgewählten Beispielen auf allgemein und methodisch begründete und daher einheitlich wirkende Schlüsse zu stützen, um daraus ein Verständnis für den geschichtlichen Zusammenhang der verschiedensten Organismen, zuletzt der ganzen Tierwelt zu gewinnen. So stellen sich die folgenden Untersuchungen und Betrachtungen wesentlich als eine Reihe von Proben dar, in welcher Weise die deskriptive Kenntnis der Ontogenesen für den angegebenen Zweck methodisch zu verwerten ist.

Die Hauptkategorien der organischen Entwicklung.

Obschon „Entwicklung" nach ihrem Wesen (s. o.) stets dasselbe bedeutet, so wechselt doch ihre Erscheinungsform je nach dem Substrat und den Bedingungen, unter denen sie auftritt, so sehr, daß mindestens einige Hauptkategorien der Entwicklung unterschieden werden müsssen. Es genügt aber nicht, diese Unterscheidung nun nach einigen äußerlichen Merkmalen auszuführen und anzuerkennen. Denn die Nachteile einer unvollkommenen Definition haben sich bereits bei der bisherigen Fassung jener Kategorien in Verwechslungen und Mißverständnissen gezeigt, die den Aufbau der Entwicklungsgeschichte aufs schwerste zu schädigen geeignet sind. Auf der anderen Seite sollen jene Definitionen wie eine jede derartige Bestimmung vor allem differenzielle sein, unbeschadet der innigen Beziehungen der einzelnen Kategorien zueinander, die sie immerhin zu einer weiteren Einheit zusammenfassen.

Diesen Forderungen entspricht die bisherige Übung, jene Hauptarten der Entwicklung zu unterscheiden, recht wenig, weshalb ich eine genauere Definition derselben, nämlich der Ontogenese, der Regeneration und der Phylogenese hier vorausschicke.[1]

I. Die Ontogenese oder die Entwicklung ganzer Individuen vollzieht sich an einem ganzen und selbständigen Objekt, grundsätzlich ohne einen dauernden einheitlichen Zusammen-

---

[1] Es ist nicht zu leugnen, daß die in unserer Wissenschaft nun einmal eingebürgerten Wörter „Ontogenese" und „Phylogenese" einem philologischen Ohr weh tun dürften. Es geht aber dabei zu wie mit Münzen von schlechter Prägung: anfangs ärgert man sich über das schlechte Gepräge, allmählich vergißt man es über dem praktischen Wert der Münze.

hang mit einem anderen Organismus, und beginnt mit einem denkbar einfachsten, zellenähnlichen Zustand, dem Keim oder Ei.

Die Ontogenese ist diejenige Erscheinungsform der Entwicklung, die zuerst als solche bekannt und anerkannt wurde, und von der der Begriff der Entwicklung überhaupt ausging. Welche überragende Bedeutung sie in der allgemeinen Entwicklungsgeschichte hat, wird sich erst weiterhin zeigen.

II. Eine zweite Art von Entwicklung ist die Regeneration. Eine befriedigende Definition der regenerativen Entwicklung ist bisher nicht gelungen; Morgan, der Hauptvertreter der modernen Regenerationslehre, hat alle früheren Definitionsversuche bemängelt und sich schließlich darauf beschränkt, das zusammenzustellen, was nach dem Sprachgebrauch als Regeneration gilt (1907, S. 24). „Mit dem Wort ‚Regeneration' soll dem Sprachgebrauch folgend, nicht nur die Wiederersetzung eines in Verlust geratenen Teils, sondern auch die direkte Bildung eines ganzen Organismus oder einiger seiner Teile aus Teilungsstücken von erwachsenen Tieren, Embryonen oder Eiern bezeichnet werden. Mit demselben Namen müssen aber auch diejenigen Vorgänge bezeichnet werden, bei denen weniger oder gar etwas anderes, als entfernt worden war, gebildet wird."

Dieses Verfahren mag genügen, wenn man sich auf die Untersuchung der aufgezählten konkreten Erscheinungen beschränkt, ohne Rücksicht darauf, wie sie sich zu anderen Entwicklungsvorgängen, namentlich zur Ontogenese verhalten und von dieser zu unterscheiden sind. Eine differenzielle Definition der Regeneration ist jene Aufzählung aber nicht; und so ist es auch nicht verwunderlich, daß der Sprachgebrauch recht Heterogenes zusammengebracht hat, das sich einer brauchbaren Definition nicht unterordnen läßt.

Daß die Regeneration stets auf einem Entwicklungsprozeß beruht, braucht nicht weiter auseinander gesetzt zu werden; denn jede Wiederherstellung organischer Gebilde erfolgt nach der gewöhnlichen Erfahrung nur durch ein allmähliches Werden und nicht durch einen unmittelbaren Schöpfungsakt. Ferner lehrt die einfachste Besinnung bei der Beobachtung eines solchen Vorgangs, also eines Ersatzes verlorener oder richtiger gesagt fehlender Körperteile, daß er durch die reproduzierende Tätigkeit des geschädigten Individuums zustande kommt. Und daraus ergibt sich schon der Unterschied der regenerativen Entwicklung und der Ontogenese.

Meine Definition lautet: Die Regeneration ist ein individueller Entwicklungsprozeß, der anders als die Ontogenese nicht ein ganzes Individuum, sondern nur einzelne Teile eines solchen als Ersatz und an Stelle eines Defekts neu schafft und daher stets im Zusammenhang mit einer bereits vorhandenen Organisation vor sich geht. Die Regeneration beginnt also nicht mit einem Keim, sondern knüpft an andere Teile eines Ganzen an.

Durch das erste Merkmal, den individuellen Entwicklungsprozeß, ist die Verwandtschaft der Regeneration mit der Ontogenese bezeugt; das zweite Merkmal, der Anschluß der Regeneration an eine schon vorhandene Organisation, betont dagegen den Gegensatz zur Ontogenese. Ausdrücklich wurde bei jener Definition vermieden, die Grenze der regenerativen Entwicklung zu eng zu ziehen und sie etwa auf den Ersatz verloren gegangener Teile zu beschränken. Denn oft genug bleibt die Regeneration unvollkommen oder das Regenerat ist ein vollständiger Teil, aber von anderer Art als der ursprüngliche Teil (Heteromorphose), oder endlich die vollständige Neubildung wird nicht durch den Verlust eines entsprechenden Teils, sondern durch eine bloße Verletzung hervorgerufen u. a. m. Das gemeinsame Kennzeichen aller dieser regenerativen Bildungen bleibt immerhin die Wiederherstellung der irgendwie gestörten Individualität; wenn aber die Regeneration häufig mit einer ungeschlechtlichen Fortpflanzung verbunden ist, so fällt sie doch niemals mit ihr einfach zusammen.

Hält man nun an dem in der Definition bezeichneten Unterschied von Regeneration und Ontogenese fest, so kann man auch den Sprachgebrauch nicht anerkennen, daß die Bildung eines ganzen Organismus aus Teilstücken von erwachsenen Tieren und Embryonen schlechtweg und unter allen Umständen eine Regeneration sei. Schon die Zusammenstellung von erwachsenen Tieren und Embryonen deutet es an, wie man zu dieser mindestens mißverständlichen Auffassung kam.

Wenn ein Seestern sich spontan teilt, und jede Hälfte darauf die fehlenden Teile ersetzt, so liegt zweifellos eine Regeneration vor, die natürlich in jeder Hälfte so lange dauert, bis die Organisation des fertigen Seesterns vollständig wieder hergestellt ist. Nun ist aber die Regenerationsfähigkeit gar nicht auf den Reifezustand der Tiere beschränkt, sondern kann sich auch auf früheren Entwicklungsstufen betätigen, so daß auch Larven und Embryonen derselben Seesterne, wie so vieler anderer Tiere, nach einer künstlichen Teilung die Defekte der Teilungshälften wieder zu ersetzen vermögen. Nach dem Wortlaut der Morganschen Erklärung könnte nun angenommen werden, daß die ganze Entwicklung, die sich an dem künstlich erzeugten Teilungsstück einstellt, bedingungslos, geradeso wie beim fertigen Seestern, bis zur Herstellung der Reifeform als eine Regeneration aufzufassen sei.

War also z. B. das defekte Teilungsstück die Hälfte eines „Gastrula“ genannten Embryo, so müßte nach jenem Grundsatz nicht nur die Wiederherstellung der ganzen Gastrula, sondern auch die sich unmittelbar anschließende weitere Entwicklung der letzteren eine Regeneration darstellen und heißen, obgleich diese Entwicklung natürlich identisch ist mit der ontogenetischen Fortsetzung derjenigen Entwicklung, wodurch die Gastrula normalerweise entstand. Damit wäre aber eine Unterscheidung von Regeneration und Ontogenese aufgehoben.

Noch auffälliger wird jene Schlußfolgerung, wenn man die künstliche Teilung im ersten Anfang der Ontogenese so vornimmt, daß das eine Teilungsstück aus einem einzigen Blastomer besteht, das zweifellos einen defekten Embryo darstellt und bei gewissen Tieren dennoch ein ganzes Individuum aus sich zu entwickeln imstande ist, indem es merkwürdigerweise den Charakter eines normalen Eis annimmt und eine Entwicklung auslöst, die mit einer vollständigen normalen Ontogenese vollkommen identisch ist. Gemäß dem auf die halbierte Gastrula angewandten Grundsatz müßte eine solche Entwicklung eines isolierten Blastomers ebenfalls eine Regeneration heißen, obgleich sie mit einer vollständigen Ontogenese zusammenfällt.

Ich kann nun eine solche Deutung nicht gelten lassen, nicht nur wegen der dadurch verursachten Verwirrung der Begriffe, sondern auch wegen der bedenklichen Folgen einer solchen Auffassung. Die Annahme einer Identität von Ontogenese und Regeneration gab schon mehr als einmal Veranlassung, sobald eine bestimmte Ontogenese unbekannt blieb, diese einfach aus den Regenerationsvorgängen an den Reifeformen derselben Spezies zu erschließen, während doch die Beobachtung lehrt, daß eine solche Regeneration, z. B. bei den Teilungen der Würmer oder der Knospung der Bryozoen ganz anders verläuft als die Ontogenese derselben Tiere. Aber auch unter Anerkennung dieser Tatsachen könnte man trotzdem an der geschilderten grundsätzlichen Gleichstellung von Ontogenese und Regeneration an der Hand der besprochenen Deutung festhalten und dann schließen, daß jene Inkongruenzen beider Entwicklungsverläufe Ausnahmen darstellten und lediglich bewiesen, daß den Entwicklungserscheinungen überhaupt, also auch den ontogenetischen eine einwandfreie entscheidende Bedeutung nicht zukäme. Es ist daher durchaus geboten, den Versuch, die Grenzen zwischen den Begriffen der Ontogenese und der Regeneration zu verwischen, nicht ohne Kritik hingehen zu lassen.

Zweifellos sind die angegebenen mißverständlichen Deutungen die Folge davon, daß man sich auf eine mangelhafte Definition der Regeneration verließ oder eine solche Regel zu beachten überhaupt nicht für nötig hielt. An der Hand der oben angegebenen Diagnose sind aber die Fehler des beanstandeten Schlußverfahrens nicht zu verkennen. Bedeutet „Regeneration“ den Ersatz fehlender Teile im Sinne einer Wiederherstellung der gestörten Individualität, so hört sie naturgemäß dort auf, wo diese Individualität auf irgendeine Weise wiederhergestellt ist. Erfolgt der Prozeß während der Ontogenese, z. B. an der halbierten Gastrula (s. o.), so bezeichnet die wiederhergestellte Gastrula den Zeitpunkt, wo ihre regenerative Entwicklung in die normale Ontogenese übergeht. Die fertige Gastrula dieser Art ist aber natürlich dieselbe Entwicklungsstufe, auf der der Defekt entstand, so daß die weitere Entwicklung der regenerierten Gastrula genau die Fortsetzung der Embryonalentwicklung ist, aus der die erste Gastrula hervorging. Beide ontogenetische Entwicklungsverläufe, vor und nach der Regeneration, gehören also zusammen, und die letztere ist nur eine räumlich und zeitlich begrenzte Abänderung der normalen Ontogenese.

Wie dies zu erklären ist, bleibt einer späteren Auseinandersetzung vorbehalten. Hier komme ich nur noch kurz auf das Verhalten des genannten isolierten Blastomers zurück. Allerdings kann es als ein defekter Organismus gelten, der durch irgendeinen regenerativen Vorgang in die Bahn der normalen Ontogenese einzulenken befähigt ist; nur vollzieht sich die Regeneration in diesem Fall anders als sonst. Nach dem früher Gesagten müßte man annehmen, daß sie im isolierten Blastomer einsetzend so lange dauert, bis die Entwicklungsstufe erreicht ist, auf der der Defekt eintrat. Bevor aber das isolierte Blastomer sich zu teilen beginnt, hat es sich augenscheinlich in ein richtiges Ei verwandelt und ist dadurch ein individuelles Ganze ohne jeden Defekt geworden, an dem nun nichts mehr zu regenerieren ist. Folglich kann auch die weitere Entwicklung eines solchen isolierten Blastomers nicht eine regenerative, sondern nur eine ontogenetische sein.

Auf Grund einer zutreffenden Definition der Regeneration läßt sich also feststellen: 1. sie ist nirgends identisch mit der normalen Ontogenese, sondern bedeutet bloß eine partielle und zeitweilige Abänderung der letzteren; 2. sie arbeitet jedoch mit denselben Mitteln wie die bis zum fertigen Zustand andauernde Ontogenese und läuft in der Regel auf eine Wiederholung ontogenetischer Erzeugnisse hinaus.

III. Die dritte Art von Entwicklung ist die vielgenannte Stammesentwicklung oder Phylogenese.

Seitdem auf Grund der allgemein anerkannten Deszendenztheorie feststeht, daß jede tierische Form oder einheitliche Formengruppe, also jede Art, Gattung usw. von anders gebildeten Vorfahren abstammt (Deszendenz), entstand die Aufgabe, diese verwandtschaftlichen Beziehungen nach allen Richtungen und in immer weiterem Zusammenhange festzustellen (Stammesgeschichte, Phylogenie). So gelangt man zu mehr oder weniger vollkommen zusammengeschlossenen Folgen von verschiedenen Arten oder Formgruppen, worin diese sich ähnlich wie die einzelnen Stufen einer Ontogenese aneinanderreihen, eine fortlaufende Entwicklung darstellen.

Es ergab sich weiter, daß diese Entwicklung nicht in einer Linie, sondern infolge einer häufigen Divergenz verschiedener Formen von einem gemeinsamen Ausgangspunkt, unter vielfachen Verzweigungen vor sich ging, so daß die graphische Darstellung dieser Zusammenhänge das Bild eines genealogischen Stammbaums wiederholt. Und in der Tat läuft die Stammesgeschichte stets auf eine solche durch Stammbäume veranschaulichte Genealogie der Tierwelt hinaus.

Die empirische Grundlage dieser phylogenetischen Darstellung oder jene auf verschiedene Weise ermittelte Abstammung der verschiedenen Tiere voneinander muß daher in einem allgemeinen Entwicklungsprozeß der Tiere bestehen, der von Haeckel „Phylogenese" genannt und als eine besondere Kategorie von Entwicklung der Ontogenese gegenübergestellt wurde. Diese Auffassung wird nun augenscheinlich von der Mehrzahl der Biologen wenigstens im allgemeinen gebilligt, ohne daß eine genaue Untersuchung stattgefunden hätte, worin die Stammesentwicklung oder Phylogenese sich von der Entwicklung des einzelnen Individuums oder der Ontogenese unterscheidet. Ich halte daher eine differenzielle Definition der bezeichneten Phylogenese für ebenso geboten wie diejenige der Ontogenese und der Regeneration.

Das Wesen der ontogenetischen und der regenerativen Entwicklung besteht darin, daß ein konkretes und stets identisches Objekt, ein Körper, eine Reihe von Metamorphosen durchläuft, wobei jede Stufe eine unmittelbare Folge der vorausgegangenen und ein unmittelbarer Vorläufer der folgenden Stufe ist. Es stehen ferner alle Ontogenesen der aufeinanderfolgenden Generationen in ununterbrochenem Zusammenhang miteinander, da jeder Keim als Ausgangspunkt einer Ontogenese zugleich ein ontogenetisches Produkt der vorausgehenden Generation ist. Nur auf dieser Kontinuität der Ontogenesen beruht diejenige der Generationen.

Da nun der allgemeine Begriff der Entwicklung in der Tierwelt zweifellos der Ontogenese entstammt, so ist er auch für die Beurteilung derjenigen Erscheinung auf demselben Gebiete maßgebend, die wie die Phylogenese, angeblich ein Seiten- oder Gegenstück der Ontogenese ist. Es ist also vor allem zu untersuchen, welches denn das Objekt ist, dessen Wandlungen in kontinuierlichen Metamorphosenreihen den phyletischen Entwicklungsprozeß darstellen. Nach dem Gesagten können nun zweifellos nur die durch Deszendenz miteinander verbundenen verschiedenen Arten (Spezies) der fragliche Gegenstand der Phylogenese sein. Wie verhalten sie sich nun zum Gegenstand der Ontogenese, zu den Individuen?

Die Art als reales Objekt umfaßt natürlich die Gesamtheit aller in unzähligen Generationen vorhanden gewesenen und der noch vorhandenen Artgenossen, wie man denn auch die ganze Dauer einer unveränderten Art mit der Fortdauer einer phyletischen Entwicklungsstufe identifiziert. Trotzdem verwandelt sich beim phyletischen Fortschritt nicht jene Gesamtheit der Artgenossen oder die ganze phyletische Entwicklungsstufe, sondern nur ein relativ kleiner Teil derselben, der aber doch wieder eine ganz neue Art oder phyletische Entwicklungsstufe begründet. Mit anderen Worten: Die fertige Art ist in ihrem gesamten Umfang ein Glied der Abstammungsreihe, beim Übergang in andere Arten, also während des phyletischen Entwicklungsfortschritts ist sie es aber nicht mehr.

Angesichts dieses Widerspruchs kann die wirkliche Art nicht das notwendigerweise identische Objekt der phyletischen Entwicklung sein; und wenn jene wenigen sich verwandelnden Artgenossen dennoch als Vertreter ihrer Spezies gelten sollen, so kann dies nur den Sinn haben, daß sie Träger der allen Artgenossen gemeinsamen Form und Organisation sind. Denn dies oder die „Artform" ist das einzige, was in den relativ wenigen zur Verwandlung gelangenden Artgenossen die ganze neue Art ebenso einheitlich repräsentiert wie in den unveränderten Artgenossen die alte Art. Die Glieder der phyletischen Reihen sind folglich gar nicht die wirklichen Arten, sondern unpersönliche Dinge, nämlich die verschiedenen Artformen, die sich nur in übertragener Bedeutung als „Arten" bezeichnen lassen; tatsächlich beruhen sie auf einer Abstraktion, sind also keine konkreten Dinge, sondern vielmehr abstrakte Begriffe.

Ebensowenig entspricht die phyletische Aufeinanderfolge der verschiedenen Artformen einem realen Entwicklungsverlauf. Die Träger der Artformen sind natürlich die vollendeten Reifeformen der Spezies. Nun gibt es aber keinen unmittelbaren Zusammenhang dieser Reifeformen miteinander, da sie in jeder Generationsfolge vom Elter zum Nachkommen nur vermittels einer Ontogenese miteinander verbunden sind, und die Ontogenese doch gerade ausgeschieden werden muß, wenn die Phylogenese als ein selbständiger, der Ontogenese entgegengesetzter realer Vorgang gelten soll. Es fehlt also der Phylogenese eine wirkliche Kontinuität ihrer Entwicklungsglieder, der Artformen.

Diese Überlegungen zeigen evident, daß, wenn man unter „Phylogenese" die der Ontogenese entgegenzusetzende und von ihr gesonderte Abstammung der Arten versteht, diese Erscheinung weder nach ihrem Objekt (Artformen) noch nach dessen diskontinuierlichen Metamorphosen (Abänderung der Artformen) einem realen und selbständigen Entwicklungsvorgang entspricht. Die angebliche Phylogenese ist vielmehr lediglich ein irgendwie begründetes Verzeichnis von bestimmt angeordneten abstrakten Dingen, nämlich den verschiedenen Artformen, deren Ursprung und Zusammenhang außerhalb derselben Phylogenese, und zwar ausschließlich in der Ontogenese zu suchen sind. Denn jede Artform entsteht nur während der Ontogenese, und die verschiedenen fertigen Artformen hängen gleich den sie tragenden Reifeformen nur mittelbar durch die Ontogenese zusammen. Die Phylogenese ist daher nichts anderes als die in den Stammbäumen verzeichnete Genealogie.

Damit wird aber die Vorstellung hinfällig, daß die bisher als Phylogenese bezeichnete Abstammung und Reihenfolge der Arten die empirische Grundlage der Phylogenie oder Stammesgeschichte sei. Als Abstraktion aus gewissen Erscheinungen kann sie nicht beanspruchen, ein empirisches Material zu sein; und indem sie mit der Genealogie zusammenfällt, erweist sie sich gleichzeitig als identisch mit der Phylogenie oder Stammesgeschichte selbst.

Die bisher sogenannte Phylogenese beruht auf einem Mißverständnis und hat gar keine Existenzberechtigung.

Durch diese Feststellung wird natürlich die Phylogenie oder Stammesgeschichte der Tiere nach Wesen und Inhalt in keiner Weise berührt; es fragt sich nur, was denn nunmehr ihre konkrete Grundlage, die eigentliche Phylogenese ist, nachdem die bisher dafür gehaltene aufgegeben werden muß.

Wenn die Phylogenie die Darstellung alles dessen umfaßt, was sich auf Entstehung und Zusammenhang aller uns bekannten Arten bezieht, so sind unter den ihr zugrunde liegenden realen Vorgängen die Formbildung schlechtweg und die Abgrenzung der dadurch gekennzeichneten systematischen Kategorien, vor allem der Arten, auseinander zu halten, weil beide grundverschiedene Ursachen haben. Soweit die Artbildung im engeren Sinn, nämlich die Sonderung und Trennung der verschiedenen Arten sich auf dem Wege der Selektion vollzieht, kommt die Entstehung der Formen (Formbildung) gar nicht in Frage, sondern nur das Verhältnis der Träger der bereits vorhandenen Formen zu ihrer Umgebung im weitesten Sinn, was natürlich nicht unter den Begriff einer Entwicklung fällt. Die Formbildung erfolgt dagegen an den Individuen, und soweit dabei aufeinanderfolgende Formveränderungen stattfinden, kann darin allein der fragliche Entwicklungsprozeß erblickt werden. Wir haben uns daher vor allem mit dieser individuellen Formbildung zu beschäftigen.

Jede vererbungsfähige Formbildung entsteht, wie noch näher erörtert werden soll, ontogenetisch; ebenso verhält sie sich dauernd, d. h. wird tatsächlich erblich auf ontogenetischem Wege. Allerdings kommen für die phyletischen Reihen nur die verschiedenen Formbildungen in Betracht, wobei die Ontogenesen der unveränderten Formen auszuscheiden haben; dagegen vermitteln die unveränderten Generationsfolgen wiederum die unentbehrlichen Zusammenhänge der verschiedenen Formen und ihrer Reihen. — An die Formbildung schließt sich sodann die erwähnte Artsonderung durch Selektion an. Die für die Phylogenie in Frage kommenden konkreten Vorgänge bestehen also in der Summe aller Ontogenesen und aller Selektionsprozesse.

Von einem einheitlichen Vorgange kann dabei um so weniger die Rede sein, als die Verzweigung der Generationsfolgen naturgemäß eine Trennung derselben herbeiführt und andererseits Formbildung und Selektion gar nicht in notwendigem inneren Zusammenhange stehen, vielmehr geradezu heterogene Prozesse sind. Will man trotzdem jene Summe alles organischen Werdens eine Phylogenese als Korrelat der Phylogenie nennen, so würde dieser Name weder ein neben der Ontogenese bestehendes Gegenstück von ihr, noch überhaupt einen durchweg realen und selbständigen Entwicklungsprozeß bedeuten; denn das, was dabei an Entwicklung vorkommt, heißt eben Ontogenese.

Die Ontogenese, einschließlich der darin interkurrierenden Regeneration, ist die einzige reale Entwicklung, von der in der Geschichte der Tierwelt die Rede sein kann. Eine besondere Veranlassung, die Gesamtheit aller Ontogenesen „Phylogenese" zu nennen, liegt nicht vor, dagegen könnte die Beibehaltung dieses Namens die Fortdauer der besprochenen Mißverständnisse nur begünstigen.

Wie läßt sich nun aber diese Darstellung mit dem eingangs getanen Ausspruch vereinigen, daß die reale Grundlage der Phylogenie, die sogenannte Phylogenese, als ein allgemeiner Entwicklungsprozeß der ganzen Tierwelt aufzufassen sei? Ich glaube, die Antwort ist nicht schwer zu finden. Zweifellos sind und bleiben es in Wirklichkeit unzählige und selbständige Vorgänge, die vermittels realer Entwicklung (Ontogenese) zur Herstellung aller miteinander verbundenen Arten führen. Sobald jedoch die Ergebnisse einer solchen Untersuchung zusammengefaßt werden sollen, sind wir begreiflicherweise gezwungen, die Artformen, also abstrakte Größen zu benutzen, um sie in der ebenfalls durch Abstraktion gewonnenen genealogischen Übersicht miteinander zu verbinden. So gewinnen wir den Begriff eines allgemeinen Entwicklungsprozesses der gesamten Tierwelt durch eine wohlberechtigte Abstraktion, da dieser Name der begründeten Überzeugung kurzen Ausdruck verleiht, daß die eben gekennzeichnete Genealogie sich auf wirkliche, miteinander zusammenhängende Entwicklungsvorgänge stützt.

Diese Übung widerspricht also keineswegs dem Hauptergebnis meiner Untersuchung, daß es eine Stammesentwicklung als selbständigen, realen Vorgang und als eine besondere Art von Entwicklung gar nicht gibt. Die Stammesgeschichte bleibt nach wie vor zu Recht bestehen als die Darstellung der aus dem ganzen Entwicklungsverlaufe der Tierwelt abstrahierten Artenfolge. Ihre Hilfsmittel oder die sogenannten „Urkunden“ der Genealogie sind, wie es heißt, auf verschiedene Wissenschaften, Ontogenie, vergleichende Anatomie, Paläontologie, verteilt. Im Grunde genommen sind aber die Ziele aller dieser Wissenschaften beinahe ausschließlich phylogenetisch, so daß die Phylogenie nicht als eine besondere Disziplin, sondern nur als das gemeinsame Ziel ihrer aller erscheint. In der vorliegenden Untersuchung wird aber nur die phylogenetische Bedeutung der Ontogenese zur Sprache kommen.

So wird also die Erörterung der methodischen Grundlagen der Entwicklungsgeschichte sich in die Hauptkategorien der Ontogenese, der Regeneration und der phyletischen Leistungen dieser Entwicklungen gliedern.

I. Die Ontogenese.

1. Allgemeines.

Es wurde schon eingangs betont, daß die Darstellung der Entwicklung eine Geschichte sein müsse, worin der ursprüngliche Zusammenhang der Erscheinungen im Vordergrund steht. Die Aufdeckung der Ursachen der einzelnen Entwicklungserscheinungen einer Ontogenese wird aber außerordentlich erschwert, wenn man sich nicht von vornherein vergegenwärtigt, wo sie allein zu suchen und welcher Art sie im allgemeinen sind, sowie unter welchen allgemeinen Bedingungen sie zur Wirkung gelangen müssen. Diese Forderung ist auch längst anerkannt worden und hat zu zwei entgegengesetzten Vorstellungen geführt, die freilich erst an der Hand der ontogenetischen Untersuchung geprüft werden können, deren Wesen jedoch vorweg klar zu legen ist.

Präformation und Epigenese.

Diese Namen bedeuten zwei, nach dem gesamten ursächlichen Zusammenhang der Erscheinungen grundverschiedene Arten ontogenetischer Entwicklung. Die Frage, ob und welche von beiden allein die richtige und etwa einzig existierende ist, wurde in den letzten Jahrzehnten recht oft, von verschiedenen Standpunkten und mit ebenso verschiedenen Ergebnissen erörtert, ohne daß ein Ende der Diskussion abzusehen wäre. Dieser Mangel an Verständigung ist teilweise auf die natürlichen Grenzen der Beobachtung zurückzuführen, was die Forscher zu verschiedenen richtenden Hilfshypothesen drängte; noch mehr dürften ihn aber gewisse Unklarheiten in der Definition der beiden Begriffe „Präformation“ und „Epigenese“ verschuldet haben.

Bekanntlich entstanden unter diesen Namen schon im 18. Jahrhundert zwei verschiedene Anschauungen über die Grundursachen der Ontogenese. Die ältere, von zahlreichen berühmten Gelehrten, u. a. von Swammerdam und Haller vertretene Präformationslehre bedeutete damals, daß die gesamte Organisation eines pflanzlichen oder tierischen Lebewesens mit allen Einzelheiten bereits im Keim oder Ei fertig vorhanden sei, was nur wegen der Kleinheit des Gegenstandes unkenntlich bleibe. Die folgende Entwicklung des Eis sollte also nur ein Wachstum und eine Auseinanderfaltung (Evolution) des fertig Gegebenen sein, ohne daß neue Ursachen und Bildungen hinzukämen. Der Schwerpunkt dieser Auffassung liegt also in der Präformation, in der alle eigentlichen Neubildungen bereits abgeschlossen sind, während die Evolution sie uns nur kenntlich mache. Daher versteht es sich auch, daß, obgleich nur die Evolution unserer Beobachtung unterliegt und die greifbare Entwicklung darstellt, es sich eingebürgert hat, die ganze Lehre mit dem Wort Präformation zu bezeichnen. Und da dieser Brauch nicht mißverständlich ist, folge ich ihm ebenfalls.

Im vollen Gegensatz zur Präformationstheorie, der jede empirische Unterlage fehlte, glaubte C. Fr. Wolff auf Grund von Beobachtungen feststellen zu können, daß die Ontogenese von einem völlig unorganisierten Keim ausgehe und durch aufeinanderfolgende und sich steigernde Neubildungen erfolge (Epigenesis). Indem also jede Art von Präformation geleugnet wurde, trat das Wesen der Epigenese darin hervor, daß die Organisation des sich entwickelnden Individuums erst im Verlaufe der Ontogenese von Grund aus neu entstehe. Das viel später einmal für die Epigenese geprägte Synonym „Postformation" sollte den Gegensatz zur Präformation prägnant ausdrücken.

Diese beiden Anschauungen ließen sich in ihrer ursprünglichen Form im 19. Jahrhundert nicht mehr aufrecht erhalten. Vor allem wurde die Präformationslehre durch die namentlich von K. E. v. Baer begründete Entwicklungsgeschichte der Tiere erschüttert und durch die Erkenntnis vom zelligen Aufbau der Organismen und von der Zellennatur der Keime selbst vollends zu Fall gebracht. Denn es ließ sich nicht verkennen, daß schon in der fortdauernden Vermehrung der embryonalen Zellen, in ihrer wechselnden Anordnung zu Schichten und anderen sich sondernden Körperteilen des Embryo ontogenetische Neubildungen vorliegen, die im ungeteilten Ei noch nicht vorhanden sein konnten. Angesichts dieser stetig zunehmenden und sich steigernden Neubildungen war die alte Vorstellung einer Evolution unhaltbar geworden.

Etwas anders verhält es sich mit der Epigenese. Sobald einmal anerkannt war, daß die individuelle Entwicklung von einem wirklich einfachen, aber doch organisierten zelligen Körper, der „Eizelle", ausgehe, war allerdings die Wolffsche Vorstellung von dem völlig unorganisierten, nur durch einen geheimnisvollen „Bildungstrieb" in Tätigkeit gesetzten Ei ein für allemal beseitigt. Dies betraf aber keineswegs das schon gekennzeichnete Wesen der Epigenese; denn dieses stellt sich uns eben nicht wie bei der Präformationstheorie in einer umfassenden Konstitution des Eis dar, sondern ausschließlich in der zusammenhängenden Reihe von ontogenetischen Neubildungen und Metamorphosen, d. h. in dem fortschreitenden Verlauf der Ontogenese. Dieser wesentliche Inhalt der Epigenesistheorie wurde durch die folgenden ontogenetischen Untersuchungen bestätigt und konnte in Geltung bleiben, auch nachdem die Auffassung Wolffs von dem unorganisierten Zustand des Eis und die Annahme des ihm angeborenen Bildungstriebes ebenso wie die Präformationslehre in Verruf gekommen und vergessen war.

So kam es, daß der verbesserte, aber in seinem Kern unveränderte Begriff der Epigenese zunächst unangetastet blieb, ohne daß dieser Name noch oft genannt wurde.

Dies änderte sich jedoch in den letzten Jahrzehnten des vorigen Jahrhunderts infolge der neuen Erfahrungen und Vorstellungen über Befruchtung und Vererbung, sowie durch die neu aufgekommene experimentelle Behandlung der Ontogenese.

Nachdem es sich herausgestellt hatte, daß die Befruchtung wesentlich in der Verschmelzung der Kernmasse des männlichen Keimelements (Spermie) und derjenigen des weiblichen Keims (Ei) bestehe (O. Hertwig), schien es gewiß, daß der männliche Kern der Träger der Vererbung besonderer väterlicher Eigenschaften auf die Nachkommen sein müsse. Nach Analogie wurde weiter geschlossen, daß auch der ursprüngliche weibliche Keim dieselben Funktionen habe, und daß folglich der Kern des befruchteten oder überhaupt entwicklungsbereiten Eis die spezifischen Bildungsursachen aller künftigen Körperteile enthalte, während das indifferente „isotrope" Eiprotoplasma nur das Substrat darstelle, in dem jene Bildungsursachen die Organisation des werdenden Individuums hervorriefen. So gewann die zuerst von Nägeli aufgebrachte Vorstellung von dem im Ei enthaltenen und für jede Art spezifischen Idioplasma, das die erbliche Organisation in der Ontogenese bestimme, immer mehr Anhänger. Nur wurde abweichend von Nägeli das gesamte Idioplasma allgemein nicht in das ganze Plasma, sondern in den Eikern allein verlegt.

O. Hertwig baute die Lehre vom Keimplasma folgendermaßen aus. Es bestehe aus kleinsten Idioblasten, die als die spezifischen „Anlagen" aller künftigen Organisationsteile in großer Zahl vorhanden seien und angesichts der Zunahme der Kernmasse im Embryo sich unter Wachstum stetig vermehren müssen. Alle Kernteilungen seien „erbgleiche", so daß jeder Zellkern auch später die gleiche Erbmasse wie der Eikern enthalte. Die gewebliche Differenzierung der Zellen erfolge in der Weise, daß je nach den äußeren Bedingungen und Reizen gewisse Idioblasten aus dem Kern in das umgebende Protoplasma einwandern und dessen gewebliche Entwicklung bestimmen. Diese Auffassung enthält nach O. Hertwig selbst unverkennbar Züge einer modernisierten Präformationstheorie, die nur dadurch sich von der alten Evolutionstheorie unterscheidet, daß im Ei statt der präformierten wirklichen Organisation nur ihre spezifischen Anlagen angenommen werden.

Neben dieser Tätigkeit der Kerne gehe eine solche der nicht idioplasmatischen Substanz des Protoplasma des Eis und seiner Teilungsabkömmlinge (Blastomeren) einher. Diese Substanz veranlaßt durch Teilungsvermehrung (Potenzierung) selbstverständlich ein Zusammenwirken der Blastomeren und Embryonalzellen zu morphologischen Neubildungen, womit die Potenzierung der Kerne, also des Idioplasma in ursächlichem Zusammenhang stehe. In diesen Vorgängen sei ein epigenetischer Verlauf der ontogenetischen Entwicklung durchaus anzuerkennen. Deshalb entscheidet sich O. Hertwig dafür, daß in der Ontogenese der Polyplastiden weder eine Evolution noch eine Epigenese ausschließlich herrsche, sondern eine Vereinigung beider vorliege, nämlich ein epigenetischer Prozeß mit präformierter Erbmasse.

Eine ähnliche Verbindung beider Entwicklungsarten vertritt auch Roux, der Begründer der experimentellen Entwicklungsgeschichte, aber in so verallgemeinerter Form und in so zahlreichen, eigentümlich wechselnden Darstellungen, daß es nicht leicht fällt, seine wirklichen Ansichten genau wiederzugeben.

In seinen früheren Arbeiten (1885, 1893) bezeichnete Roux diejenige Entwicklung eines Ganzen oder seiner Teile, deren gestaltende oder qualitativ differenzierende Ursachen nur im Substrat selbst gelegen sind, als Selbstdifferenzierung; hingegen läge eine abhängige oder korrelative Differenzierung vor, wenn bei der Gestaltung oder qualitativen Veränderung eines Gebildes außerhalb desselben gelegene differenzierende Ursachen, also vor allem Wechselwirkungen oder Korrelationen mit anderen Teilen mitwirken. „Die Unterscheidung dieser beiden Entwicklungsreihen gründet sich somit allein auf den Sitz der differenzierenden Ursachen"; und da dieser Sitz nur bei der Selbstdifferenzierung stets bestimmt gegeben ist, so versteht sich der weitere Satz von Roux, daß die Selbstdifferenzierung kein aktives, sondern bloß ein topographisches Prinzip ist. Aus demselben Gedankengange erklärt sich die bekannte Bezeichnung „Mosaikarbeit" für diejenige Entwicklung, bei der viele Teile des Eis sich durch Selbstdifferenzierung umbilden.

Endlich sprach sich Roux sehr deutlich über das Verhältnis von Selbstdifferenzierung und korrelativer Differenzierung aus. Ausgehend von der epigenetischen Wechselwirkung zweier Teile oder Dinge aufeinander bemerkt er: „Betrachten wir das eine für sich, so ist die Veränderung desselben abhängige Differenzierung, betrachten wir beide Teile als ein System, so ist diese Veränderung Selbstdifferenzierung des Systems" — und fügt hinzu, daß dies im Grunde nur eine willkürliche Art der Betrachtung, aber für unsere Erkenntnis der Entwicklungsgeschichte nicht ohne Wert sei. Daraus folgt unzweideutig, daß, während die korrelative Differenzierung ebenso wie die anerkannte Epigenese wirkliche Vorgänge bedeutet, die Selbstdifferenzierung als topographisches Prinzip nur eine Zusammenfassung solcher Vorgänge unter einem Gesichtspunkt darstellt. Beide Begriffe sind daher, indem sie sich auf ganz verschiedene Dinge beziehen, gar keine Gegensätze, und könnten sich folglich „gleichzeitig oder nacheinander in der verschiedensten Weise kombinieren".

Trotzdem fand Roux damals eine so große Übereinstimmung zwischen den „alten Gegensätzen der Epigenesis und Evolution" einerseits und seinen beiden Kategorien andererseits, daß er jene alten Namen auf diese neuen Begriffe übertrug. „Selbstdifferenzierung und abhängige Differenzierung der Teile und damit der Evolution und Epigenesis —".

Neuerdings (1905, 1911) hat Roux diese Namen durch andere, nämlich durch „Neoevolution" und „Neoepigenesis" ersetzt und sie ausschließlich in einer allerdings schon früher angegebenen Weise erklärt. Die Neoevolution bedeutet eine direkte Neubildung von einer im Ei latent vorhandenen, also nicht wahrnehmbaren Mannigfaltigkeit (Neopräformation) in die während der Ontogenese wahrnehmbar werdende Mannigfaltigkeit, während die Neoepigenesis eine solche sichtbare Mannigfaltigkeit durch korrelativ entstehende Neubildungen von einem wirklich einfachen Ausgangspunkt aus herstelle. Doch wird hinzugefügt, daß auch die Neoepigenesis eine eigene Neopräformation nicht entbehren könne, so daß sie keine vollkommene Neubildung von Mannigfaltigkeit, sondern nur eine Vermehrung der letzteren sei. Beide Entwicklungsarten seien in der Ontogenese in wechselndem Maß miteinander verbunden, doch könne über die Art ihres Zusammenwirkens nichts bestimmtes angegeben werden. Das Protoplasma bewirke mehr neoepigenetisch die allgemeine Gestaltung, der Kern mehr neoevolutionistisch die einzelne Ausführung der Gestaltungen, so daß das Plasma bestimme, welches im Kern enthaltene präformierende Material (Idioplasson) an der einzelnen Stelle „aktiviert" wird. Wie man sich dies zu denken habe, wird nicht einmal angedeutet.

Der dritte der hier zu nennenden Forscher, Weismann, war bekanntlich der Vertreter einer in der Ontogenese ausschließlich herrschenden Evolution. Weil er mit der Epigenese angeblich nicht zurecht kam, entschloß er sich die Präformation der gesamten Organisation im Ei bis auf das letzte Bildungselement hypothetisch zu konstruieren. Die in den Chromosomen des Eikerns vorhandenen spezifischen Anlagen jeder Körperbildung bis zu den einzelnen Zellen hinab, die Determinanten, sollten durch die Eiteilungen und alle folgenden Zellteilungen so verteilt werden, daß zuletzt jede Determinante, nachdem sie ihren Kern verlassen hat, im Zellplasma die ihr zukommende Bildung am richtigen Ort und zu rechter Zeit ausführen kann. Für die richtige Verteilung der Determinanten im werdenden Organismus sorgten eine entsprechende, reich gegliederte Organisation der Determinantenmasse (Keimplasma) im Eikern, sowie in allen übrigen Kernen, und die daraus folgenden „erbungleichen" Kernteilungen; und für außerordentliche Zwecke, wie Knospung und Regeneration, würden die Determinanten ersten Aufgebots von Reservedeterminanten jeder Art begleitet. — Damit hat Weismann zweifellos das vollkommenste System der modernen Präformationslehre aufgestellt und daher vollbewußt die Epigenese aus der Entwicklung jeder Art ausgeschlossen.

Auf der andern Seite fehlt es nicht an ebenso entschiedenen Vertretern der Epigenese, die, wie z. B. Rabl, jede Präformation verwerfen und ohne nähere Erörterung ihrer grundsätzlichen Stellungnahme offenbar die Epigenese in demselben Sinn auffassen, wie sie bis zum Erscheinen der besprochenen modernen Lehren galt.

Unverkennbar gehen also die verschiedenen gegenwärtigen Ansichten über Inhalt und Bedeutung der beiden gegensätzlichen Entwicklungsarten, der Präformation und der Epigenese, recht weit auseinander. Teils wird an ihrem ursprünglichen Gegensatz festgehalten, indem das eine das andere ausschließe (Weismann, Rabl), teils werden infolge ihrer vermeintlichen Vereinigung im ontogenetischen Geschehen ihre Grenzen verwischt (Hertwig, Roux). Was hat denn die Präformation Weismanns, die jede Epigenese ausschließt, mit der Präformation von Hertwig und Roux gemein, die sich auf epigenetischem Wege vollzieht? Und welche Übereinstimmung herrscht zwischen dieser letzteren beschränkten Epigenese und derjenigen von Rabl, der eine daneben verlaufende Evolution durchaus ablehnt? — Sollte sich bei diesem Streit um verschiedene Dinge mit gleichen Namen keine Ausgleichung finden, so wäre der Rat O. Hertwigs zu beherzigen, nicht neuen Wein in alte Schläuche zu fassen und jene alten Namen aus der Diskussion ganz zu verbannen.

Ich bin jedoch nicht der Ansicht, daß dies der einzige Ausweg aus der bezeichneten Schwierigkeit ist. Die Namen „Präformation“ und „Epigenese“ haben sich neuerdings so eingebürgert, daß die Aufforderung, auf sie zu verzichten, wenig Beifall finden würde. Auch sind sie keineswegs überflüssig, solange die Kritik über ihre Bedeutung und die Existenzberechtigung der durch sie gekennzeichneten Anschauungen nicht definitiv abgeschlossen ist. Dagegen vermisse ich allerdings eine allgemein anerkannte und genaue, unsern gegenwärtigen Kenntnissen entsprechende Definition der beiden mit jenen Namen bezeichneten Begriffe, woraus sich ein großer Teil der genannten Widersprüche erklären dürfte. Und es ist, wie ich glaube, gar nicht schwer, eine solche Definition zu finden, die aber offenbar nur dann zufriedenstellen kann, wenn sie einerseits an die alten Begriffe desselben Namens anknüpft und andererseits durch eine nicht mißverständliche Fassung es ermöglicht, mit demselben Namen stets das Identische zu bezeichnen.

Wenn jene alten Vorstellungen von der Präformation und der Epigenese heutigentags noch einen Sinn haben sollen, so kann selbstverständlich nicht mehr ihr ganzer Inhalt maßgebend sein, sondern nur das Allgemeine und Wesentliche ihrer Annahmen vom Zusammenhang der ontogenetischen Erscheinungen. An die Stelle des im Ei präformierten realen Miniaturorganismus trat der Verband der sämtlichen formativen Entwicklungsursachen; und der unfaßbare Bildungstrieb der älteren Epigenetiker ist schon längst durch die Organisation der Eizelle ersetzt, die jedoch nicht die unmittelbaren Ursachen aller folgenden ontogenetischen Vorgänge enthält, sondern nur den Beginn der fortlaufenden Reihe von korrelativ entstehenden Neubildungen auslöst.

Ist somit von vornherein das gegensätzliche Wesen von Präformation und Epigenese in der zeitlich und örtlich verschiedenen Herkunft der unmittelbar wirkenden Bildungsursachen zu suchen, so kann dieses Merkmal auch unserer gegenwärtigen Definition zugrunde gelegt werden. Und zwar dürfen wir, um sie allgemeingültig und unzweideutig zu gestalten, über jenes allgemeine Merkmal — Bildungsursachen überhaupt — nicht hinausgehen. Denn ein Teil jener Ursachen und ihrer Wirksamkeit entzieht sich unserer unmittelbaren Beobachtung, so daß eine sachlich bestimmte Vorstellung davon nur hypothetisch konstruiert werden kann (Idioplasma, Idioblasten, Determinanten), was ohne Widerspruch kaum abgehen kann und tatsächlich auch diese Folge gehabt hat. Dieser Schwierigkeit kann daher nur dadurch begegnet werden, daß man als Gegenstand der Definition nur das einsetzt, worauf es unwidersprochen in erster Linie ankommt, nämlich die Ursachen des ontogenetischen Geschehens schlechtweg.

Definition von Präformation und Epigenese.

Es ist ohne weiteres klar, daß an jedem Punkt einer Ontogenese, wo sich ein neuer Vorgang vorbereitet, seine sämtlichen unmittelbaren Ursachen vereinigt sein müssen, wie man sich auch ihre Beschaffenheit nach Ursprung und Wirkungsart — als präformiert oder als korrelativ entstanden — vorstellen mag. Denn ohne zureichenden Grund gibt es eben kein Geschehen. Dies nenne ich nun die nächsten Ursachen jeder ontogenetischen Bildung. Auf der andern Seite ist nicht weniger evident, daß im entwicklungsbereiten Ei der einzige letzte Grund enthalten ist, auf den alles ontogenetische Geschehen in irgendeiner Weise zurückgeführt werden muß, da außerhalb des Embryo gelegene Ursachen, die ihn normalerweise und für sich allein formativ beeinflussen könnten, nicht nachweisbar sind.[1] Jener im Ei enthaltene Grund oder Ursachenkomplex, von dem die Ontogenese ausgeht, oder eben ihre letzten Ursachen, kann natürlich ebensowenig wie die vorgenannten nächsten Ursachen von irgend einer Seite in Abrede gestellt werden.

Unter allen Umständen kann man also gleicherweise von letzten wie von nächsten Ursachen jedes ontogenetischen Geschehens reden, und nur die Beziehungen dieser beiderlei Ursachen zueinander können recht verschieden aufgefaßt werden. — Mit dieser Erläuterung der Ursachen jeder Ontogenese lassen sich nun Präformation und Epigenese in völlig einwandfreier Weise unterscheiden.

Die **Präformation** besagt einfach, daß für das ontogenetische Geschehen ausschließlich im Ei ruhende letzte Ursachen in Frage kommen, die durch den Entwicklungsverlauf unverändert hindurchgehen bis zu dem Punkt, wo ihre Energie zu rechter Zeit und am rechten Platz sich in die ihnen gewissermaßen zugewiesene Bildung umsetzt, also auch deren sämtliche nächsten Ursachen darstellt. Bei einer präformierten Entwicklung sind folglich letzte und nächste Ursachen identisch. Darunter sind aber nicht nur die substanziellen Ursachen für die Metamorphose der Zellen und Gewebselemente zu verstehen, sondern auch die Ursachen für die gesetzmäßige Anordnung dieser Einzelteile, also für die morphologische Gesamtorganisation des werdenden Individuums.

Gemäß dieser Definition sind ferner alle gegenseitigen Beeinflussungen oder Korrelationen der ontogenetischen Teile, die die vom Ei überkommenen Ursachen ändern oder ergänzen, also ihrem ursprünglichen Bestand Neues hinzufügen können, bei der Präformation ausgeschlossen. Die Wirkung der letzten Ursachen muß also unter diesen Umständen für jedes einzelne Geschehen im ganzen Entwicklungsverlauf bis zur letzten Zelle ausschließlich eine unmittelbare sein.

Die Lehre von der **Epigenesis** behauptet andererseits, daß die nächsten Ursachen jeder ontogenetischen Bildung sich erst im Verlauf der Ontogenese und zwar in gegenseitiger Bewirkung oder Korrelation der Embryonalteile zusammenfinden, also nicht identisch sind mit irgendwelchen letzten Ursachen im Ei. Indem aber Beschaffenheit und Lagebeziehungen der Embryonalteile sich von Anfang an verändern, wechselt in entsprechender Weise auch die Kor-

[1] Ebenso wie Roux, Hertwig u. A. nehme ich die jede formative Potenz entbehrenden äußeren Existenzbedingungen eines jeden sich entwickelnden Substrats (Wärme Licht, Sauerstoff u. a. m.) von den hier besprochenen Entwicklungsursachen aus.

relation und der darin begründete Ursachenkomplex für jeden folgenden Entwicklungsvorgang, oder was dasselbe ist: für jeden Entwicklungsvorgang bildet sich der Komplex der nächsten Ursachen stets von neuem.

Um aber den ersten Anfang jeder Ontogenese zu erklären, muß notwendigerweise vorausgesetzt werden, daß im entwicklungsbereiten Ei an Stelle des aufgegebenen „Bildungstriebs" gewisse substanzielle Energien und Bedingungen vorhanden sind, von denen die epigenetische Entwicklung ausgeht. Ein Teil dieser Kräfte oder letzten Ursachen könnte auch in der begonnenen Ontogenese unverändert bis zu einer späteren Wirkung weiter geführt werden, ohne daß dies unter den Begriff der Präformation fiele; denn solange diese Übertragung latenter letzter Ursachen auf korrelativem Wege geschieht, und sie schließlich nur in korrelativem Verbande, im ganzen Ursachenkomplex wirksam werden, bleibt das Prinzip der epigenetischen Entwicklung gewahrt.

In dieser Erläuterung von Präformation und Epigenese ist die vorhin bezeichnete Bedingung erfüllt, daß die verlangte Definition direkt an die alten Begriffe anknüpfe und demzufolge an deren Gegensatz festhalte, so wie er gegenwärtig noch vielfach festgehalten wird. Die neuen Definitionen unterscheiden sich von den alten Auffassungen nur darin, daß in ihnen statt des angeblichen wirklichen Vorbildes des künftigen Organismus im Ei (Präformation) oder andererseits statt des Bildungstriebs (Epigenese) die „letzten Ursachen" figurieren. Dadurch aber, daß die genauere Bestimmung aller dieser Ursachen der weiteren Untersuchung überlassen bleibt, wird eben jede Zweideutigkeit in den Grundbegriffen vermieden. Im übrigen stimmen sie mit solchen gegenwärtigen Anschauungen überein, die entweder in lokalisierten oder organisierten Anlagen im Ei eine vollkommene Präformation ohne jede korrelative Mitwirkung erblicken (Weismann) oder ebenso entschieden eine ausschließlich epigenetische Entwicklung vertreten (Rabl u. A.).

Dagegen sind alle diejenigen Anschauungen, wonach Präformation und Epigenese in jeder Ontogenese vereinigt sein sollen, mit meiner Definition insofern unvereinbar, als diese im Anschluß an die alten Begriffe jede der beiden Entwicklungsarten die gesamte Ontogenese beherrschen läßt. Nun hat freilich O. Hertwig diesen Umstand und seine Konsequenzen keineswegs verkannt, sondern, indem er die Alleinherrschaft sowohl der Präformation wie der Epigenese und daher die Fortführung dieser Namen eigentlich ablehnte (s. o.), nur festgestellt, daß gewisse ontogenetische Erscheinungen mehr den Charakter einer Präformation, andere mehr die Merkmale einer Epigenese offenbarten.

Mit der „präformierten Epigenese“ ist also gewissermaßen ein neues (drittes) Entwicklungsgesetz aufgestellt worden.

Auch Roux scheint einem ähnlichen Gedankengang zu folgen; nur sind die von ihm eingeführten neuen Namen und Begriffe „Neoevolution“ und „Neoepigenese“ wenig geeignet, den Gegensatz gegen die früheren Vorstellungen deutlich zu machen, namentlich da die „Selbstdifferenzierung“ trotz ihres Vergleichs mit einer Präformation (s. o.) mit einer solchen deswegen nichts gemein hat, weil sie kein Wirkungsprinzip sein und keine Wirkungsweise bezeichnen soll (Roux 1905). Im übrigen beziehen sich diese Bemerkungen nur auf die Berechtigung der von mir aufgestellten Definitionen; wie sich die verschiedenen Theorien empirisch bewähren, wird sich bei den folgenden Untersuchungen herausstellen.

Untersuchungsmethoden.

Ganz naturgemäß war die ursprüngliche und früher allein befolgte Untersuchungsmethode in der Entwicklungsgeschichte der Tiere die Beobachtung des sichtbaren Entwicklungsverlaufs, der auch gegenwärtig den Ausgangspunkt unserer Untersuchungen bezeichnet. Es wurde aber schon auseinandergesetzt, daß eine vollständige und kontinuierlich fortlaufende Beschreibung der sichtbaren Vorgänge aus äußeren Gründen mit einer erschöpfenden Untersuchung der Entwicklungsursachen sich nicht wirklich organisch vereinigen läßt, sondern beide getrennt nebeneinander einherzugehen haben, so zwar, daß die letztere Untersuchung den beschreibenden Teil geradezu als bekannt voraussetzen kann.

Diese Trennung ist natürlich keine vollständige, weil gewisse ursächliche Zusammenhänge zweier kontinuierlich aufeinander folgender Erscheinungen sich unmittelbar aus der Beobachtung ergeben (s. o.). Deshalb waren schon die ältesten Beschreibungen epigenetisch gerichteter Beobachter von entsprechenden Erklärungen begleitet. Eine solche Auskunft über die Entwicklungsursachen blieb und bleibt jedoch auf einzelne Punkte von oft untergeordneter Bedeutung beschränkt und vielfach unsicher, bis die Vergleichung mit gleichen Vorgängen in zahlreichen anderen Spezies den Ausschlag gibt, indem wir die wechselnden, also nicht allgemein maßgebenden Bildungen in ihnen allen ausscheiden, worauf in dem zurückbleibenden Gemeinsamen der gesuchte Kausalzusammenhang im einzelnen und ganzen zutage tritt. Verallgemeinert man diese Überlegung für alle Arten von ontogenetischen Vorgängen, so heißt dies eben, daß zu ihrer Erklärung in erster Linie eine intensiv vergleichende Beobachtung erforderlich ist.

Bei einer solchen vergleichenden Untersuchung offenbart sich ferner der methodisch wichtige Umstand, daß die Erklärung um so leichter gelingt, je weiter man auf frühere Entwicklungsstufen zurückgeht, wo nämlich der Ursachenkomplex noch einfacher und kenntlicher ist. Daraus folgt die Regel, daß die Vergleichung verschiedener Entwicklungsverläufe nicht bei der gerade in Rede stehenden Bildungsstufe stehen bleiben darf, sondern auf deren Vorstufen bis zu ihrem phyletischen Ausgangspunkt oder Ursprung zurückzugehen hat.

Diese Forderung erklärt es ferner, daß die ontogenetische Untersuchung der Bildungsursachen in der Regel über die individuelle Entwicklung hinaus in das Gebiet der phyletischen Entwicklung hinüber greift, ohne daß sie eigentlich ihre natürlichen Grenzen überschreitet. Allerdings ist jene Untersuchung in erster Linie auf die Feststellung der nächsten Ursachen eines gerade vorliegenden Geschehens gerichtet, was aber, wie gesagt, nur in relativ seltenen Fällen von unmittelbarem Erfolg ist. In der regelmäßigen vergleichenden Beobachtung wird vielmehr bloß eine methodische Erklärung des unbekannten Ursachenkomplexes angebahnt, indem dieser in die verschiedenen ursprünglichen und die sich allmählich hinzugesellenden korrelativen Ursachen zerlegt wird. Die ursprünglichen, d.h. in der ganzen Vergleichungsreihe gemeinsamen Bildungsursachen bleiben auch im phyletischen Ursprung ontogenetischer Natur, da es eben keine reale Entwicklung außer der ontogenetischen (einschließlich der Regeneration) gibt, und die phyletische Entwicklung nichts weiter ist als eine komplizierte ontogenetische Leistung (s. o.). Die vergleichende ontogenetische Beobachtung im weiteren Umfang schließt naturgemäß die Kenntnis der phyletischen Entwicklungsstufen ein.

Sobald nun der Ursprung eines ontogenetischen Vorgangs in seinem Kausalzusammenhang erkannt ist, sichert dies freilich noch nicht die Erkenntnis aller folgenden korrelativen Wandlungen, erleichtert sie aber außerordentlich. So bleibt also die systematisch durchgeführte Vergleichung das wichtigste methodische Hilfsmittel der ontogenetischen Untersuchung.

In neuerer Zeit ist nun daneben die von Roux ins Leben gerufene experimentelle Methode zur Aufdeckung der Ursachen ontogenetischer Vorgänge in den Vordergrund getreten. Die von ihm zuerst erzielten, zweifellos hervorragenden Erfolge hatten zur Folge, daß die geschilderte vergleichende Beobachtung der natürlichen, normalen Ontogenese bei den Vertretern der reinen experimentellen Entwicklungsgeschichte in Mißkredit gekommen ist. Doch ist der jener Betrachtung so häufig gemachte Vorwurf, daß sie sich auf eine mehr oder weniger bedeutungslose Beschreibung beschränke, in dieser Allgemeinheit ungerecht; wenigstens habe ich die mit der alten Methode arbeitende Entwicklungsgeschichte niemals anders aufgefaßt, als daß sie die ursächlichen Zusammenhänge der ontogenetischen Erscheinungen aufzudecken habe. Und wenn ich daneben die Bedeutung des modernen Experiments für die Entwicklungsgeschichte voll anerkenne, muß ich es andererseits als ein Mißverständnis bezeichnen, daß die deskriptiv-vergleichende Untersuchung eine prinzipiell andere Grundlage habe oder haben muß als die lediglich auf Experimente gestützte Untersuchung.

Das Experiment ändert die natürlichen Bedingungen der Ontogenese in bestimmter Weise ab, um aus den Folgen der nunmehr abnormen Entwicklung den Kausalzusammenhang der normalen Entwicklung zu erschließen. Die Grundlage eines solchen Schlußverfahrens ist also tatsächlich eine vergleichende Betrachtung des ursprünglichen und normalen und des künstlich abgeänderten Verhaltens desselben Objekts, d. h. in der Hauptsache dasselbe, womit auch die alte Methode operiert, wenn sie die natürlichen Verschiedenheiten ungleicher, aber homologer Teile prüft. Und wenn auch die Erfolge der experimentellen Untersuchung oft neu und überraschend sind, so ist sie doch keineswegs omnipotent, abgesehen davon, daß sie nicht überall angewendet werden kann. So sind die aus dem Experiment gezogenen Schlüsse freilich in der Regel — „Irrtum vorbehalten“ — einwandfrei, aber meist von um so allgemeinerem Inhalt, je präziser sie sind, so daß die Feststellung der konkreten Einzelheiten doch der „beschreibenden Beobachtung“ überlassen bleibt.

Beispielsweise sei erwähnt, daß die bekannte Isolierung eines Blastomers und ihre Folgen ganz bestimmt beweisen, daß es sich im normalen Verbande des Embryo „korrelativ“ entwickelt (s. u.); außer diesem in der Epigenese enthaltenen allgemeinen Grund erfahren wir aber durch das Experiment nichts von den konkreten Ursachen des Vorgangs, nämlich von der Beschaffenheit jener Korrelation, was jedoch, wie wir sehen werden, der Beobachtung der normalen Entwicklung nachzuweisen gelingt.

Andererseits finden sich auch in der Natur recht häufig neben den typischen Erscheinungen gewisse Abänderungen der normalen Bedingungen und daher auch der Folgen eines Entwicklungsvorgangs in derselben Spezies, so daß dieselbe Grundlage wie bei einem Experiment gegeben ist. Daraus vermag alsdann die vergleichende Beobachtung ohne Zuhilfenehmen eines Experiments, aber mit derselben Bestimmtheit wie ein solches die entsprechenden Schlüsse zu ziehen. Diese Naturexperimente — wie Roux eine ähnliche Erscheinung nannte — sind sogar oft getreue Wiederholungen oder vielmehr Vorbilder des Experiments, so z. B. die spontanen Teilungen ganzer Tiere, deren regenerative Folgen nach Ursachen und Erscheinungen mit denen einer künstlichen Teilung identisch erscheinen. Noch häufiger handelt es sich bei dem Naturexperiment um ständige Varianten der Formbildung in derselben Spezies, deren Ursachen oft allein durch vergleichende Beobachtungen nachweisbar sind, weil ein Experiment in solchen Fällen kaum jemals ausgeführt werden kann. Ich erinnere beispielshalber an die Gonanthen verschiedener Arten von Hydractinia, deren natürliche Variationen allein uns über den vielbesprochenen Ursprung und Wert der Entodermlamelle aufklären (Goette 1916).

Der Umstand, daß die vergleichende Beobachtung mit Einschluß des Naturexperiments sich wesentlich in derselben Weise betätigt, also auch dieselbe Bedeutung hat wie das künstliche Experiment, und daß wiederum beide meist auf verschiedene Gebiete angewiesen sind, läßt es um so erfreulicher erscheinen, daß beide Methoden entwicklungsgeschichtlicher Forschung sich aufs beste ergänzen.

Einteilung der Ontogenie.

Nach meinen eigenen Arbeiten kann ich natürlich die Ansicht nicht teilen, daß eine individuelle Entwicklung ausschließlich bei den Polyplastiden vorkommt, und werde an passender Stelle näher darauf eingehen, wie sie sich bei den Monoplastiden oder Protozoen darstellt. Aber schon der Umstand, daß das Vorhandensein einer Ontogenese bei den Protozoen bisweilen noch in Abrede gestellt wird, beweist, daß alle unsere Vorstellungen von der individuellen Entwicklung ausschließlich aus Beobachtungen an Polyplastiden gewonnen sind, und auf die Protozoen direkt gar nicht oder nur in beschränktem Maße übertragen werden können. Infolgedessen ist es selbstverständlich, daß auch eine ganz allgemeine Untersuchung der Ontogenese sich zunächst nur auf die Polyplastiden, insbesondere auf die ungleichzelligen Heteroplastiden beziehen kann. Dies gilt vor allem von der hier zu erörternden Einteilung ihres ganzen Verlaufs.

Wenn die Ontogenese der Polyplastiden als die von einem Ei ausgehende Entstehung eines neuen Individuums bezeichnet wird, so bedeutet dies nicht, daß die Herstellung der Eizellen oder überhaupt der Geschlechtsprodukte außerhalb der eigentlichen Ontogenese liege. Denn indem diese letztere sämtliche Vorgänge der individuellen Entwicklung umfaßt, fällt auch die Entstehung jener Produkte im werdenden oder fertigen Individuum in ihren Bereich. Sie beginnt daher genau genommen nicht mit dem entwicklungsbereiten Ei, sondern mit seiner Entstehung. Andererseits ist mit seiner Fertigstellung die natürliche Abgrenzung eines ersten Abschnitts der Ontogenese, ja deren einzige ganz bestimmte Einteilung gegeben, so daß daraus die vielfach gebräuchliche Unterscheidung zwischen Keimbildung und eigentlicher Ontogenese verständlich wird. Jene scharfe Abgrenzung bietet auch die Möglichkeit, die Darstellung aus praktischen Gründen mit dem zweiten Abschnitt zu beginnen.

Die mit dem fertigen Ei beginnende Ontogenese teile ich weiter in zwei große Perioden ein, deren Grenze sich freilich nicht scharf ziehen läßt, die aber doch genügend gekennzeichnet werden kann, um zu einer natürlichen Einteilung der Ontogenese im engern Sinn zu dienen. Es ist dies die morphologische und die histologische Sonderung. Diese Bezeichnungen führte bekanntlich K. E. v. Baer in die Entwicklungsgeschichte ein; er ließ aber den genannten Sonderungen noch eine „primäre" vorausgehen, die die grundlegenden Schichten des Embryo herstellt. Ihr folgt die morphologische Sonderung, d. h. die Ausbildung der einzelnen Organanlagen aus den Schichten, worauf die Histiogenese die Entwicklung abschließt. Ich halte jedoch die Trennung der zwei ersten v. Baerschen Perioden nicht für geboten, da sie keine grundsätzliche Verschiedenheit darbieten, und vereinige sie beide unter dem Namen der morphologischen Sonderung, der als zweite die histologische oder gewebliche folgt. Eine präzise Charakterisierung dieser beiden Perioden soll ihre Unterscheidung begründen.

Das letzte Ziel der Ontogenese ist die Herstellung der definitiven Gewebselemente, des Sitzes der physiologischen Energien des fertigen Organismus, in einer gesetzmäßigen Anordnung zu ganzen Gewebsmassen, Organen, Körperregionen usw. Die Histiogenese vollzieht sich in und an den mehr oder weniger undifferenzierten, durch Teilung aus dem Ei hervorgegangenen Embryonalzellen, und zwar so, daß jede einzelne Zelle zum Sitz einer eigenen geweblichen Sonderung und Funktion wird. Allerdings vereinigen sich die Gewebszellen in der Regel zu weiteren Verbänden; grundsätzlich bleibt aber die Histiogenese eine intrazelluläre Tätigkeit.

Anders die morphologische Sonderung. Sie besorgt die der Histiogenese notwendig vorausgehende Verteilung und gesetzmäßige Anordnung, weniger der einzelnen Zellen als vielmehr der zusammengehörigen Zellenmassen, was natürlich nur durch Massenbewegungen erzielt werden kann. Die morphologische Sonderung besteht also in Formbildungen ganzer Zellenmassen und bestimmt dadurch die gesetzmäßigen Form- und Lagebeziehungen der fertigen Körperteile. Auf Grund dieser Erläuterung ihres Wesens umfaßt sie alle Entwicklungsvorgänge von der ersten Eiteilung an bis zum Beginn der Histiogenese.

Damit ist aber keineswegs eine scharfe Grenze beider Entwicklungsprozesse gegeben. So beginnt die Histiogenese durchaus nicht gleichzeitig in allen Körperteilen und wird andererseits schon während der morphologischen Sonderung vorbereitet; wogegen diese vielfach in die histiogenetische Periode übergreift. Trotzdem wird die nähere Untersuchung lehren, daß die vorgeschlagene Einteilung sich nicht nur aus praktischen Gründen empfiehlt, sondern namentlich in dem verschiedenen allgemeinen Kausalzusammenhang der beiden Prozesse gut begründet ist.

Die konkreten Grundlagen der Ontogenese.

In der allgemeinen Definition des in der Ontogenese waltenden Kausalzusammenhangs sollte nur klargelegt werden, in welcher verschiedenen Art die Beziehungen der letzten und der nächsten Ursachen zueinander gedacht werden können (Präformation, Epigenese).

Diese erste Orientierung über die methodisch denkbaren Wege unserer Untersuchung entscheidet also nichts über den wirklich leitenden Grundsatz in der Entwicklungsgeschichte, was eben der Untersuchung selbst vorbehalten bleibt; und am wenigsten halte ich es für angebracht, sich von vornherein an eine bestimmt formulierte theoretische Vorstellung zu binden, weil sie an einem Grundfehler einer Hypothese litte, daß sie nämlich von den Tatsachen zunächst gar nicht verlangt wurde.

Sobald wir nun an die Untersuchung des konkreten Geschehens in der Ontogenese herantreten, enthüllt sich uns von der ersten Beobachtung an die Aufgabe, den bisher rein theoretisch gefaßten Begriff der Ursachen in die Bezeichnung ihrer wirklichen Träger umzusetzen, zuerst nach ihrer allgemeinen Beschaffenheit und dann nach ihrer Beschaffenheit im einzelnen Geschehen. Welches sind die realen Kräfte, die wir vor unseren Augen die verschiedenen Wirkungen der Ontogenese erzeugen sehen?

Ausgehend vom Ei und seinen Wandlungen erblicken wir als Träger des Entwicklungslebens die organische Substanz, und zwar in ihrer einfachsten, ursprünglichen Form als Zelle, bestehend aus dem Zellenleib oder Protoplasma und dem darin ruhenden Kern. Die dauernden Veränderungen dieser beiden Bestandteile, die der fortschreitenden Entwicklung zugrunde liegen, beziehen sich auf die der Substanz innewohnende Energie, die wir zunächst nicht zu analysieren, sondern bloß nach ihren Wirkungen zu beurteilen vermögen. Die dieser Energie der Substanz entspringenden Kräfte und deren Wirkungen in Bewegungen und chemischen Umsetzungen äußern sich jedoch nicht in regellosem Wechsel und unbegrenzten Bahnen, sondern innerhalb eines fest umschriebenen und bestimmt angeordneten Organismus, sei es das einfache Ei oder einer seiner späteren, komplizierten Folgezustände. Und diese Organisation der Substanz schreibt den von ihr ausgelösten Kräften stets und unter allen Umständen Richtung und Anordnung, oder um es kurz zu sagen, eine bestimmte Form ihrer Leistungen vor. Ich habe daher diese formativen Ursachen der Ontogenese schon vor langer Zeit (1875) ganz allgemein als ihre Formbedingungen bezeichnet. Sie geben sich in den wechselnden Lagebeziehungen der Teile zueinander und in deren weiteren Folgen, also sozusagen in einem ständigen Wechsel der Organisation zu erkennen.

Diese beiden Kategorien der realen Ursachen der Ontogenese sind genau auseinanderzuhalten, wenn man nicht fortdauernd Mißverständnissen ausgesetzt sein soll. Die Vorstellung, daß beides überhaupt untrennbar miteinander verbunden, und daß das lebende Protoplasma eine Substanz sei, zu deren inhärenten Eigenschaften Organisation und Leben gehören, beruht auf traditionellen, aber nichtsdestoweniger unklaren Voraussetzungen. Denn eine Substanz ist nur durch ihre bestimmte chemische Zusammensetzung und deren Energie charakterisiert, während ihre etwaige Organisation und das Leben sich aus ganz besonderen, auf eine abgegrenzte Individualität zielenden Leistungen der Substanz ergeben. Mögen daher Organisation und Leben als ein Erwerb derselben Substanz kraft ihrer besonderen Fähigkeit zur Kontraktion, Assimilation usw. aufgefaßt werden, so bleibt dies doch eine erst durch Korrelation nach außen entstandene Einrichtung des lebenden Protoplasma (s. u.).

Noch vor einem anderen Mißverständnis ist hier zu warnen. Der oben gebrauchte Ausdruck „Korrelation" erinnert natürlich an eine durch die Formbedingungen hervorgerufene Epigenese, was dann gleichzeitig den Gedanken weckt, daß die während der Ontogenese ununterbrochen fortdauernde Energie der Substanz dem Wirken einer Präformation gleichzusetzen sei. Diese Auffassung wäre jedoch nach unserer Definition durchaus verfehlt. Denn danach schließen Präformation und Epigenese einander im ganzen und im einzelnen grundsätzlich aus, während Energie der Substanz und Formbedingungen in der Ontogenese untrennbar zusammengehören. Ob aber dabei die Entwicklung im Sinne einer Präformation oder einer Epigenese verläuft oder diese beiden Auffassungen versagen, kann erst nach vollendeter Untersuchung des tatsächlichen Geschehens entschieden werden.

2. Die morphologische Sonderung.

Diejenigen Erscheinungen der morphologischen Sonderung, die die Ontogenese der Polyplastiden einleiten, sind:

Die Eiteilungen.

Es ist üblich, darunter nicht nur die Teilung des Eis allein, die ja in der Regel bloß eine Halbierung ist, sondern auch die folgenden, unter gleichen allgemeinen Bedingungen stattfindenden Teilungen der Blastomeren und frühesten Embryonalzellen zu verstehen. Dies ist allerdings mehr bequem als korrekt; doch läßt sich zugunsten jener Bezeichnung noch anführen, daß bei den Arthropoden eine größere Zahl jener sukzessiven Teilungen zeitlich zusammenfallen.

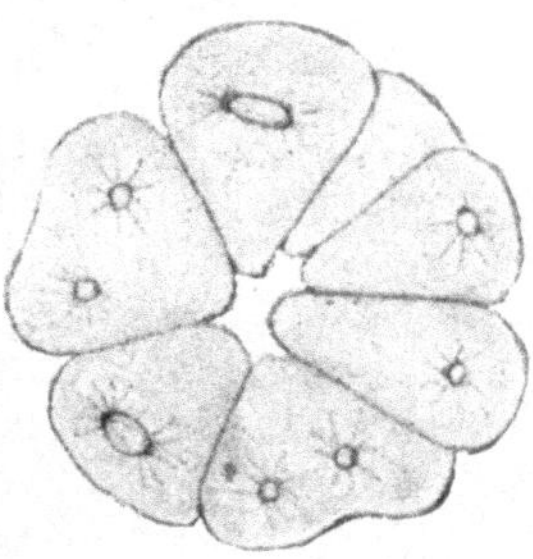

Fig. 1.
Mitrocoma annae, Blastula, nach Metschnikoff (1886).

Die Eiteilungen fallen unter den Begriff der Zellteilungen in dem erweiterten Sinn, daß er überhaupt alle Teilungen von einzelnen Plastiden, also auch der monoplastiden Protozoen umfaßt. Die Eiteilungen sind aber dadurch ausgezeichnet, daß sie längere Zeit in ganz bestimmter Richtung, nämlich in bezug auf die ganze Eimasse oder den ganzen Embryo radial, von der Peripherie zu einem Zentrum verlaufen (Fig. 1). Dies kann aber nicht als eine besondere Eigentümlichkeit der Eier oder sonstiger ihnen homologer Keimzustände angesprochen werden, da es sich bei manchen Teilungen vegetativer Körper, z. B. bei der sogenannten Schizogonie der Coccidien wiederholt (Fig. 2). Die Eiteilungen gehören also zu einer allgemeinen Kategorie von Zellteilungen mit vorbestimmter Teilungsrichtung, der andere Teilungen von Plastiden (manche Protozoen, Embryonal- und Gewebszellen) gegenüberstehen, an denen eine bestimmte Teilungsrichtung sich wenigstens im allgemeinen nicht wahrnehmen läßt. Nehmen wir nun an, daß

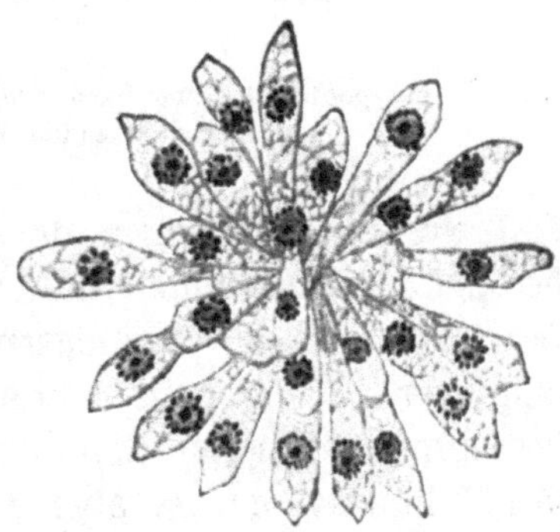

Fig. 2.
Coccidium schubergi, Teilung, nach Schaudinn (1900), aus Doflein, Lehrbuch der Protozoenkunde (1916).

diese unbestimmte Teilungsrichtung von wechselnden äußeren oder inneren Ursachen abhängt, so kann die fixierte Teilungsrichtung der ersten Kategorie, die bei den verschiedensten Tieren unter wechselnden äußeren Existenzbedingungen sich gleich bleibt, nur einen fixierten inneren Grund haben.

Es empfiehlt sich nun, zuerst die Ursachen der Zellteilungen überhaupt und darauf diejenigen der hinzukommenden fixierten Teilungsrichtung zu untersuchen, und zwar nach der schon angegebenen Methode,

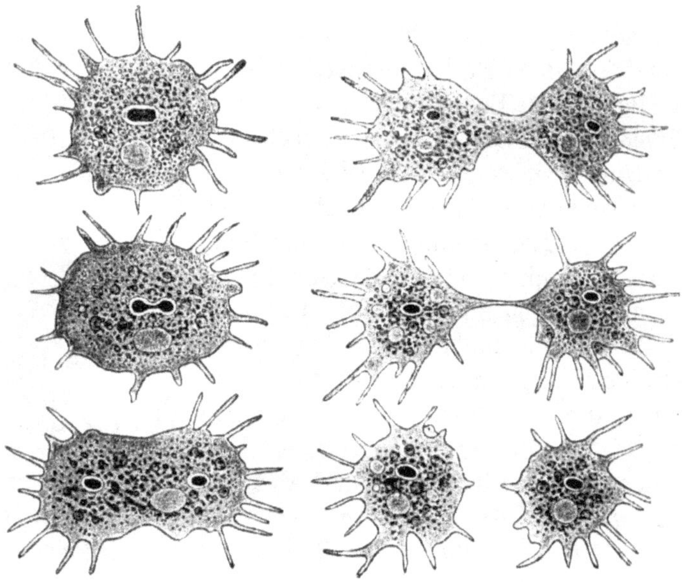

Fig. 3.
Amoeba polypodia, Teilung nach Schulze, aus Korschelt u. Heider, Lehrbuch der vergleichenden Entwicklungsgeschichte (1910).

daß wir die Wirkungen der substanziellen Energie und der Formbedingungen auseinanderhalten.

Die allgemeine Teilungsenergie aller Plastiden, also auch der Eier und ihrer Abkömmlinge, läßt sich gegenwärtig noch nicht allgemein und bestimmt analysieren; d. h. man kennt wohl die einzelnen Erscheinungen des Teilungsvorgangs, aber nicht den Grund seines Eintretens. Im Kapitel über die Fortpflanzung komme ich noch auf dieses Problem zurück; hier mag die Bemerkung genügen, daß die so lange Zeit ununterbrochen fortdauernden Teilungen der Embryonalzellen mit der Masse der Reservestoffe im Ei in Wechselwirkung stehen, deren Auflösung und Verwandlung in Protoplasma die Kraftquelle für die rein dynamischen Leistungen jener Teilungen darstellt.

Verfolgen wir nunmehr den sichtbaren Teilungsvorgang im einzelnen (Fig. 3). Jedes einkernige Plastid teilt sich in der Regel so, daß zuerst der Kern halbiert wird, wobei seine beiden Hälften rechtwinklig zu ihrer Teilungsebene etwa bis zur Mitte der beiden entsprechenden Plasmahälften auseinanderrücken.[1] Darauf trennen sich die letzteren zwischen den beiden Kernen, also in der Teilungsrichtung des primären Kerns voneinander. Auf Grund dieser regelmäßigen Aufeinanderfolge könnte es scheinen, daß in diesen Fällen die Kernteilung die folgende Teilung des Plasma und somit des ganzen Plastids veranlasse und selbst die Teilungsrichtung bestimme. Dies auf die radialen Eiteilungen bezogen würde heißen, daß dieser Anfang der Ontogenese lediglich und direkt auf irgendwelche im Eikern enthaltenen und nach außen unabhängigen Ursachen zurückzuführen, also zweifellos präformiert sei. Die Voraussetzungen dieser Schlußfolgerung bestätigen sich aber nicht.

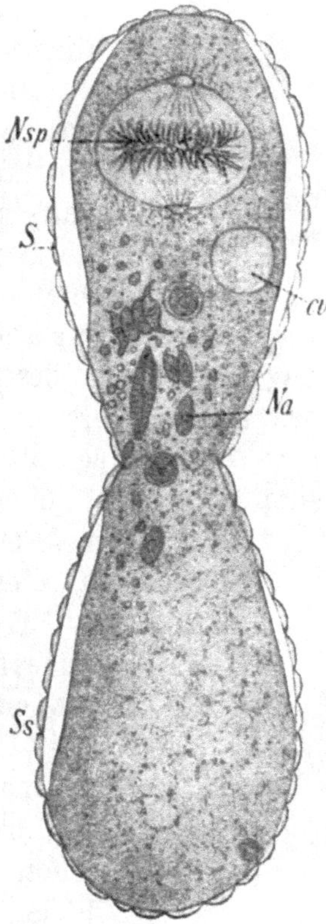

Fig. 4.
Euglypha alveolata, Teilung, aus Doflein, Lehrbuch der Protistenkunde, (1916), *S* alte Schale, *Nsp* Kern, *Na* Nahrung, *Ss* neue Schale.

Erstens gibt es einzelne Fälle, wo das Nacheinander der Teilungen von Plasma und Kern gerade umgekehrt verläuft. So ist bei den bekannten Teilungen der Thalamophoren des süßen Wassers (Euglypha, Centropyxis u. a.) das Plasma des „Tochtertiers" mit der neuen Schale bereits fertig gebildet, bevor der Kern in der anderen Plasmahälfte auch nur in der Hantelform erscheint (Fig. 4). Ferner habe ich bei Lagenophrys sp. die Kernteilung bald der Plasmateilung vorausgehen, bald hinter ihr zurückbleiben sehen (Fig. 5), sowie andererseits die Teilungen von Trichosphaerium und Opalina ganz unabhängig von den zahlreichen Kernen erfolgen (Fig. 6).[2] Der Wechsel in dem zeitlichen Vorsprung des einen Teils vor dem anderen bei der Gesamtteilung des Plastids verbietet also die Annahme, daß die Teilungsenergie nur im Kern stecke,

[1] Auf die Erscheinungen der Mitose gehe ich hier nicht ein, da ihre Kenntnis zur Erklärung des Gesamtvorgangs nichts beiträgt.

[2] Diese Figur stellt ein aus der Nordsee stammendes, vielkerniges Protozoon dar, das ich in großer Zahl in ähnlichen Teilungszuständen wie Trichosphaerium antraf.

und die Plasmateilung bloß eine Folgeerscheinung der Kernteilung sei. Wir müssen vielmehr schließen, daß jene Energie sich in der Regel in beiden Zellsubstanzen ungefähr gleichzeitig entwickelt und nur ihre sichtbare Wirkung in ungleichem, wechselnden Tempo zutage tritt, oder daß dieselbe Energie bei der Entstehung vielkerniger Plastiden im Plasma und bei ihren späteren Teilungen (Trichosphaerium, Opalina) in den Kernen fehlt.

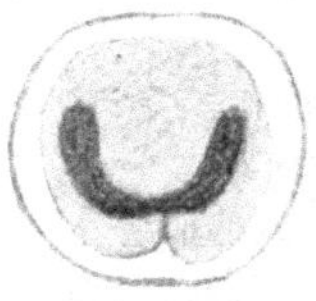

Fig. 5. Lagenophrys sp., beginnende Teilung, Orig.

In der angegebenen Vorstellung von der Omnipotenz des Kerns bei der normalen Teilung ganzer Plastiden steckt aber noch der weitere Trugschluß, daß, indem die Kernhälften bis in die Mitte der für sie bestimmten Plasmahälften vorrücken, sie oder in letzter Linie ihr Mutterkern diese ständige und unverkennbare Korrelation von Kern und Plasma in ihren beiderseitigen Lagebeziehungen bestimme. Dies trifft aber deshalb nicht zu, weil das Auseinanderrücken der getrennten Kernhälften, selbst wenn sie noch durch einen dünnen Faden zusammenhängen, gar nicht mehr zum Teilungsakt gehört und auch gar nicht in der Kernsubstanz allein begründet sein kann. Am einfachsten läßt sich dies an einem empirischen Beispiel erläutern.

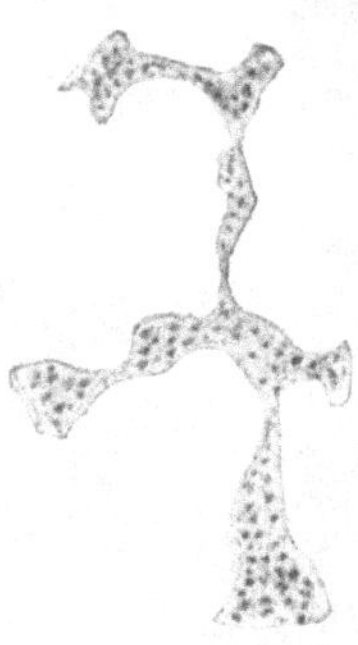

Fig. 6. Trichosphaerium-ähnlicher Organismus aus der Nordsee, in der Teilung, Orig.

Bei der schon erwähnten, gleichzeitig multiplen Eiteilung der Arthropoden geht die Vermehrung des ersten Eikerns und der folgenden Kerne ziemlich weit, bevor eine entsprechende Sonderung von Embryonalzellen beginnt (Fig. 7). Die anfangs noch tief im Innern des Eis befindlichen Kerne lassen bisweilen schon eine radiale Anordnung erkennen, in anderen Fällen aber nicht; durchweg bewegen sie sich jedoch sehr bald aus dem Innern des Eis gegen seine Oberfläche und sammeln und ordnen sich dort so an, daß um jeden Kern eine Embryonalzelle sich sondern kann. Diese regelmäßige, radial gerichtete Bewegung der Kerne kann nicht frei von jeder Korrelation mit ihrer Umgebung von ihnen selbst ausgehen. Weder gehört sie zu dem jeweils schon vorher abgeschlossenen Akt der einzelnen Kernteilung, noch gibt es eine Eigenbewegung der Kerne; und am wenigsten könnte eine solche Bewegung die regelmäßige Richtung von sich aus, ohne jede äußere Korrelation einhalten. Es bleibt also nur die Erklärung übrig, daß eine bestimmte Verschiedenheit des peripherischen und des zentralen Plasma jene Bewegung hervorruft und dirigiert, d. h. daß sie die Formbedingung des Vorgangs ist.

Diese Verschiedenheit ist aber nicht bloß eine theoretische Forderung, sondern bekanntlich in der Regel deutlich sichtbar, indem die Rindenschicht des Eis (Ectoplasma) durch ihre feinkörnige Beschaffenheit, ihre Färbung und anderes sich von der grobkörnigen, d. h. von

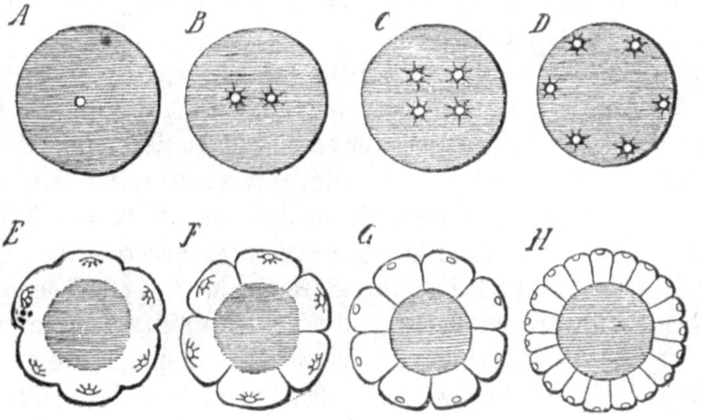

Fig. 7.

Calianassa subterranea, Eiteilung nach Mereschkowsky, aus Korschelt u. Heider, Lehrbuch der vergleichenden Entwicklungsgeschichte (1909).

größeren Dotterkörnern durchsetzten Innenmasse (Entoplasma) abhebt (Fig. 8). Dieser regelmäßigen Erscheinung kann die Bezeichnung einer Organisation des Eiplasma nicht versagt werden. Dazu kommt, daß während jeder Kernteilung eine besondere Wechselwirkung zwischen Kern und Plasma sich in dem merklichen Anwachsen der neu gebildeten Kerne, oft bis zur Größe des Mutterkerns zu erkennen gibt, was natürlich durch eine entsprechende Aufnahme von Substanz aus dem umgebenden Plasma bewirkt wird.

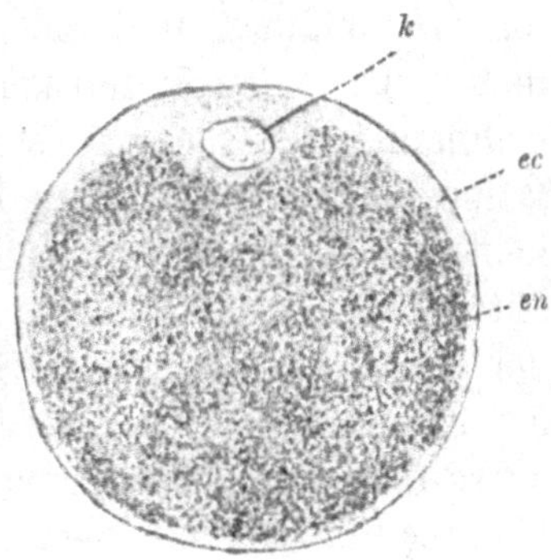

Fig. 8.

Amphibienei, Durchschnitt, Schema, Orig., *k* Kern, *ec* Ectoplasma, *en* Entoplasma.

Das, was die multiplen Eiteilungen der Arthropoden lehren, wiederholt sich auch bei den multiplen Teilungen der Protozoen, u. a. bei der Sporenbildung verschiedener Sporozoen, sowie die beschriebene konzentrische Differenzierung des Eiplasma bei vielen Protozoen, namentlich Amöbinen, Thalamophoren, Heliozoen, deutlich vorgebildet erscheint. Endlich ist es klar, daß auch der einfachen Halbierung einer Eizelle und jedes folgenden Eiteils, ferner jeder Zelle überhaupt und jedes Protozoons derselbe vorhin geschilderte ursächliche Zusammenhang zugrunde liegt. Die Teilungsenergie der Substanz, nämlich des Protoplasma und des Kerns kann zu einer geordneten Teilung des Ganzen bloß durch die Mitwirkung der in der konzentrischen Differenzierung des Plasma gegebenen Formbedingung führen; und jede Teilung eines Plastids ist insofern stets eine diametrale.

Aus diesen Feststellungen geht schon hervor, daß die Ei- und Zellteilung überhaupt kein einfacher und einheitlicher Vorgang ist. Dies zeigt sich besonders deutlich bei der embryonalen Zellteilung der Arthropoden, wo die Kernvermehrung sehr weit vorschreitet, ehe eine entsprechende Plasmateilung eintritt, so daß eine wirkliche Teilung des Eis in zwei, vier, acht usw. Blastomeren ganz ausgeschaltet ist. Hier haben wir also drei zeitlich völlig getrennte und verschiedene Akte zu unterscheiden: die Kernteilung, die Verlagerung der vermehrten Kerne an die Peripherie und zuletzt die entsprechenden Plasmateilungen (vgl. Fig. 3). Der normalen Zweiteilung des Eis liegen aber genau dieselben Prozesse zugrunde, mit der Maßgabe, daß ihre zeitliche Zusammenziehung einen einheitlichen Akt vortäuschen mag.

1. Die erste Kernteilung im Ei oder einem sonstigen Plastid erfolgt durch die eigene Teilungsenergie des Kerns, die natürlich zu den innerhalb des noch unveränderten Eis ruhenden letzten Ursachen gehört. Ihre Wirkung, die vollzogene Zweiteilung des Kerns ist aber bereits eine Neubildung, und indem die zwei neuen Kerne den Zuwachs aus dem umgebenden Endoplasma veranlassen, figurieren sie als neue Formbedingung dieser ebenfalls neuentstandenen und unerläßlichen Korrelation beider Substanzen. Denn sie fehlt niemals und kann auch bei keiner Zellteilung ganz fehlen, am wenigsten bei den fortdauernden Eiteilungen, weil sonst eine ganz unmögliche progressive Verkleinerung der Kerne die Folge wäre. So ist schon die vollendete erste Kernteilung als erster Erfolg der begonnenen Ontogenese ein epigenetischer Vorgang, weil unter seinen nächsten Ursachen sich nur eine letzte Ursache, die Teilungsenergie befindet, während die andere, die Wechselwirkung von Kern und Plasma erst mit Hilfe einer neugebildeten Formbedingung (zwei getrennte Kerne) zustande kommt.

2. Das Auseinanderrücken der Tochterkerne nach ihrer Trennung ist, wie wir sahen, ein von der Kernteilung unabhängiger Prozeß, der zweifellos auf eine Wechselwirkung zwischen den Kernen und dem Ectoplasma zurückzuführen ist. Dabei wiederholt sich das für die Kernteilung angegebene Wechselverhältnis der Ursachen und Wirkungen. Worin die Affinität der Kernsubstanz und des Ectoplasma besteht, wissen wir nicht; wenn aber die Formbedingung für die radiale

Bewegung der Kerne, nämlich das peripherische Ectoplasma, auch zu den im unveränderten Ei enthaltenen letzten Ursachen gehört, so ist doch andererseits die notwendige Vorbedingung für jene Bewegung, die Zwei- oder Mehrzahl der Kerne, keine letzte Ursache, sondern eine ontogenetische Neubildung und folglich der dadurch hervorgerufene Vorgang ein epigenetischer.

3. Ähnlich verhält es sich mit der Plasmateilung, dem Abschluß der Halbierung des Eis. Die Teilungsenergie des Plasma ist sicherlich wie diejenige des Kerns eine letzte Ursache; zur Auslösung ihrer Wirkung gehört aber notwendig die Anwesenheit und bestimmte Lage der Tochterkerne, was als eine epigenetische Leistung (s. o.) überhaupt nicht zu irgendwelchen letzten Ursachen zählen kann. Kurz, auch in diesem Fall tritt zu einer letzten Ursache im Plasma die Korrelation mit anderen Eiteilen, den Tochterkernen, hinzu, wodurch eine volle Identität von letzten und nächsten Ursachen (Präformation) ausgeschlossen und eine Epigenese festgestellt ist.

Jede Ei- und Zellteilung besteht aus mindestens drei auf- und auseinanderfolgenden epigenetischen Akten, ist also auch im ganzen kein präformierter, sondern ein epigenetischer Entwicklungsprozeß.

Damit ist aber die Untersuchung der Eiteilungen noch nicht erledigt, sondern nur festgestellt, was sie mit den Zellteilungen jeder Art gemein haben. Ihnen eigentümlich ist, daß ihre Teilungsrichtung nicht nur überhaupt radial, d. h. mitten durch das Plastid verläuft, sondern daß sie in einem bestimmten Radius fixiert ist. Am einfachsten und klarsten offenbart sich dies an der ersten Eiteilung, deren diametrale Richtung bekanntlich an einen bestimmten Punkt der Oberfläche oder einen Pol gebunden ist. Allerdings zeigt sich dies auch bei gewissen Protozoen, nämlich den Infusorien, deren Teilungsrichtung je nach den verschiedenen Gruppen festgelegt ist (Längs-, Quer-, Schrägteilung). Dort ist auch der Grund einer solchen Fixierung der Teilungsrichtung am leichtesten zu erkennen; denn infolge des unsymmetrischen Baues der Infusorien würde eine unbestimmte Teilbarkeit die allerverschiedensten Hälften liefern, also ihre Unabhängigkeit von der besonderen Organisation des sich teilenden Tiers beweisen, während die fixierte Teilungsrichtung ebenso offenbar von derselben Organisation abhängt.

Dies bestätigt sich am Ei der Polyplastiden, dessen Organisation sich in den meisten Fällen weiter differenziert erweist, als es vorhin beschrieben wurde. Schon 1875 gab ich an, daß an dem durch die Färbung kenntlichen oberen oder Scheitelpol der Amphibiencier das

Ectoplasma regelmäßig am dicksten ist und sich weiter abwärts verdünnt (Fig. 8), so daß die stets an jenem Scheitelpol einsetzende erste Plasmateilung von dieser bipolaren Organisation abhängig erscheint. Und da die vorausgehende Kernteilung in derselben Richtung erfolgt, so daß die beiden Kernhälften stets rechtwinklig zur Scheitelachse auseinanderrücken, läßt sich die Abhängigkeit der fixiert gerichteten Gesamtteilung des Eis von der polar-konzentrischen Organisation seines Plasma nicht verkennen. Die polare Organisation des Eis zeigt sich ferner in der exzentrischen Lage des Eikerns, die wohl bei allen Eiern nachweisbar ist. Wenn es also auch unbekannt ist, was die gesamte polare Anordnung der Eimasse verursacht, so genügt ihre ständige Koinzidenz mit der Richtung der ersten Eiteilung zur Rechtfertigung des Schlusses, daß beides in dem bezeichneten ursächlichen Zusammenhang steht.

Im allgemeinen gilt das Gesagte auch für die folgenden Eiteilungen; doch kommt dabei ein neues Moment hinzu. Wenn sie als fortdauernd radiale bezeichnet werden, so bezieht sich dies natürlich nicht auf das einzelne Blastomer, sondern auf die Gesamtheit der kugelig zusammenhängenden Blastomeren, indem man sie als eine und daher radial geteilte Masse auffaßt. Das einzelne Blastomer teilt sich also nur im Zusammenhang aller Blastomeren, d. h. nur vermittels seiner korrelativen Lagebeziehungen radial. — Dieser korrelative Zusammenhang aller Blastomeren hat aber nicht nur die ebengenannte formale, sondern auch eine sehr wichtige weitere Bedeutung.

Wenn die Eiteilungen von der ersten an sich als einfache Spaltungen vollzögen, so daß auch die Organisation des Plasma fortdauernd halbiert würde, dann wäre schon nach der ersten Teilung, also in den zwei ersteren Blastomeren die beschriebene polar-konzentrische Differenzierung des intakten Eis vollkommen zerstört. Denn es würde den Blastomeren an ihrer Teilungsfläche ein Ectoplasma überhaupt, und an der freien Außenfläche eine polare Bildung desselben, also die bestimmte Formbedingung für weitere radiale Teilungen fehlen. Unter diesen Umständen könnte daher eine typische, bestimmt geordnete Ontogenese gar nicht zustande kommen.

Tatsächlich verlaufen jedoch die Eiteilungen ganz anders. Es handelt sich dabei nicht um eine einfache Spaltung, sondern um eine Trennung zweier Hälften des Eis oder eines Blastomers in derselben Weise wie bei der Individualteilung eines selbständigen Plastids, etwa einer Amöbe. Eine solche Teilung beginnt mit einer offenen Einschnürung, in die infolge der natürlichen Elastizität des Ectoplasma auch dieses mit hineingezogen wird, so daß nach vollzogener Durchschnürung jedes der beiden Tochtertiere wieder ein allseitig geschlossenes Ectoplasma, also eine gleiche Organisation wie das Muttertier zeigt und bei seiner neugewonnenen Individualität auch behält. Das sich teilende Ei verhält sich anfangs ebenso und kann unter Umständen ebenfalls in zwei kugelige, dem ungeteilten Ei gleiche Blastomeren zerfallen, wie es oft genug beobachtet wurde. Wenn sie selbständig blieben, würden sie, jedes für sich, die 1. Eiteilung in der normalerweise senkrechten Scheitelmasse wiederholen; und bei derselben Voraussetzung für die folgenden Teilungen würden alle Blastomeren — falls sie sich untereinander berühren und äußerlich nicht behindert waren — nur eine einschichtige lockere Zellenplatte bilden (vgl. Fig. 11). Für radiale Teilungen und eine normale Ontogenese fehlte alsdann jeder Grund.

Die genannte Voraussetzung einer dauernd unbehinderten Selbstständigkeit und Individualität jedes Blastomers, wie sie das intakte Ei zeigt, trifft aber im natürlichen Geschehen nicht zu, weil während jeder Teilung früher oder später eine den Erfolg einer Individualteilung abändernde Korrelation der Blastomeren eintritt. Sie bleiben nicht bloß in einem Punkt in Berührung, sondern legen sich sofort oder nach kurzer Zeit unter entsprechender Abplattung mit breiten Flächen aneinander, die erst nahe der äußeren Oberfläche zu einer tiefen Furche auseinanderweichen. Von den Ursachen dieser Vereinigung wissen wir nicht mehr, als was das Wort „Chemotaxis“ andeutet, und was durch Experimente von Maas (1901) gut erläutert wird, indem künstlich weitgetrennte Blastomeren nach einiger Zeit sich wieder zusammenfügen. Auch kann die Chemotaxis nicht ohne weiteres als eine stets präsente Eigenschaft des Eiplasma und daher als letzte Ursache gelten. Denn nach Metschnikoff bleiben die Blastomeren von Oceania armata normalerweise während einer ganzen Reihe von Teilungen mehr oder weniger getrennt, um sich erst spät chemotaktisch zu verbinden (Fig. 9).

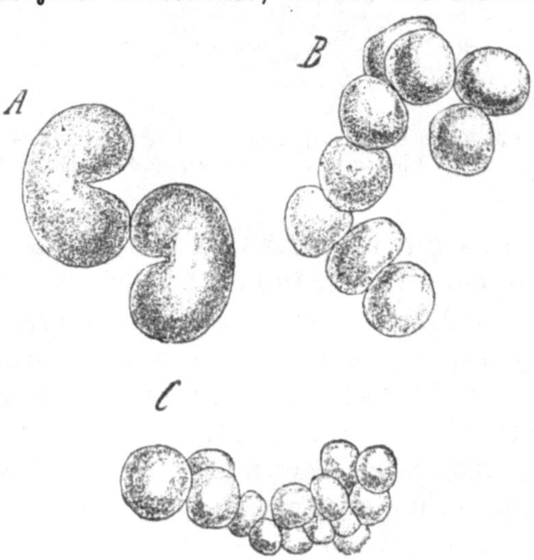

Fig. 9.
Oceania armata, Blastula, nach Metschnikoff (1886), aus Korschelt u. Heider, Lehrbuch der vergleichenden Entwicklungsgeschichte (1902).

Nun hat Maas an den Eiern von Aegineta gefunden, daß das Ectoplasma, das anfangs die völlig freien Teilungsflächen der Blastomeren überzieht, während ihrer Aneinanderlagerung an die freie Außenfläche verdrängt wird.[1] Ob es dort eine polare Anordnung erhält, erfahren wir freilich nicht; ziehen wir aber andere Eier zum Vergleich heran, so zeigt sich, daß das Ectoplasma der beiden aneinandergepreßten Blastomeren nicht mehr dort, wo sie auseinanderweichen, d. h. im Grunde der Teilungsfurche, sondern auswärts davon am stärksten ist (Fig. 10). Mit anderen Worten, das kappenförmige Ectoplasma jedes

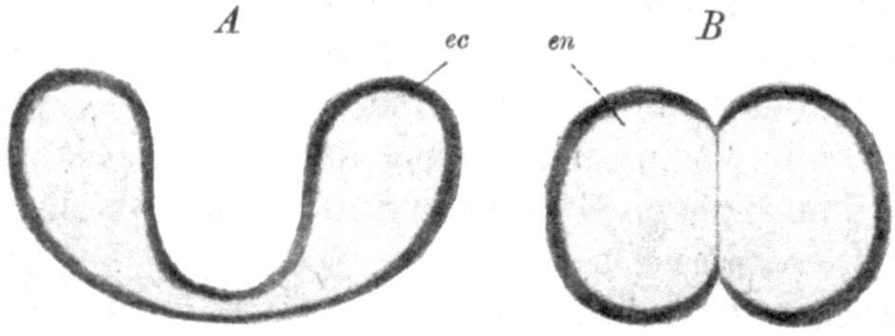

Fig. 10.
Aegineta flavescens, erste Eiteilung, *A* auseinandergerückte, *B* aneinandergelagerte Blastomeren, nach Maas (1901—1), *ec* Ectoplasma, *en* Entoplasma.

Blastomers ist alsdann unregelmäßig polar angeordnet, so daß es einen eigenen neuen Pol außerhalb des ersten erhalten hat.

Natürlich wechselt die polar-konzentrische Differenzierung des Eiplasma in den verschiedenen Tieren schon deshalb, weil sie aus einer gleichmäßig konzentrischen Differenzierung hervorgehend, in den divergierenden Arten sich ebenfalls divergierend entwickelte. Daher werden auch die neugebildeten Plasmapole nach Maß und Lage wechseln, worauf hier nicht weiter eingegangen werden soll. Sicher ist nur, daß, wenn diese neugewonnene Polarität der Blastomeren, wie doch angenommen werden darf, dieselbe Wirkung ausübt wie die Polarität des intakten Eis, d. h. die Richtung der folgenden Blastomerenteilungen bestimmt, diese die allererste Teilungsebene irgendwie schneiden, also radial verlaufen muß. Natürlich beherrscht dieser Kausalzusammenhang alle übrigen Eiteilungen; die zeitliche Zusammenziehung der Plasmateilungen in den Eiern der Arthropoden erklärt die Vereinfachung ihrer Korrelationen.

Aus diesen Überlegungen folgt weiter, daß die polare Anordnung des Plasma oder die Formbedingung jeder Teilung, die bei der ersten Halbierung des Eis noch zu den letzten Ursachen gehört, vom zweiten

[1] Es wird nicht angegeben und ist auch nicht wahrscheinlich, daß das Ectoplasma im Bereich der Berührung bei den Blastomeren völlig verschwindet; es dürfte also dort bloß unkenntlich dünn werden.

Teilungsakt an als eine korrelativ entstehende Neubildung auftritt. Man kann sogar noch weiter gehen und behaupten, daß jedes Blastomer seine Teilungsenergie als wirkliche Neubildung in sich erzeugt. Denn ich kann eine solche Energie nicht als eine jederzeit präsente Eigenschaft der Zellsubstanz, sondern nur so verstehen, daß sie durch die jeweils neue Organisation jedes neuen Blastomers auch neu entsteht (s. u.). Dann kann sie auch nicht als eine direkte Fortsetzung der Teilungsenergie des intakten Eis oder als eine letzte Ursache der Blastomerenteilung gelten. Folglich enthält der Komplex der nächsten Ursachen bei den Eiteilungen vom 2. Teilungsakt an keine unveränderte letzte Ursache mehr.

Nach den radialen Eiteilungen erscheinen an den Abkömmlingen der Blastomeren, an den Embryonalzellen, früher oder später Teilungen ohne bestimmte, fixierte Teilungsrichtung. Diese Zellteilungen unterscheiden sich natürlich nicht grundsätzlich von den Eiteilungen, sondern nur dadurch, daß ihre Formbedingungen infolge einer wechselnden Mitwirkung ihrer nächsten Umgebung ebenfalls wechseln. Dies führt aber unmittelbar zu den Teilungen der aus den Embryonalzellen hervorgehenden Gewebszellen, die, ob mit fixierter oder unbestimmter Teilungsrichtung, keine anderen Teilungsursachen haben können als die ersteren. Nur verlaufen die Teilungen der Gewebszellen in der Regel nicht in dem raschen Tempo wie die besprochenen Eiteilungen, sondern werden erst durch besondere äußere Einflüsse wie Ernährung u. ä. veranlaßt. Dies alles begründet aber den Satz: Jede Zellteilung überhaupt ist ein epigenetischer Vorgang.

Die Blastula.

Ich sprach bisher nur von den Ursachen der Eiteilungen, aber noch nicht davon, wie sie und alle folgenden Zellteilungen sich an der morphologischen Sonderung beteiligen. Diese ihre Leistungen beschränken sich nicht auf einige embryonale Formbildungen, sondern erstrecken sich weit darüber hinaus durch die ganze Ontogenese.

Wollte man als erstes und Hauptziel der Eiteilungen die Herstellung einer ausreichenden Zahl von Zellen bezeichnen, so wäre ihre eigentliche Bedeutung für die folgende Ontogenese kaum berührt und selbst dann nicht voll ausgedrückt, wenn man die chemotaktische Verbindung und die radiale Anordnung der Blastomeren und Zellen hinzunimmt. Denn abgesehen davon, daß die Vielzelligkeit für die Ontogenese eines Polyplastids eine selbstverständliche Voraussetzung ist, bei der man sich nicht aufzuhalten braucht, begegnen uns die genannten einzelnen Akte jenes Vorgangs auch bei den Monoplastiden, so z. B. die multiplen Teilungen in der Schizogonie der Coccidien und die chemotaktischen Verbindungen zahlreicher Individuen von Microgromia socialis. Das Bezeichnende der Eiteilungen der Polyplastiden ist vielmehr die dauernde Verbindung jener Vorgänge vom ersten Anfange der Ontogenese an in der Weise, daß daraus ein individuelles Ganze mit regelmäßigen Form- und Lagebeziehungen der Teile und so eine erste morphologische Embryonalform hervorgeht: die Blastula.

Mit diesem Namen war früher die Vorstellung einer Blase (Keimblase) verbunden, indem im Innern der sich radial teilenden Eimasse eine stetig wachsende Höhlung entsteht. Diese innere Höhle (Keimhöhle, Blastocöl) ist allerdings keine notwendige Begleiterscheinung aller als Blastulae zu bezeichnenden Embryonalformen; da jedoch die Keimblase, wie sich zeigen wird, die ursprünglichste dieser Formen ist, und die Entstehung des Blastocöls noch ein besonderes Interesse darbietet, verdient sie der weiteren Untersuchung zugrunde gelegt zu werden.

Fig. 11.
Massenbewegung der sich in derselben Richtung teilenden Blastomeren, Schema.

Würden die Eiteilungen bloß als Spaltungen der Eimasse erfolgen, so behielte der Embryo die Form einer soliden Kugel ohne jedes Motiv einer Änderung. Tatsächlich hat aber jedes neuentstehende Teilstück des Eis das Bestreben, sich mehr oder weniger abzurunden, so daß die beiden Produkte einer Teilung stets einen anderen Raum einnehmen als ihre Mutterzelle (Fig. 11). Vergegenwärtigt man sich dies an einer Kugel *a*, die in zwei zusammenhängende Kugeln *b* zerfällt, die sich wieder in derselben Richtung in vier in einer Linie zusammenhängende Kugeln teilen (*c*), so ist es klar, daß der Durchmesser von *a* in den Massen *b* und *c* in der Teilungsrichtung stetig abnimmt, rechtwinklig dazu jedoch ebenso stetig wächst. Überträgt man dieses Schema von der Ebene auf die Kugelfläche des Eis, so vollzieht sich während seiner radialen Teilungen die entsprechende Massenverschiebung in der Weise, daß die Blastomeren und Embryonalzellen sich in radialer Richtung verkürzen, die ganze Masse sich aber konzentrisch ausdehnt. Beides im Verein bewirkt das gemeinsame Abrücken der inneren Enden der Blastomeren und Zellen vom Zentrum und so die Entstehung des Blastocöls, das in demselben Maße wächst, als die sich ausdehnende Keimschicht (Blastoderm) sich verdünnt.

Insofern ist die fertige Keimblase und typische Blastula nur der letzte Abschluß der allseitig radialen Eiteilung.

In dieser Bildungsgeschichte der typischen Blastula offenbart sich uns eine neue Erscheinung des ontogenetischen Geschehens, nämlich die durch die Eiteilung hervorgerufene Massenbewegung der Embryonalteile. In der Entwicklung der Blastula spielt sie übrigens, wie noch eingehender gezeigt werden soll, oft keine große Rolle, eine um so größere dagegen in den späteren Entwicklungsperioden. Denn das, was von der Massenverschiebung der sich teilenden Blastomeren und ersten Embryonalzellen[1] gesagt wurde, gilt im allgemeinen für alle Zellteilungen, insbesondere allerdings während der morphologischen Sonderung, die ja wesentlich in Veränderungen der Form- und Lagebeziehungen von Zellenmassen besteht, also auf deren Massenbewegungen beruht.

Die Energie, die diesen Bewegungen zugrunde liegt, nämlich die Eigenschaft des Eiplasma, sich in jedem Teilstück, soweit es möglich ist, abzurunden, steckt natürlich schon im intakten Ei, gehört also zu den letzten ontogenetischen Ursachen; sie kommt jedoch, soweit es sich um die Blastula handelt, erst durch die radialen Teilungen der zusammenhängenden Blastomeren und Embryonalzellen, also auf epigenetischem Wege zur morphologischen Wirkung, die sich dann auf die folgenden Entwicklungsstufen fortsetzt.

Während der ersten Eiteilungen ist die genannte Massenverschiebung meist unerheblich, weil die sich abrundenden Teilstücke alsbald infolge der Chemotaxis sich gegenseitig abplatten und so das Höchstmaß der Ausdehnung und Bewegung einschränken. Das Blastocöl zeigt sich alsdann als eine unbedeutende, leicht zu übersehende Lücke zwischen den abgerundeten inneren Enden der Blastomeren, sowie auch deren Außenflächen sich stärker vorwölben, als es die ursprüngliche Oberfläche des Eis war. Diese scheinbar solide „maulbeerförmige“ Masse wurde daher früher unter dem Namen „Morula“ als eine besondere Vorstufe der hohlen Blastula von dieser unterschieden. Ich habe aber schon vor langer Zeit darauf hingewiesen, daß jene allerdings oft in die Augen springende Differenz eine rein äußerliche und irrelevante ist, und die zwei Namen sogar zu Unzuträglichkeiten führen können (Goette 1886).

Die Morula ist doch nichts weiter als eine Blastula mit sehr kleinem Blastocöl, dessen allmähliche Erweiterung an dem ganzen Aufbau so

[1] Bekanntlich besteht keine bestimmte Grenze zwischen diesen beiderlei Elementen, deren Namen traditionell nur die größeren und die kleineren Eiteile vor ihrer geweblichen Differenzierung bezeichnen.

gut wie nichts ändert. Andererseits kommt es aber unter den Arthropoden nicht selten vor, daß an einer Blastula mit weiter oder doch deutlicher Höhlung die größeren inneren und kernlosen Hälften der Blastomeren später miteinander verschmelzen und das Blastocöl ausfüllen, während das Blastoderm sich an der Oberfläche bildet, wie bei der Spinne Theridium maculatum (Fig. 12). Dort lägen also die Merk-

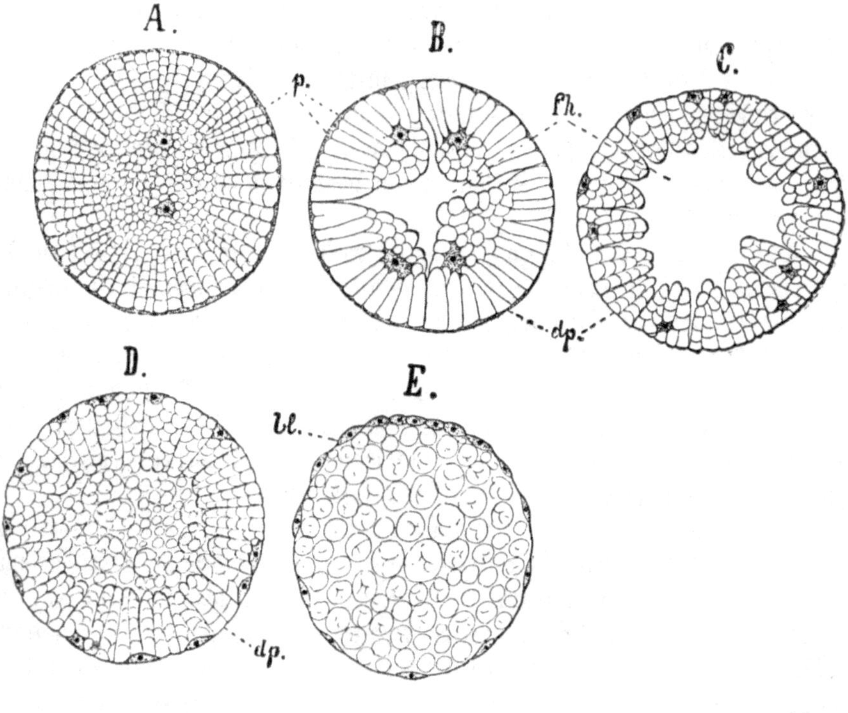

Fig. 12.

Theridium maculatum, Blastulation, nach Morin (1888), aus Korschelt u. Heider, Lehrbuch der vergleichenden Entwicklungsgeschichte (1909); *bl* Blastoderm, *dp* Dotterpyramiden, *fh* Blastocöl, *p* peripherische Plasmaschicht.

male einer Morula erst nach dem Keimblasenstadium vor. Dieselbe Verschmelzung kann aber auch sehr früh eintreten (Eupagurus, Fig. 13), oder es unterbleibt eine eigentliche Blastomerenbildung überhaupt ganz, wie bei vielen Krebsen und Insekten, so daß, wie wir sahen (s. o.), die Vorgänge einer radialen Teilung sich mit einer Verspätung der Plasmateilung an der Oberfläche einer soliden Eimasse abspielen.

Hält man sich nun bloß an die äußere Erscheinung, so müßte man sagen, daß in solchen Fällen die Blastula ganz ausgefallen und sei es durch eine Morula oder eine ganz neue Embryonalform ersetzt sei. Dadurch träte im Verein mit der erwähnten Auffassung der Embryonen von Theridium nicht nur eine formale Schwierigkeit, sondern eine ernstliche Verwirrung der Begriffe ein. Wo bliebe denn überhaupt die vergleichende Entwicklungsgeschichte, wenn man auf Grund äußerer Erscheinungen eher annehmen wollte, daß die Ontogenese innerhalb eines Stammes grundsätzlich verschieden verläuft, als daß man jene Erscheinung nach dem ursächlichen Zusammenhang der Vorgänge, dem eigentlichen Gegenstand der Entwicklungsgeschichte beurteilt?

Ist nun der Name Morula teils überflüssig, teils störend, so gebe man ihn einfach auf, und bezeichne die ganze erste Entwicklungsstufe durchweg als Blastula. Denn zweifellos ist in allen beispielshalber genannten Embryonen, so sehr sie in ihrer äußeren Erscheinung auseinandergehen, sowohl ein gemeinsamer Grundbau als eine gleiche Entwicklung desselben nachweisbar, genau so, wie es für die ursprüngliche Keimblase geschildert wurde. Überall sind es die radialen Eiteilungen, die eine zunächst einschichtige peripherische Keimhaut um einen Innenraum herstellen, mag er nun groß oder klein, mit einer Flüssigkeit oder einer festen Masse (Nahrungsdotter) gefüllt sein. Diese wesentliche Übereinstimmung soll auch in dem gemeinsamen Namen „Blastula“ zum Ausdruck kommen, mag man ihn auch durch die von mir vorgeschlagenen Worte „Coeloblastula“ (mit Blastocöl) und „Sterroblastula“ (ohne Blastocöl) differenzieren.

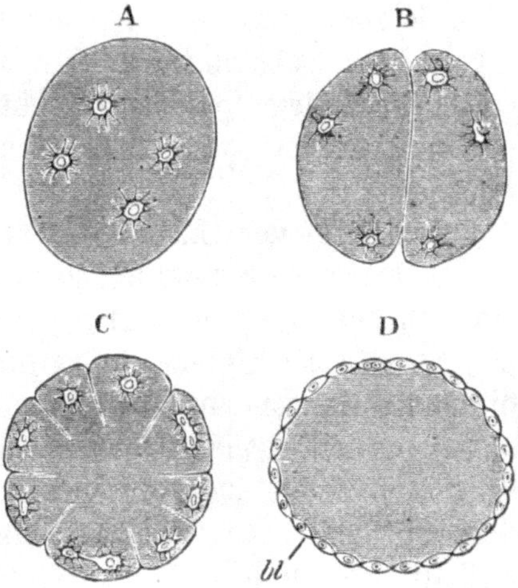

Fig. 13.

Eupagurus prideauxi, Blastula, nach P. Mayer (1887), aus Korschelt u. Heider, Lehrbuch der vergleichenden Entwicklungsgeschichte (1909); *bl* Blastoderm.

Wie gesagt, ist die Massenbewegung in der Blastula nicht immer auffällig, teils sogar nicht direkt nachweisbar, wie in der Sterroblastula. Ihre volle Bedeutung offenbart sie erst in der Entwicklung der folgenden Embryonalform, der Gastrula. Bevor ich aber auf diese übergehe, soll im Anschluß an die Untersuchung der Blastula als der ersten Stufe der morphologischen Sonderung der Ursprung dieser letzteren erläutert werden.

Der Ursprung der morphologischen Sonderung.

Bisher wurden die Ursachen der ersten morphologischen Entwicklungsprozesse untersucht, die allen uns bekannten tierischen Polyplastiden gemeinsam sind. Indem wir dabei von dem entwicklungsbereiten Ei ausgingen, fanden wir erstens, daß jene Prozesse sich allerdings rein epigenetisch vollziehen, daß aber auf der anderen Seite ihr Ausgangspunkt, das vollreife Ei bereits gewisse letzte Ursachen enthält, die jene Epigenese auslösen und selbstverständlich ihre notwendige Voraussetzung bilden. Und ebenso selbstverständlich ist es ferner, daß diese letzten Ursachen — vor allem eine bestimmt konstituierte und organisierte Substanz mit genügender Teilungsenergie — sich nicht einzeln betätigen, sondern in innigster Verbindung miteinander als erste und wichtigste Errungenschaft die Polyplastidie des Ganzen erzielen.

Damit ist der Unterschied zwischen den einzelnen Ursachen der morphologischen Sonderung sowie der Ontogenese überhaupt und ihrem einheitlichen Ursprung angegeben. Und wenn dies natürlich auf eine phylogenetische Untersuchung hinweist, so soll hier doch keineswegs die ganze Deszendenzlehre aufgerollt werden, die uns erst später beschäftigen soll, sondern zunächst bloß die Frage nach dem Ursprung der Polyplastidie aufgeworfen werden, weil eine Verständigung darüber die eigentliche ontogenetische Untersuchung über die Blastulation vorteilhaft beleuchtet.

Um eine zutreffende Vorstellung von jenem Ursprung zu gewinnen, genügt nicht die allgemeine Überlegung, daß die Polyplastiden als Verbände von vielen Zellen zweifellos aus Vereinigungen einzelner solcher Elemente oder Plastiden hervorgegangen seien, wie wir sie in den Monoplastiden vor uns sehen. Auch der Hinweis darauf, daß die Ontogenese der Polyplastiden mit einem monoplastiden Körper (Ei) beginnt, also nach bekannter Auffassung (biogenetisches Grundgesetz) einen ebensolchen Ursprung bezeuge, kann wohl allgemein überzeugen, aber diesen Ursprung nicht im einzelnen erklären. Dies ergibt sich schon aus der Prüfung dessen, was eigentlich das Wesen der Polyplastidie ist, und was in dieser Hinsicht die Untersuchung der ersten morphologischen Prozesse lehrt.

Der Nachweis der Polyplastidie erschöpft sich keineswegs in der Feststellung eines Zusammenhangs vieler Plastiden oder Zellen. Denn solche Verbände treffen wir auch bei den Monoplastiden an, und zwar nicht nur in einer ungeordneten Form (Astrorhiza, Mikrogromia, Spaerastrum [Fig. 14], Raphidiophrys), sondern auch in regelmäßiger Anordnung, z. B. in den radial geordneten Teilungsgruppen der Coccidia und manchen Kolonien von Flagellaten. Trotzdem besteht zwischen solchen Kolonien von Monoplastiden und den Polyplastiden ein wesentlicher Unterschied. Die ersteren stellen so lockere Verbände dar, daß die einzelnen Plastiden voneinander unabhängig

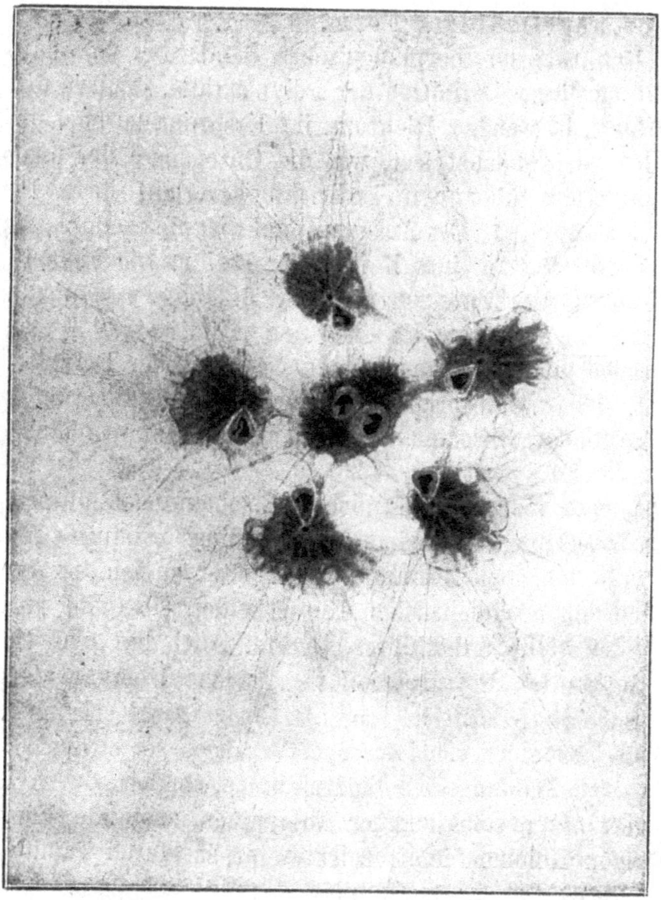

Fig. 14.
Sphaerastrum fockei, aus Doflein, Lehrbuch der Protistenkunde (1916).

bleiben und daher jederzeit aus der Verbindung sich herauszulösen und zu einer individuell selbständigen, also monoplastiden Existenz übergehen vermögen, wogegen die Polyplastidie der nach ihr genannten Tiere einen individualisierten Zellenverband bedeutet, d. h. einen solchen, dessen Elemente durch gegenseitige Abhängigkeit oder Korrelation zu Teilbildungen werden, die sich dem Ganzen unterordnen und dadurch seinen dauernden Bestand, seine Einheitlichkeit und Selbständigkeit sichern. Das Polyplastid hört dadurch auf, eine Summe von Einzelteilen zu sein und erhebt sich zu einem in sich geschlossenen Produkt derselben, was nur in regelmäßiger Form denkbar ist.

Die Polyplastidie ist die Vereinigung von vielen Zellen zu einem individualisierten und dauernden Ganzen in bestimmter, regelmäßiger Form.

Die Kenntnis der morphologischen Sonderung veranlaßt uns aber nicht bloß zu dieser Definition der Polyplastidie, sondern orientiert uns auch darüber, in welcher Richtung ihr Ursprung zu suchen ist.

Stellen wir zunächst fest, was die Ontogenese der uns bekannten vielzelligen Tiere über den Entwicklungsverlauf ihrer Polyplastidie tatsächlich aussagt. 1. Der Ausgangspunkt ist ein monoplastider Körper mit den Eigenschaften eines Keims oder Eis. 2. Die Vielheit der Zellen entsteht durch die Teilungen des Eis. 3. Diese verlaufen nach einer bestimmten Regel, woraus als erste und primitivste Polyplastidenform, auf die es bei dem zu erforschenden Ursprung der Polyplastidie allein ankommt, die radial orientierte, homoplastide Blastula hervorgeht. 4. Der korrelativ wirksame und dauernde Zusammenhang der Zellen vollendet die Polyplastidie.

Wenn man sich nach ähnlichen Erscheinungen unter den Monoplastiden umschaut, so scheinen sie, allerdings vereinzelt und in einem weniger vollkommenen Zustande, nicht selten zu sein, so daß ihre Vereinigung zu einem einheitlichen Komplex den Übergang zu den ersten Polyplastiden wohl herbeiführen konnte. Auch hat man schon längst in den bekannten Protozoenkolonien solche Übergangsformen sehen wollen. So einfach läßt sich aber die Frage nicht erledigen.

Manche Kolonien scheiden vom Vergleich schon deshalb aus, weil sie nicht durch Teilung eines Individuums, sondern durch Verbindung vorher getrennter selbständiger Individuen zustande kommen; und allen übrigen Kolonien fehlt, selbst wenn sie durch Teilung entstehen und das Merkmal der ersten Polyplastiden, die regelmäßige Kugelgestalt besitzen (z. B. Uroglena), der Ursprung von einem Keim aus. Natürlich stände der Hypothese nichts im Wege, daß solche Protozoenkolonien einmal auch jenes fehlende Merkmal erwerben, und statt aus einem sich teilenden fertigen Individuum, aus einem sich ebenfalls teilenden Keim desselben hervorgingen. Nur wäre dieser hypothetische neue Erwerb an die frühere Koloniebildung gar nicht notwendig gebunden, wie es ja auch die Sporenkolonien der einzeln lebenden Amöben und Gregarinen lehren, die durch ihre Kugelgestalt nebst dem zentralen Restkörper den Blastulae mancher Anthropoden vollkommen gleichen

(s. o.). Der Umweg der phyletischen Entwicklung über die Koloniebildungen der Reifeformen wäre also völlig überflüssig, und die Annahme viel einfacher und natürlicher, daß ähnliche Sporenkolonien, wie die

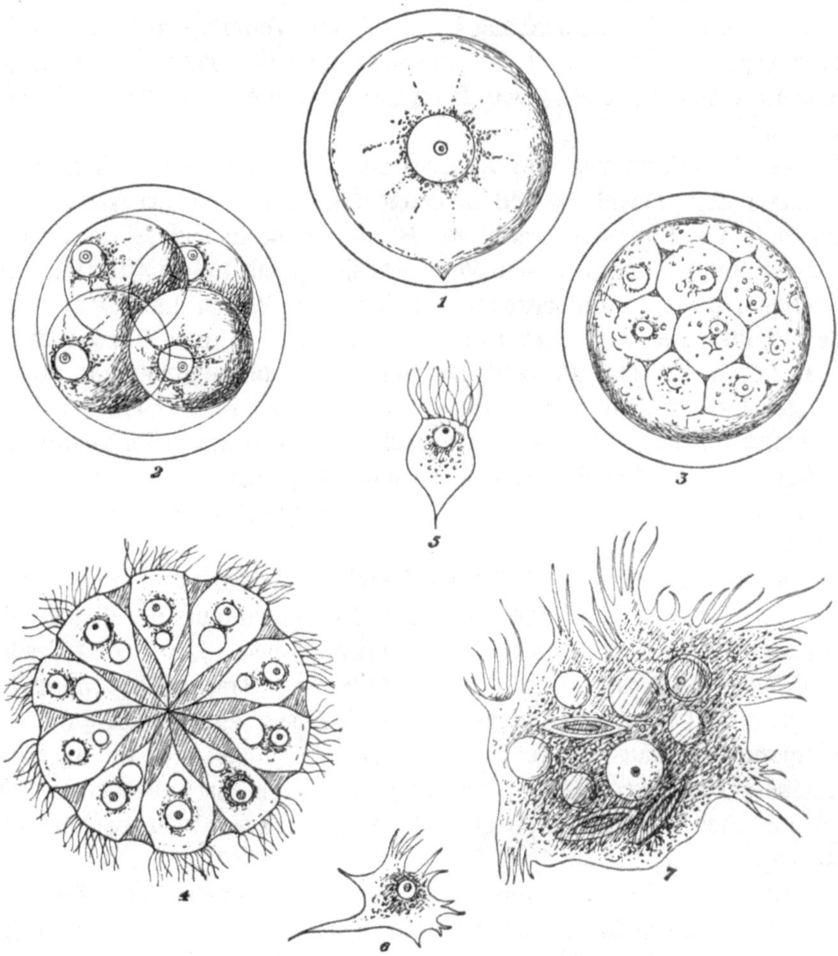

Fig. 15.

Magosphaera planula, nach Haeckel, aus Goette (1902); 1 Cyste, 2 Teilung in der Cyste, 3 kugelige Anordnung der Teilstücke, 4 die freie Flimmerkugel, 5 freies Teilstück (Spore), 6, 7 Übergang in den Amöbenzustand.

genannten, bloß durch die Fortdauer ihres Verbandes in Polyplastiden übergingen und zugleich deren Ontogenese begründeten.

Und doch bliebe dies trotz aller Wahrscheinlichkeit eine theoretische Konstruktion, wenn es nicht durch die Geschichte der von Haeckel 1877 entdeckten und beschriebenen Magosphaera planula (Fig. 15) in vollem Maß belegt und erläutert würde, wie ich es schon vor Jahren ausführte (Goette 1883). Doch sei hier vorweg bemerkt, daß ich in dieser Geschichte keineswegs den realen Ursprung der Polyplastiden von einem bestimmten ciliaten Organismus, sondern nur ein Vorbild erblicke, wie der Zusammenhang eines solchen Vorgangs aufzufassen ist, ganz abgesehen davon, ob die angeblich ciliaten Plastiden von Magosphaera nicht vielleicht, wie Bütschli annimmt, verkannte Flagellaten sind.

Die Reifeform von Magosphaera ist eine Amöbe, die sich zu einer gewissen Zeit encystiert und in einen eiähnlichen Körper verwandelt. Dieser teilt sich in eine Anzahl von Blastomeren, die sich zu einer Hohlkugel verbinden und in diesem Verbande sich eigentümlich differenzieren. Nachdem diese „Flimmerkugel" die Cyste verlassen hat, zeigen ihre Zellen eine Birn- oder Becherform und laufen in je einen Schwanzfaden aus, durch die sie im Zentrum der Kugel miteinander zusammenhängen; sie stoßen ferner mit ihren Körpern unter merklicher Abplattung seitlich zusammen, so daß sie auch dort zweifellos aneinander haften, und werden überdies durch eine sie gemeinsam umschließende Gallerte zusammengehalten. An ihrer Außenseite tragen sie Wimpern (Geißeln? s. o.).

Nachdem die rotierende Wimperkugel eine Zeitlang umhergeschwommen ist, zerfällt sie in ihre einzelnen Komponenten, die alsdann die beschriebene Differenzierung allmählich aufgeben. Der Schwanzfaden wird eingezogen, die Becherform der Zellkörper verschwindet unter den in jeder Richtung ausgeführten Kontraktionen, zuletzt auch die Bewimperung, worauf die freien Zellen zur Ausgangsform der einfachen Amöbe zurückkehren. Diese wächst jedoch noch ansehnlich heran, ehe sie zur Encystierung schreitet und so den ganzen Lebenscyklus von Magosphaera abschließt.[1]

Bei einer näheren Prüfung dieser merkwürdig wechselnden Zustände von Magosphaera haben wir von der Zyste auszugehen, da sie außer einer Unterbrechung des freien Lebens auch die markanteste Scheidegrenze zwischen zwei grundverschiedenen Lebensformen, der Amöbe und der Flimmerkugel darstellt. Haeckel selbst hat schon die Eiähnlichkeit der Magosphaerazyste hervorgehoben, sie aber zugleich einen Ruhezustand genannt, womit man bekanntlich recht verschiedene

[1] Die Encystierung der Amöben hat Haeckel allerdings nicht unmittelbar beobachtet, sondern nur erschlossen. Es kann aber an der Richtigkeit dieses Schlusses nicht gezweifelt werden, wenn man überlegt, daß angesichts des beobachteten Zusammenhangs zwischen der Cyste und der Amöbengeneration diese letztere zweifellos irgendwie in Cysten übergehen muß.

Cysten der Protozoen bezeichnet. Was darunter zu verstehen ist, kann zunächst auf sich beruhen bleiben; hier kommt es vor allem darauf an, festzustellen, ob die Cyste von Magosphaera irgendwie mit einem Polyplastidenei verglichen werden kann.

Einmal sprechen die von Haeckel angestellten Versuche, den Cysteninhalt aus der Hülle zu befreien, dagegen, daß bloß eine Schutzcyste eines normal lebenden Organismus vorlag; denn die befreite Masse nahm weder eine Amöbenform an, noch lebte sie überhaupt weiter. Ebensowenig ist das normale Cystenprodukt, die Flimmerkugel, eine Amöbenbrut. Auf der anderen Seite wissen wir freilich auch nichts davon, ob in der encystierten Plasmakugel sich der charakteristische Vorgang einer Eireifung vollzieht, was allerdings noch nicht ohne weiteres ihr Fehlen bedeutet. Daher sind wir darauf angewiesen, die Bedeutung der ganzen Zyste aus ihren Leistungen zu erschließen; und diese sind allerdings sehr bezeichnend.

Die Teilungen des Zysteninhalts sind von der Sporenbildung unzweifelhafter Protozoen dadurch unterschieden, daß sie nicht nur keine Brut derselben Art wie das Muttertier, sondern nicht einmal monoplastide Geschöpfe liefern, vielmehr einen blastulaähnlichen Zellenkomplex, dessen Komponenten während der fortschreitenden Teilung sich zu einem eigentümlichen ciliaten Zustand entwickeln. Dazu kommt, daß diese Organisation der Zellen in der Birnform mit dem Schwanzfaden und der einseitigen Bewimperung durchaus dem vielzelligen Ganzen angepaßt erscheint, da sie tatsächlich verschwindet und zum amöboiden Zustand der Reife- und Endform zurückkehrt, sobald die Zellen sich voneinander trennen. Es läßt sich darin die Analogie mit den isolierten Blastomeren verschiedener Polyplastiden (s. o.) und die Bedeutung jenes Formwechsels von Magosphaera als eines Naturexperiments gar nicht verkennen; denn da die Trennung der Zellen voneinander stets denselben Formwechsel an ihnen hervorruft, muß ihre erste Bildung (Wimperzelle) von ihrem Zusammenhange mit dem Ganzen abhängen, durch ihn korrelativ veranlaßt sein.

Ist aber eine solche Korrelation der Zellen nach Gesamtform und Gewebsbildung nachweislich vorhanden, wodurch sie zu Teilbildungen eines individuellen Ganzen bestimmt werden, so ist die Entstehung der blastulaähnlichen Flimmerkugel von Magosphaera durchaus identisch mit einem ontogenetischen Vorgang. Dies verleiht wiederum der vorausgehenden encystierten Kugel die Bedeutung eines Keims; denn ein aus einem amöboiden Plastid durch irgendeine Wandlung entstandener indifferenter Fortpflanzungskörper wie unsere Cystenkugel, der sich nach ontogenetischer Art zu einem polyplastiden Individuum

(Flimmerkugel) entwickelt, entspricht nach Ursprung und Leistung genau einem polyplastiden Keim oder Ei. Im übrigen liegen positive Gründe gegen diese Deutung und Auffassung der Magosphaeracyste nicht vor.

Magosphaera planula ist im Zustand der Flimmerkugel ein ontogenetisch entstandenes Polyplastid.

Sie verliert aber diese Eigenschaft durch den Zerfall in die einzelnen Zellen; die erreichte Polyplastidie ist eben noch nicht vollkommen. Dies beeinträchtigt jedoch die Bedeutung von Magosphaera für den Nachweis des Ursprungs der Polyplastidie keineswegs, sondern steigert sie vielmehr. Denn dadurch wird der Übergang eines amöboiden Monoplastids in einen Polyplastidenkeim ad oculos demonstriert; und ferner läßt sich die Fortbildung jener unvollkommenen Polyplastidie zu einer vollkommenen nunmehr leicht verstehen, ohne daß es nötig wäre, irgendwelche neue Annahmen hinzuzufügen. Es brauchte eben nur der Bestand der Flimmerkugel bis zu dem Zeitpunkte anzudauern, wann ihre Zellen, ohne vorher in selbständige Amöben übergegangen zu sein, die Reife zur Encystierung oder Keimbildung erlangt haben und diese Wandlung im Mutterorganismus (Flimmerkugel) ausführen, ähnlich wie es bei Volvox geschieht.

Magosphaera planula zeigt den Übergang von Monoplastiden zu Polyplastiden ganz unmittelbar. Eben deshalb gehört sie zu keiner dieser beiden Hauptabteilungen des Tierreichs vollständig und ausschließlich, sondern bleibt eine echte Zwischenform.[1]

Jener Formwechsel im freien Leben der Magosphaera (Flimmerkugel, Amöbe) bestätigt auch, daß für den Ursprung der Polyplastidie eine vorausgehende Koloniebildung von fertigen Protozoen gar nicht erforderlich war (s. S. 46), da die Endform von Magosphaera ein solitär lebendes Monoplastid ist. Um so sicherer folgt aus dieser Tatsache, daß die Polyplastidie in einem Monoplastidenkeim als angeborene und erbliche Neubildung entstand, und zwar in der Form einer echten Blastula.

Mit der Entstehung der Polyplastiden änderte sich gleichzeitig das Substrat der Individualität. Bei den Protozoen ist jedes einzelne Plastid, ob solitär oder kolonial lebend, ein vollkommenes Individuum im Sinn der physiologischen Unabhängigkeit und Selbsterhaltung. Obgleich nun die Zellen der Flimmerkugel unmittelbare Nachkommen einer

---

[1] Auch Haeckel selbst betrachtete Magosphaera als eine vermittelnde Form (Catallacta), jedoch nur in dem Sinn einer Verbindung von Amöben, Ciliaten und Flagellaten, also von verschiedenen Protozoenformen. Die Beziehungen von Magosphaera zu den Polyplastiden hat Haeckel überhaupt nicht erwähnt.

monoplastiden Amöbe sind, wird ihre Individualität durch ihren polyplastiden Verband wenigstens zeitlich beschränkt, indem der Begriff der individuellen Existenz auf jenen Zellenverband übergeht, um erst nach dessen Auflösung zu den einzelnen Plastiden zurückzukehren. Aber selbst nachdem die Individualität in den vollkommenen Polyplastiden fixiert war, d. h. an die ganzen vielzelligen Personen gebunden blieb, behielt ein Teil ihrer Elemente als eine Art von Reminiszenz an ihren monoplastiden Ursprung die Fähigkeit, sich in monoplastide Keime zu verwandeln und dadurch ihrem Verbande zu entziehen, um einer selbständigen Existenz entgegenzugehen (s. Keimbildung).

Die monoplastide 1. Stufe der Individualität geht auf ontogenetischem Wege in die polyplastide 2. Stufe der Individualität über, und auch dabei stellt Magosphaera eine vollkommene Zwischenstufe dar.

Die Gastrula.

Unter diesem von Haeckel eingeführten Namen wurde anfangs nur jene bekannte Embryonalform verstanden, deren blasenförmige Außenschicht (Ectoderm) eine ebensolche Innenschicht (Entoderm) umschließt und an einer Stelle sich faltenförmig in sie umschlägt. Die durch diesen Umschlag gebildete Öffnung (Urmund, Prostoma) führt in den vom Entoderm gebildeten Schlauch oder den Urdarm. Eine solche Gastrula ist jedoch durchaus nicht bei allen Heteroplastiden anzutreffen; und solange der Nachweis ihrer Homologie mit allen anderen, abweichend gebauten zweischichtigen Embryonalformen ausstand, konnte der „Gastrula" eine ganz allgemeine Bedeutung nicht zugestanden werden. Erst nachdem ich festgestellt hatte (Goette 1875, S. 145, 269, 809, 866—870), daß alle jene zweischichtigen Embryonalformen, ob sie nun völlig solid (Hydropolypen u. a.) oder durch einen Nahrungsdotter zusammengepreßt sind (Wirbeltiere), auf dieselben Entwicklungsursachen zurückgeführt werden könnten, war der Name „Gastrula" für alle Tiere gemeinsam zulässig, auch wenn ihre äußere Erscheinung sich sehr verschieden darstellte.

Im Grunde genommen wiederholt sich also bei der Gastrula dasselbe, was von der Deutung der verschiedenen Blastulae gesagt wurde, so daß auch die Namen Coelogastrula und Sterrogastrula berechtigt erscheinen.

Ich unterscheide jetzt wie früher drei Hauptformen der Gastrulation, die sämtlich an die Blastula anschließen. Gehen wir von der Cöloblastula mit ihrem einheitlichen Blastoderm aus, so entsteht eine zweite Keimschicht 1. dadurch, daß eine Anzahl von Zellen in das Blastocöl einwandert und sich dort in der Regel zu einer Innenschicht (Entoderm) innerhalb des außen bleibenden Ektoderms anordnet; oder 2. durch die Einstülpung eines Abschnitts der Blastulwand in den gewölbten anderen Abschnitt, wodurch die beschriebene typische Gastrula hergestellt wird; oder endlich 3. dadurch, daß eine dünnere Hemisphäre der Blastula deren massige andere Hälfte überwächst und sie dadurch in ein Entoderm verwandelt.

Durch die Gastrulation wird das Blastocöl entweder bis auf einen Spaltraum verdrängt oder doch merklich verengt. — Prostoma und Urdarmhöhle sind nur bei der 2. Form von Anfang an als Begleiterscheinung der Einstülpung vorhanden; sonst entstehen sie erst nachträglich im soliden Entoderm. — Im übrigen sind jene drei Arten der Gastrulation nicht scharf voneinander getrennt, sondern es verbinden sich oft zwei davon in einer Ontogenese, was auf ihre nahe Verwandtschaft hinweist (s. u.).

Gastrulation durch Einwanderung des Entoderms.

Die klarsten Bilder dieses Vorgangs finden sich bei solchen Hydropolypen, deren Keimblasen stark aufgebläht und von zahlreichen, ziemlich kleinen und radial gestellten Zellen von schwach keilförmiger Gestalt gebildet sind (vgl. Metschnikoff 1886 — Tiara, Rathkea, Oceania, Clytia, Octorchis, Mitrocoma, Laodice). Alle diese Merkmale entsprechen vollkommen der typischen Blastulabildung: je länger die radiale Zellteilung anhält, desto mehr dehnen sich das Blastoderm und zugleich das Blastocöl aus. Damit ist aber auch ausgesprochen, daß die Gastrulation in solchen Keimblasen relativ spät beginnt.

Ein anderes wichtiges Merkmal dieser Keimblasen ist die regelmäßige Verschiedenheit ihrer Zellen, die an einem Pol erheblich größer sind als im übrigen Umfang und die Stelle bezeichnen, wo die Einwanderung der Entodermzellen stattfindet (1. Typus). Nach Metschnikoff geschieht dies in folgender Weise (Fig. 16).

Während die Zellteilungen und die damit Hand in Hand gehende Ausdehnung des Blastoderms fortdauern, behält dieses größtenteils den Charakter eines gleichmäßigen Epithels bis auf jenen Einwanderungspol oder den prostomialen Pol. Dort drängen sich die Zellen so zusammen, daß einige vom Blastocöl abrücken, andere mit angeschwollenen inneren Enden in dasselbe vorspringen. Da Metschnikoff selbst an diesen Zellen Teilungen gesehen hat, deren Richtung quer oder schräg zur radialen Richtung verlief („Querteilungen"), so ist es wohl sicher, daß in einem solchen Fall das innere Teilstück in das Blastocöl gedrängt wird. In der Regel geht es aber anders zu. Jene nach innen vorquellenden Zellen werden in ihrer äußeren Hälfte entsprechend verdünnt und zuletzt geradezu stielförmig, worauf dieses dünne Ende in die nach innen vorrückende Hauptmasse der Zelle eingezogen wird, und zuletzt die ganze Zelle ins Blastocöl gelangt.

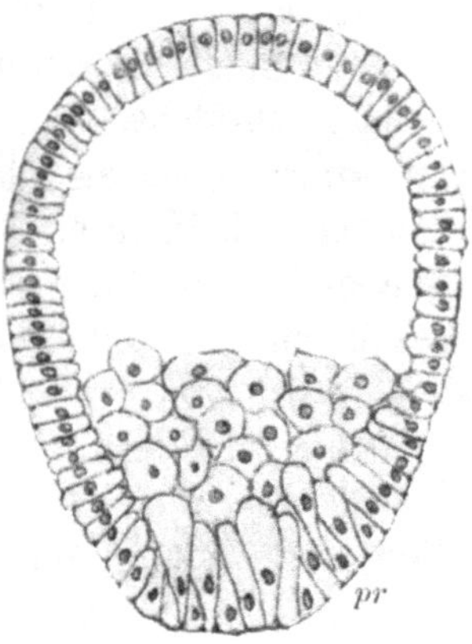

Fig. 16.
Octorchis gegenbauri, Gastrulation, nach Metschnikoff (1886); *pr* prostomialer Pol.

Nach den vorliegenden Beobachtungen läßt es sich nicht entscheiden, ob sämtliche Zellen des prostomialen Pols in das Blastocöl einwandern, oder ob einige außen zurückbleiben und später in das Ectoderm aufgehen. Zweifellos gelangt aber die überwiegende Mehrzahl von ihnen zur Einwanderung, und für die übrigen bleibt mindestens die Möglichkeit offen, daß sie zu Ectodermzellen werden; denn ihre Indifferenz zu jener Zeit ist, wie bekannt, durch künstliche und Naturexperimente bewiesen.

Schon Metschnikoff (1886) beobachtete an intakten Embryonen von Oceania armata die wunderlichsten Verlagerungen der Blastomeren, ohne daß dadurch die Herstellung normaler Larven gestört wurde (Fig. 9). Ferner stellten Zoja und Maas auf experimentellem Wege fest; daß die Blastomeren von Clytia, Laodice und Mitrocoma bis zu gewissen Entwicklungsstufen durchaus gleichwertig sind, indem sowohl $^1/_2$ bis $^1/_{16}$ Blastomeren, d. h. isolierte Blastomeren von 2- bis 16-zelligen Embryonen sich ganz wie intakte Eier entwickeln, als auch eine vollständige Verlagerung der Blastomeren einer Blastula die Wiederherstellung und Weiterentwicklung des Embryo nicht hindert. Ist aber unter solchen Umständen eine topographische Beziehung der verschiedenen Plasmaarten des Eis und der Blastomeren zu den späteren Körperteilen nicht anzunehmen (Maas), so kann auch von einer Präformation der Entodermzellen nicht die Rede sein. Daraus folgt, daß ihre Einwanderung in das Blastocöl und die Lokalisation dieses Vorgangs am prostomialen Pol nicht von einer ihnen eigentümlichen Beschaffenheit, sondern von außer ihnen liegenden Ursachen abhängen.

Um diese Ursachen kennen zu lernen, ist vor allem die schon verzeichnete Beobachtung ins Auge zu fassen, daß die prostomialen Embryonalzellen sich schon vor dem Beginn der Entodermbildung durch ihre Größe vor den übrigen Zellen des Blastoderms auszeichnen. Freilich ist dies an den vorliegenden Abbildungen noch jüngerer Blastulae nicht kenntlich, sei es, daß der genannte Unterschied dort noch wirklich fehlt oder wegen seines geringen Maßes übersehen wurde. Jedenfalls kommt er in der fraglichen Zeit, wie gesagt, nicht zur Wirkung. Da er aber in der Folge allmählich deutlich hervortritt, so kann er nur dadurch entstehen, daß die späteren prostomialen Zellen sich schließlich langsamer teilen als die übrigen Blastodermzellen. Dies läßt sich aus den schon bekannten Formbedingungen des intakten Eis und dem besonderen Verlauf der Eiteilungen um so leichter erklären, als dieselben Erscheinungen sich bei zahlreichen Vertretern aller Stämme wiederholen, also von grundsätzlicher Bedeutung sind.

Eine von jenen Formbedingungen, nämlich die exzentrische Lage des Eikerns scheint nur bei den höher stehenden Tieren von wesentlichem Einfluß zu sein. Denn obgleich sie bei den bezeichneten Hydropolypen gelegentlich sehr ausgeprägt ist (Clytia nach Metschnikoff 1886), verliert sich der dadurch bedingte Unterschied der ersten Mikro- und Makromeren in der Cöloblastula sehr bald, so daß eine spätere Wirkung der ursprünglichen Kernlage ausgeschlossen ist.

Wichtiger ist schon die oben angegebene Polarität des Eis. Denn sowie die erste Plasmateilung mit der sichtbaren Furche am Scheitelpol beginnt, und diese Ein- und Durchschnürung langsam abwärts vorrückt, fangen auch die Einschnürungen der Blastomeren in der Regel dort an, wo das Ectoplasma durch seine Mächtigkeit kenntlich ist, nämlich an ihrer freien Außenfläche (Fig. 1). Daraus folgt, daß es das Entoplasma an Teilungsenergie übertrifft, und daß es daher dort, wo es stärker ist, nämlich in der oberen Hemisphäre, schnellere Teilungen bewirkt. Dies wird natürlich um so früher zu einer bestimmten Größendifferenz der Blastulazellen führen, je stärker und präziser die Polarität des Ectoplasma entwickelt ist und umgekehrt. Bei den mit am tiefsten stehenden Heteroplastiden, den Hydropolypen, ist von vornherein auch die niederste Stufe dieser Entwicklung anzunehmen, wie es sich auch empirisch in der recht späten Erscheinung jener Größendifferenz der Blastulazellen bestätigt.

Die relative Vergrößerung der prostomialen Zellen ist jedoch nur eine an sich irrelevante Folge der dort verlangsamten radialen Teilungen; viel wichtiger ist, daß diese Verlangsamung auch eine geringere konzentrische Ausbreitung des Blastoderms im prostomialen Bezirk bedingt. Denn indem diese Ausdehnung von dem seitlichen Druck abhängt, den die Hälften jeder sich teilenden Zelle aufeinander und auf die benachbarten Zellen ausüben, muß sie sich dort allmählich steigern, wo die Teilungen häufiger erfolgen, nämlich in der oberen Hälfte der Blastula, und umgekehrt in der Prostomialgegend zurückbleiben. Zugleich mit der beschleunigten Ausdehnung jener oberen Hälfte überwiegt eben auch ihr konzentrischer Massendruck auf den trägeren prostomialen Abschnitt, der ihm nur durch die geschilderte Einwanderung seiner Zellen ins Blastocöl ausweichen kann.

Damit ist nun die gesuchte Hauptursache einer solchen Gastrulation gefunden; denn ihr sichtbarer Verlauf läßt sich gar nicht anders erklären, als daß die einzelnen prostomialen Zellen ihren Platz im Blastoderm nicht sowohl selbständig verlassen, — wofür jedes Merkmal fehlt —, sondern vielmehr durch eine äußere Einwirkung, jenen überwiegenden Druck, ins Blastocöl hineingedrängt werden. Die Gastrulation durch Einwanderung der prostomialen Zellen ins Blastocöl, wie wir sie bei den genannten Hydropolypen beobachten, beruht also ausschließlich auf einer Wechselwirkung verschiedener, rein epigenetisch entstandener Embryonalteile, ohne jede direkte Mitwirkung einer letzten Ursache, und ist folglich selbst ein epigenetischer Vorgang.

Ich habe die Untersuchung der im Prostomialbezirk lokalisierten Einwanderung des Entoderms vorangestellt, weil mir ihr Kausalzusammenhang besonders klar und anschaulich erscheint. Bei den übrigen Hydropolypen, deren Ontogenese sich in einem Brutraum oder doch nicht im freien Zustand vollzieht, fehlt dagegen die Lokalisation der Entodermbildung, wodurch ein ganz anderes Bild der Gastrulation entsteht. Dasselbe gilt von den Trachylinen; beide Gruppen sollen daher hier zusammengefaßt werden. Wegen der deutlicheren Bilder wähle ich die Trachylinen als Beispiel. Nach Brauers Beschreibung ist aber die Gastrulation von Hydra und Tubularia in manchen Einzelheiten ebenso bezeichnend.

Die Besonderheiten dieses 2. Typus der Gastrulation durch Einwanderung sind die Folgen vor allem von unregelmäßigen Eiteilungen; in der Regel beginnt diese Entodermbildung ferner vor der Entstehung eines vollkommenen Blastocöls. Allerdings zeigt sich auch in diesen Fällen anfangs eine einigermaßen radiale Eiteilung (Fig. 17A) und oft eine kenntliche Heteropolie (Maas 1908); dies wird aber bald durch die zunehmende Unregelmäßigkeit in der Größe und Lage der Blastomeren verwischt. Größere Blastomeren keilen sich mit ihren Innenhälften zwischen kleinere Blastomeren in der Weise ein, daß diese Innenhälften das Zentrum der Blastula einnehmen. Darauf folgt meist eine Querteilung dieser größeren Blastomeren, infolge dessen ihre abgelösten Innenhälften als erste Entodermzellen erscheinen, ohne ihre Lage wesentlich geändert zu haben (Fig. 18). Neben dieser Abspaltung von Entodermzellen rücken auch einzelne der eingekeilten Blastomeren oder Blastulazellen im ganzen ins Innere ein, so wie es schon vom 1. Typus beschrieben wurde. Indem nun die an der Außenseite verbleibenden Zellen fortfahren, sich radial zu teilen und dadurch den Umfang des Embryo zu vergrößern, entstehen in seinem wachsenden Innenraum zwischen den sich vermehrenden Entodermzellen unregelmäßige Spalten, worin man das bis dahin unterdrückte Blastocöl um so mehr anerkennen muß, je weiter sich die Spalträume ausdehnen und zusammenfließen.

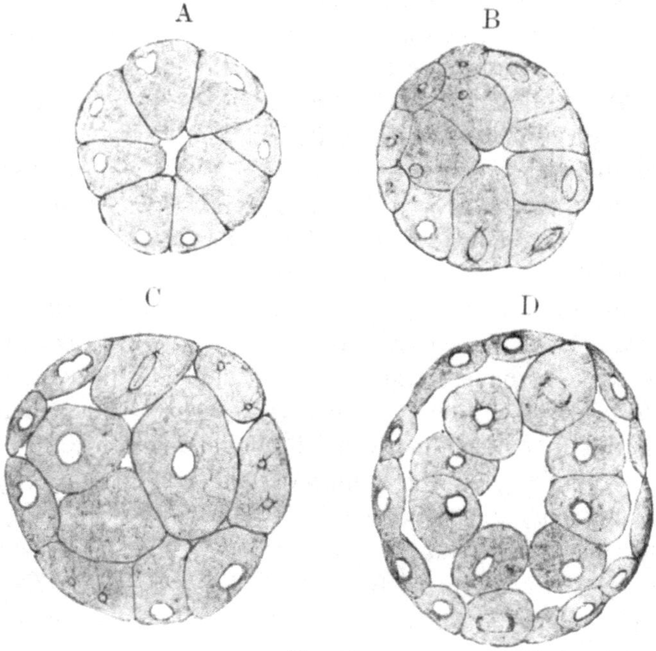

Fig. 17.
Liriope mucronata, Gastrulation, nach Metschnikoff (1886), A Cöloblastula, B, C Sterrogastrula, D Darmlarve.

Als verschiedene Extreme solcher Gastrulae treffen wir bald vollkommen solide Embryonen ohne jede Schichtung (Figg. 17B, C, 18), bald weit ausgehöhlte Embryonen mit beginnender Schichtung an (Figg. 19, 20), die dort am deutlichsten hervortritt, wo die Blastodermzellen durch Querteilungen zerfallen. Da jedoch das etwa vorhandene Blastocöl stets ausgefüllt wird, bevor das Darmlumen entsteht, so spielt das erstere bei dieser Gastrulation keine aktive Rolle, sondern deren eigentliche Ursache bleibt die Massenbewegung der sich teilenden und gegeneinander verschiebenden Blastomeren.

Dieser Gastrulationstypus hat seinerzeit namentlich nach Beobachtungen an Trachylinen-Embryonen die Vorstellung hervorgerufen, daß es sich dabei um eine vollkommene Abspaltung oder Delamination des Entoderms vom Ectoderm, oder richtiger um eine einheitliche Spaltung des ruhenden Blastoderms in zwei konzentrisch zusammengeschlossene Schichten, eben das Ectoderm und das Entoderm, handle, während gleichzeitig das in der Blastula vorhandene zentrale Blastocöl sich in die Urdarmhöhle verwandelt. Falls diese Folsche Delaminationstheorie wirklich zuträfe, so wäre der dadurch bezeichnete Entwicklungsprozeß mit der Gastrulation des 1. Typus gar nicht vergleichbar.

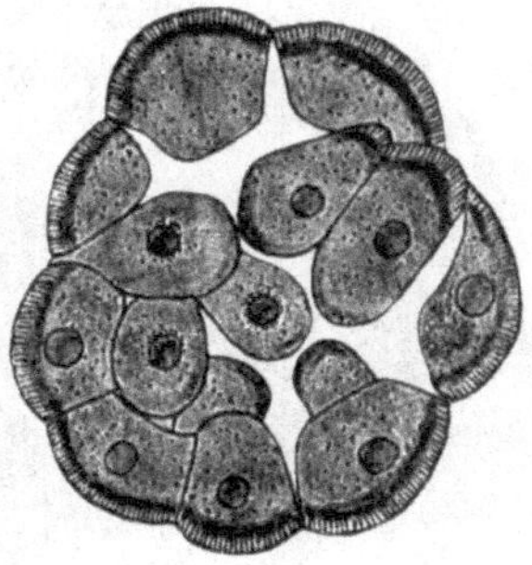

Fig. 18.
Aeginopsis mediterranea, Gastrulation, nach Metschnikoff (1886), aus Korschelt u. Heider, Lehrbuch der vergleichenden Entwicklungsgeschichte (1910).

Die Grundlage der Blastulation, die konzentrische Ausdehnung des Blastocöls bleibt, wie ich zeigte (s. S. 41), im Grunde auch das eigentliche movens der Gastrulation. Denkt man sich Ei und Blastula gleichmäßig konzentrisch organisiert, also ohne die beschriebene Heteropolie, so fehlte einer solchen Blastula jede Ursache zur Gastrulation und zu einer heteroplastiden Organisation: sie bliebe dauernd ein homoplastides Wesen gleich einem Volvox. Die bei den Heteroplastiden tatsächlich vorhandene Heteropolie hebt aber als neue Formbedingung die Gleichmäßigkeit der konzentrischen Ausdehnung des Blastoderms auf und bewirkt die Einwanderung von Entodermzellen ins Innere oder eben die Gastrulation, wobei das Blastocöl wenigstens als Spaltraum zwischen beiden Keimschichten erhalten bleibt und die Urdarmhöhle als Neubildung innerhalb des Entoderms erscheint. In der Delaminationstheorie spielen dagegen Heteropolie und Massenbewegung überhaupt keine Rolle; das ursprüngliche Blastocöl geht angeblich unmittelbar und vollständig in die Urdarmhöhle über, und die Grenzspalte zwischen beiden Keimschichten, die sich bei den Trachylinen zum Gallertraum erweitert, ist nicht wie bei der normalen Gastrulation ein Rest des Blastocöls, sondern eine Neubildung. Mit anderen Worten: abgesehen davon, daß die Delamination noch ganz hypothetisch bleibt, sind ihre angeblichen Ursachen jedenfalls grundsätzlich andere als bei der Einwanderung des Entoderms, und Blastocöl und Darmhöhle bleiben in beiden Fällen heterogene Dinge.

Nun ist freilich die alte Delaminationslehre in ihrer Einseitigkeit längst durch die oben angeführten Beobachtungen widerlegt; doch könnte die Tatsache, daß bei dem in Rede stehenden 2. Gastrulationstypus immerhin zahlreiche Teilungen einzelner Blastodermzellen in eine ectodermale und eine entodermale Hälfte vorkommen, als Beweis dafür gelten, daß in dieser Tiergruppe trotz allem zwei so verschiedene Arten der Entodermbildung wie die Einwanderung und die Abspaltung der Entodermzellen nebeneinander bestehen, daß also dort wenigstens eine „partielle Delamination" existiere. Dies wäre aber eine Täuschung, dadurch hervorgerufen, daß man, statt dem Kausalzusammenhang der verschiedenen Vorgänge nachzugehen, sie lediglich nach ihrer äußeren Erscheinung beurteilt und daraus Gegensätze ableitet, die in Wirklichkeit gar nicht vorliegen.

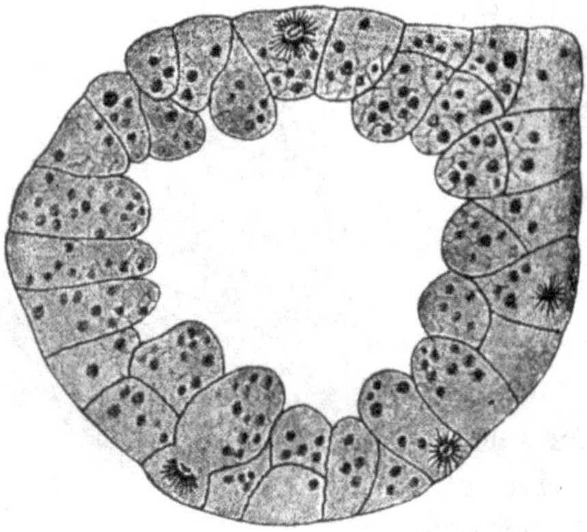

Fig. 19.
Hydra sp., Gastrulation, nach Brauer, aus Korschelt u. Heider, Lehrbuch der vergleichenden Entwicklungsgeschichte (1910).

Schon aus sprachlichen Gründen sollte man vermeiden von einer „Delamination" einzelner Entodermzellen zu reden, da eine zusammenhängende Schicht (Lamina) nur durch eine gleichzeitige und allseitig zusammenhängende Ablösung solcher Zellen entstehen kann. Im übrigen ist ihre Abspaltung weiter nichts als der Erfolg von Querteilungen; und es bleibt zu prüfen, ob und inwiefern dies zu der Einwanderung der Entodermzellen im Gegensatz steht.

Nun interkurriert aber auch bei der typischen Einwanderung gelegentlich eine Querteilung (s. S. 52), so daß das innere Teilungsstück ohne eine eigentliche Einwanderung zu einer Entodermzelle wird. Und noch viel häufiger zeigen sich umgekehrt im 2. Typus richtige Einwanderungen ganzer, meist allerdings in Querteilung begriffener Blastodermzellen (Fig. 20). Die Querteilung ist also nicht ausschließlich an den 2. Typus gebunden, und im letzteren ist wiederum häufig eine Einwanderung mit tätig. Beide Gastrulationsarten sind also nicht scharf voneinander getrennt, und ihre Vereinigung im selben Embryo läßt schon vermuten, daß sie nicht in einem gegensätzlichen Verhältnis zueinander stehen.

Die Querteilungen kommen in beiden Typen nur an den größeren, ins Innere vorragenden Zellen vor, während die kleineren, in der Blastulawand verbleibenden Zellen mit den Radialteilungen fortfahren. In jenen größeren Blastomeren finden sich aber neben den queren auch schräge Teilungen (Fig. 20), in Übereinstimmung mit einer schrägen Längsrichtung der ganzen Zelle, worin schon ein Übergang von der radialen zur queren Teilung unverkennbar ist. Dazu kommt, daß gerade die in

Querteilung begriffenen Zellen nicht selten im ganzen einwandern, indem ihre Außenhälften stark zusammengepreßt, und daher ihre Innenhälften nach innen vorgedrängt werden, sie also infolge ihrer trägeren Teilungen einem Überdruck von seiten ihrer Umgebung unterliegen (s. S. 53). Dies beweist, daß eine bereits eingeleitete Querteilung durchaus nicht

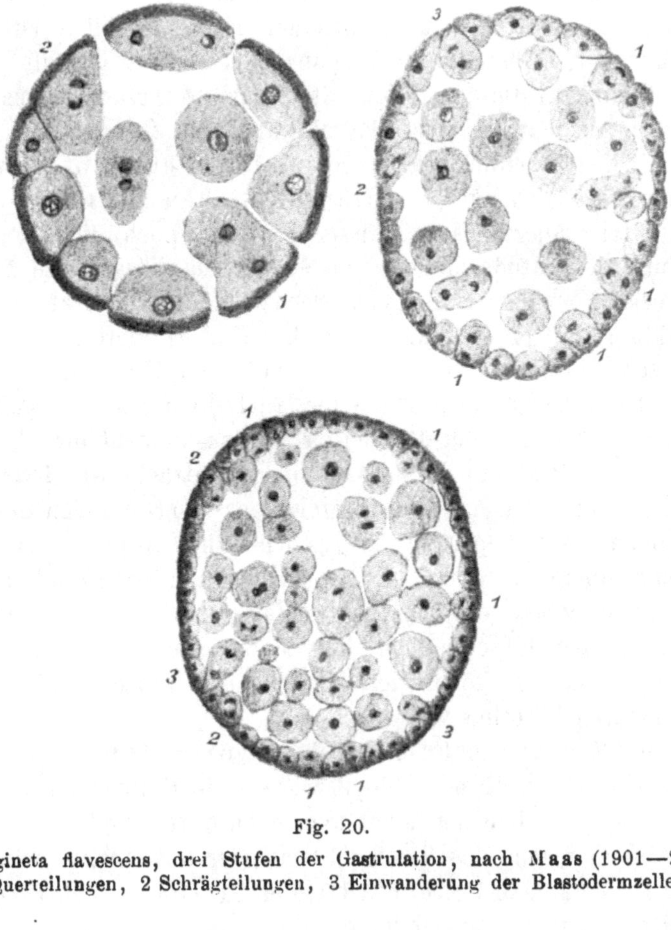

Fig. 20.

Aegineta flavescens, drei Stufen der Gastrulation, nach Maas (1901—2), 1 Querteilungen, 2 Schrägteilungen, 3 Einwanderung der Blastodermzellen.

immer die Abspaltung einer Entodermzelle zur Folge hat, sondern oft eine für die Gastrulation belanglose, zufällige Erscheinung ist, die sich nicht anders erklären läßt, als daß der Druck, dem eine Blastodermzelle im Beginn ihrer Teilung ausgesetzt ist, indem er sie ganz ins Blastocöl hineindrängt, zugleich ihre normalerweise radiale Teilungsrichtung unregelmäßig erst schief, dann quer verschiebt.

Wenn es nun in anderen Fällen in der Tat zu Abspaltungen von Entodermzellen an der Blastulawand kommt, so ist es bloß eine Modifikation des oben beschriebenen Vorgangs. Ist nämlich der unregelmäßige Teilungsvorgang einer Zelle weit vorgeschritten, bevor sie einem stärkeren Seitendruck nachgeben muß, dann übt ihre Außenhälfte im Beginn ihrer Abschnürung und gleichzeitigen Abrundung selbst einen Druck auf die Nachbarzellen aus und bleibt folglich im epithelialen Verbande eingekeilt, wogegen die Innenhälfte sich als Entodermzelle abspaltet. Diese Abspaltung einzelner Entodermzellen ist also kein wirklich neuer, selbständiger Vorgang, sondern im Grunde genommen immer wieder auf die durch Radialteilungen verursachte, ungleich konzentrische Ausdehnung der Blastulawand und ihre Folgen zurückzuführen; d. h. tatsächlich ist die Abspaltung einzelner Entodermzellen eine Variante der ursprünglichen Einwanderung.

Nun tritt allerdings bei dieser Variante noch die unregelmäßige Verteilung der entodermbildenden Stellen über das ganze Blastoderm hinzu, gegenüber der im 1. Typus herrschenden Lokalisation der Entodermbildung im prostomialen Bezirk. Und es wird im allgemeinen richtig sein, daß, wie Maas angibt (1908), ein Übermaß von teilungsträgem Deutoplasma in den Eiern der Trachylinen jene Unregelmäßigkeit veranlaßt. Für den eigentlichen Kausalzusammenhang der Gastrulation kommt dies jedoch ebenso wenig in Betracht wie der von Maas ebenfalls betonte Umstand, daß infolge der Querteilungen in denselben Embryonen das Entoplasma des Eis schließlich so gut wie ganz in das Entoderm übergeht, und das Ectoplasma ganz im Ectoderm zurückbleibt. Denn neben den Querteilungen sind die Einwanderungen ganzer Blastodermzellen einschließlich ihres Ectoplasma immerhin so häufig, daß die Parallele zwischen den beiden Eisubstanzen und den beiden Keimschichten hinfällig wird.

In der Embryonalentwicklung der Hydropolypen des 2. Typus fehlen solche überzeugende Bilder, wie sie die Embryonen der Trachylinen darbieten. Allerdings sieht man auch dort einzelne einwandernde Entodermzellen, mag das Blastocöl weit oder unkenntlich sein (Hydra und Tubularia nach Brauer, 1891, Fig. 21; Clava nach Harm 1903); doch überwiegen die Querteilungen der Blastodermzellen mit den sich abspaltenden Innenhälften. Von einer Delamination kann trotzdem nicht die Rede sein, da diese Abspaltungen weder gleichzeitig noch im Zusammenhang erfolgen, und am wenigsten so, daß alle Teilungen eine glatte Grenzfläche zwischen beiden Schichten bilden. Das Zellengefüge solcher Embryonen zeigt vielmehr das Bild eines völlig unregelmäßigen, zyklopischen Mauerwerks, wohl infolge eines ähnlichen Übermaßes von Deutoplasma und seiner unregelmäßigen Verteilung in den Blastomeren, wie es für die Trachylinen angegeben wurde.

Diese Unregelmäßigkeit besteht oft noch in Embryonen, deren Gastrulationsprozeß abgelaufen sein dürfte (Clava-Harm), im vollen Gegensatz zu den Embryonen des 1. Typus, deren künftige Ectodermzellen schon vor dem Beginn der Gastrulation zu einem vollkommenen Epithel zusammengefügt sind, so daß die prostomiale Einwanderung der Entodermzellen nur eine neue Lagebeziehung beider Schichten herbeiführt, ohne daß sie erst nach ihrer Masse gegeneinander abgegrenzt werden müßten. Was nun in diesen Embryonen das epitheliale Gefüge des Ectoderms sehr früh verursacht, nämlich die von Anfang an regelmäßig andauernden radialen Zellteilungen, das setzt sich im 2. Typus wegen der bezeichneten Unregelmäßigkeit erst viel später durch und offenbart sich darin, daß die Außenzellen sich endlich rasch verkleinern und radial strecken, wobei Querteilungen natürlich unterbleiben. Dies verstärkt bis zu einem gewissen Grade die konzentrische Ausdehnung und den epithelialen Zusammenhang der Außenschicht (Ectoderm) und dadurch ihre rasch zunehmende Trennung von der grobzelligen, trägeren Innenmasse (Entoderm).

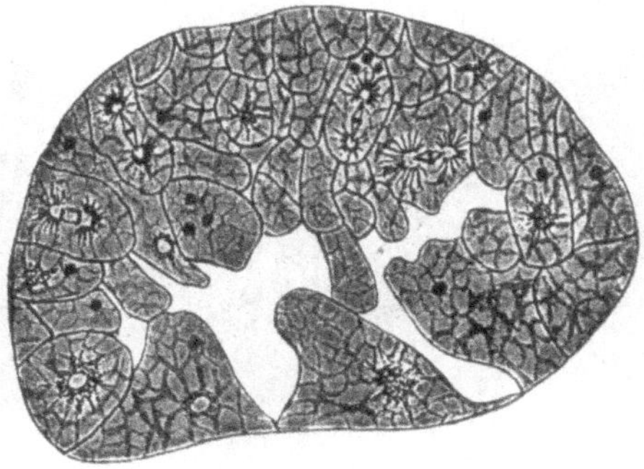

Fig. 21.
Tubularia mesembryanthemum, Gastrulation, nach Brauer (1891), aus Korschelt u. Heider, Lehrbuch der vergleichenden Entwicklungsgeschichte (1910).

Will man diese späte Sonderung der beiden Keimschichten eine Delamination nennen, so hat sie doch nichts mit den bereits beendeten Querteilungen und Abspaltungen der Blastulazellen zu tun, sondern ist die Wirkung derselben Ursache, die vorher die allerdings unregelmäßige Einwanderung der Entodermzellen und andererseits im 1. Typus den regelmäßigen Verlauf dieses selben Prozesses veranlaßte.

Nach ihrem Kausalzusammenhange sind und bleiben also beide äußerlich verschiedenen Gastrulationstypen identische Vorgänge.

Gastrulation durch Einstülpung und Umwachsung.

Diese Arten der Gastrulation können hier kurz abgehandelt werden, da ihnen offenbar derselbe Kausalzusammenhang wie bei der Einwanderung des Entoderms zugrunde liegt, und die Unterschiede bloß äußerliche und relative sind.

Einstülpung und Umwachsung des Entoderms sind ebenfalls Wirkungen der durch die ungleichen Zellteilungen hervorgerufenen ungleichen Ausbreitung des Blastoderms, indem die trägere Entodermmasse in das Blastocöl gedrängt wird und das Ectoderm sich darüber zusammenzieht, wie ich es in den Untersuchungen über die Entwicklungsgeschichte der Würmer (1884) angab und Bütschli neuerdings experimentell illustrierte (1916). Gleich ihm lehne ich die abweichende

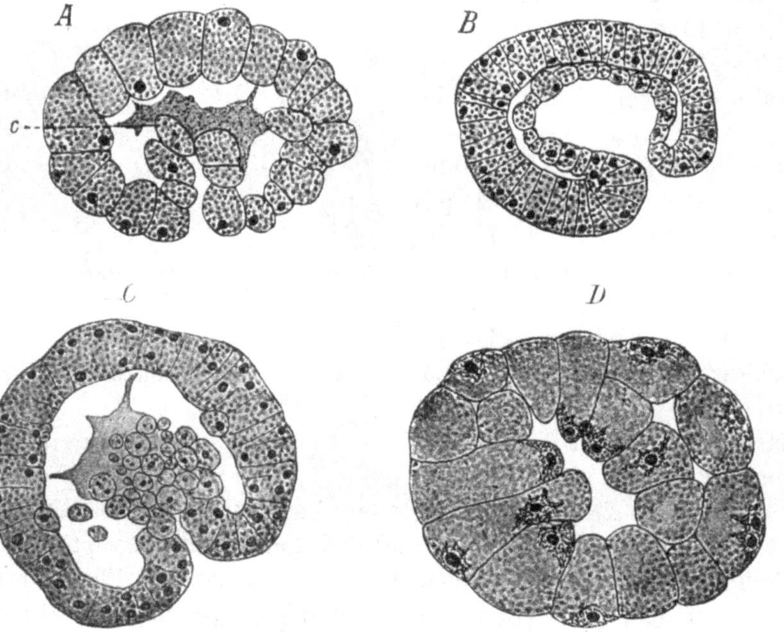

Fig. 22.
Aurelia flavidula und marginalis, Gastrulation, nach Hyde, aus Korschelt u. Heider, Lehrbuch der vergleichenden Entwicklungsgeschichte (1910); A, B!, C (A. flav.) Einwanderung und Einstülpung miteinander verbunden, D (A. marg.) ausschließlich Einwanderung.

Ansicht Rhumblers (1902) ab, daß die Entodermzellen irgendwie selbsttätig ins Blastocöl einwandern.

Die wesentliche Übereinstimmung der Einstülpung und der Einwanderung zeigt sich darin, daß sie bisweilen innerhalb derselben Gattung (Aurelia) abwechselnd vorkommen und selbst innerhalb derselben Art ineinander übergehen (Hyde, Fig. 22). Heider bezweifelt die einander scheinbar widersprechenden Angaben hinsichtlich derselben Gattung Aurelia und der Scyphomedusen überhaupt (1910, S. 26); dies wäre aber nur statthaft, wenn nicht Varianten ähnlicher Art in einem noch höheren Grad bekannt wären, wie z. B. das Vorkommen oder Fehlen der Entodermlamelle in derselben Spezies, wie es van Beneden (1874) bei Hydractinia echinata unmittelbar fand (Fig. 23) und ich es auf anderem Wege feststellen konnte (Die Gattungen Podocoryne usw., 1916). Übrigens erklärt sich jener häufige Wechsel der Gastrulation bei Gattungs- und Artgenossen ganz natürlich durch den Nachweis der

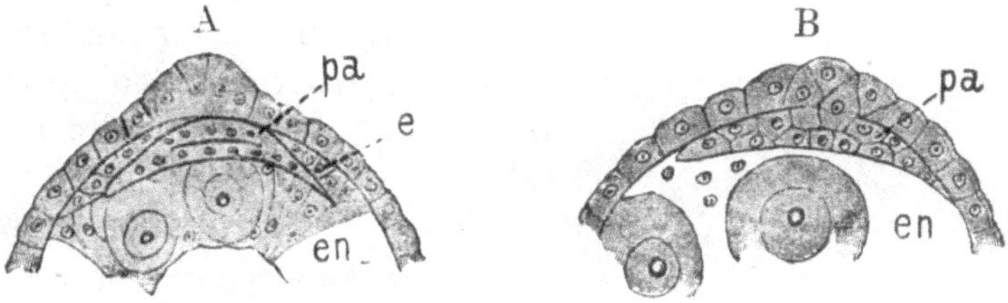

Fig. 23.
Hydractinia echinata, Gonanthen mit Entodermlamelle (A) und ohne Entodermlamelle (B), nach van Beneden, aus Goette (1916—1); *e* Entodermlamelle, *en* Entoderm, *pa* Parectoderm.

identischen Bildungsursachen in allen Fällen. Die Einstülpung der prostomialen Blastodermhälfte läßt sich aus der prostomialen, also lokalisierten Einwanderung der Entodermzellen in einfachster Weise so ableiten, daß diese Zellen einen festeren epithelialen Zusammenhang

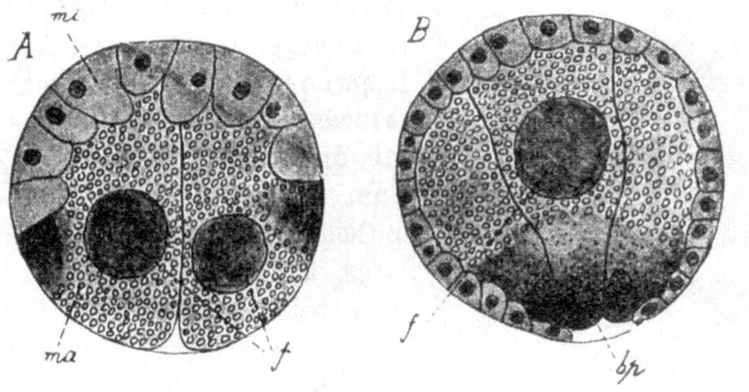

Fig. 24.
Bonellia sp., zwei Stufen der Gastrulation durch Umwachsung, nach Spengel, aus Korschelt u. Heider, Lehrbuch der vergleichenden Entwicklungsgeschichte (1910); *bp* Prostoma, *f* Ölkugeln, *mi* Micromeren, *ma* Marotmeren.

erhielten, bevor die sich schneller ausdehnende Ectoderm-Hemisphäre sie ins Blastocöl drängte. Ist ferner der für das Entoderm bestimmte prostomiale Blastoderm-Abschnitt ungewöhnlich massig und daher zur Einstülpung unfähig, so wird er von der vorrückenden Ectoderm-Hemisphäre überwachsen (Fig. 24). Auch eine Verbindung dieser beiden

Gastrulationsarten ist häufig genug anzutreffen. So könnte man bei Clavellina (Fig. 25) den Anfang der Gastrulation eine Umwachsung nennen, worauf das Entoderm doch wieder wie bei einer vollkommenen Einstülpung eingebogen wird. Bei den Cyklostomen und Amphibien ist beides sogar zeitlich vereinigt (Fig. 26), da das Entoderm dorsal eingestülpt und ventral umwachsen wird (Goette 1875 und 1890, Glaesner).

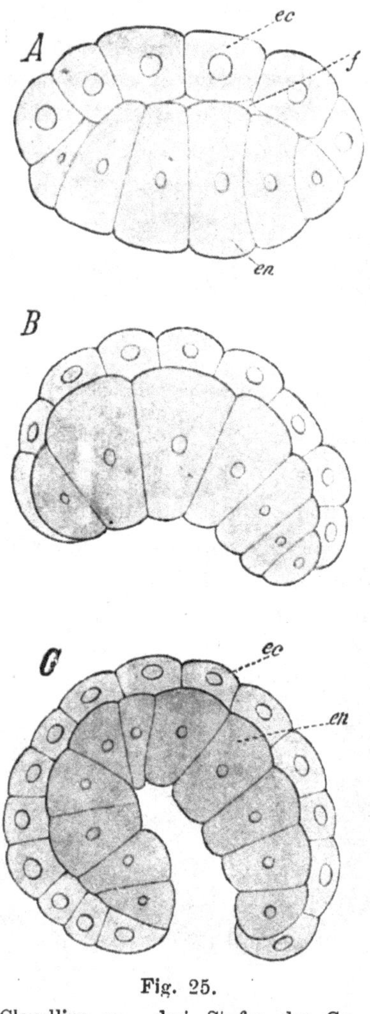

Fig. 25.
Clavellina sp., drei Stufen der Gastrulation, nach Seeliger (1903), aus Korschelt u. Heider, Lehrbuch der vergleichenden Entwicklungsgeschichte (1893); *ec* Ectoderm, *en* Entoderm, *f* Blastocöl.

Das die Gastrulation durch Einstülpung bestimmende Moment, nämlich der feste epitheliale Zusammenhang des ganzen Blastoderms, involviert natürlich die mit der Herstellung des Entoderms zusammenfallende Bildung der Urdarmhöhle und des Urmundes. Beides entsteht an der ursprünglichen Sterrogastrula nachträglich, ist aber trotzdem den gleichnamigen Teilen der Einstülpungsgastrula vollkommen homolog. Dies gilt erstens ganz allgemein für die Darmhöhle. Denn ihre Entstehung in einer Sterrogastrula beruht doch lediglich darin, daß die ungeordnete und locker zusammenhängende Entodermmasse sich epithelial zusammenschließt und dadurch den hohlen Innenraum erzeugt, sowie bei der Einstülpung der homologe, aber bereits epithelial geschlossene Blastodermabschnitt eben deshalb bei der Einbuchtung nicht zusammenfließt, sondern eine Höhlung in seinem Innern freiläßt. Damit hängt auch die Bildung des offenen Prostoma und seine Homologie mit dem sich erst später öffnenden Prostomialpol oder Mund, z. B. der Trachylinen zusammen. Man könnte sagen, daß diese nachträgliche Prostomabildung nur eine Fortsetzung der Bildung des Darmepithels bis an die Oberfläche der Gastrula ist. Diese Homologie wird endlich vollends bestätigt durch die genannten Varianten bei Aurelia, wo das während der Gastrulation „primär“ entstehende und das nachträglich eröffnete „sekundäre“ Prostoma in derselben Spezies nebeneinander vorkommen. Das erstere wäre übrigens das früheste Beispiel einer sonst so häufigen Erscheinung, nämlich der zeitlichen Zusammenziehung von ursprünglich aufeinanderfolgenden Entwicklungsprozessen in einen Akt.

Der Nahrungsdotter.

Außer den zuletzt besprochenen Gastrulationsarten sind noch manche anderen Modifikationen der ursprünglichen Entodermbildung bekannt, deren vollständige Aufzählung nicht meine Aufgabe sein kann; ich gehe daher nur noch auf die wichtigste und am weitesten verbreitete Abänderung des ursprünglichen Gastrulationsprozesses etwas näher ein, nämlich die jenige, die durch die Ausbildung eines innerhalb des Embryo entstehenden endogenen Nahrungsdotters hervorgerufen wird.

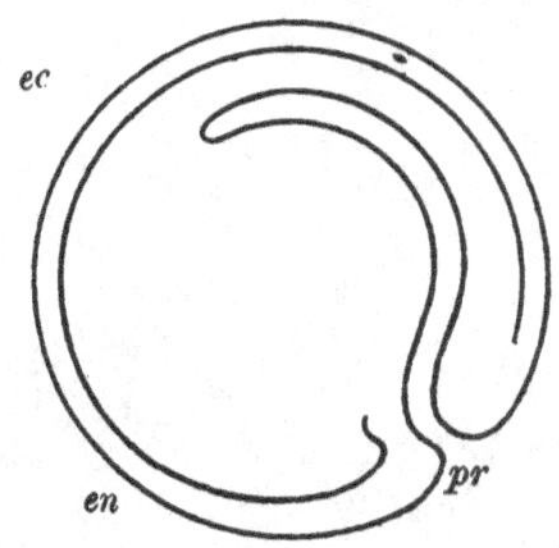

Fig. 26.
Schematischer Durchschnitt durch die Gastrula von Petromyzon und der Amphibien, Orig., *ec* Ectoderm, *en* Entoderm, *pr* Prostoma.

Schon im Jahre 1875 habe ich zugleich mit dem Nachweise der Gastrulation bei den Wirbeltieren auseinandergesetzt, daß der endogene Nahrungsdotter sowohl dieser wie auch vieler niederen Tiere (z. B. der Würmer, s. Goette, 1882, S. 49) nichts weiter ist als ein außerordentlich verdickter Teil des sich einstülpenden oder überwachsenen Entoderms, mag er nun zellig oder infolge einer Unterdrückung der Eiteilungen in dem entsprechenden Abschnitt des Eis unorganisiert geblieben sein. Später wurden auch andere Entwicklungsarten des Nahrungsdotters bei den Arthropoden bekannt (s. u.). Diese Verschiedenheit erklärt sich daraus, daß er keine ständige Erscheinung in allen Embryonen ist, sondern nur in einzelnen Gruppen vorkommt, also einen mehrfachen, getrennten Ursprung hat.

Nun wird freilich für alle verschiedenen Erscheinungen des endogenen Nahrungsdotters insofern ein gemeinsamer Ursprung angenommen, als sie stets auf dieselbe biologische Ursache, nämlich die Notwendigkeit einer Ernährung des Embryo vor dem Beginn seiner selbsttätigen Nahrungsaufnahme zurückgeführt werden. Dieser identische Ursprung widerspricht jedoch dem vorhin angegebenen Wechsel des morphologischen Ursprungs des Nahrungsdotters; und eine Lösung dieses Widerspruchs läßt sich nur vermittels einer näheren Untersuchung der Entwicklung jenes Embryonalteils finden.

Beginnen wir mit dem Nahrungsdotter der Wirbeltiere (Fig. 27). In den Gruppen mit holoblastischen Eiern (Petromyzon, Ganoiden, Dipnoer, Amphibien) entwickelt er sich aus dem Zellenmaterial des Embryo, und zwar aus einem Teil des Entoderms. Nur ist das, was man schlechtweg als Nahrungsdotter bezeichnet, nämlich der massige, schon äußerlich hervortretende Entodermabschnitt keineswegs überall die Anlage des Nahrungsdotters, am wenigsten bei Petromyzon und den Amphibien. In den Embryonen der Neunaugen löst sich die Anlage des Mitteldarms, der jene Anschwellung des Entoderms

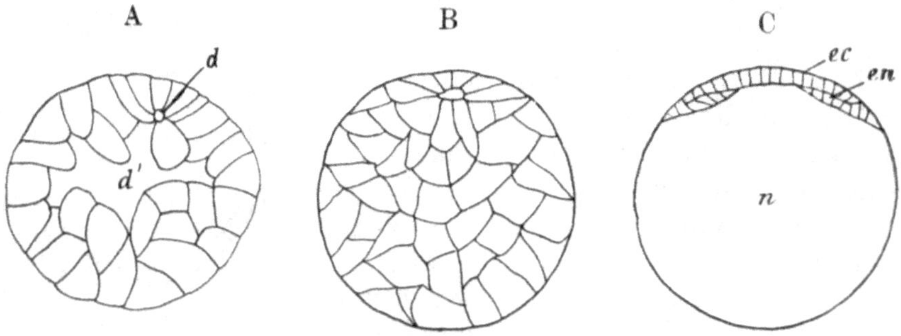

Fig. 27.
Der Nahrungsdotter der Wirbeltiere, A von Petromyzon mit primärer (*d*) und sekundärer Darmlichtung (*d'*), B von Ganoiden, C von Selachiern und Amnioten; *n* Nahrungsdotter, *ec* Ectoderm, *en* Entoderm.

enthält, alsbald morphologisch auf: während seiner frühzeitigen Streckung und Verschmächtigung schwindet seine Lichtung und wird seine gelockerte Zellenmasse, insbesondere die vermeintliche Anlage des Nahrungsdotters, zur Herstellung des einfachen Darmepithels rings um die neu entstehende Darmlichtung verlagert und aufgebraucht (Goette 1890). Nur einige wenige dieser Zellen mögen im Gewühl der Umlagerung und innerhalb der neuen Lichtung zerstört und aufgelöst werden, worin man die erste ganz zufällige und kaum nennenswerte Anlage einer zur Ernährung dienlichen Substanz erblicken mag.

Bei den Amphibien wiederholt sich im wesentlichen derselbe Befund, nur mit einer erheblichen Vermehrung der sich auflösenden Darmzellen oder der ernährenden Dottersubstanz. Diese Rückbildung der für den Nahrungsdotter bestimmten Entodermzellen steigert sich ferner bei den Ganoiden: sie erstreckt sich auf die ganze Verdickung des Entoderms, die sich nunmehr als die kompakte Anlage des Nahrungsdotters darstellt, und ihre Zellen oder Blastomeren offenbaren schon von Anfang an die bevorstehende Rückbildung, indem sie infolge einer sehr verlangsamten Teilung relativ groß bleiben und dadurch einen Stillstand ihrer weiteren Entwicklung vorbereiten.

Damit ist schon der Übergang zu den meroblastischen Eiern der Selachier, Teleostier und Amnioten erreicht, indem die genannte Rückbildung zu einer vollständigen Unterdrückung der Zellbildung fortschreitet und sich auf den größten Teil des Eis erstreckt. Diese Sonderung des zelligen und des überhaupt nicht organisierten Eiteils oder des Nahrungsdotters beginnt schon mit den ersten Eiteilungen, also vor jeder eigentlichen Keimschichtung, und könnte daher, für sich allein betrachtet, als eine unmittelbare Folge von letzten oder präformierten Ursachen erscheinen, für deren Entstehung nur der biologische Erfolg der embryonalen Ernährung verantwortlich gemacht werden könnte. Solche Vermutungen und Ansichten, die sich nur auf die letzten phyletischen Entwicklungsstufen des Nahrungsdotters stützen, erweisen sich jedoch bei einer vergleichenden Untersuchung bis zum ersten Ursprung zurück als durchaus irrig.

Dieser Ursprung zeigt sich uns, wie ich oben ausführte, in einem morphologischen Moment, einer lokalen Anhäufung des Entoderms, die zunächst gar nicht zur Bildung eines Nahrungsdotters, sondern nur zu einer frühzeitigen Ausbreitung des Darmepithels dient. Erst sekundär knüpft sich daran eine Rückbildung des sich allmählich anhäufenden Überschusses des Entoderms zu einer Nährsubstanz, die außerhalb aller Formbildungen als ein rein embryonales und vergängliches Nebenprodukt der eigentlichen Ontogenese auftritt. Ihre biologische Leistung ist also durchaus eine epigenetische Folge einer embryonalen Rückbildung und nicht umgekehrt.

Der Nahrungsdotter der Arthropoden entwickelt sich nun freilich nicht ebenso wie derjenige der Wirbeltiere, aber in durchaus analoger Weise. In der phyletischen Reihe dieser Erscheinungen lassen sich drei Stufen unterscheiden.

1. Den Anfang bilden die Embryonen niederer Krebse (Branchipus-Brauer 1892), von Spinnen (Theridium—Morin 1888) und ältesten Insekten (Macrostoma—Uzel). Die Entwicklung beginnt mit einer typischen Cöloblastula (Fig. 12); sehr bald folgt deren Rückbildung durch Verschmelzung der Blastomeren und den Schwund des Blastocöls, worauf die freigewordenen Kerne an die Peripherie des Embryo wandern und dort die Bildung eines kleinzelligen Blastoderms veranlassen, während das kernlose zentrale Plasma die Anlage des Nahrungsdotters darstellt.

2. Es folgen gewisse Dekapoden (Eupagurus—Mayer 1877, Dromia—Cano 1893), deren Eier von Anfang an nur unvollständige

Blastomeren erzeugen; diese sondern sich nur in ihren Außenhälften und hängen zentralwärts mit dem unorganisierten Nahrungsdotter zusammen (Fig. 28).

3. Endlich gibt es bei anderen Dekapoden (Astacus—Morin 1886) überhaupt keine Blastomeren mehr, sondern nur freie Kerne zur Herstellung des oberflächlichen Blastoderms (Fig. 29), so daß der zurückbleibende Dotter in keiner Weise mehr als ein unmittelbares Umbildungsprodukt von Blastomeren oder Zellen gelten, sondern bloß durch Vergleiche von solchen abgeleitet werden kann.

Die Besonderheit dieser Entwicklung des Nahrungsdotters besteht also darin, daß seine Anlage nicht am fertigen Entoderm, sondern an der Blastula beginnt. Der phyletisch erste Entwicklungsvorgang ist aber wieder eine Rückbildung, und zwar eine Verschmelzung der Blastomeren, die lediglich mit einer Abänderung der Blastodermbildung zusammenhängt und durchaus keine notwendige Vorstufe für die Entstehung des Nahrungsdotters ist. Diese besteht nur in der Auflösung des überschüssigen zentralen Plasma und ist eine sekundäre Folge jener Rückbildung, wie vor allem die beiden ersten Gruppen beweisen.

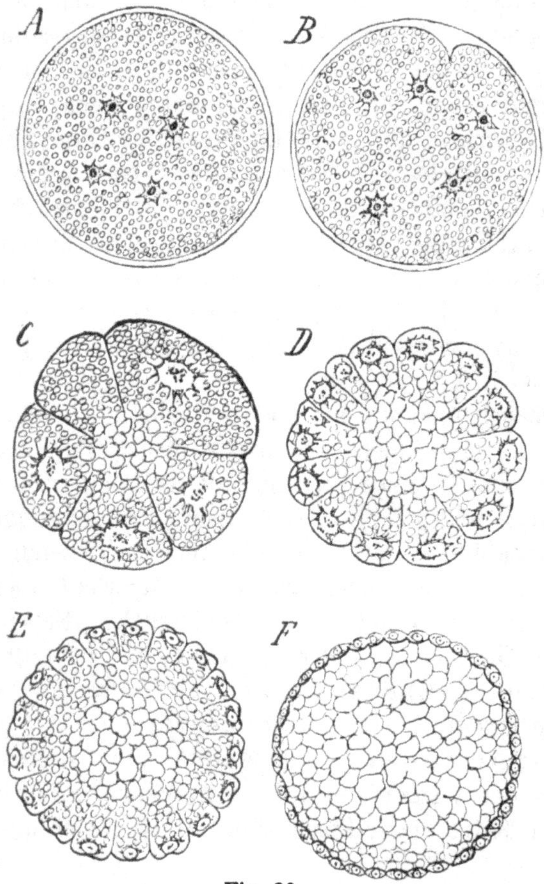

Fig. 28.
Dromia sp., sechs Stufen der Blastodermbildung, nach Cano (1893), aus Korschelt u. Heider, Lehrbuch der vergleichenden Entwicklungsgeschichte (1909); A, B intravitelline Kernvermehrung, C—E Ausbildung durch Dotterpyramiden, F Blastula.

Noch weiter gehende Abänderungen der ersten embryonalen Entwicklung entstehen gelegentlich durch die Aufnahme eines exogenen

Nahrungsdotters ins Innere des Embryo, wie es u. a. an den Eiern von Mesostomeen geschieht (Bresslau 1904). Solche extremen und isolierten Ausnahmen können hier nicht näher analysiert werden, da uns die Kenntnis ihres Ursprungs fehlt. Immerhin lehren uns solche Erscheinungen eines Nahrungsdotters erst recht, daß sie nicht präformiert sind, mögen sie auch noch so tief in die Ontogenese eingreifen.

Auch die merkwürdigen Metamorphosen der Schwämme gehören, wie sich zeigen wird, nicht eigentlich in das Kapitel über die Gastrulation.

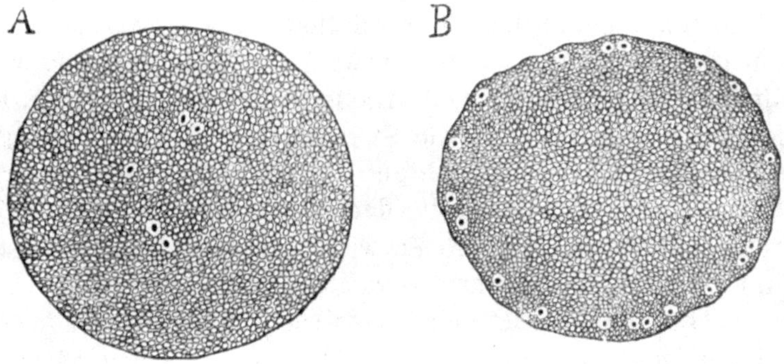

Fig. 29.
Astacus fluviatilis, zwei Stufen der Blastodermbildung, nach Morin (1886), aus Korschelt u. Heider, Lehrbuch der vergleichenden Entwicklungsgeschichte (1909).

Der Ursprung der Gastrulation.

Über dieses Thema ist bereits reichlich diskutiert worden, ohne daß man zu einem befriedigenden Schluß gekommen wäre (vgl. Heider, Lehrbuch d. vergl. Entwickl.-Gesch. 1909, S. 194). Dies rührt offenbar daher, daß man rein spekulativ vorging und bald diese, bald jene Gastrulaform zum Ausgangspunkte nahm. So erklärte Haeckel (1868) die eingestülpte Keimblase für die „Archigastrula“ schlechtweg, Lankester (1885) ging von der Delamination, Bütschli (1884, 1915) von der „Plakula“, Metschnikoff (1886) von der Einwanderung der Entodermzellen in eine Cöloblastula aus. Ich stehe jedoch auf dem Standpunkt, daß jede phyletische Untersuchung, wozu ja auch die vorliegende Untersuchung über den Ursprung der Gastrulation gehört, nach Ausgangspunkt und Richtung daran gebunden ist, was die vergleichend-ontogenetischen Untersuchungen über denselben Gegenstand ergaben.

Die vorausgeschickten Untersuchungen über den Gastrulationsprozeß haben uns gezeigt, daß seine verschiedenen Erscheinungsformen allerdings sämtlich auf eine und dieselbe Hauptursache, nämlich die ungleiche konzentrische Ausdehnung des Blastoderms zurückzuführen sind, aber doch eine Abstufung erkennen lassen, die für den Ausgangspunkt der neuen Untersuchung bezeichnend ist. Diese Abstufung fällt nicht mit einer realen Deszendenz der beteiligten Spezies zusammen; denn unter den Hydropolypen finden sich zwei verschiedene Typen der Einwanderung, unter den Scyphomedusen oft Einwanderung und Einstülpung nebeneinander usf. Jene Abstufung besteht vielmehr darin, daß die verschiedene Ausführung der Gastrulation, sei es bei Strahl- oder Bilaletraltieren eine phyletisch fortschreitende Wandlung offenbart.

Nachdem eine echte Delamination als selbständige Gastrulationsart ausgeschieden ist, und auch die Gastrulation durch Umwachsung als eine unwesentliche sekundäre Variante sowohl der Einwanderung wie der Einstülpung außer Betracht bleiben kann, verbleiben zur Vergleichung nur die zwei letzteren Typen, die Sterrogastrula und die Cölogastrula. In der Sterrogastrula erblicke ich aus den schon angegebenen Gründen zunächst ganz allgemein und unter dem Vorbehalt einer weiteren Differenzierung eine phyletisch ältere Entwicklungsstufe als die Cölogastrula. Denn in jener ist der eigentliche Gastrulationsprozeß fertig abgeschlossen, so daß eine Darmbildung im morphologischen Sinn entweder überhaupt nicht hinzukommt, wie bei den Schwämmen, oder als neuer Prozeß auf die Gastrulation folgt und jedenfalls nicht ohne weiteres zu der letzteren gerechnet werden kann (Hydropolypen, manche Würmer, Arthropoden); wogegen dieselbe Darmhöhlenbildung in der Cölogastrula durch eine zeitliche Zusammenziehung der Entwicklungsfolge in den Gastrulationsprozeß selbst einbezogen wird, indem der sie bedingende epitheliale Zusammenschluß des Entoderms nicht erst nachträglich, sondern schon vor dessen Einstülpung stattfindet. Dadurch kennzeichnet sich die Cölogastrula als eine auf die Sterrogastrula folgende, phyletisch jüngere Entwicklungsstufe der Entodermbildung; und deshalb hat die Untersuchung über den Ursprung der Gastrulation an deren ältere Erscheinung in der Sterrogastrula anzuknüpfen und sich auf die Entodermbildung allein zu beschränken. In dieser Wahl des Ausgangspunktes folge ich also Metschnikoff, jedoch nicht seinen weiteren Ausführungen.

Metschnikoff beschränkte sich nach der zu seiner Zeit üblichen Methode stammesgeschichtlicher Arbeit darauf, eine Verfahrenform zu konstruieren, deren Abbild in der Ontogenese der Nachkommen die embryonale Gastrula sein sollte. So wie aber die heutige Entwicklungsgeschichte des Individuums sich nicht mit der deskriptiven Darstellung der aufeinanderfolgenden ontogenetischen Stufen begnügt, sondern in deren Kausalzusammenhang den wirklichen Vorgang aufzudecken sich bemüht, so soll auch die Stammesgeschichte demselben Grundsatz folgen und nicht bloß entsprechende Verfahrenformen konstruieren, sondern die Vorgänge ihrer Wandlungen vergleichend erläutern. Dies vermisse ich aber in Metschnikoffs „Parenchymellatheorie“.

Die Parenchymella sollte sich aus einem homoplastiden Organismus vom Typus einer Cöloblastula dadurch entwickeln, daß eine Anzahl von Zellen sich zu besonderen Ernährungszellen differenzierten und infolge dessen in den inneren Hohlraum einwanderten. Daß ihre Ernährungsfunktion dadurch eher gestört als gefördert wurde, hat schon Bütschli mit Recht hervorgehoben (1884), dem ich mich anschloß (1886); ferner erfährt man nichts darüber, warum jene Auswahl unter den Zellen der cöloblastischen Kugel entstand, und warum die neuen Ernährungszellen, auch wenn sie amöboider Natur waren, ins Innere einwanderten. Und selbst wenn dies befriedigend beantwortet würde, fehlte noch immer die wichtigste Erklärung, wie derselbe Lebensvorgang in die Embryonalzeit verlegt werden konnte, wo doch seine angebliche Ursache, die der Ernährung angepaßte gewebliche Differenzierung der künftigen Entodermzellen, innerhalb eines Embryo von vornherein ausgeschlossen war. Die Parenchymellatheorie gibt also keine Auskunft über den phyletischen Ursprung der Gastrulation, sondern im Grunde genommen nur eine Vorstellung davon, wie die Organismen ausgesehen haben mögen, die über die morphologische Stufe einer Sterrogastrula nicht hinausgingen und in diesem Zustande die definitive gewebliche Entwicklung erreichten. Eine solche Vorstellung bieten uns aber ohne jede hypothetische Konstruktion viele Schwammlarven mit einem von außen eingewanderten parenchymatösen Entoderm (vgl. Schulze, Maas 1898. — Fig. 30).

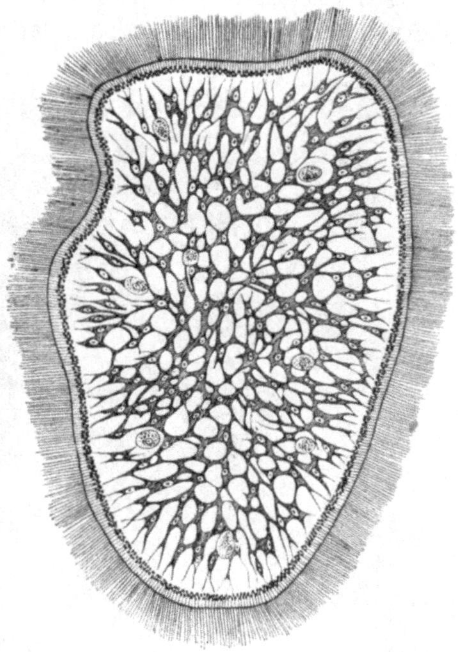

Fig. 30.
Aplysilla sulfurea, Larve, nach Schulze, aus Goette, Lehrbuch (1902).

Diese Kritik der Parenchymellatheorie zeigt uns aber deutlich die Richtung an, in der sich unsere Untersuchung zu bewegen hat. Wir haben festzustellen 1. wie, d. h. durch welche natürlichen Ursachen die fragliche Einwanderung von Außenzellen ins Innere eines hohlkugeligen Organismus sich erklären lasse, 2. wie dies zu einer richtigen Entodermbildung führte, und endlich 3. wie ein solcher Entwicklungsprozeß sich in eine embryonale Gastrulation verwandelte. Und um nicht bloß hypothetisch zu konstruieren, haben wir nach realen Vorbildern zu suchen, die uns die erläuterte Analogie darbieten.

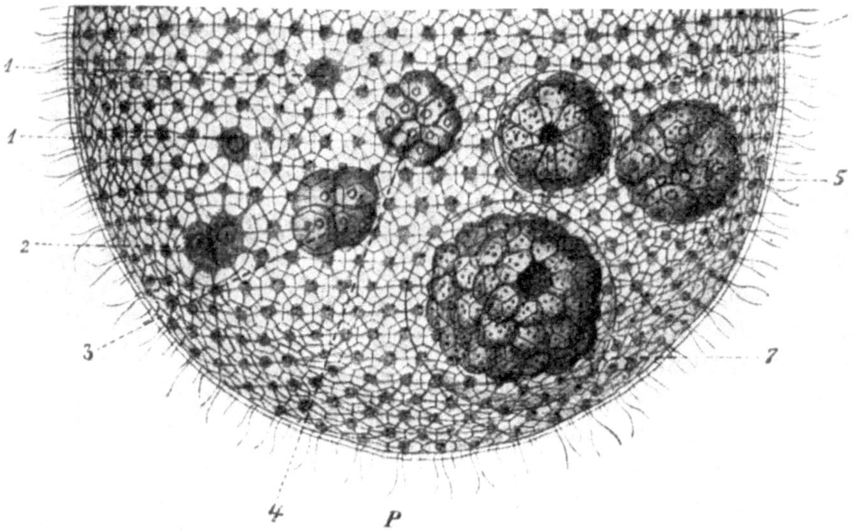

Fig. 31.
Volvox globator, aus Lang, Lehrbuch (1901); 1 Keimzellen, 2—4 ihre Teilung, 5—7 Embryonen.

Es wäre ja am bequemsten, auf Grund ontogenetischer Befunde die ganze Frage durch die Annahme zu erledigen, daß die Eier der hohlkugeligen Homoplastiden, die doch gleichmäßig organisiert sein mußten, einst nach Art sonstiger angeborener Abänderungen die uns bekannte heteropole Organisation erwarben und vererbten, wodurch die ungleiche konzentrische Ausdehnung des Blastoderms und die daraus folgende Gastrulation für immer festgelegt worden wäre. Dem widersetzt sich aber die Tatsache, daß jene Heteropolie der Eier wohl bei den uns gegenwärtig bekannten Heteroplastiden die Ursache der Gastrulation darstellt, aber deshalb noch nicht unbedingt als Ursache der ersten Gastrulation bei ihren Vorfahren gelten muß. Und der Grund dieses Einspruchs ergibt sich aus der im vorigen Kapitel geschilderten Gastrulation der Hydropolypen.

Ich zeigte, daß in dem 2. Typus dieses Vorgangs die Heteropolie des Eis die Einwanderung der Entodermzellen gar nicht dirigiert, die vielmehr aus den unregelmäßigen Eiteilungen entspringt, so daß jede Heteropolie erst nach vollendeter Entodermbildung in der späteren heteropolen Orientierung der Larve zur Wirkung kommt. Freilich halte ich diese Unregelmäßigkeit der Eiteilungen für eine sekundäre Abänderung des regelmäßigen Prozesses im 1. Typus; immerhin ergibt sich daraus die Möglichkeit, daß dieser geregelten lokalisierten Gastrulation eine nicht lokalisierte allseitige, also von der Heteropolie des Eis unabhängige Einwanderung des Entoderms vorausging. Und diese Möglichkeit wird vollends zur Wahrscheinlichkeit, wenn man sich überlegt, daß erfahrungsgemäß jede bestimmt geregelte Erscheinung im Gebiet der Ontogenese die phyletische Folge von formal weniger fixierten variablen Vorgängen ist. Ich komme also auf die vorhin bezeichneten drei Forderungen unserer Aufgabe zurück.

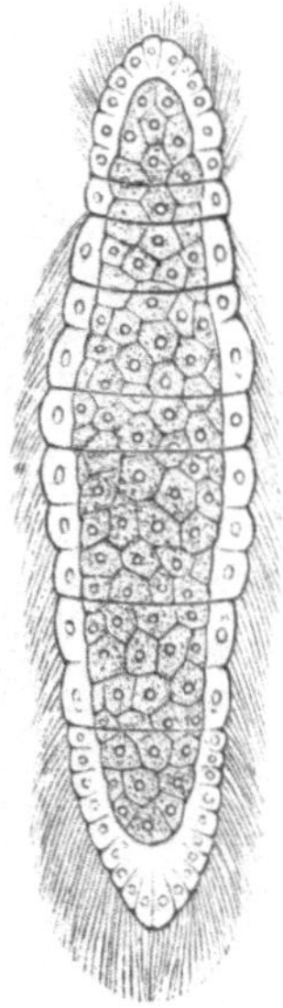

Fig. 32. Rhopalura giardi, nach Julin, (1882), aus Korschelt u. Heider, Lehrbuch der vergleichenden Entwicklungsgeschichte (1890).

Die Forderung nach einem Vorbilde für eine natürliche Einwanderung von Außenzellen ins Innere eines hohlkugeligen Organismus erledigt sich durch den Hinweis auf Volvox globator (Fig. 31), den ich schon früher als das passendste derartige Beispiel bezeichnet habe (Goette 1886). Die Keimzellen von Volvox globator beginnen sich recht früh zu entwickeln, indem einzelne seiner Körperzellen stark wachsen und dadurch aus dem allgemeinen Zellenverband in den Binnenraum der Hohlkugel gedrängt werden, gerade so wie die teilungsträgeren und relativ größeren Blastulazellen der Heteroplastiden dem auf sie ausgeübten Druck nach innen ausweichen. Da die Keimbildung überhaupt und das starke Wachstum der Keimzellen altererbte Eigenschaften jedes Polyplastids sind (s. u.), so bedarf es keiner weiteren Erklärung, daß ein Volvox-ähnlicher Organismus infolge einer Vermehrung der einwandernden Keimzellen und andererseits einer gewissen Verzögerung ihrer Reifung sich ganz naturgemäß in den Zustand einer Sterrogastrula verwandeln konnte, deren Innenmasse, obgleich sie rein morphologisch einem Entoderm homolog war, nur aus jungen Keimzellen bestand. Und auch dafür findet sich ein zutreffendes Vorbild in den Orthonectiden (Fig. 32), deren Entoderm vollständig zu Keimzellen verbraucht wird, also von Anfang an als eine Keimzellenmasse aufgefaßt werden kann, gerade so wie bei Volvox.

Gegen den morphologischen Vergleich dieser Keimbildung mit einer Gastrulation läßt sich also nichts einwenden.

In zweiter Linie können aber für eine Verwandlung einer solchen Entoderm-ähnlichen Keimmasse in ein echtes mesenchymatöses Entoderm ebenfalls ausreichende Analogien angeführt werden. Es kommt nämlich bei den verschiedensten Tieren oft genug vor, daß in einer

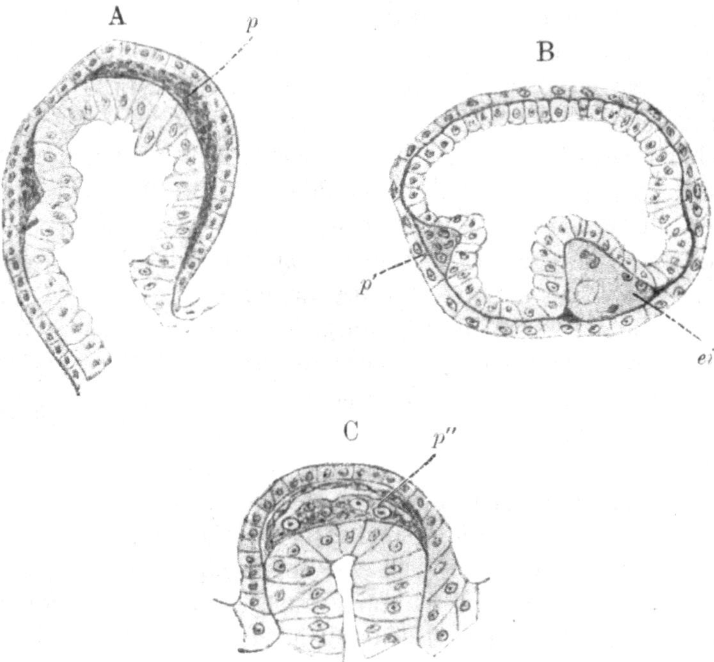

Fig. 33.
Cordylophora lacustris ♂ (A), ♀ (B), Coryne pusilla ♀ (C), nach Goette (1907); *ei* Eizelle mit Nährzellen, *p* Parectoderm mit Samenzellen, *p'* Keimlager, *p''* Keimlager mit Eizellen am Boden des Glockenkerns.

Keimzellenmasse nur ein Teil der Elemente sich in wirkliche Keimzellen, ein anderer Teil in Nähr- und Follikelzellen (Insektenovarien) oder selbst in ein bindegewebsartiges Keimlager verwandelt. Durch passende Vergleiche läßt sich auch der Verlauf dieser Wandlung erkennen.

1. Den Anfang macht eine frühzeitige Differenzierung der ursprünglich gleichen Keimzellen (Fig. 33 A), indem die vorgeschrittenen und größeren unter ihnen die ursprüngliche Entwicklung zu wirklichen Keimzellen fortsetzen und dabei die in derselben Entwicklung zurückgebliebenen kleineren Elemente als Nährzellen sich einverleiben und verbrauchen (Cordylophora ♀-Goette 1907). 2. Durch eine geringe

Modifikation werden die Nährzellen zu Follikelzellen oder zu einem Keimlager (Coryne a. a. O., Fig. 33 C). 3. Endlich rückte die Bildung des ernährenden Keimlagers durch eine zeitliche Verschiebung an die erste Stelle und erschien dann als eine Keimzellen produzierende Embryonalschicht (Cordylophora ♂ a. a. O., Fig. 33B).

Diese Annahme wird aber auch der Forderung gerecht, daß ein solches Vorbild der Gastrulation bis in die Embryonalzeit zurückverlegt werden kann. Die Parenchymellatheorie bietet diese Möglichkeit nicht, da die Einwanderung der Entodermzellen in diesem Organismus durch deren Ernährungsfunktion begründet sein sollte, und eine entsprechende gewebliche Sonderung mit dem Charakter von Embryonalzellen unvereinbar ist. Die Keimbildung ist dagegen, wie noch in einem späteren Kapitel näher ausgeführt werden soll, kein histiogenetischer Vorgang und kann bekanntlich schon auf einem frühen Blastulastadium beginnen, wie es Grobben (1879) an den Embryonen von Moina zeigte (Fig. 34).

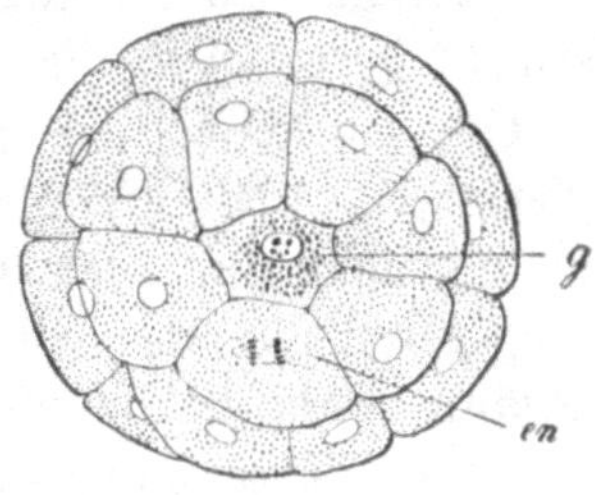

Fig. 34.
Moina rectirostris, Embryo, nach Grobben (1879), aus Korschelt u. Heider, Lehrbuch der vergleichenden Entwicklungsgeschichte (1910); *en* Entodermzelle, *g* Genitalzelle.

Auf diese Weise kann der Ursprung der Gastrulation ohne eine besondere apriorische Hypothese nur auf Grund von Analogien in bekannten ontogenetischen Erscheinungen erschlossen werden. Auch kann es eigentlich nicht wundernehmen, daß gerade die Keimbildung den Ausgangspunkt jenes fundamentalen morphologischen Vorgangs bildet; ist sie doch als das einzige unmittelbare Erbe der Polyplastiden von den Monoplastiden her zugleich das einzige Moment, das in den zuerst entstandenen blastulaähnlichen Homoplastiden über deren Grundform hinausging und dadurch die natürlichste Anknüpfung für neue morphologische Bildungen bot.

Eine solche zweischichtige Urform kann man immerhin als Parenchymella bezeichnen, zum Unterschied von der ebenfalls soliden und zweischichtigen Planula, die aber bereits ein neues morphologisches und wirksames Moment erworben hatte, nämlich die schon im Ei enthaltene Heteropolie. Diese kann, wie wir sahen, keineswegs schlechtweg als die ursprüngliche Ursache der Gastrulation, und die Planula nicht als älteste Gastrulationsform überhaupt gelten. Indem aber die Heteropolie in den uns entgegentretenden konkreten Erscheinungen der Gastrulation die Einwanderung des Entoderms regelt und fixiert, erscheint sie uns tatsächlich als eine nächste und Hauptursache dieses Vorgangs, ohne es zu sein. Solchen Täuschungen zu entgehen gelingt es nur dadurch, daß man über die meist komplizierten und schwer definierbaren nächsten Ursachen eines ontogenetischen Geschehens hinaus bis zu seinem wirklichen Ursprung vordringt.

Urdarm und Urmund.

Sofern man die Gastrulation als Herstellung einer zweiten Keimschicht bezeichnet, kann sie nach Vollendung der Sterrogastrula als abgeschlossen gelten. Da jedoch bei der Gastrulation durch Einstülpung gleichzeitig und im Zusammenhang damit auch noch der Urdarm und der Urmund entstehen (Cölogastrula), empfiehlt es sich, die Entwicklungsgeschichte der Sterrogastrula auch gleich auf die nachträgliche Bildung ihrer Darmhöhle und des Urmundes auszudehnen.

Die Entwicklung der Darmhöhle der Hydropolypen sollte nach Metschnikoff (1886) erst nach der Befestigung der Planula teils durch Auseinanderrücken der Entodermzellen, teils aber auch so vor sich gehen, daß die zentral gelegenen Zellen aufgelöst oder von den benachbarten Zellen gefressen würden. Brauer (1892) sah bei den Larven von Tubularia ebenfalls eine solche Auflösung als Ausgangspunkt der Darmhöhlenbildung, während Harm diese Bildung bei Clava etwas anders schildert. Die Aushöhlung entstehe wesentlich dadurch, daß die Entodermzellen in der sich streckenden Planula vom Zentrum gegen das Ectoderm auseinanderweichen und sich epithelial anordnen. Dabei ließen sie ihren Dottergehalt im Zentrum zurück, woraus eine axiale Dottersäule mit wenigen darin zurückgebliebenen Zellen hervorgehen; die Auflösung dieser Säule erzeuge darauf die Höhlung.

Nach meinen Beobachtungen an den Frusteln von Microhydra ryderi, die als abgelöste junge Knospen nach ihrem Bau und ihrer weiteren Entwicklung der Planulae anderer Hydropolypen gleichzustellen sind (s. u.), schließe ich mich der Darstellung Harms mit dem Vorbehalt an, daß daneben auch ein einfaches Auseinanderrücken der Zellen vorkommt, die in dem sich vergrößernden Raum sich zwischeneinander in eine Schicht einreihen. Dann ist aber die eigentliche Ursache der Aushöhlung nicht die Auflösung der zentralen Entodermmasse, sondern die epitheliale Anordnung der Entodermzellen an dem bereits epithelial gewordenen und durch fortgesetzte Radialteilungen sich ausdehnenden Ectoderm. Die Absonderung der überschüssigen und zur Auflösung bestimmten zentralen Dottermasse kann füglich nur als eine gelegentliche Begleiterscheinung jenes morphologischen Vorgangs aufgefaßt werden, und zwar im Sinn eines allerdings minimalen Nahrungsdotters (S. 66).

Die Darmhöhlung der Trachylinen entsteht nach allen vorliegenden Beobachtungen ebenso wie bei manchen Hydropolypen bloß durch die epitheliale Anordnung der Entodermzellen in der wachsenden Larve (s. Fig. 17).

Die Bildung des Mundes vollzieht sich, soweit nur die nächsten Ursachen in Betracht kommen, bei allen hier behandelten Hydrozoen, soviel ich sehe, in gleicher Weise. Bei den Hydropolypen des 1. Typus entsteht der Mund an der bereits befestigten Planula, indem die Darmhöhle am distalen Ende nach außen durchbricht. Diesen Vorgang habe ich an den Frusteln von Microhydra verfolgt, die, wie schon gesagt, als Beispiele für die Entwicklung der Planulae unbedenklich verwendet werden können.

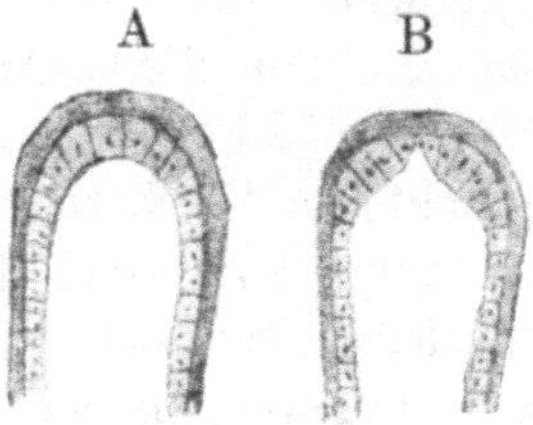

Fig. 35.
Microhydra ryderi, Mundbildung der Frusteln, nach Goette (1920).

Die freie Frustel ist walzenförmig, mit abgerundeten aber nicht verdickten Enden; in ihrem Innern zeigen sich oft schon die Anfänge einer Darmhöhle, die sich jedoch erst nach der Festsetzung der Frustel vollständig ausbildet. Sobald dies geschehen ist, beginnt das freie distale Ende anzuschwellen; am Scheitel verdickt sich das Ectoderm, darunter erscheint eine scharf abgesetzte dunkle Entodermplatte, die sich allmählich gegen die Darmhöhle vorwölbt, und indem ihr Zentrum sich trichterförmig einzieht, zu einem Ringwulst wird (Fig. 35, 36). Im Grunde dieses anscheinend muskulösen Wulstes bricht der Mund nach außen durch, bleibt aber im Ruhezustand unkenntlich. Wenn in dieser Entwicklung der tentakellosen Microhydra sich bereits deutlich ein distal gerichtetes Wachstum als Einleitung der Mundbildung äußerte, so wird dies durch die Entwicklung der Tentakel anderer Hydropolypen vollends bestätigt.

Die Entstehung der Tentakel an den Hydranthenknospen steht im Zusammenhang mit den leisten- oder faltenförmigen Täniolen und den zwischen ihnen befindlichen Magenrinnen, die nachweislich in den distalen Abschnitten aller Hydropolypen vorkommen (Goette 1907). In den jungen Hydranthenknospen von Pennaria u. a. verlaufen sie bis dorthin, wo die Körperwand sich im Umkreise des Endpunkts zur abschließenden Kuppe (Peristom) zusammenzieht und der weiteren Fortsetzung der Täniolen dadurch ein Ziel setzt, daß sie im verengten Raum zusammenstoßen und zusammenfließen. Dort enden auch die zwischenliegenden Magenrinnen zunächst blind, werden aber alsbald durch das vorwärtsdrängende Wachstum am Rande des Peristoms als hohle oder solide Zapfen geradeaus vorwärts vorgetrieben, die alsdann mit den gleichzeitig vorgestoßenen Überzügen des Ectoderms die Tentakelanlagen darstellen.

In dieser Entwicklung der Täniolen und Tentakel kommt das distal gerichtete Wachstum der Hydranthen unverkennbar zum Ausdruck, so wie andererseits seine Stauung innerhalb des Peristoms im apikalen Entodermwulst ebenso deutlich hervortritt. Welche spezielle Ursache das Zentrum dieses Wulstes nach außen durchbrechen läßt, kann ich freilich nicht angeben; daß aber diese Mundbildung mit dem distal gerichteten Wachstum der Körperwand und namentlich des Entoderms ursächlich zusammenhängt, scheint mir um so sicherer zu sein, als diese Erscheinungen sich auch bei den Hydropolypen des 2. Typus und bei den Trachylinen wiederholen (Harm, Metschnikoff 1886, Maas 1901 [2]). So sehen wir am Prostomialpol der Liriope-Larve ebenfalls beide Körperschichten sich verdicken und das Ectoderm insbesondere einen ringförmigen Wulst bilden, innerhalb dessen die ersten Tentakel hervorwachsen.

So groß nun die Übereinstimmung aller Hydropolypen und Trachylinen in den nächsten Ursachen ihrer Mundbildung ist, so wenig korrespondieren sie darin, wie jenes distal gerichtete Wachstum und überhaupt die Heteropolie des fertigen Tiers zustande kommt.

Bei den Trachylinen scheint die Sache sehr einfach zu liegen, indem die Heteropolie ihrer Blastula unmittelbar in diejenige ihrer Larve und der fertigen Meduse übergeht, was Metschnikoff gerade bei Liriope entgangen ist, Maas aber später einwandfrei nachwies. Überhaupt wird man bei der Schwierigkeit der Orientierung an kugeligen Embryonen jene Heteropolie viel leichter übersehen als feststellen; und zudem bliebe es ganz unerfindlich, wodurch eine Heteropolie der freien Larve neu entstehen sollte, wenn sie nicht eine wenngleich oft schwer nachweisbare Fortsetzung der früheren Heteropolie der Blastula wäre. Halten wir uns also immerhin an das eine Beispiel von Liriope, so liegen die weiteren Schlüsse auf der Hand. Die überwiegende Ausdehnung der aboralen Hemisphäre der Blastula mag allerdings die Unregelmäßigkeit der Gastrulation nicht überwinden, ist aber an der fertigen Gastrula noch weiter vorgeschritten und ganz offenbar der Ausgangspunkt der gegen den Prostomialpol gerichteten Massenverschiebung, die ich bei den Hydropolypen als distal gerichtetes Wachstum bezeichnete. Kurz, die Mundbildung der Trachylinen am Prostomialpol ist durch die ursprüngliche Heteropolie ihrer Embryonen determiniert.

Ähnlich verhält es sich mit den Hydropolypen des 2. Typus, wofür Clava (Harm) und Tubularia (Brauer) Belege liefern. In beiden Spezies wird die Heteropolie erst an der Planula kenntlich, darf aber nach dem oben Gesagten als eine ursprüngliche bezeichnet werden. Der prostomiale Pol von Clava ist durch das gegen ihn gerichtete Wachstum und seine Erzeugnisse gekennzeichnet und bestimmt daher die Stelle der Mundbildung schon vor der Festsetzung der Larve, die stets am Scheitel stattfindet. Ebenso verhält sich Tubularia. Das determinierende Moment für das nach dem Prostomialpol gerichtete Wachstum und für die distale Mundbildung ist wiederum die ursprüngliche Heteropolie, wodurch aber auch die Anheftungsstelle der Larve festgelegt wird.

Anders verläuft dagegen die Mundbildung bei den Hydropolypen des 1. Typus. Ihre Larven sind schon im Blastula-Stadium von ovoider, also heteropoler Gestalt (s. Fig. 16), mit etwas verbreitertem Scheitelende und schmälerem Prostomialende, und behalten diese Gestalt bis zur Anheftung, wobei sie mit dem Scheitel voran schwimmen. Dies bedeutet keineswegs, daß nur dieses Vorderende zur Befestigung und der Prostomialpol daher zur Mundbildung bestimmt ist, wie es bei den übrigen sessilen Cnidariern die Regel ist. Nach Metschnikoff befestigen sich unsere Larven vielmehr bald mit dem Vorderende, bald mit einer Längsseite. Und zwar kommt beides nebeneinander in derselben Spezies vor, woraus man schließen muß, daß die primäre Heteropolie dieser Larven auf ihre Befestigung keinen determinierenden Einfluß hat, diese aber, sobald sie einmal an einer beliebigen Körperstelle erfolgt ist, das distale Ende und somit die Mundbildung des sessilen Tiers unter allen Umständen bestimmt.

Daran ändert sich natürlich nichts dadurch, daß die eben seßhaft gewordene Planula sich regelmäßig in eine scheibenförmige Hydrorhiza verwandelt, aus der erst ein oder mehrere Hydranthen hervorwachsen. Es bleibt also dabei, daß, wenn auch die nächsten Ursachen der Mundbildung stets in dem distal gerichteten Wachstum des Larvenkörpers zu suchen sind (s. o.), der Anstoß dazu bei den Hydropolypen des 1. Typus nicht wie sonst von ihrer ursprünglichen Heteropolie, sondern ausschließlich von ihrer zufällig wechselnden Befestigung, also von einer neu erworbenen äußeren Korrelation ausgeht, die alsdann die definitive Heteropolie des Tiers neu ins Leben ruft. Dies habe ich ferner an den Frusteln von Microhydra besonders anschaulich bestätigt gefunden (Goette 1909, 1919).

Es ist bereits die Vermutung ausgesprochen worden, daß das frühere proximale Ende der Frustel von Microhydra, mit dem es zuletzt am Muttertier festsaß, zu ihrer Befestigung nach ihrer Ablösung diene, also von vornherein die Ursachen für diese Anheftung und damit für die am distalen freien Ende erfolgende Mundbildung enthalte. Ein solcher Vorgang bildet aber weder die Regel, noch wurde sein Kausalzusammenhang richtig angegeben.

Die unbewimperten walzenförmigen Frusteln sinken nach ihrer Ablösung zu Boden und heften sich oft mit einem Körperende an, ohne daß es möglich wäre zu entscheiden, ob es das ursprünglich proximale oder distale ist. Wohl ebenso oft befestigen sie sich aber mit der Mitte ihres Körpers, worauf die beiden Enden frei bleiben, sich mehr oder weniger aufwärts biegen, und dann an jedem von ihnen ein Mund durchbricht (Fig. 36). Eine solche Frustel verwandelt sich also ohne irgendeinen Knospungsvorgang in zwei divergierende Hydranthenzweige mit einem gemeinsamen Fuß, der sich später sogar in einen kurzen Stamm ausziehen kann, so daß ein solches Stöckchen die Art seiner Entstehung nicht einmal vermuten läßt.

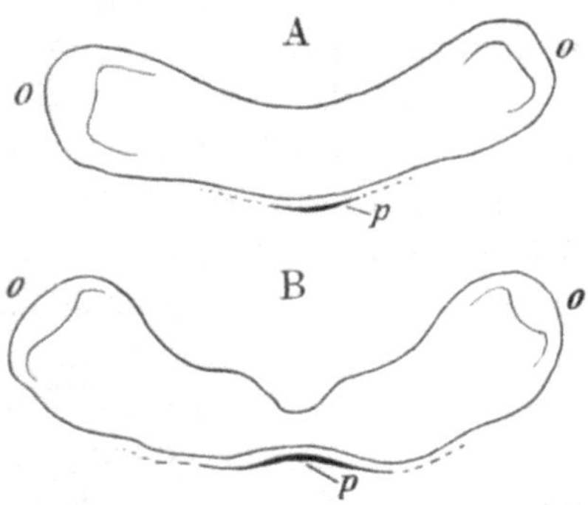

Fig. 36.
Microhydra ryderi, doppelte Mundbildung an der seitlich befestigten Frustel, nach Goette (1920), *o* Mund, *p* Periderm, Orig.

Dieser wechselnde Entwicklungsgang lehrt mit der Sicherheit eines Naturexperiments, daß die Mundbildung der Frusteln sowie der sich offenbar gleich verhaltenden Planulae der Hydropolypen des 1. Typus (s. S. 79) an keine bestimmte Stelle des Körpers gebunden und dort irgendwie präformiert ist, sondern ausschließlich von der zufällig wechselnden Befestigung abhängt, oder besser gesagt mit ihr zusammenhängt, indem sie an einem oder selbst an beiden, der Befestigungsstelle (Fußende) gegenüberliegenden Körperenden stattfindet. Dies gilt folglich auch für die sessil bleibenden Knospen, trotzdem ihre Befestigung schon mit ihrer Entstehung gegeben und fixiert ist; denn die Frusteln als abgelöste Knospen (s. u.) beweisen, daß ihr proximales Ende nicht als solches zur Fußbildung vorbestimmt ist, und daher die damit verbundene Wirkung auf die distale Mundbildung der sessilen Knospen lediglich durch den Zusammenhang mit dem Muttertier erworben wird. Alle diese in Entwicklung begriffenen Formen (Planulae, Knospen, Frusteln) sind sich darin gleich: ihre Mundbildung ist für jedes einzelne Individuum ein scheinbar durch äußere Korrelation herbeigeführter neuer Erwerb.

Man kann aber noch weiter gehen. Denn in dem geschilderten Entwicklungsverlauf der Hydropolypen des 1. Typus ist nicht nur die Mundbildung der sessilen Planulae und der Knospen eine von den Formbedingungen der vorausgehenden Embryonalentwicklung unabhängige Neubildung, sondern dies gilt für die ganze gleichzeitige Organisation des Hydranthen. Seine Befestigung orientiert vielfach die weitere Entwicklung mit Fuß (Hydrorhiza), Mund, Tentakeln und Köpfchen auf einer neuen Grundlage, im Gegensatz zum 2. Typus, wo die gleiche Organisation sich nur als eine epigenetische Fortsetzung der ursprünglichen morphologischen Entwicklung darstellt. In diesem zweifachen verschiedenen Ursprung von ganz gleichen Organisationen innerhalb derselben Ordnung, ja innerhalb derselben Spezies der Hydropolypen zeigen sich uns so völlig divergente Vorgänge wie Homologie und Konvergenz oder Homoidie scheinbar ohne jede Regel an denselben Entwicklungsprozessen. Eine so merkwürdige Erscheinung läßt sich aber nur auf Grund einer eingehenden Untersuchung jener beiderlei Arten von äußerer Übereinstimmung erklären, was in einem folgenden Abschnitt (Homologie und Homoidie) geschehen soll.

Wenden wir uns zu der Mundbildung der über den Hydropolypen stehenden Tiere, so begegnen uns nicht weniger Inkongruenzen in der Entwicklung desselben Organs. Dies beginnt schon innerhalb der Cnidarier, indem die Mundbildung der Scyphozoen sich überhaupt nicht mehr als eine unmittelbare Eröffnung des Darms am prostomialen Pol darstellt, sondern durch eine Neubildung, nämlich durch den sich perioral einstülpenden ectodermalen Schlund vermittelt wird, während der ursprüngliche Mund oder das Prostoma als Schlundpforte ins Innere des Körpers einsinkt. Dies vererbt sich auf einen Teil der Bilateralien, nämlich die Hypogastrica (s. Grundformen); während man aber darin immerhin eine Art von Fortsetzung der Invaginationsgastrula, also eine nahe Beziehung zur Darmbildung erblicken kann, ist eine solche Beziehung bei den übrigen Bilateralien (Pleurogastrica), deren Mundbildung völlig getrennt vom Darm und gegenüber dem Prostoma entsteht, ganz ausgeschlossen.

Die Hauptkategorien der speziellen morphologischen Sonderung.

Noch mehr als in den voranstehenden Abschnitten dieses Buches wird es sich in den nächsten Abschnitten darum handeln, nicht sowohl sämtliche hierher gehörige Erscheinungen Revue passieren zu lassen, als vielmehr nur in einigen ausgewählten Beispielen darzulegen, worauf die vergleichende Entwicklungsgeschichte eigentlich hinausläuft, und welche kritische Methode uns zu diesem Ziel führt.

Wie ich es schon in der Einleitung bemerkte, ist diese Methode eigentlich selbstverständlich: im Werden des Organismus den Kausalzusammenhang der Erscheinungen aufzusuchen und daraus ein Verständnis des geschichtlichen Zusammenhangs der verschiedenen Organismen, der ganzen Tierwelt zu gewinnen. Das empirische Material zu dieser Untersuchung liegt uns vor allem in den Ontogenesen der Tiere vor, und das Mittel, jene richtig zu verwenden, ist in der Vergleichung verschiedener Tiere gegeben. Diese vergleichende Methode verweist uns ferner auf die Bedeutung des phyletischen Ursprungs, dessen Identität im ganzen Organismus und in seinen einzelnen Teilen den gemeinsamen Ausgangspunkt verschiedener Tierformen und ihre genetische Verwandtschaft offenbart.

Zur Vereinfachung dieser Untersuchung dient der Nachweis der Homologien, deren Definition uns hier obliegt.

a) Über Homologie und Homoidie.

Der Begriff der Homologie stammt aus der Anatomie, und zwar zuerst aus der Betrachtung von ähnlichen Teilen eines und desselben Organismus, dann von solchen Teilen verschiedener miteinander verglichener Tiere. Hier wird hauptsächlich von der letzteren Kategorie die Rede sein.

Unter „Homologie" versteht man eine im Unterschied zur Identität mehr oder weniger beschränkte Übereinstimmung in den Form- und Lagebeziehungen der verglichenen Teile. Diese partielle Übereinstimmung des Körperbaues galt anfangs nur als Mittel für die systematische Anordnung der verschiedenen Organismen. In dem Maß jedoch, als die Deszendenzlehre allgemein anerkannt wurde, bezog man die in der Homologie sich offenbarende Übereinstimmung auf den gemeinsamen Ursprung der fraglichen Körperteile und ihrer Träger in dem Sinn, daß die ursprüngliche volle Identität in der Bildung ihrer gemeinsamen Vorfahren sich infolge einer eingetretenen Divergenz ihrer Organisation verminderte, und die gegenwärtige Homologie nur noch den Rest jener früheren Identität darstellt, der aber immerhin zum Merkmal des gemeinsamen Ursprungs der verglichenen Teile und der Verwandtschaft ihrer Träger wird.

So stehen zwei verschiedene Auffassungen der Homologie einander gegenüber. Nach der einen und älteren ist die an der Reifeform beobachtete Homologie ausschließlich ein systematisches Merkmal, während die neuere Anschauung in jener anatomischen Homologie bereits den Ausdruck und das Merkmal eines gemeinsamen Ursprungs der verglichenen Organismen und Körperteile sieht, worauf sich deren phyletische Verbindung gründet.

Jede dieser beiden Auffassungen ist nur zur Hälfte richtig, zur anderen Hälfte aber unzutreffend; und der Irrtum entstand dadurch, daß die Genese bei den Vergleichen unberücksichtigt blieb oder unrichtig erläutert wurde. Nach der ursprünglichen, oben angegebenen Definition soll die Homologie, soweit sie sich nur auf die einzelnen Organisationszustände der fertigen Tiere oder der Reifeformen bezieht, und was ich die anatomische Homologie nenne, keine andere Bedeutung haben als die eines systematischen Merkmals. Allerdings wurde schon vor langer Zeit von der vergleichend-anatomischen „Verwandtschaft" der Tiere gesprochen; damit war aber keine Vorstellung ihres gemeinsamen Ursprungs verbunden, ebenso wie gelegentlich noch heute dieselbe anatomische Homologie nur als „Ausdruck für Gesetzmäßigkeit" von unbekannter Herkunft bezeichnet wird (O. Hertwig 1906). Auch bekämpft dieser selbe Forscher eine genetische Bedeutung derselben Homologie mit folgenden Erwägungen. Erstens könne diese Bedeutung nicht von vornherein als Merkmal der Homologie gelten, wenn sie doch gleichzeitig das Mittel sein soll, den fraglichen phyletischen Zusammenhang zu beweisen; denn darin liege ein circulus vitiosus vor. Zweitens könnten die wirklichen Ahnenreihen verschiedener Tiere, auch wenn man eine kontinuierliche Deszendenzreihe jedes einzelnen Organismus anerkenne, niemals durch anatomische Homologien bestimmt festgestellt werden, weil diese niemals identische Wiederholungen ihrer Vorbilder seien.

Zweifellos sind beide Erwägungen an sich richtig; doch verlieren sie an Bedeutung dadurch, daß ihre Voraussetzungen nicht zutreffen. Die erste Bemerkung, die sich gegen den logischen Widerspruch in der Bezeichnung der typischen anatomischen Homologie als eines genetischen Merkmals richtet, beruht, wie sich weiter zeigen wird, auf einem Mißverständnis. Vor allem halte ich aber die der zweiten Erwägung zugrunde liegende Auffassung nicht für berechtigt, daß die Stammesgeschichte in der Feststellung von konstanten anatomischen Ahnenreihen bestände. In einer solchen vollkommenen Beschreibung aller uns unbekannten Zwischenglieder einer Stammesgeschichte mag man allenfalls eines ihrer letzten und sicher utopischen Ziele erblicken; ihr Wesen und Inhalt ist aber davon unabhängig.

Es ist eine wie es scheint nicht seltene, aber nichtsdestoweniger unzutreffende Vorstellung, daß der Gegenstand der Homologie etwas Konkretes sei, weil sie sich doch auf konkrete Dinge bezieht. Die Homologie als eine partielle Übereinstimmung von sichtbaren Erscheinungen und Vorgängen betrifft aber nicht diese selbst, sondern nur ein von uns gefälltes Urteil über jenes ihr gegenseitiges Verhältnis in verschiedenen Organismen. Sie ist also eine Abstraktion, und zwar ein Relativbegriff. Und wenn man aus solchen Urteilen über einzelne Körperteile ein entsprechendes Urteil über die gleichen Beziehungen der ganzen Organismen zueinander, also über ihre Verwandtschaft ableitet, so kann dieser Ausdruck einer phyletischen Beziehung ebenfalls nur ein Relativbegriff sein, der im allgemeinen an die deskriptive Darstellung uns unbekannter realer Organisationen, z. B. von Zwischenformen der verglichenen Tiere gar nicht notwendig gebunden ist.

Dies wird vollends ersichtlich, wenn man sich den Begriff der *genetischen Homologie* vergegenwärtigt. Sie hat es nicht mit den *einzelnen Zuständen* zweier, in der Regel fertiger Organismen zu tun wie die anatomische Homologie, sondern mit den *ontogenetischen Metamorphosen solcher Zustände*. Wenn man nun deren Verlauf in zwei Ontogenesen verfolgt, so findet man bekanntlich in der Regel, daß die Übereinstimmung ihrer Entwicklungsstufen rückwärts zunimmt, aufwärts dagegen abnimmt. Sobald nun diese Entwicklungsreihe der Übereinstimmung bis zum ontogenetischen Anfang, bis zum Ei zurückreicht, so ist darin die *Homologie in der Genese* oder genetische Homologie gegeben und zugleich der Nachweis des gemeinsamen Ursprungs der untersuchten Tiere und folglich auch ihres phyletischen Zusammenhangs erbracht. Insofern ist *die genetische Homologie weniger ein Merkmal als vielmehr eine Bestätigung des gemeinsamen Ursprungs und somit der Stammesgeschichte* der fraglichen Organismen. Die Darstellung der rein ontogenetisch begründeten Stammesgeschichte kann also ebenfalls nur eine geschichtliche sein, gleich der individuellen Entwicklungsgeschichte, d. h. sich mit der *Erklärung*, nämlich mit den Bildungsursachen der anatomischen Formveränderungen innerhalb der Deszendenz beschäftigen. Die genealogischen Stammbäume sind ja bloß nicht ganz einwandfreie künstliche Anschauungsmittel, die den Kern der Lage nicht treffen.

Trotz der geschilderten grundsätzlichen Verschiedenheit der anatomischen und der genetischen Homologie bestehen recht innige Beziehungen zwischen ihnen. Wenn die genetische Homologie sich durch die ganzen untersuchten Ontogenesen bis ans Ende erstreckt, d. h. sichtbar bleibt, dann schließt sie natürlich mit einer anatomischen Homologie ab. In allen solchen, und zwar häufigen Fällen gehört die letztere folglich in den Bereich der genetischen Homologie, und würde, wenn diese Beziehung im fertigen Tier ohne weiteres ersichtlich wäre, mit Recht zu dessen verwandtschaftlichen Merkmalen gerechnet.

Dies führt uns nun zu dem Hertwigschen circulus vitiosus zurück, der unzweifelhaft zu Recht besteht, solange man sich auf die anatomischen Homologien der Reifeformen beschränkt. Die anatomische Homologie hat, wie gesagt, lediglich einen deskriptiven Wert, und sagt über die wirkliche Verwandtschaft der verglichenen Teile und Tiere, über ihren gemeinsamen Ursprung gar nichts aus. Sie gehört, abgesehen von der eben erwähnten Ausnahme, überhaupt nicht in die Entwicklungsgeschichte, wie ich dies schon früher ausgesprochen habe (Goette 1875, 1884); und wenn man in dieser Disziplin von Homologien schlechtweg redet, können folgerichtig nur genetische Homologien gemeint sein. Nur dadurch, daß man den Unterschied der beiderlei Homologien übersieht oder unbeachtet läßt, wird das Mißverständnis veranlaßt, als wenn die entwicklungsgeschichtliche Untersuchung noch gegenwärtig nach anatomischen Homologien schließt. Dies trifft tatsächlich nicht zu, und in den bezeichneten circulus vitiosus kann man nur dann geraten, wenn man vergleichend-anatomische Spekulationen mit Entwicklungsgeschichte verwechselt.

Natürlich kann damit nicht gemeint sein, daß es unter allen Umständen nötig sei, zur Bestätigung jeder noch so untergeordneten phyletischen Beziehung die gesamte Ontogenese durchzuprüfen. Denn abgesehen davon, daß dies oft aus äußeren Gründen ausgeschlossen ist, genügt es in solchen Fällen, daß die Kenntnis einiger vorausgehenden und zustimmenden Entwicklungsstufen und die stets vorhandenen zahlreichen Analogien die Übereinstimmung der ontogenetischen Endstufen oder eben der anatomischen Homologie mit der fraglichen genetischen Homologie bezeugen.

Solche bis zu einem gewissen Grade hypothetischen Analogieschlüsse sind um so eher statthaft, als bei der gegen die Reifestufen zunehmenden Divergenz der miteinander verglichenen Ontogenesen eine unzweideutige anatomische Homologie der Endstufen nur bei einander nahestehenden Formen erhalten bleibt, wo der Beweis der Verwandtschaft oft gar nicht unbedingt notwendig erscheint. In allen zweifelhaften Fällen dagegen, und zwar dann, wenn die Reifeformen überhaupt keinen phyletischen Zusammenhang vermuten lassen, ist die Untersuchung ohnehin ausschließlich auf die Ontogenese und die genetischen Homologien angewiesen. Als auffallende Beispiele dafür erwähne ich die Stammesgeschichte des Hirnanhangs und der Schilddrüse der Wirbeltiere, deren Ursprung durch keinerlei anatomische Homologie auch nur angedeutet war, bis er ontogenetisch aufgedeckt wurde (Goette 1883, 1904), indem sich der Hirnanhang als Rest des Nasenrachensacks oder -ganges des Cyklostomen und die Schilddrüse als die metamorphosierte Hypobranchialrinne von Amphioxus und der Tunicaten auswiesen.

Nachdem wir uns die Bedeutung der ontogenetischen Untersuchung bei der Prüfung der anatomischen Homologien und bei der Aufdeckung sonst völlig verborgener genetischer Homologien vergegenwärtigt haben, sei endlich noch auf ein hierher gehöriges wichtiges Moment hingewiesen, wobei die Ontogenese eine Hauptrolle spielt. Ich meine die so häufige Täuschung durch nicht bloß unzureichende, sondern geradezu falsche anatomische Homologien, die eine besondere und ausführliche Darstellung erfordern, da ihre Verkennung die meisten Irrtümer in der Phylogenie zur Folge hatte und wohl noch zur Folge haben wird.

Es sind dies die Erscheinungen der Konvergenz oder Homoidie (Goette, Unters. Entw. Würmer, 1884), worunter eine Übereinstimmung einzelner Körperteile in verschiedenen Tieren verstanden wird, die von einem heterogenen Ursprung aus sich angeblich infolge einer „Anpassung" an eine gleiche Funktion entwickelte. An dieser Definition ist der Tatbestand des heterogenen Ursprungs sehr ähnlicher Teile nicht zu beanstanden, wohl aber seine Erklärung durch die Funktion. Diese beeinflußt allerdings die Gewebsbildung, wie in dem Kapitel über die gewebliche Sonderung näher ausgeführt werden soll; daß aber die Funktion gleichzeitig den morphologischen Aufbau der Organe bestimmt, muß ich entschieden bestreiten. Dies zeigt sich schon an einem der ältesten, aber freilich nicht ganz zutreffenden Beispiel von Homoidie, nämlich an dem Becherauge (Ocellus) der Anneliden, Arthropoden und Mollusken einerseits und dem ähnlichen Auge der Wirbeltiere andererseits. In beiden Gruppen sind die optisch gleichen Gewebe in der Form eines Bechers angeordnet, obschon die Augen der niederen Tiere durchweg aus der Epidermis, die Augen der Wirbeltiere dagegen in ihren wichtigsten Teilen aus dem Hirn hervorgehen. Wäre nun die gleiche Funktion die Ursache desselben morphologischen Baues jener genetisch verschiedenen Organe, so stände dies in vollem Widerspruch dazu, daß die ebenfalls epidermoidalen Fazettenaugen der Arthropoden, statt sich becherförmig einzubuchten, sich gerade umgekehrt konvex verwölben. Die Funktion hat also mit der Homoidie nichts zu tun.

Im übrigen handelt es sich hier gar nicht um die Ursachen der Homoidie, sondern nur um ihren Gegensatz zur Homologie, mit der sie infolge der Ähnlichkeit der verglichenen Teile im fertigen Zustand nur zu häufig verwechselt wird. Dies läßt sich nun bloß durch die ontogenetische Untersuchung vermeiden, die das Unterscheidungsmerkmal der Homoidie, den heterogenen Ursprung jener täuschenden Teile in der Regel ganz allein aufzudecken und dadurch deren phyletischen Zusammenhang zu widerlegen vermag. Und da die Homoidie nicht an ein bestimmtes Schema oder Gesetz ihrer Erscheinung gebunden ist, so kann nur eine größere Zahl von Beispielen die Mannigfaltigkeit ihrer Erscheinung und Wirkung illustrieren.

1. Das ersterwähnte Beispiel der heterogenen Becheraugen zeigt uns eine recht unvollkommene und oberflächlich täuschende Homoidie, die leicht zu erkennen ist. Denn schon im fertigen Organismus bleibt der heterogene Ursprung der beiderlei Augen dadurch kenntlich, daß die Lagebeziehung der Netzhautzellen und ihrer Stäbchen in beiden Gruppen gegensätzlich verschieden ist: im Auge der niederen Tiere sind die Stäbchen gegen das Innere des Organs, im „invertierten Auge" der Wirbeltiere nach außen gerichtet.

2. Eine andere vielgenannte morphologische Übereinstimmung, nämlich diejenige zwischen den Segmentalorganen der Anneliden und den Nieren von Amphioxus und der Wirbeltiere läßt sich sogar auf eine unverkennbar gleiche ontogenetische Entwicklung zurückführen, und wurde daher seit Sempers Arbeit über die Stammverwandtschaft jener Tiere (Semper 1876) als richtige genetische Homologie anerkannt, die folgerichtig den gemeinsamen Ursprung dieser systemisch recht verschiedenen Organismen begründen sollte. Obgleich aber die Beobachtung der speziellen Ontogenese der fraglichen Organe im allgemeinen nicht zu beanstanden ist, liegt hier dennoch unzweifelhaft eine Homoidie vor, die nur nicht ohne weiteres erkannt werden konnte. Als jene Verwandtschaft angekündigt wurde (1876), galten noch alle Bilateralien, Würmer so gut wie Chordaten für Glieder eines Stammes. Seitdem ich aber den völlig getrennten Ursprung der pleurogastrischen und der hypogastrischen Bilateralien und die völlig divergente Entwicklung ihrer Embryonalanlagen festgestellt habe (Goette 1884 und 1902), kann auch der identische Ursprung der beiderlei Nierenbildungen nicht mehr aufrecht erhalten werden. Die vermeintliche Verwandtschaft ist also unbegründet, die auffallende Ähnlichkeit trotz allem eine täuschende Homoidie.

Das eigenartige Moment in der eben besprochenen Entwicklungserscheinung ist der Umstand, daß die Divergenz der fraglichen Organisation sehr frühe beginnt, und andererseits die entscheidenden Merkmale der Pleuro- und der Hypogastria, nämlich der Verlauf und Abschluß der Gastrulation zur selben Zeit bereits überholt und unkenntlich geworden sind. Die genetische Homologie ist aber, wie ich ausführlich darlegte (Goette 1884), erst dann wirklich gesichert, wenn sie bis zum Anfang der Ontogenese zurück verfolgt werden kann.

3. Wieder in ganz anderem Zusammenhang tritt uns diejenige Homoidie entgegen, die wir bereits bei der Mundbildung der verschie-

denen Hydropolypen kennenlernten, und die uns zu der Untersuchung der Homologie und ihrer Gegensätze veranlaßte.

In den meisten Fällen wird die Mundbildung am prostomialen Pol der noch freien Planula, also unabhängig von der am gegenüberliegenden Scheitel eintretenden Befestigung eingeleitet (Hydropolypen des 2. Gastrulationstypus). In den Planulae, deren Gastrulation sich nach dem 1. Typus vollzieht, erfolgt die Befestigung vor der Mundbildung entweder ebenfalls am Scheitel oder seitlich zwischen beiden Polen, was um so eher als zufälliger Wechsel bezeichnet werden kann, als er selbst in derselben Spezies vorkommt (Metschnikoff 1886). Dann entwickelt sich der Mund durchweg abhängig von der Befestigungsstelle, und zwar stets ihr gegenüber, also ebenso wechselnd bald im prostomialen Pol gegenüber dem Scheitel, oder zwischen beiden ursprünglichen Polen an einem neu entstandenen distalen Ende. Die Mundbildung der Hydropolypen verläuft also im ganzen heterogen, ist folglich trotz aller ihrer übereinstimmenden Begleit- und Folgeerscheinungen, selbst innerhalb einer und derselben Spezies eine homoide Erscheinung; oder man müßte, um einem solchen beinahe grotesken Schluß zu entgehen, die Forderung einer genetischen Homologie für die phyletische Verwandtschaft der Tiere wenigstens ausnahmsweise aufgeben.

Angesichts eines solchen Dilemma muß man sich fragen, ob nicht in dem angeführten Schlußverfahren doch irgendein Fehler steckt; und ich glaube allerdings einen solchen gefunden zu haben: die Divergenz der Mundbildung und überhaupt der ganzen Orientierung des Körpers in beiden Typen ist eben nur scheinbar.

Die Entwicklungsgeschichte des Mundes, der Täniolen und Tentakel hat uns gelehrt (s. S. 77), daß ihre nächsten Ursachen in einer, von einem bestimmten Punkt aus nach einem entgegengesetzten Punkt gerichteten Massenbewegung der Embryonalschichten enthalten sind. Nun kennen wir eine ganz analoge Bewegung in der Blastulation und Gastrulation die im allgemeinen sich konzentrisch ausbreitet, im besonderen aber entsprechend der ursprünglichen Heteropolie des Eis in dessen apikaler und sich daher erweiternden Hälfte überwiegt. Dies ändert sich jedoch im Verlauf und besonders nach dem Abschluß der Gastrulation in der vollendeten Planula.

Dieser Zeitpunkt tritt dann ein, wenn der Unterschied in der Teilungsenergie und den Druckverhältnissen der Blastomeren und Embryonalzellen soweit ausgeglichen ist, daß keine entodermalen Blastodermzellen mehr ins Innere einwandern und das im ganzen gleichmäßige Ectoderm sich am prostomialen Pol geschlossen hat. Seine Ausdehnung dauert allerdings fort, wie die fortgesetzte Verlängerung der Planula beweist; sie überwiegt aber, nach allem zu urteilen, nicht mehr nach dem Scheitel hin. Denn nachdem der hemmende Gegendruck der zur Einwanderung bestimmten Entodermzellen aufgehört hat, muß die Massenverschiebung nach dem prostomialen Pol zunehmen, was aber nicht immer und nicht überall in demselben Maß erfolgt.

Zu der bisher wirkenden Energie kommt nun ein neues Moment hinzu, nämlich die Vorbereitung der Befestigung. Diese besteht darin, daß die Ectodermzellen sich zur Sekretion einer zur Anheftung dienenden Substanz anschicken, die nach außen kutikular zusammenfließt, aber, wie ich sehe, mit den Zellen durch getrennte Stränge zusammenhängt (Fig. 37). Beides, die neue Funktion und der Zusammenhang des Sekrets mit den Epithelzellen, verträgt sich offenbar nicht mit einer gleichzeitig fortdauernden Teilung und Verschiebung derselben Zellen, so daß die Vorbereitung zur Sekretion und künftigen Befestigung die Massenverschiebung des Epithels an derselben Stelle herabsetzt und zuletzt zum Stillstand bringt.

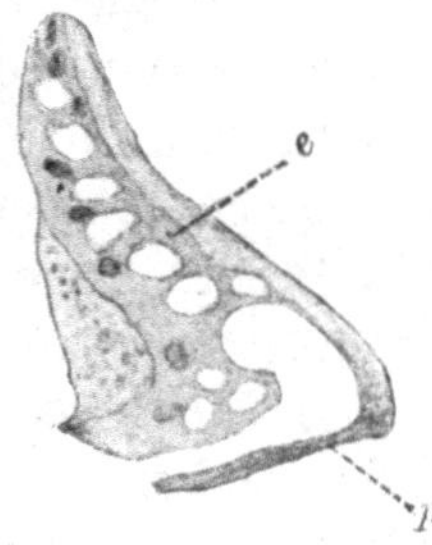

Fig. 37. Microhydra ryderi, Sekret- und Kutikularbildung des Ectoderms *e*, *p* Peridermplatte, Original.

Daraus läßt sich für unsere Untersuchung zweierlei folgern. Ist die Sekretion in der apikalen Hälfte frühzeitig eingeleitet und fortgeschritten, dann hört die Wachstumsbewegung in der Scheitelregion allmählich auf, geht aber prostomialwärts weiter und liefert so die Einrichtung, die wir als Ursache der Mundbildung und aller damit zusammenhängenden Organisation festgestellt haben, nämlich die nach einem bestimmten Ziel, vom Scheitel zum prostomialen Pol gerichteten und gesteigerten Wachstumsbewegung. Dieselben Bedingungen bestimmen aber auch die apikale Befestigung solcher Larven, sei es zeitlich nach der Mundbildung (2. Typus) oder gelegentlich in den Larven des 1. Typus vor der Mundbildung, so daß immerhin nicht sowohl die Befestigung selbst, sondern nur ihre Vorbereitung am Scheitelpol als das eigentliche determinierende Moment zu gelten hat.[1]

Anders verläuft die Mundbildung in einem Teil der Larven des 1. Typus. Während die sekretorische Tätigkeit des Ectoderms sich sonst allmählich rein apikal lokalisiert, bleibt bei jenen Larven eine solche Lokalisation aus und die Sekretion überwiegt und bewirkt die Befestigung an irgendeiner Stelle zwischen beiden Polen. Mit dieser abnormen Fuß-

[1] Möglicherweise trägt es zur Determinierung der Befestigung am Scheitelpol bei, daß der letztere beim Schwimmen der Planula vorausgetragen wird; dies ändert aber nichts an der vorhin ausgesprochenen Schlußfolgerung.

bildung wird auch der Ausgangspunkt des distalen Wachstums ebendorthin verlegt, und ein neues distales Ende zwischen Scheitel und Prostomialpol geschaffen. Es bleibt also auch in diesem Fall die nächste Ursache der Mundbildung die distale Wachstumsbewegung und ihr heteropoler Ausgangspunkt, der nur infolge einer an sich irrelevanten Variation von seiner normalen Stelle verschoben ist, ohne die Gesamtentwicklung irgendwie zu verändern. Alle gegenseitigen Lagebeziehungen und Homologien bleiben also in der folgenden Ontogenese unberührt, und die vermutete Homoidie nebst dem störenden Dilemma existiert tatsächlich nicht. — Auch die Verschiedenheit der Mundbildung bei den Hydrozoen einerseits und den Scyphozoen und Hypogastrica andererseits (s. S. 81) kann ähnlich beurteilt werden, während dasselbe Organ der Pleurogastrica trotz aller Analogie eine völlig homoide Bildung bleibt.

4. Solche paradoxe Erscheinungen sind übrigens gar nicht selten, und ihre Erklärung wird durch manche Analogien wesentlich unterstützt, so vor allem durch formal identische Entwicklungsverläufe mit wechselnder Beteiligung der Embryonalschichten.

In der Entwicklungsgeschichte der Gonanthen und Hydromedusen entstehen der Glockenkern und seine Homologa in der Regel aus dem Ectoderm (Parectoderm), ausnahmsweise jedoch aus dem Entoderm (Parentoderm von Coryne und Sertularella, s. Fig. 33). Nach dem Wortlaut der Definition gehören diese Ausnahmen zu den Homoidien, weil Ectoderm und Entoderm als heterogene Teile zu bezeichnen sind. Und folgerichtig wären Coryne und Sertularella von jeder näheren Verwandtschaft mit anderen Hydropolypen auszuschließen.

Noch verwirrender ist das Verhältnis zwischen den originalen oder primären Medusen der Margelidengruppe und den an ihnen knospenden sekundären Medusen. Denn während in jenen Medusen der 1. Generation das Ectoderm und das Entoderm sich als unmittelbare Fortsetzungen derselben Keimschichten der sie erzeugenden Polypen darstellen, entwickeln die Medusenknospen der 2. Generation ihre sämtlichen Teile ausschließlich aus dem Ectoderm des Muttertiers (Medusen), so daß auch die dem Entoderm anderer Medusen formal entsprechenden Stücke durchaus ectodermalen Ursprungs sind (Fig. 38). Wiederum wären also nach dem Wortlaut der Definition die entodermalen Bildungen beiden Medusengenerationen heterogene Dinge, und könnte von einer verwandtschaftlichen Übereinstimmung der beiderlei Medusen gar keine Rede sein.

Dieses merkwürdige Ergebnis erklärt sich in beiden Beispielen daraus, daß es sich dabei gar nicht um Erzeugnisse einer normalen Ontogenese, sondern sowohl bei den Gonanthen wie bei den Medusen um

Knospen handelt, deren Entwicklung, wie wir noch ausführlicher erfahren werden (s. II. Regeneration), auf ganz anderem, nämlich regenerativem Wege erfolgt. Die regenerative Entwicklung ist aber durchaus unabhängig von den Gesetzen der normalen Ontogenese, so zwar, daß der heterogene Ursprung der einzelnen Embryonalanlagen in den Knospen nicht sowohl eine Homoidie im gewöhnlichen Sinn, als vielmehr „eine zeitlich und räumlich begrenzte Abänderung der normalen Ontogenese" bedeutet (S. 7), die zu einer vollkommenen Wiederherstellung der

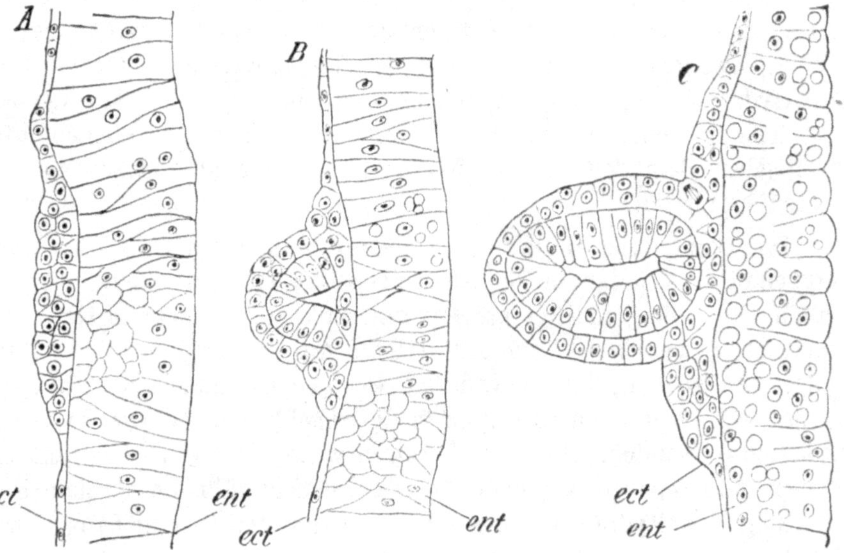

Fig. 38.

Rathkea octopunctata, Medusenknospen nach Chun (1894), aus Korschelt u. Heider, Lehrbuch der vergleichenden Entwicklungsgeschichte (1910); A Ectoderm verdickt, B, C Entodermbildung innerhalb der Ectodermverdickung *ect*, *ent* **Entoderm.**

ursprünglichen Entwicklung hinüberführt. Angesichts dieser schließlichen Identität der Bildung scheidet auch der Begriff der Homologie als einer partiellen genetischen Übereinstimmung bei der Beurteilung der Knospen ebenso aus wie der Begriff der Homoidie.

5. Gegenüber der eben erörterten und scheinbaren Homoidie liefern die Cnidarier zahlreiche Beispiele von echten Homoidien, die Homologien vortäuschen. Dabei handelt es sich in der Regel um die Beziehungen von Hydranthen und Medusen bei den Hydropolypen.

Es ist eine alte Hypothese, daß die Hydromedusen unmittelbar aus den Hydranthen hervorgehen, indem deren Peristom sich rings um den Mund zu einer Subumbrellarhöhle einsenkt, und so ein zentrales Manubrium und außen die Glockenwand entsteht, worauf das zweiblättrig zusammengedrückte periphere Entoderm sich in die Radialkanäle spaltet. Weismann nahm diese Hypothese auf (1883) und ergänzte sie durch die weitere Annahme, daß alle so mannigfaltig gebauten Gonanthen rückgebildete Medusen seien. Entsprechend jener hypothetischen Metamorphose gelten alsdann Mund und Peristom der Hydranthen als Homologa des Mundes und der inneren Glockenwand der Medusen, und deren Radialkanäle als Metamorphosen des gleichwertigen Darmraums der Hydranthenköpfchen.

Diese Hypothese entstand aus der rein anatomischen Homologie der fertigen Polypen und Medusen und ihrer späteren Entwicklungsstufen. Dagegen ergab die von mir verfolgte vollständige Entwicklung der Hydromedusen (1907), daß jene Hypothese in allen Stücken auf täuschenden Homoidien und kaum in einem Punkt auf wirklichen ontogenetischen Befunden beruht. Ich greife hier nur die wichtigsten Tatsachen heraus.

Die Darstellung Weismanns beginnt mit einem ganz offenbaren Mißverständnis, indem er den Ausgangspunkt der Medusenentwicklung, nämlich die völlig indifferente Hydranthenknospe, einem fertigen Hydranthen gleichsetzte. Nach der weiteren Ausführung jener Darstellung sollte man meinen, daß Weismann wenigstens Anlagen der Polypenorgane sich entwickeln und dann in die angeblich homologen Medusenteile sich verwandeln sah. Statt dessen entwickelt sich in der Hydranthenknospe keine einzige polypoide Anlage, vielmehr fällt die normale Entwicklung des Hydranthen aus einem bestimmten Grunde (Ausbildung der Keime) vollständig aus und wird durch Neubildungen wie das Parectoderm oder den Glockenkern und die Radialschläuche ersetzt (Fig. 39), die anfangs, in den ältesten Erscheinungen dieser Art aber die Gonanthen und erst im weiteren Verlauf dieser Stammesentwicklung Medusoide und Medusen herstellen. Die Gonanthen sind also nicht rückgebildete Medusen[1], sondern umgekehrt ihre Vorstufen; und was in den Medusen an polypoide Bildungen erinnert, z. B. der manubriale Mund, die Glockenhöhle (Peristom) u. a., sind durchaus neuentstandene Bildungen, an denen die Konvergenzerscheinungen recht auffällig sein können, aber nach den Aussagen der Ontogenese sich als unzweifelhafte Homoidien ausweisen.

---

[1] Als besonderes Zeugnis dafür gilt die zweiblättrige „Entodermlamelle" mancher Gonanthen, die angeblich aus den verschmolzenen Radialkanälen der phyletisch älteren Medusen entstanden sei. Ich zeigte jedoch, daß diese Lamelle neben den Anlagen der Radialkanäle vorkommt, und daß folglich das vielgenannte Zeugnis in nichts zerfällt (Goette 1916).

So offenbar in diesem Fall der Widerspruch zwischen einer vorgefaßten Ansicht und der unverkennbaren ontogenetischen Erfahrung ist, kann er doch eigentlich nicht weiter in Erstaunen setzen, wenn man wie Weismann von einer epigenetischen Ontogenese keinerlei Auskunft erwarten zu können erklärt und ihr selbst wenig begründete Hypothesen vorzieht.

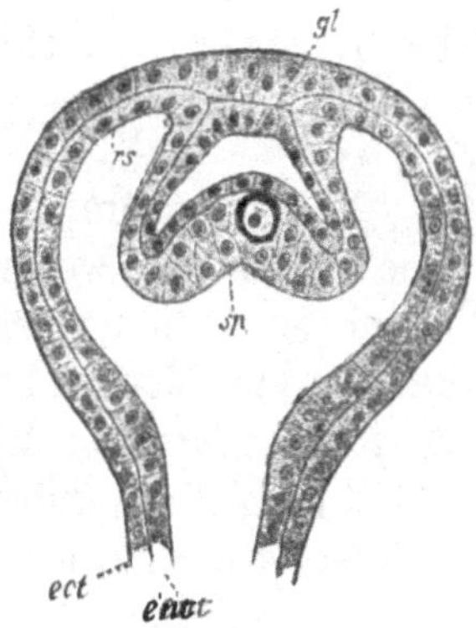

Fig. 39.
Podocoryne carnea, junger Gonanth, nach Goette (1907), aus Korschelt u. Heider, Lehrbuch der vergleichenden Entwicklungsgeschichte (1910); *gl* Glockenkern, *ect* Ectoderm, *ent* Entoderm, *rs* Radialschlauch, *sp* Spadix.

Merkwürdigerweise trifft aber die Vorstellung vom Ursprung der Hydromedusen, die wir eben als eine irrige erkannten, bei den Trachylinen zu, obgleich ihnen gerade eine Polypengeneration fehlt. Sobald man jedoch ihre Ontogenese zu Rate zieht, zeigen sich ihre Larven nicht selten als wirklich polypoide Bildungen (Aglaura [Fig. 40], Aeginopsis-Metschnikoff 1886), die sich durch Einstülpung ihres Peristoms und radiale Spaltungen ihres einheitlichen Darms in medusoide Geschöpfe verwandeln. Man darf es daher als sehr wahrscheinlich bezeichnen, daß sie von Hydropolypen abstammen, deren Befestigung anfangs immer weiter hinausgeschoben wurde, bis sie durch die Einleitung der Medusenbildung ganz ausgeschlossen wurde. Die „Actinulae" genannten Larven von Tubularia, die schon die fertige Artform erreichen, bevor sie sich zur Befestigung entschließen, unterstützen jene Annahme in sehr anschaulicher Weise. Die Trachylinen gewannen also ihre Medusenbildung, so wie es ihre Ontogenese wiederholt, auf ganz anderem Wege als die Hydromedusen, nämlich durch direkte phyletische Wandlungen ihrer polypoiden Vorfahren, ohne Unterbrechung durch Knospung und Generationswechsel. Und indem sie ontogenetisch gerade das durchführen, was sich bei den Hydromedusen als irrig ergab, liefern sie im Vergleich mit diesen, ihnen so ähnlichen Geschöpfen ein typisches Beispiel von Konvergenz oder Homoidie.

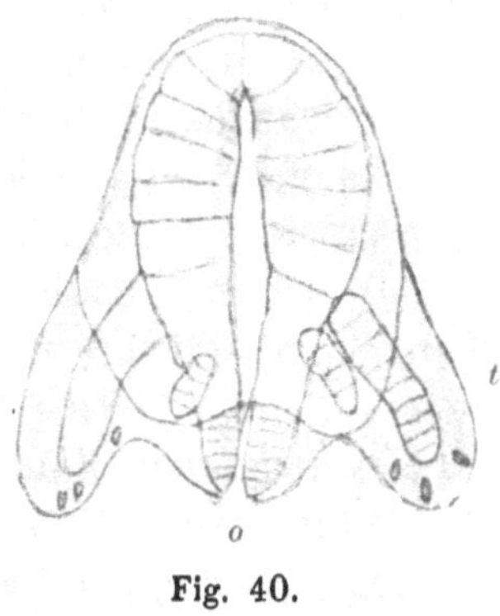

Fig. 40.
Aglaura hemistoma, Larve, nach Metschnikoff (1886); *o* Mund, *t* Tentakel.

Um nicht durch eine Anhäufung von Beispielen zu ermüden, sei zum Schluß bloß hervorgehoben, daß nicht nur die Unterscheidung von

Homologie und Homoidie für die Konstruktion der Stammesgeschichte von großer Bedeutung ist, sondern daß auch die paradoxen Erscheinungen, auf die man bei solchen Untersuchungen stößt, davor schützen, daß man bei dieser Arbeit nicht in unfruchtbaren Schematismus verfällt.

Nach der voranstehenden Erörterung versteht sich von selbst, daß eine Homologie, worunter in einer Untersuchung über die Ontogenese im allgemeinen natürlich nur die genetische Homologie gemeint sein kann, kein Merkmal einer ganz bestimmten Verwandtschaft bedeutet, sondern nur auf die Methode verweist, durch die wir die Nachweise jener Verwandtschaft erhalten können. Die Homologie bezieht sich ferner nur auf je einen einzelnen Körperteil, so daß genau genommen erst die vereinigten Homologien aller dieser Teile die Verwandtschaft der ganzen miteinander verglichenen Tiere, d. h. ihren gemeinsamen Ursprung sichern. Nun ist aber auch der Begriff der Verwandtschaft überhaupt ebenso unbestimmt wie derjenige der Deszendenz. Wenn man beispielsweise mit Hilfe der Homologien die geraden Deszendenzreihen einer ganzen Anzahl von verschiedenen Tieren bis zum ersten Anfang rückwärts kennen lernen würde, so wäre damit doch für den Nachweis der wirklichen Verwandtschaft jedes dieser Tiere wenig gewonnen, solange die Verbindungen jener Deszendenzreihen untereinander unbekannt blieben, die auf den beständig wiederholten Divergenzen beruhen. Erst die Feststellung dieser fortgesetzten Divergenzen, die in umgekehrter Richtung sich mit den rückwärts zusammenlaufenden Deszendenzlinien decken, ergibt die maßgebenden Verwandtschaftsbeziehungen, den wirklichen historischen Vorgang, auf den die Entwicklungsgeschichte eigentlich zielt.

Dazu gehört endlich noch eine bestimmte Definition der „Stammform“. Sobald dieses Wort, wie es oft genug geschieht, nur im Sinn von Vorfahren schlechtweg gebraucht wird, oder auch nur die Glieder einer geradlinigen Stammreihe bezeichnet, ist es insofern entbehrlich, als dadurch keinerlei konkrete Verwandtschaftsbeziehungen angegeben werden. Es empfiehlt sich daher, unter „Stammform“ nur diejenige Art, Gattung usw. zu verstehen, von der aus die miteinander zu vergleichenden Formen divergieren. Dies ist für die stammesgeschichtliche Untersuchung durchaus nicht gleichgültig. Denn indem die Aufgabe, solche Stammformen zu rekonstruieren, Ziel und Richtung unserer Vergleiche bestimmt, wird jede flüchtige Behandlung der Verwandtschaft vermieden, und diese vielmehr ausschließlich auf ganz bestimmte genetische Homologien begründet. Diese sind und bleiben eben die einzigen realen Momente, die uns über die verwandtschaftlichen Beziehungen der Tiere orientieren; wer sie und somit die Ontogenese vernachlässigt, verzichtet auf eine historische Untersuchung der Tierwelt.

Indem wir uns mit dieser Kenntnis von den Mitteln unserer ontogenetischen und phyletischen Arbeit der Betrachtung der Hauptkategorien der speziellen morphologischen Sonderung zuwenden, soll, wie schon bemerkt, nur an einzelnen Beispielen erläutert werden, in welcher Richtung man in der Entwicklungsgeschichte eine Erklärung durch kritische Vergleichung der Tatsachen, statt durch freie und nicht notwendige Hypothesen suchen sollte.

b) Die Grundformen der polyplastiden tierischen Organismen.

Ich verstehe darunter nicht sowohl die Grundzüge der äußeren Gestalt und des inneren Baues, als vielmehr eine einheitliche Lagebestimmung aller, namentlich der gleichartigen Körperteile der Tiere, woraus die Richtungen ersichtlich werden, in denen gleiche Organe und Gewebe sich entwickeln. Eine deskriptive Schilderung aller stereometrischen Formverhältnisse der tierischen Organismen gehört also nicht hierher; vielmehr soll hier allein auf diejenigen Formbildungen eingegangen werden, die die allgemeinsten phyletischen Gruppeneinteilungen charakterisieren. In diesem Sinn gibt es nur zwei Hauptarten der Grundform unter den Polyplastiden, die strahlige und die bilateral-symmetrische oder kurzweg die bilaterale, wonach diese Tiere als Strahltiere und Bilateraltiere unterschieden werden. Daß diese zwei Hauptarten der Grundform sich noch weiter gliedern lassen, wird sich sofort zeigen.

Das Merkmal der **Strahltiere** besteht darin, daß sie sich in Segmente zerlegen lassen, die um einen Mittelpunkt oder eine Hauptachse radial angeordnet und wenigstens in ihren Gegenstücken paarweise kongruent sind. Dies vergegenwärtigt man sich am einfachsten dadurch, daß man größte Ebenen im Mittelpunkt oder in der fixierten Hauptachse der fraglichen Organismen sich schneiden läßt; nach diesen beiden verschiedenen Orientierungsmomenten unterscheide ich den primären und den sekundären Strahltypus.

Zum primären Strahltypus gehören alle Organismen, die keine durch Heteropolie fixierte Hauptachse besitzen und daher vom Mittelpunkt aus nach allen Richtungen in lauter kongruente Gegenstücke zerlegbar sind (Fig. 41). Beispiele dafür sind die Flimmerkugel der Magosphaera, Volvox, sowie die vorläufig erst erschlossenen blastula- und gastrulaähnlichen Organismen ohne eine heteropole Achse. Die Strahlform dieser ältesten Polyplastiden ist auf ihren Ursprung aus vielgeteilten Monoplastidenkeimen zurückzuführen, deren Kerne sich gleichmäßig an der Peripherie des Plasma verteilen und ganz gleiche radiale Teilungen des Ganzen zur Folge haben. Diesen Vertretern der primären Strahlform kann auch die embryonale Blastula der Heteroplastiden angereiht werden, soweit die in ihr bereits enthaltene Anlage der Heteropolie äußerlich unkenntlich bleibt und kongruente Gegenstücke um den Mittelpunkt vortäuscht.

Der Charakter dieses primären Strahltypus wird übrigens dadurch nicht verändert, daß die in der Regel sich darin offenbarende Form der Kugel (Globoid) sich in ein Sphäroid verwandelt, in dem ein Durchmesser bei vollständiger Erhaltung der Gleichpoligkeit sich gleichmäßig nach beiden Enden hin verlängert, und die Durchmesser, die zwischen diesem längsten und den rechtwinklig zu ihm stehenden Durchmessern liegen, sich entsprechend symmetrisch verändern. Denn in einem solchen Sphäroid können ebenso wie in einer Kugel in jedem beliebigen Durchmesser kongruente Gegenstücke hergestellt werden.[1] Auch ist das Sphäroid keine bloße Konstruktion, sondern kommt unter den Blastulae niederer Tiere oft genug neben der Kugelform vor. Es ist ferner nicht ohne Bedeutung, den Unterschied von Kugel und Sphäroid bei den Organismen festzuhalten. In der Regel besteht nämlich innerhalb des allgemeinen Gesetzes von der Kongruenz der Gegenstücke der besondere Fall einer Kongruenz der sämtlichen Segmente untereinander, sobald nämlich alle durch größte Ebenen gebildete Winkel einander gleich angenommen werden. Diese Erweiterung des allgemeinen Gesetzes ist beim Sphäroid ausgeschlossen, die Kongruenz also auf die einzelnen Paare von Gegenstücken beschränkt.

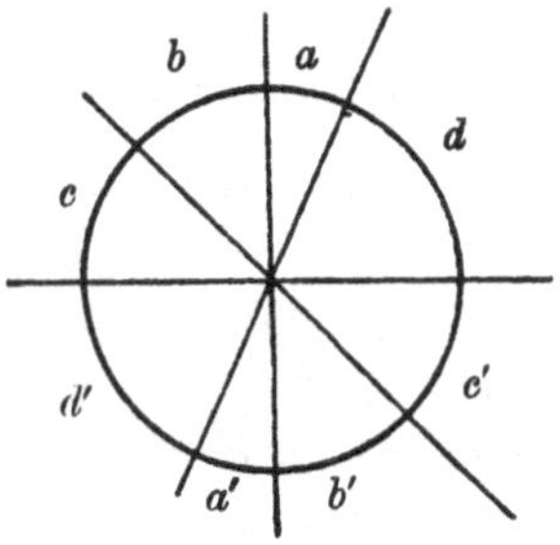

Fig. 41.
Schema des primären Strahltypus mit kongruenten Antimeren *a—a', b—b', c—c', d—d'.*

Das gemeinsame Merkmal aller Strahltiere wird im sekundären Strahltypus dadurch differenziert, daß die kongruenten Gegenstücke sich nur im Umkreise eines einzigen Durchmessers oder aber der Hauptachse herstellen lassen. Denn indem diese Achse zwei ungleich gewordene und einander entgegengesetzte Pole des Organismus (Scheitelpol, Gegenpol) verbindet, können eben nur Segmente, die an der Verschiedenheit beider Pole gleichmäßig teilnehmen, also sich längs jener ganzen Achse

[1] Wie ich schon früher hervorhob (Goette 1886), stimmen diese meine Bestimmungen mit Haeckels ähnlichen Bestimmungen nicht überein.

erstrecken, allseitig oder mindestens als Gegenstücke kongruent sein. Für jede andere Achse oder gar für einen gemeinsamen Mittelpunkt trifft jene Bedingung bei den sekundär strahligen Formen nicht zu, bleibt also eine entsprechende Kongruenz ausgeschlossen. Als stereometrische Form eines solchen Organismus kann das Ovoid gelten, das durch Verlängerung oder Verkürzung eines Kugelradius und die dadurch verursachte Heteropolie in demselben Durchmesser (Haupt-, Scheitelachse) entsteht. Einem solchen Ovoid entspricht die typische Gastrula und jeder Organismus, der trotz sonstiger Neubildungen den Grundbau der Gastrula und das Merkmal der kongruenten Strahlsegmente behält.

Ein gleiches Moment wie dasjenige, das innerhalb des primären Strahltypus die Kugelform in ein gleichwertiges Sphäroid verwandelt, kann auch innerhalb des sekundären Strahltypus eine ähnliche untergeordnete Abänderung herbeiführen. Man denke sich eine die Hauptachse rechtwinklig schneidende Kreuzachse in ihren beiden Hälften oder Radien gleichmäßig verlängert oder verkürzt, so entsteht ein abgeplattetes Ovoid, wie es sich z. B. in den Rippenquallen offenbart. Auch auf diese Abänderung werde ich noch zurückkommen.

Wie entstand nun die Heteropolie an der primären Strahlform? — Die erste Erscheinung der Heteropolie hing offenbar vom Zufall ab, und dies konnte ebensogut an einem Globoid wie an einem Sphäroid geschehen. Dennoch halte ich aus allgemeinen Gründen den Ursprung der erblichen Heteropolie bei den Sphäroiden für wahrscheinlicher. Ferner kann es sich bei diesen ältesten Formen nur um wasserbewohnende Organismen handeln.

Die Sphäroide, die selbst durchaus zufällig aus kugelförmigen Organismen hervorgingen, verließen dadurch den primären Strahltypus nicht (s. S. 96), unterscheiden sich aber von der Kugelform immerhin durch eine weiter fortgeschrittene Differenzierung, nämlich durch den alle andern Durchmesser übertreffenden Längsdurchmesser. Dieser veranlaßte wiederum eine ihm entsprechende lineare, sei es gerade oder bohrende Schwimmbewegung, weil die regellos rollende Bewegung der früheren Kugelform sich mit dem verlängerten Körper offenbar nicht vertrug; wie denn auch jede sphäroide Blastula sich tatsächlich in der Längsachse bewegt (Hydropolypen). Der Längsdurchmesser des Späroids als morphologisches Moment veranlaßte die Linearbewegung des Körpers korrelativ, und nicht etwa umgekehrt die Bewegung die Körperform.

Daraus darf weiter geschlossen werden, daß derselbe Längsdurchmesser für die Entstehung einer Heteropolie an seinen beiden Enden unter allen Durchmessern des Sphäroids eigentlich allein geeignet ist.

Denn die Entwicklung einer Scheitelachse in einem andern Durchmesser würde eine mehr oder weniger monströse und daher kaum existenzfähige Form erzeugen, wogegen die Heteropolie im Längsdurchmesser des Späroids die Regelmäßigkeit seiner Form und die einmal erworbene Linearbewegung nicht nur nicht stört, sondern vielmehr fördert und andererseits durchaus mit dem Zustande der Ovoid- oder Gastrulaformen der Larven des sekundären Strahltypus übereinstimmt. *Die im Längsdurchmesser des Sphäroids entstehende Heteropolie wird also durch seine Organisation korrelativ gebunden, fixiert.*

Erwägt man nun, daß die kugelförmigen Organismen eine derartige bestimmte Prädisposition für die Entstehung einer Heteropolie nicht besitzen, sondern in dieser Beziehung allseitig indifferent sind, so folgt daraus, daß, wenn auch die Möglichkeit für sie besteht, heteropol zu werden, die erste Anlage einer solchen Änderung ihrer Form keiner fixierenden Korrelation unterliegt und daher wie eine sonstige erste Variante ebenso leicht wieder verschwinden kann (s. Vererbung). *Daher ist es wahrscheinlicher, daß die fixierte erbliche Heteropolie nicht bei den Globoiden, sondern bei den Sphäroiden entstand.*

Im Gegensatz zu den Strahltieren lassen sich die **Bilateraltiere** weder durch einen Mittelpunkt oder eine Hauptachse orientieren, noch in kongruente Gegenstücke zerlegen, sondern sind bloß durch eine Hauptebene (*Medianebene*) in zwei spiegelbildlich gleiche Seitenhälften teilbar. Am einfachsten veranschaulicht man sich dieses Verhältnis am eigenen Körper, indem man sich durch die dorsale und die ventrale Mittellinie eine Ebene, eben die Medianebene, gelegt denkt, und an den dadurch gesonderten beiden Körperhälften, der rechten und der linken, die beiden Hände als Beispiel spiegelbildlicher Gleichheit miteinander vergleicht. — An den Bilateralien unterscheiden wir vier paarweise entgegengesetzte, ganz verschiedene Körperseiten, nämlich ein Vorder- oder Kopfende gegenüber einem Hinter- oder Schwanzende und eine obere Rückenseite gegenüber einer unteren Bauchseite. Die zwei Achsen, die diese gegensätzlichen Seiten miteinander verbinden, nämlich die Längsachse (vorn-hinten) und die Höhenachse (oben-unten oder Rücken und Bauch) schneiden sich und bestimmen dadurch die Medianebene (Fig. 42). Daraus ergibt sich auch die Gegensetzung von rechts und links, deren Unterschied aber kein grundsätzlicher ist, sondern nur auf eine spiegelbildliche Umkehrung hinausläuft.

Nachweislich sind alle Bilateralien Nachkommen von Tieren des sekundären Strahltypus, da sie deren Grundform in der Gastrula ontogenetisch durchlaufen, so zwar, daß eine anfangs unbedeutende Abänderung der regelmäßigen heteropolen Gastrula zur Bilateralsymmetrie hinüberführt. Diese Änderung besteht darin, daß zu der ersten, in der Scheitelachse entstandenen Heteropolie sich eine zweite rechtwinklig dazugesellt, und so der doppelte Gegensatz von vorn und hinten, oben und unten hervortritt.

Dieser Vorgang bei der Entstehung der grundlegenden embryonalen Bilateralsymmetrie wird nicht selten als eine Wachstumsdifferenz bezeichnet. Es ist aber kein glücklicher Ausdruck, weil dadurch zwei recht verschiedene Begriffe zusammengeworfen werden. „Wachstum" bedeutet zweifellos den physiologischen Vorgang der Massenzunahme, die ja sehr oft als eins von den Mitteln der morphologischen Sonderung erscheint, aber keineswegs mit ihr identisch oder dabei notwendig ist. Gerade in der embryonalen Ontogenese vollzieht sich die morphologische Sonderung ohne jede Massenzunahme, im allgemeinen bloß durch die Bewegungen der Zellenmassen oder durch die Massenverschiebung infolge der bestimmt und eventuell verschieden geregelten Zellteilungen, wie es die Entwicklung der Blastula und Gastrula deutlich offenbart. So wenig wie die Vermehrung der Blastomeren und Embryonalzellen oder die Aufblähung einer Cöloblastula und die Gastrulation ein Wachstum darstellen, so wenig paßt dieses Wort zur Bezeichnung der sich differenzierenden Zellen- und Massenbewegungen, die den Bilateraltypus begründen. Denn oft zeigt sich schon während der Eiteilungen, wobei doch jede Spur einer Massenzunahme fehlt, eine deutliche Heteropolie in der Höhenrichtung (Rücken—Bauch), wie sie zuerst in der Scheitelachse auftritt. Daher sind auch die Ursachen der Bilateralsymmetrie ganz analog denen des sekundären Strahltypus zu beurteilen.

Trotzdem läßt sich der Ausdruck „Wachstum" nicht immer vermeiden, wenn es sich auch wesentlich oder ausschließlich um Massenverschiebung handelt. Es geschieht dies teils aus praktischen Gründen, teils deswegen, weil Wachstum im Sinn einer Massenzunahme stets mit einer Massenverschiebung verbunden ist, und es im einzelnen Fall schwer zu entscheiden bleibt, wann die Zunahme zu der ursprünglichen Massenbewegung hinzukommt. Wenn ich also jenen allgemein gebräuchlichen Ausdruck schlechtweg anwende, so meine ich in der Regel die morphologisch allein maßgebende Massenverschiebung.

Bevor ich aber auf den Ursprung der Bilateralsymmetrie näher eingehe, muß ich vorausschicken, daß, wie ich es zuerst begründet habe (1884, 1902), die Verwandlung der Strahlform in eine Bilateralform sich in zweifacher Weise vollzog. Um sich dies zu veranschaulichen, hat man von derjenigen Embryonalform auszugehen, an der die zu erörternden Formveränderungen sich am einfachsten und klarsten darstellen, nämlich an einer typischen Cölogastrula.

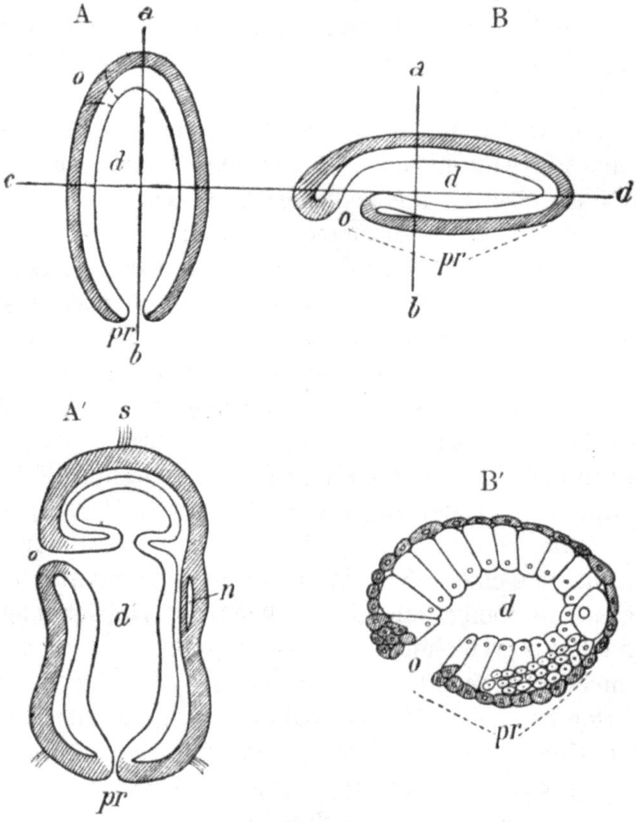

Fig. 42.

Die zwei bilateralen Grundformen, nach Goette (1902); Schema der pleurogastrischen (A) und der hypogastrischen Grundform (B), erläutert an einer pleurogastrischen Wurmlarve A′ (Tornaria nach Bateson) und einem hypogastrischen Regenwurmembryo B′ (nach Kowalewsky); *a–b* Scheitelachse, *c–d* Kreuzachse der Gastrula, *pr* Prostoma und Prostomialnaht, *d* Darm, *o* Mund, *n* dorsaler Nervenstrang der Tornaria, *s* Scheitelschopf.

1. Geht man von einer solchen Gastrula aus, wie sie u. a. bei den Enteropneusten vorkommt (Fig. 42 *A*, *A*[1]), so finden wir sie in der Scheitelachse mehr oder weniger gestreckt, so daß der Scheitel und das zusammengezogene Prostoma die beiden Enden der neuentstandenen und in das künftige Tier übergehenden Längsachse bezeichnen. Das Prostoma verwandelt sich später in den After (Hinterende), während der Mund in der Nähe des gegenüberliegenden Scheitels (Vorderende)

als Neubildung in den Darm durchbricht. Die zweite, quer zur Scheitel- und Längsachse sich herausbildende Heteropolie ist nicht durch eine bestimmte Kreuzachse mit kenntlichen Endpunkten oder Polen bezeichnet, sondern findet ihren Ausdruck in der verschiedenen Ausbildung von zwei einander gegenüberliegenden ganzen Längsseiten des Körpers, der Rücken- und der Bauchseite, die also je einer durch Scheitel und Prostoma begrenzten Seite der vorausgegangenen Gastrula entsprechen. Nach diesen genetischen Lagebeziehungen nannte ich solche Bilateralien „Pleurogastrica".

Da jedoch der Scheitel der Gastrula, der sich übrigens schon gegen denjenigen des Eis etwas verschieben kann (s. u. Amphioxus,

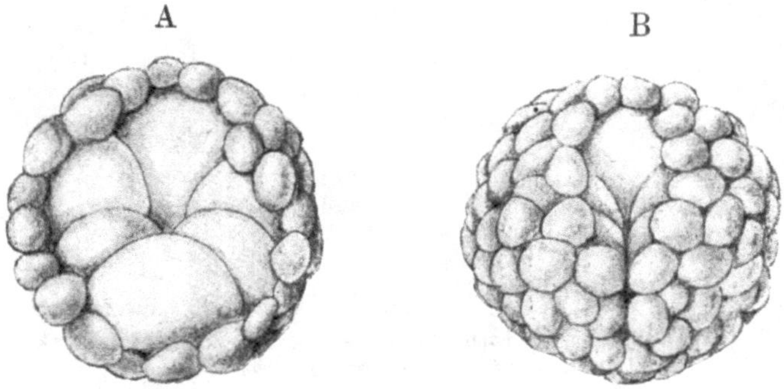

Fig. 43.
Stylochus pilidium, Bildung der Prostomialnaht, nach Goette (1882); A weites Prostoma, B Prostoma in der hinteren Hälfte geschlossen.

Fig. 45), nur bei gewissen Pleurogastrica, wie gerade bei Balanoglossus, deutlich bleibt, so ist die Lage des dauernd kenntlichen Prostoma am Hinterende des Tiers und gerade gegenüber dem Vorderende, in dessen Nähe sich der Mund neu bildet, das wichtigste Merkmal der Pleurogastrica.

2. In der zweiten Gruppe der Bilateralien (Fig. 42, *B*, *B'*) verlängert sich der Embryo früher oder später in einer Kreuzachse der Gastrula, so daß das entsprechend verlängerte, ovale oder spaltförmige Prostoma nicht das Hinterende, sondern eine Längsseite und zwar die Bauchseite des künftigen Tiers bezeichnet, wobei das Vorderende des Urmunds mit der Mundbildung zusammenfällt, die übrige Strecke sich aber in der ventralen Mittellinie schließt (Prostomialnaht, Fig. 43). Solche Tiere heißen daher „Hypogastrica". In diesen Bilateralien ist ebenfalls die ontogenetische Lagebeziehung von Prostoma und Mund das bezeichnendste Moment, weil die ursprüngliche Scheitelachse durchaus nicht immer kenntlich bleibt, und folglich ihre Lagebeziehung

zur definitiven Längsachse des Tiers völlig verwischt wird. In dem von mir gewählten Beispiel von Lumbricus kann die Scheitelachse im Embryo so angenommen werden, daß sie die Längsachse (Kreuzachse der Gastrula) und die ihr parallele ventrale Prostomialnaht etwa rechtwinklig schneidet, was sich also von der Identität beider Achsen in den Pleurogastrica scharf unterscheidet. In den Larven anderer Würmer (Pilidium, Trochophora) liegt aber der deutlich sichtbare Scheitelpol nur anfangs der Prostomialnaht gegenüber, um sich später bis an das Vorderende der Längsachse zu verschieben

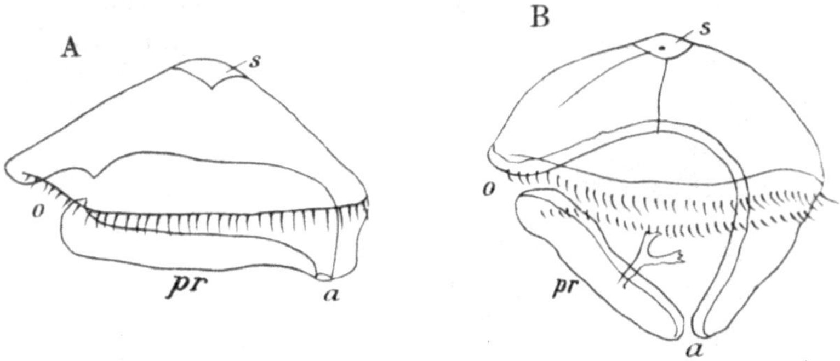

Fig. 44.
Polygordiuslarve A nach Rajewsky und B nach Hatschek; *o* Mund, *a* After, *s* Scheitel, *pr* Prostomialnaht.

(Fig. 44), so daß von einer zwischen ihm und etwa der Mitte der Prostomialnaht verlaufenden Scheitelachse überhaupt nicht mehr geredet werden kann.[1]

Es ist dies ein recht anschauliches Beispiel dafür, daß die geschilderten, fundamental verschiedenen Lagebeziehungen der beiden bilateralen Typen sowie alle analogen Verhältnisse nicht ohne weiteres nach dem späteren Zustande der Körperbildung, die unter Umständen aus einer eingreifenden Metamorphose der ursprünglichen Form hervorgeht, sondern nur nach dieser letzteren beurteilt werden dürfen. Und

[1] An Stelle der von mir eingeführten Namen der beiderlei Bilateralien sind später andere vorgeschlagen worden: Protostomia, Deuterostomia (Grobben 1917). — Mir leuchtet aber der Vorzug dieser Änderung nicht ein. Allerdings ist die verschiedene Mundbildung ein sehr auffälliges Unterscheidungsmerkmal beider Gruppen untereinander; aber von anderm abgesehen, ist der Einwand nicht leicht zu nehmen, daß der Name Protostomia, indem er keinen Hinweis auf die Bilateralsymmetrie enthält, vielmehr die Identität von Mund und Prostoma bedeutet, in demselben Sinn wie für die Hypogastrica auch für die Strahltiere gilt, während in dem Namen „Hypogastrica“ neben der Andeutung der genetischen Lagebeziehungen des Prostoma, durch die Erwähnung der Bauchseite die Bilateralsymmetrie schon angegeben ist.

dieselbe Überlegung hat uns auch bei der folgenden Untersuchung über die Ursachen oder vielmehr den Ursprung der Bilateralsymmetrie überhaupt zu leiten. Die grundsätzliche Verschiedenheit der beiderlei Bilateralien läßt sich anatomisch gar nicht begründen; nur aus ihren Ontogenesen ergibt sich ihre vollkommene Homoidie.

Wenn man der sozusagen spezifischen Ursache der Bilateralsymmetrie ontogenetisch nachgeht, so überzeugt man sich bald, daß sie ebenso wie bei der Entstehung des sekundären Strahltypus schon in der Struktur des ganzen Eis beruhen muß. Dafür spricht der Befund, daß in der Regel schon die ersten Blastomeren der Bilateralien eine entsprechende Verschiedenheit und Lagerung zeigen, die ja nur eine Folge jener Struktur, d. h. einer besonderen Verteilung des Eiplasma sein kann. Und in der Tat ist eine bilateralsymmetrische Anordnung dieses Plasma in den Eiern von Amphroxus unverkennbar nachgewiesen (Fig. 45). Die erste Anlage des bilateral-symmetrischen Baues im Anfange der Eiteilungen wirkt dann epigenetisch weiter, indem nicht nur wie im sekundären Strahltypus die Masse der Micromeren und der Macromeren sich verschieden ausbreiten, sondern in jeder dieser Gruppen noch eine Differenz an zwei einander gegenüberstehenden Polen (vorn—hinten) und den zwischen ihnen sich erstreckenden Seiten hinzukommt. So entsteht die überwiegende Ausdehnung des Embryo in einer Richtung (Längsachse der Pleurogastrica), so die gelegentlich sehr frühe bilaterale Differenzierung bestimmter Körperteile bei den Hypogastrica, z. B. des Urdarms, des Prostoma mit dem offenen Vorderende (Mundregion) und der hinteren Naht, dieser letzteren als Folge der an den Seiten und rückwärts überwiegenden Ausbreitung des Ectoderms.

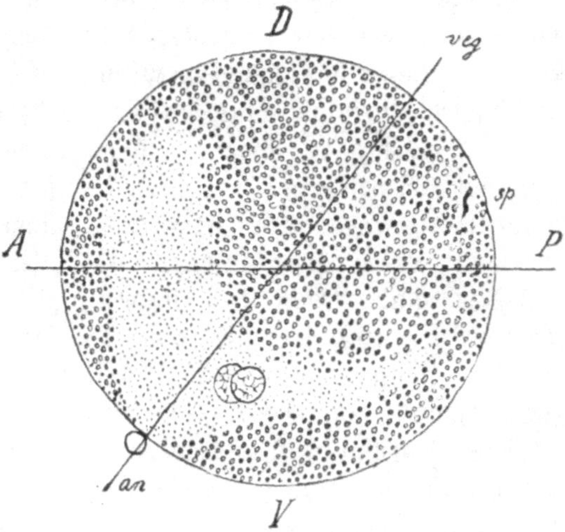

Fig. 45.
Amphioxus lanceolatus, Durchschnitt des Eis, nach Cerfontaine (1906), aus Korschelt u. Heider, Lehrbuch der vergleichenden Entwicklungsgeschichte (1909); die beiden Kopulationskerne liegen dicht unter dem Scheitel in einem dotterfreien Plasma, dessen Hauptmasse sich einseitig dorsalwärts erstreckt, *an* animaler, *veg* vegetativer Pol, *A* vorn, *D* dorsal, *P* hinten, *V* ventral, *sp* Spermarest.

Dieses fortdauernde Ineinandergreifen korrelativer morphologischer Prozesse erzielt aber die fortschreitende Steigerung der allgemeinen embryonalen Formbildung, in der bilateral-symmetrischen Gestalt des Ganzen nicht minder als in den noch zu besprechenden anderen Kategorien der morphologischen Sonderung, ohne daß wir gezwungen wären, Lücken des Zusammenhangs durch hypothetische Annahmen auszufüllen. In diesem Ablauf der progressiven Korrelation offenbart sich das Wesen der Epigenese so einfach und greifbar, daß nur Unkenntnis dieser Vorgänge dazu führen kann, für jede einzelne Entwicklungserscheinung eine im Ei präformierte Ursache anzunehmen.

Ich möchte es aber bei dem Ergebnis nicht bewenden lassen, daß jene bestimmte Struktur des Eis, woraus sich die Bilateralsymmetrie ontogenetisch entwickelt, einst wie eine beliebige Variante entstand, deren Beständigkeit und Vererbung nicht ohne weiteres gesichert sind. Denn der Ursprung der bilateral-symmetrischen Urform wird ebenso wie derjenige des Strahltypus erst dann ganz verstanden, wenn man sich die Voraussetzungen und Bedingungen vergegenwärtigt, von denen jene Sicherung, nämlich die dauernde und erbliche Begründung der Neuerung, abhing.

Da die Bilateralsymmetrie nach unserem stereometrischen Schema zwei Heteropolien voraussetzt, so ist es nicht wahrscheinlich, daß beide gleichzeitig und voneinander unabhängig in einer primären Strahlform entstanden, und zwar in einer für ein existenzfähiges Bilateraltier passenden Verbindung. Es wäre dies ein wunderbarer Zufall, der unserer sonstigen Vorstellung vom allmählichen Fortschritt der phyletischen Entwicklung widerspräche und in Ermangelung einer nachweisbaren Fixierung oder Korrelation unbeständig bliebe, ohne eine wahrscheinliche Aussicht auf eine Wiederholung. Es ist daher unbedingt wahrscheinlicher, daß, wenn man an einem gewissen allgemeinen Zusammenhang aller organischen Bildungen überhaupt festhält, die Bilateralien aus Organismen des sekundären Strahltypus hervorgingen, deren erste Heteropolie sich so erklären läßt, daß sie durch eine vorausgegangene besondere Organisation des fraglichen Geschöpfs fixiert, existenzfähig und erblich wurde (s. S. 98).

Mit dieser ersten Voraussetzung verbindet sich alsdann die weitere, daß die neue zweite Heteropolie ebensowenig wie die erste völlig unabhängig von der vorhandenen Organisation gedacht werden kann, ohne dem schon angegebenen Schicksal zu verfallen und alsbald zu verschwinden. Ich stelle mir daher, und zwar nicht ohne empirischen Beleg (s. u.) vor, daß die Korrelation, wodurch die zweite Heteropolie gebunden und in ein existenzfähiges Ganzes eingefügt wird, darin besteht, daß sie von vornherein nur als eine Abänderung der ersten Heteropolie erschien. Diese letztere zeigt sich doch ursprünglich nicht in einer Gegensetzung von zwei verschiedenen und getrennt wirkenden Energien, sondern bloß als eine Differenzierung der noch früheren, ganz gleichmäßigen konzentrischen Bewegung der Blastomeren (primärer Strahltypus), die auch nach der ersten Abänderung (sekundärer Strahltypus) eine einheitliche blieb. Dies auf die Entstehung der zweiten Heteropolie angewendet, würde heißen, daß das teilungskräftigste Plasma des Eis nicht symmetrisch um den Scheitelpol gelagert blieb, sondern sich asymmetrisch nach einer Seite ausdehnte, genau so, wie es im Ei von Amphioxus an dem innersten Teil des apikalen Plasma zu sehen ist (Fig. 45). So erscheint also die zweite Heteropolie nicht als etwas völlig Neues, sondern nur als eine sich allmählich steigernde Abänderung der ersten Heteropolie, indem die apikale Bildung nunmehr nach zwei Seiten in Gegensatz trat, nach dem Hinterende und nach der Bauchseite.

Entsprechend dieser „nächsten" ontogenetischen Ursache der Bilateralsymmetrie zeigen sich auch ihre epigenetischen Wirkungen. Die ältere und vom Strahltypus ererbte erste Heteropolie dokumentiert sich in der Entwicklung einer noch längere Zeit kenntlichen „Scheitelplatte"; die zweite Heteropolie als sekundäre und einseitige Ausdehnung und Verschiebung der ersten zeigt dagegen, wie gesagt, keinen bestimmten eigenen Pol, sondern äußert sich nur in der gegensätzlichen Ausbildung von zwei zwischen Scheitel und Prostoma einander gegenüberliegenden Seiten des Embryo aus. Das wichtigste neue Moment ist jedoch die nach zwei Richtungen divergierende Ausbildung der bilateral-symmetrischen Grundform, deren Ursachen nur an der Hand der Ontogenese der beiderlei Bilateralien erschlossen werden können. Natürlich sind dazu die ältesten, am wenigsten sekundär abgeänderten Formen zu wählen. Unter den Hypogastrica sind es zweifellos die Polykladen, von denen der von mir untersuchte Stylochus pilidium sich als ein besonders geeignetes Objekt darstellt.

In der Embryonalentwicklung dieses Tiers (Goette 1882) tritt die Bilateralsymmetrie unverkennbar erst während der Gastrulation hervor, namentlich in der Anordnung der Macromeren, und in der schon erwähnten Umwandlung des Prostoma in eine vorläufige Mundöffnung und die Prostomialnaht (Fig. 43). Die fertige, seitlich etwas abgeplattete Larve (Fig. 46) besitzt eine annähernd halbkugelige oder kegelförmige Oberseite mit einem vorragenden Scheitel (Scheitelpol des Eis), während die Unterseite abgeflacht ist und den definitiven Mund als zunächst weiten Eingang zum ectodermalen Schlund enthält. Für den Vergleich mit irgendwelchen Strahltieren ist von den lappigen Anhängen der Larve abzusehen, die ebenso wie die homologen Teile des Pilidium und der Mitraria keine typischen, sondern vergängliche Larvenorgane sind. Der an die Schlundpforte sich anschließende Darm läuft in zwei Aussackungen aus, die den Schlund nach vorn und nach hinten überragen. Vor dem vorderen Darmschenkel und dicht unter dem Scheitel hat sich ein Augenpaar aus dem Ectoderm entwickelt, dem sich alsbald das Hirn anschließt.

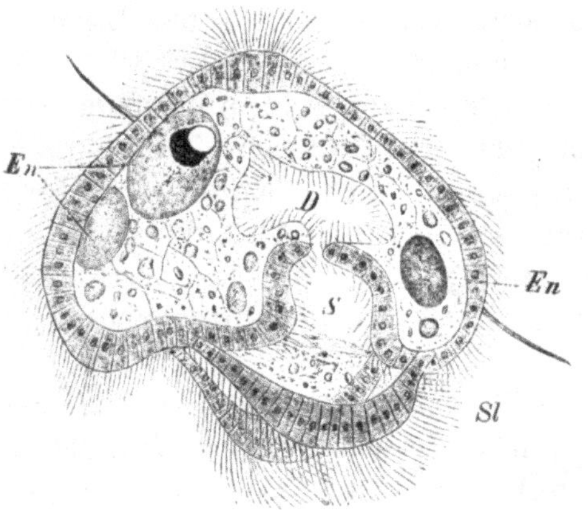

Fig. 46.
Stylochus pilidium, Larve, nach Goette (1882); aus Korschelt u. Heider, Lehrbuch der vergleichenden Entwicklungsgeschichte (1890); *D* Darm, *En* Entodermreste, *S* Schlund, *Sl* Schwimmlappen.

Im ganzen besitzt die Stylochuslarve mehr Merkmale eines strahligen als eines bilateralen Organismus, wie denn auch die erste Embryonalentwicklung keine Andeutungen einer Bilateralsymmetrie zeigt. Die ursprüngliche Scheitelachse zwischen dem Scheitelpol und der Mitte des Prostoma beherrscht wenigstens in den jüngeren Larven noch die Grundform, die, abgesehen von der unbedeutenden Abweichung der nach einer Seite verlagerten Augen, als eine strahlige imponiert. Die stereometrische Form des Ovoids offenbart aber frühzeitig eine seitliche Abplattung (abgeplattetes Ovoid). Nimmt man den prostomialen Mund, den Schlund und die beiden Darmschenkel hinzu, so gibt es kein vollkommeneres Vorbild der strahligen Vorfahren unserer Larve als die frei schwimmende Scyphula, deren zwei primäre Magentaschen als Homologe der beiden Darmschenkel von Stylochus nicht zu verkennen sind. Die niedersten Hypogastrica stammten von einer Scyphula (Fig. 47), der gemeinsamen Stammform aller Scyphozoen ab.[1]

[1] Es darf dies natürlich nicht mit der mehrfach angenommenen Abstammung der Turbellarien von den Ctenophoren verwechselt werden, was ich ausdrücklich ablehne (s. u.). Auf der anderen Seite ist die Ableitung der Turbellarien und namentlich der Acoela von Planula-ähnlichen Vorfahren viel zu unbestimmt, um dadurch den Ursprung der hypogastrischen Grundform greifbar erklären zu können.

Die ontogenetische Metamorphose der Stylochuslarve vollzieht sich dadurch, daß sie nach ihrem Ausschlüpfen aus ihrer Eihülle fortdauernd sich in der Richtung verlängert, die durch die ererbte seitliche Abplattung des Körpers vorgezeichnet ist, und in der sie sich auch fortbewegt, wobei der größere Teil ihrer apikalen Masse nebst den Augen und dem Hirn sich in derselben Richtung vor- und abwärts verlagert, so daß zuletzt die Borste, die anfangs nahe am Scheitel stand, sich genau am Vorderende des Körpers befindet. In der Folge wird letzterer immer flacher, die seitlichen Anhänge mit der lokomotorischen Wimperschnur verstreichen, worauf die Larve nach dem Einstellen des

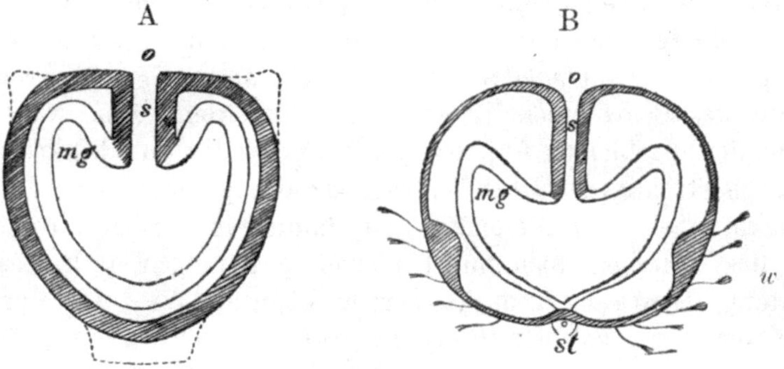

Fig. 47.
Scyphula (A) und Schema einer Rippenquelle (B), nach Goette (1902); *o* Mund, *s* Schlund, *mg* Magentaschen, *st* Statocyste, *w* Wimperlappen.

Schwimmens nur mit der Mundseite abwärts zu sinken braucht, um zum Kriechen überzugehen.

Fragt man nun an der Hand der Ontogenese von Stylochus nach den Ursachen, die die phyletische Verwandlung der strahligen Scyphula in den hypogastrischen Strudelwürmern bewirkten, so könnte man bei einer flüchtigen Betrachtung jener Ontogenese den Eindruck gewinnen, daß, wie es wohl schon ausgesprochen wurde, der Übergang von der schwimmenden zur kriechenden Lebensweise einer Scyphula die Bilateralsymmetrie hervorrief, indem die in gerader Richtung stattfindende Kriechbewegung eine divergierende Entwicklung der beiden Körperenden verursachte, u. a. die orientierenden Augen und das ihnen angeschlossene Hirn ans Vorderende verlagerte usw. Dabei könnte vorausgesetzt werden, daß die gegenwärtig abweichende Reihenfolge der ontogenetischen Erscheinungen durch eine sekundäre zeitliche Verschiebung der letzteren herbeigeführt wurde.

Dies alles läßt sich aber unschwer widerlegen. Einmal finden sich die einzigen bilateral-symmetrischen Abänderungen des Strahltypus unter den Scyphozoen gerade an den sessilen Scyphopolypen, und umgekehrt keine an den kriechenden und entsprechend abgeplatteten Ctenophoren (Ctenoplana, Coeloplana). Angesichts dieser Tatsachen kann also der Ursprung des bilateral-symmetrischen Baues nicht in der vieldeutigen „Anpassung" frei schwimmender Tiere an das Kriechen gesucht werden, wie er überhaupt nicht bei den hypogastrischen Scyphozoen und den Pleurogastrica der gleiche sein kann. Speziell bei den hypogastrischen Turbellarien sprechen auch noch andere Gründe gegen jene Anpassung.

Bevor sie wirken konnte, mußte das fragliche Geschöpf, nämlich eine frei schwimmende Form vom Typus einer Scyphula, bereits zum Kriechen übergegangen sein. Dies konnte aber doch wie bei der Befestigung einer Planula (s. S. 89) nur durch innere Ursachen veranlaßt sein, die das Schwimmen irgendwie unterdrückten. Eine weitere Bedingung der angeblichen Anpassung wäre ferner die, daß das kriechende, aber noch strahlig gebaute Tier sich geradlinig fortbewegt, da ja die Entwicklung eines Vorderendes und damit einer Bilateralsymmetrie durch das Kriechen doch nur bei einer geradlinigen, d. h. bestimmt gerichteten Bewegung gedacht werden könnte. Wie man nun auch den Erwerb einer solchen Bewegung erklären wollte (Zufall, Gewohnheit?), so wäre er doch nicht an das Kriechen überhaupt gebunden, da er ja ebensogut an frei schwimmenden Strahltieren, z. B. den Planulae, vorkommt. Hängt etwa die notwendige Vorbedingung zu der bezeichneten Anpassung nicht vom Kriechen schlechtweg ab, so ist diese Anpassung eine unbegründete Phrase, um so mehr, als eine ausreichende Erklärung sich uns schon in der festgestellten Vorfahrenform unserer Hypogastrica in der Scyphula darstellt.

So wie die geradlinig schwimmende Planula in dieser Eigenschaft eine Prädisposition zur Fixierung eines Vorderendes und einer ersten Heteropolie enthält, so verhält es sich auch bei der Scyphula. Als abgeplattetes Ovoid besitzt sie nicht nur rein äußerlich, sondern auch in den einander gegenüberliegenden primären zwei Magentaschen oder Darmschenkeln eine durch Verlängerung bestimmt ausgezeichnete Kreuzachse. Bei den Scyphopolypen und den Scyphomedusen wird dies durch die Entwicklung des zweiten Paares von primären Magentaschen frühzeitig verwischt und aufgehoben, erhält sich dagegen lebenslänglich bei den Rippenquallen in den zwei Wurzeln ihrer Radialkanäle; folglich gab es auch gleiche Scyphulae, die zunächst zu keinerlei Scyphozoen hinüberführten, aber auf die Dauer nicht unverändert zu bleiben brauchten. Und eine solche Veränderung zeigen uns die Larven von Stylochus.

Nach ihrem Ausschlüpfen beginnt die bezeichnete Kreuzachse (spätere Längsachse) zu wachsen (Goette 1882), während die Höhen- oder Scheitelachse verhältnismäßig abnimmt; damit geht die Lokomotion in der Richtung jener Längsachse Hand in Hand, weil jede andere Orientierung im Körperbau Hindernisse fände (s. o.). Und noch während des Schwimmens kann sich die Larve so strecken, daß die anfangs nahe am Scheitel befindliche Borste ans Vorderende des Körpers gelangt. Ich schließe daraus, daß schon die phyletische Vorstufe unserer Turbellarien dieselbe ausgesprochene Verlängerung der fixierten Kreuzachse und infolgedessen die ständige Bewegung in derselben Richtung erwarb. Damit war aber die Prädisposition für eine einseitige Ausdehnung der apikalen Region nach einem Ende der Längsachse gegeben, weil jede andere Asymmetrie jener Region im Ei zu einer monströsen Embryonalform und folglich zu nicht existenzfähigen Endformen führen mußte.

So entstand die 2. Heteropolie und entwickelte sich eine Bilateralsymmetrie schon in der schwimmenden Scyphula, und zwar ausschließlich aus inneren, jedoch korrelativ zusammenhängenden Ursachen und nicht durch eine begrifflich völlig unklare Anpassung der Larve an das Kriechen. Sie wurde zum kriechenden, hypogastrischen Turbellar, nicht weil ihre Bewegung sie dazu umwandelte, anpaßte, sondern weil sie schon vorher durch innere Abänderungen dazu fähig geworden war.

Zu diesem Ergebnis gelangen wir ferner durch keine willkürliche Annahme, sondern durch die Kenntnis der Ontogenese der fraglichen Tiere und durch ihre kritische Vergleichung mit anderen Ontogenesen, oder mit anderen Worten: durch die Feststellung ihres phyletischen Ursprungs. Insbesondere ist hier darauf ein Gewicht zu legen, daß zwei Hauptmerkmale der Hypogastrica, nämlich der prostomiale Mund und die Anlage zu einer neuen Längsachse infolge der seitlichen Abplattung, bereits bei den strahligen Vorfahrenformen vorhanden waren und sich auf die ersten Hypogastrica vererbten. Durch die bemerkenswerte Verlagerung des Scheitels nach vorn wurde dagegen die den Strahltypus orientierende Scheitelachse völlig aufgehoben.

Unter der natürlichen Voraussetzung, daß außer den sämtlichen Plattwürmern auch die Anneliden irgendwie von den Turbellariern und ferner alle übrigen Hypogastrica, die Arthropoden und Mollusken sich von den Würmern überhaupt ableiten lassen, kann es als ausgeschlossen gelten, daß in dieser Reihe der hypogastrischen Bilateralien ihre Grundform auf einmal selbständig entstand. Was aus der Ontogenese eines Turbellars ermittelt wurde, darf also vorläufig als der Ursprung jener sämtlichen Bilateralien betrachtet werden.

Die Herkunft der Pleurogastrica von Vorfahren des sekundären Strahltypus überhaupt ist meines Erachtens durch dieselben Erwägungen gesichert, die schon hinsichtlich der Hypogastrica den Ausschlag gaben (s. S. 104). Damit ist aber noch nicht ihr selbständiger Ursprung festgestellt. Die allgemein verständliche Neigung, weit divergierende Bildungen irgendwie einheitlich zusammenzufassen, könnte zunächst daran denken lassen, daß die Pleurogastrica entweder einen mit den Hypogastrica gemeinsamen Ausgangspunkt in einer Scyphula hatten, oder daß sie gar von irgendwelchen Würmern abstammten. Gegen solche Annahmen erhebt sich aber als wichtigstes Bedenken die Abwesenheit der Hauptmerkmale des hypogastrischen Baues und der Scyphula bei der Pleurogastrica, da ihnen der prostomiale Mund und eine neue Längsachse quer zur ursprünglichen Scheitelachse fehlen.

Allerdings könnte man meinen, daß dieser Gegensatz sich erst durch eingreifende phyletische Metamorphosen allmählich entwickelt habe, und daß infolge einer ebenso weitgehenden Cenogenese sich keine ontogenetischen Spuren davon erhalten hätten. Ich sehe aber keine Möglichkeit, wie man sich auch nur eine hypothetische Vorstellung von solchen Metamorphosen machen könnte, ohne an den entscheidenden Stellen unausfüllbare Lücken stehen zu lassen und sie durch bloße Behauptungen zu ersetzen.

Da erhebt sich auch gleich die Frage nach den Motiven dieser bis in die neueste Zeit wiederholten Versuche, die beiderlei Bilateraltypen in nahe Beziehungen zueinander zu bringen. Und das Wesentlichste solcher Motive sind zweifellos die vermeintlichen zahlreichen Homologien zwischen beiden Typen: Gliederung, Cölombildung, die gleichen Nephridien der Anneliden und Vertebreten u. a. Die einzelnen ontogenetischen Übereinstimmungen auf den vorgeschrittenen Stufen der genannten Organe sind zwar nicht zu bestreiten, entstehen aber aus völlig divergenten Anlagen (Enterocöl der Pleurogastrica — Mesocöl der Hypogastrica u. a.). Die anatomischen Homologien ergeben sich also als ontogenetische Folgen von homoiden Vorstufen, und widersprechen daher einem gemeinsamen Ursprung der beiderlei Organe; sie divergierten ferner nicht erst innerhalb des Bereichs der Hypogastrica, sondern schon innerhalb der einfachsten, gastrulaähnlichen Vorfahrenformen, schon vor der Entstehung der Scyphula.

Die seitliche Abplattung der Scyphula im Zusammenhang mit den beiden Magentaschen bestimmt das Längenwachstum quer zur Scheitelachse der Hypogastrica, während die Pleurogastrica sich gerade in dieser Scheitelachse zur künftigen Längsachse verlängern (Fig. 42); und der prostomiale Mund der Scyphula ist eben nur dem After der

Pleurogastrica homolog und mit dem nahezu am Scheitelpol durchbrechenden Munde gar nicht zu vergleichen (Fig. 47). Diese beiden scharf ausgeprägten Gegensätze in den grundlegenden embryonalen Lagebeziehungen der beiden Typen lassen sich so wenig ausgleichen wie die vorhin genannten anatomischen Gegensätze der Hypogastrica und Pleurogastrica, die ja nur eine höhere Entwicklungsstufe der ersteren sind. Und eine jede vergebliche Bemühung um einen solchen Ausgleich ist nur ein Zeugnis für die Macht einer altgewohnten Überlieferung, daß alles, was sich anatomisch in einer Kategorie vereinigen läßt, auch gemeinsamen Ursprungs sein müsse (s. Homologie).

Es bleibt aber noch übrig, den aufgedeckten Gegensatz nun auch positiv zu erklären, d. h. den abweichenden Ursprung der Pleurogastrica zu ermitteln. Daß sie vom sekundären Strahltypus abstammen, ist schon durch ihre Gastrula gesichert, die für die niederen Pleurogastrica schon von Kowalewsky (1866, 1867), darauf für die Wirbeltiere von mir nachgewiesen wurde (Goette 1875). Nachdem aber die Scyphula, die Grundform aller Scyphozoen, vom Vergleich ausgeschlossen ist, kann die fragliche Stammform der Pleurogastrica nur unter den nicht spezialisierten Hydrozoen, also bei den Hydropolypen gesucht werden. Das Längenwachstum in der Scheitelachse findet sich schon an der primitiven freischwimmenden Planula dieser Polypen; es wäre also nur noch zu erläutern, wie der dem Prostoma gegenüberliegende Mund der Pleurogastrica an dieser Planula entstand.

Aus der Entwicklungsgeschichte der Hydropolypen wissen wir, daß die aktive Ursache ihrer Mundbildung die auf eine bestimmte Stelle gerichtete embryonale Massenverschiebung (Wachstum) ist; in den Larven dieser Tiere wird sie in der Regel durch eine Art von apikalem Befestigungsorgan gegen den Prostomialpol dirigiert, und erzeugt dort den prostomialen Mund (s. S. 79). Allerdings kam die Befestigung der Hydropolypen bei manchen ihrer Nachkommen, zunächst bei den Trachylinen und Siphonophoren, später den Ctenophoren in Fortfall, wogegen der prostomiale Mund erhalten blieb. Ohne schon an dieser Stelle auf einen solchen nicht seltenen Wechsel der Bildungsursachen näher einzugehen, stelle ich nur fest, daß der prostomiale Mund in der Folge zum besonderen Merkmal der Hypogastrica wurde.

Nun kann es nicht wohl bezweifelt werden, daß die Gastrulation bei den planulaartigen Vorfahren der Pleurogastrica auf Grund desselben Kausalzusammenhangs erfolgte, den wir an den gegenwärtigen Gastrulationen durch unmittelbare Beobachtung erschließen. Dagegen fehlt uns jeder Anhaltspunkt zur Annahme, daß solche Planulae zunächst mit denen der Hydropolypen übereinstimmten, also einen prostomialen Mund erwarben und ihn erst später mit einem neuen am entgegengesetzten Körperende vertauschten. Wir haben daher davon auszugehen, daß dieser letztere Mund bei den fraglichen Larven sofort, primär, entstand; und es fragt sich nur, warum die mundbildende embryonale Massenverschiebung bei ihnen nicht prostomialwärts, sondern umgekehrt apikalwärts gerichtet war.

Da nun diese Bewegung während der Gastrulation jeder Planula nachweislich überwiegt (s. S. 61) und nach dem Abschluß der Gastrulation allenfalls abnimmt, aber zunächst nicht selbständig, ohne eine Befestigung in die entgegengesetzte Richtung umschlägt, so genügt die Fortsetzung dieser ursprünglichen Bewegung, um nach unseren Erfahrungen die apikale oder subapikale Mundbildung bei den ältesten Vorfahrenformen der Pleurogastrica einzuleiten.

Freilich bestimmte diese Mundbildung noch nicht ohne weiteres den bilateralen Bau derselben Tiere. Soweit aber Analogien zur Erklärung herangezogen werden dürfen, kann das, was über die Entwicklung der 2. Heteropolie beim Ursprunge der Hypogastrica angeführt wurde (s. S. 105), auch für die Pleurogastrica gelten. Diese 2. Heteropolie der Pleurogastrica ist ebenfalls nicht als eine Polarität in einer bestimmten Kreuzachse, sondern so aufzufassen, daß die Scheitelzone im dynamischen Sinn sich schon im Ei etwas abänderte und einseitig ausdehnte und dadurch eine neue, aber bloß regionale Heteropolie (Rücken—Bauch) bewirkte. Diese ganz allgemeine Analogie zwischen den Pleuro- und den Hypogastrica ist jedoch ohne Einfluß auf ihre grundsätzliche Verschiedenheit; denn die orientierenden Lagebeziehungen beider Organisationen bleiben gegensätzlich nach wie vor: Rücken- und Bauchseite der einen (Hypogastrica) entsprechen genetisch den beiden Körperenden der anderen (Pleurogastrica).

Die vergleichende Untersuchung über den Ursprung der Pleurogastrica hat uns also ergeben, daß sie von planulaähnlichen, freischwimmenden Organismen abstammen, die weder Anlagen zu einer Befestigung, noch zu einem prostomialen Munde besaßen. Diese Vorstellung, daß das Prostoma, das doch ursprünglich gar keine Öffnung, sondern nur die Einwanderungsstelle des Ectoderms war und ist, dennoch einen wirklichen „Urmund“ aller Polyplastiden bedeute, konnte nur zu einer Zeit entstehen, als deren gemeinsame Ausgangsform noch in einer Cölogastrula vermutet wurde. Dies kann jedoch nicht mehr anerkannt werden angesichts der Tatsache, daß gerade die am wenigsten differenzierten und daher ältesten Hydropolypen, von denen sämtliche Cnidarier und weiterhin die Hypogastrica abzuleiten sind, keineswegs durchweg einen prostomialen Mund besitzen, und daß die Annahme, die Vorfahren der Pleurogastrica hätten einen ebensolchen Mund besessen, der erst später durch einen neuen ersetzt wurde, nach dem Ausweise der Ontogenese durchaus unbegründet ist. Der phyletische Zusammenhang aller Polyplastiden stellt sich vielmehr auf Grund unserer gegenwärtigen Kenntnisse ganz anders dar.

Eine Divergenz der Pleuro- und der Hypogastrica im Sinn einer Abstammung von einer gemeinsamen Stammform gibt es überhaupt nicht. Die Pleurogastrica entwickelten sich aus den ältesten frei lebenden planulaähnlichen Geschöpfen und divergierten folglich zunächst nur mit den ältesten Hydropolypen. Die von der Scyphula abzuleitenden Hypogastrica sind dagegen erst viel spätere und nicht unmittelbare Nachkommen jener Hydropolypen. Eine geradlinige phyletische Verbindung beider bilateralen Gruppen existiert nicht; und ihre Zusammenfassung in eine Kategorie der Bilateralien ist nur unter dem Gesichtspunkt eines rein stereometrischen Schemas ihrer Organisation denkbar.

Als letzte Schlußfolgerung aus der vergleichenden Untersuchung der beiderlei Bilateralien möge hier noch besonders hervorgehoben werden, daß die Pleurogastrica zweifellos von einem höheren phyletischen Alter sind als die Hypogastrica.

Abänderungen der Grundform.

Wenn man die stereometrische Konstruktion unserer Grundformen näher ins Auge faßt, so liegt die Frage nahe, ob denn nicht auch eine dritte Heteropolie, die ja an sich denkbar ist, zur Ausführung kommen, oder mit anderen Worten, die bisher nicht berücksichtigte gleichpolige Kreuzachse des Bilateraltypus, die die rechte und die linke Körperseite verbindet, heteropol werden konnte. Stellt man sich eine solche Änderung in demselben Sinn wie die bereits verwirklichten typischen Heteropolien des Bilateraltypus vor, so würde nicht nur dessen spiegelbildliche Gleichheit, sondern überhaupt jede Regelmäßigkeit in der Organisation des tierischen Individuums verschwinden und eine Grundform in dem bisherigen Sinn der Orientierung (s. o.) ausgeschlossen sein. Man kann sich auch kaum denken, daß unter solchen Umständen die Existenzfähigkeit des Organismus ungestört und dauernd erhalten bliebe, wie denn auch so vollständige Monstra unbekannt sind.

Anders steht es mit einer durchaus partiellen, lokalisierten derartigen Heteropolie, die uns sehr wohl bekannt und gar nicht selten ist. Ich übergehe hier die untergeordneten, hauptsächlich inneren Abweichungen von der spiegelbildlichen Gleichheit der einzelnen Organe und Körperteile beider Körperseiten, wie sie sich besonders deutlich und verbreitet bei den Wirbeltieren im Situs viscerum zeigen, um gleich die auffallendste derartige Erscheinung, die Asymmetrie der Schnecken zu nennen. Allerdings reden wir dabei weder von einer wirklich neuen Grundform, noch von einer durch ihre Unregelmäßigkeit bedingten Verminderung ihrer Existenzfähigkeit; denn ihre dritte Heteropolie hält sich in solchen Grenzen, daß ihr ursprünglicher Bilateraltypus kenntlich bleibt und sein regelnder Einfluß auf die Bewegung und Orientierung des Tiers kaum merklich eingeschränkt erscheint. Dazu kommt endlich die ontogenetische Auskunft, daß die Asymmetrie der hinteren Körperhälfte der Schnecken erst auf einer späteren Entwicklungsstufe nachträglich hervortritt, und zwar als Folge eines ungleichen Wachstums der rechten und der linken Seite jener Körperregion, so daß diese ungewöhnliche Änderung des früheren regelmäßigen Bilateraltypus auf eine sogenannte „Anpassung"[1] und die neuerworbene besondere Lebensweise zu deuten schien.

Bei dem Suchen nach einer passenden Erklärung dieser außerordentlichen Erscheinung ist aber von vornherein von der Vorstellung abzusehen, daß die nächsten Vorfahren der typischen Schnecken, also vor allem der Prosobranchier, bereits kriechende Mollusken waren, deren Kriechfuß etwa dem analogen Organ der Amphineuren homolog gewesen wäre. Denn diese Ähnlichkeit ist ganz offenbar eine täuschende Homoidie, da die beiderlei Bewegungsorgane ontogenetisch völlig unvergleichbar sind. Die Amphineuren bewegen sich überhaupt nicht auf einem als Molluskenfuß zu bezeichnenden Organ, sondern ähnlich den Turbellarien auf ihrer gesamten, vom Kopfende bis zur Mantelhöhle sich erstreckenden Bauchseite, die Schnecken dagegen auf einem aus der vorderen Bauchfläche hervorwachsenden „Fuß", dessen embryonale Anlage eine quergestellte, gerade abwärts gerichtete Leiste ist, die zu jeder anderen Funktion eher als zum Kriechen geeignet ist und erst durch eine umfassende Verwandlung zum fertigen Fuß wird (Fig. 48).

Erst Pelseneer fand vor einiger Zeit einen sehr einleuchtenden Grund für die oben angedeutete „Anpassung", nämlich eine sehr greifbare Korrelation des Kriechens mit der Asymmetrie der Schnecken. Nach dem Ausweise ihrer Ontogenese waren sie ursprünglich im ganzen symmetrisch gebaut, doch schon mit einer ventral verlagerten, nicht mehr terminalen Mantelhöhle (Fig. 48A), wie eine solche den ältesten Mollusken, den Amphineuren eigen ist. Jeder Versuch der Schnecken,

[1] Unter den in diesem Buch beanstandeten Anpassungen sind in der Regel die morphologischen Anpassungen verstanden.

auf dem rückwärts unter die Mantelhöhle auswachsenden Fuß zu kriechen, würde diese Höhle mit den in ihr untergebrachten lebenswichtigen Organen (Kiemen, Osphradium, Mündungen des Darms, der Nieren und der Geschlechtsorgane) zwischen dem darauf lastenden Eingeweidesack und dem Kriechfuß zusammengepreßt und die Funktion jener Organe aufs schwerste gestört haben. Erst dadurch, daß die bekannte Drehung des Eingeweidesacks mit der angeschlossenen Mantelhöhle von unten nach rechts und bis zum Rücken hinauf eintrat (Fig. 48B), wurde jede Behinderung jener Pallealorgane beseitigt und daher das vorher unmögliche Kriechen ermöglicht.

Diese Korrelation zwischen dem Kriechen und der Asymmetrie ist schlechterdings überzeugend; und so konnte leicht die Schlußfolgerung aufkommen, daß die Entstehung der Asymmetrie der Schnecken

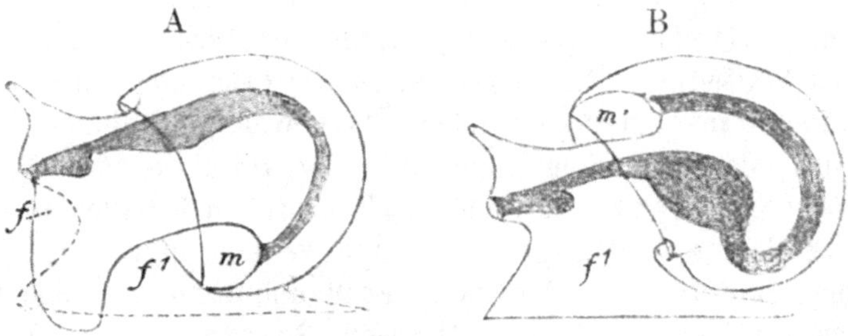

Fig. 48.
Schema der Drehung der Schnecken, nach Goette (1896), A mit ventraler Mantelhöhle (m), B mit dorsaler Mantelhöhle (m'), f senkrechter, f' fertiger Fuß.

als eine Anpassung an die besondere Kriechbewegung dieser Tiere aufzufassen und dadurch zu erklären sei. Es geht aber damit wie mit der landläufigen Erklärung der ersten Bilateralsymmetrie bei den niedersten Würmern, die angeblich durch das neu aufgekommene Kriechen von strahlförmigen Tieren in linearer Richtung hervorgerufen wurde (s. S. 107): nicht das Kriechen schuf die Bilateralsymmetrie, sondern die in denselben Tieren bereits angelegte Bilateralsymmetrie wurde im Kriechen nicht gestört und vielmehr gefördert und fixiert. Eine analoge Erscheinung zeigt sich auch in der Stammesgeschichte der Schnecken (Goette 1896).

Wenn ihre Vorfahren vor dem Übergange zur kriechenden Lebensweise nicht schon entsprechend organisiert, also noch nicht in der angegebenen Weise asymmetrisch gebildet waren, so mußte die neu begonnene Kriechbewegung die Existenzfähigkeit der ursprünglichen, nicht abgeänderten Form so beeinträchtigen, daß die erwartete Anpassung überhaupt keine Zeit zur Entwicklung fand. Die vielgebrauchte Phrase von der phyletischen Anpassung verhindert durch das ihr innewohnende aktive teleologische Moment jede natürliche Erklärung.

Der wirkliche Ursprung der gegenwärtigen Organisation der Schnecken ist nur auf dem Wege zu erschließen, daß man mit Hilfe ihrer Ontogenese sich den Bau und die Lebensweise ihrer Vorfahren vergegenwärtigt. Diese mußten gleich den Cephalopoden frei schwimmende Mollusken gewesen sein. Dies bezeugt die ventrale Lage der Mantelhöhle in den Embryonen der Schnecken, die, wie wir sahen, das Kriechen verhindert; ferner die ontogenetische Anlage des Fußes und seine leichte Rückverwandlung in ein flossenartiges Schwimmorgan, sobald die Rückkehr der Heteropoden und Pteropoden zum Schwimmen eintrat.

Die wichtigste Vorbedingung für die kriechende Lebensweise blieb aber die Drehung des Eingeweidesacks nebst der Mantelhöhle oder vielmehr deren vornehmste Ursache, nämlich das schon genannte asymmetrische Wachstum. Das Motiv dazu hat Plate, wie mir scheint, mit vollem Recht in dem bedeutenden Übergewicht der linken Leber erblickt, das mit seinen Folgen die übrige Organisation veränderte, ohne eine Störung in ihr zu verursachen. Unter diesen Umständen kann die Neuerung, das asymmetrische Wachstum wie eine indifferente Variante entstanden und durch das hinzukommende und damit korrespondierende Kriechen des Tiers lediglich befestigt sein. So nahm in der aufsteigenden Reihe der Prosobranchier die mit der Asymmetrie zusammenhängende Rückbildung der Nerven, Kiemen und Nieren unter dem fördernden Einfluß des Kriechens dauernd zu, während die erste und maßgebende Ursache für das asymmetrische Wachstum schon vor dem Beginn des Kriechens gewirkt haben mußte.

Seitenstücke zur Asymmetrie der Schnecken finden sich auch unter den Wirbeltieren. Am bekanntesten ist die asymmetrische Bildung am Kopfe der Schollen, die sehr oft als unmittelbare Folge ihrer Lebensweise angeführt wird. Es wird aber wenig beachtet, daß diese Fische, bevor sie dazu kommen, sich dauernd mit einer ihrer flachen Körperseiten auf den Boden zu legen, die außergewöhnliche seitliche Abplattung ihres Körpers erworben und die Fähigkeit zum normalen Schwimmen von einer gewissen Zeit ab eingebüßt haben mußten. Und bei diesen zwei Vorbedingungen der neuen Lebensweise der Schollen ist es nicht geblieben. Denn wenn sie mit völlig symmetrischem Bau zu der dauernden neuen Körperlage übergingen, so wäre als Folge davon allenfalls, nach der Analogie der verschiedenen blinden Höhlentiere, die Rückbildung des dem Boden zugekehrten und dem Licht entzogenen

Auges zu erwarten gewesen, aber nicht seine Überwanderung auf die Oberseite des Körpers und neben das unbehinderte Auge. Dazu hätte eine solche eingreifende Abänderung bis zu ihrer Vollendung eine unabsehbar lange Generationenreihe bedurft, während welcher Zeit das verdeckte Auge trotz seiner gefährlichen Lage seinen Bau normal erhalten mußte, um sich den neuen Verhältnissen anzupassen.

Auf Grund dieser Erwägungen lehne ich die widerspruchsvolle Anpassungstheorie ab und nehme vielmehr an, daß die Asymmetrie der Augenstellung und der umgebenden Schädelteile, bis zu einem gewissen Grad schon vor dem Beginn der dauernden Seitenlage des Körpers entstanden sein mußte, wofür manche Analogien vorliegen. So hängt die allerdings nicht asymmetrische, aber doch abnorme Augenstellung anderer Fische wie Uranoscopus, Lophius u. a. sicher nicht von äußeren Einflüssen ab, sondern ist nur eine Folge ihrer Abplattung von oben her; und erst recht kann die asymmetrische Kopfbildung der Delphine und des Narwals nicht auf äußere Momente zurückgeführt werden. Daher sollte auch die Asymmetrie der Schollen nicht durch die so oft angeführte direkte „Anpassung“ an die äußere Lebensweise erklärt werden, sondern hat als eine ursprünglich abnorme Abänderung zu gelten, die relativ indifferent blieb, bis sie sich für die dauernde Seitenlage des Tiers als vorteilhaft erwies und deshalb fixiert und gefördert wurde.

Es verhält sich dabei wie bei den Gastropoden (s. S. 115): die abgeänderte Lebensweise wurde erst durch das Zusammentreffen der notwendigen Vorbedingungen hervorgerufen, und nicht umgekehrt.[1] Die Ursachen der ersten Veränderungen liegen also im variablen Organismus selbst und die Anpassung bedeutet weiter nichts als das zufällige Zusammentreffen jener Varianten mit passenden äußeren Lebensbedingungen, die seine Existenzfähigkeit heben und fördern.

Alle besprochenen Asymmetrien des Körpers erläutern die Tatsache, daß eine regelmäßige Grundform in dem erörterten Sinn einer allgemeinen morphologischen Orientierung über den Bilateraltypus hinaus nicht denkbar ist, und nur partielle unregelmäßige Abänderungen dieses Typus vorkommen. Daneben gibt es aber noch andere Abänderungen der uns bekannt gewordenen hauptsächlichen Grundformen, wofür einige Beispiele angeführt sein mögen.

Ich sprach schon von der unvollkommenen Bilateralsymmetrie der Scyphopolypen. Genau genommen beruht sie auf einer Hem-

[1] Die an den Schollen festgestellten direkten Anpassungen der Hautfärbung an das Liegen auf einer Körperseite gehören nicht in die vorliegende Besprechung der Veränderungen der Grundform.

mung des Übergangs vom sekundären Strahltypus zum Bilateraltypus, so daß man die Scyphopolypen nicht sowohl als unvollkommene Bilateralien, sondern als Radiaten mit untergeordneten bilateral-symmetrischen Abänderungen zu betrachten hat. Der Grund der Hemmung darf wohl darin erblickt werden, daß die Befestigung der Tiere den Strahltypus begünstigt und daher der weiteren Entwicklung des Bilateraltypus hinderlich ist. Denn der letztere wird bereits in den freischwimmenden Larven von Cereanthus, Alcyonium u. a. angelegt, wie es die kenntliche Medianebene bezeugt; seine weitere Entwicklung kommt erst nach der Befestigung des Tieres, also unter deren Einfluß zum Stillstand, ohne daß sie etwas Neues verursacht.[1]

Damit steht auch in Übereinstimmung, daß ausgesprochene Bilateralien, die zum sessilen Leben übergehen, ihre Grundform zwar nicht völlig aufgeben, aber doch deren typische Ausbildung mit der natürlichen Längsachse unterdrücken und die Organisation überhaupt herabsetzen (Brachiopoden, Bryozoen, Phoronis, Echinodermen, Ascidien). Nur andeutungsweise sei hier der Echinodermen besonders gedacht, die bekanntlich, bevor ihr Ursprung von bilateralen Vorfahren festgestellt war, zu den Strahltieren gerechnet wurden, und deren hauptsächlich strahlig angeordnete Struktur mit ihren teilweise noch bestehenden, sicher aber bei ihren nächsten Vorfahren bestandenen Befestigung in Zusammenhang gebracht werden muß. Nur ist dies wiederum nicht so zu deuten, daß die Seßhaftigkeit die strahlige Struktur unmittelbar verursachte; ihre Ontogenese, deren Einzelheiten an dieser Stelle als bekannt vorauszusetzen sind (Heider, Goette, Lehrbuch) lehrt vielmehr folgendes.

Die bilateralen Vorfahren der Echinodermen erfahren nach dem Ausweise von Comatula noch vor ihrer Befestigung die schon erörterte dritte heteropole Abänderung, indem gewisse wichtige Anlagen (Hydrocöl, Cölom) der rechten Körperhälfte sich teilweise zurückbildeten und darauf die entsprechenden linksseitigen Teile zur Grundlage der definitiven Organisation wurden (Fig. 49). Die dadurch erzeugte Asymmetrie und die an den linksseitigen Organen aus nicht ersichtlichen Gründen sich vollziehende ringförmige und strahlige Anordnung haben mit der folgenden Befestigung des Tiers am Scheitelpol gar nichts zu tun; diese letztere veranlaßt nur, wie so häufig (Bryozoen, Tunicaten) die Ver-

[1] Bei den stockbildenden Hydrozoen kommt es ausnahmsweise zu bilateral-symmetrischen Abänderungen gewisser Personen (viele Gonanthen, aber auch Hydranthen); dies liegt aber nicht an ihrer Seßhaftigkeit, sondern an der besondern Struktur des Stocks, der z. B. bei den Siphonophoren von vornherein bilateral-symmetrisch angelegt wird.

lagerung des Mundes an einen der Befestigungsstelle gegenüberliegenden Pol und sichert dadurch eine genügende Existenzfähigkeit des metamorphosierten Individuums.

Daß gewisse Reste oder vielmehr Folgen des früheren Bilateraltypus an den freilebenden Echinodermen eine auf einer ganz neuen Grundlage beruhende und durch eine lineare Kriechbewegung unterstützte Bilateralsymmetrie hervorrufen konnten (Echinoidea irregularia, Holothurioidea etc.), gehört nicht mehr zu unserer gerade vorliegenden Untersuchung, sondern bestätigt nur aufs neue den Satz, daß die eigentlichen grundlegenden Ursachen der Änderungen der Grundform in selbständigen Neuerungen des Organismus zu suchen sind, während die hinzukommenden äußeren Momente der Befestigung und des Kriechens jene Änderungen allenfalls durch günstigere Existenzbedingungen konservieren.

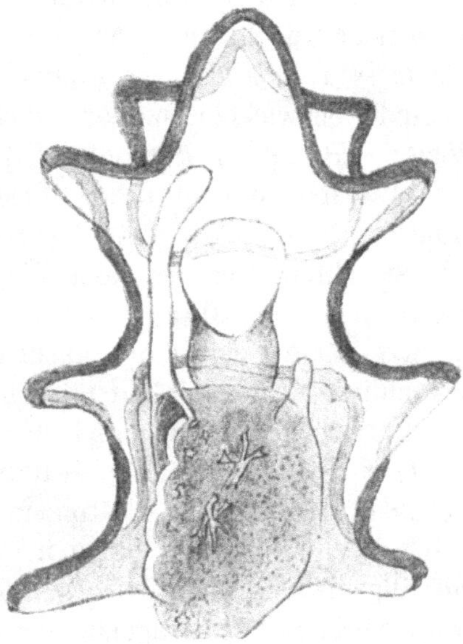

Fig. 49.
Seesternlarve in der Rückenansicht, nach Goette (1876).

Endlich sei hier noch eine besondere Quelle für Änderungen der Grundform erwähnt — der Parasitismus. Ich habe dabei natürlich nicht die durch ihn bewirkten Rückbildungen schlechtweg im Auge, die die einzelnen Organe treffen, ohne die Grundform zu stören, sondern bloß die so gründliche Zerstörung der gesamten Organisation, daß von einer regelmäßigen Grundform überhaupt nicht mehr die Rede sein kann (Sacculina, Entoconcha). Daher sollte aber auch nicht einfach von dem Einfluß des Parasitismus auf die Grundform gesprochen werden; die Zerstörung jeglicher Grundform gehört vielmehr in das Kapitel des Parasitismus im allgemeinen.

c) Die Keimschichten.

Indem ich mich anschicke, noch einiges über die Ontogenese der Keimschichten zu dem früher Gesagten hinzuzufügen, sei besonders vorausgeschickt, daß an dieser Stelle so gut wie ausschließlich Ursachen und Ursprung ihrer morphologischen Entstehung zur Sprache kommen. Freilich ist durch die Arbeiten über die embryonale Determination die

Frage zur Diskussion gestellt worden, ob die traditionelle Darstellung der Embryonalentwicklung an der Hand der „Keimschichten" nicht vielmehr der Darstellung der „determinierten Anlagen" zu weichen habe. Darin steckt aber ein Mißverständnis, das vorweg beseitigt werden soll.

Unter den Keimschichten oder den Keimblättern, wie sie traditionell noch immer genannt werden, versteht man die gesonderten Zellmassen, die sich im Embryo in bestimmten Lagebeziehungen zueinander entwickeln, und gewöhnlich noch völlig indifferente, rein morphologische Bildungen darstellen.

Tatsächlich sind diese ältesten morphologischen Grundlagen der Embryonalentwicklung in der Regel so massig gebildet, daß man sie als Schichten, weniger passend als Blätter bezeichnen kann; nur ausnahmsweise sind ihre Homologa bloß aus wenigen Zellen zusammengesetzt, für die selbst der Ausdruck „Schicht" nicht ganz paßt. Diese sprachliche Ungenauigkeit läßt sich aber gar nicht ganz beseitigen, weil die fraglichen Bildungen sich in ihrer ontogenetischen Erscheinung von Stufe zu Stufe verändern, so daß ein bestimmter Embryonalteil zuerst in einem der wenigen Blastomeren vorliegt, später jedoch in einer vielzelligen Masse; es wäre daher mehr oder weniger willkürlich, ob man sie als allgemeine Anlage oder als Schicht bezeichnet. Der erstere Name wäre übrigens nichtssagend, und seine Ersetzung durch „Organanlage" insofern unrichtig, als es sich nicht um einzelne Organe, sondern um die gemeinsamen Anlagen von mehreren Organen und Geweben handelt.

Es kommt übrigens weniger auf einen richtigen Namen als auf eine richtige Vorstellung von dem fraglichen Entwicklungsprozeß an; und seine Bezeichnung als Determination ist, was bisher unbeachtet blieb, freilich nicht ohne weiteres falsch, aber zweifellos zweideutig, so daß man sie nach der näheren Definition, bald für falsch, bald für zutreffend erklären kann. Dies erfordert daher eine genauere Erläuterung.

Die Determination.

Sobald man dieses Wort ganz allgemein, ohne Beziehung auf bestimmte Embryonalteile definiert, so kann es nur heißen, daß das ganze Ei oder der ganze Embryo vermöge seiner besonderen Energie und unter normalen Bedingungen für seine künftige Bildung vorbestimmt ist. Diese Definition ist nicht nur richtig, sondern selbstverständlich, da sie nur das ausdrückt, was wir in jeder einzelnen Ontogenese unmittelbar wahrnehmen und anerkennen. Sie schließt auch natürlich ein, daß die embryonalen Teile, Blastomeren und Keimschichten, ja überhaupt alles, was man „Anlage" nennt, innerhalb des Ganzen an seiner Determination teilnehmen. Und zwar gilt dies schlechtweg, ohne daß es an eine besondere Erklärung durch bestimmte Ursachen gebunden wäre.

Dieselbe Definition hört aber auf, selbstverständlich und richtig zu sein, sobald man die Beziehung aufs Ganze fortläßt und für seine einzelnen Teile, vor allem für die einzelnen Blastomeren aus deren verschiedenen Gruppen dieselbe unbedingte Vorbestimmung behauptet, wobei es ganz gleichbleibt, ob man diese angebliche Tatsache auf irgendwelche hypothetische Eiteile (Determinanten u. ä.) oder auf die greifbaren „organbildenden Substanzen" (vgl. His, Rabl) als letzte Ursachen zurückführt. Wie diese Auffassung der Determination im einzelnen Fall entstand, braucht nicht weiter untersucht und erläutert zu werden; es genügt die Tatsache, daß es mehrfache Seitenstücke zur Determination gibt, wobei leicht faßliche Erscheinungen am ganzen Organismus ohne weiteres auch in seinen Einzelteilen wiederholt gesehen wurden. So sollten z. B. die Selbstdifferenzierung des ganzen Embryo (Roux) auch für seine Blastomeren, ferner die Individualität und das individuelle Leben eines ganzen Organismus in gleicher Weise auch für seine Zellen gelten u. a. Immer besteht der Fehler in der Verwechslung der Existenzbedingungen eines individuellen Ganzen und seiner konstituierenden Teile.

Vergegenwärtigen wir uns nun die angebliche Determination der einzelnen Embryonalteile, die doch nicht wie der ganze Organismus in der Entwicklung für sich abgeschlossen vor uns treten. Die Determination des ganzen Eis und Embryos ist nicht nur eine empirische Tatsache, sondern sie erklärt sich auch ganz einfach daraus, daß der embryonale Organismus der Träger sowohl der ganzen Ontogenese, als auch der Vererbung ist, so daß die fragliche Determination sich nur als unmittelbarer Ausdruck davon darstellt. Mit der gesamten Ontogenese umfaßt sie auch deren ganzen Ursachenkomplex, so daß die Blastomeren, Keimschichten usw. ihre Teilentwicklung nur jenem Komplex entnehmen; für besondere Bildungsursachen dieser Teile außerhalb desselben Komplexes gibt es keine Existenzmöglichkeit, und in ihm vereinigen sich alle jene Ursachen zu einer Einheit. Ich glaube auch in der Darstellung der ganzen embryonalen Morphologie den Beweis erbracht zu haben, daß sie durchweg auf Korrelationen verschiedener Teile und Vorgänge, also auf einer Epigenese beruht, womit eine selbständige Determination und Unabhängigkeit derselben Teile und Vorgänge im Widerspruch steht.

Demgegenüber wird zur Erklärung der selbständigen Determination der Einzelteile immer wieder die hypothetische Präformation herangeholt, die sich weder empirisch begründen, noch überhaupt bestimmt vorstellen läßt. Und doch sollten die Schicksale der isolierten Blastomeren (s. Regeneration) genügend bezeugen, daß es eine selbständige Determination der sogenannten Teilbildungen nicht gibt. Nach meinen Beobachtungen kommt eine solche Determination nur insofern in Frage, als sie jedem Teil vom Ganzen und den Korrelationen aller übrigen Teile vorgeschrieben wird. Nach dieser Orientierung gehe ich zu der näheren Untersuchung der Keimschichten über.

Das Blastoderm.

Die Anfangszeiten der Entwicklungsgeschichte lassen es verstehen, daß man damals die verschiedenen Keimschichten in ihrem räumlichen Nebeneinander als die ersten morphologischen Grundlagen der Embryonalentwicklung betrachtete. Seitdem aber auch ihre zeitliche Aufeinanderfolge, ihre Entwicklung auseinander bekannt und beachtet wurde, kann es nur aus der Tradition in der Behandlung der Ontogenese erklärt werden, daß die Aufzählung der Keimschichten noch immer mit dem Ectoderm und Entoderm beginnt. Der Begriff einer Keimblase oder Cöloblastula und des epithelialen Zusammenhangs ihrer Zellen ist doch schon längst geläufig; und die rein gegenständliche Übereinstimmung zwischen dem Blastoderm und etwa dem ältesten Ectoderm ist so handgreiflich, daß vor noch nicht langer Zeit eine Verwechslung beider vorkam, und man lesen konnte, das Entoderm gehe aus dem Ectoderm hervor (!). Warum ist das Blastoderm noch immer nicht unter die Keimschichten eingereiht, von denen fortdauernd nur drei — Ectoderm, Entoderm und Mesoderm — aufgezählt werden?

Doch trägt das Herkommen in der Terminologie nicht allein und nicht hauptsächlich die Schuld daran, vielmehr die Tatsache, daß in der Entwicklungsgeschichte überhaupt in der Regel nicht sowohl ihre Anerkennung als Darstellung geschichtlicher Vorgänge im Vordergrunde steht, als gerade die mehr oder weniger deskriptive Beschäftigung mit den einmal gegebenen Gegenständen, also zunächst den Keimschichten das Interesse vorwegnimmt.

Die Verkennung oder doch Vernachlässigung des Blastoderms als der ersten Keimschicht kann auch nicht dadurch entschuldigt werden, daß seine Existenz in dem Augenblick aufhört, wo die Embryonalentwicklung der uns allein bekannten Heteroplastiden erst recht beginnt, und daß es folglich nicht wie die anderen Keimschichten bis auf die spätesten Entwicklungsstufen verfolgt und nachgewiesen werden kann. Denn, wie ich immer wieder betonen muß, das Ziel der Entwicklungsgeschichte ist nicht die vergleichende Beobachtung des Mannigfaltigen, was stets nur ein Mittel bleibt, sondern die Ermittelung des Werdens von Anfang an oder aber des Ursprungs eines jeden Einzelnen. Und die Schichtung im Körperbau der Polyplastiden ging tatsächlich vom Blastoderm aus; es ist und bleibt die erste Keimschicht.

Da es mit der Blastula identisch ist, so ist hier nichts Neues über seinen Ursprung zu sagen. Das Blastoderm als Schicht und die Blastula als Embryonalform stellen sich als der Abschluß des ersten ontogenetischen Vorgangs, der sogenannten Eiteilungen dar, und ihr letzter Ursprung ist daher auf eine geregelte Verbindung von Teilungsprodukten eines Monoplastidenkeims zurückzuführen. Der morphologische Charakter des Blastoderms zeigt sich in dem epithelial geschlossenen Zusammenhang seiner Zellen.

Das Ectoderm und das Entoderm.

Diese beiden Keimschichten lassen sich ontogenetisch nicht einzeln betrachten, da sie in vollkommener gegenseitiger Abhängigkeit voneinander entstehen und auch weiterhin nur durch ihren natürlichen Gegensatz verständlich sind, eins ohne das andere nicht denkbar ist. Und da sie gleichzeitig gemeinsame Erzeugnisse des Gastrulationsprozesses sind, können sie erst nach dem Abschluß dieses Prozesses als vollständig gegeben gelten. In diesem Sinn erscheint uns der schon erwähnte Ausspruch durchaus inkorrekt, daß das Entoderm aus dem Ectoderm entspringe. Sobald wir uns aber nicht auf die ontogenetische Beobachtung beschränken, sondern darüber hinaus uns nach dem phyletischen Ursprung dieser Sonderung und des Gastrulationsprozesses umsehen, tritt notwendig eine gewisse Verschiebung unserer Vorstellung ein.

Wenn man auf Grund vergleichender Überlegungen schließen darf, daß die Gastrulation sich aus der Einwanderung von reifenden Keimzellen in den Innenraum eines volvoxartigen Homoplastids entwickelte (s. o.), so ist der Ausgangspunkt der Gastrulation keineswegs identisch mit der Entstehung zweier neuer Keimschichten. Das Blastoderm blieb auch nach der Auswanderung der Keimzellen der Inbegriff des individuellen Organismus. Erst nachdem sich ein Teil der Keimzellenmasse in Nährzellen, dann in ein Keimlager verwandelt hatte, konnte dieses, unter zeitlicher Verschiebung der Keimzellenbildung in eine spätere Entwicklungsperiode, als eine besondere somatische Zellenmasse und als ein für verschiedene Bildungen geeignetes Entoderm gelten. Damit war eine Parenchymella entstanden, deren zwei Körperschichten sich phyletisch ganz anders zueinander verhalten, als es uns in der ontogenetischen Gastrula erscheint.

Unter diesem phyletischen Gesichtspunkt ist die einzige Neubildung bei der Entstehung der Parenchymella das Entoderm, das aber als solches gar nicht aus einem eigentlichen Blastoderm hervorging, sondern aus einer Metamorphose der Keimzellenmasse, die in ihrem ersten Zustande mit einer ontogenetischen Keimschicht gar nicht vergleichbar ist. Während dieser Vorgänge hat sich das frühere Blastoderm an sich eigentlich nicht verändert; nur sein Verhältnis zu den ausgewanderten Keimzellen wird durch die genannte Metamorphose der letzteren allmählich ein anderes. Die Neubildung des Entoderms hängt eben nicht allein vom Blastoderm ab, sondern auch von den allgemein biologischen Veränderungen in der Keimzellenbildung; nachdem es aber einmal als neue Keimschicht neben das Blastoderm getreten war, hat dieses letztere durch die damit verbundenen Lagebeziehungen auch einen neuen Charakter gewonnen — es ist zum Ectoderm geworden.

Infolge dieser Überlegungen zeigt sich uns das Bild der Gastrulation als eine recht unvollkommene und sozusagen schematische Wiederholung ihrer erschlossenen phyletischen Entwicklung, ohne deren eigentliche Ursachen (Keimzelleneinwanderung) auch nur anzudeuten. Insbesondere ist die Vorstellung, daß das Blastoderm sich in die beiden Keimschichten Ectoderm und Entoderm verwandelt, ganz aufzugeben. Das Entoderm entsteht phyletisch selbständig und verleiht dadurch dem übrigen Blastoderm erst den Charakter eines Ectoderms. Aber noch mehr. Wenn wir an der Parenchymella als der ursprünglichen Gastrulaform festhalten, so besitzt das Entoderm anfangs alle Merkmale, die wir speziell dem Mesoderm zuschreiben: es war eine nach außen völlig abgeschlossene Binnenschicht mit nicht epithelialem, sondern mesenchymalem Bau, ein richtiges Füllgewebe. Seine Verwandlung in ein Epithel, was mit der Darmbildung Hand in Hand ging, ist eben eine sekundäre Neuerung, aus der erst eine der niedersten Formen des heteropolen Strahltypus, die Hydrozoen, bzw. die Hydropolypen hervorgingen.

Das Mesoderm.

Bekanntlich versagte Kleinenberg (1886) dem Mesoderm, der „jüngsten“ Keimschicht, die Analogie mit den älteren Keimschichten deshalb, weil es ontogenetisch keinen einheitlichen Ursprung zeigt. Die damaligen Belege für dieses Verhalten haben sich seither bedeutend vermehrt; und nach den Untersuchungen von Meisenheimer u. A. an gewissen Mollusken könnte man ja an eine vollkommene Auflösung des Begriffs „Mesoderm“ bei diesen Tieren denken. Dennoch wird an ihm festgehalten und meines Erachtens mit vollem Recht.

Das Mesoderm stellt sich ebenso wie andere Keimschichten als eine indifferente, für verschiedene Gewebe und Organe bestimmte Bildungsmasse des Embryo dar, deren besonderes Merkmal darin besteht, daß sie als eine nach außen abgeschlossene Binnensubstanz zwischen den beiden anderen Keimschichten, dem Ectoderm und dem Entoderm gelegen ist. Doch divergiert das Mesoderm mehr als andere embryonale Anlagen im Verlauf seiner phyletischen Entwicklung, indem es teils allein aus dem Ectoderm oder aus dem Entoderm, teils aus diesen beiden Schichten und dazu in wechselndem Maß hervorgeht, also anscheinend einen recht verschiedenen Ursprung hat. Dies veranlaßte eben die obige Kritik an seiner Deutung.

Nun ist es aber nicht einzusehen, worauf die Forderung des einheitlichen Ursprungs einer Keimschicht sich eigentlich stützt. Nach der vorausgeschickten Entwicklungsgeschichte des Entoderms ist sein einheitlicher Ursprung doch ebenfalls etwas zweifelhaft. Daß für seine Entstehung eine andere Quelle als das einheitliche Blastoderm nicht in Frage kommen konnte, liegt auf der Hand, kann aber doch kein grundsätzliches Merkmal für jede spätere Keimschicht liefern, die eben unter ganz anderen Bedingungen, zwischen zwei anderen Keimschichten entsteht. Und warum soll die allseitige Einwanderung einzelner, voneinander getrennter und auch zeitlich nacheinander erscheinender Entodermzellen durchaus als ein einheitlicher Akt gelten? — Und selbst wenn trotzdem an dieser Deutung festgehalten würde, so sehe ich doch keinen Grund, warum das Mesoderm, das doch ebenso wie die anderen Keimschichten unter den Begriff eines orientierenden Moments fällt, unter wesentlich anderen korrelativen Bedingungen dennoch genau so einfach oder einheitlich, etwa nur aus dem Ectoderm oder nur aus dem Entoderm hervorgehen sollte.

Gegen eine solche allgemeine Folgerung spricht bei den Bilateralien noch ein sehr wichtiger Umstand. Wenn es richtig ist, daß sie in zwei verschiedene Gruppen zerfallen, deren Ausgangsformen, eine Planula einerseits und anderseits eine Scyphula, noch kein Mesoderm besaßen, so fehlt jeder Anlaß, anzunehmen, daß es in beiden Gruppen sich in durchaus gleicher sichtbarer Weise entwickelte. Daher vermisse ich jedes Motiv, wegen der Mannigfaltigkeit der ontogenetischen Entstehung des Mesoderms ihm seine Bedeutung als Keimschicht zu bestreiten. — Im übrigen haben wir auch in diesem Fall die letzte Entscheidung nicht in den sichtbaren nächsten Ursachen der Mesodermbildung zu suchen, sondern in seinem eigentlichen, nämlich phyletischen Ursprung.

Aller Fortschritt der Organisation beginnt meines Erachtens funktionell, als ein biologischer Vorgang, der erst vermittelst der weiteren phyletischen Entwicklung sichtbar in die Ontogenese einrückt und sich dort in einen funktionell indifferenten embryonalen Vorgang verwandelt (vgl. IV, 2). Wäre es anders und jede Neubildung von Anfang an in der sichtbaren Ontogenese, also in der morphologischen Sonderung begründet, dann hätte man für den Ursprung derselben Bildung nur die Wahl zwischen einem unverständlichen Zufall und einer ebenso unbegreiflichen Präformation. Folglich können die sichtbaren embryonalen Ursachen einer morphologischen Anlage nur ihre nächsten Ursachen, aber nicht ihr phyletischer Ursprung sein, den wir nur durch vergleichende Untersuchungen zu erschließen vermögen, wobei die verschiedenen Ontogenesen uns allerdings die wichtigsten Auskünfte liefern. Ein Beispiel dafür bot uns schon die Geschichte des primären Entoderms, insofern seine nächste Ursache, die embryonale Gastrulation, uns nur den formalen Vorgang vorzeichnete, aus dem wir dessen biologischen Vorläufer in der Keimbildung von volvoxartigen Homoplastiden erkannten. Und an dieses Vorbild können wir uns auch in der Geschichte des Mesoderms halten.

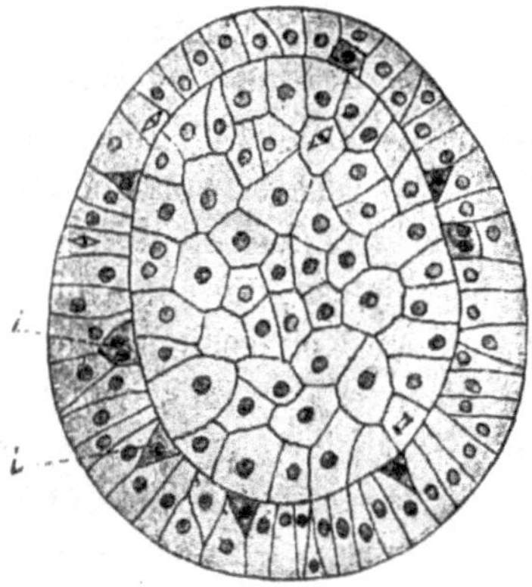

Fig. 50.
Clava squamata, Planula, nach Harm, aus Korschelt u. Heider, Lehrbuch der vergleichenden Entwicklungsgeschichte (1910). *i* interstitielle Zellen.

Die obige Auseinandersetzung enthält auch den leicht ersichtlichen Grund, warum der eigentliche Ursprung solcher Anlagen wie des Mesoderms sich nur bei den niedersten Organismen sicher zu erkennen gibt. Und da die Schwämme gerade bezüglich der Keimschichten eine Ausnahmestellung einnehmen, worauf ich noch zurückkomme, so haben wir von den Cnidariern, im besonderen von den Hydropolypen auszugehen.

Über die Mesodermbildung dieser Tiere erfahren wir näheres sowohl bei ihren Hydranthen wie bei ihren Gonanthen. Die sogenannte interstitielle Grundschicht des Ectoderms von Hydra besteht nach Brauer (1891) und Harm aus Zellen, die sich aus dem Ectoderm nach innen herauslösen (Fig. 50), aber keine von ihm glatt getrennte Schicht bilden; daraus gehen später die Geschlechtsprodukte und ein sehr lockeres Mesenchym hervor, das nach seinen Leistungen durchaus mit einem Mesoderm übereinstimmt. Es liegt die Annahme nahe, daß die Keim- und die Mesodermbildung in diesem Fall ebenso zusammenhängen wie die Keimbildung und die Entstehung des primären Entoderms während des Übergangs von den Homoplastiden zu den Heteroplastiden, indem ein Teil der aus dem Blastoderm ins Blastocöl einwandernden Keimzellen sich allmählich absondert und in ein allgemeines Mesenchym verwandelt (s. S. 73, 74). Die Mesodermbildung der Hydranthen wäre also eine späte Wiederholung der Entwicklung des primären Entoderms, wobei der zwischen der Haut und dem Darm gelegene Spaltraum tatsächlich als Rest des Blastocöls erscheint.

Überzeugender ist jedoch der schon früher erwähnte Befund an den Gonanthen und Medusen, die aus der Metamorphose der Hydranthen

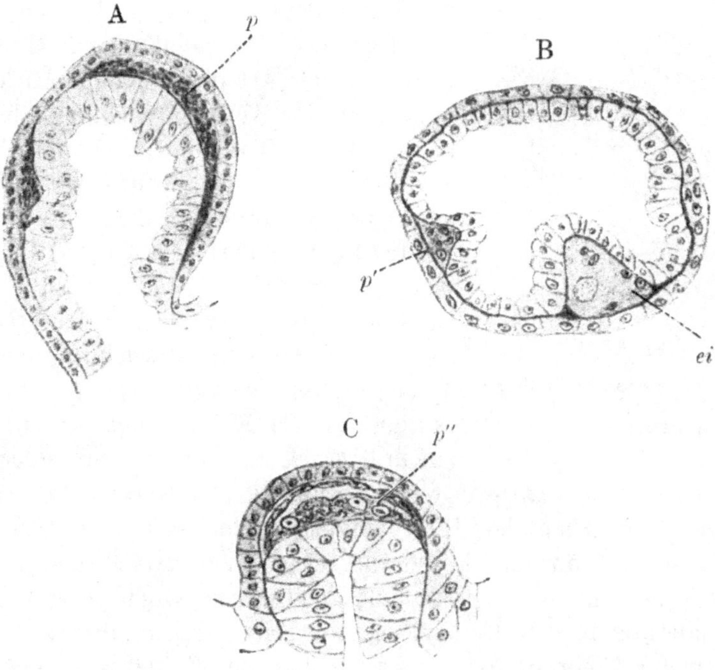

Fig. 51.
Cordylophora lacustris ♂ (A), ♀ (B), Coryne pusilla ♀ (C), nach Goette (1907); *ei* Eizelle mit Nährzellen, *p* Parectoderm mit Samenzellen, *p'* Keimlager, *p''* Keimlager mit Eizellen am Boden des Glockenkerns.

hervorgehen (s. S. 74). In den männlichen Geschlechtsknospen von Cordylophora lacustris (Fig. 51A) sondert sich zuerst eine indifferente und homogene Zellenschicht aus dem Ectoderm ab, die ebenso wie die homologe interstitielle Schicht von Hydra Geschlechtszellen und außerdem ein sie umschließendes, bindegewebsartiges „Keimlager" erzeugt. Ich habe diese Schicht, die sich allmählich ganz scharf vom Ectoderm absetzt, gleich allen homologen Bildungen in andren Gonanthen „Parectoderm" genannt und zugleich ihre allgemeine Homologie mit dem Mesoderm der Bilateralien hervorgehoben (Goette 1907, S. 126, 143). In den weiblichen Gonanthen derselben Cordylophora (Fig. 51B) sieht man mit großer Deutlichkeit, daß das Keimlager des Parectoderms teilweise aus wirklichen Nährzellen besteht, die in die Keimzellen eindringen, während es im übrigen, wie bei anderen Hydropolypen (Plumularia, a. a. O., S. 243) durchaus als eine mehr lockere Bindesubstanz erscheint (Fig. 52).

In diesen Beobachtungen liegt unmittelbar das vor, was ich schon 1883 für den phyletischen Ursprung des Entoderms erschloß, daß nämlich die Keimzellenmasse, die in das Innere oder das Blastocöl der hohlkugligen Homoplastiden von der Art des Volvox einrückt, sich im Verlauf der Weiterentwicklung allmählich in die eigentlichen Keimzellen und die rudimentären, zur Ernährung der letzteren dienenden Keimzellen (Nährzellen) und diese endlich in ein bindegewebsartiges, aber ebenfalls ernährendes Keimlager differenziert (s. S. 74). Man darf also behaupten, daß das Ectomesoderm wirklich auf demselben Wege entstand wie das primäre Entoderm: es ging von der Keimbildung aus, d. h. von einem Prozeß, der normalerweise bei allen Organismen zu den naturnotwendigen und ältesten Erscheinungen gehört.

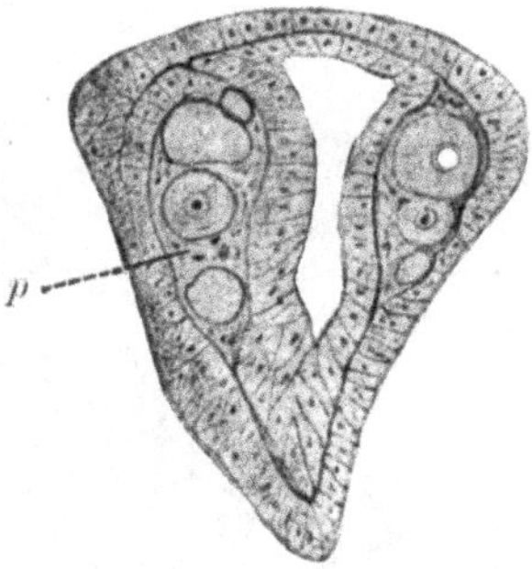

Fig. 52.
Plumularia setacea, Gonanth ♀, nach Goette (1907); *p* Parectoderm.

Die Gonanthen der Hydropolypen lehren uns aber noch mehr. Gerade so wie für das Entoderm gelegentlich zwei Ursprungsstellen nachweisbar sind, eine prostomiale Einstülpung neben einer allseitigen Einwanderung in den Embryonen von Aurelia flavidula (Fig. 22), wechselt der Ursprung der Keimzellen und des Keimlagers insofern, als in einzelnen Arten, z. B. Coryne (Fig. 33), beides aus dem Entoderm des Gonanthen hervorgeht, und zwar in derselben Weise, wie es sonst aus dem Ectoderm entspringt. Das so entstandene Keimlager oder „Parentoderm" darf folglich als der Vorläufer eines Entomesoderms bezeichnet werden. Allerdings fehlen uns noch Beispiele dafür, daß beide Mesodermarten nebeneinander innerhalb derselben Hydropolypenart vorkommen; dies erklärt sich aber wohl durch weitere Varianten in der Keimbildung der Hydropolypen.

Allmählich entwickelte sich nämlich ein Wechsel zwischen dem ectodermalen und dem entodermalen Ursprung der Keimzellen innerhalb derselben Art, so daß z. B. sehr oft in derselben Spezies die männlichen Keimzellen ectodermal, die weiblichen entodermal entstehen, um beiderseits in dasselbe Parectoderm (Ectomesoderm) aufgenommen zu werden. Man darf also annehmen, daß die die entodermalen Keimzellen begleitende Mesodermbildung vielleicht nicht immer fehlte, aber aus einem uns unbekannten Grunde unterdrückt wurde. Denn auch sonst entwickelte sich die Divergenz dieser Bildungen zeitlich und räumlich: bald entstehen die Keimzellen in derselben Keimschicht, aus der das Parectoderm hervorgeht, aber an einer anderen Stelle als dieses (Podocoryne), bald überhaupt in einer anderen Keimschicht (viele weibliche Medusen, Plumulariden, Sertulariden), endlich beides zu verschiedenen Zeiten, die Keimzellen bald früher, bald später als das Keimlager. Immer bleibt aber die ursprüngliche Beziehung zwischen beiden bestehen, indem die Keimzellen auch bei einer anfänglichen Trennung vom Parectoderm in dieses als ihr definitives Keimlager aufgenommen werden.

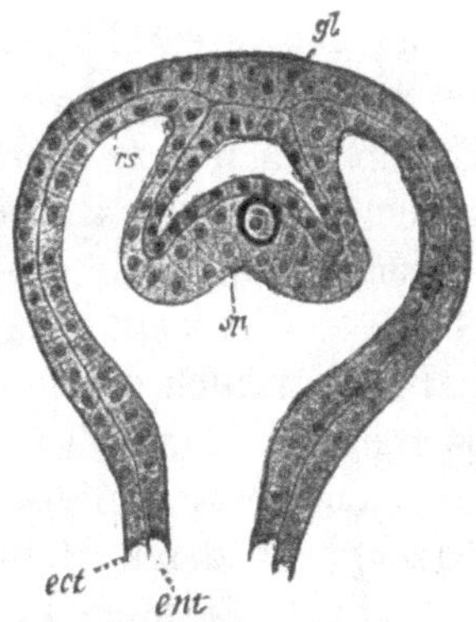

Fig. 53.
Podocoryne carnea, junger Gonanth, nach Goette (1907), aus Korschelt u. Heider, Lehrbuch der vergleichenden Entwicklungsgeschichte (1910); *gl* Glockenkern, *ect* Ectoderm, *ent* Entoderm, *rs* Radialschlauch, *sp* Spadix.

Die Divergenz der Keim- und der Mesodermbildung ist bei den Hydropolypen noch in einer anderen Richtung weitergegangen. Ich habe in meiner Hauptarbeit über die Gonanthen und Medusen dieser Tiere (1907) nachgewiesen und in einer zweiten Arbeit (1916) bestätigt, daß der Glockenkern oder die Anlage der Subumbrellarhöhle mit ihrer ganzen Auskleidung an der Subumbrella und am Manubrium auf das besprochene ectomesodermale Keimlager zurückzuführen ist (Fig. 53). Solange nun diese Bildung bei den einfachen Gonanthen sich als ein geschlossener Sack darstellt, kann man sie als ein einheitliches Organ, als eine sackförmige Gonade auffassen; sobald sie sich aber bei den Medusoiden und Medusen öffnet, bleibt nur ein kleiner Teil des Ectomesoderms mit der Keimmasse verbunden, während sein größerer, gewölbeartiger Teil aus dieser Verbindung ganz ausscheidet und als Subumbrellarepithel mit der angeschlossenen Muskulatur zu einem selbständigen Körperteil wird.

Diese fortschreitende Differenzierung und Verselbständigung des Mesoderms tritt alsdann bei den Scyphopolypen noch deutlicher hervor, indem ihr Ectomesoderm in der Hauptmasse zu einer bindegewebsartigen, oft Spicula erzeugenden Stützsubstanz wird, deren spärliche Fortsetzung in die Septen — sofern sich dieser genetische Zusammenhang bestätigt — sich allein an der Gonadenbildung beteiligt.[1]

[1] Der angeblich entodermale Ursprung der die Gallerte der Scyphomedusen durchsetzenden mesodermalen Zellen scheint mir noch nicht gesichert.

Über das Binnengewebe der Ctenophoren wissen wir nicht mehr, als daß es ein Ectomesoderm ist.

Fassen wir alles zusammen, was über die Entwicklung des Mesoderms der Hydropolypen von seinem ersten Anfang an gesagt wurde, so lassen sich auch seine auffallendsten Metamorphosen ziemlich einfach erklären. Die meisten von ihnen gehören in die Kategorie des „Wechsels der Ursachen", der sich jedoch nicht etwa auf die vorliegenden Erscheinungen beschränkt, sondern in den verschiedensten Entwicklungsvorgängen wiederholt und daher an einer passenden anderen Stelle im ganzen erörtert werden soll (vgl. IV, 2). Ferner ist der genetische Zusammenhang zwischen der Keimbildung und der Mesodermbildung in den Gonanthen so offenbar, daß auch das räumliche Zusammentreffen dieser beiden Vorgänge in den polypoiden Abschnitten in demselben Sinn gedeutet werden kann. Trotzdem ist der Einwand dagegen denkbar, daß, wenn auch der biologische Ursprung für alle getrennten Teile des Mesoderms identisch ist, dennoch angesichts der verschiedenen Lagebeziehungen sowohl der Keimstätten wie der zugehörigen mesodermalen Erzeugnisse deren Homologie ausgeschlossen ist.

Dieser Einwand kann aber nicht als zutreffend anerkannt werden. Die Keimbildung gehört eigentlich gar nicht schlechtweg zur Ontogenese des Individuums, wie es an anderer Stelle erörtert werden soll (vgl. III, 3); nur ein Teil der zur Keimbildung bestimmten Zellen tritt, indem sie von ihrer ursprünglichen Bildungsrichtung abgelenkt werden, in die individuelle Organisation ein, während die bleibenden Keimzellen sozusagen aus ihr herauswachsen. Die Keimbildung steht also außerhalb jeder Homologie, und ihre Folge- und Begleiterscheinung, das Mesoderm, kann daher, indem es trotz des örtlich verschiedenen Ursprungs schließlich doch in die identischen Lagebeziehungen gerät, eben auch nur nach diesen gedeutet werden und in allen Teilen als homolog gelten.

Es bleibt aber noch ein Mißverständnis in der vorliegenden Untersuchung übrig. Das, was ich als die Ursache der ersten Mesodermbildung bezeichnete, ist eigentlich identisch mit dem, was sich uns als die erste Ursache der Entodermbildung, als ihr Ursprung ergab. Sobald die in volvoxähnlichen Organismen das Blastocöl ausfüllende Keimmasse sich in Keimzellen und deren Lager sonderte, war das letztere, indem es der Erscheinung der Keimzellen vorauseilte, als primäres Entoderm genau dasselbe, was sich in späteren Organismen, nämlich in den Hydropolypen ebenfalls als Keimlager, aber zugleich als primäres Mesoderm (Ectomesoderm) darstellt. Dieses merkwürdig konfuse Ergebnis folgt nicht aus einer fehlerhaften Darstellung der Tatsachen, sondern aus recht ungenauer Unterscheidung der verglichenen Teile und einer entsprechend irreführenden Nomenklatur.

Der Name „Entoderm" wird einmal für das primäre, und zwar dichte, darmlose Entoderm, z. B. der Parenchymella, und dann für die wenigstens phyletisch später erscheinende Urdarmschicht oder das Darmblatt gebraucht, das jenen Namen Entoderm zuerst erhielt.[1] Jene Ungenauigkeit wurde und wird dadurch unterstützt, daß das primäre Entoderm sich meist restlos in den Urdarm verwandelt, der folglich auch als zweite Keimschicht gilt. Dies sollte endlich zurechtgestellt werden.

Der älteste Gastrulationsprozeß erzeugte eine Parenchymella mit einer darmlosen Innenmasse vom Typus eines nicht-epithelialen Füllgewebes. In dieser 2. Keimschicht bloß einen noch unentwickelten Urdarm zu erblicken, ließe sich allenfalls vom Standpunkt einer Homologisierung verstehen; für die Stammesgeschichte, die uns den ursächlichen Zusammenhang der fortschreitenden Metamorphosen aufdecken soll, ist jener Vergleich von keiner Bedeutung. Denn jede ontogenetische Entwicklungsstufe darf als allgemeines Abbild einer neuerworbenen Vorfahrenform angesehen werden, was, wie wir gleich sehen werden, im vorliegenden Fall auch empirisch belegt werden kann. Es gab also eine völlig darmlose Vorfahrenform vom Typus der Parenchymella, deren 2. Keimschicht kein Merkmal eines epithelialen Urdarms, dagegen, ganz abgesehen von ihrer geweblichen Ausbildung, die wesentlichen Merkmale eines Mesoderms besaß: eine abgeschlossene Binnenschicht mit Zellen und einer Interzellularsubstanz (Mesenchym), worin zu passender Zeit Keimzellen erscheinen. Und wir haben in der Tat ein Vorbild eines solchen Organismus in der einer Parenchymella entsprechenden Larvenform der meisten Schwämme.

Die vergleichende Entwicklungsgeschichte der Schwämme gilt immer noch für ein ungelöstes Problem (Heider a. a. O., 1910, S. 309). Ich glaube aber, daß man sich darin zurechtfinden kann, sobald man eine rein äußerliche, anatomische Homologisierung vermeidet.

Bekanntlich gibt es bei den Schwämmen ein zweischichtiges Larvenstadium, das durch Einwanderung von Zellen in das Blastocöl oder durch Einstülpung bzw. Umwachsung einer Blastulaportion entsteht. Darauf unterliegt die Larve gewöhnlich während ihrer Befestigung einer Metamorphose, wobei die Außenschicht sich zusammenzieht und in irgendwelcher Weise sich in die Innenschicht einsenkt, so daß die

[1] Ich habe deshalb schon längst, freilich ohne Erfolg, den Namen „Enteroderm" für die Anlage des Urdarms vorgeschlagen.

bleibende Lage beider ursprünglichen Keimschichten gerade eine gegen früher umgekehrte wird. Wer die anatomische Homologie dieser postembryonalen Keimschichten für die maßgebende hält, also die definitive Außenschicht für ein Ectoderm, die andere für ein Entoderm erklärt, muß die erste Larvenbildung für eine „Pseudogastrula", eine für die Homologie unwesentliche, täuschende Erscheinung, und den metamorphosierten Zustand für das eigentliche Gastrulationsprodukt halten. Eine scheinbare Bestätigung dieser Auffassung könnte man darin erblicken, daß die Blastula einiger Schwämme, darunter der Oscarella, überhaupt keine zweischichtige, freie Larvenform durchläuft, sondern bis zur Befestigung unverändert bleibt, um dann die gastrulationsähnliche definitive Metamorphose zu erleiden. Angesichts dieser zweifelhaften Lage nannte Heider die erste zweischichtige Larve der Schwämme „Gastruloid I", den metamorphosierten Zustand „Gastruloid II", so daß also in der Regel beide Gastruloidformen aufeinander folgten, und in den bezeichneten Ausnahmefällen das Gastruloid II allein zur Entwicklung gelangte.

Da nach meiner Ansicht in der Entwicklungsgeschichte nur genetische Homologien in dem früher erläuterten Sinn (I, 2d), also nur die Übereinstimmungen der Lagebeziehungen der Teile vom Eizustande an gelten, so besteht für mich kein Zweifel, daß die Gastruloide I durch eine echte Gastrulation entstehen, und daß folglich die Gastruloide II nur sehr merkwürdige, abnorme Metamorphosen der Sterrogastrula darstellen, die bezüglich ihrer Schichtung jeden Vergleich mit der ähnlichen Schichtung anderer Tiere ausschließen. Der morphologische Bau der echten Gastrula wird bei den Schwämmen völlig zerstört, und die anatomische Homologie zwischen ihrem Gastruloid II und der Gastrula anderer Tiere ist und bleibt eine Homoidie.

In jenen Ausnahmefällen, wo die Ontogenese der Schwämme nur eine Larvenform, das Gastruloid II aufweist, sehe ich keine Schwierigkeit für meine eben ausgesprochene Ansicht. Denn bei der in der Mehrzahl der Schwämme eintretenden gründlichen Zerstörung der Gastrula kann es doch nicht überraschen, daß sie oder das Gastruloid I bisweilen ganz ausfällt. Und Spuren eines solchen Ausfalls sehe ich darin, daß u. a. die Blastula von Oscarella (Fig. 54) eine recht lebhafte Zelleneinwanderung in jener Hälfte zeigt, die zur Außenschicht des Gastruloids II wird und daher nur mit der Innenschicht eines Gastruloids I oder der echten Gastrula verglichen werden kann (Maas 1898). Wir sehen also bei Oscarella, Plakina u. a. die zerstörende Metamorphose bereits zu einer Zeit eintreten, wenn die schon begonnene Gastrulation noch lange nicht zum Abschluß gekommen ist.

Die übrige Ontogenese der Schwämme braucht hier nicht weiter verfolgt zu werden; es genügt die Feststellung, daß ihre primären zweischichtigen Larven echte, und zwar darmlose Gastrulae von der Art einer Parenchymella sind, folglich älteste zweischichtige Organismen darstellen. Ihre Innenschicht entwickelt weder in der Larvenzeit noch später einen echten Urdarm, sondern verwandelt sich frühzeitig in ein bindegewebiges Mesenchym, in dem schließlich Keimzellen auftreten. Sie entspricht folglich in allem dem ältesten, aus der Keimbildung hervorgehenden Binnengewebe, das als Keimlager anfängt und sich allmählich dazu differenziert, was wir eben Mesoderm nennen.

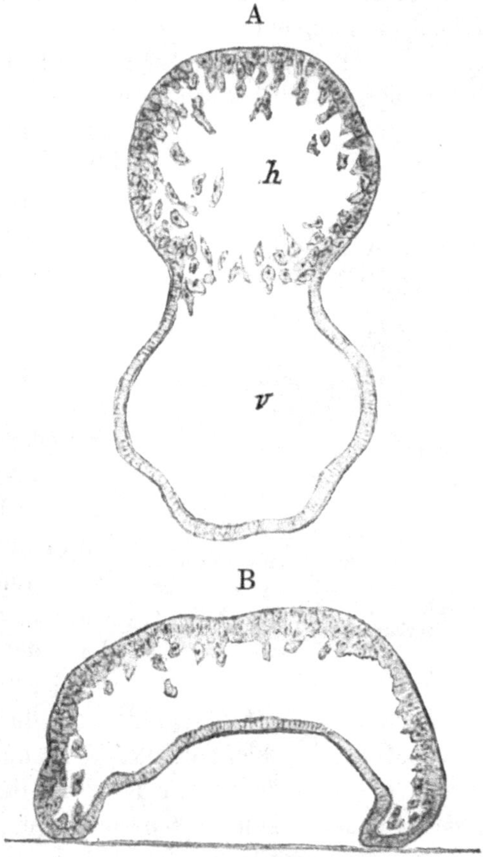

Fig. 54.
Oscarella, Larve, nach Maas (1898), A freischwimmend, B in der Anheftung begriffen; *h* hintere Hälfte (spätere Außenschicht), *v* vordere Hälfte (spätere Innenschicht).

Bei den Hydropolypen, die bereits morphologisch und geweblich eine höhere Entwicklungsstufe einnehmen, verwandelt sich allerdings die ganze 2. Keimschicht der jüngeren Planula ontogenetisch zunächst in den Urdarm, der alsdann als 2. Keimschicht (Entoderm) gilt, die wenigstens bei gewissen Gonanthen (Coryne u. a.) eine der 2. Keimschicht der Schwämme entsprechende Bildungsmasse (Keimzellen und Keimlager) in den spaltförmigen Rest des Blastocöls absetzt.[1] Dieses Verhalten kann aber für die geschichtliche Auffassung der Schichtenbildung nicht maßgebend sein, da es die Folge ist einer in der älteren, indifferenten Parenchymella

[1] **Wo der Urdarm unverändert bleibt — und dies ist die Regel — ist sein Anteil an der Mesodermbildung gewissermaßen unterdrückt, und wird durch die entsprechende Leistung des Ectoderms ersetzt.**

sekundär auftretenden Neubildung, eben des Urdarms.[1] Es muß daher angenommen werden, daß diese Neubildung bei der Entstehung der Hydropolypen eine derartige Verschiebung in der Ontogenese hervorrief, daß das sekundäre Produkt, der Urdarm, zeitlich an die erste Stelle rückte, und die ursprüngliche Bildung, die Keimzellen mit dem Keimlager nunmehr umgekehrt gegen früher als sein Erzeugnis erscheinen ließ. Diese Annahme wird durch die Ontogenese mancher Bilateralien nachdrücklich unterstützt, in der eine unverkennbare Verschiebung der Darm- und der Mesodermbildung angetroffen wird, indem das mesenchymale Mesoderm einiger Echinodermenlarven entweder aus dem bereits vorhandenen Urdarm (Seesterne), oder schon vorher an der eben beginnenden Gastrulaeinsenkung des Blastoderms (Holothurien) oder endlich an dem prostomialen Pol des unveränderten Blastoderms (Seeigel) entsteht (Fig. 55).

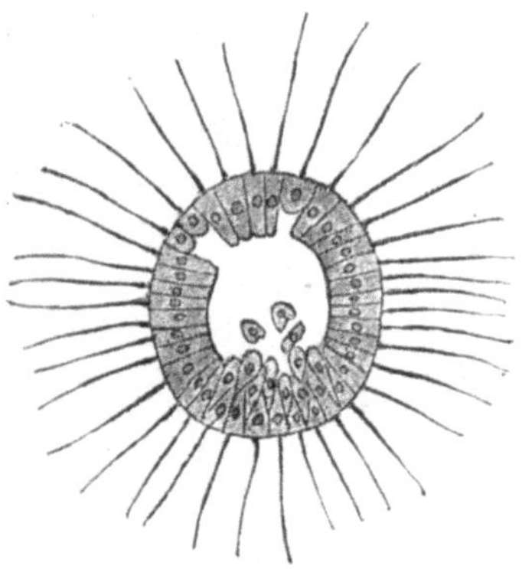

Fig. 55.
Strongylocentrotus lividus, Blastulation, nach Korschelt, aus Korschelt u. Heider, Lehrbuch der vergleichenden Entwicklungsgeschichte (1899).

Die besondere Ursache unserer gewärtigen Übung in der Bezeichnung der Keimschichten ist ja auch bekannt. Die Namen Ectoderm und Entoderm wurden zuerst auf den anatomischen Bau der Hydropolypen angewandt, wobei „Entoderm" einfach den Urdarm bezeichnete. Darauf übertrug man diese Namen auf die homologen ontogenetischen Schichten aller Tiere und fügte als dritte und jüngste Schicht das Mesoderm hinzu, ohne Rücksicht darauf, wie sie sich phyletisch entwickelt haben mochten. In dieser Beziehung steht aber an erster Stelle das Blastoderm (s. o.), das als Keimschicht unbeachtet blieb. So begann man die Reihe der Keimschichten mit dem Ectoderm und dem Entoderm (Urdarm), die dann beide zusammen oder das Entoderm allein das Mesoderm ausfällen sollten. Dies ist aber eben vom phyletischen Standpunkt aus inkorrekt.

Der Urdarm gehört gar nicht unter die ersten Keimschichten, sondern nach dem Blastoderm nur das primäre Entoderm der Parenchymella oder der Sterrogastrula, das, bevor es den Urdarm absondert, nach seinen Lagebeziehungen und eben deshalb auch nach seinen

[1] Natürlich ist hier meist nicht eine unmittelbare Abkunft der Hydropolypen von den Schwämmen gemeint, sondern nur eine Abstammung von einer morphologisch entsprechenden Vorfahrenform.

Leistungen durchaus der Bildungsmasse entspricht, die man später Mesoderm nannte. Und da das Ectoderm im gewöhnlichen Sinn überhaupt nicht als Neubildung entstand wie die übrigen Keimschichten, sondern, wie wir sahen, eigentlich mit einem Hauptteil des Blastoderms identisch ist, so folgt phyletisch auf dieses die „mesodermale" Binnenschicht, in der sich zuletzt der Urdarm entwickelte, und zwar richtigerweise als Organ und nicht als Keimschicht. Die Spaltung des Mesoderms in Ectomesoderm und Entomesoderm bleibt bei dieser Auffassung eine relativ untergeordnete und deshalb hier nicht weiter berücksichtigte Erscheinung.

Gegen diese ganze Darstellung könnte der Einwand erhoben werden, daß die Trennung von „primärem Entoderm" und Urdarm unnatürlich wäre, da ihre Identität trotz der Entstehung der inneren Lichtung doch fortbestände. Ich kann dies jedoch nicht billigen. Die Identität zwischen dem Ectoderm und einem Hauptteil des Blastoderms ist viel vollkommener als diejenige zwischen dem primären Entoderm und dem Urdarm, ohne daß dies die Veranlassung geboten hätte, einen der Namen Blastoderm oder Ectoderm aufzugeben, weil eben nicht die identische Substanz, sondern ihre verschiedenen Form- und Lagebeziehungen den morphologischen Wert des fraglichen Embryonalteils bestimmen. Derselbe Grund gilt für die Unterscheidung zwischen der 2. Keimschicht und der durch ihre Aushöhlung neu entstandenen Organanlage „Urdarm". Es bleibt also bei dieser Unterscheidung, die eine neue Ordnung und Bezeichnung der Keimschichten nach ihrem phyletischen Verhalten verlangt wie folgt:

1. Keimschicht = Blastoderm, 2. Keimschicht = Ectoderm, 3. Keimschicht = primäres Entoderm, zerfällt in der Regel in die 4. Keimschicht = Mesoderm und den Urdarm oder das Enteroderm.

Diese Nomenklatur verstößt am wenigsten gegen die Tradition, selbst wenn man trotzdem den Urdarm auch weiterhin als Entoderm bezeichnet.

Das, was über den Ursprung des Mesoderms bei den Strahltieren ausgeführt wurde, darf wenigstens teilweise auch für die Bilateralien gelten. Da sowohl die Pleurogastrica wie die Hypogastrica aus strahligen Heteroplastiden hervorgingen (s. S. 104), so blieb der erläuterte Ursprung des primären Entoderms natürlich unverändert, wenn auch infolge einer zeitlichen Divergenz derselben Entodermbildung aus der Keimbildung, wie sie uns schon begegnete (s. S. 129), der genetische Zusammenhang dieser beiden Vorgänge nicht mehr unmittelbar nachweislich ist. Die Mesodermbildung erfolgte freilich in den beiden Hauptgruppen der

Bilateralien getrennt, aber in einer Art und Weise, die namentlich bei der Hypogastrica unverkennbar an die Mesodermbildung der Strahltiere sich anschließt.

Im allgemeinen treffen wir bei den Bilateralien ein Ectomesoderm und ein Entomesoderm in demselben Individuum an, wenngleich die verschiedenen Beobachtungen, wie Heider in einer umfassenden kritischen Übersicht feststellte (a. a. O., 1910), im einzelnen noch recht weit auseinandergehen. Bei den Hypogastrica ist ferner eine nahe Beziehung zwischen der Keimbildung und der Mesodermbildung vielfach zu erkennen. So hängen, um nur das Wichtigste zu nennen, die Entwicklung des Cöloms und der Gliederung des Mesoderms bei vielen Würmern direkt mit der Keimbildung zusammen, wie dies in den nächsten Abschnitten ausführlich geschildert werden soll. Diese Beobachtungen sind freilich für unsere Untersuchung nicht einfach entscheidend, aber doch nicht ohne einige Bedeutung für den Vergleich der Mesodermbildung der Hydropolypen als einer Wiederholung des Ursprungs des primären Entoderms (vgl. Fig. 55).

Bei den Pleurogastrica ist überhaupt kein wirklicher Aufschluß über ihre ursprüngliche Mesodermbildung zu erwarten, weil die Lücke unserer Kenntnis über ihre strahligen Vorfahren von der Art einer einfachen Planula bis zu den niedersten pleurogastrischen Formen zu groß ist. Dafür läßt sich unter den Pleurogastrica eine ganz neue Quelle einer lokalisierten Mesodermbildung nachweisen, deren Ursprung nicht etwa bloß vermutet, sondern nach zahlreichen Beobachtungen unmittelbar abgeleitet werden kann. Ich meine das Ectoderm des Kopfes der Wirbeltiere, das tatsächlich bei allen Fischen und Amphibien, und daher höchst wahrscheinlich auch bei den Amnioten einen ansehnlichen Teil der geweblichen Bildungen, Bindegewebe, Skelett, Muskeln, Nerven jener Region herstellt (vgl. Goette 1902, 1914).

Bei den ältesten Wirbeltieren enthielten die Kiemenbögen nur die Kiefer- und Kiemenmuskulatur ohne ein sie begleitendes Mesenchym, wie es die Ontogenese der Cyklostomen sehr deutlich zeigt. Daher konnten diese Muskeln in Ermangelung eines gleichzeitigen Visceralskeletts sich zuerst nur an der Haut befestigen; und erst diese vorläufige Befestigung provozierte in der Folge ein dermales Visceralskelett und im Zusammenhange damit ectodermale „Plakoden“ für alle genannten Anlagen eines Ectomesoderms. Zweifellos ist die „physiologische Korrelation“ zwischen diesen Geweben, worüber später noch näheres berichtet werden soll (I, 3), die Bildungsursache jenes Ectomesoderms, das infolge der eingreifenden Metamorphose des Vertebratenkopfs die ursprüngliche Mesodermbildung derselben Tiere relativ spät ergänzt.

Das Cölom.

Die vorhin genannte Verbindung von Mesoderm und Cölom ist so innig, daß ihre Entwicklung oft zusammenfällt, und daß man solche Anlagen wie das Enterocöl in erster Linie ebenso auf das Mesoderm wie auf das Cölom beziehen kann. Dies geht so weit, daß es auch heute noch nicht völlig entschieden ist, ob das Cölom eine mesodermale Bildung ist, oder umgekehrt das Enterocöl, also eine zweifellos cölomatische Bildung, der Ausgangspunkt der Mesodermbildung ist.

Daher ist es auch nicht verwunderlich, daß noch immer drei verschiedene Theorien über den Ursprung und die einstige Bedeutung des Cöloms existieren. Am weitesten geht die Cölomtheorie der Gebrüder Hertwig (1881), die, vom Enterocöl der Pleurogastrica ausgehend, alle Mesodermbildungen der Bilateralien darauf zurückführten und in ihm ferner metamorphosierte Magentaschen von Cnidariern vermuteten. — Die zwei anderen Theorien beschränken den Ursprung des Cöloms auf die niederen Bilateralien (Würmer), wo es entweder als Nephrocöl aus umgewandelten Nephridien (Ziegler 1898) oder als Gonocöl aus den Binnenräumen der Gonaden hervorgegangen sein sollte (E. Meyer 1890).

Bei der Beurteilung dieser drei Theorien kommt Heider zu dem Ergebnis (a. a. O., VIII, S. 307), daß keine von ihnen einen unbedingten Vorzug vor den anderen habe, und daß sie anderseits sich nicht wirklich einander ausschließen, sondern miteinander vergleichbar erscheinen. Ich kann mich aber diesem vermittelnden Urteil nicht anschließen, vor allem deshalb, weil jene Theorien den getrennten Ursprung der zweierlei Bilateralien nicht anerkennen oder nicht beachten. Denn wegen dieser Trennung kann eine Auffassung, die für die Pleurogastrica berechtigt erscheint, nicht ohne weiteres für die Hypogastrica gelten, und umgekehrt. Eine andere schwer auszugleichende Verschiedenheit betrifft die Beziehung von Mesoderm und Cölom. In der Enterocöltheorie fallen beide an ihrem angeblichen Ausgangspunkt unter den Strahltieren in eins zusammen, wogegen in den beiden anderen Theorien die Existenz des Mesoderms vorausgesetzt wird, indem sich Gonaden und Nephridien in ihm und erst im Bereich der Bilateralien entwickeln.

Nachdem ich den phyletischen Ursprung des Mesoderms schon erörtert habe, brauche ich die Ablehnung der Enterocöltheorie nicht ausführlich zu begründen. Sie könnte allenfalls an die Pleurogastrica anknüpfen, wo das Enterocöl beinahe ausschließlich vorkommt; angesichts des getrennten Ursprungs beider Gruppen der Bilateralien ist jedoch eine strenge Homologie des Mesoderms der Hypogastrica mit dem Enterocöl der Pleurogastrica nach meiner Auffassung ausgeschlossen. Anderseits fehlt jeder Anhaltspunkt dafür, daß die Pleurogastrica überhaupt von scyphulaartigen Cnidariern, und daher ihr Enterocöl von den Magentaschen dieser Tiere abstammten.

Auch die Konstruktion des Nephrocöls übersieht die zunächst in keiner Weise auszufüllende Lücke zwischen den Hypogastrica und den Chordaten. Und so habe ich mich schon längst (1902) zur Gonocöltheorie bekannt, die alle Erfordernisse einer zufriedenstellenden Hypothese besitzt, und zu deren Begründung ich noch auf eine besondere Beobachtung hinweisen kann.

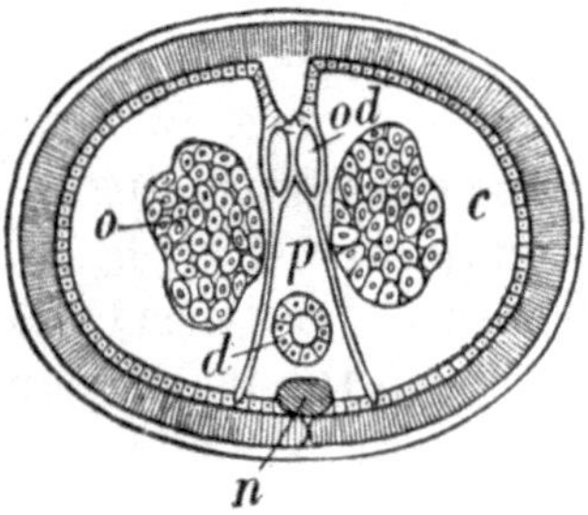

Fig. 56.
Gordius tolosanus, Durchschnitt, nach Vejdowsky (1894) abgeändert, aus Goette, Lehrbuch (1902); *c* Cölom, *d* Darm, *p* Pseudocöl, *o* Eierstock, *od* Eileiter.

Die regelmäßig aneinander gereihten bläschenförmigen Gonaden gewisser Turbellarien (Gunda, Nemertinen) braucht man sich nur miteinander verbunden zu denken, um das gekammerte Mesoderm der Chätopoden vor sich zu sehen, worin man mit Recht das typische Vorbild eines Cöloms bei den Hypogastrica erblickt. Denn die nachträgliche Entwicklung der Keimzellen in diesen Cölomkammern kann als Folge einer so häufig eintretenden zeitlichen Verschiebung von zusammenhängenden ontogenetischen Vorgängen die Homologie kaum stören. Dient dies aber als vergleichend-anatomischer Beleg der fraglichen Theorie, so liefert uns die Entwicklungsgeschichte von Gordius ein ontogenetisches Seitenstück dazu. Die paarigen Gonadenanlagen der Gordiuslarve liegen in je einem weiten Cölomraum, der sich weiterhin zu einem Ei- oder Samenleiter zusammenzieht (Fig. 56), wodurch dem ausgewachsenen Tier das eigentliche Cölom entzogen und durch ein Pseudocöl ersetzt wird (Vejdowsky 1894).[1]

Dazu kommt nun eine analoge Tatsache, die das Gesagte gut illustriert. Obgleich ich die gegenwärtigen Hydropolypen keineswegs als Vorfahren der Hypogastrica ansehe, glaube ich doch in der Entwicklung ihrer Gonaden ein treffliches Vorbild der ältesten Mesodermbildung erblicken zu dürfen (s. o.). Diese Mesodermanlage oder das für die Keimzellen bestimmte Keimlager (Parectoderm oder Parentoderm) ist nun freilich im indifferenten ursprünglichen Zustand ganz amorph (Cordylo-

[1] Das Muskelepithel dieser Tiere wäre daher nach den fraglichen Angaben als eine Mesodermschicht außerhalb des Cöloms dem Mesoderm außerhalb der Gonadenbläschen der Platoden gleichzusetzen, das bei den Anneliden nicht vorhanden, also anscheinend verschwunden ist.

phora, Diphasia, Plumularia); indem es sich aber zu einem kappenförmigen Organ differenziert, hebt sich an seiner konvexen Außenseite eine Schicht ab, die keine Keimzellen enthält, aber an ihrem Rande mit dem eigentlichen Keimlager im Zusammenhang verbleibt, so daß zwischen ihm und jener Deckschicht ein geschlossener, spaltförmiger Raum entsteht. Das Ganze ist dann nichts anderes als ein typisches Gonocöl, das freilich das ganze Mesoderm umfaßt, aber doch ein Umwandlungsprodukt der ursprünglich soliden Mesodermanlage, des Keimlagers ist.

In diesem Zustande eines geschlossenen und die eigentlichen Gonaden in sich beherbergenden Sackes verbleibt der „Glockenkern“ — denn um einen solchen handelt es sich — in den meisten Gonanthen lebenslänglich; erst in den vollkommenen Medusen öffnet er sich lange vor der Keimreife nach außen (Glockenmund) und verwandelt sich dadurch in die Glockenhöhle. Doch kann dieser nur häufige, nicht ständige Form- und Funktionswechsel des Glockenkerns und seiner Vorstufen ihre ursprüngliche Bedeutung als eines echten Gonocöls nicht aufheben.

Wie gesagt, steht diese Gonocölbildung der Hydropolypen schon wegen ihres regelmäßig ectodermalen Ursprungs in keiner Kontinuität mit der Cölombildung der Hypogastrica, liefert aber ein so bezeichnendes Analogon für deren Cölom, wie man es sich vollkommener kaum denken kann. Da die Hypogastrica ferner immerhin aus cnidarierähnlichen Vorfahren entsprangen, und das beschriebene Gonocöl gelegentlich auch entodermal sein kann (Coryne u. a.), so ist seine Vergleichung mit dem Gonocöl oder Cölom der Würmer mindestens eine einwandfreie Illustration für die Entwicklung dieser Leibeshöhle.

Um es noch einmal zusammenzufassen, so ist das Cölom der hypogastrischen Würmer weder ein Enterocöl, noch mit dem Mesoderm einfach identisch, sondern ein Spaltungsprodukt des ursprünglich soliden mesodermalen Keimlagers. Demnach kann es nur als ein Gonocöl bezeichnet werden.

Bei den Pleurogastrica stellt sich die Frage nach dem Ursprung des Cöloms ganz anders dar. Es ist einmal unter allen Umständen ein Enterocöl oder von einem solchen abzuleiten. Wenn man aber bedenkt, eine wie große, von uns nicht einmal hypothetisch auszufüllende Lücke zwischen den gegenwärtigen Pleurogastrica und ihren vermutlich planulaähnlichen Vorfahren klafft, dann fehlt jeder Anhaltspunkt für eine Vorstellung, wie ein solches Enterocöl in seiner Identität mit dem Mesoderm entstand. Um so mehr, als die Diskontinuität der beiden Gruppen von Bilateralien, die ich einigermaßen begründet zu haben glaube, gegenwärtig, wie es scheint, von keiner Seite ernstlich bestritten wird, und damit die Möglichkeit entfällt, die für die Hypogastrica festgestellte Gonocöltheorie auf die Pleurogastrica mit einiger Wahrscheinlichkeit zu übertragen. Wie bei der Untersuchung des phyletischen Ursprungs des Mesoderms bei den Pleurogastrica heißt es auch bei der gleichen, ihr Cölom betreffenden Frage: non liquet.

d) Die Gliederung.

Unter der Gliederung der Tiere ist eine solche Einteilung des ganzen Körpers und in der Regel seiner meisten Organe in gleiche Abschnitte zu verstehen, die gleichzeitig mit der Grundform des Organismus korrespondiert. Daher zeigt sie sich bei den Strahltieren in den um die Hauptachse angeordneten Antimeren, bei den Bilateralien in den rechtwinklig zur Medianebene gerichteten Metameren.

Diese beiden Arten der Gliederung sind aber so grundverschieden, daß sie außer dem Tatbestand einer Einteilung des ganzen Körpers kein gemeinsames Merkmal haben. Die Antimeren oder kongruenten Gegenstücke fallen mit der Definition des Strahltypus zusammen und sind seine integrierenden Merkmale, ob sie nun durch besondere Organisationsmomente voneinander wirklich gesondert sind oder nicht. Die Metameren oder Querglieder der Bilateralien beruhen dagegen auf ganz anderen Lagebeziehungen.

Bei den Bilateralien könnte man auch von Gegenstücken reden, die sich ebenfalls aus dem Bilateraltypus unmittelbar ergeben und daher stets vorhanden sind: es sind die beiden durch die Medianebene getrennten Körperhälften, denen aber statt einer Kongruenz nur noch eine spiegelbildliche Gleichheit zukommt. Die Quergliederung ist dagegen eine Einteilung senkrecht zur Längsachse, die gar nicht ohne weiteres zum Bilateraltypus gehört, sondern nur bei einigen seiner Angehörigen sich einstellt, und ebensogut bei einem langgestreckten Strahltier selbst des primären Strahltypus vorkommen könnte. Ihre Besonderheit bei den Bilateralien ist, daß sie unter allen Umständen die beiden einzigen Gegenstücke oder seitlichen Körperhälften gemeinsam trifft und nur innerhalb einzelner Regionen einigermaßen gleiche Metameren herstellt. Ihre durchgängige und vollkommene Kongruenz ist bei dem zum Bilateraltypus gehörenden Gegensatz von vorn und hinten ausgeschlossen.

Ich bin auf diesen Unterschied beider Gliederungen nur deshalb näher eingegangen, um von vornherein klarzulegen, daß beide unmöglich denselben Ursprung haben können.

Die Antimerie der Strahltiere kommt hier nur so weit in Betracht, als sie sich in einer entsprechenden wirklichen Verteilung von Organen oder Organsystemen darstellt, was eigentlich nur bei den Nesseltieren vorkommt (über die Echinodermen s. u.). Sie beginnt recht unscheinbar bei den Hydropolypen in der radialen Anordnung der Tentakel. Ich zeigte aber schon, daß die Tentakelbildung auf die Täniolen und die zwischen ihnen verlaufenden Magenrinnen zurückzuführen ist (s. o.), d. h. auf Längsfalten des Entoderms, die eine Folge seines oralwärts gesteigerten Wachstums sind. Denn eine solche Wachstumssteigerung des Darmblattes innerhalb eines Raums, der sich nicht entsprechend erweitert, muß notwendig in eine Faltung des Epithels auslaufen. Diese bestimmte Richtung des Wachstums kann aber offenbar nur mit der Heteropolie des Strahltiers in Zusammenhang stehen, was allerdings noch keine ganz greifbare, konkrete Erklärung bedeutet. Immerhin scheint mir die eben bezeichnete Kette von Ursachen und Wirkungen genügend zu veranschaulichen, daß die Definition unserer Antimeren als Ausdruck des Strahltypus selbst nicht nur auf einer selbstverständlichen Äußerlichkeit, sondern auf einem ganz bestimmten Kausalzusammenhang beider Dinge beruht.

Die Bildung der Magenrinnen und Tentakel ist freilich oft unregelmäßig, wird aber weiterhin in bestimmter Ordnung fixiert; und namentlich sind es die von den Magenrinnen ausgehenden Radialschläuche und Magentaschen, die die fortschreitende Gliederung beherrschen und bestimmen. Dies zeigt sich nicht nur in den entodermalen Magentaschen, Septen, Gonaden usw., sondern auch in der Übertragung dieser Gliederung auf das Ectoderm und seine Erzeugnisse, was schon in den Tentakeln, dann in den Sklerosepten der Scyphopolypen und in den Rippen der Ctenophoren hervortritt.

Die Metamerie der Bilateralien ist eine in ihren beiden Abteilungen recht verbreitete und namentlich bei den Hypogastrica auffällige Erscheinung. Ich beginne wieder mit den letzteren, und zwar mit den typischen „Gliedertieren", den Anneliden.

Die Quergliederung der Anneliden, insbesondere der Chätopoden ist so ausgeprägt, daß kaum ein Organsystem davon unberührt bleibt. Nur der Darm schließt sich, umgekehrt wie bei den Strahltieren, am häufigsten von der Quergliederung aus. Und wenn ihre Übertragung von einem Organsystem auf das andere in der Ontogenese sich unverkennbar zeigt, so bedarf es keiner weiteren Erläuterung, daß jede dieser Einzelerscheinungen sich in letzter Linie von dem gegliederten Mesoderm mit seinen Cölomkammern ableiten läßt. Dieser ontogenetische Ausgangspunkt bedeutet natürlich nicht die ursprüngliche Ursache. Denn die in den Cölomkammern ausgesprochene Metamerie des Mesoderms verweist uns, wie wir sahen, auf die in einer Reihe jederseits angeordneten Gonadensäckchen gewisser Turbellarien (Gunda, Nemertinea), so daß auch die Metamerie wie so manche andere morphologische Erscheinung von der Keimbildung ausgeht. Dies wird auch durch die folgende Erwägung bestätigt.[1]

Es darf wohl ohne weiteres angenommen werden, daß die Quergliederung der Anneliden auf die Arthropoden vererbt wurde. Daneben muß aber hervorgehoben werden, daß bei der Zurückführung der Metamerie auf Gonadensäckchen die in den letzteren enthaltene Cölomanlage nur eine mehr nebensächliche Begleiterscheinung ist und das ausschlaggebende Moment die metamere Anlage der Keimbildung allein ist. Dies zeigt sich sehr deutlich in den Bandwürmern, deren einfache oder doppelte Reihen von Geschlechtsapparaten ohne jede Spur von Cölomanlagen zuerst ganz allein eine Metamerie andeuten (Ligula), aber in der Regel von derselben formalen Sonderung im exkretorischen Apparat (metamere Querkommissuren der Kanäle) und in den ringförmigen Einschnürungen der Haut begleitet werden. Die Quergliederung der Cestoden beweist also deutlicher als die Mesodermsegmente der Ringelwürmer, deren Charakter als Gonocöl erst durch Vergleiche zu ermitteln ist, daß die Metamerie der Hypogastrica in der Vervielfältigung der Keimbildung ihre letzte phylogenetische Ursache hat.

Die Gliederung der Cestoden und diejenige der Anneliden sind übrigens nur gleichen, nicht identischen Ursprungs; denn die Cestoden stammen zweifellos von nichtgegliederten Trematoden ab und erwarben ihre Gliederung erst innerhalb ihrer Klasse, die mit ungegliederten Formen beginnt. Auch besitzen wohl die meisten gegliederten Cestoden keine hälftigen Metameren wie die Anneliden. Kurz, die beiderlei Gliederungen sind keine wirklichen Homologe. Ferner zeigen schon die Anneliden in ihrer Klasse einen Wechsel der ontogenetischen Ursachen bei gleichem phyletischen Ursprung. Denn obgleich an dem identischen Ursprung der Gliederung in allen ihren Angehörigen nicht zu zweifeln ist, besitzen die Oligochäten nur 2—3 Paare von Gonaden trotz einer vollständigen sonstigen Gliederung. Die ursprüngliche Ursache ist also im Laufe der phyletischen Metamorphose irgendwie durch andere Ursachen ersetzt worden. Und dieser Wechsel der Ursachen der allgemeinen Gliederung ist bei den von den Anneliden abzuleitenden Arthropoden zur Regel geworden.

---

[1] Die Hypothese, daß die schlängelnde Bewegung der noch ungegliederten Würmer deren Gliederung herbeiführte (E. Meyer), stützt sich nicht auf Tatsachen, sondern ist lediglich der Ausdruck einer andern allgemeinen Hypothese, daß die physiologische Übung eine von den Ursachen phyletischer Abänderungen ist. Dies gehört aber ganz in die spezielle Darwinsche Lehre, die sich nicht gelegentlich kritisieren läßt (s. u.).

Unter den Pleurogastrica begegnet uns eine echte und vollkommene Metamerie nur bei den Chordaten, und zwar in derselben Form wie bei den hypogastrischen Anneliden, ebenfalls von dem quergegliederten Mesoderm ausgehend. Von den stark zurückgebildeten Tunikaten muß man freilich absehen; und auch bei den so viel höher organisierten Vertebraten findet man keinen bestimmten Hinweis darauf, daß ihre Metamerie auf eine entsprechende Anordnung der Keimbildung zurückgeht. Seitdem es aber bekannt ist, daß die Enterocölsäckchen von Amphioxus die Gonaden immerhin in ihren dorsalen Hälften und am Rande jedes Metamers entwickeln (Boveri), wäre es denkbar, daß in den Urchordaten als Vorläufern auch der Wirbeltiere (s. Goette 1902) die Gliederung durch eine entsprechende metamere Keimbildung im Enterocöl entstand. Trotzdem wäre darin und in der Gliederung der Anneliden noch weniger als bei den Cestoden und Anneliden eine wirkliche Homologie, vielmehr nur eine unbestreitbare Homoidie zu erblicken, da die Lagebeziehungen des Mesoderms und der Gonaden in beiden Gruppen unvergleichbar sind, und ihnen ein gemeinsamer Ursprung fehlt.

Zum Schluß erwähne ich noch kurz die „pseudo-radiale“ Gliederung der Echinodermen. Ich wähle diese Bezeichnung einmal deshalb, weil diese Tiere nach ihrem Ursprung tatsächlich zu den Bilateralien gehören, und dann, weil sie durch ihre Metamorphose keineswegs zu einem vollkommenen Strahltypus zurückkehren, sondern, abgesehen von gewissen bilateralen Resten, nur durch eine merkwürdige asymmetrische Entwicklung und Verlagerung ihrer inneren Organe während der Ontogenese die bekannte strahlige Bildung erreichen. Der unmittelbare kenntliche Grund dieser Bildung, das sekundär eingreifende asymmetrische Wachstum, erinnert an die Entstehung der Asymmetrie der Schnecken (s. S. 116); und die definitive strahlige Gliederung beruht auf keinerlei Grundform im gewöhnlichen Sinn, sondern entwickelt sich im Anschluß an ein einziges führendes Organ, das Hydrocöl, nämlich einen einseitigen Abschnitt des ursprünglichen bilateralen Enterocöls. Die pseudo-radiale Gliederung der Echinodermen und die typische Strahlgliederung der Cnidarier sind recht vollkommene Beispiele von Homoidie.

e) Der Einfluß äußerer Momente auf die morphologische Sonderung.

Dieser Einfluß wird deshalb oft überschätzt, weil in dem ganzen Ursachenkomplex jeder morphologischen Bildung das äußere Moment besonders in die Augen fällt. Dieses wirkt aber in der Regel gar nicht in erster Linie oder unmittelbar, sondern hauptsächlich dadurch, daß es eine im Organismus aus inneren Ursachen entstandene Abänderung,

Neuerung oder Rückbildung korrelativ fixiert. Darin ist also schon ausgesprochen, daß die vom Organismus ausgehende Abänderung eine Art von Prädisposition zu der fraglichen Wirkung des äußeren Moments darstellt, was man gewöhnlich „Anpassung" nennt. Nur ist der Gebrauch dieses Worts nach zwei Seiten nicht unbedenklich. Einmal provoziert es die irrige Vorstellung, als ob der Organismus sich einfach den starren Forderungen des äußeren Moments fügt, das letztere also die eigentliche Ursache der Änderung ist; und zweitens wird leicht übersehen, daß das Wort „Anpassung" solange eine Phrase bleibt, als es nicht inhaltlich und bestimmt erläutert ist.

Es gibt unzweifelhaft mehr äußere Momente, die in der angegebenen Weise formbildend auf die Organismen wirken, als hier behandelt werden; ich wählte aber nur einige der häufigsten Beispiele aus und schloß anderseits alles aus, was zu den sogenannten äußeren Lebensbedingungen gehört (Licht, Wärme, Ernährung usw.) oder den Organismus pathologisch verändert.

Die Befestigung.

Bei der Untersuchung der Ontogenese der Hydropolypen hatte ich schon Gelegenheit, ihre Befestigung nach ihren Ursachen und Wirkungen zu analysieren (s. S. 79ff., 88, 89); hier soll dasselbe Thema zusammenfassend und verallgemeinert, d. h. unter Ausdehnung auf alle sessilen Tiere behandelt werden.

Der sessile Zustand der verschiedensten Tiere setzt nach unseren ontogenetischen Erfahrungen und allgemeinen Überlegungen einen vorausgegangenen freien Zustand voraus. Der Übergang des letzteren in den sessilen Zustand kann natürlich durch verschiedene äußere Momente veranlaßt sein; aber die unmittelbare Ursache der Befestigung beruht nicht in jenen äußeren Reizen, sondern in gewissen durch sie erzielten Veränderungen im Organismus selbst, die wir allerdings nur aus einzelnen ihrer Wirkungen kennen lernen.

Die erste Wirkung besteht darin, daß der Organismus die freie Bewegung aufgibt und in der Regel zugleich seine Lokomotionsorgane, seien es die Wimpern einer Planula oder der Ruderschwanz einer Ascidienlarve, um einige recht divergente Formen zu nennen, zurückbildet. Diese Rückbildung ist selbst dann, wenn sie sich erst nach der Befestigung vollendet, natürlich nicht eine Folge dieser Befestigung, sondern der vom Organismus allein ausgehenden Ursache dieses Vorgangs. Ebensowenig darf man darin, daß der zur Ruhe gelangte und hinabsinkende Organismus an der Stelle, wo er eine passende Unterlage berührt, ein zur Anhaftung dienendes Sekret absondert, bloß eine Reizwirkung infolge der Berührung erblicken; denn ohne die vorhandene Bereitschaft zu einer solchen Sekretion würde der Reiz der Berührung nichts ausrichten. So stellt sich die Befestigung der sessilen Tiere nicht bloß als ein äußeres wirksames Moment dar, sondern nur als eine von ihnen selbst verursachte und bestimmte Beziehung zur äußeren Umgebung. Und es fragt sich jetzt, welche Wirkungen diese Beziehung auf die morphologische Bildung der Organe und auf ihre Lagebeziehungen ausübt.

Auf diese Frage hört man nicht selten die Antwort, daß die durch die Befestigung gesetzte „Polarität" die gesuchte allgemeine Ursache für die genannten Wirkungen sei. Ohne nähere Erklärung bleibt aber diese Polarität so gut eine bloße Phrase wie die vorhin erwähnte Anpassung. In erster Linie bedeutet sie einen Gegensatz zwischen der Bildung des befestigten Fußendes und des freien distalen Endes; und wenn man die zunehmende Divergenz dieser Bildungen verfolgt, kommt man auch unschwer zu einer bestimmten Vorstellung von der nächsten Ursache dieser Verschiedenheit.

Wollen wir mit den einfachsten sessilen Organismen beginnen, an denen keine besonderen Rückbildungen wie etwa bei den Schwämmen die Untersuchung stören, so kommen wir immer auf die Hydropolypen zurück. Ihre Befestigung wurde schon erörtert (s. o.). Dabei stellte es sich heraus, daß sie oft ebenso bestimmt als die Ursache der ihr gerade gegenüber auftretenden Mundbildung und der übrigen Anlagen des Köpfchens erschien, wie dies in anderen Fällen, wo dieselben Teile schon vor der Befestigung, und zwar an dem künftigen distalen Pol sichtbar werden, ganz ausgeschlossen ist. Es fand sich ferner, daß dieser merkwürdige Widerspruch darauf zurückzuführen ist, daß die wirkliche nächste Ursache der Mundbildung und der Bildung des Köpfchens in keinem Fall die Befestigung, sondern die vom aboralen Pol ausgehende, distal gerichtete Wachstumsbewegung ist, wozu sich nun früher oder später die Befestigung als Begleiterscheinung hinzugesellt.

Da nun jene Bewegung von der Stelle der lokalisierten Sekretion des Ectoderms ausgeht, die sich in der Regel am Scheitel einstellt und mit der primären Heteropolie zusammenfällt, so läßt sich in solchen Fällen dieselbe Heteropolie als die am frühesten nachweisbare Ursache der Mundbildung bezeichnen. In den Ausnahmefällen lokalisiert sich die Sekretion infolge einer natürlichen Variabilität statt am Scheitel zwischen den beiden ursprünglichen Polen, und veranlaßt dort die Befestigung, wodurch eine neue Heteropolie begründet wird. Dieser außerhalb des Scheitels entstandene Fuß wird dann zum neuen aboralen Pol und bestimmt durch das von ihm ausgehende Wachstum den gegenüberliegenden distalen Pol mit der Mundbildung und dem Köpfchen.

Durch diese Überlegung erhält die Vorstellung von der Polarität der sessilen Tiere eine bestimmte und konkrete Bedeutung. Sie ist weder von dem äußeren Moment der Befestigung abhängig, noch eine mystische Erscheinung an dem sich entwickelnden Organismus, sondern bloß der sichtbare Ausdruck eines Gegensatzes in der gesamten morphologischen Bildung, der sich von der ursprünglichen Heteropolie des Eis und des Embryo an nachweislich epigenetisch ausbildet. Die Bedeutung der Befestigung wiederum beruht in der Fixierung und Steigerung jenes Gegensatzes und der dabei zutage tretenden organbildenden Ursachen.

Was nun die Befestigung auf diese Weise erreicht, kann auch nach ihrem Fortfall erhalten bleiben. Und alles, was die Hydropolypen über die Befestigung aussagen, gilt sinngemäß auch für die übrigen sessilen Strahltiere und die sessilen Bilateralien.

Über den Ursprung der Scyphozoen sind wir nicht so unterrichtet wie über denjenigen der Hydropolypen; immerhin scheint mir die Annahme, daß die Scyphozoen analog den Hydrozoen von sessilen Ahnen abstammten, wahrscheinlicher als eine gegenteilige Vorstellung. Dann ist der prostomiale Mund der Hypogastrica und überhaupt ihre Grundform auf die von ihren ältesten Stammformen selbständig erworbene Befestigung zurückzuführen.

Auf der anderen Seite ergibt sich daraus die frühe Divergenz der Pleurogastrica und der Strahltiere, die jedenfalls vor die Entstehung der sessilen Hydropolypen anzusetzen ist. Denn nachdem es sich bei den letzteren herausgestellt hat, daß die prostomiale Mundbildung sich infolge eines distalwärts gerichteten Wachstums und unter Mitbeteiligung einer Befestigung vollzog, darf man für die Pleurogastrica annehmen, daß ihre apikale Mundbildung auf einem umgekehrten, nämlich apikalwärts gerichteten Wachstum ihrer Stammformen beruhte. Ein solches Wachstum im Sinn einer Massenverschiebung bestand schon in der Blastula der Hydropolypen, bis es nach dem Abschluß der Gastrulation sich in eine entgegengesetzte Bewegung verwandelt, weil am Scheitelpol sich infolge der Vorbereitung der Befestigung ein wirksamer Widerstand einstellte (s. S. 89). Beides fehlte der Stammform der Pleurogastrica; und daher konnte die ursprüngliche apikalwärts gerichtete oder in der apikalen Hälfte überwiegende Massenverschiebung ihrer Gastrula erhalten bleiben, worin die Ursache der apikalen Mundbildung zu suchen ist. Damit ist ihr Ursprung vor der Entstehung der Hydropolypen und erst recht der Hypogastrica gesichert.

Die Lageveränderungen, die sich als Folgen einer Festsetzung von höher organisierten Geschöpfen in diesen einstellen, bestätigen, soweit sich kein Parasitismus damit verbindet, das über die Hydropolypen Gesagte. Natürlich hängen jene Folgen im besonderen davon ab, auf welcher Entwicklungsstufe und an welcher Körperstelle die Befestigung erfolgt; die Entscheidung darüber liegt aber naturgemäß ganz unabhängig von äußeren Momenten im Organismus selbst.

Von vornherein ist von den schon genannten Rückbildungen des sessil gewordenen Tiers abzusehen, die sich aus dem Aufgeben des freien Lebens ohne weiteres ergeben und eigentlich nur der Ausdruck der vom Organismus ausgehenden Initiative zur veränderten Lebensweise sind (Rückbildung der Lokomotions- und Sinnesorgane u. ä.). Beginnt ferner das sessile Leben in einer vorgerückten Entwicklungsperiode und liegt die Befestigungsstelle am Ende einer bereits fixierten Längsachse, so sind die daraus folgenden Änderungen wenigstens für die bisher besprochenen Merkmale der Grundformen mehr oder weniger unerheblich, wenn auch die Befestigung das distalwärts gerichtete Wachstum und eine gewisse strahlige Anordnung am freien Ende unverkennbar fördert. Ich erinnere an die bekannten Unterschiede der Errantia und Sedentaria unter den Anneliden. — Ganz anders wirkt die Befestigung unter den entgegengesetzten Bedingungen, so bei den Bryozoen, Tunicaten und Echinodermen.

Die Larven der Bryozoen befestigen sich schon zu einer Zeit, bevor das den typischen Hypogastrica zukommende Längenwachstum parallel zur prostomialen Bauchseite begonnen hat oder merklich vorgeschritten ist, und solange die normale Larve noch die Form einer Trochophora zeigt. Von da ab divergiert aber die Entwicklung in den beiden Ordnungen der Bryozoen. Da nun die Larven der Ectoprocten die meisten Abänderungen vom normalen Entwicklungsgang der Hypogastrica erfahren, weniger die Larven der Entoprocten, so erscheinen diese letzteren zweifellos als die älteren, ursprünglichen Formen, von denen wir auszugehen haben.

Bei den Entoprocten erfolgt die erste Befestigung (Fig. 57A) nur durch den ganzen Rand des Vestibulum, der alsdann unter der Vestibularhöhle zu einer Fußplatte verschmilzt (Fig. 57B, C). Das Polypid, das sich an der Befestigung nicht beteiligt, bildet danach mit dem Vestibularsack, der sich von der Fußplatte ablöst, eine zusammenhängende, nach außen abgeschlossene Masse, deren Lagebeziehungen sich alsbald ändern. Sie verlagert sich nämlich so, daß die kurze prostomiale oder orale Bauchseite, die der Fußplatte anfangs zugekehrt war, von ihr zuletzt diametral abgekehrt ist. Dabei wird der abwärts gerichtete

Teil des Vestibularsacks zurückgebildet, sein aufwärts gerichteter Teil durch Wachstum erweitert und distal wieder eröffnet, während der an die Fußplatte sich anschließende Abschnitt des Cystids sich in distaler Richtung verlängert und in den langen Stiel verwandelt.

Diese Metamorphose beruht also unverkennbar auf einem distalwärts gerichteten Wachstum der befestigten Larve. Und da diese Be-

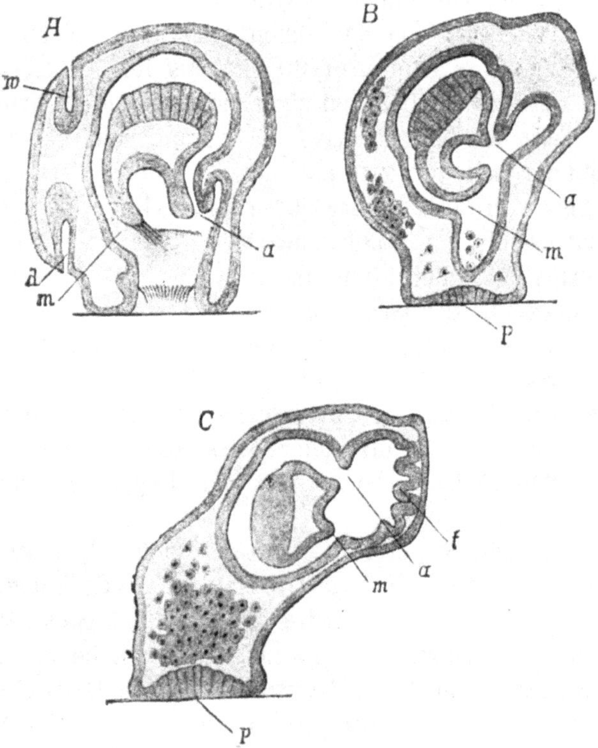

Fig. 57.

Pedicellina sp., Metamorphose nach Harmer (1887), aus Korschelt u. Heider, Lehrbuch der vergleichenden Entwicklungsgeschichte (1893); A eben befestigte Larve, B Beginn der Umrollung des Darmkanals, C neues Atrium und Tentakel (*t*), *a* After, *m* Mund, *p* Fußdrüse, *w* Wimperscheibe, *d* Dorsalorgan.

festigung im ganzen Umfange der Bauchseite erfolgt, so bewegt sich das Wachstum von der prostomialen Seite aufwärts, ungefähr gegen den früheren Scheitel hin. Beachtet man ferner, daß die Bucht des Vestibulum hinter dem After von Anfang an frei aufgerichtet ist, ihr übriger Abschnitt aber zunächst mit der Fußplatte zusammenhängt, so versteht sich die beschriebene Drehung des Polypids, wodurch seine nach oben verlagerte Bauchseite sich wiederum quer zur Wachstumsrichtung stellt. Infolgedessen wird die normale Verlängerung der vorgeschrittenen Trochophoraform parallel zur Prostomialseite durch das sie kreuzende neuerworbene Wachstum unterdrückt, und die frühere Larvenform mit der ganz kurzen Bauchseite dauernd festgehalten.

Eine Vergleichung dieser Larvenmetamorphose der Entoprocten mit derjenigen anderer sessiler oder freier Würmer offenbart die Bedeutung der Polarität recht klar und deutlich. Sie besteht ja, wie wir sahen, von der Gastrulaform an bei allen freien heteropolen Geschöpfen, und zwar in der hier allein berücksichtigten überwiegenden Wachstumsrichtung, nämlich entweder in der ursprünglichen Scheitelachse (Cnidarier, Pleurogastrica), oder in der neuerworbenen Längsachse parallel zur Prostomialseite (Hypogastrica). Die Befestigung kann diese typischen Längsachsen entweder fixieren oder abändern, je nachdem sie innerhalb oder außerhalb der bestehenden oder normalerweise vorbereiteten Längsachse stattfindet. Diesen Wechsel zeigen schon die Hydropolypen (s. o.), und er wiederholt sich bei den Würmern, die Bryozoen eingeschlossen. Bei den typischen Anneliden, die sich am Hinterende ihrer bereits vollkommen ausgebildeten Längsachse festsetzen (Sedentaria), wird diese letztere fixiert; bei den Entoprocten wird dagegen das Längenwachstum in derselben Achse durch die ventrale Befestigung der Larven unterdrückt zugunsten des dadurch neu eintretenden distalwärtigen, also ventral-dorsalen Längenwachstums.

Dies gilt zunächst für das unmittelbare Keimprodukt, für die Larven oder Oozoide der Entoprocten. Die erst an dem fertigen Tier hervorwachsenden Knospen wiederholen jedoch nicht die ganze Entwicklung der Larve, sondern kürzen sie nach den erst weiter unten zu besprechenden Gesetzen der Knospung so ab, daß jede Knospe in ihren allgemeinen Form- und Lagebeziehungen nur als eine Wiederholung des fertigen Tieres, ähnlich einem Teilungsprodukt desselben erscheint.

Bei den Ectoprocten verläuft die Ontogenese merklich anders. Ich beziehe mich hier nur auf die Stelmatopoden; die Lophopoden werden bei einer anderen Gelegenheit besprochen werden. Bei den Stelmatopoden kommt es in der Regel nicht zu einer normalen Organisation der Larven, indem eine Rückbildung ihres Polypids schon vor der Befestigung eintritt, und oft nicht einmal die Anlage eines Darms sichtbar wird (Fig. 58). Die Befestigung erfolgt zuerst durch ein ventrales, zwischen Mund und After gelegenes Organ, das meist die Gestalt eines Saugnapfs, und nach seiner Ausstülpung einer gestielten Scheibe hat (Fig. 58A). Mit dem Rande dieser Scheibe verbindet sich die Wimperzone (Corona), die dem bewimperten Vestibularrande der Entoprocten homolog ist und daher deren Befestigung, neben der Anheftung durch den ventralen Saugnapf wiederholt. Während der gleichzeitigen vollen

Zurückbildung des rudimentären Polypids tritt am Scheitel des niedrigen, sackförmigen Larvenkörpers eine Knospenbildung auf, deren Fortsetzung den Bryozoenstock auswachsen läßt.

Bei dieser Ontogenese der Stelmatopoden kann natürlich die Befestigung ihrer Larven keine Polarität in ihrer Organisation hervorrufen;

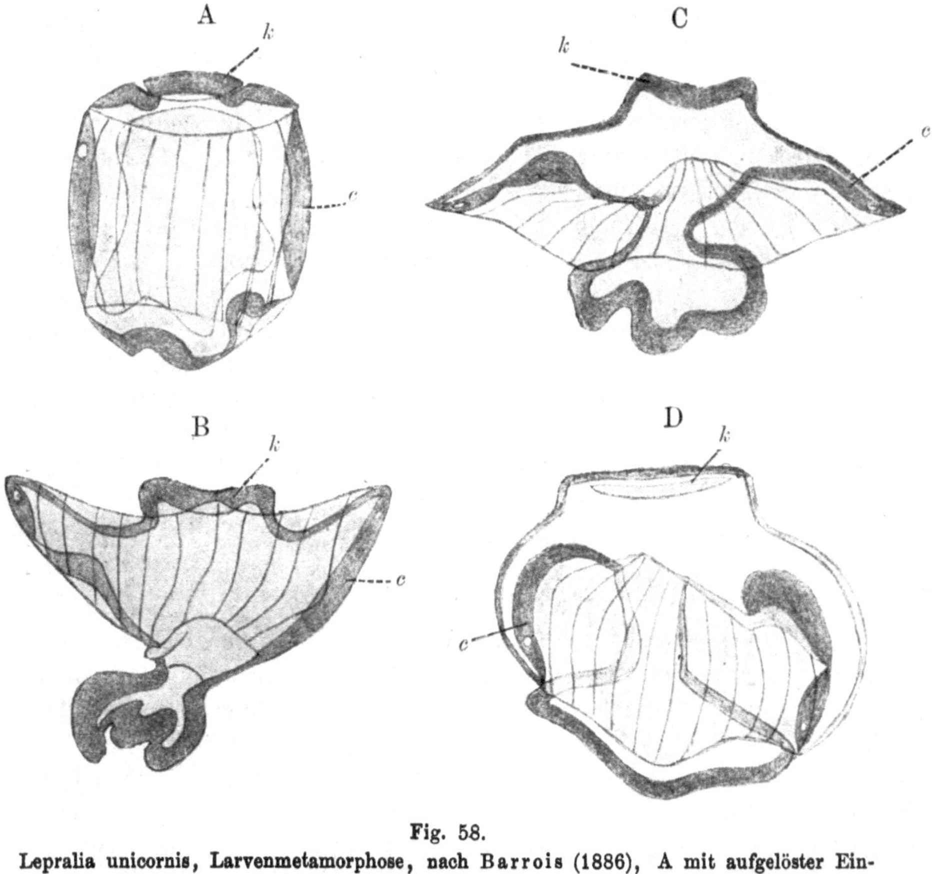

Fig. 58.
Lepralia unicornis, Larvenmetamorphose, nach Barrois (1886), A mit aufgelöster Eingeweidemasse, B mit ausgestülptem Saugnapf, C mit nach unten umgeschlagener Corona (c), D Verbindung des Coronarandes und des Saugnapfs, k retraktiles Scheibenorgan.

denn die frühzeitige Rückbildung des Polypids beendet die Entwicklung des Oozoids in der Regel schon in der Embryonalperiode, und läßt es daher auch nicht zu dem Wachstum in distaler Richtung kommen, wie ein solches bei den Entoprocten eine vollständige Drehung des Polypids und die fragliche Polarität bewirkt. Die Rückbildung der Stelmatopoden-Larven hängt aber damit zusammen, was am wenigsten dazu beizutragen scheint, nämlich mit ihrer Knospung.

Die ventrale Befestigung der Larven und der darauf folgende Verschluß ihrer Bauchseite können die Rückbildung des Polypids nicht veranlassen. Denn den Entoprocten-Larven schadet dieselbe Bildung gar nichts und hindert nicht einmal die Drehung ihres Polypids an das distale Ende, wo das geschlossene Vestibulum sich wieder öffnet. Auch beginnt die Rückbildung des Polypids bei den Stelmatopoden-Larven regelmäßig vor der Befestigung, muß also einen anderen Grund haben als etwa diese letztere. Dagegen ist eine solche Rückbildung überhaupt nur unter der Voraussetzung denkbar, daß nach dem Absterben des Oozoids für die Erhaltung der Art auf einem anderen Wege gesorgt wird. Und dies geschieht in der Tat dadurch, daß die am Scheitel der Larve beginnende Knospung schon vor dem Abschluß der Rückbildung für die Entwicklung des Stocks sorgt. — Sie hat aber noch eine andere Bedeutung.

Die erst an den fertigen Entoprocten einsetzende Knospung hat wie in allen zeitlich analogen Prozessen keinen Einfluß auf das Muttertier; sobald sie jedoch, wie bei den Stelmatopoden, schon an dem noch in Entwicklung befindlichen Oozoid beginnt, hat sie dieselben Folgen wie in allen ähnlichen Fällen, nämlich die Rückbildung des Muttertiers. Dies sehen wir schon bei den Hydropolypen, indem die an unreifen Hydranthen hervorknospenden Gonanthen jene in Blastostyle verwandeln, d. h. in einen rudimentären Zustand versetzen (Podocoryne, Eudendrium u. a. — Goette 1907). Dasselbe zeigt sich ferner bei Botryllus, dessen Oozoide und alle folgenden, frühzeitig knospenerzeugenden Stockindividuen zugunsten eben der Knospen atrophieren (s. u.).

Für diese Wirkung einer verfrühten Knospenbildung läßt sich, wie mir scheint, kein anderer Grund anführen als für die analogen Erscheinungen bei den Hydropolypen, deren Gonanthenknospen infolge einer frühen Einwanderung von Keimzellen in ihrer normalen Entwicklung zu Hydranthen gehemmt worden, weil sie für die Ernährung und Reifung jener Keimzellen völlig in Anspruch genommen und aufgebraucht werden. So dürfte auch die verfrühte Knospenbildung der Hydropolypen, Tunicaten und Ectoprocten sozusagen die gesamte Bildungsenergie der jugendlichen Muttertiere für sich ausnutzen und deren Rückbildung unmittelbar herbeiführen.

Die Ontogenese der Bryozoen stellt aber unserer Untersuchung noch eine weitere Aufgabe, nämlich die verwandtschaftlichen Beziehungen ihrer beiden Ordnungen vollends aufzuklären. Die zeitliche Differenz ihrer Knospenbildung, deren bedeutsame Folgen wir eben kennen lernten, läßt sich auf keine greifbare Ursache zurückführen, so wenig wie andere ähnliche Verschiebungen ontogenetischer Vorgänge. Auffallender ist schon die verschiedene Organisation der beiderlei Larven in mehr als einem Punkt, was sich aber dennoch durch Vergleichung erklären läßt.

Es gibt unter den Stelmatopoden einige Gattungen, vor allem Membranipora, die sich in mehrfacher Hinsicht als Mittelformen zwischen den beiden Bryozoen-Ordnungen darstellen. Die unter dem Namen „Cyphonautes" bekannten Larven von Membranipora (Fig. 59) gleichen schon darin mehr als andere Stelmatopoden-Larven den Entoprocten-Larven, daß ihre Organisation zunächst zur vollen Ausbildung gelangt; auch beginnt ihre Knospenbildung weniger frühzeitig. Endlich befestigt sich der stark abgeplattete Cyphonautes nicht wie die übrigen Stelmatopoden durch das Polypid selbst, sondern ähnlich wie die Entoprocten-Larven vermittelst eines Teils des Vestibulum, nämlich durch zwei einander gegenüberliegende Polster der seitlichen und sich nach außen umrollenden Vestibularwand (Barrois 1877, Ostroumoff). Jedenfalls bleibt das Polypid von Cyphonautes nach allem Anschein frei, könnte also die beschriebene Drehung wie bei den Entoprocten ausführen, wenn nicht infolge der unterdes eingetretenen Knospung die Rückbildung dazwischen käme.

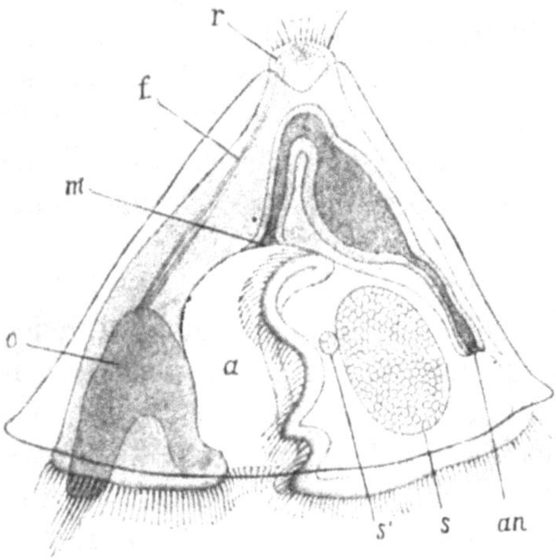

Fig. 59.

Cyphonautes (Membranipora), nach Heider, aus Korschelt u. Heider, Lehrbuch der vergleichenden Entwicklungsgeschichte (1893); *a* Atrium, *an* After, *f* Verbindungsfasern zwischen dem birnförmigen Organ *o* und dem retraktilen Scheibenorgan *r*, *m* Mund, *s* drüsige Ectodermverdickung (Homologon des Saugnapfs), *s'* ähnliches, kleineres Organ.

Die ganze Organisation von Cyphonautes weist also darauf hin, daß Membranipora entoproctenartige Vorfahren hatte. Und wenn wir andererseits die doppelte Befestigung der übrigen Stelmatopoden beachten, so müssen wir schließen, daß sie sich ferner von Membranipora ganz merklich entfernten, nicht nur durch die frühere Knospung und Rückbildung, sondern auch durch den neuen Erwerb des Saugnapfs, der die Bauchseite des Polypids in der ursprünglichen Lage festhält, ohne dadurch die Rückbildung eigentlich zu fördern.

In der Metamorphose der Bryozoen-Larven zeigt sich uns also ein besonders zutreffendes Beispiel dafür, wie ein ontogenetischer Vorgang, nämlich die ventrale Befestigung der Larve, die anfangs deren Metamorphose beherrschte (Entoprocten), in der Folge diese Bedeutung verliert (Ectoprocten) und darin durch einen ganz anderen Vorgang, durch die verfrühte Knospenbildung abgelöst wird. Dieser Wechsel der maßgebenden Ursachen und ihrer Wirkungen hat dann die weitere Folge, daß die bei den Entoprocten so deutliche Polarität der befestigten Larve bei den Ectoprocten sich überhaupt nicht mehr offenbart. Sie ist eben nur eine von anderen Korrelationen abhängige Energie und wird bei den Ectoprocten, wie wir sehen werden, von der befestigten Larve auf deren Knospen übertragen (s. Kap. Knospung).

Kürzer läßt sich die durch eine Befestigung hervorgerufene Polarität bei einigen Pleurogastrica erläutern. — Die eigentümliche Störung und Abänderung der Bilateralsymmetrie, die bei den Echinodermen durchweg und sehr frühe stattfinden, äußern sich darin, daß die künftige Oralseite sich auf der linken Seite der Larve entwickelt (s. S. 118). Indem nun die Larve der Crinoiden sich mit dem Scheitel befestigt, wird an ihr eine ähnliche Lageveränderung erzielt wie an den Larven der Entoprocten. Der ganze Eingeweidekomplex dreht sich so, daß die Oralseite an das distale Ende zu liegen kommt, was sich natürlich nur durch ein entsprechendes, distalwärts gerichtetes Wachstum erklären läßt. Nachdem alsdann die Befestigung bei den übrigen Echinodermen aufgegeben war, vererbte sich dieselbe Lageveränderung trotzdem noch auf die Seesterne, was wiederum die korrelative Bindung eines ontogenetischen Vorgangs nach dem Schwunde der ursprünglichen Ursache beweist. Bei den Schlangensternen, Seeigeln und Seewalzen kommt jene Lageveränderung nicht mehr zustande.

Endlich sei hier noch einer Eigentümlichkeit der sessilen Tunicaten, der Ascidien und Clavellinen, gedacht. Da sie am Hinterende befestigt sind, und der Mund von vornherein am distalen Ende angelegt ist, also die ursprüngliche Längsachse mit der entsprechenden dominierenden Wachstumsrichtung (Scheitelachse) erhalten bleibt, so wäre ohne Berücksichtigung der vorausgehenden Ontogenese nichts weiter zu bemerken. Nun entstehen aber die Befestigungsorgane dieser Tiere, die Haftpapillen, schon an der frei schwimmenden Larve, und zwar nicht am künftigen Fußende, dicht an der Wurzel des Larvenschwanzes, sondern weit davon in der Nähe des Mundes, wo auch die erste Befestigung stattfindet. Erst infolge einer rückwärts fortschreitenden Abspaltung oder Verschiebung des papillentragenden Hautabschnittes gelangt die Befestigung an die Stelle jenes definitiven Fußendes (Fig. 60).

Es ist daraus zu schließen, daß die uns unbekannten Vorfahren der Ascidien sich wirklich in der Nähe des Vorderendes anhefteten, aber

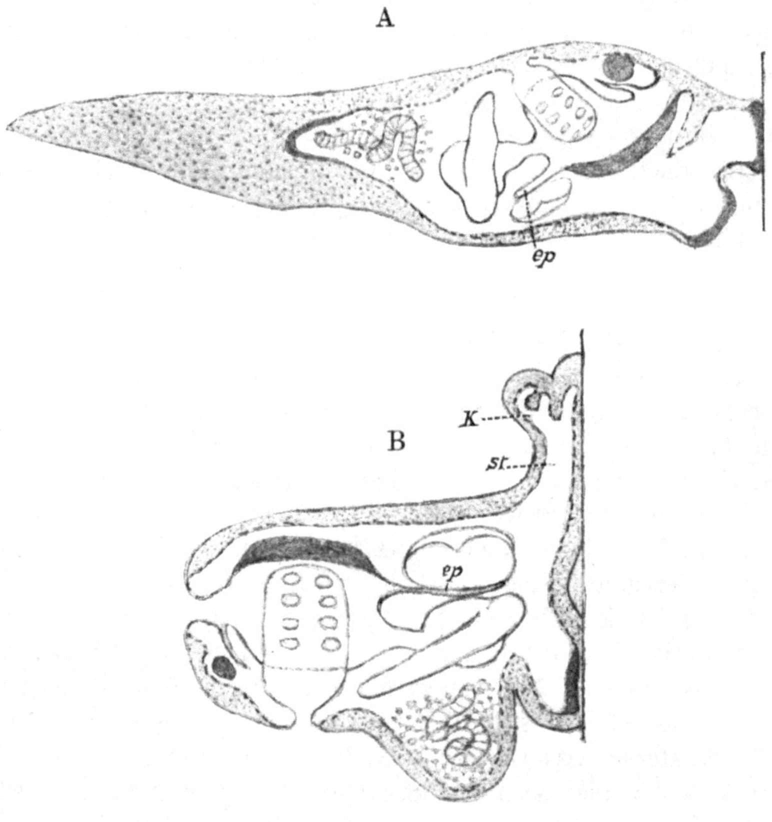

Fig. 60.

Clavellina sp., Larve in der Festsetzung, nach Seeliger (1893 etc.), abgeändert, A mit der suboralen Befestigung, diese ans Hinterende verschoben (B), *ep* Epicardialröhre, *st* Stolo, *k* Knospe mit ectodermaler Polypidanlage.

wegen der für eine dauernde Befestigung höchst ungeschickten Körperlage, nur ganz vorübergehend, geradeso wie es die Larven unserer Amphibien tun. Erst nachdem diese vorübergehende Anheftung sich zu einer dauernden entwickelte und dementsprechend das Bewegungsorgan, der Larvenschwanz, atrophierte, begann der übrige Körper sich distalwärts vom neuerworbenen Fußende aufzurichten, oder, was auf dasselbe herauskommt, dieses letztere sich rückwärts zu verschieben, was sich eben nur auf ein einseitig vom Fuß aufwärts gerichtetes Wachstum zurückführen läßt. Auf diese Weise tragen auch die Tunicaten dazu bei, das Wesen der sogenannten Polarität der sessilen Tiere aufzuhellen.

Es möge hier noch eine Erscheinung erwähnt werden, die mit der Befestigung der Tiere zusammenhängt, nämlich die Entstehung der sie bedeckenden Hüllen jeder Art. Sie gehören zu den Bildungen, deren Entstehung man so oft dadurch zu erklären meint, daß man sie auf die vielgenannte „Anpassung“ und die darin angedeutete Zweckmäßigkeit zurückführt, obgleich damit auch nicht die geringste Spur einer sachlichen Bildungsursache bezeichnet ist. Dagegen glaube ich, daß, wo solche schützende oder stützende Hüllen an sessilen Tieren vorkommen, sie in eine greifbare ursächliche Beziehung zu den bereits erörterten Begleiterscheinungen der Befestigung gebracht werden können.

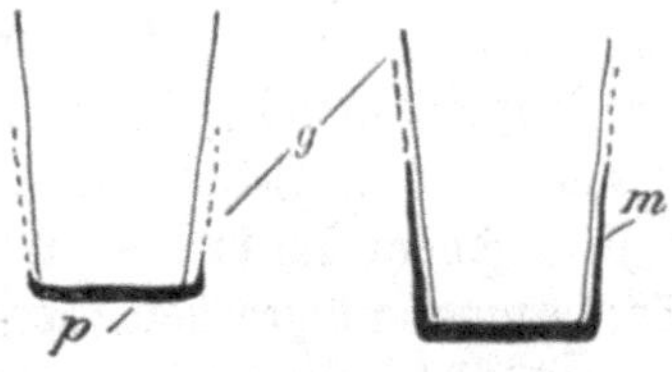

Fig. 61.
Microhydra ryderi, Peridermbildung, schematisch, nach Goette (1920), *p* Fußplatte, *m* Mauerblatt, *g* Gallerte.

Am einfachsten zeigt sich der Tatbestand wie so häufig bei den Hydropolypen, unter anderen bei Microhydra (Fig. 61). Sobald sich die Frusteln dieses Tiers mit einem Ende befestigen, zeigt sich zuerst unter dem Fuß eine sich bald verdickende, bräunliche Peridermplatte, deren Rand sich im Umkreise des Fußes allmählich erhebt und einen niedrigen Peridermbecher bildet, der weiter aufwärts sich in eine schleimige Hülle fortsetzt. Diese hört anfangs in einer gewissen Höhe auf, erstreckt sich aber bei älteren Exemplaren bis an die Köpfchen und erreicht bisweilen eine hautartige Konsistenz, ohne sich jedoch in ein festes und dickes Periderm wie am basalen Becher zu verwandeln. Auch die Frusteln, die sich mit der Mitte des Körpers festsetzen, erhalten dort eine flach schalenförmige Peridermplatte (Fig. 36), die sich während der Ausbildung eines Fußes becherförmig zusammenzieht.

Es unterliegt wohl keinem Zweifel, daß die Peridermbildung aller Hydropolypen ebenso beginnt, um in vielen Fällen bis zur Herstellung einer Hydrotheka fortzuschreiten. Ebenso geht die ectodermale Skelettbildung der Scyphopolypen von einer basalen Fußplatte aus und setzt sich von dieser aus ebenfalls distalwärts fort, sei es als Mauerblatt oder als Achsenskelett. — Ob die Röhrenbildung der sessilen Anneliden und die Gehäusebildung der Bryozoen sich ebenso verhalten, weiß ich nicht, halte es aber für wahrscheinlich.

Für unsere Untersuchung ergeben sich daraus einige beachtenswerte Schlüsse. Erstens entwickeln sich die genannten Schutz- und Stützgebilde nicht selbständig an der für sie bestimmten freien Außenseite der sessilen Organismen, sondern als unmittelbare Fortsetzungen der Befestigungssubstanz, der Fußplatte, indem die sekretorische Zone des Ectoderms sich über den Fußrand hinaus ausdehnt. Zweitens folgen sie von dieser Ursprungsstelle an dem allgemeinen Wachstumsgesetz derselben Organismen, nämlich einem distalwärts gerichteten Fortschritt. In diesen beiden Punkten sind sie allerdings als Folgezustände der Befestigung ihrer Träger nicht zu verkennen, aber doch nicht im Sinn einer für sessile Tiere vorteilhaften Anpassung an deren Schutz- und Stützbedürfnis. Denn im allgemeinen finden sie sich an den langauswachsenden Stämmen und fehlen an den kurzen Stämmen, was weniger jenem Bedürfnis als dem verschiedenen Grade des bezeichneten Wachstums entsprechen dürfte. Und vor allem steht ihr Ursprung an der lediglich zur Befestigung dienenden Fußplatte in gar keiner Beziehung zu der Funktion, die ihnen im fortgeschrittenen Zustande zugesprochen wird. Ihr „Zweck“ entsteht erst sekundär und kann daher ihre Entstehung nicht verursachen.

Was über die Ursachen und Wirkungen der Befestigung sessiler Tiere gesagt wurde, läßt sich dahin zusammenfassen:

1. Die Befestigung läßt sich in der Hauptsache auf innere Ursachen des Organismus selbst zurückführen. 2. Die dadurch bedingte Wirkung besteht in einem distalwärts gerichteten Wachstum, das sich bei den Hydropolypen in der anfangs unregelmäßigen, später regelmäßigen Mundbildung, sowie in anderen Erscheinungen (Tentakel, Periderm) äußert. 3. Bei der prostomialen Mundbildung der Hydropolypen ist die wirksame Wachstumsbewegung bereits durch das vorgebildete apikale Befestigungsorgan bestimmt und daher schon vor der Befestigung tätig, so daß sie auch nach dem Fortfall der letzteren die Bildung des prostomialen Mundes sicherte und auf alle Strahltiere und hypogastrischen Bilateralien vererbte. 4. Die Befestigung weiter entwickelter hypogastrischer und pleurogastrischer Bilateralien bewirkt, soweit keine Rückbildung dazwischen tritt, nach demselben Wachstumsgesetz entsprechende Lageveränderungen der Organe.

Der Parasitismus.

Die dadurch gekennzeichnete Lebensweise hat mit dem sessilen Leben gemein, daß die Parasiten in der Regel ebenfalls die freie Bewegung aufgeben und infolgedessen entsprechende Rückbildungen erfahren. Ihre regressive Metamorphose geht aber deswegen viel weiter, weil nicht nur ihre Lokomotionsorgane nebst den Sinnesorganen, sondern meist auch der ganze Stoffwechsel davon betroffen wird. Dazu kommt, daß mit den Rückbildungen der Parasiten sich zahlreiche Neubildungen als sogenannte Anpassungen an die neuerworbene Lebensweise verbinden, und daß diese Neubildungen wegen der verschiedenen äußeren Bedingungen des parasitischen Lebens ebenfalls in größerem Umfang wechseln. Es ist daher kaum möglich, alle durch den Parasitismus ausgelösten Abänderungen der morphologischen Organisation unter eine gemeinsame Formel ihres Kausalzusammenhangs zu bringen, wenn man sich nicht mit der Phrase der „Anpassung" begnügen will.

Unter diesen Umständen werde ich aus dem Thema des Parasitismus nur einzelne Punkte herausgreifen, die mir für meine Aufgabe besonders passend erscheinen. Die erste Frage betrifft natürlich die Ursachen für den Beginn des Parasitismus oder für den Übergang des freien zum parasitischen Leben. Sind die an den Parasiten nachweisbaren Abänderungen, die man als Anpassungen bezeichnet, Folgen des parasitischen Lebens in dem Sinne, daß dieses sie veranlaßte?

Die einfacheren Verhältnisse der Ectoparasiten lassen dies insofern unentschieden, als viele von ihnen gar keine Veränderungen gegenüber den normalen Zuständen erkennen lassen. Dies hängt aber meist damit zusammen, daß der Begriff des Parasitismus sich auch auf Merkmale stützt, die nicht dem Parasiten inhärieren, sondern in außer ihm liegenden Verhältnissen beruhen. So gilt Piscicola mit Recht für einen Parasiten, weil sich dieses Tier dauernd auf seinem Wirt, irgendeinem Fisch aufhält, während man kaum berechtigt wäre, den ebenso organisierten und ebenso an seinem Opfer saugenden Rüsselegel Clepsine einen Schmarotzer zu nennen, da er die von ihm überfallenen Schnecken, nachdem er sie ausgesogen, verläßt, um für längere Zeit ein freies Leben zu führen. Es ist derselbe Unterschied von Schmarotzer und Raubtier wie zwischen Hirudo und Aulastomum, zwischen den verschiedenen Wanzen usw., wobei der für die Organisation aller dieser Tiere ganz gleichgültige Umstand, ob ihre Opfer infolge des Angriffs zugrunde gehen oder nicht, unsere wechselnde Auffassung bestimmt.

Nun könnte man darüber hinweggehen und sich nur an diejenigen Ectoparasiten halten, die unzweifelhafte besondere Anpassungen an ihr Schmarotzerleben aufweisen. Dabei kommt man aber leicht zu der Vorstellung, daß jene Anpassungen durch das parasitische Leben hervorgerufen seien. Und diese häufige oder vielmehr allgemeine Auffassung halte ich für unrichtig.

Die vorausgeschickte Betrachtung derjenigen Ectoparasiten, deren Organisation für die parasitische Lebensweise noch nicht besonders angepaßt, vielmehr durchaus normal erscheint, ist für die Beurteilung der spezifischen Anpassung keineswegs überflüssig. Erstens ist es klar, daß wenn der Übergang freilebender Tiere zum Parasitismus ohne eine vorausgehende Abänderung ihres früheren und ursprünglichen Zustandes sich vollzog, doch nicht jede beliebige, sondern nur bestimmte Organisationen dazu fähig waren. Diese im Organismus bereits enthaltene Fähigkeit ist die erste, wenn auch selbstverständliche Vorbedingung für den Parasitismus. Dazu gehören aber nicht nur passende Ernährungsorgane, z. B. anbohrende und saugende Mundwerkzeuge, sondern auch die für Ectoparasiten wichtigen Anheftungsorgane; diese können aber ebenfalls schon im nichtparasitischen Leben vorhanden sein. Wollte man etwa einwenden, daß die schon genannte parasitische Clepsine ihren Schlundrüssel und ihre Saugnäpfe in einem früheren parasitischen Leben erworben haben könnte, so sei daran erinnert, daß die gleichen Organe, Schlundrüssel und Saugnäpfe auch schon bei freien Turbellariern vorkommen, also im normalen freien Leben entstanden.

Es geht aber noch weiter. Einrichtungen, die in einer bestimmten Tiergruppe nur bei parasitischen Tiergruppen, und als für das freie Leben unpassende Bildungen sicher nur im parasitischen Leben innerhalb derselben Gruppe entstanden sein konnten, wie z. B. die stechenden und saugenden Mundwerkzeuge der parasitischen Copepoden, kommen in anderen Tiergruppen (Milben, Schnabelkerfe jeder Art) in ganz ähnlicher Bildung sowohl bei freilebenden wie bei parasitischen Formen vor, so daß von ihrer spezifischen Anpassung im letzteren Fall kaum die Rede sein kann. Es ist daher mehr als wahrscheinlich, daß solche Organe schon vor dem parasitischen Leben ihrer Träger, also von ihm unabhängig entstanden waren.

Dies heißt aber allerdings nicht, daß bei der weiteren Ausbildung solcher Organe der Parasitismus überhaupt nicht beteiligt ist; er spielt vielmehr eine ähnliche Rolle wie die dauernde Befestigung von vorher freien Tieren: er konserviert die einmal erworbenen und vorteilhaften Existenzbedingungen und setzt dadurch einer weiteren phyletischen Metamorphose viel engere Schranken als das freie Leben. Wir werden sehen, daß die Variationsmöglichkeit der freilebenden Tiere ebenfalls nicht unbegrenzt ist; immerhin öffnen sich ihnen bei den phyletischen Änderungen ihrer Organisation in der Regel neue Existenzmöglichkeiten, während der Parasit einer fortschreitenden Einschränkung der Metamorphosen entgegensieht, weil seine Existenzmöglichkeit stets an dasselbe Ziel gebunden ist, und die andauernde Rückbildung vieler überflüssigen Organe auch die

Möglichkeit von Neubildungen vermindert. In der phyletischen Entwicklung der Schmarotzer ist der Parasitismus nicht die Ursache von Neubildungen, sondern beschränkt vielmehr ihre Zahl und ihre Entwicklungsrichtungen, auch in der überkommenen Organisation, die mehr durch Rückbildung von entbehrlichen und Vereinfachung von unentbehrlichen Teilen als durch vollständige Neuerungen abgeändert wird.

Die Entoparasiten oder Entozoen folgen im allgemeinen denselben Bildungsgesetzen wie die Ectoparasiten, mit der Maßgabe, daß die Wirkung ihrer Lebensweise noch stärker in ihre Organisation eingreift. Dazu kommt noch ein besonderes Moment am Beginn des entoparasitischen Lebens. Gelegentlich mag ein Ectoparasitismus das entozoische Leben einleiten, wie etwa bei Polystomum integerrimum, der in der Jugend sich als Ectoparasit am Kiemenapparat der Froschlarven festsetzt und bei der Rückbildung dieses Apparats während der Larvenmetamorphose in den Darmkanal und zuletzt in die Harnblase seines Wirts zu dauerndem Aufenthalt gerät. In der Regel dringen aber die Entozoen selbsttätig in ihren Wirt ein (Cercarien, Dochmius, Gordius juv. u. a.), oder werden passiv in ihn eingeführt. Unter allen Umständen ist aber der Beginn des entozoischen Lebens an eine Bedingung geknüpft, die nicht erst im Wirt erfüllt werden kann, sondern schon vorher erfüllt sein muß. Daß die angehenden Entoparasiten auf das Saugen organischer Flüssigkeiten und teilweise auch auf eine Befestigung an ihrem Standort eingerichtet sein müssen, haben sie mit den Ectoparasiten gemein. Neu ist aber für sie die notwendige Vorbereitung auf ein Leben innerhalb eines sauerstofffreien Mediums in ihrem Wirt, das eine Atmung irgendwelcher Art ausschließt, namentlich im gewöhnlichen Aufenthaltsort, im Darm des Wirts.

Nachdem es durch die Untersuchungen von Bunge an Ascaris und anderen Würmern festgestellt und später ausführlich bestätigt (Weinland, Doflein 1914) ist, daß bei diesen Darmparasiten die Leistungen der Atmung durch eine merkwürdige Abänderung des normalen Stoffwechsels erfolgt sind, darf dasselbe für alle unter den gleichen Bedingungen lebenden Entozoen angenommen werden. Es ist ferner ausgeschlossen, daß diese Änderung im Augenblick ihrer Einwanderung in den Wirt eintritt; um so mehr, als manche dieser Tiere wieder zu freiem Leben auswandern (Mermis, Gordius, Rhabdonema), also, jene Änderung vorausgesetzt, einem zweiten Wechsel ihres Stoffwechsels innerhalb des individuellen Lebens unterworfen wären. Diese Tatsache beweist vielmehr, daß die Atmung auch in freilebenden Tieren durch eine eingreifende Änderung des Chemismus im Stoffwechsel ersetzt sein muß; auch läßt sich die Annahme, daß diese Änderung tatsächlich während des freien

Lebens der Nematoden erworben wurde, dadurch gut begründen, daß sie ursprünglich Schlammbewohner waren und daher schon damals in einem sauerstoffarmen oder geradezu sauerstofffreien Medium existierten.

Mit einem Wort: die wichtigste Bedingung eines entozoischen Lebens, die Fähigkeit, ohne Sauerstoffaufnahme zu existieren, ist keine Errungenschaft jenes Lebens, sondern der freilebenden Vorfahren der Entozoen; und ihr späterer Parasitismus konserviert nur den dafür unentbehrlichen Erwerb. Von der Wirkung einer Anpassung kann dabei keine Rede sein.

Aber auch die Organe, die vor allen anderen als die eigensten Erzeugnisse entoparasitischen Lebens erscheinen, sind vielfach nichts anderes als teils rudimentäre, teils einseitig ausgenutzte Erbstücke. Dazu gehören u. a. die sogenannten Schwanzblasen der Cysticerken, der Larven der Blasenbandwürmer. Sie bestehen aus der Blase und aus der Embryonalanlage des künftigen Bandwurms, dem Cystoscolex, der aus der Blasenwand wie in eine Art von Amnion ins Innere hineinwächst; nach dem Übergang der Larve in den zweiten Wirt geht alsdann die Blase zugrunde. Diese Blasen sind also durchaus larvale Gebilde und zudem Erzeugnisse einer weit zurückgreifenden und zuletzt cenogenetisch „gefälschten“ Geschichte (Goette 1920).

Die phyletisch älteren Cestodenlarven (Archigetes u. a.) besitzen einen soliden, meist walzenförmigen Schwanzanhang, der mit Recht als ein Homologon eines Cercarienschwanzes gilt, dessen lokomotorische Funktion im entoparasitischen Leben verloren ging, und der deshalb sich in ein vollständiges, meist früh abfallendes Rudiment verwandelte. Dieser Zustand blieb bestehen, auch nachdem die Entwicklung der Scolex-Organe, des Rostellum und der Saugnäpfe, am Vorderende des soliden Larvenkörpers und an dessen Außenseite vor sich gegangen war, und diese Anlage als Scolex sich allmählich in den hinteren Abschnitt der Larve wie in eine Scheide eingestülpt hatte. Solche Larven umfassen also drei deutlich getrennte Abschnitte: Scolex, Scheide und Schwanzanhang (Fig. 62). Dies änderte sich auch nicht, nachdem der Schwanzanhang allein sich mehr oder weniger blasig aufgebläht hatte. Erst nachdem diese Blasenbildung über ihre ursprünglichen Grenzen hinausgegangen war, trat die cenogenetische Verwandlung solcher Larven in die Cysticerken der oben charakterisierten echten Blasenbandwürmer ein.

Zuerst steigerte sich die Blasenbildung in dem Maß, daß sie schon im Embryonalstadium begann und sich durch den ganzen Larvenkörper erstreckte, so daß die Scheide und der Schwanzanhang sich gar nicht voneinander sonderten, sondern in eine glattgespannte Blasenwand aufgingen. Und anderseits entwickelten sich die Einzelteile des Scolex, das Rostellum und die Saugnäpfe nicht zuerst in der normalen Lage an der Außenseite des Körpers, sondern die ganze Scolex-Anlage begann gleich anfangs mit einer indifferenten Einstülpung der Blasenwand, an der erst sekundär jene Organe hervortraten. Infolgedessen erschien eben die Blasenbildung als das erste ontogenetische Produkt der Oncosphaera, das den Scolex wie durch eine Knospung aus sich erzeugte. Diese Ontogenese der am weitesten vorgeschrittenen Bandwürmer veranlaßte alsdann die Auffassung **Leuckarts** von der Polyzootie der Cestoden und ihrem Generationswechsel. Und andererseits entsprang aus der Verkennung der geschilderten Entwicklung der Cestoden die Verwechslung des anfänglichen blasigen Schwanzanhangs, der doch ein richtiges Homologon eines Cercarienschwanzes blieb, mit der Schwanzblase der späteren Cysticerken, die jenen Anhang und die Scheide, nämlich das Hinterende des ursprünglichen Larvenkörpers in sich vereinigten.

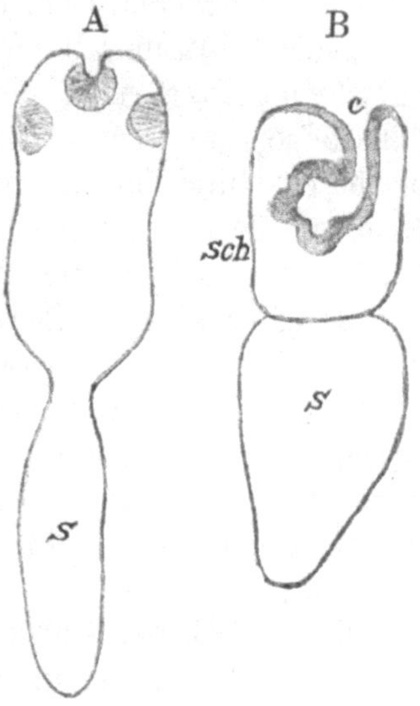

Fig. 62.

Cysticercus von Taenia elliptica (A) und T. serrata, (B) aus Goette (1920—2); *c* Scolex, *sch* Scheide, *s* Schwanzanhang.

Auf diese Weise wurden die ersten Lagebeziehungen der Cestodenlarven, ohne daß es besonders auffiel, vollständig verschoben, und kam es zu einer täuschenden cenogenetischen Entwicklung, weil der Parasitismus ein altererbtes Rudiment jener Tiere auf eine eigentümliche Art in ein mächtiges larvales Organ verwandelte.

Die Lokomotion.

Es soll hier untersucht werden, welchen Anteil äußere Momente an der Entstehung der verschiedenen Lokomotionsorgane oder an einer bestimmten Art des Ortswechsels haben. Beginnt man mit den niedersten Polyplastiden, die sich vermittelst ihrer Wimpern oder Geißeln im Wasser frei bewegen, so sind diese allerdings keine Organe im morphologischen Sinn, an die hier gedacht wird. Immerhin fehlt es bei jener Bewegung nicht an einem morphologischen Moment, das die besondere Art des Ortswechsels bestimmt, den man im allgemeinen „Schwimmen" nennt, und das völlig unabhängig von jedem formativen äußeren Einfluß bloß im Organismus selbst gegeben ist. Ich brauche nur daran zu erinnern, daß kugelige Organismen wie Magosphaera und Volvox sich rollend durch das Wasser bewegen und langgestreckte Wimperlarven wie die verschiedenen Planulae der Cnidarier im ganzen geradlinig schwimmen, um die Abhängigkeit dieses verschiedenen Ortswechsels von der Grundform des Körpers zu veranschaulichen (s. S. 97). Die verschiedenen Larven der höheren Tiere liefern weitere Belege dafür.

Einer durchaus abweichenden Art des Schwimmens begegnen wir unter den Cnidariern bei den verschiedenen Medusen. Sie haben ebenfalls keine eigentlichen Lokomotionsorgane, sondern nur eine Muskelplatte, die durch ihre Anheftung an die Subumbrella sich zu einer ringförmigen Zone zusammenschließt und durch ihre Kontraktionen die Rückstöße des komprimierten Wassers gegen die Subumbrella erzeugt und so die Meduse in Bewegung setzt. Diese Lokomotionsart ist aber deshalb besonders bemerkenswert, weil sie keine ursprüngliche ist, sondern auf einem ganz neuen Wege, durch die Vermittelung von Polypenlarven oder Polypenknospen entstand, die der Medusenbildung vorausgingen. Obgleich diese Metamorphose stets das gleiche Ziel hat, ist ihr Verlauf in den einzelnen Medusengruppen doch merkwürdig verschieden.

Am einfachsten vollzieht sich die Ontogenese der Trachylinen, gibt uns aber, offenbar infolge einer starken Abkürzung ihres ursprünglichen Verlaufs, die geringste Auskunft über die früheren phyletischen Entwicklungsstufen. Nur die polypenähnliche Larve von Aglaura (Fig. 40) deutet in ihrer Gestalt und Metamorphose an, daß diese Tiere von Hydropolypen abstammen, die ihre Seßhaftigkeit allmählich aufgaben, indem sie sich immer später und zuletzt gar nicht mehr befestigten und dabei ihren Polypenbau hauptsächlich durch eine ringförmige Einsenkung des Peristoms in eine schüsselförmige Medusenform verwandelten. Dieser rein äußerlichen Verwandlung entspricht im Innern ein anfangs ringförmig geschlossener „Kranzdarm“, der erst spät in vier radiale Schläuche geteilt wird.

Das Wesentliche dieser Medusenbildung ist ihre Abstammung aus einem freigewordenen Polyp; und obgleich bisher nur Aglaura die entsprechenden Bilder in ihrer Ontogenese zeigt, kann die Annahme einer solchen Abstammung auch dadurch unterstützt werden, daß die Larven von Tubularia (Actinulae) ebenfalls bis zur Ausbildung der fertigen Form frei bleiben. — Unter der Voraussetzung eines direkten Übergangs von hydropolypenähnlichen Geschöpfen in Trachylinen darf weiter angenommen werden, daß ihr lokomotorischer Muskelring ebenfalls unmittelbar aus der ringförmigen peristomialen Muskulatur der polypoiden Vorfahren hervorging.

Die analoge Abkunft der Scyphomedusen von sessilen Scyphopolypen ist durch die Seßhaftigkeit ihrer polypoiden Larven, der Scyphostomen, vollkommen bezeugt. Die Befähigung zur freien Schwimmbewegung entstand in der ältesten Gruppe der Scyphomedusen, bei den Stauromedusen, bei denen der frühere Zustand der Seßhaftigkeit zum Teil noch lebenslänglich erhalten blieb (Lucernaria), während sie in der letzten Gruppe, bei den Discomedusen, ebenso teilweise (Pelagia) selbst bei den Larven nicht mehr vorkommt. Der Muskelapparat der Scyphostomen befindet sich zuerst in den vier senkrechten Septaltrichtern und strahlt erst an deren Öffnung in die Subumbrella aus, um während ihrer Verbreiterung sich konzentrisch anzuordnen.

Ganz anders als die Trychylinen und Scyphomedusen entwickelten sich die Hydromedusen, was schon dadurch gekennzeichnet ist, daß sie überhaupt keine auf die Hydropolypen folgende selbständige Formengruppe, sondern nur besondere Individualformen dieser polymorphen Polypen darstellen. Die Besonderheit der Hydromedusen ist aber damit nicht erschöpft. Obgleich sie den Hydropolypen entstammen, sind sie keine direkten Verwandlungen der Polypenform, sondern ontogenetische Erzeugnisse der allereinfachsten Hydranthenknospen und gleichzeitig letzte Ausläufer von phyletischen Gonanthenreihen, deren sessile Repräsentanten von Polypen meist ebenso verschieden sind wie von freien Medusen. Ihr Ursprung hat endlich gar keine Beziehung zur Herstellung einer besonderen Lokomotionsart, sondern knüpft an einen durchaus anderen Vorgang an, nämlich an die Fortpflanzung der Polypen durch Keime (s. u.). Da ich jedoch keinen Anlaß habe, die merkwürdige Geschichte der Hydromedusen hier eingehend zu wiederholen, werde ich mich auf die für unser vorliegendes Thema wichtigsten Tatsachen beschränken (vgl. Goette 1907).

Die Ablenkung einer jungen Hydranthenknospe von ihrer normalen Entwicklung zu einem neuen Hydranthen beginnt schon sehr früh, bevor sich noch eine spezifisch polypoide Anlage zeigt, und besteht vielmehr stets in einer entschiedenen Hemmung jener Entwicklung. Die Keimzellen, die mehr oder weniger passiv in eine solche junge Hydranthenknospe eindringen, verlangen für ihr Wachstum eine reichliche Ernährung von seiten der sie umgebenden Epithelien; dadurch wird deren Energie, die ursprünglich für die Herstellung eines Hydranthen bestimmt war, völlig von der ihnen neu auferlegten Ernährungsfunktion in Anspruch genommen, und die Entwicklung des Hydranthenköpfchens mit Mund und Tentakeln zugunsten jener Funktion unterdrückt. Die zwischen beiden Epithelien, dem Ectoderm und dem Entoderm befindlichen Eizellen — um nur von den weiblichen Keimzellen zu reden — stülpen infolge ihrer Vergrößerung das Entoderm gegen die Knospenhöhle vor und verwandeln diese Ausstülpung in je einen sie selbst vollständig umhüllenden Follikel (Corydendrium); oder das Entoderm umwächst die einzige Eizelle des Gonanthen als langer, bisweilen gegabelter Schlauch (Eudendrium). Mit dieser einfachen Änderung ist die weder polypoide noch medusoide Gonanthenbildung in den genannten Arten beendet.

Einen Schritt weiter führt uns die schon erläuterte Entwicklung von „Nährzellen", d. h. von Eizellen, die in der Entwicklung zurückgeblieben sind, und teils von den großen Eizellen als Nahrung aufgenommen werden, teils ein dauerndes, ernährendes „Keimlager" bilden (Cordylophora ♁ und ♂ Fig. 51). Dieses in der Regel ectodermale Keimlager (Parectoderm) wird alsdann zweischichtig und überdeckt kappenförmig die Entodermkuppe und die ihr anliegenden Eizellen. So ist aus dem Parectoderm ein ontogenetischer Hauptbestandteil der künftigen Meduse, der „Glockenkern", entstanden.[1] Der zweite Hauptbestandteil sind die offenbar auch zur Ernährung dienenden entodermalen „Radialschläuche", die am Rande der Entodermkuppe hervorwachsen und zwischen dem Glockenkern und dem Außenectoderm empordringen (Cordylophora, Hydractinia pacifica).[2]

Aus diesen Grundlagen — Ectodermschlauch, Glockenkern, Entodermschlauch und Radialschläuche — entwickelt sich das sessile „Medusoid" durch die regelmäßige Anordnung der Radialschläuche und deren weitere Metamorphose (Radialkanäle, Umbrellarschicht), sowie die Ausbildung des in den Glockenkern vordringenden entodermalen Spadix. Endlich gehören zur vollständigen Herstellung eines jeden, nicht bloß eines medusoiden Gonanthen zwei Merkmale, die apikale Eröffnung seines mit Eiern oder Embryonen angefüllten Innenraums oder der späteren Glockenhöhle, und dann die Muskulatur in der Wand dieses

---

[1] Der bündigste Beweis, daß der ectodermale Glockenkern eine phyletische Vorstufe der Subumbrella darstellt und nicht umgekehrt durch eine Rückbildung aus einer solchen hervorging (Weismann), liegt darin, daß dieselbe Glockenkernanlage und als Keimlager dienende Bildung gelegentlich aus dem Entoderm stammt (Coryne).

[2] Bei einigen Gonanthen umwächst statt der Entodermschläuche eine kontinuierliche „Entodermlamelle" den Glockenkern, auf deren Identität mit jenen Schläuchen Weismann seine Rückbildungstheorie wesentlich gründete. Nachdem ich jedoch gefunden habe, daß beide Entodermgebilde bei Hydractinia pacifica nebeneinander vorkommen, und daß die Entstehung der Lamelle derjenigen der Schläuche vorausgeht, kann natürlich nicht mehr die Rede davon sein, daß die Lamelle ein Rückbildungsprodukt der Schläuche, und die Gonanthen überhaupt rückgebildete Medusen seien (Goette 1916).

Raums (Subumbrella), beides zur Entleerung jener Fortpflanzungskörper gleich unentbehrlich. Mit der Glockenöffnung und dem subumbrellaren Muskelring war aber gleichzeitig die Befähigung des noch sessilen Medusoids zu der phyletisch folgenden Lokomotion der freien Meduse erreicht, und zwar weder vermittelst der neuen, schwimmenden Lebensweise, noch überhaupt zum Zweck einer Lokomotion, sondern durch die volle Ausbildung des Brutträgers und seiner Funktionen, die zunächst ausschließlich dazu bestimmt waren, die Keimzellen zur Reife zu bringen und nach außen zu entleeren. Allerdings setzt die freie Bewegung der Meduse weiter voraus, daß diese sich von ihrem Stiel ablöst; wie dies aber auch erklärt werden mag, so hat es doch mit der Entstehung des eigentlichen Lokomotionsapparats nichts zu tun, dessen ursprüngliche Bildungsursachen lediglich in der epigenetischen Energie der Ontogenese zu suchen sind.

Ich habe die Lokomotion der Hydromedusen ausführlich behandelt, weil die ursprünglichen Organisationen und Ontogenesen stets einen leichteren Einblick in den Zusammenhang ihrer Wirkungen gestatten, und anderseits die Entwicklung jener Tiere in mehr als in einer Richtung einen Aufschluß in der vorliegenden Frage nach den Entstehungsursachen der Lokomotion gibt. Bei den folgenden Beispielen kann ich mich kürzer fassen.

Von den Lokomotionsarten der hypogastrischen Würmer wurde die früheste, die Kriechbewegung der Turbellarien, bereits besprochen (s. S. 107). Ich gehe daher hier gleich zu den Lokomotionsorganen der Anneliden, den Parapodien, über, deren hervorragende Bedeutung schon daraus hervorgeht, daß sie sich phyletisch in die Lokomotionsorgane der Gliederfüßer verwandeln.

An der Hand der Ontogenese können wir uns über den Ursprung der Parapodien die folgende Vorstellung machen. Den Ausgangspunkt bilden die kutikularen, in Hauttaschen steckenden und metamer angeordneten Borstenbündel, die durch Muskeln, die an den Hauttaschen befestigt sind, rudernd bewegt werden. Mit der Vergrößerung und Verstärkung dieser Teile wurde die ganze Leibeswand in Gestalt von Stummeln, eben der Parapodien, ausgebuchtet, die regelmäßig in zwei Reihen übereinander vorkommen. Es ist natürlich ausgeschlossen, daß dieser ganze Komplex gleichzeitig entstand. Das Primäre war offenbar die kutikulare, also eine gewebliche Bildung; und da ähnliche Kutikularstacheln schon bei ungegliederten Würmern vorkommen (Trematoden u. a.), ist es trotz der vielfach originalen, aber borstenlosen Gattung Polygordius denkbar, daß die Borsten schon bei den uns unbekannten, ungegliederten Vorfahren der Anneliden entstanden.

Wie dem auch sei, so wurde die Borstenbildung für die Entstehung der Parapodien erst dadurch maßgebend, daß sie sich metamer anordnete. Die Gliederung des Körpers war die grundlegende, formbildende Ursache der Parapodienbildung, also eine morphologische Sonderung, die nach ihrem Ursprung mit der Lokomotion in keiner unmittelbaren Beziehung stand. Die Borsten konnten ferner erst durch die Entwicklung ihrer Taschen und der sie bewegenden Muskeln die Lokomotion der Anneliden unterstützen, wenn dies überhaupt ins Gewicht fiel, da doch die borsten- und parapodienlosen Polygordien sich ebenso und nicht weniger vollkommen bewegen als andere Anneliden. Anderseits kommen für die fragliche Funktion doch nur die beweglichen Borstenbündel in Betracht und nicht die sekundär um sie entstandenen Parapodien, wie die parapodienlosen Lumbriciden beweisen, deren kurze aber starke Borsten für die Wühlarbeit und Bewegung der Tiere unentbehrlich sind.

Die freie Lebensweise der Anneliden rief also ihren Parapodienapparat nicht erst hervor, sondern konservierte ihn in ähnlicher Weise wie Befestigung und Parasitismus gegenüber anderen Organen wirken. Auch die Metamorphose der Parapodien zu solchen Ruderorganen, wie sie die Alciopiden und Tomopteriden besitzen, ist nur auf die neubildende Tätigkeit des Organismus selbst zurückzuführen. Denn wenn etwa nicht nur die erste Entstehung der Borstenbündel und Parapodienstummel, sondern auch ihre weitere Fixierung allein dem äußeren Moment der Lokomotion zu verdanken gewesen wäre, so hätten gerade die wirksamen Borsten weiter entwickelt werden müssen. Statt dessen wurden sie bei Tomopteris bis zum völligen Schwund zurückgebildet und die bis dahin mehr oder weniger indifferenten Parapodien zu jenen ausgezeichneten zweiästigen und blattförmigen Ruderorganen entwickelt.

In der phyletischen Entwicklung der Parapodien hat die mystische Anpassung keine andere Bedeutung, als daß jene vom Organismus selbst und auf der Grundlage einer früheren Organisation (Borsten, Gliederung) erzeugten und divergent ausgebildeten Organe die Existenzfähigkeit ihrer Träger in verschiedener Weise aufrecht erhielten, ohne daß irgendwelche äußere Momente dazu beitrügen. Die Anpassung ist eine in der Organisation selbst enthaltene Fähigkeit, die nur ihre Grenzen und ihr Regulativ in jener Existenzfähigkeit der Träger findet.

Dies erwies sich auch nach der Vererbung der metameren Pseudopodien auf die Gliederfüßer. Ihre ursprüngliche Form finden wir noch in den ungegliederten Stummelfüßen von Peripatus wieder, und die zweiästigen flachen Ruder gewisser Anneliden (s. o.) in den blattförmigen Spaltfüßen der niederen Krebse, die ersteren als Kriechorgane, die anderen als Schwimmorgane. Und es ist kein Zufall, daß diese Divergenz mit der Sonderung der zwei von mir auf anderer Grundlage unterschiedenen Hauptgruppen der Gliederfüßer, der Cephalothoracica und der Eucephalica (Goette 1902) zusammenfällt. Anderseits ist in der Fortentwicklung beider Gruppen eine sich allmählich ausbildende Konvergenz oder Homoidie ihrer im ganzen und ursprünglich homologen Gliedmaßen nicht zu verkennen. Völlig getrennt voneinander entwickelte sich in beiden Abteilungen einmal die Gliederung jener Organe, und ferner die Vereinigung der gesamten Lokomotionsarbeit in ihnen.

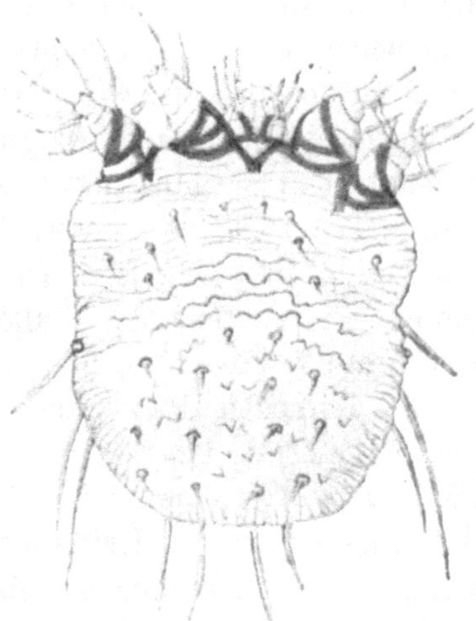

Fig. 63. Sarcoptes scabiei ♀, nach Fürstenberg.

Es scheint mir nicht zweifelhaft zu sein, daß sich beides, wenn auch nicht gerade pari passu ergänzte. Die Gliederung der äußeren Lokomotionsorgane entstand auf einem ganz anderen Wege als die Metamerie des Körperstammes; denn während sich diese an die entsprechende Vermehrung der Gonaden anschloß, entsprang die erstere der Erstarkung und Funktion der Gliedmaßen selbst. Die Differenzierung und Befestigung ihrer Muskeln an der Haut verursachten die Verfestigung dieser Ansatzstellen zu chitinigen Spangen und später ganzen Ringen, wie es besonders deutlich an einem schwachentwickelten oder reduzierten Außenskelett, z. B. der Milben hervortritt (Fig. 63). Aus der Verbreiterung der Ringe bis auf die schmalen Gelenkbänder entstand das vollkommene Skelett; und mit der Vergrößerung und Gliederung der gepanzerten Beine wuchs ihre Leistungsfähigkeit und entlastete in gleichem Maße die lokomotorische Tätigkeit des Körperstammes, die schließlich ganz vegetativen Prozessen (Atmung, Bauchpresse) dienstbar gemacht wurde. Die wechselnde Sonderung und Verbindung der drei Hauptregionen des Arthropodenkörpers und der Wechsel in der Ausbildung ihrer Gliedmaßen illustrieren das Gesagte nach verschiedenen Richtungen.

Diese homoide Metamorphose der Gliedmaßen in den beiden divergenten Linien der Gliederfüßer könnte freilich auf den ersten Blick für einen in gleicher Weise wirkenden Einfluß äußerer Momente zu sprechen scheinen. Dazu paßt aber nicht der Umstand, daß die einästigen Beine der Eucephalica wenigstens ursprünglich nur zur Bewegung auf festem Boden dienen, die zweiästigen Beine der Cephalothoracica dagegen anfangs nur zum Schwimmen (Krebse), so daß die vermeintlich mitwirkenden äußeren Momente trotz ihrer Verschiedenheit zum gleichen Ergebnis führten, also die ihnen zugedachte Rolle nicht spielen konnten. Ferner gibt es unter den höheren Krebsen solche mit echten einästigen Gangbeinen, die doch nur bei Landtieren zweckentsprechend erscheinen, und unter den Insekten erst recht zahlreiche Formen, die mit ihren Gangbeinen ebensogut schwimmen können. Diese vielseitige Fähigkeit der Arthropodenbeine widerspricht nun erst recht der Vorstellung, daß sie einem bestimmten Zweck angepaßt, oder geradezu gesagt, aus Zweckursachen hervorgegangen wären. Die Fähigkeit mußte ihrer Ausnutzung vorausgehen; und wenn wir, dem bewährten Grundsatz folgend, nach dem ersten Ursprung jener Organe fragen, so finden wir an den ersten metameren Borstenbündeln alles andere eher als eine Anpassung an eine bestimmte Lokomotionsart.

Zu ähnlichen Überlegungen kommen wir auch bei der Untersuchung der Lokomotion der Schnecken, die uns schon bei der Untersuchung der Asymmetrie dieser Tiere beschäftigte (s. S. 114fg). Gemäß ihrer Ontogenese kann ihre Kriechbewegung nicht von derjenigen der ältesten Mollusken, der Amphineura abgeleitet werden; denn der Schneckenfuß ist nicht, wie die Kriechsohle der Chitonen, die ursprüngliche Bauchseite des Tiers, sondern eine Neubildung, nämlich eine in der vorderen Bauchgegend anfangs gerade abwärts hervorwachsende quere Leiste[1], deren Vorderfläche später sich nach unten und hinten umlegt und zur Kriechfläche wird. Dies kann aber nicht schon an den nächsten Vorfahren unserer Gastropoden geschehen sein, weil in diesem Fall, wie erwähnt (s. o.), die embryonale Mantelhöhle mit ihren lebenswichtigen Organen zwischen dem Fuß und dem Eingeweidesack zusammengepreßt wäre.

Berücksichtigt man endlich, daß der uns bekannte Schneckenfuß sich bei den Heteropoden und Pteropoden tatsächlich in ein Schwimmorgan verwandelte und sein Homologon bei den Cephalopoden, der Trichter, beim Schwimmen ganz wesentlich beteiligt ist, so unterstützt eben alles die Annahme, daß der Schneckenfuß ursprünglich ebenfalls ein Schwimmorgan war. Wie ging nun dieses bei den ältesten Gastropoden zum Kriechen über?

Da die ältesten der rezenten Schnecken bereits den vollentwickelten

[1] Bisweilen erscheint die Anlage des Fußes wie bei Vermetus in Form von zwei Seitenlappen.

typischen Kriechfuß besitzen und seine Vorstufen unbekannt sind, kann die Frage nur mit Hilfe einiger hypothetischer Vorstellungen beantwortet werden. Vor allem scheint es mir beachtenswert, daß die Lokomotion der Schnecken nur unter Mitwirkung einer gewissen Befestigung oder Ansaugung vor sich geht (vgl. Goette 1902), die bekanntlich in den ältesten rezenten Gastropodengattungen der Diotocardia sich in dem Maße steigert, daß der Fuß als Saugscheibe wirkt (Haliotis, Fissurella, Patella). Es widerspricht also nichts der Vorstellung, daß diese Fähigkeit schon am ursprünglichen Schwimmorgan bestand, so zwar, daß eine Stelle seiner ursprünglichen Vorderfläche zur gelegentlichen Anheftung diente (s. Fig. 48A), während das Tier die bewachsenen aufragenden Felsenflächen abgraste — eine Vorstellung, die durch die Beobachtung unserer ganz ähnlich grasenden Süßwasserschnecken nachdrücklich unterstützt wird. Auch der Mechanismus der das Kriechen bewirkenden, wellenförmig fortschreitenden Muskelkontraktionen der Fußsohle stimmt damit gut überein. Die gesteigerte Beanspruchung jener Fähigkeit ging mit einer Verlängerung des Fußes und der Umlagerung seiner Vorderfläche nach unten Hand in Hand, wie es uns die Ontogenese tatsächlich zeigt, bis die Schwimmbewegung ganz aufgegeben und durch die kriechende Lokomotion vermittelst fortschreitender Anheftungen und Kontraktionen erfolgt war (a. a. O.).

Gemäß dieser Annahme entstand der Kriechfuß und die Kriechbewegung der Schnecken ebenso wie andere Lokomotionsorgane und Lokomotionsarten durch die allmählichen Ausbildungen von Fähigkeiten und Einrichtungen, die der Organismus selbst bot, ohne eine formbildende Mitwirkung äußerer Momente. Wenn dabei von einer Anpassung gesprochen werden kann, so besteht sie ausschließlich darin, daß die aus inneren Ursachen fortschreitende Entwicklung der Organisation immer neue Existenzfähigkeiten aus sich heraus findet und ausbildet. Die Umwelt bestimmt nicht die Entwicklung der Organismen, sondern diese nützen bloß die äußeren Lebensbedingungen nach Maßgabe ihres besonderen Baues und seiner Variabilität nach verschiedenen Richtungen aus. Daher ist auch die Anlage jeder morphologischen Bildung und Einrichtung als Folge früherer Zustände vorhanden, bevor die an sie geknüpfte neue Funktion kenntlich hervortritt und gegebenenfalls fördernd eingreift. Und wenn ich noch weitere Beispiele dafür heranziehe, so geschieht es nur, um die schon erläuterten nicht als Ausnahmen erscheinen zu lassen.

Mit die merkwürdigsten Lokomotionsorgane besitzen die freibeweglichen Echinodermen. Und zwar sind ihre Ambulakralfüßchen nichts weiter als die wenig umgebildeten Tentakel der älteren festsitzenden

Formen, nach deren Ablösung die Enden jener durch das Ambulakralgefäßsystem aufblähbaren Tentakel die Fähigkeit von Saugnäpfen erhielten und nicht unähnlich einem Schneckenfuß die Lokomotion durch den Wechsel der sich anheftenden Teile ausführten. — Und in analoger Weise vollzieht sich der Wechsel anderer Organe im Zusammenhang mit der Veränderung der Lebensweise, von denen ich hier diejenigen erwähne, die in enger Beziehung zur Metamorphose der für ein verschiedenes Medium bestimmten Lokomotionsorgane stehen — die Atemorgane.

Die zweierlei Atemorgane, von denen hier die Rede sein soll, die Kiemen und die Lungen (die Tracheen schließe ich aus) unterhalten den Atmungsprozeß bekanntlich in gleicher Weise und unterscheiden sich in ihren Form- und Lagebeziehungen nur entsprechend gewissen Bedingungen, die im äußeren Medium, Wasser oder Luft, gegeben sind. Die typischen Atemorgane der Wassertiere, die Kiemen, können beim dauernden oder vorübergehenden Übergang ihrer Träger zum Landleben die Atmung auch weiter vermitteln, sobald sie nur vor dem Austrocknen geschützt sind, was bei den Onisciden durch die äußeren Pleopodenäste, bei den Aalen u. a. durch die großen, bis auf eine kleine Öffnung angewachsenen Kiemendeckel, bei Anabas durch den labyrinthartigen Wasserbehälter am Kiemenapparat geschieht. Es ist klar, daß diese Schutzvorrichtungen schon während des Wasserlebens entstanden sein mußten, da ohne sie jedes dem Wasser entstiegene Individuum infolge des Eintrocknens der Kiemen an der Luft in kürzester Zeit zugrunde gehen, ersticken mußte; wie denn auch die Kiemendeckel der Onisciden und der Aale alte Erbstücke sind. Ihre Träger paßten sich also nicht durch das Leben außerhalb des Wassers den neuen Lebensbedingungen an, sondern besaßen schon vorher die dazu passenden Einrichtungen und Fähigkeiten, wenn sie auch nachträglich vervollkommnet sein mögen.

Und ähnlich verhält es sich auch mit dem Wechsel der Kiemen und Lungen unter den Wirbeltieren. Nachdem die altererbten Kiemenspalten der niederen Chordaten sich bei den Cyklostomen zu den entodermalen Kiementaschen mit ihren Darmkiemen entwickelt hatten, traten an der Außenseite der Kiemenbögen derselben Fische bereits die unscheinbaren und rudimentären Vorläufer der Hautkiemen auf, die dann in der ganzen Reihe der übrigen Fische (Euichthyes) die typischen Atemorgane wurden (Goette 1904). Ihnen reihen sich die schon bei den Dipnoern entstandenen und auf die Amphibien übertragenen epibranchialen Kiemen an, mit denen die Reihe der Kiemenbildungen der Wirbeltiere schließt.

Indessen waren die Darmkiementaschen der Cyklostomen nur teilweise wirklich verschwunden. Ihre von hinten kopfwärts fortschreitende Rückbildung zeigt sich bei den Neunaugen darin, daß die letzten Taschen sich in kiemenlose Blindsäcke des Vorderdarms verwandeln, von der Leibeswand abrücken und in den Bereich des vorrückenden Cöloms gelangen (Fig. 64B). Bei den rezenten Euichthyes ist eine solche Rückbildung nicht nachweisbar, weil deren Darmkiementaschen schon in der Anlage verschwunden und in die Kiemenöffnungen einbezogen sind. Die doppelten Schwimmblasen von Polypterus und die Lungen der Dipnoer sind aber wahrscheinlich als letzte Reste jener Darmkiementaschen zu betrachten. Bei den Larven der neueren Amphibien finden sich dagegen wieder unverkennbare Darmkiementaschen in der Kiemengegend, und im unmittelbaren Anschluß an ihr letztes Paar die echten Lungenanlagen, die sich als genaue Wiederholungen der vorausgehenden Kiementaschen derselben Tiere und der rudimentären hinteren Kiementaschen der Neunaugen darstellen (Fig. 64A, B). Die Lungen der Amphibien eröffnen alsdann die Reihe der Luftatmungsorgane der höheren Wirbeltiere, der Amnioten.

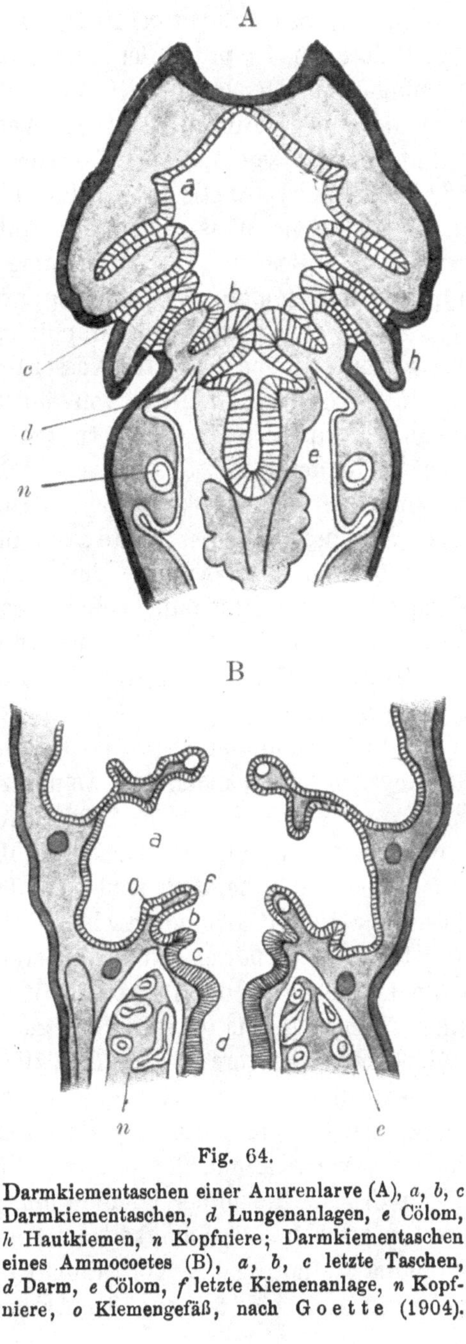

Fig. 64.

Darmkiementaschen einer Anurenlarve (A), *a, b, c* **Darmkiementaschen,** *d* **Lungenanlagen,** *e* **Cölom,** *h* **Hautkiemen,** *n* **Kopfniere; Darmkiementaschen eines Ammocoetes (B),** *a, b, c* **letzte Taschen,** *d* **Darm,** *e* **Cölom,** *f* **letzte Kiemenanlage,** *n* **Kopfniere,** *o* **Kiemengefäß, nach Goette (1904).**

Allerdings hing und hängt die Betätigung der Lungen als

Atemorgane und somit ihre Bedeutung für das Individuum nicht nur von ihrer ersten Entstehung, sondern wesentlich davon ab, daß als umgebendes Medium die Luft an die Stelle des Wassers trat: Dies berührt aber keineswegs, wie ein flüchtiger Eindruck es erscheinen lassen könnte, unser Urteil über den Ursprung der Lungen und über die dabei mitwirkenden formbildenden Ursachen, auch wenn das neue Medium und die daran gebundene neue Funktion an der Vervollkommnung der Lungen beteiligt gewesen sein mögen. Wer aus dem Beispiel der Dipnoer mehr oder weniger hypothetisch entnehmen zu dürfen glaubt, daß das spärlicher gewordene Wasser an ihrem Aufenthaltsort nicht nur ihre Luftatmung, sondern auch die Entstehung ihrer Lungen hervorrief, der sei auf die unmittelbare Beobachtung des ontogenetischen Beispiels der ebenfalls zweifach atmenden Amphibienlarven verwiesen. Sie beginnen mit der Luftatmung schon im Wasser und lange vor ihrer Metamorphose, aber nicht deshalb, weil das von ihnen bewohnte Wasser zur Kiemenatmung nicht ausreicht, sondern weil die rudimentären Kiemen dazu nicht mehr genügen. Die Larven suchen also die Luft auf, weil ihre Organisation und nicht eine Veränderung des sie umgebenden Mediums sie dazu zwingt; und dies dürfte auch im wesentlichen für die uns weniger genau bekannte Lebensweise der Dipnoer insofern zutreffen, als ihre Fähigkeit zur Luftatmung schon vor der Veränderung des äußeren Mediums bestand. Die Organisation und nicht der Wechsel des Mediums bestimmt den Übergang von der Kiemenatmung zur Lungenatmung.

Dies führt uns aber auf die Lokomotion zurück, deren Wechsel in der Regel mit demjenigen der Atmung zusammenhängt. Denn der Übergang vom Wasserleben zum Landleben ist natürlich an die Bedingung gebunden, daß die Lokomotionsorgane der fraglichen Tiere zur Bewegung auf festem Boden befähigt sind. Bei den Asseln und Landkrabben trifft dies zu, weil ihre lokomotorischen Gliedmaßen bereits bei den wasserbewohnenden Vorfahren Gangbeine waren; dagegen sind die wirklichen Lokomotionsorgane der Dipnoer, nämlich Rumpf und Schwanz wie bei allen Fischen überhaupt, zur Bewegung auf dem Lande nicht geeignet, und ebensowenig ihre Gliedmaßen, die typische Flossen geblieben sind wie etwa diejenigen der Haifische. Deshalb sind auch die Dipnoer echte Fische und trotz ihrer Lungen Wasserbewohner, während die Amphibien nach der Verwandlung der paarigen Flossen ihrer Vorfahren in Zehengliedmaßen die Reihe der landbewohnenden Digitaten eröffneten. Nach wie vor erscheint die Fähigkeit der Organisation zu einer neuen Lebensweise als die notwendige Vorbedingung dazu, und nicht umgekehrt jene Lebensweise als eine zweckmäßig wirkende und gar formbildende Ursache.

Zum Schluß sei noch eine einschlägige Tatsache hervorgehoben, die die Frage der Anpassung recht deutlich illustriert. Wenn dieses Wort bedeutet, daß bei der Bildung der Organe, also auch der lokomotorischen Gliedmaßen Zweck und Mittel besonders gut zusammenstimmen, so könnte dies kaum besser belegt werden als durch die schaufelförmigen Grabfüße des Maulwurfs, die sich zweifellos aus solchen indifferenten Füßen entwickelt haben, wie sie bei anderen Insektenfressern und bei Nagern vorkommen. Diese phyletische Entwicklung zeigt also scheinbar eine evidente allmähliche Anpassung der Gliedmaßen an eine bestimmte Lebensweise. Nun ist aber die Grabfähigkeit des Kaninchens mindestens ebenso vollkommen wie diejenige des Maulwurfs, ohne daß die Vorderfüße des ersteren im mindesten von denen des nächstverwandten, aber nicht grabenden Hasen verschieden wären. Mithin hat die vermeintliche Anpassung des Grabfußes des Maulwurfs nichts mehr erreicht, als wessen der nicht angepaßte Fuß seiner Vorfahren bereits fähig gewesen sein müßte; und folglich kann von einer Zielstrebigkeit in seiner phyletischen Entwicklung nicht gesprochen werden.

Diese Entwicklung ließe sich allenfalls so erklären, daß das infolge seiner merkwürdigen Einrichtung zu allen anderen Leistungen unpassend gewordene Organ die ihm gebliebene Fähigkeit des Grabens einseitig ausnutzte. Seine besondere Bildung ist also nicht aus einer Anpassung an das äußere Moment einer bestimmten Lebensweise hervorgegangen, sondern aus seiner selbständigen Variation des Organismus, die gerade noch eine Existenzfähigkeit in engsten Grenzen zuließ.

Diesen Überlegungen entspricht das treffliche Wort unseres größten und gleichzeitig biologisch weitsichtigen Dichters: Der Stier hat nicht Hörner, um zu stoßen, sondern er stößt, weil er Hörner hat. In diesem kurzen Wort liegt mehr Einsicht als in allen Phrasen von den zweckmäßigen und formbildenden Anpassungen.

3. Die gewebliche Sonderung.

Die ontogenetische Gewebsbildung kann füglich nur die primär im Individuum auftretenden histiogenetischen Erscheinungen umfassen, während alle sekundären Erneuerungen und Ergänzungen bereits vollendeter Gewebe in das Kapitel über die Regeneration gehören.

Die ontogenetische Histiogenese vollzieht sich in der Substanz der einzelnen Zelle, die vor ihrer Differenzierung einfach als Bruchteil der Eisubstanz aufgefaßt werden kann. Beschränkt man sich daher bei der Untersuchung der Gewebsbildung auf die einzelnen Zellen, so erscheint die Annahme ganz natürlich, daß jene Bildung ausschließlich und unmittelbar auf letzte, im Ei selbst enthaltene und lediglich substanzielle

Ursachen zurückzuführen oder mit anderen Worten präformiert sei, wie es auch vielfach aufgefaßt wird. Dieser Eindruck kann auch nicht dadurch allein beseitigt werden, daß die morphologische Sonderung, die der geweblichen Sonderung vorausgeht, nach unserer bisherigen Untersuchung sich als ein durchaus epigenetischer Vorgang erwies. Denn während schon ihr Inbegriff als „Formbildung ganzer Zellenmassen“ einen unverkennbaren Hinweis auf eine Korrelation von zahlreichen zusammenwirkenden Elementen enthält, scheint die „intracelluläre Tätigkeit“ der Histiogenese sich gerade nach außen ganz abzuschließen. Es ist daher die Möglichkeit nicht ohne weiteres von der Hand zu weisen, daß, wenngleich die morphologische Sonderung epigenetisch verläuft, die gewebliche Sonderung dennoch unabhängig davon und präformiert erfolgen könnte.

Mit so allgemeinen Argumenten wie die eben genannten wird aber natürlich nichts entschieden; eine wirkliche Einsicht in den Kausalzusammenhang der Histiogenese kann vielmehr nur durch eine eingehende Untersuchung ihres Verlaufs gewonnen werden. Dabei wird es sich hauptsächlich darum handeln, ob die gewebliche Sonderung wirklich ausschließlich aus der vom Ei herrührenden Substanz der Embryonalzellen erklärt werden müsse, oder ob irgendwelche außer ihr liegende Ursachen mitwirken, sei es die morphologische Sonderung oder irgend etwas anderes. Und angesichts der immerhin bestehenden Verbindung der morphologischen und der geweblichen Sonderung ist es natürlich, daß man diese ihre Beziehungen zuerst prüft.

Solange meine Darstellung in erster Linie sich auf das Wesen und die Erscheinungen der morphologischen Sonderung in der tierischen Ontogenese bezog, fehlte eine Veranlassung, gleichzeitig ihren Wirkungen auf die zeitlich nachfolgende gewebliche Sonderung näher nachzugehen. Indem ich mich nun dieser letzteren zuwende, ist es umgekehrt gar nicht möglich, sie getrennt von der morphologischen Sonderung zu betrachten, in die sie mitten hineingestellt erscheint. So evident diese nahe Verbindung der beiderlei Vorgänge im allgemeinen ist, so wenig ist sie bisher in ihren einzelnen ursächlichen Zusammenhängen wirklich geprüft und gar überzeugend dargestellt worden. Dies zeigt sich schon in der ungenügenden Weise, wie die beiden Kategorien ontogenetischen Geschehens, die morphologische und die gewebliche Sonderung nach ihrem Wesen und infolgedessen in den schon besprochenen Hypothesen über die Ursachen der sich in jenen Sonderungen abspielenden Ontogenese unterschieden werden.

Unmißverständlich ist bloß die Weismannsche Präformations- oder Evolutionstheorie. Sie bürdet eben alles, was einer Erklärung bedarf, einfach den Determinanten auf; und wenn auch ein Unterschied zwischen der Histiogenese an sich und ihrer zeitlichen und örtlichen Bestimmung nicht geleugnet wird, so bleiben doch für alles die allmächtigen Determinanten verantwortlich. Sie schaffen nicht nur die besondere histiogenetische Unterlage in jeder Embryonalzelle, sondern besorgen auch durch ihre schon im ersten Eikern vorhandene Gesamtorganisation die nach Zeit und Ort richtige Verteilung aller Gewebszellen im künftigen Organismus. Sie sind also nach Weismann der einzige Grund für alles ontogenetische Geschehen, für die morphologische wie für die gewebliche Sonderung, deren Beziehungen zueinander daher von vornherein in einer einheitlichen Ursache, eben den Determinanten, gegeben sind.

Daß dabei keine Spur einer sinnlich greifbaren Erklärung vorliegt, könnte man einer vorläufigen Hypothese noch zugute halten, wenn sie wirklich den einzigen Ausweg aus der Fülle von Fragen nach dem Wesen der Ontogenese darstellte und den meines Erachtens unentbehrlichen Bedingungen einer Hypothese überhaupt gerecht würde: nämlich notwendig zu sein und einmal anerkannten Tatsachen nicht zu widersprechen. Ich bin aber nicht der Ansicht, daß die spielerisch einfache und doch so weit umfassende Präformationstheorie Weismanns jenen Bedingungen entspricht.

Beginnen wir mit den elementarsten Erscheinungen der Histiogenese. Ihre Träger, die Embryonalzellen, sind, wie wir sahen, epigenetische Erzeugnisse der morphologischen Sonderung. Denn es dürfte wohl niemand die ersten und alle folgenden Eiteilungen für histiogenetische Akte erklären, wenngleich sie nicht ohne Einfluß auf die Histiogenese bleiben (s. u.); und der epigenetische Verlauf der Teilung in der einzelnen Zelle scheint mir ebenso evident (s. S. 39), mag man auch an meiner Darstellung etwaige Verbesserungen für notwendig halten. Nicht weniger sicher ist, daß Form, Größe und Lage der Blastomeren und der folgenden Embryonalzellen auf die bereits geschilderte Organisation des ganzen Eiplasma und deren epigenetische Folgeerscheinungen zurückzuführen sind (s. S. 35). Diese für die Histiogenese unentbehrlichen morphologischen Bedingungen und Voraussetzungen entwickeln sich also laut der vergleichenden Beobachtung im ganzen und im einzelnen, ohne daß man die Hilfe der hypotheischen Determinanten in Anspruch zu nehmen brauchte. Also bleibt die Histiogenese von der vorausgehenden morphologischen Sonderung abhängig und folglich epigenetisch bedingt, und kann daher nicht schlechtweg präformiert sein.

Trotzdem genügt dies noch nicht, um eine Epigenese der Gewebsbildung in jeder Richtung evident zu machen. Insbesondere ist hier der Einwand zu gewärtigen, daß die morphologische Sonderung bei der örtlichen Bestimmung der Gewebsbildung in diese formativ gar nicht eingreift, sondern wie andere nicht formative Einflüsse (umgebendes Medium, Wärme u. a.) bloß zu den in jedem Embryonalteil besonders gearteten Existenzbedingungen gehöre, unter denen allein die Gewebsbildung in Tätigkeit treten könne. — Dies würde freilich nach dem oben Gesagten die vollkommene Selbständigkeit der Gewebsbildung oder ihre vollständige Präformation nicht retten, aber immerhin der Mitwirkung der morphologischen Sonderung recht enge Grenzen ziehen. Daraus könnte weiter gefolgert werden, daß, wenngleich die morphologische Sonderung für sich epigenetisch verlaufe, die gewebliche Sonderung innerhalb der Zellsubstanz doch unabhängig von jeder äußeren Korrelation bleibe. Und damit wäre die Vorstellung einer Vereinigung von Epigenese und Präformation in der gesamten Ontogenese gebilligt und damit die genaue Unterscheidung dieser Begriffe verhindert.

In diesem ganzen Raisonnement steckt aber der grundsätzliche Fehler, daß es von unklaren Vorstellungen über das Wesen der Morphogenese und der Histiogenese sowie ihrer allgemeinen Beziehungen zueinander ausgeht und daher in falscher Richtung kämpft. Beide Erscheinungen laufen nicht etwa selbständig nebeneinander, sondern gehören, wie hier vorausgreifend bemerkt sei, untrennbar zusammen, und werden nur zum Zweck einer leichteren Verständigung so, wie es geschehen ist, auseinandergehalten. Sie entspringen derselben Energie, die in der Substanz des Eis und der Embryonalzellen enthalten ist und unterscheiden sich in ihrer Tätigkeit nur darin, daß die morphologische Sonderung auf die mehr oder weniger indifferenten Zellenmassen formativ wirkt, während die gewebliche Sonderung die Substanz der einzelnen Zellen differenziert. Daß die morphologische Sonderung an dieser Differenzierung aktiv und unmittelbar teilnimmt, hat wohl niemand behauptet, braucht also auch nicht widerlegt zu werden; ebenso gewiß ist es aber völlig verfehlt, daraus zu schließen, daß die morphologische Sonderung bloß eine Vorbereitung, eine allerdings notwendige, aber formativ gleichgültige Existenzbedingung der selbsttätigen Histiogenese sei. Der bezeichnete Trugschluß von der Präformation der Gewebsbildung rührt vielmehr daher, daß man sich die Dinge mehr nach spekulativen Erwägungen zurecht legte, als nach wirklichen ontogenetischen Beobachtungen prüfte.

Um den richtigen Gesichtspunkt für die Beurteilung des Ursprungs und der Ursachen der Histiogenese zu gewinnen, muß vor allem ihr Wesensinhalt klar vorliegen. Er beruht nun keineswegs, wie man aus den höher differenzierten Geweben und Gewebselementen entnehmen könnte, und etwa ähnlich wie die morphologische Sonderung sich uns darstellt, in einer Formbildung im gewöhnlichen Sinn. Die Gewebsbildung ist vielmehr die Einrichtung einzelner Zellen und weiterhin von Zellenverbänden und Zellenprodukten zu bestimmten physiologischen Funktionen, also etwas, was bei der morphologischen Sonderung gar nicht in Frage kommt. Diese Einrichtung äußert sich in gewissen elementaren Fähigkeiten der Substanz (Sekretion, Elastizität, Assimilation, Kontraktion, Reizempfindung, Reizleitung usw.), die jedoch nicht grundsätzlich an eine bestimmte, sinnfällige Formbildung derselben Substanz gebunden sind. Wenn z. B. eine indifferente Embryonalzelle sich in eine glatte Muskelfaser, eine einfache Drüsenzelle oder eine nicht reduzierte Blutzelle verwandelt, so ist diese unzweifelhaft echte Gewebszelle mit keiner sichtbaren Veränderung verbunden, die man als ihre spezifische Formbildung bezeichnen könnte. Wo aber eine solche vorliegt, da bedeutet sie stets, sei es in einer ontogenetischen oder einer phyletischen Entwicklungsreihe, eine höhere Stufe der Gewebsbildung, und ist daher nur der Ausdruck dieses Fortschritts und nicht ihrer Existenz überhaupt.

Das Spezifische der Gewebsbildung ist also ausschließlich die besondere, qualitativ differenzierte Funktionsfähigkeit der Substanz, ganz gleich, ob dies zum sichtbaren, eventuell als Formbildung zu bezeichnenden Ausdruck kommt oder nicht. Wenn daher das Hauptmerkmal der morphologischen Sonderung die Formbildung ist, so ist das entsprechende Merkmal der geweblichen Sonderung die Funktion. Die sichtbare Gewebsbildung ist dabei nur eine sekundäre Erscheinung.

Die Funktionsfähigkeit der Embryonalzellen wäre also der Ausgangspunkt der Histiogenese, und es müßte zunächst festgestellt werden, wie sie zustande kommt. Vorweg ist zuzugeben, daß die gesamte Substanz des Eis und seiner Teilungsprodukte für jede tierische Art spezifisch bestimmt ist, und daß Kern und Plasma tatsächlich in Wechselwirkung stehen, so daß die Bestandteile beider zu jener spezifischen Substanz gehören. Und da diese besondere Eisubstanz unmittelbar in die Embryonalzellen übergeht, so ist nichts dagegen zu sagen, daß in ihr eine der wichtigsten letzten Ursachen der Histiogenese vorliegt. Sie ist aber keineswegs deren einzige nächste Ursache im Sinn einer Präformation (s. S. 20), sondern es sind noch andere leicht nachweisbare nächste Ursachen mit beteiligt.

Zunächst bedeutet die äußerliche Identität der Substanz im Ei und in den Embryonalzellen durchaus nicht, daß die histiogenetische Fähigkeit der letzteren bereits in der Eisubstanz fertig vorliegt, und nur aus besonderen Gründen, namentlich deshalb nicht zur Wirkung kommt, weil die Träger der Histiogenese, die Embryonalzellen, noch nicht gesondert sind. Denn bekanntlich beginnt die Histiogenese nicht in allen Embryonalzellen gleichzeitig, aber innerhalb derselben Art stets gesetzmäßig zur selben Zeit am selben Ort. Diese zeitliche und örtliche Bestimmung der Histiogenese kann bei ihrer Regelmäßigkeit nicht vom Zufall abhängen, sondern muß ständig vorhandene Ursachen haben, die sich in der Tat auch nachweisen lassen.

Die zeitliche Bestimmung der Histiogenese erklärt sich dadurch, daß der Beginn der geweblichen Differenzierung mit einem Zustande der Substanz zusammenfällt, den man als Gewebsreife bezeichnen kann, und der vorher noch nicht erreicht war. Die vorausgehende, ununterbrochene und verhältnismäßig ungeheure Teilungsarbeit des Embryo erfolgt nur auf Kosten der in seiner Substanz aufgespeicherten Energie, deren Verbrauch uns dadurch deutlich vor Augen tritt, daß ihre mehr oder weniger festen Reservestoffe, nämlich die bekannte Dottersubstanz während der Ontogenese dauernd schmilzt. Die ansehnliche Ansammlung dieser Dottersubstanz schließt die ursprüngliche Eisubstanz schon nach ihrer Konsistenz von einer histiogenetischen Differenzierung aus; und die Beobachtung passender Objekte, namentlich aus der Ontogenese der Amphibien zeigt sehr deutlich, daß die eigentliche Histiogenese erst dann beginnt, wann die Dotterschollen in den Embryonalzellen nach Zahl und Größe in starker Abnahme begriffen oder schon verschwunden sind (Goette 1875). Genau genommen kann daher von einer vollkommenen Identität der Substanz des Eis und der Embryonalzellen nicht gesprochen werden, sondern sie unterliegt bis zur vollen Gewebsreife einer gewissen Entwicklung während der vorausgehenden Ontogenese.

Diese Veränderung der embryonalen Zellsubstanz oder die Dotterschmelze dient aber in erster Linie als Kraftquelle für die Zellteilungen und Zellverschiebungen, d. h. für die morphologische Sonderung, die daher als allgemeine Ursache der Gewebsreife erscheint und die Histiogenese zeitlich bestimmt, ohne in sie unmittelbar einzugreifen.

Dieser Zeitpunkt bedeutet ferner für jeden Einzelteil des embryonalen Organismus noch mehr, nämlich die Ablösung der morphologischen Arbeit durch die histiogenetische. Allerdings dauert die Leistung der morphologischen Sonderung, die eigentliche Organisation des ganzen Individuums fort und wirkt weiterhin, wie wir es bei der regenerativen Entwicklung deutlich sehen werden, in der alten Weise, nämlich als organisatorische Formbildung; aber gegenüber diesem dauernden Zustande dominiert nunmehr die lebendige Arbeit der Gewebe, die durch die morphologische Sonderung ausgelöst wurde. Unter diesem Gesichtspunkt erscheinen Morphogenese und Histiogenese nicht mehr als zwei wirklich gegensätzliche Erscheinungen, sondern als zwei zusammengehörige Phasen desselben einheitlichen Vorgangs, der Ontogenese überhaupt.

Ich komme nun zu der örtlichen Bestimmung der Histiogenese. Es ist klar, daß sie ebenso wie die zeitliche Bestimmung von der morphologischen Sonderung ausgeht, indem diese erst die formale Organisation des Embryo nach der Grundform, den Schichten, der Gliederung und den besonderen Lagebeziehungen der Einzelteile ausbaut, ehe die Geweb bildung Platz greift. Diese vorbereitende Tätigkeit der morphologischen Sonderung hat nun freilich, wie schon erwähnt, mit der konkreten Gewebsbildung in den einzelnen Embryonalzellen unmittelbar nichts zu tun, so daß erst eine weitere Untersuchung darüber zu entscheiden hätte, ob dieser eigentliche substanzielle Abschnitt der Histiogenese überhaupt auch nur in mittelbarer Weise von der morphologischen Sonderung und ihren Erfolgen abhängt oder nicht. Trotzdem kann schon an dieser Stelle auf ein Moment hingewiesen werden, wo sich eine solche Abhängigkeit über die bloße Vorbereitung hinaus offenbart. Ich meine die frühzeitige Entstehung der von mir sogenannten Grundgewebe: des Epithels und des Binnen- oder Füllgewebes (Goette 1902).

Nur eine rein deskriptiv-systematische Betrachtung kann diese Grundgewebe unter die übrigen spezifischen, d. h. für bestimmte Funktionen eingerichteten Gewebe als gleichwertige einreihen; bei einiger Überlegung erweist sich dies jedoch als untunlich, denn beide Grundgewebe sind nach Entstehung und Bau durchaus morphologische und nicht gewebliche Bildungen. Das Epithel bedeutet zunächst nichts anderes als eine geschlossene Zellenschicht mit freier Fläche, und unter Füllgewebe ist ebenfalls nur eine, in einem geschlossenen Binnenraum befindliche, mit Intercellularsubstanz durchsetzte Zellenmasse zu verstehen.

In diesen Definitionen weist nichts auf eine bestimmte und spezifische Funktion hin, die nicht schon in den morphologischen Begriffen „geschlossene Oberflächenschicht" und „gefüllter Binnenraum" enthalten wäre. Anderseits können in jedem dieser Grundgewebe die verschiedensten Einzelgewebe sich nebeneinander entwickeln, ohne, wie namentlich beim Epithel, seinen Grundcharakter zu ändern. Und dieser bleibt ein rein morphologischer, da er sich auf Lageverhältnisse und

Formbildungen ganzer Zellenmassen beschränkt und mit den allerersten morphologischen Organisationen der Polyplastiden zusammenfällt: das Epithel begegnet uns zuerst in den hohlkugligen Homoplastiden (Magosphaera, Volvox) und im ontogenetischen Blastoderm und Ectoderm, das Füllgewebe, das wegen der flüssigen Intercellularsubstanz für sich allein überhaupt nicht existieren kann, im primitiven Ento-Mesoderm der Parenchymella und sonstiger Gastrulaformen.

Der gedachten systematischen Schwierigkeit wird auch dadurch nicht abgeholfen, daß man beide Grundgewebe aus der Kategorie der Gewebsbildungen völlig ausscheidet. Denn trotz ihres morphologischen Charakters sind in ihnen die Anfänge bestimmter Gewebs- und Organbildungen — welche letzteren von der Gewebsbildung kaum zu trennen sind — gar nicht zu verkennen, indem jedes Grundgewebe bis zu einem gewissen Grade ausschließlich die Bedingungen für ganz bestimmte Gewebsbildungen in sich enthält. Jedes Gewebe, das einer freien Fläche bedarf, Wimper- und Geißelträger, Drüsen, gewisse Sinnesorgane, Atmungsorgane u. a. ist dem Epithel vorbehalten, während alle flüssigen und festen Intercellularsubstanzen und ihre Behälter (allgemeine Körperflüssigkeit, Gallerte, Blut, Blutgefäße, Cölom, Kanäle jeder Art, Bindesubstanzen) nur in und aus dem Füllgewebe entstehen können.

So zeigt uns die Betrachtung der Grundgewebe die Beziehungen der morphologischen und der geweblichen Sonderung und namentlich die Einbeziehung dieser letzteren in die korrelative, epigenetische Entwicklung von einer neuen Seite. Nun liegt es auf der Hand, daß auch diese von der morphologischen Sonderung abhängige örtliche Bestimmung der Histiogenese deren intimsten Kausalzusammenhang, insbesondere die Wirkung der Form- und Lagebeziehungen der Embryonalzellen auf die substanziellen Veränderungen der letzteren nicht restlos erklärt. Dazu bedarf es noch anderer als der bisher erwähnten Faktoren; und für ihre Feststellung gilt dasselbe, was uns bei der Untersuchung der verschiedenen morphologischen Sonderungen leitete. Es ist und bleibt nämlich aussichtslos, die nächsten Ursachen des einzelnen histiogenetischen Geschehens in der Ontogenese der höher entwickelten Organismen vollständig zu ermitteln und gar daraus den ersten Ursprung desselben Geschehens zu erschließen. Dies ist vielmehr nur dadurch zu erreichen, daß man die frühesten phyletischen Entwicklungsstufen des fraglichen Vorgangs aufsucht, wo er aus seinen letzten Ursachen mehr oder weniger unmittelbar hervorgeht.

Nun finden sich aber die ersten histiogenetischen Vorgänge nicht etwa bei den Polyplastiden, von denen bisher allein die Rede war, sondern schon bei den Monoplastiden, deren physiologische Funktionen und gewebliche Differenzierungen, für sich allein betrachtet, in allen wesentlichen Stücken mit denen der Polyplastiden übereinstimmen. Der in der Selbsterhaltung kulminierende Begriff und Inhalt des Lebens ist bei allen Organismen, den niedersten Protozoen und den höchsten Polyplastiden derselbe, und die darin zusammengefaßten wenigen Grundfunktionen sind in ihrer elementaren Natur überall die gleichen, und nur nach ihren Korrelationen in der wechselnden Organisation des Individuums verschieden. Will man sich also zunächst nur über jenen allgemeinsten Zusammenhang der physiologischen Funktionen orientieren, so muß es am leichtesten bei den Protozoen gelingen, deren verhältnismäßig einfache Organisation den Einblick in das Getriebe jener Funktionen am wenigsten verdeckt.

Die Histiogenese der Protozoen.

Dreierlei Erscheinungen sind dabei hauptsächlich zu unterscheiden: 1. die der Existenz jedes Lebewesens zugrunde liegende Substanz, das Protoplasma, mit der Fähigkeit, als aktive Ursache für alle allgemeinen, zum Leben unentbehrlichen Funktionen zu dienen; 2. die Entstehung der Funktionen durch die Korrelation des Protoplasma mit äußeren und inneren veranlassenden Ursachen und Reizen; 3. die eigentliche Gewebsbildung. — Ich will aber damit nicht ein bestimmtes Schema für die Untersuchung aufstellen, sondern nur die Hauptpunkte kennzeichnen, auf die sich die Kritik der Histiogenese zu richten hat. Die allgemeinen und grundlegenden Vorgänge werden aber bei den Protozoen, und die besonderen histiogenetischen Erscheinungen bei den Polyplastiden zur Sprache kommen.

Wenn man, wie natürlich, von der Kenntnis der Polyplastiden ausgehend, sich zu den Protozoen wendet, imponiert in ihrer Histiogenese vor allem andern die Tatsache, daß ihr Protoplasma eine in jedem Individuum kontinuierliche Substanz ist. Die von den Polyplastiden her gewohnte Vorstellung, daß die Gewebsbildung auf viele Plastiden verteilt ist, so daß ein jedes von ihnen, also jede Gewebszelle, nur zu einer Funktion befähigt ist, kann keine allgemeine, grundsätzliche Bedeutung beanspruchen, sondern ist nur eine sekundäre Erscheinung bei den Polyplastiden allein, und dort nicht einmal ausnahmslos nachweisbar. Denn jede Körperzelle eines hohlkugligen Homoplastids ist ebenso allseitig funktionsfähig wie ein einzelnes Protozoon; und ferner erzeugt manche Bildungszelle auch der höher organisierten Polyplastiden mehr als ein Gewebselement, beispielsweise eine nervenbildende Zelle gleichzeitig den reizleitenden Achsenfaden sowie die Fibrillen und die bindegewebigen Hüllen (Goette 1914). Während aber eine solche vielseitige

Funktionsfähigkeit einer einheitlichen Protoplasmamasse bei den Polyplastiden nur noch ausnahmsweise vorkommt, ist sie bei den Protozoen eine ständige und ursprüngliche Erscheinung, was uns vollends berechtigt, die originalen geweblichen Zustände gerade dort zu suchen.

Sobald man sich nun mit der Tatsache begnügt, daß die verschiedenen Lebenserscheinungen eines Protozoons sich in seiner kontinuierlichen protoplasmatischen Substanz und durch sie vollziehen, verzichtet man nicht nur auf eine Erklärung, ein Verständnis dieser Vorgänge, sondern gelangt in der Regel ganz unbewußt zu einer irrigen Auffassung ihres Zusammenhangs. Das funktionierende Protoplasma erscheint dann als eine Substanz, die durch ihre besonderen Eigenschaften das Leben erzeugt und unterhält, und wenn es auch klar und empirisch erwiesen ist, daß diese Leistungen des Protoplasma erst durch irgendwelche veranlassende Ursachen oder Reize hervorgerufen werden, so ändert dies doch nichts an der Vorstellung, daß es als Substanz die eigentliche, qualitative Ursache des Lebens ist.

Diese Vorstellung, daß das gesamte Leben ausschließlich auf der durch äußere Reize ausgelösten Energie einer Substanz, eben des Protoplasma, beruhe, ist jedoch nicht bloß eine ungenaue oder unklare Phrase, sondern ein vollkommener Irrtum. Seitdem der Name „Protoplasma" aufkam, datiert die Verwechselung von zwei verschiedenen Dingen dieses selben Namens, nämlich einmal der lediglich durch ihre chemische Konstitution gekennzeichneten, also an sich formlosen Substanz, und zweitens des organisierten Protoplasma, zunächst der lebenden Protozoen. Die Vernachlässigung einer klaren Unterscheidung dieser beiden Dinge wurde von Anfang an dadurch begünstigt, daß uns eigentlich nur das organisierte, lebende Protoplasma bekannt ist, aber aus später zu erwähnenden Gründen nicht sein rein substanzieller Zustand in Abwesenheit jeder Art von Organisation. So konnte die Anschauung Platz greifen, daß seine Organisation, die den physiologischen Funktionen zugrunde liegt, eben nur der Ausdruck besonderer Eigenschaften einer bloß molekulär hoch organisierten Substanz sei.

Wenn dies auch nicht direkt ausgesprochen und vertreten wird, so wirkt doch schon das Fehlen einer kritischen Widerlegung in der angegebenen Weise: das individuell lebende Protoplasma wird stets als eine Substanz behandelt und nicht als das, womit es tatsächlich identisch ist, nämlich als ein monoplastider Organismus. Und dies führt zu weiteren grundsätzlichen Irrtümern.

Der Unterschied von ungeformter und geformter oder organisierter Substanz offenbart sich bei leblosen Körpern viel leichter als bei Organismen, auch wenn sie so einfach scheinen wie die Protozoen. So nehmen viele Flüssigkeiten, die doch an sich formlos sind, unter dem Einfluß bestimmter äußerer Bedingungen die regelmäßige Form von einzelnen, über eine gewisse Größe nicht hinausgehender Tropfen an, um nach Änderung jener Bedingungen die Tropfenform wieder aufzugeben und zum früheren Zustande der formlosen Substanz zurückzukehren. Die Tropfenbildung hängt also allerdings von gewissen allgemeinen Eigenschaften der Substanz, u. a. von ihrem flüssigen Zustande ab; die dadurch ermöglichte Formbildung ist aber eine nicht nur unbeständige, sondern auch eine bloß äußerlich verursachte Erscheinung, die die innere Konstitution der Substanz in keiner Weise berührt, so daß beides, Substanz und Form sozusagen selbständig mit- und nebeneinander bestehen, und daher nach der Auflösung der Form die Substanz als solche unverändert erscheint. Unter diesen Umständen kann nicht die Rede davon sein, daß die Formbildung zu einer inhärenten Eigenschaft der Substanz würde; sie bleibt eine gelegentliche Begleiterscheinung der letzteren.

Ganz anders offenbart sich die als Organisation bezeichnete Formbildung des lebenden Protoplasma, und zwar in erster Linie deshalb, weil sie von Anfang an mit einer Substanzveränderung verbunden war und blieb. Dies läßt sich allerdings nicht unmittelbar verfolgen und nachweisen, weil die Entstehung einer völlig formlosen protoplasmatischen Substanz und ihre darauf folgende Organisation in der Weise, wie sie einst der Erscheinung der ersten Organismen vorausgingen, sich gegenwärtig nicht mehr wiederholen. Daher sind wir auf hypothetische Erklärungen angewiesen, womit aber nicht jede beliebige Vorstellung von dem fraglichen Ursprung des organisierten Protoplasma gestattet sein kann, sondern nur eine solche, die unseren gesicherten sonstigen Kenntnissen nicht widerspricht und sich vielmehr auf naheliegende Analogien stützt.

Selbstverständlich konnte eine regel- und gesetzmäßige Formbildung oder Organisation der protoplasmatischen Substanz sich nur innerhalb bestimmt begrenzter Körper vollziehen, die in der Folge die ersten Lebewesen oder Urorganismen darstellten. Über deren erstes Auftreten ist jedoch nur eine recht willkürliche Vermutung laut geworden, die sich eng an die alte Hypothese von der Urzeugung anschließt. Diese sollte bekanntlich so verlaufen, daß gewisse niedere Tiere nicht so, wie es von allen übrigen Tieren bekannt war, durch Fortpflanzung, sondern in einer nicht weiter angedeuteten Weise spontan entstanden. Der Gegenbeweis, daß dies irrig sei und auch die bezeichneten Tiere sich ausnahmslos durch Fortpflanzung vermehrten, wurde zwar in der Folge erbracht; selbstverständlich gilt er aber bloß für die bereits bestehende Organismenwelt und nicht für deren erste Entstehung, die in Abwesenheit von schon existierenden Lebewesen nur spontan, also insofern gleich einer Urzeugung erfolgt sein konnte. Der Gedanke der Urzeugung ist daher keineswegs vollkommen unzulässig, sondern nur auf eine bestimmte Periode in der Existenz der Lebewelt, nämlich auf die ersten Urorganismen zu beschränken, dort aber unbedingt gesichert. Während aber jene alte Lehre von der spontanen Entstehung gewisser gegenwärtig existierenden Tierarten bei dieser angeblichen Tatsache stehen blieb und sich über den eigentlichen Vorgang der behaupteten Entstehung ausschwieg, erstand nunmehr die Aufgabe, diesen Vorgang der spontanen Entstehung der Urorganismen im einzelnen zu ermitteln.

Eine solche Erklärung ist nun auch in der Weise versucht worden, daß die erste protoplasmatische Substanz simultan aus den verschiedenen, sie zusammensetzenden anorganischen Elementen zu den einzelnen individuell abgegrenzten und geformten Körpern der Urorganismen zusammenschoß. Und um einen solchen Prozeß recht naturwahr erscheinen zu lassen, wurde er mit einem sich plötzlich vollziehenden Kristallisationsakt verglichen — doch sicher zu Unrecht. Denn die Kristallisation erzeugt weder eine neue Substanz, noch eine ihr inhärente und von ihr nicht lösbare Form, sondern die Kristallform stellt sich im Gegenteil an einer schon fertig bestehenden Substanz ein, die auch nach der Auflösung des Kristalls unverändert zurückbleibt. In der bezeichneten hypothetischen Genese des Protoplasma sollte aber umgekehrt die Substanz ganz neu entstehen, und zwar gleichzeitig mit einer gewissen Organisation, ohne die das gegenwärtig bekannte Protoplasma gar nicht vorkommt.

Läßt man nun das täuschende Bild der Kristallisation ganz beiseite, so tritt der Widerspruch zwischen der hypothetischen plötzlichen Entstehung des Protoplasma und anderen analogen Substanzmetamorphosen um so schärfer hervor. Nirgends sehen wir hochkomplizierte organische Substanzen in einem Akt aus ihren einfachen Elementen zusammenschießen; und vollends rätselhaft bleibt die Vorstellung, wie die Organisation des fertigen Protoplasma schon vor seiner Herstellung ursächlich vorgebildet gewesen sein sollte.

Will man trotzdem daran festhalten, daß die Urorganismen im ganzen plötzlich entstanden, so darf man sich nicht der Täuschung hingeben, daß man sich dabei einer naturwissenschaftlich statthaften, d. h. einer solchen Hypothese bediene, die irgendwie durch anerkannte Tatsachen gestützt werde. Man vertritt damit vielmehr einen richtigen Schöpfungsakt, der sich zudem in einer bereits existierenden sinnlichen Welt und beliebig oft vollzogen habe. Man könnte infolgedessen nicht einmal bestreiten, daß eine Wiederholung solcher Schöpfungsakte auch in der Gegenwart möglich ist und verzichtet damit in dieser Frage auf jede naturwissenschaftliche Kritik.

Im Gegensatz dazu bietet uns die Ontogenese und Physiologie der rezenten Tierwelt genügende Vergleichsmomente, um sich den Ursprung der Urorganismen mit einer wohlbegründeten Annahme zu veranschaulichen, die dadurch nichts an Wahrscheinlichkeit einbüßt, daß man sie ebenfalls als Hypothese bezeichnet, solange sie sich nur durch Analogien empirisch begründen läßt.

Haben wir uns einmal davon überzeugt, daß die Urorganismen nicht in einem einzigen Akt geschaffen sein konnten, so ist schon ein bedeutsamer Ausgangspunkt gegeben: Substanz und Organisation dieser Lebewesen oder das Protoplasma mußten allmählich neben- oder nacheinander entstanden sein. Die Genese der protoplasmatischen Substanz können wir uns alsdann nicht anders denken, als wir sie von anderen organischen Substanzen kennen. Durch allmählich fortschreitende Metamorphosen entwickelte sie sich einst aus anorganischen Stoffen, und zwar unter äußeren Bedingungen, wie sie gegenwärtig in der Natur anscheinend nicht mehr vorkommen. Innerhalb dieser kontinuierlichen Metamorphosenreihe kann von einem bestimmten Beginn der eigentlichen protoplasmatischen Substanz nicht wohl die Rede sein; doch dürfte sich nichts gegen die Annahme einwenden lassen, daß jener Beginn etwa mit dem Zeitpunkt zusammenfiel, wann in ihr auch schon die ersten Vorstufen einer Organisation auftreten.

So zeigt also von den beiden Grundlagen der Lebewesen, der protoplasmatischen Substanz und ihrer Organisation, nur die erstere eine wirkliche Kontinuität von den elementaren Anorganen an, wogegen die Organisation trotz ihrer Abhängigkeit von der Substanz (s. u.) nach ihrem rein formalen Wesen als eine Neubildung erscheint, die wiederum erst nach ihrer Vollendung den Anfang des Lebens inaugurierte. Damit ist aber durchaus keine einfache und fixe Grenze zwischen beiden Gebieten, den Anorganen im biologischen Sinn oder den biologischen Anorganen und den Urorganismen gegeben. Denn so wenig wie die letzteren konnte auch ihre Organisation plötzlich entstanden sein; so wie man sich diese Organisation in den fertigen Urorganismen allein vorstellen kann, muß sie ebenso wie die organische Substanz als ein sich allmählich vollendendes Entwicklungsprodukt entstanden sein.

Dieses Ergebnis unserer Untersuchung wird durch die analogen Erscheinungen der uns bekannten Ontogenese bestätigt. Ohne schon an dieser Stelle auf die Fortpflanzung der Protozoen überhaupt näher einzugehen, was einem späteren Abschnitt dieses Buchs vorbehalten bleibt, beziehe ich mich zunächst nur auf meine Untersuchungen über die Fortpflanzung der Difflugien (Goette 1916). Denn obgleich die Genese der Urorganismen nicht direkt mit einer Fortpflanzung zu vergleichen ist, so stimmen doch beide Vorgänge, Urzeugung und Fortpflanzung, insofern durchaus überein, als ihr Ziel, nämlich die Herstellung individueller, insbesondere monoplastider Lebewesen, dasselbe ist und in beiden Fällen auf dem gleichen Wege, durch eine vollkommene Neubildung erreicht wird (s. u.). Denn in der Ontogenese der Protozoen wie der Polyplastiden wird, wie hier vorläufig nur kurz bemerkt sei, die Organisation des Elters nicht kontinuierlich auf den Nachkommen übertragen, sondern in dem letzteren tatsächlich neu entwickelt.

In einem Punkt ist allerdings ein Unterschied beider Entwicklungsverläufe von vornherein anzuerkennen: die Genese der Urorganismen ist eben kein ontogenetischer, sondern ein phyletischer Prozeß, der in der Fortpflanzung durch Keime nur in ontogenetischen Abbildern, d. h. mit cenogenetischen Abänderungen wiederkehrt. Seine begriffliche Rekonstruktion hat daher mit diesem Umstande zu rechnen; was ontogenetisch als bloße Formbildung sichtbar wird, ist im phyletischen Vorbilde der Ausdruck aktiver Vorgänge, wie es noch weiter unten an bestimmten Beispielen (spontane Metamorphose) erläutert werden soll.

Auf Grund der angegebenen Analogien lassen sich nun bei der Organisation der protoplasmatischen Substanz folgende Momente auseinanderhalten: einmal die lokalisierten Änderungen innerhalb der kontinuierlichen Substanz als Ausdruck entsprechender Funktionen, und dann der einheitlich individuelle Zusammenhang dieser Erscheinungen.

Diese Entwicklung geht natürlich von den besonderen Eigenschaften der sich bildenden, d. h. noch nicht individualisierten Substanz aus, wozu vor allem ihre große und vielseitige Veränderlichkeit gehört. Unter dem Einfluß ihrer Umgebung unterliegen die ihm zunächst ausgesetzten Stellen jener Substanz Verwandlungen, die jedoch infolge der festflüssigen Konsistenz der Substanz keine starren Formbildungen sein konnten, sondern das Merkmal verschiedener, sozusagen flüssiger Vorgänge oder Funktionen waren, die, solange sie regellos an formlosen Massen auftraten, als Urfunktionen zu bezeichnen wären, zum Unterschied von den bestimmt geregelten individuellen Funktionen der fertigen Urorganismen.

Die Annahme solcher Urfunktionen des noch nicht wirklich belebten Protoplasma als Vorstufen von wirklichen Lebensfunktionen ist gar nicht zu umgehen, sobald man von den vorhin gekennzeichneten Schöpfungsakten absieht. Denn die noch zu behandelnde zweite Periode der Organisation, nämlich ihre korrelative Vereinheitlichung ist ohne jene vorausgehenden Aktionen und Wandlungen des Protoplasma als Entwicklungsprozeß ganz undenkbar. Auch rein theoretisch spielen jene Urfunktionen eine nicht unwichtige Rolle. Denn indem sie einerseits an und für sich mit den einzelnen Lebensfunktionen nahezu identisch sind, aber anderseits in einer gar nicht individuell begrenzten Protoplasmamasse und ohne individuellen Zusammenhang existieren, bilden sie eine merkwürdige unmittelbare Verbindung zwischen richtigen Anorganen im biologischen Sinn und vollkommenen Organismen.

Zu der eben geschilderten rein substanziellen Stufe des bloß mit formlosen Urfunktionen ausgestatteten biologischen Anorgans gesellt sich nun das zweite, formale Moment der Individualisierung, und zwar zuerst durch die Sonderung der primären protoplasmatischen Massen in die bestimmt begrenzten Körper der künftigen Urorganismen. Auch dafür gibt es ontogenetische Analogien, z. B. in den multiplen Teilungen der im Werden begriffenen Keimmasse der Difflugien (s. Fig. 98B), wobei der Grund der Teilung einigermaßen kenntlich hervortritt. Denn dieser Teilung geht die Herstellung der neuen, für je einen Körper bestimmten Kerne voraus, was den Schluß gestattet, daß nach der Bildung und Lokalisierung der Kernmassen (Kerne oder Chromidien) sie mit der umgebenden Plasmamasse in einer stärkeren Korrelation stehen als diese Bezirke untereinander, die sich daher infolge dieses schwächeren Zusammenhangs voneinander abgrenzen und schließlich trennen.

Ergänzend füge ich hinzu, daß dies kein gewöhnlicher Teilungsvorgang ist, da in der Regel nicht die ganze Substanzmasse in die Korrelationsbezirke zerfällt, sondern ein größerer oder kleinerer Teil dieser Masse zurückbleibt und sich auflöst (Restkörper). Daraus ergibt sich, daß die Bildung der Korrelationsbezirke oder künftigen Plastide nicht als eine allgemeine Funktion der Gesamtmasse und ihrer Eigenschaften gelten kann, sondern daß jene Bildung auf neuentstandene lokale Ursachen bloß in einem Teil der Masse zurückzuführen ist.

Entnehmen wir dieser ontogenetischen Beobachtung an Difflugia eine entsprechende Vorstellung von dem Ursprung der Urorganismen, so ist von dem formlosen biologischen Anorgan und seinen anfangs offenbar unbeständigen Urfunktionen auszugehen, die ebenso leicht vergingen, als sie entstanden. Dennoch war ein Motiv zu einer korrelativen und konservierenden Verbindung unter ihnen vorhanden, nämlich ihre Verschiedenheit und gegenseitige Ergänzungsfähigkeit, indem z. B. die substanzzersetzenden Funktionen, wie Kontraktion u. a., neben den die Verluste ersetzenden Funktionen des Stoffwechsels bestanden. Diese verschiedenen Urfunktionen mochten nun im ungeformten Protoplasma so vergehen wie die Organisation eines Restkörpers, oder aber gelegentlich so zusammentreffen, daß sie in eine nähere Korrelation miteinander traten, die eben die Abgrenzung eines entsprechenden Bezirks oder Plastids oder vieler solcher in der angegebenen Weise und in der Regel neben einem zurückbleibenden Restkörper herbeiführt.[1] Dieses Zusammentreffen kann weder ein vollkommen vorgebildetes, noch ein wirklich zufälliges genannt werden; gegen die Präformation spricht der Umstand, daß von der ganzen gleichartigen Substanz doch nur einzelne Teile zur individuellen Abgrenzung der Plastide gelangen, und für einen richtigen Zufall waren wieder zu viele zusammengehörige Vorbedingungen vorhanden. Es liegt hier also wieder ein bemerkenswerter Übergang aus der Welt der Anorgane und Zufälle in die Welt der Organismen und der Entwicklungszusammenhänge vor (s. S. 187).

Die Herstellung der Korrelationsbezirke oder der für die künftigen Plastide bestimmten Körper stellt auch schon den Ausgangspunkt für eine regelmäßige Organisation in ihren eigenen Grenzen dar. Denn sobald diese fixiert sind, bilden sie die ersten formbestimmenden Lagebeziehungen für alle weiteren Funktionen und Substanzänderungen des Plastids. So einfach uns am bestimmt begrenzten Körper der Gegensatz von außen und innen zunächst erscheint, so tiefgreifend erweist er sich bei näherer Prüfung, wenn wir bloß überlegen, daß daran die morphologischen Unterschiede des Ecto- und des Entoplasma geknüpft sind. Hängt doch die Existenz der sich neu bildenden Plastide vollständig von der merkwürdigen Konsistenz dieser beiden Körpermassen ab, indem das Ectoplasma durch eine annähernd hautähnliche Beschaffenheit das halbflüssige Entoplasma zusammenhält und doch gleichzeitig in sich verschiebbar und daher zu Kontraktionen geeignet bleibt, während der teilweise wirklich flüssige Zustand des Entoplasma es zu den wichtigsten Stoffwechselfunktionen befähigt. Und es ist natürlich kein Zufall, daß die beiden Grundgewebe der Polyplastiden, das Außenepithel und das Binnengewebe in ihrer bereits erörterten Gegensätzlichkeit eine unverkennbare Analogie zum Ecto- und Entoplasma offenbaren.

Fassen wir zusammen, was über die Entwicklung der Urorganismen gesagt wurde, so wären die folgenden Hauptmomente hervorzuheben. Die protoplasmatische Substanz und ihre Organisation sind ebenso bestimmt auseinanderzuhalten wie die Substanz der Anorgane und ihre wechselnden gelegentlichen Urfunktionen. Doch besteht die Organisation des lebenden Protoplasma nicht nur in einem einheitlichen und

[1] Die Anwesenheit eines Restkörpers liefert nur den sichtbaren Beweis für das Gesagte, doch widerspricht sein Fehlen dem letzteren nicht.

geregelten Zusammenhang der früher durchaus wechselnden und vereinzelten Funktionen, sondern erhielt durch deren Ständigkeit und einheitliche Korrelation auch neue Eigenschaften und dadurch einen neuen materiellen Charakter. Daher erscheint die gesamte morphologische und gewebliche Organisation der Urorganismen sowie aller Lebewesen als ein epigenetisches Entwicklungsprodukt.

Diese Diskussion über den Ursprung der Urorganismen ist nur scheinbar eine Abschweifung von der Aufgabe, den Ursprung der Gewebsbildung aufzudecken. Da diese letztere nur das sichtbare Merkmal der Funktionen ist, so ist mit deren Entstehungsgeschichte auch schon das Wesentliche über den Ursprung der Gewebsbildungen gesagt. Und diese enge Beziehung zwischen Funktionen und Geweben läßt sich durch gewisse wohlbekannte Erscheinungen im Gebiete der Protozoen treffend illustrieren.

Beginnen wir mit der allgemein verbreiteten Vorstellung, daß die Gewebsbildung eine gleicherweise sichtbare wie fixe Formbildung des Protoplasma der verschiedenen Plastiden, also nicht nur der Zellen der Polyplastiden, sondern auch der ganzen Monoplastiden oder Protozoen ist, und prüfen diese „Tatsache" an den ersten besten Beispielen, z. B. an den Bewegungsorganen der Protozoen. Zweifellos wird man im allgemeinen nicht leicht geneigt sein, die schnell vorübergehende Erscheinung eines Pseudopodium für eine Gewebsbildung zu erklären, wogegen die dauernden Wimpern der Infusorien nicht weniger als diejenigen der Polyplastiden zu den Gewebsbildungen zählen. Trotzdem wäre es irrig, in der gewöhnlichen Beständigkeit der Wimpern und Geißeln das entscheidende Merkmal einer Gewebsbildung zu erblicken; denn diese Gebilde sind nicht selten ebenso vergänglich wie die Pseudopodien. Dies zeigt sich sehr anschaulich in einer Reihe von Erscheinungen bei den Protozoen, die ich unter dem Namen der „spontanen Metamorphose" zusammenfasse, in dem Sinne, daß „spontan" den Gegensatz zu einer ontogenetisch entstandenen und dauernden Bildung bezeichnet.

Das einfachste Beispiel dieser häufigen Metamorphose findet sich bei gewissen Amöben und Heliozoen, die sich gelegentlich in einen Flagellatenzustand verwandeln, um darauf nach einiger Zeit zum früheren Zustand zurückzukehren (Bütschli, Gruber u. a.). Der vollständige Schwund der Pseudopodien und ihr Ersatz durch je eine Geißel bedeutet also, daß die Substanz dieser Protozoen nicht nur zu einer einzigen typischen Bewegungsfunktion und der entsprechenden Gewebsbildung befähigt, sondern auch imstande ist, aus irgendeinem Anlaß beides vorübergehend mit einer anderen lokomotorischen Einrichtung zu vertauschen. In diesen Fällen ist der fragliche Anlaß nicht ersichtlich; in anderen Erscheinungen der spontanen Metamorphose läßt er sich aber ziemlich sicher ermitteln, so vor allem bei verschiedenen sessilen oder freien Protozoen, die den Wechsel ihrer Organisation mit einer gründlichen Änderung ihrer normalen Lebensweise verbinden. So lösen sich

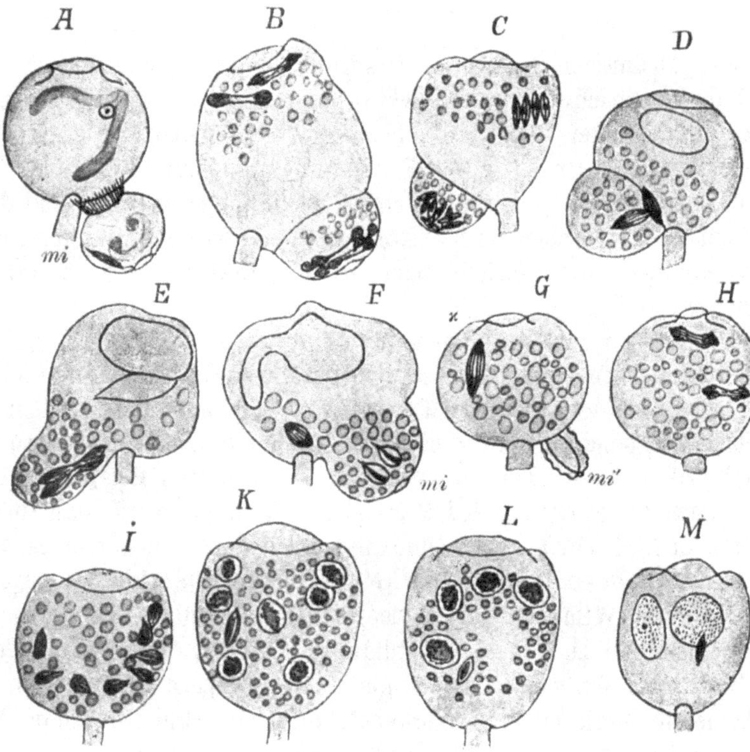

Fig. 65.
Vorticella monilata in Kopulation, nach Lang (1901); *mi* Microgonidium, *mi'* sein letzter Rest, *x* Karyogamie.

bekanntlich die einzelnen Individuen der sessilen Peritricha oft von ihren Stielen ab und entwickeln dabei einen lokomotorischen Wimperkranz an ihrem Stielende, der zur freien Schwimmbewegung dient und während der folgenden neuen Befestigung wieder schwindet (Fig. 65A). Auch manche Suctoria (Podophrya, Ephelota, Dendrocometes) können sich vom Stiel oder von der Fußplatte ablösen und unter Einziehung ihrer Saugtentakel sich in ein ciliates Geschöpf verwandeln (Fig. 66), das nach einiger Zeit zum normalen Zustande zurückkehrt (Stein, Hertwig, Bütschli, Goette u. a.).

Ähnliches kommt auch an den Teilungssprößlingen vieler Protozoen, z. B. Microgromia und Acanthocystis vor (Hertwig, Schaudinn), indem eine Teilungshälfte unverändert im Gehäuse zurückbleibt, die andere aber sich für einige Zeit in einen frei umherschwimmenden Geißelschwärmer verwandelt. Die aus dem Gehäuse auswandernden Teilungshälften von Lagenophrys erhalten ebenfalls einen lokomotorischen Wimperapparat, und die sich ablösenden Teilungshälften von Podophrya und Sphaerophrya verhalten sich genau so wie die metamorphosierten ganzen Tiere.

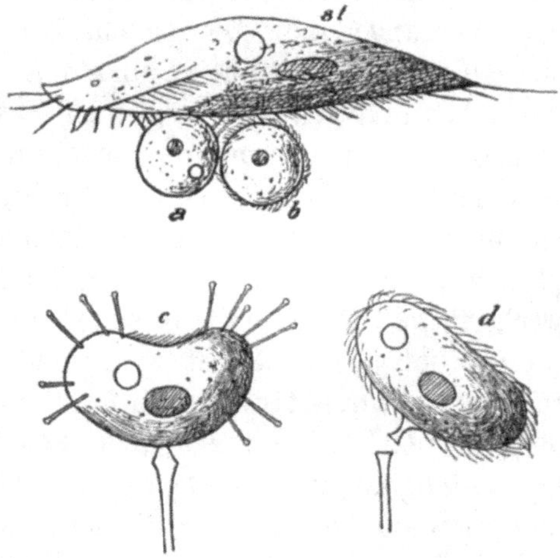

Fig. 66.

Podophrya fixa in Metamorphose, aus Goette (1902); ein Individuum *a* an einer Stylonychia (*st*) befestigt und vom Stiel abgerissen, *b* die durch Teilung von *a* abgelöste wimpernde Hälfte, *c*, *d* Umbildung eines sessilen Tiers in den Schwärmzustand.

Aus den Erscheinungen der spontanen Metamorphose ergeben sich mehrere bemerkenswerte Folgerungen. Vor allem beweist sie auf das Bestimmteste die Unbeständigkeit gewisser geweblicher Bildungen, ohne daß wir diese Vorgänge etwa mit dem Schwund verbrauchter Gewebsteile und ihrer Regeneration vergleichen könnten. Dies heißt also doch, daß die ursprünglichen Gewebsbildungen oder Substanzveränderungen von den entsprechenden Funktionen so abhängig sind, daß sie mit ihnen kommen und vergehen, nur Ausdruck und Merkmal für die vergänglichen Funktionen sind. Dies wird noch deutlicher, wenn wir die den Wimpern und Geißeln doch vielfach analogen Pseudopodien zum Vergleich heranziehen.

Ein Pseudopodium ist keine dauernde Formbildung des Protoplasma, sondern bloß eine sichtbar gewordene, bestimmte und lokalisierte Funktion, nämlich eine Kontraktion; es existiert daher tatsächlich und bleibt sichtbar nur so lange, als die Funktion dauert. Wegen dieser Unbeständigkeit bezeichnet man das Pseudopodium überhaupt nicht als eine Gewebsbildung. Nun sind aber die Wimpern und Geißeln der Protozoen, die doch ebenso wie die gleichen Erscheinungen der Polyplastiden als Gewebsbildungen gelten, wie wir vorhin sahen, nur relativ beständig und darin nicht durchaus verschieden von den Pseudopodien. Man kann daher diese letzteren nur als im Entstehen begriffene Gewebsbildungen auffassen und daraus schließen, daß ein Gewebe überhaupt nur der sichtbare Ausdruck und das Merkmal der zugrunde liegenden Funktion, und nicht umgekehrt die Funktion erst eine autonome Leistung des Gewebes ist.

Diese letztere häufige Auffassung (Funktion = Leistung des Gewebes) rührt daher, daß die vollkommenen Gewebe und Organe schlechtweg dauernde Erscheinungen, die dazu gehörigen Funktionen aber vergängliche Vorgänge sind. Die entscheidende Erklärung ergibt sich dagegen aus der genauen Definition und dem Kausalzusammenhang der wirksamen Grundlagen der fraglichen Erscheinungen und Vorgänge. Es handelt sich dabei um drei verschiedene und nicht unmittelbar miteinander vergleichbare Dinge: Protoplasma, Funktion und Gewebe, die nicht immer genügend auseinandergehalten werden. Das Protoplasma ist der Sitz der Energie, der Funktionsfähigkeit, nicht zu verwechseln mit der Funktion selbst, die erst durch gewisse Reize (s. u.) im Protoplasma ausgelöst wird; und das Gewebe ist die sichtbare lokale Organisation des Protoplasma, die die formalen Bedingungen der Funktion bestimmt und regelt. Solange die ungeregelten Urfunktionen herrschten, konnte natürlich keine Organisation des Protoplasma und kein Gewebe bestehen; die Organisation entstand erst durch die Individualisierung des Plastids, d. h. durch den geregelten Zusammenhang der Urfunktionen. Anfangs unbeständig wurde ihre Korrelation allmählich konstant und bestimmt, indem sie sich lokalisierte und festigte; und diese lokale Organisation der Funktionen ist, sobald sie irgendwie sichtbar wird, eben das, was wir Gewebe nennen. In ihm kommt also nicht nur eine Fähigkeit des Protoplasma zur Äußerung, sondern auch seine formale Ursache, die Organisation des fraglichen Körperteils.

Bei den Protozoen ist die Gewebsbildung noch unvollkommen und ihre Mannigfaltigkeit beschränkt, was eine natürliche Folge davon ist, daß die Gesamtorganisation des Plastids so viel einfacher ist als die gesamte morphologische Sonderung eines Polyplastids. Trotzdem bleibt die Ursache der Gewebsbildung, nämlich die sichtbare Organisation, beim einfachsten Protozoon dieselbe wie bei den höchstorganisierten Polyplastiden.

Die Darstellung vom Ursprung der Gewebsbildung ist aber noch nicht erschöpft. Wenn wir sie von den Funktionen ableiten und in der Funktionsfähigkeit des Protoplasma die materielle Unterlage der Funktionen anerkennen, so bedarf es noch des aktiven Anstoßes zur Ausführung der gedachten Vorgänge und Bildungen. Dies sind die Reize, und zwar in erster Linie die Außenreize.

Die übliche Vorstellung, daß die Lebensfunktionen einfach die Wirkungen der auf die Gewebe und Organe gerichteten äußeren Reize seien, ist eine von den traditionellen Phrasen, in denen die Irrtümer schwerer wiegen als die halben Wahrheiten. Es wurde schon hervorgehoben, wie schief die Auffassung ist, daß die Funktionen schlechtweg Wirkungen der Gewebe seien; und genau ebenso unrichtig ist es, die Außenreize als die Ursachen der Lebensfunktionen zu bezeichnen.

Ohne mich in eine eingehende Untersuchung des Begriffs „Leben" einzulassen, erinnere ich nur an seine einfachste und kürzeste Erklärung, daß es in der Selbsterhaltung des einzelnen Individuums vermittelst der allseitigen Korrelation der verschiedenen Funktionen besteht. Der lebende Organismus ist beständig den Angriffen und Eingriffen der Umwelt ausgesetzt, die, sofern eine Abwehr unterbleibt, den Organismus früher oder später zerstören. Die von ihm ausgehende, der Selbsterhaltung dienende Abwehr oder Reaktion besteht nun wesentlich darin, daß jeder Eingriff oder jede Abänderung des Protoplasma in eine konservierende Funktion oder Arbeitsleistung übergeführt oder umgesetzt wird, sei es eine Bewegung, die dem Angriff irgendwie begegnet, oder eine Stoffwechselfunktion, die Verluste ersetzt. Das individuelle physiologische Leben ist der eigentliche, ununterbrochene Kampf ums Dasein.

In diese Vorstellung würde nun freilich der eben ausgesprochene Gedanke scheinbar gut hineinpassen, daß die Angriffe der Umwelt auf die Organismen oder eben die äußeren Reize sich unmittelbar in die Lebensfunktionen umsetzen und daher ihre wirklichen nächsten Ursachen sind. Dies läßt sich aber unschwer widerlegen. Natürlich bestanden dieselben Reize schon vor der Entstehung der Organismen; dann wirkten sie also auch schon auf die Vorläufer der Urorganismen, die ich als Anorgane im biologischen Sinn oder als biologische Anorgane bezeichnete (s. S. 185). Da diese Anorgane aber gerade durch die Abwesenheit einer individuellen Organisation und folglich der Fähigkeit, echte Lebensfunktionen zu erzeugen, gekennzeichnet waren, so konnten auch die äußeren Reize wohl Urfunktionen, aber keine individuellen Lebensfunktionen hervorrufen und noch weniger sie direkt entstehen lassen; sonst wäre ja die zurückgewiesene kristallisationsähnliche Urzeugung (s. S. 184) zur Tat geworden.

Nach allem vermögen also die äußeren Reize nur Funktionen aus einem vollkommen funktionsfähigen Protoplasma auszulösen und sind folglich nur veranlassende, nicht neu produzierende Ursachen. Aber auch damit ist nicht alles aufgeklärt, und erst gewisse Erscheinungen der schon besprochenen spontanen Metamorphose lassen den Zusammenhang zwischen den äußeren Reizen und den von ihnen veranlaßten Funktionen vollends erkennen.

Es liegt ja nahe, eine Erklärung der spontanen Metamorphose darin zu suchen, daß die Veränderung der Lebensweise, der Übergang vom sessilen zum freien Leben und umgekehrt, oder von der kriechenden Lebensweise der Amöben zum Schwimmen der Flagellaten die fragliche Metamorphose begleitet. Unrichtig ist nur die gewöhnliche Annahme, daß die veränderte Lebensweise als ein allgemeiner äußerer Reiz die Metamorphose direkt hervorrufe; denn diese vollzieht sich regelmäßig vor dem Wechsel der Lebensweise. Nach meinen eigenen Beobachtungen der spontanen Metamorphose halte ich vielmehr die folgende Auffassung für zutreffender.

Die Ablösung der Podophrya fixa und beliebiger Individuen von Vorticellen von ihren Stielen erfolgt leicht, wenn man sie einige Zeit unter dem Deckgläschen in spärlichem Wasser verweilen läßt. Unter diesen Umständen wird die im Wasser enthaltene Luft bald verbraucht sein und kaum ersetzt werden, so daß die atmungsbedürftigen Geschöpfe einem Sauerstoffmangel ausgesetzt sind und höchst wahrscheinlich dadurch veranlaßt werden, vermittelst der spontanen Verwandlung in frei bewegliche Geschöpfe einen für sie günstigeren Standort in einem luftreichen Wasser aufzusuchen und vor allem sich an den Rand des Deckgläschens zu begeben. Nun kann aber zweifellos das durch den Verbrauch der Luft veränderte Wasser allenfalls als eine äußere Veranlassung, aber nicht als eine wirkliche Ursache der Metamorphose aufgefaßt werden. Die eigentliche und unmittelbare Ursache ist vielmehr der Sauerstoffmangel im Protoplasma, also ein innerer Zustand des Organismus, der aus jener Veränderung des umgebenden Wassers hervorging und durch dessen Durchlüftung leicht beseitigt wird.

Dies muß natürlich mutatis mutandis auch für den Fall eines Nahrungsmangels gelten; nur fehlt es an einem ebenso einleuchtenden äußeren Merkmal für den Hunger, wie es uns für den Sauerstoffmangel zu Gebote steht.

Noch deutlicher tritt die Bedeutung der inneren Reizursachen der spontanen Metamorphose in einem anderen Beispiele hervor. Bei den Vorticelliden und anderen Peritrichen erfolgt die Ablösung der Microgonidien wie im vorigen Fall unter der Entwicklung eines lokomotorischen Apparats, nämlich eines aboralen Wimperrades, hat aber mit einem äußeren Reiz überhaupt nichts zu tun, sondern leitet bekanntlich nur eine Verbindung mit einem Macrogonidium ein, die freilich ebenso wie die verwandten Erscheinungen anderer Infusorien als eine „Konjugation“ bezeichnet wird und vielleicht auch aus einer solchen hervorgegangen ist, aber sich tatsächlich nur mit solchen Kopulationen vergleichen läßt, wie sie zuerst bei Adelea bekannt wurde und wie ich sie wenigstens ähnlich bei Difflugia beobachtete (Goette 1916).

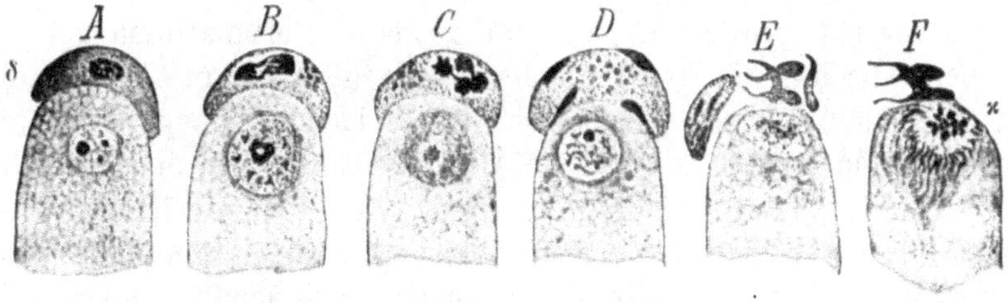

Fig. 67.
Adelea sp., Kopulation, aus Doflein, Lehrbuch der Protistenkunde (1916); Metamorphose und Auflösung des Microgameten δ, × Karyogamie.

Während die Microgonidien der Peritricha sich mit je einem Macrogonidium vereinigen, erfolgen zwar in beiden Individuen die typischen Kernteilungen wie bei den echten Konjugationen, aber nicht die gekreuzt doppelte Karyogamie der Wander- und der stationären Kerne beider Individuen. Vielmehr wird nur ein Neukern des Microgonidium in das Macrogonidium aufgenommen und zu einer Karyogamie benutzt, worauf die übrige Masse des Microgonidium zugrunde geht oder wie eine Nahrung vom Macrogonidium aufgesogen wird.

Ganz ähnlich vollzieht sich die Kopulation der beiden Gameten von Adelea, indem der Microgamet vier Neukerne erzeugt, von denen nur einer in den Macrogamet übertritt und sich mit dessen neugebildetem Kern vereinigt, während der Rest des Microgameten außerhalb zugrunde geht (Fig. 67).

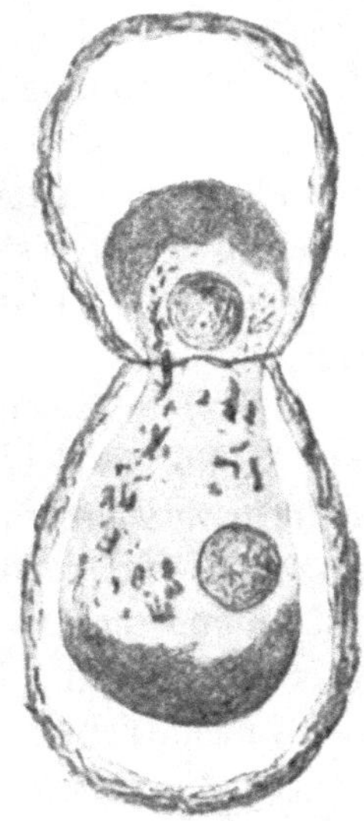

Fig. 68.
Difflugia lobostoma, Kopulation, nach Goette (1916); *a* aktiver, *p* passiver Kopulant.

Vergleichen wir diese Vorgänge mit der Kopulation von Difflugia lobostoma (Fig. 68). Sie verläuft stets in der Weise, daß das eine Individuum als das eigentlich tätige, als „aktiver" Kopulant von dem anderen „passiven" zu unterscheiden ist. Der aktive Kopulant überfällt den passiven Artgenossen und bohrt unter Umständen dessen Schale an, um ihn nach Vereinigung mit ihm einzusaugen, gerade so, als wenn ihn der Hunger zum Einsaugen und Verzehren einer Beute antriebe (Goette 1916).

Doch wird der eingesogene Artgenosse nicht einfach als Nahrung behandelt, weder stets ganz aufgenommen — es werden oft ansehnliche Plasmaportionen zurückgelassen —, noch im ganzen verdaut, da der fremde Kern stets nur zur Karyogamie dient. Daraus habe ich die Ansicht gewonnen, daß ein gewisser Chromatinmangel, der sich bei einzelnen Individuen, den aktiven Kopulanten, einstellt, sie zur Aufnahme eines Artgenossen mit folgender Karyogamie, also zur Kopulation veranlaßt. Und die Ähnlichkeit zwischen dem Vorgehen des aktiven Kopulanten und dem Einfangen einer Beute ließ mich annehmen, daß die Ursache der Kopulation, nämlich der Chromatinmangel solcher Tiere einen ähnlichen Zustand wie den Nahrungshunger darstelle und daher als „Chromatinhunger" bezeichnet werden kann.

Die Kopulation der Difflugien stammt also hinsichtlich des Ziels, neben einer einfachen, nicht gekreuzt doppelten Karyogamie mit der Konjugation der Peritricha durchaus überein.[1] Und es ist daher nicht einzusehen, warum bei dieser Konjugation nicht ebenfalls ein Chromatinmangel als die eigentliche Ursache des merkwürdigen Vorgangs anzunehmen wäre. Wie dem aber auch sei, so viel ist sicher, daß solche Kopulationen überhaupt nicht durch irgendwelche äußere Ursachen, sondern ausschließlich durch innere Ursachen hervorgerufen werden, die man unter allen Umständen als Triebe bezeichnen darf, wofür der Nahrungshunger eben das beste Beispiel darbietet. Auf der anderen Seite paßt für diese Triebe im Gegensatz zu den Außenreizen der Name der Innenreize.

Alle voranstehenden Beispiele lehren, wie mir scheint, ganz bestimmt, daß der Zusammenhang zwischen den äußeren Reizen und den durch sie veranlaßten Funktionen kein unmittelbarer ist, sondern durch die inneren Triebe des Organismus vermittelt wird. Scheinbar kann auch ein äußerer Reiz ganz fehlen, wie bei der Kopulation; doch braucht dies keine wirkliche Ausnahme zu sein, und ist vielleicht nur die Folge einer Unkenntlichkeit der beteiligten äußeren Momente, wie etwa vorausgegangener häufiger Teilungen oder dergleichen. Immerhin erschließt uns die Beobachtung die sichere Tatsache, daß auch die in der Kopulation sich vollziehende Funktion nicht durch einen äußeren, sondern durch einen inneren Reiz, einen Trieb unmittelbar ausgelöst wird.

---

[1] Bei diesem Vergleich habe ich keineswegs übersehen, daß der aufnehmende Kopulant der Peritricha, des Macrogonidium, umgekehrt wie bei den Difflugien ruhen bleibt, und gerade das aufzusaugende Microgonidium das bewegliche, das erstere aufsuchende Element ist, genau so, wie die Spermie ans Ei herankommt. Doch muß ich eine Erklärung dieses Unterschieds aus äußeren Gründen auf ein folgendes Kapitel verschieben.

Nun gibt es noch eine Anzahl anderer innerer Ursachen von Funktionen, die sich teils den Trieben nähern, teils von ihnen merklich unterscheiden: es sind die Empfindungen. Ich verzichte darauf, sie vollständig zu definieren, und werde nur das für meine Zwecke Notwendige hervorheben.

Über den Begriff der Empfindung vermag uns ausschließlich unser eigenes Bewußtsein Aufschluß zu geben. Danach sind es Zustände und Vorgänge im Innern des polyplastiden Organismus, die sich als Folgen irgendwelcher äußeren Reize erweisen und deren Wirkungen in Lebensakte umsetzen. Die nächste Wirkung solcher Außenreize ist auf bestimmte reizempfängliche Stellen des Organismus beschränkt und besteht in einem dort lokalisierten Erregungszustand oder Empfindungsreiz, der sich in eine Bewegung, die Reizleitung, fortsetzt, deren Tätigkeit gewisse Endfunktionen (Kontraktion, Sekretion u. a.) auslöst.[1] Aus dieser empirisch nachweisbaren Einteilung des Gesamtprozesses der Empfindung in die genannten zwei Akte folgt ohne weiteres, daß die Außenreize nicht die unmittelbaren Ursachen der Endfunktionen sind, sondern daß ihre direkte Wirkung sich in der Erregung des Empfindungsreizes erschöpft. Die „nächsten" Ursachen der Endfunktionen sind vielmehr unter allen Umständen die vom Empfindungsreiz ausgehenden Reizleitungen, also Innenreize, und die Außenreize spielen dabei nur die Rolle der epigenetischen „letzten" Ursachen (s. S. 19ff.). — Infolge derselben Zweiteilung des Empfindungsprozesses zerfällt auch die zugehörige gewebliche Sonderung in die Sinnesorgane für die Erzeugung des Empfindungsreizes und die der Reizleitung dienenden Nervenbahnen.

Die Protozoen verhalten sich nur mehr äußerlich, aber nicht grundsätzlich anders als die eben besprochenen Polyplastiden. Die Empfänglichkeit der Protozoen gegen die Außenreize ist nicht lokalisiert, daher fehlen ihnen auch, abgesehen von spurenhaften Andeutungen (Pigmentflecke u. a.) richtige Sinnesorgane. Dies bedeutet aber nicht etwa das Fehlen von Empfindungen überhaupt. Schon in den Trieben der Protozoen begegnen uns Innenreize, die, wie auch immer veranlaßt, die einzigen nächsten Ursachen der spontanen Metamorphose, nämlich einer mit Gewebsbildungen (Geißeln, Wimpern) verbundenen Endfunktion sind. Dann liegt aber kein Grund vor, daran zu zweifeln, daß in den Reaktionen dieser Tiere auf Wärme, Licht, Druck u. ä., die durch-

[1] Auf den höchsten Entwicklungsstufen der Empfindungsfunktion schaltet sich in der Regel als ein besonderer Akt noch die bewußte Empfindung in den Verlauf der Reizleitung vom Sinnesorgan bis zum Endorgan ein, was hier jedoch nicht weiter berücksichtigt zu werden braucht.

aus analog den Wirkungen der Empfindungen bei den Polyplastiden erfolgen, ebenfalls Empfindungsreize die wirksamen Innenreize darstellen und nur wegen der mangelnden Lokalisation eine sie begleitende sichtbare Gewebsbildung entbehren. Sie reihen sich daher den Trieben an und wirken auch in der spontanen Metamorphose vermutlich ebenso. Unter diesen Umständen ist die Bildung der Sinnesorgane der Polyplastiden nicht nur als eine spätere, sekundäre Begleiterscheinung, sondern als eine richtige phyletische Wirkung des Empfindungsreizes aufzufassen.

Ob sich bei den Protozoen besondere Reizleitungen, wenn auch ebenfalls ohne entsprechende Gewebsbildungen den Empfindungsreizen anschließen, läßt sich, wie mir scheint, zurzeit nicht entscheiden, ist aber nicht von grundsätzlicher Bedeutung, da der fragliche Kausalzusammenhang sich ohnehin als ein epigenetischer ergibt.

Fassen wir die Ergebnisse unserer Untersuchung über die allgemeinen Ursachen der Histiogenese, insbesondere bei den Protozoen zusammen, so entrollt sich vor uns in jeder Richtung, bezüglich der Tätigkeit der äußeren und der inneren Reize sowie der Funktionen das Bild einer fortschreitenden Entwicklung.

1. Die letzten Ursachen der Organisation überhaupt, also auch der geweblichen Sonderung, sind schon vor dem Erscheinen der Urorganismen in den einstigen biologischen Anorganen kenntlich. Dort wirkten zuerst das allgemeine funktionsfähige Protoplasma und Außenreize zusammen, woraus die unbeständigen, unregelmäßigen und zusammenhanglosen Urfunktionen hervorgingen, die noch keine Lebensakte waren.

2. Indem sich allmählich eine regelmäßige Korrelation der Urfunktionen entwickelte, wurden in der formlosen und unbestimmt begrenzten Substanz nach außen abgeschlossene Funktionsbezirke voneinander getrennt (Individuen) und einzeln einheitlich organisiert (Gesamtorganisation), wodurch die Urfunktionen in bestimmt geregelte und korrelative Lebensakte verwandelt wurden. Diese nunmehr physiologischen Funktionen sind also nicht im ursprünglichen Protoplasma präformiert, sondern durch die Individualisierung morphologisch bedingte epigenetische Entwicklungsprodukte.

3. Die Gewebsbildungen sind nicht unmittelbare Wirkungen der Außenreize, sondern sekundäre Folgezustände und Wirkungen von Innenreizen (Triebe, Empfindungen), die selbst zu den Funktionen gehören. Sie entstehen zuerst als Ausdruck der Endfunktionen, wie die kontraktilen Elemente der Protozoen und folglich auch der Polyplastiden,

fehlen aber anfangs den nicht lokalisierten Trieben und Empfindungen der Protozoen; erst bei den Polyplastiden erzeugt die Lokalisation der Empfindungen die Sinnesorgane und die Nervenbahnen. — Für die ganze übrige Histiogenese muß dann der Analogie gemäß ein gleicher Ursprung gelten.

Die spezielle Histiogenese der Polyplastiden.

Im allgemeinen wiederholen sich die bereits besprochenen korrelativen Vorgänge der Histiogenese auch bei den Polyplastiden. Doch zeigen sich die Kategorien ihrer Gewebsbildungen vermehrt (Drüsen, Sinnesorgane, Nervengewebe) und namentlich durch die Verbindung der spezifischen Gewebsteile mit accessorischen Bildungen (Bindesubstanzen u. a.) mannigfaltiger differenziert. Dazu kommt, daß die Innenreize sich ebenfalls vermehren, indem bereits bestehende Funktionen und Gewebe Neubildungen hervorrufen. Alle diese besonderen histiogenetischen Kategorien können nur einzeln untersucht werden.

Die einfachsten Erscheinungen von geweblicher Differenzierung bei den Vielzelligen sind bei verschiedenen früheren Gelegenheiten zur Sprache gekommen. Wenn man von den volvoxähnlichen Polyplastiden ausgeht, so stehen diese „Homoplastiden" (Goette 1902, S. 57) in geweblicher Beziehung mit den Protozoen insofern noch auf gleicher Stufe, als alle Zellen eines Individuums identisch differenziert sind. Mit dem Übergang solcher Homoplastiden zu den einfachsten „Heteroplastiden", etwa vom Typus einer Parenchymella (s. Fig. 30), sind einmal die zwei verschiedenen Grundgewebe (Epithel und Binnengewebe) gegeben, und deren Sonderung auf die entsprechenden Vorgänge der morphologischen Entwicklung (Gastrulation) zurückgeführt. Die Divergenz dieser Grundgewebe zeigt sich vor allem in ihren spezifischen Bildungen, den epithelialen Sinnesorganen und Drüsen, sowie anderseits in den mesenchymalen Bindesubstanzen; und daran schließt sich sofort die weitere Differenzierung verschiedener Gewebe an.

Die epitheliale Gewebsbildung beginnt mit einer Verteilung der Funktionen auf verschiedene Zellen. Ursprünglich werden wohl alle Zellen des epithelialen Ectoderms von gleicher Qualität gewesen sein, also sämtlich sezerniert, identische Empfindungsreize und kontraktile Elemente (Cilien, Geißeln) erzeugt haben. Dann trat aber eine Arbeitsteilung unter denselben Zellen ein, so daß in jeder von ihnen neben dem ihnen allen gemeinsamen Stoffwechsel eine Funktion das Übergewicht erhielt und sich einseitig weiter entwickelte. Dies blieb aber nicht einfach dem Zufall überlassen, sondern hängt von ganz bestimmten

Korrelationen ab, unter denen die Variabilität und die Epigenese die Hauptrolle spielen.

Soweit man unter Variabilität nicht irgendwelche beliebige, also zufällige Veränderungsmöglichkeiten von organischen Körpern, sondern nur solche versteht, die in der Natur der fraglichen Organismen selbst beruhen, ist die Variabilität vom Zufall durchaus zu unterscheiden. Dies offenbart sich sehr deutlich in der ersten Arbeitsteilung, die uns bei den Polyplastiden entgegentritt, nämlich bei der Keimbildung der Homoplastiden vom Typus des Volvox. Sie erfolgt nur an einem Teil der Körperzellen, weil jeder Keim außer der eigentlichen Keimzelle noch mehrere Nährzellen erfordert, und daher eine Verwandlung aller Körperzellen in Keime ausgeschlossen und vielmehr auf eine Auswahl unter ihnen beschränkt ist (s. u.).

In ähnlicher Weise beginnt auch die echte Gewebsbildung in den Epithelien mit einer Arbeitsteilung, wobei aber unter einer Variabilität der einzelnen Zellen der korrelative, epigenetische Einfluß ihrer Umgebung sich unverkennbar offenbart. So zeigt sich in der Regel schon an der freien Planula der Hydropolypen der histiogenetische Gegensatz ihrer beiden Enden (s. S. 89), indem das apikale oder künftige Fußende bei schwächerem Wachstum eine sekretorische Tätigkeit zur Befestigung der Larve begünstigt, also hauptsächlich Drüsenzellen entwickelt, während die künftigen distalen Partien bei gesteigerter Teilung und Vermehrung der Zellen deren sekretorische Tätigkeit naturgemäß herabsetzen zugunsten der Sinnestätigkeit und der kontraktilen Elemente.

Wie uns schon die spontane Metamorphose und die von keiner Gewebsbildung begleiteten Empfindungen der Protozoen gelehrt haben, geht auch bei den Polyplastiden die Arbeitsteilung der Funktionen der zugehörigen Gewebsbildung voraus, die sich erst als Ausdruck der gesteigerten Funktion einstellt und am wenigsten als präformiert gedacht werden kann. So wie die Geißel nichts weiter zeigt als die lokalisierte Kontraktion eines Zellabschnitts, die Drüsenzelle in ihrem verflüssigten und hervortretenden Innenplasma uns tatsächlich nur ihre Funktion vorführt, so verhält es sich wesentlich auch bei den Sinneszellen. Denn wenn auch die Sinneszellen uns den Empfindungsreiz und die Nervenbahnen die Reizleitung nicht sichtbar machen, so können wir doch durch gewisse akzessorische Bildungen ihre Funktion einigermaßen erkennen, durch das Pigment und die Statolithen die Qualität des Empfindungsreizes und durch die nervösen Verbindungen zwischen den Sinnesorganen und den kontraktilen und sonstigen Endorganen die entsprechende Reizleitung.

Die einzelnen Gewebszellen führen in sehr einfacher Weise zu den echten vielzelligen Organen hinüber. Sobald sich die Funktion einer Kategorie der besprochenen Epithelzellen an einer Körperstelle verstärkt, veranlaßt sie dort zunächst ihre Vermehrung; sie rücken dann zu einer einheitlichen Anlage zusammen, die bei andauerndem Wachstum sich nach außen vorwölbt oder nach innen einsenkt und durch Korrelation mit den umgebenden Geweben sie zu akzessorischen Bildungen veranlaßt. Solche Erscheinungen entsprechen allein dem Ausdruck „Anpassung", der also nicht eine geheimnisvolle Bildungsursache, sondern umgekehrt eine korrelative Wirkung bedeutet.

Alles, was hier von der epithelialen Histiogenese gesagt wurde, gilt auch mutatis mutandis vom Füllgewebe. Doch kommt bei seiner Histiogenese die eben bezeichnete Anpassung zu ganz besonderer Geltung, so daß solche Erscheinungen durch den besonderen Namen der physiologischen Korrelation ausgezeichnet sein mögen.

Als erstes Beispiel dieser Art erwähne ich die ontogenetische Gefäßbildung der Wirbeltiere, wie ich sie bei den Amphibien beobachtete (Goette 1875, S. 498ff.). Das Substrat dieser Entwicklung ist das von mir sogenannte „interstitielle Bildungsgewebe", ein netzförmiges, lockeres Füllgewebe, das alle Zwischenräume der kompakten Embryonalanlagen durchsetzt. Darin entstehen die Blutgefäße in zweifacher Art: die regelmäßig gerichteten Hauptgefäße intercellulär, und die nicht regelmäßig verlaufenden sekundären Gefäße intracellulär. Die Hauptgefäße entwickeln sich aus denjenigen Interstitien des Bildungsgewebes, in denen das vom Herzen her vordringende Blut den geringsten Widerstand findet; und diese Wege sind durch die kompakten und regelmäßig angeordneten Embryonalanlagen genau vorgezeichnet, d. h. durch die morphologische Sonderung korrelativ bestimmt (Fig. 69A). Die Wand dieser ersten Blutbahnen bildet das vom vordringenden Blut auseinander gedrängte Zellennetz des Bildungsgewebes, das durch den Blutdruck im Umfange der Bahn abgeplattet wird und sich darauf allmählich zu einer Membran zusammenschließt, deren Außenseite mit dem übrigen interstitiellen Zellennetz in Zusammenhang bleibt. Dieses künftige Gefäßepithel entsteht also durch mechanische äußere Einwirkung des fließenden Bluts oder eben durch eine physiologische Funktion, womit der Begriff der physiologischen Korrelation gegeben ist, während der regelmäßige Verlauf der Hauptgefäße durch die morphologische Sonderung dirigiert wird.

Ein besonders instruktives Beispiel dieser Direktion bietet das Pfortadersystem der Leber und der Nieren in denselben Amphibienlarven, indem diese Gefäße einfach die vorgebildeten Interstitien der Leberbälkchen und Nierenkanäle ausfüllen (Fig. 69B).

Die sekundären Gefäße (Fig. 69C) werden dadurch angelegt, daß einzelne Strecken des interstitiellen Zellennetzes sich im Innern verflüssigen, und die so entstandenen Hohlräume miteinander und zuletzt auf den überall vorhandenen Zellenbahnen mit den nächsten bereits vorhandenen Hauptgefäßen zusammenfließen. Die nächsten Ursachen

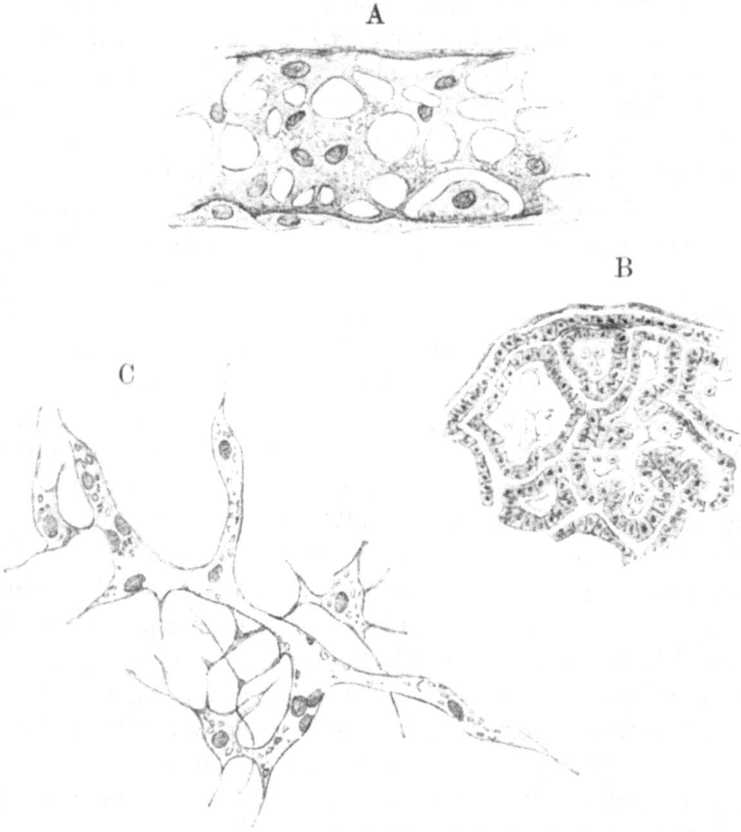

Fig. 69.
Gefäßbildung der Amphibien, nach Goette (1875); A intercelluläre Aortenanlage einer Larve von Bombinator igneus, B intracelluläre Gefäßbildung in den Maschen der Leber einer gleichen Larve, C intracelluläre Gefäßanlagen in ihrem Mesenchym.

jener primären Verflüssigung sind nicht bekannt; dagegen kann man direkt beobachten, daß sie, einmal an einer Stelle vorhanden, das angeschlossene Plasma ebenfalls auflöst und so durch die Verbindungsbrücken des Netzes sich in die nächsten Zellen fortsetzt. Bei dieser Verflüssigung des Zellinnern werden die Kerne in die dünne peripherische Plasmaschicht gedrängt; und die auf diese Weise entstandene Wand des Hohlraums wird zur Anlage des Gefäßepithels wie bei allen Hauptgefäßen.

Die in einer Zelle entstandene histiogenetische Sonderung bestimmt also durch direkte Wirkung dieselbe Sonderung in den angrenzenden Zellen.

Ist das Zellennetz sehr eng, so kann es sich im ganzen in ein Gefäßnetz verwandeln, und dieses vermittelst der an den Hauptgefäßen zurückgebliebenen Verbindungsbrücken (s. o.) mit jenen zusammenfließen. Andernfalls findet aber eine gewisse Auswahl derjenigen Strecken des Zellennetzes statt, die zur Gefäßbildung dienen, wobei wiederum die physiologische Korrelation den Ausschlag gibt. Wenn nämlich innerhalb eines weitmaschigen Zellennetzes mehrere Verflüssigungsherde vorhanden sind, so wird ihre Ausbreitung nach jener Seite am schnellsten fortschreiten, woher ihr ein gleicher Verflüssigungsprozeß entgegenkommt; d. h. die kürzesten Netzverbindungen zwischen den bereits ausgehöhlten Strecken werden im allgemeinen früher in die Gefäßbildung einbezogen als die zu ganz indifferenten Strecken des Netzwerks führenden Verbindungen. Die natürliche Folge davon ist ein frühzeitiger netzförmiger Zusammenhang der einzelnen Gefäßanlagen untereinander und anderseits der Anschluß dieses Netzes an das nächstliegende Hauptgefäß und somit an den allgemeinen Kreislauf. Die Ausbreitung dieser intracellulären Gefäßbildung im interstitiellen Zellennetz findet übrigens ihre natürlichen Grenzen darin, daß gleichzeitig auch andere Gewebsbildungen (Bindesubstanzen, Nerven) auf jenen Bahnen stattfinden, und diese Strecken dadurch der physiologischen Korrelation der bereits gebildeten Gefäße entzogen werden.

Eine wahre Fülle von anschaulichen Belegen für die Bedeutung der physiologischen Korrelation und anderseits der leitenden Formbedingungen bei der Histiogenese begegnet uns in der Entwicklungsgeschichte des Nervensystems. Indem ich mich bei dieser Gelegenheit auf meine Untersuchungen über die Genese der Kopfnerven bei Fischen und Amphibien (Goette 1914) beziehe, verfahre ich nur scheinbar gegen die von mir bereits mehrfach begründete Regel, daß die entscheidenden Aufschlüsse über die Ontogenese jeder Art auf den niedersten Bildungsstufen der fraglichen Körperteile zu suchen seien. Denn solche niedersten Stufen sind natürlich nicht schlechtweg an niedere Organismen gebunden, sondern finden sich ebensowohl bei hochorganisierten Formen, sobald es sich dabei um einen späteren Erwerb handelt. Und die genannten Kopfnerven sind in ihrer überwiegenden Mehrzahl, d. h. bis auf die originalen Spinalnerven, zweifellos erst in den ältesten echten Wirbeltieren entstanden, so daß ihre frühesten Entwicklungsstufen noch gegenwärtig bei den Fischen und Amphibien anzutreffen sind (a. a. O., S. 98).

In der Entwicklungsgeschichte des Nervensystems ist wohl noch immer die Neuroblastentheorie maßgebend, wonach spezifische, d. h. für die Nervenbildung präformierte Zellen des Hirns und der Ganglien (Neuroblasten) Fortsätze aussenden, die zu den intra- und extrazerebralen Nervenfasern werden, während sich die Mutterzelle in eine Ganglienzelle verwandelt. Das Neurilemm der Fasern stamme aus der umgebenden Bindesubstanz. — Diese wiederum mit einer Präformation arbeitende Hypothese findet ihre Widerlegung in einer ganzen Reihe von Tatsachen, die sich auf den Ursprung und die Histiogenese der Kopfnerven beziehen.

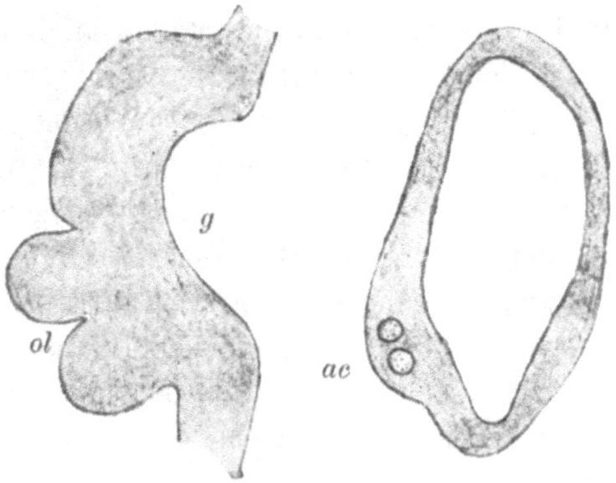

Fig. 70.
Anlage des Olfactorius (*ol*) aus der Geruchsgrube (*g*) und des Acusticus im Labyrinthbläschen (*ac*) von Torpedo ocellata, nach Goette (1914).

Die Augenmuskelnerven entwickeln sich aus indifferenten Zellen der Augenmuskelanlagen oder des angrenzenden Mesenchyms, die gemischten hinteren Visceralnerven aus mesodermalen Anlagen (Ectomesoderm); und die Verbindung dieser Anlagen mit dem Hirn findet erst statt, nachdem die Nervenfasern in ihnen bereits aufgetreten sind. Neuroblasten können also dabei gar nicht in Frage kommen. Ebenso sind die Anlagen der den Wirbeltieren eigentümlichen Seiten-, Geruchs- und Gehörnerven (der Opticus nimmt bekanntlich eine Ausnahmestellung ein) teils ectodermalen, teils mesodermalen Ursprungs, wobei der häufige Ausgangspunkt in den Anlagen der Sinnesorgane (Fig. 70) keineswegs so gedeutet werden darf, daß etwa die Sinneszellen mit einer bestimmten präformierten Energie in die Nerven übergingen. Dagegen spricht schon die Tatsache, daß dieser Ursprung nicht der ursprüngliche und allgemeingültige ist. Jedenfalls kommen in der Genese der erst bei den Wirbeltieren entstandenen Sinnesorgane so wenig wie bei den Muskelnerven desselben phyletischen Alters Neuroblasten vor. Und zur weiteren Bestätigung dient die Tatsache, daß Ganglienzellen auch mitten in motorischen Nerven (Ggl. ciliare und sphenopalatinum) und in den mesodermalen Visceralnerven vor deren direkter Verbindung mit Hirnzellen neu entstehen.

Eine zweite Gruppe von Beobachtungen, die mit der Neuroblastentheorie nicht vereinbar sind, gehört der speziellen Histiogenese derselben

Nerven an. Sie zeigte sich in durchaus gleicher Weise bei motorischen wie bei Sinnesnerven, namentlich am Oculomotorius und am Opticus. Der erste Entwicklungsakt ist die Verschmelzung der Bildungszellen zu einem Syncytium, worin sich alsdann dreierlei Elemente sondern: die eigentlichen, kontinuierlichen Nervenfasern, ihr kernhaltiges Neurilemm und die anfangs streckenweise auftretende, später ebenfalls kontinuierliche Myelinschicht. Von irgendwelchen cerebralen Neuroblasten kann hier schon deshalb nicht die Rede sein, weil die genannten Nervenfasern und selbst ihre Myelinscheiden (Acusticus-Anlage von Torpedo) schon vor der Verbindung der Stränge mit dem Hirn entstehen. Dazu kommt, daß der Nervenbildung innerhalb der Anlage des Hirn-Rückenmarks ebenfalls ein Syncytium vorausgeht, dessen Entwicklung

Fig. 71.
Drei Entwicklungsstufen der Hirndecke (hintere Kommissur) von Petromyzon fluviatilis in Mediandurchschnitten, nach Goette (1914).

im einschichtigen embryonalen Epithel des Hirndachs (hintere Kommissur) sich ganz einwandfrei darstellt (Fig. 71). Die inneren (distalen) kernhaltigen Zellenhälften dieses Epithels bleiben getrennt erhalten und werden zum Ependym, während die kernlosen Außenhälften derselben Zellen zu einer hellen Masse verschmelzen (Myelin), in der die Nervenfasern „intracellulär" auftreten.

Endlich habe ich die Ganglienzellen verschiedener Ganglien nicht unmittelbar aus den ursprünglichen Bildungszellen, sondern sekundär aus deren Syncytium entstehen sehen; besonders deutlich bei der Herstellung des Ggl. ciliare und des Ggl. sphenopalatinum innerhalb des Syncytium von Nervenanlagen (a. a. O.).

Aus allen diesen Beobachtungen ergibt sich einmal die sichere Tatsache, daß die Neuroblastentheorie unbegründet und aufzugeben ist, daß aber zweitens in den Erscheinungen der Histiogenese der Nerven irgendeine sichtbare Übereinstimmung des Ursprungs nicht besteht. Dies kann auch kaum wundernehmen, weil die sichtbare gewebliche Differenzierung überhaupt kein selbständiger Vorgang, sondern eine sekundäre Wirkung der Funktion ist, die teils von deren Intensität und sonstigen Eigenschaften des Protoplasma, teils von der morphologischen Sonderung abhängt. Dies wird ganz offenbar, wenn wir über den besprochenen Verlauf der Histiogenese der Nerven hinaus ihren Ursachen, zunächst der Tätigkeit der Funktionen nachgehen.

Wir haben uns schon darüber verständigt, in welchem Zusammenhang die korrelativ verbundenen Funktionen stehen (s. S. 197); stets beginnt er mit einem Empfindungsreiz oder Trieb, der durch die Vermittlung der Nervenbahnen die Endfunktionen veranlaßt. Nun ist die entsprechende Histiogenese keine unerläßliche Folge dieser Verbindung zwischen den Außenreizen und den Endfunktionen; und wenn nicht nur bei den Protozoen, sondern gelegentlich auch bei den Polyplastiden Empfindungsreiz und Reizleitung zu keinem sichtbaren Ausdruck kommen (s. u.), so ist dies noch lange nicht ein ausreichender Grund für die Annahme, daß in solchen Fällen beides einfach fehlt, und der Außenreiz etwa eine Kontraktion unmittelbar bewirkt, als Molekularbewegung gewissermaßen direkt sich in sie fortsetzt.

Dies widerlegen schon ganz unverkennbar diejenigen Protozoen, deren kontraktile Substanz, z. B. die Wimpern oder Stielmuskeln der Infusorien, dauernd lokalisiert ist. Die Außenreize treffen natürlich vielfach gar nicht direkt jene Substanz, sondern andere Körperstellen, von denen aus jene Substanz durch Übertragung des Reizes in Tätigkeit gesetzt wird. An der zuerst getroffenen Stelle entsteht also ein Empfindungsreiz, dessen Wirkung in der Fortleitung des Reizes bis zur kontraktilen Substanz besteht. Dies gilt natürlich in gleicher Weise für alle niederen Polyplastiden (Homoplastiden, Heteroplastiden vom Typus einer Parenchymella, geißeltragende Embryonen), die weder Sinnesorgane noch Nervenbahnen besitzen, sondern von sichtbaren Gewebselementen nur lokomotorische Geißeln oder (bei sessilen oder parasitischen Geschöpfen) Muskelfortsätze an den Zellenbasen tragen.

Wie hat man sich nun den nächsten histiogenetischen Fortschritt, nämlich die Arbeitsteilung der Körperzellen in sensible und motorische Elemente zu denken, so wie sie uns bereits bei den einfachsten Hydropolypen vorliegt? — Die Tatsache einer solchen Arbeitsteilung enthält natürlich noch keine Erklärung, um so weniger als, wie schon bemerkt, die fragliche Histiogenese an sich keine unerläßliche Wirkung der zugrunde liegenden Funktionen ist.

Bei der Untersuchung der Arbeitsteilung im Ectoderm der Planula (s. S. 89) fanden wir das ursächliche Moment darin, daß die Sekretion bei einer gewissen Intensität andere Tätigkeiten derselben Zellen, z. B. ihre Teilung und Vermehrung beschränkt oder ganz ausschließt. Eine ähnlich einfache Differenzierung würde für eine Sonderung der Sinnes-

und Muskelzellen nicht genügen. Denn ein Empfindungsreiz ist nur so lange existenz- und entwicklungsfähig, als er mit einer Endfunktion verbunden bleibt; und diese Bedingung ist nur dort ohne weiteres erfüllt, wo der ganze Vorgang sich innerhalb einer Zelle, z. B. einer Geißelzelle, in derselben Weise wie in einem Protozoon vollzieht. Sobald aber beide Funktionen einer solchen „Neuromuskelzelle" sich auf zwei getrennte Zellen, eine Sinneszelle und eine Muskelzelle verteilen, muß gleichzeitig eine besondere Verbindung beider durch eine Nervenbahn eintreten.

Dazu dient nun schon bei den Hydropolypen das mesodermale Zellennetz, das sich in dem Spaltraum zwischen beiden Körperepithelien ausbreitet und dabei mit den basalen Enden der Sinneszellen und den Muskelfortsätzen der motorischen Zellen in Berührung kommt. Dieses Zellennetz ist natürlich identisch mit dem ältesten, durch die Keimbildung hervorgerufenen Mesoderm (s. S. 126), und dient zur Entwicklung der Nervenbahnen nach dem gleichen Gesetz, das auch die Gefäßbildung im interstitiellen Bildungsgewebe der höheren Bilateralien regelt (s. S. 203), nämlich unter Mitwirkung der morphologischen Sonderung und der physiologischen Korrelation.

Die nächsten Vorfahren der gegenwärtigen Hydropolypen besaßen, außer den schon besprochenen Drüsenzellen, zunächst lauter Neuromuskelzellen ohne ein Motiv zu ihrer Differenzierung, die sich erst dadurch ergab, daß das mesodermale Zellennetz entstand und infolge seiner Berührung oder Verbindung mit jenen Zellen die erste Reizleitung ablenkte und auf den verschiedensten Wegen zu allen übrigen Neuromuskelzellen führte. In dem Maße nun, als die Reizleitung auf diese Weise der Muskelfunktion ihrer Ursprungszelle entzogen wurde, nahm natürlich jene Funktion ab, bis sie und die entsprechende Organisation verschwunden war, und die fragliche Zelle nur noch der Sitz des Empfindungsreizes blieb. Umgekehrt wurde in der Zelle, die als Ziel oder Endorgan jener Reizleitung diente, der wegen Nichtgebrauch herabgesetzte Empfindungsreiz allmählich beseitigt, die motorische Funktion dagegen bis zur Entwicklung besonderer Muskelfortsätze erhöht. So wurde durch die physiologische Korrelation der Neuromuskelzellen mit dem neuentstandenen angrenzenden Mesoderm ihre Sonderung in Sinnes- und Muskelzellen und deren Verbindung durch Nervenbahnen herbeigeführt.

Damit waren aber die Nervenbahnen der Hydropolypen noch nicht vollendet. Erstens war das Zellennetz geweblich noch völlig indifferent, offenbar, weil seine diffuse und auf wechselnden Wegen sich bewegende Funktion noch zu schwach entwickelt war. Die Reizleitungen dieser Tiere entstanden an den verschiedensten Punkten des Körpers und verliefen gleichzeitig nach allen Punkten der gleichartig verteilten und wenig gegliederten Muskulatur. Diese Indifferenz des Nervenverlaufs nahm erst ein Ende, sobald die beiderlei Endorgane, die sensiblen und die motorischen, strenger lokalisiert waren, was schon bei den Hydromedusen begann und bei den Scyphozoen weiter gefördert wurde. Die Ursachen, die den Nervenverlauf regeln, sind die schon genannten Momente der physiologischen Korrelation und der morphologischen Sonderung, was man so ausdrücken kann, daß die fragliche Funktion, die Reizleitung selbst unter den sämtlichen ihr offenstehenden Wegen diejenigen am häufigsten benutzt und daher zuerst histiogenetisch ausbildet, die in jeder Hinsicht, nach der Länge der Strecke, nach der physiologischen Korrelation mit anderen Nervenbahnen usw. sich am passendsten erweisen. Gegen die auf diese Weise bevorzugten Nervenbahnen treten die anderen, weniger geeigneten Strecken allmählich völlig zurück und überlassen endlich den ersteren die Alleinherrschaft.

Man könnte diese Entwicklung mit vollem Recht eine Auswahl des Passendsten nennen, wenn dieser Ausdruck nicht bereits als Synonym des Darwinschen Nützlichkeitsprinzips anerkannt wäre, das einen ganz anderen Sinn hat und nach meiner Ansicht unhaltbar ist (s. u.). Die von mir beschriebene Auswahl des Passendsten in der Histiogenese bezieht sich auf die innerhalb der einzelnen Ontogenese wirkenden Funktionen und Korrelationen, das Nützlichkeitsprinzip dagegen auf die dezimierende Auslese unter den miteinander konkurrierenden fertigen Organismen, wobei Entwicklung und Neubildung überhaupt ausgeschlossen sind (s. u.).

Empirische Belege für die fortschreitende Ausbildung des Nervenverlaufs habe ich in der zitierten Abhandlung (Goette 1914) in großer Zahl angegeben. Zu den besonderen, dabei mitwirkenden Ursachen gehören vor allem die Zentralnervenorgane der Bilateralien.

Sobald man die primitiven Nervenbahnen der Polypen, die ununterbrochen von einem Endorgan zum andern verlaufen, mit dem Nervensystem der Bilateralien vergleicht, das durch das Zentralnervenorgan in die sensiblen und die motorischen Strecken zerlegt wird, so gewinnt man ohne weiteres die Vorstellung, daß dieses Organ durch eine sekundäre Einschaltung im ursprünglichen Nervenverlauf entstand. Diese Vorstellung begegnet aber gewissen Schwierigkeiten.

Besonders auffallend ist der Gegensatz dieser Vorstellung und der Ontogenese bei den Chordaten, namentlich bei den Wirbeltieren. Denn die Anlage des Hirn-Rückenmarks, das embryonale Medullarrohr, entsteht ontogenetisch früher als seine Spinalnerven, und diese erscheinen als sekundäre Erzeugnisse jenes Organs, so daß dieser Befund direkt der

Ansicht widerspricht, daß das Hirn-Rückenmark als eine sekundäre Einlagerung in ein schon vorhandenes Nervensystem angesprochen werden könne. Nun ist es aber leicht zu verstehen, daß der genannte Befund ein cenogenetischer und daher für phylogenetische Schlüsse gar nicht verwertbar ist. Denn erstens ist es rein logisch ausgeschlossen, daß ein Zentralnervenorgan ursprünglich ohne peripherische Nerven als Neubildung entstand, und ferner ist es eine Tatsache, daß in der aufsteigenden Tierreihe die Nerven allein früher auftreten als in Verbindung mit Zentralnervenorganen. Wir können aber in der Ontogenese niederer Bilateralien auch unmittelbar anschauliche Belege dafür finden.

An den jüngsten Larven von Stylochus pilidium sah ich zuerst die beiden Augen im Ectoderm entstehen, und erst einige Zeit danach tritt an derselben Stelle das Hirn im Zusammenhange mit den Augen aus dem Ectoderm hervor (Goette 1882, S. 25, 1884, S. 95). Dies schien mir damals die Auffassung zu begründen, daß die Entstehung des Hirns der Strudelwürmer, das ja doch stets als eine Verbindung zweier Ganglien zu betrachten ist, durch die beiden Augen veranlaßt werde und ein Paar von „sensiblen Nervenzentren" darstelle. Von ihnen wachsen alsbald zwei rückwärts gegen den Schlund gerichtete, wesentlich motorische Nervenstämme, und darauf zwei vordere sensible Kopfnerven aus (Bresslau 1904). Das Turbellarienhirn erscheint also als eine durch Sinnesorgane hervorgerufene Ganglienbildung, die sich in eine allgemeine, Sinnesorgane und Muskeln verbindende Nervenbahn einschaltet.

Ich brauche kaum hinzuzufügen, daß, wenn dies anerkannt wird, es auch für das Hirn aller übrigen Würmer und ferner der Arthropoden und Mollusken gelten muß. Und auch das zweite Zentralnervenorgan, das Bauchmark oder die ihm im allgemeinen homologen Ganglien verhalten sich bei allen diesen Tieren oder den Hypogastrica durchaus ähnlich.

Ich kann mich nicht der Ansicht anschließen, daß das Bauchmark der Anneliden einfach durch die Vereinigung der beiden vom Hirn ausgehenden Längsnervenstämme hinter dem Munde entstand. Denn das Wesen eines Zentralnervenorgans beruht nicht in der Form und Anordnung von Nervenbahnen, sondern im ganglösen Bau und der damit verbundenen Funktion. Nun sehen wir in dem strickleiterförmigen Nervengeflecht der niedersten Mollusken, nämlich der Chitonen (Fig. 72A), so wenig wie in dem gleichen Nervengeflecht mancher Platoden (Dendrocölen, ectoparasitische Trematoden) irgendeine Ganglienbildung, bezeichnen es daher auch nicht als Bauchmark. Dagegen beginnt eine solche Ganglienbildung bei den Solenogastres, und zwar in gewissen Knotenpunkten des strickleiterförmigen Nervennetzes; und daraus ging das postorale Gangliensystem der übrigen Mollusken hervor (Fig. 72B).

Mag nun dieses letztere mit dem Bauchmark der Anneliden nicht unbedingt vergleichbar sein, so sehen wir dieses Bauchmark doch nicht selten ebenfalls aus zwei Ganglienreihen hervorgehen (Echiurus-Hatschek 1881, Lopadorhynchus-Kleinenberg 1886), die entweder dauernd diese Form eines gegliederten Bauchmarks behalten

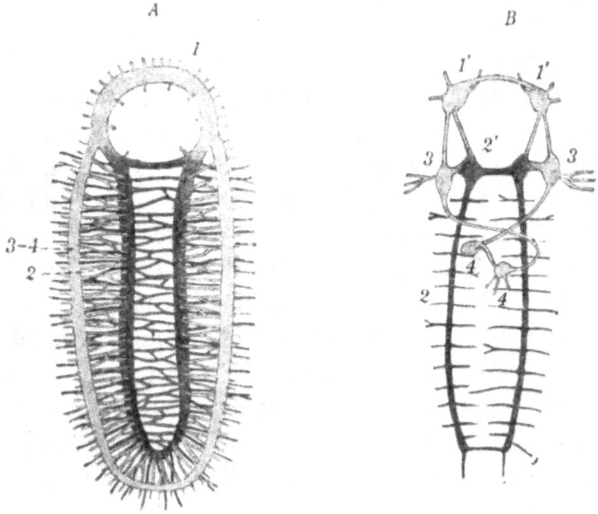

Fig. 72.
Nervensystem von Chiton (A) und von einer Schnecke (B), aus Hesse (1910); 1 Gehirnring, 1′ Gehirnganglion, 2 Pedalstrang, 2′ Pedalganglion, 3—4 Pleurovisceralstrang, 3 Pleuralganglion, 4 Visceralganglion.

(Mehrzahl der Anneliden) oder zu einem gleichmäßig kontinuierlichen Strang verschmelzen (Echiurus). Und nach allgemeiner Annahme ist das Bauchmark der Arthropoden von demjenigen der Anneliden abzuleiten.

Im allgemeinen läßt sich also das ganze Zentralnervensystem der drei Hauptstämme der Hypogastrica (Würmer, Arthropoden, Mollusken) auf eine Ganglienbildung zurückführen, die entweder im Zusammenhang mit Sinnesorganen und ihren Sinnesnerven entstand (Hirn) oder sekundär sich in den Verlauf der peripherischen Nerven einschaltete (postorale Ganglien, Bauchmark). Doch muß hervorgehoben werden, daß die Verschiedenheit der beiden Typen keine grundsätzliche ist, und die für das Hirn zutreffende Bildung eigentlich nur eine Modifikation des anderen Typus darstellt. Denn da eine von den peripherischen Nerven völlig unabhängige phyletische

Neubildung eines Zentralnervenorgans eigentlich, wie schon bemerkt wurde, ein Nonsens ist, so kann die Entstehung des Hirns der niedersten Hypogastrica nur so aufgefaßt werden, daß die Augen zuerst Sinnesnerven hervorriefen, die sich in motorische Nerven fortsetzten, und daß in zweiter Linie Ganglien sich innerhalb dieser Nervenbahnen entwickelten.

Es ist nun besonders interessant, daß wir eine Bestätigung des eben Gesagten bei den Wirbeltieren antreffen. Der Acusticus ist ein vollkommenes Seitenstück zum Hirn der Strudelwürmer, indem die aus dem ectodermalen Labyrinthepithel hervorwachsende Anlage des Hörnerven sowohl das Ganglion acusticum wie den N. acusticus umfaßt (Fig. 70). Und in der gleichen Anlage des Olfactorius von Torpedo (ebenda) kann man gewissermaßen eine Vorstufe davon erkennen, da die kompakte Bildungsmasse, die sich dort nur in einen einfachen Nervenstrang verwandelt, gleichwohl zeigt, daß das Material zu einer Ganglienbildung in einem solchen Nerven vorhanden sein kann. — Die Lateralnerven mit ihren Ganglien sind ebenfalls eine Art von Wiederholungen des Acusticus; und das Ggl. ciliare und Ggl. sphenopalatinum bezeugen vollends klar, daß Ganglienbildungen mitten in bereits bestehenden Nervenbahnen entstehen können. Auch die occipitalen Visceral- und die Spinalnerven lassen sich, unbeschadet ihrer Besonderheiten, unter denselben Gesichtspunkt bringen.

Aus allen diesen Vergleichen kann man folglich den Satz ableiten: alle isolierten Ganglien der Wirbeltiere sind ebenso wie die aus Ganglien hervorgegangenen Zentralnervenorgane der Hypogastrica sekundäre Einschaltungen in das sogenannte peripherische Nervensystem.

Diese Schlußfolgerung kann nun auch auf das Zentralnervenorgan der Wirbeltiere, das Hirn-Rückenmark, ausgedehnt werden. Da es keine selbständige originale Bildung sein kann, so ist der Analogieschluß berechtigt, daß es ebenfalls aus ganglösen Anlagen innerhalb eines vorher bestandenen Nervensystems (gegenwärtige Spinalnerven) hervorging. Dann offenbart sich seine phyletische Bedeutung nicht darin, daß es, wie die cenogenetische Abänderung in der Ontogenese es vortäuscht, die peripherischen Nerven ursprünglich erzeugte, sondern darin, daß es die Formbedingungen zur einheitlichen Verbindung des gesamten Nervensystems lieferte. Besonders deutlich zeigt sich dies bei der Neubildung von Nerven, wie wir sie in der Ontogenese der Wirbeltiere, namentlich ihrer Kopfnerven, in großer Zahl feststellen können.

Dies hängt mit der allgemeinen Morphologie des Wirbeltierkopfes zusammen (Goette 1902). Anfangs, im Beginn der Ausbildung des Wirbeltiertypus, war das Kopfende der Urchordaten wie noch gegenwärtig bei Amphioxus, dem Rumpfe gleich gebildet. Sie besaßen damals noch nicht die großen paarigen Sinnesorgane des Kopfes (Geruchsgruben, Augen, Labyrinthbläschen), kein differenziertes Hirn und in der Region der Kiemenspalten keine Kiemenmuskeln, weil das zur Atmung dienende Wasser bloß mit dem Wimperbesatz des ganzen Kiemendarms herangestrudelt wurde. Der Übergang zur Atmung mit Hilfe der spontanen Bewegungen des Kiefer- und Kiemenapparats wurde erst durch die Neubildung der Kiemenmuskeln möglich. Gleichzeitig erschienen die genannten Sinnesorgane nebst den Seitennerven, sowie die erste Ausbildung der Hirnanlagen, während durch die erste Anlage des Schädels die Lokomotion des Kopfabschnitts aufgehoben, und daher seine Myomeren und deren ventrale motorische Nerven zurückgebildet wurden (Fig. 73). In dieser Kopfregion wurden die dorsalen Spinalnerven für die neuen Kiemenmuskeln benutzt, weil sie nach dem unvermeidlichen Schwund der Mesomeren jene ventralen Muskeln unmittelbar erreichten; wogegen die occipitalen Kiemenbögen neugebildete Visceralnerven erhielten, da sie durch die dort unveränderten Myomeren von den dorsalen Spinalnerven getrennt waren. Endlich riefen die neu entstandenen Augenmuskeln mehrere eigene, zuletzt in drei Stämmchen zusammengefaßte Nerven hervor.

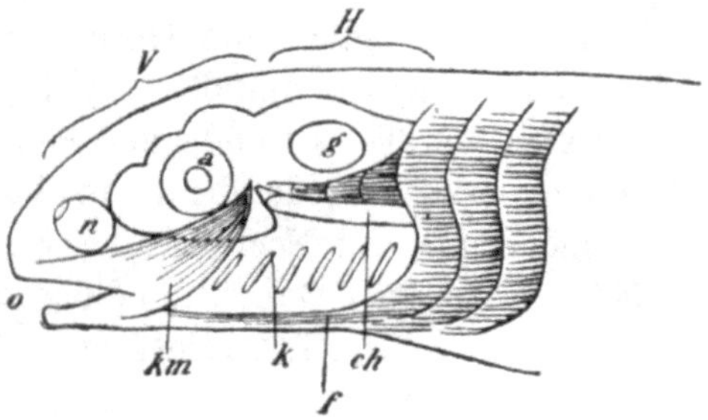

Fig. 73.

Schema des Wirbeltierkopfs, aus Goette (1902); *V* Vorderkopf, *H* Hinterkopf, *a* Auge, *ch* Chorda, *f* die in den Kopf einwachsenden Bauchmuskeln des Rumpfs, *g* Gehörbläschen, *k* Kiemenspalten, *km* Kieferapparat, *n* Geruchsorgane, *o* Mund.

Diese neue Entwicklung oder neue Verwendung von Kopfnerven setzt also schon eine erhebliche morphologische Fortbildung des ganzen Wirbeltierkopfs voraus, die eine Fülle von besonderen Formbedingungen für den Verlauf jener Nerven ins Leben rief.

Die Anlage der neuen Sinnesorgane, aus denen die zugehörigen Sinnesnerven hervorgehen (Olfactorius, Acusticus, Seitenorgane) liegen so dicht am Hirn, daß der Eintritt dieser Nerven in das letztere nicht besonders erklärt zu werden braucht. Die von diesen neuen Organen ausgehende Reizleitung findet keinen passenderen Weg zu den muskulösen Endorganen als eben durch das vorgelagerte und in der Histiogenese befindliche Hirn. Dementsprechend sehen wir auch den Olfactorius und Acusticus zentripetal wachsen und sich differenzieren. Diese Übereinstimmung zwischen dem notwendig vorauszusetzenden zentripetalen Verlauf der sensiblen Reizleitung und der entsprechenden sichtbaren Histiogenese erleidet aber Ausnahmen, besonders an den neuen Muskelnerven, deren Reizleitung natürlich vom Hirn ausgehen und zentrifugal verlaufen muß, meist aber in einer umgekehrt, nämlich zentripetal verlaufenden Histiogenese sichtbar wird. Die Erklärung dafür hat man sich folgendermaßen zu denken.

Sobald die neuen Muskeln im Kopf der Wirbeltiere phyletisch zuerst auftraten, waren zu ihnen führende zentrifugale Reizleitungen im interstitiellen Bildungsgewebe notwendigerweise vorhanden, die aber noch nicht die Intensität erreicht hatten, um in einer entsprechenden Histiogenese sichtbar zu werden. Die Ursprünge dieser Leitungen im Hirn befanden sich natürlich an den cerebralen Enden der dort auslaufenden Sinnesnerven; der weitere Verlauf der neuen Leitungen war aber anfangs nicht sofort festgelegt, sondern sie bewegten sich ebenso regellos auf verschiedenen Wegen im Hirn wie die sensibel-motorischen Leitungen im Mesenchym vor der Entstehung der Zentralnervenorgane. Infolgedessen konnten sie auch das Hirn an mehr als einem Punkt verlassen, um jedoch gegen ihr muskulöses Endorgan, ihr von Anfang an vorgeschriebenes Ziel, zu konvergieren. Ferner muß die Intensität der mehrfachen Reizleitungen an dem Punkt, wo sie außerhalb des Hirns zusammentreffen, sich am meisten steigern und zuerst zur histiogenetischen Äußerung führen. Dies findet regelmäßig am Muskel selbst statt, weshalb die sichtbare Histiogenese der motorischen Nerven zentripetal, d. h. der Reizleitung entgegengesetzt fortschreitet.

Diese Vorstellung von der phyletischen Entwicklung der Muskelnerven des Kopfs läßt sich in den meisten Punkten aus ihrer gegenwärtigen Ontogenese mit Sicherheit erschließen; namentlich sind es die Augenmuskelnerven der Fische und Amphibien, deren Variationen, selbst innerhalb derselben Spezies, die obige Darstellung anschaulich illustrieren (a. a. O.). Der Treffpunkt der verschiedenen Wege der motorischen Reizleitung wechselt nämlich in weiten Grenzen, indem er teils schon im Hirn, aber an verschiedene Stellen, eventuell in die Bahn eines anderen Nerven fällt. So verläuft der Trochlearis von Siredon 1. vom Muskel direkt zum Hirn oder 2. von einem Zweige des Ophthalmicus profundus zum Muskel oder 3. auf beiden Wegen zugleich, wobei die Histiogenese im ersten Fall zentripetal, im zweiten Fall zentrifugal und im dritten Fall auf beide Arten erfolgt. Und der Oculomotorius erreicht das Hirn ständig auf zwei Wegen, einmal selbständig und dann durch den Ophthalmicus profundus, und beides durch zentripetale Histiogenese; der Abducens verhält sich ähnlich.

Diese Beobachtungen und Überlegungen lehren mit voller Evidenz, daß der besondere Verlauf von neu entstandenen motorischen Nerven von den topographischen Beziehungen des umgebenden Bildungsgewebes, also von Formbedingungen abhängig ist, die zuerst die funktionelle Reizleitung und dann die ihr folgende Histiogenese dirigieren.

Die Entwicklung der vorderen spinalen und der hinteren occipitalen Visceralnerven offenbart weitere Illustrationen zu jenem Ergebnis. Was über die allgemeine morphologische Umbildung des ursprünglichen Wirbeltierkopfs angegeben wurde (s. o.), liefert die verschiedenen lokalen Formbedingungen jener Nervenbildung, worüber schon einiges berichtet wurde. Weiterhin bedingen ebenfalls die topographischen Beziehungen des Vagus, des Lateralis, des selbständigen vorderen Eingeweidenerven (Eingeweideast des Vagus), sowie der übrigen, noch nicht genannten Kopfnerven die weitgehenden Verschmelzungen aller dieser Nervenbildungen, wie ich es ausführlich in der zitierten Abhandlung geschildert habe. An dieser Stelle beschränke ich mich jedoch auf eine besonders charakteristische Einzelheit: die Entwicklung des 1. occipitalen Visceralnerven in den Klassen der Fische und der Amphibien.

Bei den Fischen entsteht dieser Nerv gleich den folgenden Visceralnerven als eine selbständige Neubildung des 5. Visceralbogens, während der spinale Vagus nur den 4. Visceralbogen versorgt. Bei den Amphibien dagegen ist der Nervenstamm des 5. Visceralbogens einfach ein Ast des spinalen Vagus, ohne selbständige ganglıöse Anlage, obgleich man annehmen sollte, daß der frühere Zustand der occipitalen Innervierung in der Reihe der Fische so fixiert wäre, daß er unverändert auf die Amphibien hätte vererbt werden müssen. Und als Grund jener Abänderung läßt sich nichts anderes erkennen, als daß infolge einer frühzeitigen Verschiebung der hinteren Visceralbögen der Amphibien nach vorn die Vagusanlage vor der Entstehung der visceralen Nervenstämme über der 4. Kiemenspalte liegt und die Muskulatur des 5. Visceralbogens beinahe erreicht, wodurch die Bildung eines besonderen epibranchialen Ganglions an derselben Stelle gewissermaßen überholt wird.

Dieses Beispiel beweist noch präziser als die vorausgeschickten Beobachtungen, daß der phyletisch und ontogenetisch sich vollziehende Nervenverlauf teils durch die morphologische und teils durch die physiologische Korrelation bestimmt wird. In ersterer Hinsicht genügt die genannte geringfügige Verschiebung in der Anlage einiger Visceralbögen, um die genetische Homologie eines anatomisch identischen Organs, nämlich des 1. occipitalen Visceralnerven von relativ nahverwandten Tieren aufzuheben; und zweitens wird dabei durch ein richtiges Naturexperiment bezeugt, daß bei der Neubildung von Muskelnerven in der Tat der fragliche Muskel die nächste und daher passendste Reizleitung auf sich lenkt und so die entsprechende Gewebsbildung verursacht.

Die Hauptergebnisse unserer Untersuchung über die gewebliche Sonderung sind zweierlei Art.

1. Das wesentliche Moment der Histiogenese ist nicht sowohl die sichtbare Gewebsbildung, als vielmehr ihre primäre Grundlage, die Funktion. Die Gewebsbildung ist und bleibt nur der Ausdruck einer bis zu einem gewissen Grade gesteigerten Funktion.

2. Man darf nur nicht so weit gehen, die physiologischen Funktionen einfach mit den Eigenschaften der protoplasmatischen Substanz zu identifizieren, die schon vor der Entstehung der Urorganismen existierten (Urfunktionen) und daher für den ausschließlichen Grund des Lebens gehalten werden könnten. Die Urfunktionen waren zweifellos unentbehrliche originale Erscheinungen, die aber den Wert von wirklichen Funktionen, d. h. von Leistungen für ein wirkliches, individuelles Leben erst durch ein organisiertes Ineinandergreifen oder ein einheitliches System von Formbedingungen (Individualisierung) erreichten. Diese Funktionen entstanden aus dem Zusammenwirken von lebensfähiger Substanz (Protoplasma) und einer sie formal regelnden individuellen Organisation (morphologische Sonderung); die Bedeutung der bloßen Substanz für das Leben wurde meines Erachtens bisher überschätzt, die Bedeutung der in ihr entstandenen, aber mit ihrer Funktionsfähigkeit nicht identischen Organisation unterschätzt, wenn nicht überhaupt übersehen.

II. Die Regeneration.

Die Regenerationserscheinungen jeder Art, die in neuerer Zeit von Barfurth, Morgan, Przibram zusammenfassend und auf das Eingehendste behandelt worden sind, sollen hier nur in ihrem ursächlichen Zusammenhang und ihren Beziehungen zur Ontogenese untersucht werden.

Nach der eingangs festgestellten Definition (S. 4) bezeichne ich mit „Regeneration" alle individuellen Entwicklungsverläufe, die nicht ein Individuum in seiner Gesamtheit, sondern nur einzelne Teile in und an ihm, an Stelle von fehlenden neu herstellen, und folglich nicht wie die Ontogenese von einem Keim ausgehen, sondern an die noch vorhandene Organisation der übrigen Teile des Ganzen anknüpfen. Kürzer und im Hinblick auf ihr Ziel könnte man die Regeneration auch als eine mehr oder weniger vollständige Wiederherstellung der irgendwie gestörten Individualität eines Geschöpfs bezeichnen; nur fehlte darin die ausdrückliche Unterscheidung der Regeneration von der Ontogenese. Die intime Beziehung beider zueinander läßt sich auch so ausdrücken, daß die Regeneration eine partiell und vorübergehend abgeänderte Ontogenese ist.

Die volle Evidenz einer solchen Definition ergibt sich natürlich erst aus der Untersuchung und Erläuterung des Ursprungs und der Ursachen der Regeneration.

Solche Erklärungsversuche sind auch schon längst unternommen worden, aber ohne Erfolg, wie es noch neuerdings von Barfurth ausgesprochen wurde (1912, S. 220). Dies erklärt sich vor allem daraus, daß es entweder unterlassen wurde oder nicht gelang, eine orientierende Definition festzustellen (s. o.), und daß infolge davon die empirische Untersuchung in falscher Richtung unternommen wurde. Die Regeneration hält sich ferner nicht an bestimmte Teile oder Entwicklungszustände der Organisation, und ihre äußere Erscheinung wechselt regellos nach Zeit und Ort; dies veranlaßte daher immer wieder, vor jeder näheren Untersuchung, nach Merkmalen einer sichtenden Einteilung oder sofort nach einem allgemeinen Erläuterungsgrunde zu suchen. Bald sollten die verschiedenen Entwicklungszustände des Organismus, bald die Veranlassung der Regeneration, ob sie spontan, physiologisch oder zufällig, accidentell eintrete, die bestimmenden Momente sein; oder man glaubte in gewissen Begleiterscheinungen, so in der Rückbildung oder im Wachstum[1] u. dergl. die integrierenden Momente der Regeneration zu finden. Aber gerade der große Wechsel der äußeren Bedingungen der Regeneration und ihr Ineinandergreifen vereitelte alle diese Bemühungen, wenngleich jedem der angedeuteten Gesichtspunkte eine partielle Bedeutung zukommen mag; und so überwog immer wieder die souveräne Hypothese.

Diese bildete sich nach zwei divergenten Richtungen aus: Weismann und Roux vertreten bekanntlich die Theorie von dem im Zellkern befindlichen Idioplasma (S. 17ff.), das die Regeneration ebenso wie die Ontogenese präformatorisch leite. Weismann agierte dabei mit seinen allmächtigen Determinanten, die überall, wo es nottut, den Deus ex machina spielen; Roux betont dagegen neuerdings den rein mechanischen Charakter seines Entwicklungsprinzips, worin er den entscheidenden Gegensatz gegen den Vitalismus von Driesch erblickt, der bekanntlich nach Ablehnung jeder naturwissenschaftlichen Erklärung des genetischen Geschehens dieses nur von übersinnlichen Ursachen ableitet.

[1] Nach Przibram handle es sich bei der Regeneration ganz allgemein „um ein Weiterwachsen der zurückgelassenen Teile".

Ich habe nun nicht die Absicht, diese Hypothesen einer eingehenden allgemeinen Kritik zu unterwerfen, da meine abweichende Ansicht sich aus der folgenden sachlichen Darstellung der Regenerationsverläufe ergeben wird. Doch bemerke ich nebenbei, daß ich in der Erklärung von Roux, die von ihm vertretene präformatorische Ursache der Regeneration wirke mechanisch, kein gegensätzliches Moment gegen den Vitalismus zu erkennen vermag, da dieser ja gar nicht die Existenz mechanischer Wirkungen in der Ontogenese und Regeneration leugnet, sondern nur ihre „letzten Ursachen“ in das Gebiet des Übersinnlichen verlegt. Gegenüber der empirischen Untersuchung ist es vielmehr gleichgültig, ob ein sinnlich nicht greifbares, lediglich ausgedachtes Idioplasma oder ein vitalistisches Moment als Ursache der Regeneration bezeichnet wird: eine empirisch nicht begründete und nicht begründbare Hypothese kann eine organische Genese schlechterdings nicht erklären, sondern gibt bestenfalls nur die Richtung an, in der die Erklärung zu suchen ist, oder aber nicht gefunden werden kann.

Noch sei an dieser Stelle der Versuch Raubers (1908) kurz erwähnt, die Regeneration als Ausgangspunkt der Ontogenese, und diese folglich als eine eigentliche Regeneration zu betrachten. Schon der Satz, von dem seine Untersuchung ausging, daß nämlich die Fortpflanzung der Ersatz eines Verlustes durch Tod im Sinn einer Regeneration sei, ist eine für unsere Untersuchung ganz verfehlte Phrase, da die Regeneration unwidersprochen ein an einem Individuum sich vollziehender Vorgang ist, und jener Verlust und Ersatz sich wohl auf eine Gemeinschaft von Lebewesen, aber nicht auf ein sterbendes oder sich fortpflanzendes Individuum selbst sich beziehen kann. Wenn Rauber vollends den Keim einen defekten Organismus und sein Entwicklungsprodukt ein Regenerat nennt, so daß folgerichtig der Begriff der Ontogenese als eines selbständigen Vorgangs einfach beseitigt wird, so wird mit solchen Paradoxien gar nichts bewiesen, da sie eben gar nicht auf einer wirklichen Diagnose beruhen, sondern von einer nichtssagenden Redensart ausgehen.

Nach den vorausgeschickten Bemerkungen über die Schwierigkeit, die Erscheinungen der Regeneration in ein gewisses Schema einzuordnen, brauche ich es nicht weiter zu entschuldigen, daß die folgende Untersuchung eine solche bestimmte Ordnung wird vermissen lassen. Nicht einmal die hier noch näher zu begründende Auffassung, daß die Regeneration einer abweichenden Ontogenese gleichkomme, vermag einen bestimmten Verlauf der Darstellung zu empfehlen, da die Abänderungen eben durchaus regellos wechseln.

1. Isolierte Blastomeren und regenerierende Embryonen.

Ich stelle hier die merkwürdige Erscheinung an die Spitze unserer Untersuchung, daß irgendwie, künstlich oder accidentell isolierte Blastomeren gewisser Tiere sich in richtige Eier verwandeln, die eine vollständige Ontogenese auslösen. Ich habe diese Erscheinung, die man noch immer einfach zur Regeneration rechnet, die aber bereits Driesch passender als Regulation bezeichnete, schon in der Einleitung hervorgehoben (S. 6, 7), um zu zeigen, wie leicht man sich in Ermangelung einer genauen Definition über die Bedeutung von scheinbar so einfachen Begriffen wie die Regeneration täuschen kann. — Es sollen daher vor allem das Wesen der Regulation und ihre Beziehungen zur Regeneration hier näher untersucht werden.

Sie tritt nur bei gewissen Tieren (Hydropolypen, Amphioxus, Amphibien) so typisch auf, daß ein isoliertes Blastomer vor jeder normalen ontogenetischen Veränderung den Charakter eines intakten Eis erhält, dessen Entwicklung eine vollkommene Ontogenese ist. Was dabei im Innern des Blastomers vor sich geht, läßt sich aus gewissen Beobachtungen sicher entnehmen. Vergegenwärtigen wir uns zuerst die Organisation eines reifen bipolaren Eis. Sie offenbart sich darin, daß das Ectoplasma am Scheitel am stärksten entwickelt ist und von dort zum Gegenpol abnimmt; und da es die stärkste Teilungsenergie von allen Teilen des Plasma besitzt, so erfolgt die erste und in der Regel auch die zweite Eiteilung vom Scheitel aus zum Gegenpol, also längs der Scheitelachse. Auch weiterhin verlaufen die Teilungen der normalen Blastomeren in größten (radialen) Ebenen, weil das Ectoplasma an der freien Außenfläche am stärksten bleibt, und dort sich in jedem Blastomer ein besonderer Teilungspol entwickelt (s. u.). Dies ist nun nicht etwa die Folge einer autonomen Beschaffenheit jedes Blastomers, sondern die Wirkung ihrer gegenseitigen Korrelation im einheitlichen Embryo, wie die Beobachtung von Maas (1901) an den Eiern von Aegineta flavescens beweist (Fig. 10).

Während der ersten Eiteilung trennen sich dort die beiden Teilungsflächen so weit, daß sie sich nirgends berühren und vollständig frei liegen; dabei breitet sich das Ectoplasma über diese beiden Flächen so aus, daß jede Teilungshälfte die individuelle bipolare Organisation des ganzen Eis wiederholt und deren durch den Teilungsakt bedingte Störung ausgleicht, den früheren Bau wiederherstellt. Die Ursache dieser Regulation beruht offenbar in den ursprünglichen Spannungsverhältnissen des Plasma, durch die jede sich neubildende freie Fläche mit dem Ectoplasma überzogen wird. Und ich bin überzeugt, daß das Plasma jeder Zelle, jedes Protozoon sich ebenso verhält und ein mehr oder weniger kenntliches Ectoplasma besitzt, das bei einer vollständigen Teilung die bezeichnete Regeneration der einheitlichen morphologischen Organisation des Ganzen in jeder Hälfte herstellt. Dies ist der eigentliche Normalzustand, der sich auch in den Eiteilungen wiederholt, sobald sie eine vollständige Isolierung zur Folge haben, und der jedes isolierte Blastomer dem ganzen Ei gleich macht und ihm dadurch die dem Ei eigentümliche Energie verleiht. Diese Regulation des neugebildeten Blastomers ist also tatsächlich durch die mit der Teilung herbeigeführte Störung der ursprünglichen Individualität bedingt.

Nun ist aber die Eiteilung dadurch von jeder gewöhnlichen Teilung verschieden, daß die Hälften nicht reguliert und keine neuen Individuen werden, sondern Teile in der Gesamtindividualität des Embryo verbleiben. Sobald die einzelne Eiteilung von Aegineta vollendet ist, wird die begonnene Regulation der beiden Hälften dadurch wieder aufgehoben, daß die beiden Teilungsflächen zusammenstoßen und mit dem Schwunde der freien Flächen auch das sie überziehende Ectoplasma wieder an die freie Außenfläche jedes Blastomers verdrängt wird. Ihre bei Aegineta flüchtig vorübergehende Regulation kommt wohl in den meisten Ontogenesen anderer Tiere gar nicht zustande, sondern wird von vornherein durch die beständige Aneinanderlagerung der Blastomeren unterdrückt. Diese ihre ontogenetische Korrelation konserviert den Defekt ihrer Individualität und schließt sie um so fester zum Ganzen zusammen.

Sobald nun diese Korrelation durch die Isolierung der Blastomeren rechtzeitig beseitigt wird, tritt die natürliche Regulation ihrer Individualität in ihre Rechte, ihre Organisation wird identisch mit derjenigen des ganzen Eis und löst daher sofort eine normale Ontogenese aus, so wie es das ursprüngliche Ei vor dem Eintritt des Defekts durch die künstliche Teilung tut.

Diese Erscheinung der vollständigen und sofortigen Regulation eines isolierten Blastomers ist jedoch nur auf einige Typen des Tierreichs beschränkt. In anderen Fällen tritt sie nur langsam und unvollkommen ein oder sie versagt überhaupt von Anfang an. Und nach dem Gesagten kann die Ursache dieses abweichenden Verhaltens nicht zweifelhaft sein: es ist die geringere Elastizität des die Regulation bestimmenden Plasma, wohl vor allem des Ectoplasma. Die Wirkung davon kann nach den vorausgeschickten Überlegungen unschwer erschlossen werden.

Sobald die beschriebene Regulation an einem isolierten Blastomer ausbleibt, muß sein Ectoplasma, so muß man annehmen, statt sich allseitig an dessen freien Seiten auszubreiten, an der früheren Außenseite liegen bleiben, wie an einem gleichen Blastomer innerhalb des Embryo, weil es zu jener Ausbreitung zu wenig elastisch, zu starr ist. Die weiteren

Teilungen eines solchen isolierten Blastomers erfolgen dann zunächst ebenso, als wenn es noch innerhalb des Embryo läge, d. h. sie bilden keine neue normale Blastula wie in dem zuerst beschriebenen Fall, sondern nur $^1/_2$ oder $^1/_4$ usw. davon, nämlich denjenigen Abschnitt von ihr, den dasselbe Blastomer ursprünglich darin einnahm, also eine richtige sogenannte „Teilbildung".

In welcher Weise diese Teilbildungen sich weiter entwickeln, werden wir weiter unten erfahren; hier sollen vorerst nur die voranstehend beschriebenen Erscheinungen, die Regulation und die Teilbildung in ihren Beziehungen zur wirklichen Regeneration geprüft werden.

Zweifellos sind die Teilbildungen defekt gewordene Embryonen, deren Wiederherstellung nur durch eine wirkliche Regeneration erfolgen kann (s. u.). Die Regulation fällt dagegen nicht unter den Begriff der Regeneration, so wie wir sie definiert haben. Dies ergibt sich schon daraus, daß ein isoliertes Blastomer, das überhaupt weiter existiert, entweder reguliert oder regeneriert wird, und zwar beides auf ganz verschiedenem Wege. Die im einzelnen Blastomer ablaufende Regulation vollzieht sich nicht durch ontogenetische Entwicklung und nicht mit einem ontogenetischen Erfolg, sondern durch eine Art Rückbildung der in der verflossenen Ontogenese korrelativ erreichten Formbildung, die in eine wirkliche Keimbildung, gleich der originalen (s. u.) ausläuft. Keins dieser Merkmale stimmt mit unserer Definition der Regeneration überein.

Sobald aber der defekte Embryo auch nur aus zwei zusammenhängenden, nicht regulierten Blastomeren besteht, ist der Gegensatz dieser Teilbildung gegenüber der Regulation ganz offenbar: an die Stelle des wiederhergestellten Eis (Regulation) tritt ein wirklich defektes Gebilde, das erst durch eine freilich abnorme, aber immerhin epigenetische Entwicklung in eine richtige Ontogenese übergeht. Aus dem äußerlich geringfügigen Unterschied zwischen beiden Zuständen, den zwei verbundenen Blastomeren und dem sich regulierenden einzelnen Blastomer, erklärt sich das Mißverständnis ihrer Einreihung in dieselbe Kategorie. Der eigentliche Gegenstand unserer weiteren Untersuchung bleibt also die Teilbildung.

Bekanntlich gebührt Roux das Verdienst, zuerst die Entwicklungsfähigkeit isolierter Blastomeren festgestellt zu haben, indem er eins der beiden ersten Blastomeren eines Frosches in situ abtötete, worauf das andere intakte Blastomer sich zu einer „Halbbildung" entwickelte (Roux 1888). Merkwürdigerweise erregte die Tatsache, daß ein aus seinem normalen Zusammenhange herausgelöstes Blastomer weiter zu existieren und sich zu entwickeln vermöge, scheinbar weniger Aufsehen, als der Umstand, daß diese abnorme Entwicklung zu einer Teilbildung, und zwar zur Herstellung derjenigen Körperhälfte des Embryo führte, die das isolierte Blastomer im normalen Verbande mit dem anderen $^1/_2$ Blastomer geliefert hätte. Denn an die Entdeckung von Roux schloß sich zunächst ein lebhafter Streit um die Existenz der Teil- oder Halbbildungen an, der bisher noch nicht ganz abgeschlossen ist, während die Fortdauer der isolierten Blastomeren überhaupt nur Bestätigungen erfuhr.

Roux folgerte aus seinem berühmten Experiment, daß ein Blastomer seine ursprüngliche Fähigkeit und Bestimmung infolge seiner Isolierung nicht ändere, sondern nach wie vor auf die Bildung einer und derselben Körperhälfte eingestellt bleibe. Folglich sei es auch im normalen Zustande von den anderen Blastomeren, und somit jede Körperhälfte von der andern unabhängig, korrelativ nicht gebunden. Die normale Entwicklung dieser und aller sich analog entwickelnden Embryonalteile ($^1/_4$, $^1/_8$ Blastomer u. a.) sei also Selbstdifferenzierung in dem Sinn wie diejenige des ganzen intakten Eis.

Allerdings trat an dem künstlich erzeugten Halbembryo nachträglich eine Regeneration der fehlenden Körperhälfte ein; dies sollte aber nach Roux ein von jener ersten „direkten“ Entwicklung unabhängiger Prozeß sein, der von einem besonderen, bis dahin latent gebliebenen und nur durch die Isolierung des intakten Blastomers aktivierten „Kern-Idioplasson“ verursacht wird und sich dann der direkten Entwicklung anschließt (Postgeneration).

Die bald darauf erfolgten Nachuntersuchungen an völlig isolierten Blastomeren anderer Tiere ergaben ganz andere Erfolge, nämlich die schon erörterten Ganzbildungen bei Hydrozoen (Zoja, Maas), Amphioxus (Wilson), Triton (Herlitzka u. a.), oder doch nur kurz dauernde Teilbildungen (s. u.), die sich alsbald zu Ganzbildungen regenerierten und in eine normale Ontogenese übergingen. Die Erklärung von Roux, die nach seiner Auffassung eigentlich unmöglichen Regulationen isolierter Blastomeren seien nur von der „Postgeneration“ verdeckte Teilbildungen, wurde schon von Driesch zurückgewiesen und durch die Annahme einer „prospektiven Potenz“ dieser Blastomeren ersetzt, d. h. ihrer nicht weiter erklärten Fähigkeit, infolge der Isolierung auch solche Teile zu entwickeln, die sie im normalen Zustande nicht entwickelt hätten.

Freilich sind Ursprung und Ursachen dieser Potenz nicht ersichtlich, wogegen aber Driesch mit Recht hervorhebt, daß die allmähliche Regeneration des aus einem Blastomer hervorgehenden Echiniden-Embryo (s. o.) kein von der normalen Ontogenese unabhängiger Prozeß, sondern nur eine Folge der Abänderung dieser Entwicklung sei. Dies zeigte sich uns schon ganz deutlich bei der Regulation der isolierten Blastomeren, wobei deren innere Regeneration zum Eizustande äußerlich gar nicht kenntlich ist, also die sichtbare Ontogenese überhaupt nicht wirklich verändert, sondern nur ihr Anfang wiederholt wird, was doch nicht als ein selbständiger Vorgang neben der Ontogenese, sondern zweifellos bloß als eine vorübergehende Abnormität ihrer selbst erscheint.

Ursachen und Entstehung einer solchen Regulation wurden schon erörtert und erklärt; es steht daher nur die entsprechende Erklärung der Teilbildungen aus, die äußerlich anders verläuft, im Grunde genommen aber auf dasselbe Prinzip hinausläuft. Die Verwandlung eines isolierten Blastomers in eine sogenannte Teilbildung zeigt eine leicht kenntliche Abänderung der normalen Ontogenese und imponiert durch ihre weitere Entwicklung und die endliche Rückkehr zur normalen Ontogenese recht eigentlich als das, was man gewöhnlich unter „Regeneration" versteht.

Fig. 74. **Aus einem isolierten Blastomer regenerierte Blastula von Echinus, nach Driesch, aus Korschelt u. Heider, Lehrbuch der vergleichenden Entwicklungsgeschichte (1902).**

Beginnen wir mit den Versuchen, die Driesch an den Embryonen von Seeigeln anstellt. An einem isolierten $^1/_2$ Blastomer eines solchen Tiers erfolgten die Teilungen nicht allseitig wie an einem regulierten Blastomer, sondern offenbar nur von der früheren Außenseite des Blastomers aus, so daß daraus eine unregelmäßige halbe Blastula hervorging (Fig. 74), die sich erst allmählich zu einer vollständigen Cöloblastula schloß und damit in die normale Ontogenese einlenkte. Die Ursache jener Halbbildung kann nun, wie schon erwähnt, bloß darin erblickt werden, daß das Ectoplasma des Blastomers infolge einer gewissen Starre sich nicht allseitig über die freie Oberfläche ausbreitete und die Teilungen daher nur im Halbkreise statt im ganzen Kreise stattfanden. Daraus entsteht natürlich keine vollkommene, sondern eine recht unregelmäßige halbe Blastula, deren Rand aber frühzeitig sich über die Grenze der Halbkugel vorschiebt und dadurch zur Herstellung einer vollständigen Cöloblastula anschickt. Diese konzentrische Ausdehnung des künftigen Blastoderms vollzieht sich jedoch unter anderen Bedingungen als in dem normalen Embryo.

In einem solchen Embryo dehnt sich das kuglige Blastoderm von Anfang an im ganzen Umkreise konzentrisch aus, so daß die Teilungsarbeit jedes einzelnen ursprünglichen Blastomers auf dasjenige Segment des Ganzen beschränkt bleibt, das es anfangs einnahm. Innerhalb dieses

Raums kann aber die mit jeder Teilung verbundene Abrundungstendenz des Blastomers sich nur am zentralen Ende und an der freien Außenfläche betätigen, während seine Seiten unter dem korrelativen Druck der anstoßenden Blastomeren in den alten Grenzen zurückgehalten werden und sich abplatten. Infolgedessen zieht sich das zentrale Ende vom Mittelpunkt zurück und tritt die Außenfläche weiter vor (Erweiterung des Blastocöls — konzentrische Ausdehnung des Blastoderms).

In der embryonalen Teilbildung sind jedoch die Seitenflächen der randständigen Blastomeren frei und keinem Druck ausgesetzt, so daß sie sich, statt abgeplattet zu werden, ungehindert abrunden und über die ihnen anfangs gesetzten Grenzen hinaus vorrücken können, was wegen der fortgesetzten, radial gerichteten Teilungen und ihrer motorischen Wirkungen in einer Kugelfläche geschieht. Eine weitere Folge der dauernden ansehnlichen Ausdehnung der zu zirka $^3/_4$ freien Oberfläche der randständigen Blastomeren ist die, daß ihr verdicktes Ectoplasma sich in demselben Maße ausbreitet und sein Teilungspol sich weiter als normalerweise verschiebt. Dadurch verändern sich die Teilungsebenen so, daß die neue Oberfläche des regenerierten Stücks sich stärker krümmt und das Ganze sich zu einer kleineren Cöloblastula schließt, als die ursprüngliche Blastula gewesen war.

Aus diesen Beobachtungen und Überlegungen ist zu entnehmen, daß die Regeneration einer künstlich veranlaßten Teilbildung (halbe Blastula) zu einer Ganzbildung (vollständige Cöloblastula) überhaupt keiner hypothetischen Erklärung, keines Eingreifens einer neu hinzukommenden präformierten Ursache bedarf, wie es anscheinend die meisten Beobachter vertreten, sondern aus denselben empirisch greifbaren Momenten entspringt, die der ganzen morphologischen Sonderung der Ontogenese zugrunde liegen. Die radialen Eiteilungen und die konzentrische Ausdehnung des sich entwickelnden Blastoderms sind die aktiven Bildungsursachen in der Entwicklung sowohl der normalen wie der künstlich halbierten Blastula, mit dem sekundären Unterschied, daß die erstere direkt, die andere sozusagen auf einem regenerativen Umwege die vollständige Cöloblastula und deren weitere Ontogenese erzielt.

Die Identität des regulativen Erfolgs mit dem normalen ontogenetischen Erfolge beruht also nicht auf einem geheimnisvollen Zufall, sondern ist nach dem Gesagten die notwendige Wirkung des der Regeneration vorausgegangenen Defekts in einem bestimmt organisierten Embryo. Wo diese Bedingung nicht erfüllt ist, und etwa die Starre des Eiplasma so weit geht, daß nicht einmal das geschilderte Übergreifen der konzentrischen Ausdehnung des Blastoderms über die ursprünglichen Grenzen eintritt, da unterbleibt auch jener Erfolg der regenerativen, d. h. abgeänderten ontogenetischen Arbeit, und der bleibende Defekt führt notwendig zur Zerstörung des Organismus. Eine vollkommene und dauernde Halbbildung wäre ein Merkmal dafür, daß in ihr die Bedingungen für eine Regeneration fehlen; sie verträgt sich mit der letzteren nicht. Aus allen diesen Gründen folgt also, daß die tatsächliche Regeneration der nicht regulierten isolierten Blastomeren weiter nichts ist als die Wirkung einer unter bestimmten Bedingungen abgeänderten Ontogenese.

1. Die nächste Ursache der Regenerat on an isolierten Blastomeren und defekten Embryonen ist keine präformierte Energie irgendeines Kernbestandteils (Idioplasson), sondern dieselbe mechanische und epigenetische Arbeit wie in jeder Ontogenese.

2. Eine solche embryonale Regeneration erfolgt aber nicht bedingungslos, sondern hängt ab einmal von dem zu ersetzenden Defekt und dann von einer passenden Beschaffenheit des Eiplasma. Eine genügende Elastizität dieses Plasma bewirkt die volle Regulation des Blastomers zum Eizustande, wodurch eine weitere Regeneration überflüssig wird; eine geringere Elastizität des Plasma erzeugt unvollkommene und unregelmäßige Halbbildungen, deren Mängel gerade die regenerative Entwicklung mit dem Übergang zur vollständigen Ontogenese verraten. Endlich gestattet eine gewisse Starre des Plasma eventuell nur die Entstehung ganz unregelmäßiger und nicht regenerationsfähiger Teilbildungen, hat aber deshalb deren Zerstörung zur Folge.

Nunmehr wird der wahre Sinn des Rouxschen Experiments am Froschei klar. Erstens ist die angebliche Isolierung des $^1/_2$ Blastomers nur eine scheinbare, da es im Anschluß an das andere abgetötete Blastomer verblieb und deshalb an einer Regulation zum Eizustande, wie sie anderen Beobachtern an Amphibien-Eiern gelang, verhindert wurde. Die von Roux erzielte, jedoch unvollkommene Halbbildung wurde also nicht durch eine „Selbstdifferenzierung" eines isolierten Blastomers, vielmehr umgekehrt durch seine mechanische Korrelation mit dem abgetöteten andern Blastomer verursacht. Die darauf folgende volle Regeneration des Halbembryo unterscheidet sich aber dadurch von derjenigen freier, selbständiger Halbembryonen, daß die an Ort und Stelle zurückgebliebene Masse des zerstörten Blastomers die regenerative Arbeit der aktiven Hälfte in ganz unübersehbarer Weise stört und verdeckt.

Auch bei den isolierten Blastomeren der Ctenophoren tritt die Regeneration der Halbbildungen erst relativ spät hervor und bleibt lange Zeit unvollkommen. Jedoch ist das Hindernis einer früheren Regeneration bei diesen Tieren nicht ein zufälliges wie bei den Rouxschen Halbembryonen des Frosches; vielmehr nähern sich die Ctenophoren in der Entwicklung ihrer isolierten Blastomeren mehr den Echiniden.

Die nächsten Teilungen dieser Blastomeren zeigen deutlich deren Starrheit oder Unempfindlichkeit gegen die neuen Existenzbedingungen,

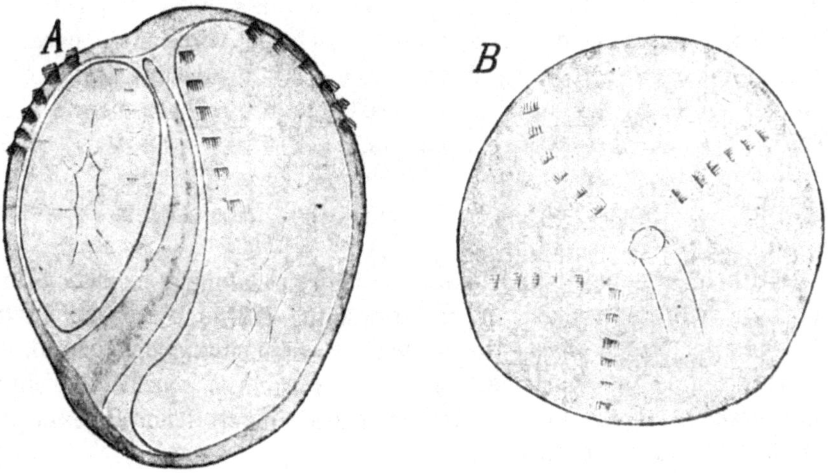

Fig. 75.
Beroë ovata, Halblarve, aus einem isolierten Blastomer entwickelt, nach Driesch und Morgan, aus Korschelt u. Heider, Lehrbuch der vergleichenden Entwicklungsgeschichte (1902), A in seitlicher Ansicht, B in der Ansicht von oben.

indem sie wie die Blastomeren der Echiniden ebenfalls eine halbe Blastula erzeugen (Driesch und Morgan 1895), bestehend aus der halben Zahl (4) von Macromeren und der ihnen anliegenden Micromeren. Wie im normalen Embryo beginnt alsdann auch in der halben Blastula eine rasche Ausbreitung der Micromeren über die dotterreichen, teilungsträgen Macromeren, und zwar zuerst an der konvexen Außenseite des Embryo, dann aber auch an seiner flachen Defektseite. Bei diesem frühen Gastrulationsakt regeneriert also die Micromerenschicht zu einem vollständigen Ectodermüberzug, während die Regeneration des Entoderms etwas später beginnt und unregelmäßig fortschreitet, indem statt der vier ersten normalen Entodermtaschen nur ihrer drei entstehen. Ferner erscheint der Schlund (sog. Magen) nicht als Halbbildung, nämlich als Rinne, sondern als ganze Röhre, die Wimperrippen dagegen wieder nur in halber Zahl (Fig. 75). — Im Verlauf der postembryonalen Metamorphose werden dann die Larvenorgane der Ctenophoren, soweit sie fehlen oder defekt sind, völlig regeneriert (Chun 1894).

Dieser etwas wirre Entwicklungsverlauf läßt immerhin eine große Ähnlichkeit mit demjenigen der defekten Echiniden-Embryonen erkennen, indem er mit einer scheinbar vollkommenen Halbbildung beginnt und in eine unregelmäßige Regeneration übergeht. Es ist daher anzunehmen, daß schon die halbe Blastula in dem abnormen Zusammenhang ihrer Zellen, die nach einer Seite einen Anschluß entbehren, die Ursachen für die folgende Regeneration enthält. Ferner ist besonders hervorzuheben, daß die Regeneration des aus dem entwicklungsträgen Entoderm hervorgehenden Darms später sichtbar wird und langsamer fortschreitet als diejenige des durch schnelle Teilungen ausgezeichneten Ectoderms (Haut, Schlund); denn dies bezeugt die schon besprochene Neigung des weniger elastischen entodermalen Plasma, an der ererbten Teilbildung seines Abschnitts festzuhalten, gegenüber der leichteren und schnelleren regenerativen Anpassung des weniger starren Ectoderms an die neuen Formbedingungen.

Endlich offenbart die konzentrische Ausdehnung beider Keimschichten beim abnormen Gastrulationsakt, daß die morphologische Tätigkeit der Regeneration im ganzen mit den entsprechenden Akten der Ontogenese übereinstimmt, ebenfalls korrelativ verläuft und nur eine durch die neuen Formbedingungen des eingetretenen Defekts abgeänderte Ontogenese darstellt.

Die Erfahrungen, die man bei gleichen Versuchen an anderen Tieren machte, bestätigen das Gesagte. Denn selbst wenn die isolierten $^1/_2$-Blastomeren der Ascidien nach Chabry u. a. noch vollständigere Halbbildungen liefern als diejenigen der Ctenophoren, so genügen doch schon solche Regenerationserscheinungen wie die Überwachsung der ursprünglichen Medianfläche des Halbembryo durch das Ectoderm und die wenngleich unvollkommene Herstellung von ganzen und nicht halbierten medianen Organen, um zu erhärten, daß die Entwicklung des isolierten $^1/_2$-Blastomers bei den Ascidien mit derjenigen eines gleichen Blastomers innerhalb eines normalen Embryo nicht wirklich identisch ist, sondern infolge der Isolierung mehr oder weniger von ihr abweicht. Selbst das geringste Maß dieser Abänderung bezeugt immerhin, daß das normale Blastomer sich korrelativ entwickelt; und daran wird nichts geändert, wenn die Regeneration am Endprodukt des isolierten Blastomers auch ganz unvollkommen bleibt.

Was sonst noch von Regenerationen an defekten Embryonen vorkommt, die nicht aus einem Blastomer, sondern aus mehrzelligen Teilungsstücken hervorgehen, unterscheidet sich grundsätzlich nicht von der besprochenen Regeneration isolierter Blastomeren, bis auf die selbstverständliche Einschränkung, daß die später einsetzende Regeneration die ersten Umbildungen des isolierten Blastomers und seiner nächsten Folgezustände nicht nachzuholen braucht. Alle allgemeinen Ergebnisse der Untersuchung an defekten Embryonen, die von isolierten Blastomeren herrühren, gelten also in gleicher Weise für alle in die Embryonalzeit fallenden Regenerationen. Nur herrscht dabei kein Schema, sondern jeder einzelne Defekt bestimmt nach seiner Besonderheit auch seine eigene Regeneration, und nur deren allgemeine Ursachen sind mit denen der normalen Ontogenese identisch. Wenn die Regeneration der embryonalen Teile sich also als eine, infolge eines Defekts partiell und vorübergehend abgeänderte Ontogenese darstellt, so fehlt eben jeder Anlaß, für sie noch nach anderen Ursachen zu suchen, als wie sie für die Ontogenese überhaupt festgestellt wurden: die substantielle Grundlage des spezifisch bestimmten Protoplasma und die in den einzelnen Zellen und den Zellenmassen enthaltenen Formbedingungen. Damit ist jede Präformation und jede Selbstdifferenzierung im Sinne einer Präformation ausgeschlossen, und die Epigenese bezeichnet den allein möglichen Entwicklungsverlauf in der Regeneration.

Freilich läßt sich nicht behaupten, daß der von Roux in die Entwicklungsgeschichte eingeführte Begriff der Selbstdifferenzierung unzweideutig wäre, wenn man überlegt, daß er nur eine topographische und teilweise willkürliche Bedeutung haben, andererseits im Gegensatz zur Epigenese stehen und einer Evolution oder Präformation entsprechen, also einen aktiven Wert haben soll (S. 16 ff.). Wirklich greifbar ist die Selbstdifferenzierung nur in der Gesamtentwicklung individueller Körper, seien sie in der Ontogenese oder einer Regeneration begriffen; in diesen Fällen ist sie identisch mit der Individualität dieser Körper, bedeutet also eine selbstverständliche und allgemeingültige Tatsache, die aber mit einer Erklärung des Vorganges, mit seinen wirklichen Ursachen recht wenig zu tun hat.

2. Regeneration auf höheren Entwicklungsstufen.

Es ist nur selten möglich, den Kausalzusammenhang dieser Regeneration ebenso wie bei den Embryonen auf bestimmte ontogenetische Formbedingungen zurückzuführen; dazu sind die letzteren in der Regel viel zu mannigfaltig und kompliziert. Diese aufwärts zunehmende Komplikation ist auch der Grund, warum die Regenerationsvorgänge bei gleichem Umfange des Defektes auf den späteren Entwicklungsstufen langsamer und unvollkommener arbeiten als auf den früheren, embryonalen Entwicklungsstufen. Immerhin läßt sich an gewissen Beispielen zutreffend erläutern, daß die Regeneration auch auf jene späteren Stufen mit denselben Hilfsmitteln wirkt oder wenigstens direkt an die im defekten Teil vorhandenen Formbedingungen anknüpft.

Die fraglichen Ursachen und Mittel der Regeneration auf höheren Organisationsstufen sind überall dieselben — die morphologische und die gewebliche Sonderung. Die regenerierenden Zellen bauen die neuen Gewebe und Organe nicht durch ihnen eigentümliche präformierte Fähigkeiten auf, sondern nach den Gesetzen der epigenetischen Ontogenese. Das erste Erfordernis ist die Herbeischaffung des Zellenmaterials zur Ausfüllung und Ergänzung des Defekts, das sich naturgemäß in der nächsten Umgebung des Regenerationsbezirks befinden muß. Zweitens kommen die Formbedingungen in Frage, die den morphologischen Aufbau des Regenerats bestimmen, und zuletzt hat die regenerative Histiogenese das Ganze zu vollenden (s. u.).

3. Die Morphallaxis.

Morgan hat angegeben, daß die Regeneration von Teilstücken ausgewachsener Turbellarien (Planaria maculata, Bipalium) nur durch eine Umlagerung der übrig gebliebenen Gewebszellen, ohne Zuhilfenahme von neugebildeten Zellen vor sich geht. Und dieser als Morphallaxis bezeichnete Vorgang ist in der Folge für eine Anzahl andrer Tiere bestätigt worden (Przibram). Es ist begreiflich, daß in relativ einfach organisierten Tieren wie Hydropolypen und Turbellarien eine größere Anzahl von Gewebszellen so wenig differenziert und so locker gebunden sind, daß sie ohne weiteres oder mit ganz geringen Abänderungen verschiedene defekte Organe und Gewebe zu regenerieren vermögen. Es leuchtet aber auch ein, daß diese Fähigkeit um so mehr beschränkt sein muß, je weiter die Differenzierung der Gewebe vorgeschritten ist, so daß bei den höchstorganisierten Tieren eine Morphallaxis entweder gar nicht oder nur innerhalb recht einfacher Gewebe und in engsten Grenzen stattfinden kann, so z. B. in der physiologischen Regeneration (s. u.).

Über die Ursachen, warum die regenerierenden Zellen die defekten Organe ergänzen, ist nichts geäußert worden; ich glaube aber, daß zur Erklärung des morphologischen Zusammenhanges in der Regeneration — die regenerative Histiogenese wird später erläutert werden — die Vergleiche mit den embryonalen und den im nächsten Abschnitt zu besprechenden physiologischen Regenerationsvorgängen genügen.

Wo eine embryonale Regeneration vorkommt, beruht sie, wie wir sahen, einmal auf morphologischen Vorgängen überhaupt, und im besonderen darauf, daß die durch den Defekt erzeugten Abänderungen der normalen Ontogenese durch eine korrelativ angepaßte Fortsetzung oder

Wiederholung der ursprünglichen Entwicklung ausgeglichen werden. Es ist kaum möglich, dies auf den höheren Bildungsstufen überall konkret nachzuweisen; dagegen halte ich einen recht naheliegenden mittelbaren Nachweis für ausreichend.

Wenn die Erklärung der Regeneration durch jene morphologischen Leistungen für die Embryonen der Blastula- und Gastrulastufe vollkommen genügt, so kann die Regeneration der kontinuierlich anschließenden höheren Entwicklungsstufen keine grundsätzlich abweichenden Ursachen haben, wenn die Epigenese nicht einfach aufgegeben und durch willkürliche Hypothesen ersetzt werden soll. Zweitens finden sich aber in der Regeneration von höher entwickelten Larven und in der physiologischen Regeneration von Reifeformen Vorgänge, die durchaus als Bestätigungen der bereits erläuterten embryonalen Regeneration gelten dürfen. Belege dafür werden die nächsten Kapitel bringen.

4. Die physiologische Regeneration.

Während des individuellen Lebens erleiden alle Gewebszellen früher oder später eine Rückbildung bis zur vollen Auflösung, weil ihre Funktion in Ermangelung einer eigenen Selbsterhaltung nur dem Ganzen dient und daher von ihm gewissermaßen vorzeitig ausgebeutet wird, bis die ihr zugrunde liegende gewebliche Organisation endlich versagt und samt der Funktion der Zellen sich auflöst. Die Fortdauer des ganzen Individuums wäre also undenkbar, wenn jene andauernden Verluste nicht vollständig ersetzt würden, indem an die Stelle der ausfallenden Elemente andere neue treten, die deren Arbeit übernehmen. Dies geschieht auch tatsächlich, und zwar dadurch, daß der Verlust jeder einzelnen Zelle ihren Ersatz ebenso erwirken muß wie der Schwund ganzer Zellenmassen deren Regeneration hervorruft. Dies spielt sich folgendermaßen ab.

Die erste Folge des eingetretenen Defekts ist die Störung oder Aufhebung der normalen Korrelation der in der unmittelbaren Umgebung des Defekts zurückgebliebenen und der geschwundenen Zellen; die zurückgebliebenen Zellen sind also nicht mehr imstande, in der früheren Weise spezifisch zu funktionieren, so daß ihre Energie, soweit sie zur Fortexistenz ausreicht, sich in anderer Weise betätigen muß. Mit der Abnahme der speziellen Funktion dieser zurückgebliebenen Zellen wird auch ihre gewebliche Differenzierung reduziert und vermittelst Ernährung und Wachstum durch indifferentes Plasma oder durch Reservestoff ersetzt. Mit dieser Rückbildung der geweblichen Differenzierung geht alsdann die indifferente Funktion der Teilungsvermehrung Hand in Hand. So erhalten diese Zellen zugleich mit ihrer Vermehrung allmählich den Charakter von indifferenten Embryonalzellen, wie dies schon von Fraisse, Barfurth u. A. für die bei der Regeneration tätigen Zellen angegeben wurde. Daraus folgt, daß die Störungen und Verluste an bereits differenzierten Geweben und Organen ganz naturgemäß und in durchaus realer Weise als korrelative Ursachen die Entstehung zahlreicher Bildungszellen bewirken.

Durch das lokalisierte und gesteigerte Wachstum werden zunächst die Lücken in dem beschädigten Gewebe ausgefüllt, wobei die Bildungszellen an Stelle der verloren gegangenen Gewebszellen in deren Lagebeziehungen einrücken und die für die Gewebsbildung erforderlichen morphologischen Anlagen wieder herstellen. Darauf beginnt die gewebliche Sonderung der neuen Anlage unter denselben Bedingungen wie in der Ontogenese (s. S. 240). — Dieselbe Ursache aber, die das regenerative Wachstum ins Leben ruft, nämlich die vorausgegangene Störung der Organisation, setzt jenem Wachstum zugleich die natürlichen Schranken. Denn in dem Maß, als der Umfang des Defekts durch die bezeichnete regenerative Arbeit abnimmt, vermindert sich auch der durch ihn gesetzte Reiz, bis nach der Vollendung des Ersatzes mit dem Reiz auch seine Wirkung, die Erzeugung der Bildungszellen aufhört. Daraus folgt aber, daß eine solche mit Wachstum verbundene Regeneration keineswegs einfach als „Weiterwachsen der zurückgebliebenen Teile" (Przibram) gelten kann.

Die Regeneration durch besondere Bildungszellen arbeitet also mit denselben Mitteln wie die normale Ontogenese und weicht nur darin von dieser ab, daß die den Embryonalzellen gleichzustellenden Bildungszellen eine wirkliche Neubildung sind, die jedoch durch den Defekt selbst hervorgerufen wird. So darf auch in den häufigsten regenerativen Prozessen die Regeneration als eine abgeänderte Ontogenese bezeichnet werden.

Bei der Morphallaxis kommt sogar die ebengenannte Bedingung für den Vergleich der Regeneration mit der Ontogenese, nämlich die Bildung der sogenannten Bildungszellen in Wegfall, indem die unveränderten Gewebszellen in der Nachbarschaft des Defekts die Regeneration ausführen sollen. Dies läßt sich freilich durch den wenig differenzierten Zustand der Ersatzzellen bei den für die Morphallaxis befähigten Tieren erklären (s. o.); indessen möchte ich das Wort „unverändert" doch nicht wörtlich verstanden wissen. Denn die Verwandlung jener Zellen in einen embryonalen Zustand hat doch eine weitergreifende Bedeutung als nur die Vorbereitung zur geweblichen Reorganisation, und scheint mir selbst dann notwendig zu sein, wenn die Ersatzzellen aus demselben Gewebe stammen, das ergänzt werden soll.

Es wurde schon erwähnt, daß die physiologische Regeneration sich dadurch von der zufällig veranlaßten unterscheidet, daß die Gewebszellen infolge ihrer beschränkten Existenzfähigkeit während des Lebens ihrer Träger fortdauernd zugrunde gehen und daher normalerweise einen ständigen Ersatz verlangen. Wenn aber die unentbehrlichen Ersatzzellen ihren ursprünglichen Charakter wirklich ganz unverändert behielten, also ebenso hinfällig wären wie die Zellen, an deren Stelle sie treten sollen, so würde dieser Ersatz nichts helfen, da sämtliche Zellen desselben Gewebes ungefähr zur gleichen Zeit an der Grenze ihrer Existenzfähigkeit angelangt und dem Tode verfallen wären. Die ununterbrochene und unmerkliche physiologische Regeneration ist also nur unter der Voraussetzung denkbar, daß die fortdauernd sich einstellenden Ersatzzellen durch den jeweiligen Defekt selbst zu der beschriebenen Verwandlung in einen indifferenten, embryonalen Zustand, wenn auch in einem kaum merklichen Maße veranlaßt werden, wodurch ihre Energie zu jeder Tätigkeit verjüngt und zu längerer Dauer befähigt wird.

Wenn z. B. eine abgängige Muskelfaser auf regenerativem Wege ersetzt werden soll, so geschieht dies nicht bloß durch eine einfache Teilung einer vorhandenen Muskelfaser, sondern durch eine indifferente Bildungszelle, mag sie durch Abspaltung oder eine Art von Knospung von einer anderen Muskelfaser oder sonst woher abstammen. Wie denn überhaupt eine ungleiche Teilung von Zellen in eine unveränderte Hälfte und eine geweblich indifferente Bildungszelle nichts ungewöhnliches ist; ich erinnere nur an die Entstehung von Eizellen durch Teilung von Gewebszellen, was ich bei den Hydropolypen so häufig antraf (s.u. Keimbildung).[1]

Damit soll nur die Regel bei der physiologischen Regeneration angegeben sein. Denn es läßt sich nicht leugnen, daß daneben auch physiologische Regenerationsprozesse bei hochorganisierten Tieren vorkommen, die eher zur Morphallaxis zu stellen sind, wie sie sich bei der accidentellen Regeneration gewisser niederer Tiere darstellt (s. o.). Ein gutes Beispiel dafür ist die Epidermis der höheren Wirbeltiere. Ihre Hornschicht kann ganz unmerklich, in einzelnen oder einigen zusammenhängenden Zellen abschilfern, worauf der Ersatz von der Schleimschicht geliefert wird, deren Zellen in der Tiefe so indifferent erscheinen, daß sie einer Umbildung in eigentliche Bildungszellen nicht bedürfen. Dies sind aber Ausnahmen, die die Regel nicht aufheben, daß die morphologische Regeneration an geweblich differenzierten Körperteilen durch besonders hergestellte Bildungszellen erfolgt.

[1] Solche Teilungen fehlen natürlich nicht ganz, dürften aber eher zur Vermehrung der bereits vorgefundenen als zum Ersatz von verloren gegangenen Fasern dienen.

Zur physiologischen Regeneration gehören auch die Vorgänge, die wir während der Metamorphose vieler Larven, namentlich in den Puppen der holometabolen Insekten verlaufen sehen. Dort wird ein großer Teil der larvalen Organe dieser Tiere aufgelöst und dadurch regeneriert, daß gewisse, oft recht kleine Reste der ursprünglichen Bildung, die Imaginalscheiben, inselartig zerstreut zurückbleiben und in dem Maß, als die hinfälligen Zellenkomplexe verschwinden, unter starkem Wachstum an deren Stelle vorrücken (Fig. 76). Dies gilt für den ganzen Darmkanal und seine Anhangsorgane, für viele Muskeln, die Epidermis und die Gliedmaßen.

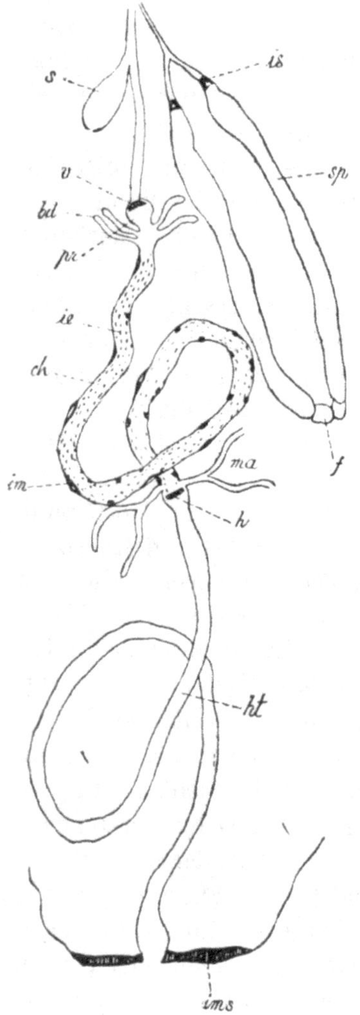

Fig. 76.

Imaginalanlagen am Darmkanal einer Muscidenlarve, nach Kowalewsky, aus Korschelt u. Heider, Lehrbuch der vergleichenden Entwicklungsgeschichte (1892); *h* Hinterdarmimaginalring, *ie* Imaginalzellen des Mitteldarmepithels, *im* Imaginalzellen der Mitteldarmmuscularis, *is* Imaginalringe der Speicheldrüsen, *v* Vorderdarmimaginalring.

Dieser Entwicklungsgang ist deshalb von besonderer Bedeutung, weil bei der ständigen Kontinuität der Imaginalscheiben und der sich zurückbildenden Organreste der formal wirkende Einfluß des Defekts auf die Neubildung ganz unmittelbar in die Augen fällt. Die Imaginalscheiben wachsen einfach auf der Spur des sich zurückziehenden und zerfallenden alten Gewebes vor, gerade so, wie die Ränder eines embryonalen Defekts ($^1/_2$ Blastula u. a.) in den morphologisch vorgeschriebenen Bahnen der zerstörten Bildung sich weiter ausbreiten.

So zeigt sich die Regeneration von so weit entwickelten Organisationen, wie es die in der Metamorphose stehenden Insekten sind, von denselben Ursachen abhängig, die wir als die Grundlage der Regeneration in den Embryonen kennen lernten, ich meine die ontogenetische morphologische Sonderung. Die Histiogenese der dabei beteiligten Bildungszellen kann aber alsdann nicht anders erfolgen als in der normalen Ontogenese, was schon besprochen wurde, und worauf ich noch weiter unten zurückkommen werde.

Die Ergebnisse, zu denen wir in der voranstehenden Untersuchung der physiologischen Regeneration gekommen sind, gelten natürlich auch für alle accidentellen Regenerationen, obgleich es dabei selten gelingt, diese Annahme direkt zu bestätigen. Immerhin konnte ich bei der künstlich herbeigeführten Regeneration an den Gliedmaßen der Molche feststellen (Goette 1879), daß, wenn die eben erst hervorgetretene Anlage eines solchen Beines amputiert wurde, seine Regeneration die normale ontogenetische Entwicklung vollkommen wiederholte, während dieselbe Regeneration an erwachsenen Tieren wesentlich anders verlief. Dies heißt also, daß eine Identität einer accidentellen Regeneration und der Ontogenese eines Körperteils allerdings nachweisbar ist, aber nur in seiner ersten Entwicklungszeit, später jedoch um so mehr verdeckt wird, je länger die ursprünglichen Bildungsursachen epigenetisch verändert werden. Daraus erklärt es sich, daß der in der Regel verschiedene Verlauf der Ontogenese und der accidentellen Regeneration die Annahme aufkommen ließ, daß der Regenerationsprozeß ganz besondere, von der Ontogenese verschiedene Ursachen habe.

5. Die periodische Regeneration und Verwandtes.

An die einfachsten Vorgänge der physiologischen Regeneration vermittelst einzelner Zellen lassen sich mehrere Erscheinungen verwandter Art anschließen.

Die vorhin erwähnte Regeneration der Epidermis der Wirbeltiere büßt den Charakter einer Morphallaxis dadurch nicht ein, daß sie sich oft gleichmäßig auf die gesamte Hornschicht erstreckt und als „Häutung“ recht auffallend wird. Dagegen verschwindet der Eindruck einer Morphallaxis, sobald es sich um die höher differenzierten Epidermoidalgebilde der Federn und Haare handelt; denn bei ihrem regenerativen Ersatz wirkt außer der Schleimschicht auch die Cutis mit, deren Bildungszellen zweifellos nicht als solche vorgebildet sind. — Viel wichtiger ist es jedoch, daß die Häutung, der Feder- und Haarwechsel, sowie manche andere verwandte Erscheinungen der physiologischen Regeneration — der ebenfalls „Häutung“ genannte Wechsel der Cuticula der Würmer, des Panzers der Arthropoden, der Geweihwechsel der Cerviden, die Darmhäutung der Schnecken in der Winterruhe usw. — oft oder selbst stets periodisch eintreten.

Diese Periodizität steht ganz offenbar mit einem periodischen Wechsel der allgemeinen Lebensbedingungen und Funktionen in ursächlichem Zusammenhang. So sind die periodischen Häutungen der Würmer und Arthropoden eine natürliche Folge ihres andauernden Wachstums, und der Geweihwechsel hängt mit einer Periodizität der Geschlechtsfunktionen zusammen; Mauser und Haarwechsel erfolgen periodisch, weil der Wechsel der Jahreszeiten die Ernährung der Haut beeinflußt, und die Darmhäutung der Schnecken dürfte sich aus dem während der Winterruhe erzwungenen „Nichtgebrauch" des Darmes erklären. — Bei diesen periodischen Erscheinungen ist das Regenerat, soweit es sich um Reifeformen handelt, im allgemeinen dem vorausgegangenen und zurückgebildeten Teile gleich.[1] Bei den Jugendformen jedoch, die noch in den Bereich der Ontogenese gehören, geht es anders zu. So wechselt die Haut der Raupen bei jeder Häutung ganz regelmäßig ihre Färbung und Zeichnung, und das Gefieder und Haarkleid der jungen Vögel und Säuger ist ebenfalls in der Regel ein ganz anderes als dasjenige der ausgewachsenen Tiere und kehrt später nicht wieder. Dies erklärt sich aber sehr einfach daraus, daß während der fortschreitenden Ontogenese des ganzen Organismus auch die formativen Korrelationen jeder regenerativen Neubildung sich ändern. Dadurch erhält aber der ganze Vorgang den Charakter einer ontogenetischen Metamorphose.

So ungezwungen sich diese Art von Metamorphose an die gewöhnlichen physiologischen Regenerationen anschließt, so sehr komplizieren sich ihre phyletischen Folgezustände dadurch, daß die einer Rückbildung unterliegenden ontogenetischen Bildungen sich zu ausgesprochenen larvalen Teilen entwickeln. Doch gehört die Entstehungsgeschichte solcher Larvenformen nicht in den Bereich der vorliegenden Untersuchung, sondern in die Stammesgeschichte der Organismen (s. u.); hier sollen vielmehr nur die Beziehungen der Larvenmetamorphose zur Regeneration zur Sprache kommen.

Jede larvale Bildung entsteht phyletisch gerade so wie jede andere erbliche Neubildung; ihr besonderes Merkmal besteht nur darin, daß, nachdem sie in der einzelnen Ontogenese zu voller Funktion gelangt ist, sie sich vollständig zurückbildet. Diese individuelle Rückbildung eines larvalen Körperteils ist daher von der phyletischen Rückbildung verschieden, die einmal begonnen und fortschreitend, sich ebensowohl an Reifeformen wie in der Ontogenese, an physiologisch vollendeten wie an embryonalen Formen zeigt, aber niemals in einem einzigen Individuum abläuft. Die individuelle Rückbildung der larvalen Körperteile stimmt also im allgemeinen mit der Rückbildung überein, die der gewöhnlichen physiologischen Regeneration vorausgeht; und sie schließt sich ins-

[1] Auch das verschiedene Sommer- und Winterkleid der Säuger wiederholt sich immerhin im Verlauf des ganzen Jahres.

besondere der Rückbildung in der periodischen Regeneration an, da sie ebenfalls unter dem Einfluß äußerer korrelativer Reize — allgemeines Wachstum, veränderte Lebensweise usw. — steht.

Doch tritt uns eine auffällige Divergenz der Larvenmetamorphose und der gewöhnlichen physiologischen Regeneration in den Folgen der beiderlei Rückbildungen entgegen, indem die verschwundenen larvalen Teile nicht wieder ersetzt werden, die in der regelmäßigen Regeneration verlorenen Teile aber wieder erscheinen. Dies ist jedoch kein unausgleichbarer Gegensatz.

Auch die accidentelle Regeneration wiederholt nicht immer genau die Bildung der verlorenen Teile. Denn wenn der Ersatz auch stets von den Formbedingungen des defekten Körpers abhängt, die ja vom intakten Körper zurückblieben, so kann doch ihre Wirkung unter Umständen durch den Umfang und die Art des Defekts, sowie namentlich durch eine dadurch herabgesetzte Regenerationsenergie des ganzen Körpers so gestört werden, daß ein vom verlorenen Teil wesentlich abweichendes Regenerat erzielt wird.

Eine 1. Kategorie solcher abnormer und zwar accidenteller Regenerationen bezeichnet man als Heteromorphose, die mit so geringen Abänderungen wie der so häufigen Spaltung eines Fingers an einer regenerierten ganzen Extremität beginnt (Goette 1879) und sich bis zu solchen Monstrositäten wie dem Ersatz eines abgeschnittenen Krebsauges durch eine fühlerähnliche Gliedmasse steigert (Herbst 1895).

Eine 2. Kategorie umfaßt die ganz ungenügende Regeneration oder das völlige Ausbleiben eines Ersatzes, wie es bei den eingreifenden accidentellen Verlusten der höheren Wirbeltiere die Regel ist. In solchen Fällen kann der Defekt allerdings nicht völlig unverändert bleiben, weil dies die Existenz des ganzen Organismus in Frage stellte; die regenerative Tätigkeit beschränkt sich jedoch darauf, statt einer Neubildung des verlorenen Teils nur den Zusammenhang der geschädigten Gewebe und der unterbrochenen physiologischen Vorgänge wieder herzustellen. Diese für die Existenz des Individuums unentbehrliche einfache Wundheilung bleibt immerhin ein durch den Defekt korrelativ hervorgerufener Regenerationsakt, auch wenn er unter Ausschluß jeder morphologischer Neubildung sich bloß auf die Ausgleichung der geweblichen Störungen in den zurückgebliebenen Teilen beschränkt.

Sollen nun alle diese anormalen Regenerationsprozesse mit den normalen, vollkommenen Regenerationen in einer Definition zusammengefaßt werden, so kann das gemeinsame Merkmal nicht ein wirklicher Ersatz oder eine Wiederherstellung des Verlorenen, sondern ganz allgemein bloß die durch korrelative Entwicklung herbeigeführte

Wiederherstellung der gestörten Individualität des Organismus heißen.

Genau ebenso verhält es sich mit der Gesamtheit der physiologischen Regenerationen; denn wenn auch die Mehrzahl von ihnen, und namentlich die an den Reifeformen vorkommenden physiologischen Regenerationen infolge der relativ beschränkten Rückbildung zu einem mehr oder weniger vollkommenen Ersatz des Verlorenen führen, so finden sich doch successiv zunehmende Ausnahmen davon in der normalen Ontogenese.

Die schon erwähnte Erneuerung des Darms in den Puppen gewisser Insekten, die einen Teil ihrer normalen Larvenmetamorphose darstellt, ist ebenso sicher eine physiologische Regeneration im gewöhnlichen Sinn, da der abgängige Teil an derselben Stelle und meist in wesentlich gleicher Form wiederhergestellt wird. Ähnlich steht es mit den thorakalen Beinen der Insektenlarven, z. B. der Raupen; nur ist der Ersatz schon merklich verschieden von der larvalen Bildung. Dagegen gehen die abdominalen Stummelfüße der Raupen in der Larvenmetamorphose zugrunde, ohne durch entsprechende Neubildungen ersetzt zu werden, so daß wir darin schon ein Beispiel für die erwähnte hervorstechende Besonderheit der meisten Larvenmetamorphosen vor uns haben.

Wir sehen also in der Larvenmetamorphose der Insekten drei Stufen der Reaktion auf einen Defekt: 1. eine vollständige Regeneration des verlorenen Teils (Darm), 2. eine Regeneration mit merklich abgeändertem Regenerat (Thorakalbeine), 3. einen Schwund larvaler Teile ohne Ersatz (Abdominalfüße). Es läßt sich darin eine Parallele zu den drei Stufen der sonstigen physiologischen und accidentellen Regeneration — mit vollem, mit heteromorphem Ersatz, mit bloßer Wundheilung — nicht verkennen. Nur sind natürlich die nächsten Ursachen der Rückbildung in der Larvenmetamorphose andere, was hier an einem möglichst einfachen Beispiel erläutert werden soll.

Wohl die einfachste larvale Bildung ist die so häufige zeitweilige Bewimperung von freilebenden Embryonalformen, die dadurch vor allem zum Schwimmen befähigt werden. Wenn während ihrer fortlaufenden Ontogenese ganz andere, nämlich muskulöse Bewegungsorgane in ihnen entstehen und eine vom Schwimmen abweichende Lokomotion, etwa ein Kriechen auf fester Unterlage veranlassen, so wird dadurch in der Regel eine Rückbildung des Wimperbesatzes infolge von Nichtgebrauch herbeigeführt. Dasselbe findet natürlich auch dann statt, wenn die fortschreitende Organisation der Larve ihre Befestigung veranlaßt. Dies drückt man gewöhnlich so aus, daß die veränderte Lebensweise die Rückbildung der larvalen Teile verursacht. Dieser übliche Ausdruck verschleiert aber den wirklichen Kausalzusammenhang. Denn die festen

Körper, die eine schwimmende Larve im Wasser oder am Grunde der Gewässer antrifft, können sie zum Kriechen oder zur Festsetzung und dadurch zur Larvenmetamorphose nicht veranlassen, bevor sie die dazu nötige Organisation erlangt hat; folglich ist umgekehrt die ontogenetische Neubildung der für das Kriechen oder das sessile Leben benötigten Einrichtungen die unerläßliche Voraussetzung für die neue Lebensweise und damit zugleich für die Rückbildung der unbrauchbaren Larvenorgane. Kurz — die nächsten korrelativen Ursachen der Larvenmetamorphose beruhen nicht in den äußeren Lebensbedingungen, sondern in der ontogenetisch abgeänderten Organisation des ganzen Individuums.

Dies trifft für jede Art von Larvenmetamorphose zu; stets ist die Rückbildung im Larvenorgan eine notwendige Folge davon, daß ihre Tätigkeit durch die Fortschritte der Ontogenese überflüssig wird; und die sie ablösenden Bildungen sind das Korrelat der Rückbildung, worin sie auch bestehen mögen. Denn die konkrete Erscheinung des Korrelats ist je nach der Bedeutung der Larvenorgane und der sie physiologisch substituierenden Teile sehr verschieden. Gehören die ersteren zu den im ganzen unentbehrlichen Organen, z. B. der Darm oder die Thorakalbeine der Raupen, so findet ein vollkommener oder ein mehr oder weniger abweichender, der Heteromorphose ähnlicher Ersatz statt, weil die Existenzfähigkeit des fertigen Insekts mit einem anderen Korrelat der Rückbildung nicht vereinbar ist. Sind dagegen die Larvenorgane für das spätere Leben unter allen Umständen überflüssig, wie die Wimperapparate oder die abdominalen Stummelfüße der Raupen, so ist das Korrelat ihrer Rückbildung zunächst im gesamten neuen Bewegungsapparat, wie er auch beschaffen sein mag, und weiterhin in der ganzen damit übereinstimmenden Organisation des fertigen Tieres enthalten.

Wollen wir daher das Wesen der Larvenmetamorphose jeder Art nach ihren Ursachen zusammenfassend kennzeichnen, so kann dies nur so lauten: jede Rückbildung larvaler Teile ist eine korrelative Folge der in der Ontogenese eintretenden Abänderung der ganzen Organisation, woraus sich eben eine abgeänderte Lebensweise erklärt und nicht umgekehrt. — Darin ist im Grunde genommen dasselbe ausgesprochen, was von der physiologischen und accidentellen Regeneration überhaupt gesagt wurde: auch die Larvenmetamorphose besteht in einer durch korrelative ontogenetische Entwicklung herbeigeführten Wiederherstellung der durch die Larvenorgane selbst zuletzt gestörten Existenzfähigkeit und Individualität des ganzen Organismus.

Gegenüber diesem allgemeinen und Haupterfolg der Larvenmetamorphose tritt die Bedeutung der vorhin angegebenen Unterschiede der einzelnen Metamorphosen durchaus zurück. Ob wir ihr Korrelat, nämlich die Abänderung der Ontogenese, nur in dem einen Organ erblicken,

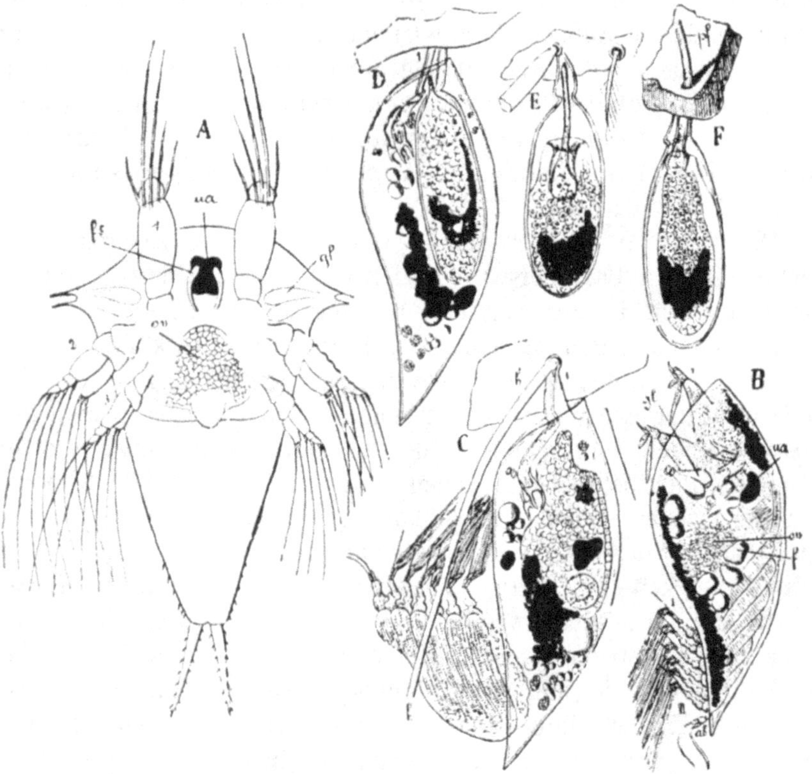

Fig. 77.

Sacculina carcini, Larvenmetamorphose, nach Delage, aus Korschelt u. Heider, Lehrbuch der vergleichenden Entwicklungsgeschichte (1892); A Nauplius nach der ersten Häutung, 1, 2, 3 seine Gliedmaßen, *fs* frontales Sinnesorgan, *na* Naupliusauge, *gl* Drüsen der Stirnhörner, *ov* Ovarium, B freischwimmendes Cyprisstadium, I—VI Thoraxbeine, *f* Fettkugeln, C Cyprisstadium nach erfolgter Befestigung an einer Borste (*bb*) des Wirts, D kentrogones Stadium, E nach Abstreifung der Cyprislarvenschale und mit Bildung des Pfeils, F Durchstoßung des Pfeils *pf* durch den Chitinpanzer des Wirts.

das wieder zu ersetzen ist, oder in dem ganzen, zu einer neuen Lebensweise angepaßten Organismus, der deshalb für die Larvenorgane gar keinen homologen Ersatz braucht, dies ändert nichts an der Tatsache, daß jene Wiederherstellung überhaupt ein regenerativer Vorgang ist, ebenso wie die bloße Wundheilung bei accidentellen Verlusten des Organismus. Daher gehört jede Larvenmetamorphose zu der als Regeneration bezeichneten Entwicklungsart, sowie sie andererseits nach ihrem Entwicklungsverlauf sich ebenfalls als eine Änderung ontogenetischer Vorgänge darstellt.

Unter diesen Gesichtspunkt fallen natürlich auch die Metamorphosen solcher Geschöpfe, deren Reifezustand infolge eines parasitischen Lebens phyletisch zurückgebildet wird (Bonellia, parasitische Krebse u. a.). Nach dem allgemeinen Zusammenhang sind solche reduzierte Reifeformen ebensowohl das Korrelat für den Schwund der Larvenformen wie der nicht reduzierten Geschöpfe. Dies dürfte selbst für solche Fälle gelten wie die merkwürdige Lebensgeschichte von Sacculina (Delage 1884), die allerdings mit ganz außerordentlichen Erscheinungen verknüpft ist.

Die Rückbildung ihrer Larve (Fig. 77), die mit dem Cypris-Stadium anderer Cirripedien übereinstimmt, beginnt alsbald nach ihrer Befestigung an ihrem Wirt (Carcinus maenas) und beschränkt sich nicht auf einzelne Organe und Teile, sondern umfaßt beinahe den ganzen Organismus der Larve, so daß nur eine dem Kopf allein entstanmende Masse von Bildungszellen im Umfange der inneren Ovarialanlage übrig bleibt. Indem dieser ganze Zellenkomplex sich noch innerhalb der alten Larvenschalen mit einer sackförmigen Cuticula umgibt und dann in eine äußere Epithellage und ein inneres Füllgewebe sondert, sind die einfachen ersten Formbedingungen für die im Innern des Wirts erfolgende regenerative Entwicklung hergestellt. Das Auffälligste an dieser Metamorphose ist der Umstand, daß zur Anknüpfung der beginnenden morphologischen Regeneration von früheren Organen kaum mehr als die Ovarialmasse und Teile der Kopfmasse für die Herstellung der Bildungszellen zur Verfügung stehen, und daß in diesem Bildungsmaterial keine eigentliche Organisation wahrzunehmen ist, obgleich schließlich ein richtiger, wenngleich stark reduzierter Organismus sich daraus entwickelt. Solange die phyletischen Vorstufen der recenten Sacculina uns unbekannt bleiben, läßt sich ihre postlarvale Entwicklung nur mit Vorbehalt unter solche Larvenmetamorphosen wie diejenigen der parasitischen Copepoden einreihen.

6. Die regenerative Gewebsbildung.

Diese Kategorie umfaßt die intrazellulären Differenzierungen in allen Arten der Regeneration, der normalen physiologischen wie der accidentellen, sowohl während der Ontogenese (Larvenmetamorphose) wie in den Reifeformen. In allen diesen Fällen besteht die regenerative Gewebsbildung in der Differenzierung der besprochenen Bildungszellen; nur die Entstehung der letzteren gehört eigentlich nicht dazu, da sie als eine regressive Verwandlung der zur Regeneration bestimmten Gewebszellen in den Zustand von Bildungszellen eben keine positive Gewebsbildung leistet. Und daß diese regenerativen Bildungszellen den Charakter von indifferenten Embryonalzellen annehmen, bezeugen die schon zitierten zahlreichen Beobachtungen.

Sobald die Bildungszellen ihren Platz eingenommen haben, der ihnen durch die morphologischen Formbedingungen angewiesen ist, erfolgt ihre gewebliche Ausbildung im allgemeinen unter denselben Umständen, wie die primäre, ontogenetische Histiogenese; d. h. es sind dabei dieselben Ursachen tätig, nämlich die gewebliche Energie der gesamten Zellsubstanz und die örtlichen morphologischen und physiologischen Korrelationen. Wie weit also die regenerative Gewebsbildung diejenige der vorausgegangenen normalen Ontogenese wiederholt, hängt ausschließlich davon ab, in welchem Maße die ursprünglichen morphologischen Grundlagen wiederhergestellt werden. Und da dies teils vollständig, teils nur in abgeänderter (heteromorpher) Weise oder gar nicht geschieht (s. o.), so geht die regenerative Gewebsbildung damit Hand in Hand. Mit anderen Worten: die Histiogenese der regenerativen und indifferenten Bildungszellen hängt nicht von ihrem früheren Charakter und ihrem Ursprung ab, sondern nur von ihrer örtlichen Korrelationen. Ist aber der Ursprung dieser Zellen gleichgültig, so kann keine Rede davon sein, daß sie nur aus demselben Gewebe abstammen, das sie wieder erzeugen sollen.

Obgleich dies durch Beobachtungen erhärtet ist (s. u.), so wurde und wird das Gegenteil noch immer behauptet, so von Fraisse und Barfurth wenigstens für die Wirbeltiere, von Przibram für alle Tiere. Letzterer erklärte alle gegenteiligen Angaben, daß ein Regenerat aus einem ihm fremden Gewebe hervorgehen könne, für irrig, stützt sich aber dabei nur auf einige zweifelhafte Fälle, während er eine große Anzahl von ganz bestimmten Angaben über den heterogenen Ursprung der regenerativen Bildungszellen (s. u.) teils gar nicht erwähnt, teils ohne jeden Grund bezweifelt.

Der Satz, daß jedes Gewebe nur Gleiches wiedererzeuge, hat nicht einmal für die Wirbeltiere volle Gültigkeit, seitdem man weiß, daß die Linse der Urodelen aus der Iris regeneriert (Colluci, Wolff Fig. 78, Fischel); noch mehr sichergestellte Ausnahmen von jenem Satz finden sich bei niederen Tieren (vgl. Morgan, S. 260 f.). So regeneriert der ursprünglich ectodermale Schlund von Sagartia aus dem Entoderm, und dasselbe findet bei Lumbricus, Tubifex und anderen Oligochaeten statt, während die regenerierten Muskeln derselben Tiere aus dem Ectoderm stammen (Hasse, v. Wagner u. A.). Bei verschiedenen Dendrocölen entwickeln sich die Regenerate des Darms, des Nervensystems und der Muskeln aus den mesodermalen Parenchymzellen (Morgan); und bei der Regeneration der Stockindividuen der Bryozoen wird bekanntlich der ganze Darm des neuen Polypids vom Ectoderm geliefert. — Endlich werden diese Befunde durch die zahlreichen analogen Vorgänge bei der Knospung (s. u.) bestätigt: die Knospen am Manubrium der Medusen Rathkea und Lizzia entstehen ausschließlich aus dem Ectoderm, so daß auch ihre sämtlichen Darmteile ectodermaler Herkunft sind (Chun). Und endlich ist der heterogene Ursprung der Organe in den Knospen der Tunicata eine ganz allgemeine Erscheinung (s. u.).

Auf Grund dieser und ähnlicher andrer Tatsachen hat Morgan eine spezifische Bedeutung der Keimblätter für die regenerative Gewebsbildung entschieden abgelehnt, indem er mit Recht hervorhob, daß schon eine einzige, einwandfrei bewiesene Ausnahme von jener angeblichen spezifischen Eigenschaft genüge, um ihr jede allgemeine Bedeutung zu versagen (Morgan 1907, S. 291). Diesem Urteil schließe ich mich vollständig an, um so mehr als ich für die Ontogenese der Wirbeltiere dasselbe schon 1875 behauptet habe (Goette 1875, S. 560f., 569). Unverkennbar ist auch der Gegensatz der beiden eben erörterten Auffassungen ein sehr tiefgreifender.

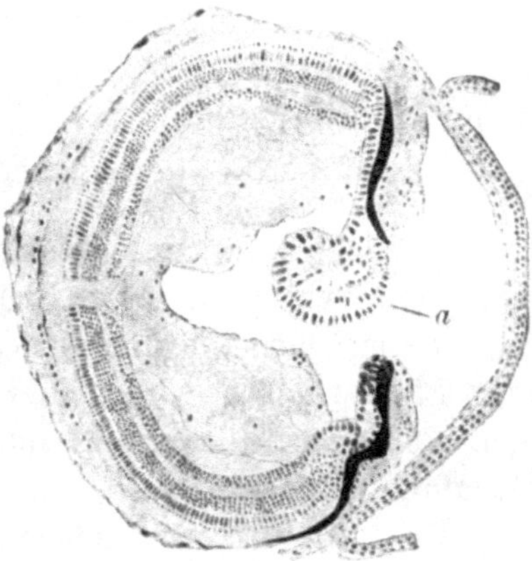

Fig. 78.
Die regenerierende Linse von Triton, nach Wolff, aus Morgan, Regeneration, *a* die Linse als Auswuchs der Iris.

Zweifellos kommt neben dem heterogenen Ursprung der regenerativen Bildungszellen auch ihr Ursprung aus demselben Gewebe wie das zu regenerierende vor, — ich brauche nur an die physiologische Regeneration der Hornschicht in der Epidermis der Wirbeltiere, an die regenerative Neubildung von Muskelfasern aus schon vorhandenen u. ä. zu erinnern. Daher kommt es viel weniger darauf an, welche und wie viel Tatsachen für das eine oder für das andere sprechen, als darauf, welche allgemeine Bedeutung jene beiden Auffassungen haben.

Diejenigen, die jede Möglichkeit eines heterogenen Ursprungs der Bildungszellen grundsätzlich bestreiten und doch deren äußerlich völlig indifferenten Charakter anerkennen, sprechen damit aus, daß die Substanz derselben Zellen eine, von irgendwelchen korrelativen Einflüssen unabhängige und doch für den zu erzielenden Erfolg genügende spezifische Bildungsenergie besitze. Indem dagegen von der anderen Seite erklärt wird, daß es auf den Ursprung der Bildungszellen gar nicht ankomme, so folgt daraus notwendig, daß für die regenerative Gewebsbildung nicht eine spezifische Bildungsenergie der Zellsubstanz oder der verschiedenen Keimschichten, sondern außer ihnen liegende, korrelative Ursachen entscheidend sind. — Es bedarf keiner weiteren Ausführung, daß jene andere Annahme mit der in diesem ganzen Buch vertretenen Epigenese jeder Entwicklung unvereinbar ist. Deshalb würde ich wenigstens für die Möglichkeit eines heterogenen Ursprungs der regenerativen Bildungszellen selbst dann eintreten, wenn noch keine Beobachtung ihn bezeugte. Da er jedoch einwandfrei festgestellt ist, bildet er eine weitere Bestätigung des epigenetischen Verlaufs der geweblichen Sonderung überhaupt.

7. Die Regeneration der Protozoen.

Über den Kausalzusammenhang bei der Regeneration der Protozoen ist nicht viel zu sagen. Selbstverständlich ist dabei zweierlei ausgeschlossen: eine Rückbildung der ganzen Plastide und die Herstellung von Bildungszellen. Trotzdem kann man bei den Protozoen alle bei den Polyplastiden vorkommenden Arten von regenerativen Prozessen ebenfalls unterscheiden.

Die einfachste physiologische Regeneration der Protozoen findet dann statt, wenn einzelne Zellteile, z. B. die Wimperapparate der Infusorien abgeworfen werden, weil sie, wie man annehmen darf, abgängig sind (Bütschli). Der regenerative Ersatz eines solchen Verlustes kann nicht anders aufgefaßt werden als bei der primären Entstehung solcher Teile, z. B. an den Knospen derselben Infusorien. Wie wir sahen (s. Kap. Gewebsbildung), wirkt dabei das Analogon der morphologischen Sonderung bei den Protozoen, nämlich ihre Gesamtorganisation korrelativ mit. Dies gilt für alle derartigen Regenerationen von Gewebselementen.

Damit verbindet sich in anderen Fällen, bei den natürlichen und accidentellen Teilungen oder entsprechenden Verletzungen der fertigen Tiere eine Art von morphologischer Regeneration, indem das defekte Stück, abgesehen von dem eventuellen eben genannten Ersatz von Gewebselementen, die gestörte Gesamtorganisation wiederherstellen muß. Bei der natürlichen Teilung ist dies weniger evident, weil die Rekonstruktion in der Regel mit der Teilung zusammenfällt; dagegen ist bei der künstlichen Teilung außer dem Wundverschluß die Wiederherstellung der typischen Gestalt, eventuell nebst Peristom, Mundtrichter und ähnlichen Bildungen, zweifellos ein besonderer regenerativer, aber nicht histiogenetischer Akt, da die genannten Dinge doch nicht unter den Begriff von Gewebselementen fallen, sondern durchaus dazu gehören, was ich die Gesamtorganisation der Protozoen nenne (S. 198).

Selbst für die mit einer Regeneration in Zusammenhang stehende Larvenmetamorphose der Polyplastiden findet sich bei den Protozoen ein Analogon. Soweit ihre Sporen durch eine gewebliche Differenzierung (Cilien, Geißeln) ausgezeichnet sind (Schwärmsporen), wird diese gerade so wie die gewöhnliche Larvenbildung der Polyplastiden durch die fortschreitende Entwicklung, die zu einer anderen Histiogenese führt, korrelativ beseitigt, ohne wirklich regeneriert zu werden. Durch die gleiche Schwärmerbildung bei der Knospung und Teilung gelangt man aber zu der spontanen Metamorphose, bei der dieselbe Schwärmerbildung durch eine offenbare Regeneration der früheren typischen Form abgelöst wird. Die korrelative Ursache dieser Regeneration ist die Änderung der Gesamtorganisation der Protozoen, sowie bei den Polyplastiden die korrelative Ursache jeder Regeneration ebenfalls die durch einen Defekt gesetzte Abänderung ihrer Organisation ist.

Demnach kommen alle Arten der Regeneration und Larvenmetamorphose der Polyplastiden mutatis mutandis mit dem gleichen allgemeinen Kausalzusammenhang schon bei den Protozoen vor.

Die in der voranstehenden Übersicht geschilderten Regenerationserscheinungen sind vor allem gekennzeichnet durch die große Verschiedenheit ihres Entwicklungsverlaufs gegenüber der normalen Ontogenese und je nach den Entwicklungsstufen, auf denen die Regeneration beginnt und verläuft. Naturgemäß findet man den Grund dafür in den unabsehbar wechselnden, äußerlich und oft zufällig verursachten Defekten; um so schwieriger ist die Feststellung der einzelnen Epigenese in der Regeneration und um so begreiflicher die Neigung, die letztere durch besondere hypothetische Ursachen zu erklären. Andererseits widerspricht aber gerade der Wechsel der teils vollständigen, teils unvollkommenen oder ganz fehlenden Wiederherstellung des Defekts der Vorstellung einer ganz bestimmten, stets präsenten und regelmäßig wirkenden Ursache der Regeneration; um so mehr, als wir teils in den Eigenschaften des Substrats (wechselnde Elastizität), teils in der übrigen normalen Ontogenese (Teilbildungen der Embryonen, Imaginalscheiben, physiologische Korrelation u. a.) greifbare Ursachen der Regeneration vor uns sehen.

Überlegen wir weiter, daß die normalen und die regenerierenden Körperteile in unmittelbarer Korrelation miteinander stehen, und die ersteren die regenerativen Elemente liefern, so scheint mir die hier vertretene Auffassung allerdings allein zulässig, daß jede Regeneration eine Leistung der normalen Ontogenese ist. Fraglich bleibt schließlich noch, warum bei der steten Unregelmäßigkeit der nächsten Ursachen und Wirkungen des regenerativen Geschehens dieses doch in der Regel auf eine Wiederherstellung der defekten Körperteile hinausläuft. Dies erklärt sich aber aus der Überlegung, daß die regenerative Leistung nicht stets determiniert ist, sondern neben der Regel zahlreiche Ausnahmen verschiedenen Grades bestehen. Die normale und die regenerative Arbeit der Ontogenese greifen durchaus ineinander, oder die Regeneration ist vielmehr eine äußerlich abgeänderte Ontogenese; überwiegt schließlich ihre normale Energie, so wird die Wiederherstellung vollständig, bleiben Widerstände des Defekts zurück, so wird auch die Regeneration unvollkommen oder unterbleibt ganz.

Die Regeneration ist eine wechselnde abnorme Leistung der Ontogenese.

III. Die Fortpflanzung.

Die Einteilung der Fortpflanzung in eine ungeschlechtliche und eine geschlechtliche ist durchaus begründet. Dagegen halte ich die dafür eingeführten Namen der Monogonie, die nur von einem Individuum ausgehe, und der Amphigonie, an der regelmäßig zwei Individuen (Eltern) beteiligt sind, so daß Hermaphroditismus und Parthenogenese als Ausnahmen zu gelten hätten (vgl. Korschelt-Heider, II. Teil, 1910) für unzutreffend.

Es ist allerdings richtig, daß Teilung und Knospung, die zwei Arten der ungeschlechtlichen Fortpflanzung, ausschließlich je an einem Individuum erfolgen; dies könnte aber nur dann für eine differenzielle Diagnose verwendet werden, wenn dasselbe Merkmal an dem Gegenstück, an der geschlechtlichen Fortpflanzung grundsätzlich ausgeschlossen wäre. Dies ist jedoch nicht der Fall, da die genannten Ausnahmen, Hermaphroditismus und Parthenogenese, außerordentlich häufig sind, und der Grundsatz, daß Ausnahmen eine Regel nicht aufheben, nur dann gelten kann, wenn sie das einzig mögliche Unterscheidungsmerkmal enthält. Es ist jedoch ein Mißverständnis, daß das Hauptmerkmal der geschlechtlichen Fortpflanzung, der durch zwei Individuen vollzogene Geschlechtsakt sei, während er angesichts der zahlreichen Ausnahmen nur eine accidentelle Begleiterscheinung dessen ist, worauf jene Fortpflanzung grundsätzlich beruht, nämlich auf der Herstellung von Fortpflanzungskörpern oder der Keimbildung.

Dieses Mißverständnis ist ferner ein Seitenstück zu der Auffassung, daß die geschlechtliche Fortpflanzung ebenso wie die ungeschlechtliche Teilung und Knospung auf eine Vermehrung der Individuen als das grundsätzliche Ziel hinauslaufe. Denn da bei den Protozoen gelegentlich (Difflugia, Actinosphaerium, Ophryocystis) oder selbst ständig (Bacillus) durch die Keimbildung nur ein einziges neues Individuum als Ersatz des zugrundegehenden Muttertiers entsteht, und zwar bisweilen in derselben Species neben einer multiplen Keimbildung, so ist es klar, daß die Vermehrung von Individuen nur ein accessorisches, wenn auch sehr häufiges, aber kein grundsätzliches Merkmal der geschlechtlichen Fortpflanzung sein kann.

Es bleibt also dabei, daß die einzige unzweideutige Definition der beiderlei Fortpflanzungsarten, der ungeschlechtlichen und der geschlechtlichen, nur so lauten kann, daß die erste ausschließlich als eine Vermehrung der Lebewesen ohne Keimbildung, die andere ausschließlich durch Keimbildung, in unbeständiger Verbindung mit Vermehrung (Teilung) und Beteiligung zweier Individuen erfolgt.

In der ungeschlechtlichen Fortpflanzung, die ich in der Untersuchung voranstelle, werden bekanntlich die Teilung und die von ihr abzuleitende Knospung unterschieden. Ich beginne daher mit der älteren Erscheinung der Teilung.

1. Die Teilung.

Der Begriff der Teilung ist auch in der Beschränkung auf tierische Lebewesen insofern nicht ganz einwandfrei, als nicht jede bei ihnen vorkommende Teilung eine wirkliche Fortpflanzung in dem damit gewöhnlich verbundenen Sinne, d. h. eine von den Lebewesen selbst ausgehende Vermehrung derselben bedeutet. Und zwar kann man mehrere Arten solcher Teilungen unterscheiden, die nicht unter den Begriff einer wirklichen Fortpflanzung (Propagation, Kennel) fallen.

Die künstlichen oder durch einen Zufall eintretenden accidentellen Teilungen von Tieren stellen selbst dann, wenn die Teilungsstücke am Leben bleiben, nur eine zufällige Augmentation (Kennel) und keine Fortpflanzung dar, weil eine solche nicht ein vom Muttertier unabhängiger Akt sein kann. — Ferner sind die spontanen Teilungen der Protozoen allerdings richtige Fortpflanzungsakte, ob sie an den fertigen Individuen oder an ihren Keimen erfolgen; dagegen fallen die Keim- oder Eiteilungen der Polyplastiden, die doch aus jenen der Protozoen hervorgehen (S. 51), aus dem Rahmen der propagativen Teilungen ganz heraus, weil die Keim- oder Eiteile, die Blastomeren, sich normalerweise nicht individualisieren, sondern nur zu untergeordneten Teilbildungen eines neuen Individuums werden. Dasselbe gilt natürlich von der Fortsetzung der Blastomeren-Teilungen, von den Zellteilungen.

Dazu kommt, daß der allgemeinste Begriff der Teilung auch dann noch aufrecht erhalten werden könnte, wenn bei einer accidentellen oder künstlichen Teilung nur eine (überwiegende) Teilungshälfte am Leben bleibt, die andere minderwertige dagegen sich als nicht existenzfähig erweist und zugrunde geht. Denn es wäre die reinste Willkür, wenn man etwa die künstliche Teilung einer vielkernigen Pelomyxa in zwei kernhaltige und daher lebensfähige Hälften als Augmentation bezeichnen, dagegen die äußerlich gleiche Halbierung einer einkernigen Amoeba deshalb nicht einmal als Teilung überhaupt gelten lassen wollte, weil nur die kernhaltige Hälfte am Leben bleibt, die kernlose Hälfte aber, wie bekannt, abstirbt.

Alle diese Schwierigkeiten und Widersprüche fallen fort, sobald man die Definition der Fortpflanzung durch Teilung auf die natürlichen, spontanen Teilungsvorgänge der Tiere beschränkt. Allerdings kann die accidentelle und die künstliche Teilung dieselben Erfolge haben wie die spontane propagative Teilung; diese Übereinstimmung von Augmentation und Propagation ist aber keine grundsätzliche, sondern nur eine Folge davon, daß die maßgebenden Voraussetzungen der natürlichen Teilungen auch bei den zufälligen Teilungen zutreffen, was aber nicht ständig, sondern nur gelegentlich vorkommt. Um dies zu verstehen, ist eine eingehende Prüfung notwendig, was bei der Teilung eigentlich vor sich geht.

Für die Diagnose der natürlichen oder propagativen Teilung der Tiere genügt am Ende die Bestimmung, daß sie in einer spontanen Trennung von (im Unterschied von den Knospen) bereits fertig vorhandenen Teilen eines Organismus besteht, die zu neuen Individuen werden. Die gelegentliche Übereinstimmung dieser Propagation und der Augmentation beweist aber, daß mit der Tatsache des spontanen Ursprungs allein das Wesen jener Fortpflanzung nicht vollständig erklärt ist: es fehlt die Begründung dafür, daß die Teilungshälften zu neuen Individuen werden.

In den meisten Fällen von Augmentation und Propagation sind die beiden Hälften im einzelnen Teilungsvorgang unter sich nicht völlig gleich, verwandeln sich aber schließlich doch in Individuen gleicher Bildung. Dies trifft bei allen Bilateralien oder unregelmäßigen Formen (Infusorien) zu, ferner bei den Querteilungen von sekundär-strahligen Tieren; es muß daher in jeder Hälfte das ihr Fehlende durch Neubildung mehr oder weniger vollkommen ergänzt, regeneriert werden. Aber auch dann, wenn die beiden Teilungshälften einander völlig gleich sind, ist eine Regeneration an ihnen unentbehrlich, weil sie ja schließlich auch dem Muttertiere gleich werden sollen. Allerdings ist schon die Ansicht geäußert worden, daß es zwei Arten von Fortpflanzung durch Teilung gäbe, eine ohne Regeneration (Protozoen) und eine andere mit Regeneration (Anneliden, Seesterne u. a. — Ziegler) mit dem Hinzufügen, daß bei der Teilung der Protozoen die spezifische Organisation und das spezifische Leben des Muttertiers unmittelbar fortdauern. Dies beruht aber auf einer Täuschung, die vielleicht dadurch hervorgerufen wird, daß der Defekt nicht auffällig ist.

Die Beteiligung der Regeneration an der Augmentation und der Propagation ist ja von vornherein selbstverständlich, da die Hälfte eines Organismus unter allen Umständen dem Ganzen zunächst nicht gleich sein kann, und eine solche Gleichheit sich im besten Falle am Schluß des Teilungsvorganges darstellt, nachdem die Umbildung der beiden Hälften zu zwei ganzen Organismen und Individuen schon vorher stattgefunden hat. Dies läßt sich sogar an einer, den Protozoen formal gleichwertigen Bildung, nämlich an gewissen Eiern unmittelbar beobachten. Wenn das Ei von Aegineta sich zu teilen beginnt (Fig. 10), und die beiden sich trennenden Hälften voneinander abstehen, sieht man das Ectoplasma sich deutlich über jede der beiden Trennungsflächen hinabziehen, so daß jede Hälfte, bevor sie sich an die andere anschließt, die Organisation des ganzen Eies mit dem ringsum geschlossenen Ectoplasma und einem eigenen Kern enthält (Maas 1901[2]). In diesem Fall wird also die halbe Organisation jeder der beiden Eihälften, indem sie sich zu den beiden Blastomeren sondern, bis zur Herstellung der ganzen individuellen Organisation regeneriert; und zweifellos findet dasselbe bei jeder spontanen Halbierung eines Plastids, also auch eines Protozoons statt, selbst wenn seine Grundform, ihre Störung und Wiederherstellung, wie z. B. bei einer Amöbe kaum oder gar nicht zu erkennen ist.

Dies wurde offenbar deswegen übersehen, weil man am einzelnen einfachen Plastid die von mir eingehend erörterte Gesamtorganisation überhaupt nicht beachtete. Nach der obigen Erklärung kann aber die Ansicht nicht weiter aufrecht erhalten werden, daß es bei der Propagation und der Augmentation außer einer Teilung mit einer unverkennbaren Regeneration auch Fälle ohne Beteiligung einer solchen gebe. Propagation und Augmentation machen darin keinen Unterschied: jede spontane Teilung ist ebenso wie jede Augmentation ohne eine Regeneration gar nicht denkbar. Denn eine wirklich unveränderte Fortdauer eines durch Teilung entstandenen Defekts hebt die Existenz des defekten Organismus und damit die Bedeutung der Teilung als eines Fortpflanzungsaktes auf, ob es sich um die Störung der sichtbaren Organisation oder der nicht sichtbaren Individualität handelt.

Die notwendige Beteiligung der Regeneration an jeder wirklichen Teilung darf natürlich nicht zu der Verwechslung führen, daß die erstere irgendwie zu den Ursachen der Teilung zu rechnen sei. Die Regeneration hat mit der Teilung als Fortpflanzungsvorgang gar nichts zu tun, sondern nur mit der einzelnen defekten Teilungshälfte. Dies wird dadurch trefflich illustriert, daß eine accidentelle Teilung sehr häufig so ungleiche Hälften liefert, daß nur die weniger defekte vollständig regeneriert, die andere mit dem viel größeren Defekt dagegen zugrunde geht. Dies mag Kennel (1883), Lang (1888) und Weismann (1892) veranlaßt haben, die natürliche Teilung wenigstens bei den Polyplastiden von der Regeneration abzuleiten, und zwar in der folgenden Reihenfolge der Erscheinungen.

1. Den Ausgangspunkt bildeten jene einfachsten accidentellen Teilungen, bei denen nur die an Masse und Organisation überwiegende Hälfte zu einem vollständigen Individuum regeneriert wird, die andere aber zugrunde geht — die gewöhnliche einseitige Regeneration. 2. Es folgte die accidentelle Teilung in zwei gleiche oder ungleiche Hälften, die aber beide zu vollständigen Individuen regenerierten — accidentelle Vermehrung, Augmentation. 3. Daran sollte sich der Übergang der Augmentation an eine Fortpflanzungsteilung aus inneren Ursachen anschließen — echte Fortpflanzung oder Propagation durch Teilung. Dieser Übergang habe sich durch eine allmähliche „Anpassung" vollzogen.

Diese Auffassung vom Ursprung der natürlichen Teilung der Polyplastiden hat schon Seeliger für unbefriedigend erklärt (1896); aber, obwohl ich mich ihm darin durchaus anschließe, halte ich seine Einwendungen gegen jene Hypothese nicht für zutreffend. Nach seiner Ansicht sei es durchaus verständlich, daß die Regenerationsfähigkeit eines Teils sich allmählich entwickelte, so daß z. B. ein Wurm anfangs nur eine Schwanzspitze, dann immer größere, ihm accidentell verloren gegangene hintere Körperabschnitte zu regenerieren vermochte. Bedenklich erscheint ihm nur die Annahme, daß behufs einer Augmentation auch der abgetrennte hintere Körperabschnitt die Regenerationsfähigkeit erworben haben mußte. „Ich kann mir schwer vorstellen, wie diese beiden Fähigkeiten (die Regeneration beider Körperhälften), die offenbar niemals gleichzeitig an denselben Tieren sich vervollkommnen konnten, in einem und denselben Individuum sich vereinigten". Deshalb hält Seeliger es für völlig aussichtslos, zu erwarten, „daß ein häufig in Verlust gehender Körperteil allmählich die Fähigkeit gewinnen werde, zu einem neuen Organismus zu werden".

Diese Schlußfolgerung halte ich nicht für begründet; denn wenn einmal vorausgesetzt wird, daß die Regenerationsfähigkeit allmählich entstand, so konnte sie sich, wenn auch nicht gleichzeitig, doch nacheinander in beiden accidentell getrennten Körperhälften entwickeln und so eine richtige Augmentation herbeiführen. Der Fehler der beanstandeten Vorstellung liegt vielmehr in der ganz willkürlichen, auch von Seeliger gebilligten Annahme, daß die Regenerationsfähigkeit allmählich entstand und sich phyletisch steigerte.

Eine solche hypothetische Annahme wäre nur unter der Voraussetzung denkbar, daß die Regeneration ein konkretes Entwicklungsprodukt wäre, das denselben Gesetzen der Entstehung unterläge wie andere ontogenetische Neubildungen. Nun bezeichnet aber „Regeneration" überhaupt keine konkrete Bildung, sondern nur eine besondere Art von Entwicklung, die defekte Organismen mehr oder weniger vollständig wiederherstellt, und zwar nicht auf Grund einer ihr (der Regeneration) innewohnenden bestimmten Fähigkeit, sondern als Wirkung der gerade vorliegenden beschädigten Organisation (S. 223 ff.), die entweder dazu geeignet sein oder versagen kann. Da folglich die Regenerationsfähigkeit jedes einzelnen Teilungsstückes lediglich von der Art seines Defekts abhängt, ist es ausgeschlossen, daß sie an einem bestimmten Teilungsstück einmal fehlte, dann aber ohne eine andere Veränderung spontan und zunächst in beschränktem Maß entstand, um sich weiterhin phyletisch ebenso spontan zu vervollkommnen. Umgekehrt ist jede Regeneration eines Teilungsstücks durch dessen Defekt von Anfang an bestimmt und daher eine Folge der Teilung, wenn sie nicht durch den bedeutenden Umfang des Defekts oder sonstwie sich als unmöglich erweist.

Auf Grund dieser Überlegung ist die Hypothese, daß die Augmentation durch einzelne Regenerationen herbeigeführt wurde, als unbegründet zu bezeichnen; und da die daran geknüpfte Phrase, daß die natürliche Teilung oder Propagation durch „Anpassung" aus der Augmentation hervorging, sich bloß auf jene unhaltbare Hypothese stützte, braucht sie überhaupt nicht mehr förmlich widerlegt zu werden.[1]

Mit dieser Kritik des obigen Erklärungsversuchs ist der Ursprung der spontanen Teilung allerdings noch nicht ermittelt; und wenn man auch durch einige Überlegung zu der Überzeugung gelangt, daß die Propagation überhaupt nicht durch zufällig eintretende äußere, sondern nur durch innere Ursachen hervorgerufen wird, so bleibt eine solche Vorstellung doch so lange hypothetisch, bis sie eine empirische Begrün-

[1] Das Wort „Anpassung" gehört in erster Linie zu jenen bequemen Ausdrücken, die unter dem Schein einer anerkannten Erklärung oft nur die Unfähigkeit zu einer solchen verbergen.

dung findet. Es ist mir nun geglückt, eine solche Bestätigung in der Fortpflanzungsgeschichte von Microhydra zu entdecken.

Dieser merkwürdige tentakellose Polyp des süßen Wassers pflanzt sich auf zweierlei Arten ungeschlechtlich fort: durch Querteilungen und durch seitliche Knospen. Die Querteilungen der Hydranthen liefern geschlossene, schlauchförmige Stücke von verschiedener Form und Größe, nicht selten durchaus kuglige Gebilde, und durchweg vom Bau einer Planula. Nur das äußerste Stück, in dem das ursprüngliche orale Ende oder das Köpfchen enthalten ist, besitzt alle integrierenden Teile eines Hydranthen und bedarf daher keiner Regeneration; die folgenden Stücke des Stammes oder Astes müssen dagegen, um vollständige Hydranthen zu werden, das ihnen fehlende Köpfchen neu bilden, d. h. regenerieren. Und dasselbe gilt für die Querteilungen jener langen und köpfchenlosen Seitensprossen gewisser Hydropolypen, deren Produkte Allman zuerst unter dem Namen „Frusteln" beschrieb (1872, S. 153). Dieselben Querteilungen kommen auch an den abgelösten Knospen von Microhydra vor, die Browne (1906) nicht ganz mit Recht ebenfalls Frusteln nannte.

Bei keiner dieser einfachsten Querteilungen der genannten und anderer Hydropolypen, denen sich diejenigen aller anderen Polyplastiden anschließen, ist es bisher gelungen, die nächste und konkrete Ursache der Propagation oder gar ihren weiter zurückliegenden Ursprung festzustellen. Anders verhält sich ein unter besonderen Bedingungen verlaufender und daher bisher gar nicht erkannter Teilungsakt der „Frusteln" von Microhydra, die sich bereits festgesetzt haben (Goette 1920).

Es wurde schon angegeben, daß diese Frusteln sich in zweifacher Art festsetzen, einmal terminal mit einem der beiden Körperenden, und zweitens seitlich in der Mitte des Körpers. An den terminal befestigten Frusteln offenbart sich ebenso wie an den sessilen Planulae der übrigen Hydropolypen ein distal gerichtetes Wachstum, indem an ihrem freien Ende der Mund, die Täniolen und die Tentakeln als Endprodukte jenes Wachstums entstehen (S. 77). Dies bestätigt sich vollends durch die Entwicklung der seitlich befestigten Frusteln, deren beide ursprünglichen Enden freibleiben und gleich zwei Ästen vom Fuß des Stämmchens divergieren (Fig. 36). Denn indem beide Enden Köpfchen erzeugen, wird der Beweis geliefert, daß die Bildungsursache, die distal gerichtete Wachstumsbewegung, vom Fuß, d. h. der seitlichen Befestigungsstelle in die beiden Äste oder die Hälften der ursprünglichen Frustel divergiert.

Nun zeigt sich weiter, daß solche zweiästige Stöckchen von Microhydra sich in der Regel in die beiden Hälften trennen, indem ihre Verbindung sich fadenförmig verdünnt und zuletzt durchreißt. Dies bedeutet natürlich eine Querteilung der ursprünglichen Frustel, auch wenn sich gelegentlich vorher ein gemeinsames Stämmchen beider Äste entwickelt hatte; denn dieses löst sich vor ihrer Trennung vollständig auf. Ich schließe ferner daraus, daß diese Teilung regelmäßig nach der seitlichen Befestigung in dem Verbindungsteil beider Hälften und zugleich dem Ausgangspunkt ihres divergierenden Wachstums erfolgt, daß dieses letztere auch die tatsächliche und unmittelbare Ursache der Teilung ist. Natürlich handelt es sich dabei nicht um die im Begriffe des Wachstums enthaltene Formveränderung, sondern um die darin zum Ausdruck kommende Korrelation der sich einheitlich bewegenden Teile, so daß die in beiden Körperhälften vorwiegende Bewegung eben auch einen entsprechenden Gegensatz ihres korrelativen Zusammenhanges bedeutet. Dieser Gegensatz der beiden Korrelationsgebiete läuft aber natürlich auf eine Lockerung und Lösung ihres früheren Zusammenhanges hinaus.

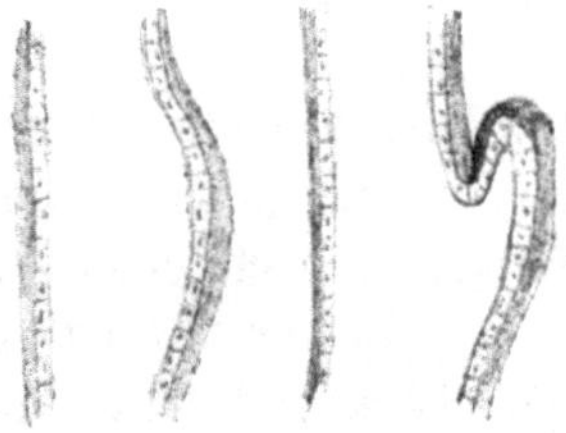

Fig. 79.
Microhydra ryderi, Knospung nach Goette (1920); A lokale Verdickung, B ihre Abspaltung.

Derselbe Vorgang spielt sich auch in der Entstehung der Frusteln von Microhydra ab, obgleich sie nicht einfach als Teilungsprodukte, sondern als Knospen zu gelten haben, worauf ich im nächsten Kapitel zurückkomme. Ihre Anlage beginnt mit einer örtlichen Hypertrophie in der Leibeswand einer Microhydra, die sich zunächst in derselben Richtung wie das distale Wachstum des ganzen Tiers bewegt (Fig. 79A). In demselben Maße jedoch, wie die Ausbuchtung der Knospe sich distalwärts steigert, weicht ihre Wachstumsbewegung von jener ursprünglichen Richtung ab und divergiert mit ihr, worauf die Abspaltung der wulstförmigen Knospe vom distalen Ende proximal- oder rückwärts folgt (Fig. 79B). Diese Abspaltung ist nun ebenso zu erklären wie die vorhin erläuterte quere Durchschnürung der seitlich befestigten Frustel: die divergierende Korrelation der Teile des Muttertiers und der Knospenanlage lockert den Zusammenhang beider bis zur vollständigen Trennung.

Auf Grund unserer Untersuchung der beiderlei Teilungsvorgänge, die trotz einer verschiedenen Veranlassung (örtliche Hypertrophie — seitliche Befestigung) aus derselben nächsten Ursache, nämlich einer Divergenz der inneren Wachstumsbewegung entspringen, lassen sich alle spontanen Teilungen überhaupt in derselben Weise erklären, auch wenn dies nicht direkt aus den sichtbaren Vorgängen hervorgeht. So offenbart sich die genannte Divergenz durchaus nicht ohne weiteres bei der gewöhnlichen Knospung vermittelst einer Ausstülpung, obgleich diese Art der Knospung, wie wir im nächsten Abschnitt sehen werden, sich tatsächlich unmittelbar von der an der Frustelanlage nachgewiesenen Abspaltung ableiten und folglich ebenso wie diese als wirkliche Teilung auffassen läßt. — Daneben sind aber für die Verallgemeinerung dieser Erklärung noch einige Ergänzungen hinzuzufügen.

Vor allem sind hier einige Folgerungen aus unserer Erklärung besonders hervorzuheben, obgleich sie eigentlich selbstverständlich sind. Als zwei Hauptmerkmale der bezeichneten Teilungsursache, nämlich der divergierenden Wachstumskorrelation, sind zwei negative Momente zu nennen: es kann ihr weder eine Änderung der protoplasmatischen Substanz, noch einer einzelnen Formbildung des Organismus zugrunde liegen. Das erstere ist ausgeschlossen, weil die durch Teilung entstehenden neuen Individuen nach aller Erfahrung die substantielle Übereinstimmung mit dem ursprünglichen bewahren; und das zweite erledigt sich dadurch, daß die propagative Teilung sich stets auf das ganze Individuum und die Individualisierung oder Regeneration der getrennten Hälften bezieht, was von einem Einzelteil gar nicht ausgehen kann. Die fragliche Teilungsursache muß also unter allen Umständen in einer grundsätzlichen Abänderung der Gesamtorganisation bestehen, ganz unabhängig davon, wie diese letztere beschaffen ist, und durch welche weiter zurückliegende Veranlassung — z. B. in unserem Falle die Befestigung der Frustel oder die lokalisierte Hypertrophie — jene Änderung herbeigeführt wurde. In jener allgemeinen Fassung hat die Teilungsursache stets denselben Inhalt, der in der genannten Divergenz der inneren Wachstumsbewegung des Organismus zum Ausdruck kommt und bis auf weiteres in allen Fällen von Teilung und von Knospung gelten dürfte. — Oder es könnte das Wesen der spontanen Teilung noch kürzer und prägnanter zusammengefaßt werden als Störung des Gleichgewichts der individuellen Korrelation.

Ergänzend muß hier noch der oben angegebene Zusammenhang der Regeneration mit der Teilung etwas näher geprüft werden. So bestimmt ich die Regeneration als Ausgangspunkt der propagativen Teilung habe zurückweisen müssen (s. S. 248), ebenso bestimmt verbindet sich die Regeneration als notwendige Folge der spontanen Teilung mit dieser. Beide Vorgänge haben insofern dasselbe Ziel, als sie aus einer gestörten Individualität neue Individuen herstellen, und die Teilung ohne Regeneration der getrennten Hälften nur deren Tod herbeiführen und ihre eigene Tätigkeit als Fortpflanzung aufheben würde. Trotzdem also eine spontane Teilung ohne Regeneration undenkbar ist, auch wenn diese auf das geringste Maß beschränkt bleibt, ist beides doch keineswegs identisch.

Die Regeneration hat vielmehr mit der Teilung als Propagation unmittelbar eigentlich nichts gemein; denn sie betrifft, wie schon einmal gesagt wurde (s. S.246), jeweilig nur die einzelne Teilungshälfte, ganz gleich, ob die andere daneben existiert oder zugrunde geht und die Propagation dadurch ganz ausfällt. Ihre enge Beziehung zueinander versteht sich vielmehr am einfachsten durch die Überlegung, daß die Regeneration das im einzelnen Teilungsstück ausführt und vollendet, was der Teilungsvorgang in einem Ganzen durch eine Vermehrung der Individuen vorbereitet hat — die Individualisierung defekter Neubildungen.

Nach dieser Auseinandersetzung über die Ursachen der spontanen Teilung können sie bei den Protozoen keine andere sein als bei den Polyplastiden. Und da wir die spontane Teilung schon an den niedersten uns bekannten Lebewesen, den Bakterien beobachten, dürfen wir schließen, daß die Ursachen dieser Fortpflanzung gerade so wie die Ursachen der Keimbildung (s. u.) schon in den Urorganismen vorhanden und an deren individuelles Leben geknüpft waren.

2. Die Knospung.

Sobald man die Knospung nur nach ihrer äußeren Erscheinung, also nach der sichtbaren Entstehung der Knospen definieren wollte, so käme man nicht darüber hinaus, daß eine Knospe ein lokalisiertes Wachstumsprodukt eines Organismus ist, das, aus ihm hervortretend, dessen individuelle Form annimmt, um mit ihm in Verbindung zu bleiben oder sich von ihm völlig abzulösen. Aber schon die natürliche Vereinigung der Knospung und der spontanen Teilung in der Kategorie der Vermehrung ohne Keimbildung verweist uns auf die nähere Vergleichung beider Fortpflanzungserscheinungen. Und tatsächlich ist die Auffassung der Knospung als eine Art von Teilung kein neuer Gedanke. Durch ein solches Eingehen auf den Ursprung der Knospung enthält natürlich ihre Definition einen anderen Inhalt und erfordert namentlich eine auf die Teilung abzielende differenzielle Diagnose. Die Knospung wäre demnach zu bezeichnen als ein Teilungsprozeß, wobei die eine Teilungshälfte im allgemeinen mit dem ursprünglichen Organismus zusammenfällt (Muttertier), die andere Hälfte eine aus ihm hervorwachsende, lokalisierte Neubildung, eben die Knospe ist (Goette 1887).

Die folgende Untersuchung soll sich nun mit der Begründung dieser Auffassung und mit allen übrigen Tatsachen des Ursprungs und den nächsten Ursachen der Knospung beschäftigen.

Von den neuern Beobachtern der Knospung sei hier vor allen Weismann kurz erwähnt, der in Ergänzung seiner allgemeinen Präformationstheorie (s. S. 17) auch die Knospung auf die Wirkung besonderer Determinanten zurückführen wollte, die unter bestimmten Umständen in Tätigkeit treten und unter Ausschaltung jedes irgendwie greifbaren ursächlichen Zusammenhangs der beteiligten Körperteile die Knospung ebenso unmittelbar wie die ganze Ontogenese und so ziemlich alles organische Geschehen erzeugten. Schon Seeliger hat diese Hypothese vorläufig abgelehnt, weil sie noch nicht genügend begründet sei (1896); ich lehne sie unbedingt ab, weil die Präformationslehre überhaupt nach den in diesem Buch bisher durchgeführten Untersuchungen sich als ebenso überflüssige wie unbegründete Hypothese erwiesen hat, die mit der sich überall offenbarenden Epigenese unvereinbar bleibt. Im übrigen hat Weismann außer diesem Versuch, auch die Knospung einfach den Determinanten aufzubürden, darauf verzichtet, ihr Wesen und ihre Beziehungen zu anderen verwandten Vorgängen, also gerade das zu untersuchen, was den Gegenstand der Diskussion der übrigen hier zu nennenden Beobachter bildet.

Natürlich knüpften alle diese Untersuchungen an diejenigen Tiergruppen an, in denen die Knospung einen Hauptanteil an der Fortpflanzung hat — es sind die Cnidarier, die Schwämme, die Bryozoen und die Tunicaten. Und tatsächlich liefern nur diese Tiere den erwünschten Aufschluß über alle die einschlägigen Erscheinungen, wobei die Frage nach dem bereits erwähnten Ursprunge der Knospung voransteht.

a) Die Cnidarier.

L. Agassiz machte zuerst darauf aufmerksam, daß die neuen Individuen an den Stöcken der Sertulariden aus Längsteilungen ihrer Endsprossen hervorgingen. Bestätigt wurde dies kurz von mir (Goette 1907, S. 270) und ausführlich von Kühn (1909). Ich finde aber gegenwärtig in dieser Tatsache keine genügende Erläuterung des fraglichen Ursprungs der Knospung und der Teilung, wie es eine genaue Untersuchung des Vorgangs beweist.

Sobald eine Hydranthenanlage eines Sertularienstocks eben hervorgetreten ist, erscheint das daneben aufwachsende Ende des Stammes oder eben der Endsproß distalwärts verbreitert und quer abgestutzt. Von dieser Endfläche geht alsdann eine Längsspaltung des Sprosses in zwei Hälften aus, von denen die etwas weiter vorragende, also stärker wachsende zum künftigen Endsproß, die etwas zurückbleibende zum neuen Hydranthen wird. Das Wachstum erfolgt also gleichzeitig vom ganzen Endsproß und erzeugt seine beiden vorderen Ecken und späteren

Äste in gleicher Indifferenz, so daß der Gegensatz eines vorher vorhandenen Muttertiers und einer sekundär und durch lokales Wachstum aus ihm hervorgehenden Knospe vollkommen fehlt. Folglich sind diese durch einen Akt gleichzeitig entstandenen zwei neuen Individuen gleichwertige Spaltungsprodukte und überhaupt die sämtlichen sekundären Hydranthen eines Sertularienstocks unzweifelhaft Teilungsprodukte, auch wenn sie fernerhin konventionellerweise „Knospen" genannt werden.

Nun zweifle ich nicht daran, daß diese Stockbildung der Sertulariden und Plumulariden und vielleicht noch anderer Thecaphora durch eine Art von Rückbildung aus einer echten Knospung hervorging oder den Ausgangspunkt einer solchen darstellt. Wenigstens könnte man den immerhin vorhandenen Größenunterschied beider Teilungshälften auf diese Weise deuten. Aber dadurch allein, daß man gerade die im Wachstum etwas zurückbleibende Hälfte, nämlich die Hydranthenanlage als Knospe bezeichnet, gleich einer durch Ausstülpung entstehenden Hydranthenanlage anderer Cnidarier, wird weder der beschriebene Entwicklungsvorgang der Sertulariden, noch Wesen und Ursprung der Knospung aufgeklärt.

Seeliger, der die Begriffe „Teilung" und „Knospung" ungefähr ebenso definierte wie ich, glaubte auch bei den Cnidariern einen phyletischen Zusammenhang dieser beiden Fortpflanzungsarten zu finden (1896). Nach ihm lassen sich aber die echten Knospen dieser Tiere nicht auf die typischen Teilungen der ausgebildeten Individuen zurückführen, sondern nur von Teilungen der zweischichtigen Planulae ableiten (Polypodium, Haleremita, Chrysaora), so zwar, daß die zweischichtigen Ausstülpungen eines Muttertiers nur den Knospen ihrer Planulae gleich zu setzen wären. Die Beweisführung Seeligers ist aber nicht überzeugend.

Bei Haleremita (Schaudinn 1894) handelt es sich gar nicht um Embryonen, sondern um jugendliche Polypen mit einer typischen Knospung, deren Ursprung aus einer Teilung durch nichts angedeutet ist. Ähnlich verhält es sich mit Polypodium (Ussow 1887); denn obgleich seine sich ungeschlechtlich fortpflanzenden Planulae nach ihrem Bau als Embryonen zu bezeichnen sind, entfernen sie sich biologisch von solchen, indem sie infolge ihres parasitischen Lebens außerordentlich stark ernährt werden und wirklich wachsen, weshalb an einer richtigen Knospung (nicht Teilung) ihrer Sprößlinge gar nicht zu zweifeln ist.

Nur Chrysaora könnte uns eventuell den gewünschten Aufschluß geben, da sowohl ihre frei umherschwimmenden Planulae wie die weiter entwickelten Scyphostomen sich ungeschlechtlich fortpflanzen (Busch 1851), und es daher möglich ist, daß die Planulae sich teilen, und diese

Teilung bei den Scyphostomen in eine Knospung übergeht. Leider fehlen uns aber die entscheidenden näheren Angaben über den Verlauf dieser Vorgänge. — Dagegen habe ich gerade an älteren Individuen von Hydropolypen Beobachtungen gemacht, die den fraglichen Übergang von der Teilung zur Knospung befriedigend erläutern.

Die Knospen von Microhydra (Goette 1920) entstehen sämtlich durch ein lokalisiertes Wachstum des Muttertiers, treten aber in zweierlei Form auf, indem sie entweder, wie es bei den Hydropolypen die Regel ist, als seitliche Ausstülpungen aus dem Muttertier hervorwachsen und dann mit ihm in Verbindung bleiben (Ausstülpungsknospen), oder indem sie sich aus longitudinalen, wulstförmigen Auftreibungen entwickeln, die sich durch eine von oben abwärts fortschreitende Abspaltung von ihm trennen (Teilungsknospen) und erst in diesem freien, planulaähnlichen Zustande (Frusteln) die Entwicklung fortsetzen (Fig. 79).

Diese zweierlei Knospen von Microhydra sind übrigens nahverwandte, gleichwertige Bildungen, die geradezu unmittelbar ineinander übergehen. Die Anlage einer Teilungsknospe braucht nur eine kürzere Basis als gewöhnlich zu entwickeln und sich allseitig, namentlich auch von unten her vom Muttertier abzuschnüren, wie es auch tatsächlich von Ryder (1885) und von mir angetroffen wurde (1920, Fig. 8), um sich in eine Ausstülpungsknospe zu verwandeln. Denn daß die Ablösung der Knospe vom Muttertier ihren Charakter nicht ändert, bedarf keiner Erläuterung. In dem oben zitierten Beispiel bleibt es sogar zweifelhaft, ob dabei eine dichotomisch auswachsende Ausstülpungsknospe oder eine kurze, gebogene Teilungsknospe vorliegt, wie ich sie oft vor und nach der Ablösung antraf. Es trifft nicht einmal zu, daß die Anlage der Ausstülpungsknospen in der Wand des Muttertiers stets eine viel beschränktere ist als die langgestreckte Anlage einer Teilungsknospe; denn wie ich bei Obelia fand (1907), ist die Anlage ihrer Medusenknospen ebenfalls langgestreckt, um sich erst während ihrer Ausstülpung stark zusammenzuziehen, was bei der Abspaltung der Teilungsknospen natürlich unterbleibt.

In diesen Beobachtungen an Microhydra offenbart sich ein engerer Zusammenhang zwischen Teilung und Knospung als in den vorher geschilderten Erscheinungen an den Endsprossen der Sertulariden. Dort fand sich in der Entwicklung der neuen Hydranthen durch Teilung ein Hinweis auf eine wirkliche Knospung nur darin, daß die Längsspaltung der Endsprossen mit einem lebhaften Wachstum der ganzen Masse verbunden war, und daß die auf diesem Wege entstandenen Hydranthen mit denen übereinstimmen, die bei den übrigen Hydropolypen durch eine Ausstülpung entstehen. Bei Microhydra geht dagegen der Längsspaltung ein lokalisiertes Wachstum der Knospenanlage allein voraus und liegt ferner ein unmittelbarer Übergang dieser unverkennbaren Knospe in eine Ausstülpung vor; es fehlt also nur der Nachweis, daß dieser einer einfachen Teilung immerhin sehr ähnliche Prozeß wirklich aus einer solchen hervorging. Und einen solchen kontinuierlichen Übergang von einer unzweideutigen Teilung zu einer nicht weniger vollkommenen Knospung fand ich in der Gonanthenbildung der Thecaphora. Da ich diese phyletische Entwicklung ausführlich geschildert habe (Goette 1907), beschränke ich mich hier auf einen kurzen Auszug jener Darstellung.

Die Gonanthen der ältesten Thecaphora waren, wie es noch heute einige Arten zeigen (Plumularia setacea, Diphasia usw.), einfache Individuen mit einem durch die Keimbildung aufgetriebenen Haupt- und Mittelstück, dem Keimsack (Figg. 52, 80A). Im weiteren Verlauf der phyletischen Entwicklung bildete sich eine Längsspaltung dieser Gonanthen in zwei ungleiche Hälften aus (Diphasia p. p., Sertularia), in den schlauchförmigen Stamm und den Keimsack, so daß der letztere durch einen kurzen Stiel mit dem Stamm zusammenhing (Fig. 80B). Anfangs trat diese Teilung erst am fertigen Gonanthen ein, dann immer früher (Plumularia echinulata u. a.), wobei aber der Keimsack in seiner inneren Entwicklung hinter dem Stamm zurückblieb und seine Abspaltung in eine ringförmige Abschnürung überging (Halecium, Campanularia, Fig. 80C, Obelia) wie in einzelnen Knospen von Microhydra (s. o.). Am Ende dieser Entwicklungsreihe erscheint die Anlage des Keimsacks als ein indifferenter seitlicher Auswuchs des weiter entwickelten oder fertigen Stammes, d. h. als eine echte Knospe, deren Ursprung phyletisch auf eine unzweifelhafte Teilung zurückgeführt werden kann. Die Medusenknospen der Thecaphora gingen also aus ursprünglichen Teilungen der fertigen Gonanthen hervor, indem die Ausbildung beider Teilungshälften zeitlich auseinanderging.

In der eben geschilderten phyletischen Entwicklungsreihe tritt der fragliche Zusammenhang von Teilung und Knospung natürlich viel sicherer hervor als in den vorhin zitierten Beispielen der Hydranthenknospen von Microhydra und Sertularia. Ich habe aber die beiderlei Erscheinungen erwähnt, um zu zeigen, daß die Knospung selbst innerhalb einer Ordnung keinen einheitlichen Ursprung hat, sondern nach Ursprung und Verlauf verschieden und völlig getrennt entstehen kann, wenn sie auch stets an irgendeine Teilung anknüpft. Denn es ist klar, daß die geschilderte Entwicklungsweise der Medusenknospen der Thecaphora jünger ist als die längsgeteilten Endsprossen der Sertulariden, und daß die ungeteilten Gonanthen der Athecata erst recht unabhängig von jenen Medusenknospen der Thecaphora entstanden.

Indem aber alle diese verschiedenen und getrennten Knospungsvorgänge immerhin gleicherweise von Teilungen ausgingen, entsteht die

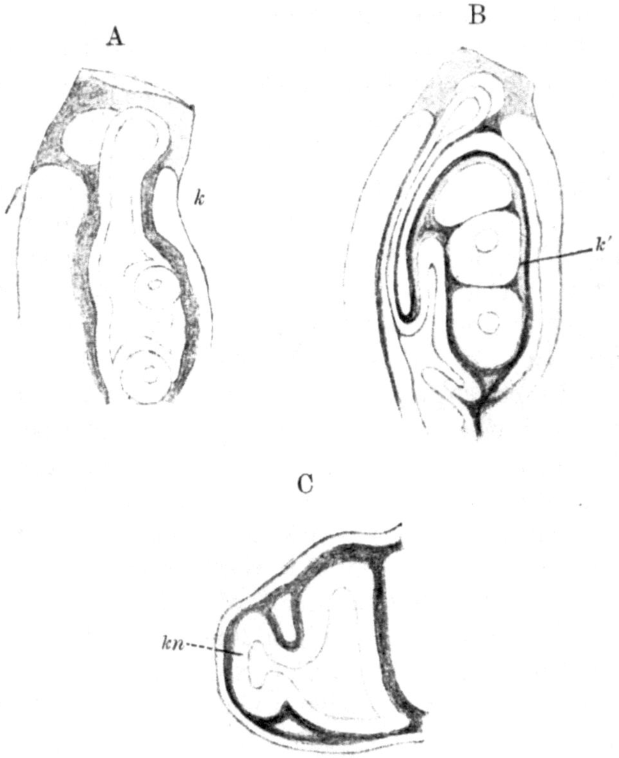

Fig. 80.
Keimsackbildung in den Gonanthen von Sertularia argentea (A, B) vor und nach der Abspaltung des Keimsacks (*k*, *k'*), der bei Campanularia verticillata (C) gleich anfangs als Knospe erscheint (*kn*), nach Goette (1907).

Frage, ob und inwieweit die mit der Knospung verbundene Entwicklung sich mit derjenigen der Teilungssprößlingen vergleichen läßt.

Bei der propagativen Teilung fertiger Organismen findet unter allen Umständen eine Regeneration statt, indem in jeder Hälfte die ihr anfangs fehlende eigene Individualität und die individuelle Organisation hergestellt werden muß (s. 247). Sobald aber infolge dieser Regeneration die Tochterindividuen dem früheren ungeteilten Muttertiere gleich geworden sind, ist ihre Entwicklung abgeschlossen, d. h. bei den

Teilungen fertiger Organismen gibt es nur eine regenerative und darüber hinaus keine rein ontogenetische Entwicklung.

Dies kann aber nicht ebenso für andere Teilungen und für Knospungen gelten. So unterliegen die Teilungshälften eines in der Entwicklung begriffenen Organismus ebenfalls einer Regeneration, d. h. einer Wiederherstellung des durch die Teilung gestörten und defekt gewordenen Zustandes, aber doch in anderen Grenzen als die Teile eines fertigen Organismus. Denn wenn man an dem Begriff der Regeneration als einer Wiederherstellung festhält, so dauert sie eben nur so lange, bis der Zustand wieder erreicht ist, während dessen der Defekt eintrat, ist also um so früher beendet, je früher die Teilung stattfand. Was aber auf die Wiederherstellung eines früheren Entwicklungszustandes folgt, ist, wie ich es schon früher erläuterte (S. 5ff.), lediglich die Fortsetzung der vorher unterbrochenen Ontogenese, so daß die Teilung eines durchaus unfertigen Organismus zuerst eine Regeneration und dann eine normale ontogenetische Entwicklung zur Folge hat.

Dies läßt sich natürlich auch auf die Knospung als eine Abwandlung der einfachen Teilung sinngemäß anwenden. Die als Muttertier zu bezeichnende Teilungshälfte erfährt infolge der Sonderung der Knospe nur eine unbedeutende, bei der Ausstülpungsknospe überhaupt nicht kenntliche und bei der Teilungsknospe von Microhydra nur darin sichtbare Regeneration, daß längs der Teilungslinie eine abschließende Wand hergestellt wird. Mit dieser Regeneration ist die Beteiligung des Muttertiers an der Knospung im wesentlichen abgeschlossen, so daß die Knospen sich ablösen und weiter existieren können. Die Entwicklung der Knospen ist aber ganz anders zu beurteilen als diejenige ihrer Muttertiere.

Bis zum Beginn ihrer Sonderung vom Muttertier ist die Knospenanlage nur ein stärker wachsender Teil des Muttertiers, was bei Microhydra in dem etwas vorgewölbten Längswulst besonders deutlich hervortritt. Sobald seine Abspaltung vom mütterlichen Organismus beginnt, entsteht an ihm eine gleiche Trennungswand wie an dem Muttertier. Mit dieser Regeneration hört aber die Entwicklung der Knospe nicht auf, sondern wird geradeso wie bei der einfachen Teilung unfertiger Organismen durch eine Ontogenese bis zur Herstellung des fertigen Geschöpfes fortgesetzt. Die Regeneration der Knospen erzeugt also mit Umgehung der normalen ersten Entwicklungsstufen (Ei, Blastula, Gastrulation) eine Planula, die sich alsdann ontogenetisch weiter entwickelt, weil sie mit der normal entstandenen Planula formal identisch ist. Und dies läßt sich für jede Knospenbildung so ausdrücken, daß ihre Herstellung so lange regenerativ verläuft, bis eine ontogenetische Entwicklungsstufe erreicht ist, und die normale Ontogenese wieder aufgenommen wird.

Nachdem die Verschiedenheit des regenerativen und des ontogenetischen Geschehens schon in früheren Abschnitten behandelt worden ist, soll hier nur noch auf einige auffallende Regenerationserscheinungen bei der Knospung der Cnidarier eingegangen werden, die sich nur aus dem besonderen Wesen der regenerativen Entwicklung erklären lassen.

Aus der Abhängigkeit der Regeneration vom vorausgehenden Defekt, bzw. von den defekten Teilen, an die sie anknüpfen soll, folgt naturgemäß, daß sie an keinen bestimmten Gang ihrer Tätigkeit gebunden ist; und zwar wechselt diese Verschiedenheit nicht selten in recht weiten Grenzen, ohne daß ein Grund dafür sich nachweisen ließe. Dies zeigt sich namentlich an den Medusenknospen, die nicht an Hydranthen, sondern an echten Medusen sprossen. So entwickeln sich die Knospen am Schirmrande der Medusen von Clavatella ganz nach dem bekannten Typus der an Hydranthen knospenden Hydromedusen (Hartlaub 1886)[1], so daß die regenerative Entwicklungsperiode nur bis zur Herstellung der dem Bau nach planulaähnlichen und durch Ausstülpung entstandenen Knospenanlage dauert, und darauf die bekannte regelmäßige Ontogenese der Hydromedusen einsetzt. Dagegen entstehen die Medusenknospen an den freien Medusen von Rathkea, Lizzia u. a. nach Chuns seither mehrfach bestätigten Beobachtungen (Chun 1892, Trinci 1903, Braem 1908) überhaupt nicht durch Ausstülpungen der zweischichtigen Körperwand des Muttertiers, sondern als solche Wachstumsprodukte des Ectoderms allein, aus deren Zentralmasse sich der künftige Entodermschlauch sondert (s. Fig. 38). Die rein ontogenetische Entwicklung dieser Medusenknospen beginnt also ebenfalls mit der planulaähnlichen Stufe, und die merkwürdige Abänderung der Entodermbildung fällt nicht in die ererbte Ontogenese, sondern in die ihr vorausgehende Regeneration.

Von dem Standpunkt aus, daß die regenerative Entwicklung an keinen bestimmten Verlauf gebunden, sondern nur von der gerade vorliegenden defekten Organisation abhängig ist, kann man es verstehen, daß die beschriebene Abänderung der ersten regenerativen Knospenanlage eintreten konnte, ohne daß dadurch die folgende eigentliche Ontogenese berührt wurde. Denn diese beginnt mit der planulaähnlichen ontogenetischen Entwicklungsstufe, unabhängig davon, wie diese entstand, und was ihre nächsten Ursachen sein mögen.

---

[1] Ich kann dies in dem Sinn bestätigen, daß die fragliche Entwicklung wesentlich so verläuft, wie ich sie für Obelia beschrieben habe (Goette 1907).

Ganz anders wurde diese Erscheinung von Seeliger gedeutet. Er meint, daß, während das Entoderm des Muttertiers durch seine besondere gewebliche Ausbildung zur Beteiligung an der Knospenbildung unfähig geworden sei, das Ectoderm den embryonalen Charakter des Blastulaepithels wiedererlangt habe (1896). Diese Deutung wäre aber nur möglich, solange man dabei von der Epigenese, dem Wesen der Regeneration und ihrer Mitbeteiligung an der Knospung ganz absieht. Worin besteht denn der wirksame „embryonale Charakter des Blastulaepithels" in der Ectodermwucherung jener Knospenanlagen? Zweifellos weder darin, daß diese Wucherung wie eine Blastula entsteht und gebaut ist, noch darin, daß das zentrale Ectoderm durch eine Gastrulation entsteht; denn davon ist eben nichts zu sehen. Es kann folglich mit jenem „embryonalen Charakter" nur die Übereinstimmung in der Beschaffenheit jener Ectodermzellen und wirklichen Embryonalzellen gemeint sein. Wie aber damit allein und ohne die epigenetisch unerläßlichen Formbedingungen jeder Art irgendein Entwicklungsvorgang begründet und erklärt werden könnte, bleibt mir unerfindlich, es sei denn, daß man bewußt oder unbewußt mit einer Spezifität dieser Embryonalzellen oder Keimschichten, also mit einer Präformation operiert. Und daß dies bei Seeliger allerdings zutrifft, beweist seine Bemerkung, daß bei den Knospen gewisser Bryozoen „ihr Ectoderm die embryonale Fähigkeit zur Gastrulation bewahrt hat" (a. a. O. S. 37).

Eine solche Vorstellung ist natürlich nicht das Ergebnis einer empirischen Untersuchung der Ursachen, die einer jeden realen Entwicklung zugrunde liegen, sondern eine von jenen früher gebräuchlichen apriorischen Hypothesen, die man der eigentlichen Beobachtung voranstellte, und die daher in meiner Darstellung der epigenetischen Entwicklung keinen Platz findet.

Insofern jede Knospung sich auf einen etwas abgeänderten Teilungsvorgang zurückführen läßt, sind ihre Ursachen ebenso zu beurteilen, wie die Ursachen einer Teilung. Nachdem die Neubildung einer Knospe durch divergente Wachstumskorrelation eingeleitet ist, verläuft ihre weitere Ausbildung, wie wir sahen, ebenso auf regenerativem Wege wie die Vollendung von Teilungshälften. Jeder regenerative Vorgang weicht aber darin von dem entsprechenden ontogenetischen Vorgange grundsätzlich ab, daß er nicht an eine normale Entwicklungsstufe, sondern an einen defekten oder sonstwie unvollkommenen Zustand anknüpft und daher in ganz anderer Weise als die Ontogenese und recht wechselnd verläuft. Bei der Regeneration der Knospenanlagen ist also überhaupt keine Wiederholung ontogenetischer Vorgänge, sondern nur eine je nach den Umständen wechselnde Wiederherstellung einer normalen Entwicklungsstufe — der Planula bei den Hydropolypen — zu erwarten, von der erst ein normaler ontogenetischer Entwicklungsverlauf ausgehen kann. Darin stehen sich die gewöhnlichen Ausstülpungsknospen der Hydropolypen und die ectodermalen Medusenknospen der Margeliden ganz gleich; in keiner von ihnen wird die ontogenetische Entstehung eines Blastoderms, eines Ectoderms oder eines Entoderms einfach wiederholt, sondern die Planulaform mit ihren Schichten regenerativ und daher ohne bestimmte Regel wechselnd (Clavatella—Margeliden) hergestellt. Infolgedessen muß, wie ich schon früher ausgeführt habe (S. 90ff.), die Frage nach der genetischen Homologie in den regenerativen Knospenstadien ganz ausscheiden und durch die anatomische Identität der Endstufen ersetzt werden.

Nur scheinbar anders als Seeliger faßt Braem die fraglichen Medusenknospen der Margeliden auf, indem er sie für Anhäufungen von Keimzellen erklärt, die, statt sich einzeln zu Eiern zu entwickeln, sich in größerer Zahl zu gemeinsamer Tätigkeit, nämlich zur Knospenbildung vereinigen (1908). Und zur weiteren Erklärung fügt Braem hinzu, daß diese Keimzellen eben nichts anderes seien als indifferente Embryonalzellen, die „im vollen Besitz der ursprünglichen Entwicklungsfähigkeit des Eis, der Urzelle, geblieben sind." — Daß Körper-, Embryonal- und Keimzellen sich genetisch nicht grundsätzlich unterscheiden, erkenne ich natürlich an, bestreite jedoch, daß die Keimzellen als Vorstufen der reifen Eier bereits deren Fähigkeit zur Auslösung einer Ontogenese besitzen. Und dies selbst zugegeben, bliebe es völlig unerklärt, wie eine Anhäufung solcher gleichen Zellen nun vermittelst der Entwicklungsfähigkeit jeder einzelnen von ihnen zur Herstellung einer soliden zweischichtigen und zuletzt planulaartigen Knospenanlage hinüberführte.

Vom Ursprung der Knospung überhaupt, von Regeneration und Epigenese findet sich bei Braem kaum ein Wort; vielmehr macht er geradeso wie Seeliger für die Entstehung der Knospen ausschließlich die geheimnisvolle Entwicklungsfähigkeit der einzelnen Zellen oder mit anderen Worten die Präformation verantwortlich. Warum ich dies ablehne, glaube ich in allen vorausgegangenen Abschnitten dieses Buches genügend begründet zu haben.

Die Cnidarier zeigen uns aber noch einige bemerkenswerte Erscheinungen, die mit der Knospenbildung zusammenhängen. Dazu gehört hauptsächlich der Ursprung der Hydromedusen und überhaupt der Gonanthen bei den Hydropolypen. Natürlich soll nicht die ganze Frage dieser Entwicklung hier aufgerollt, sondern nur dasjenige daraus hervorgehoben werden, was sich dabei ganz allgemein auf den Ursprung und Verlauf der Knospenbildung bezieht.

Die Entwicklung der sogenannten Geschlechtsindividuen der Hydropolypen ist im allgemeinen stets zur Ontogenese gerechnet worden, doch ohne einen zureichenden Grund. Man könnte geradezu sagen, daß, solange die Auffassung der Knospenbildung sich auf der Grundlage bewegt, daß die Regeneration nur eine accidentelle Begleiterscheinung von Teilung und Knospung sei, eine richtige Einschätzung jener Entstehung der Geschlechtsindividuen ausgeschlossen ist. Schon der ursprüngliche Vorgang der Hydranthenknospung kann ohne Berücksichtigung der dabei mitbeteiligten Regeneration nicht ohne weiteres als eine einfache Wiederholung der vorausgegangenen, unmittelbar aus dem Ei entsprungenen Ontogenese aufgefaßt werden. Denn diese letztere beginnt mit der ganzen morphologischen Sonderung vom Ei an bis zur Planulastufe, was bei der Knospenbildung durch ganz andere Vorgänge, nämlich durch das vom Muttertier unterhaltene Wachstum der Knospenanlage und deren Ausstülpung ersetzt wird. Die wirkliche, ererbte Ontogenese beginnt also bei den Knospen erst mit jener Planulastufe.

Prüft man an der Hand dieser Feststellung die Entwicklung der sogenannten Geschlechtsknospen[1], so ergibt sich, daß ihr erster regenerativer Abschnitt, bis auf die erwähnten Ausnahmen bei den Margeliden, die Bildung der jüngsten Hydranthenknospen unverändert wiederholt, und daß die Um- und Neubildung erst an der Planulastufe und ihrer Fortsetzung, d. h. in der Ontogenese einsetzt und durch den reichsten Formenwechsel hindurch bis zur Medusenbildung führt. Lassen wir die Ursachen dieser merkwürdigen Metamorphose an den ursprünglichen Hydranthenknospen zunächst auf sich beruhen, so überzeugen wir uns schon durch den Vergleich der einfachen Hydranthenknospen und der Geschlechtsknospen davon, daß diese letzteren sich deutlich epigenetisch und rein ontogenetisch entwickeln (Goette 1907), obgleich diese Entwicklung regenerativ anfängt.

Diese Erläuterung bestätigt einmal die früher festgesetzte Definition über die Grenzen der Regeneration (s. S. 259), und beweist ferner, daß ohne die entsprechende Bestimmung in der Entwicklungsgeschichte der Geschlechtsknospen eine Entscheidung über ihr Wesen, — ob Ontogenese, Regeneration oder was sonst vorliegt — nicht getroffen werden kann.

---

[1] Es ist klar, daß diese Gebilde erst den vollen Anspruch auf die Bezeichnung von besonderen „Geschlechtsindividuen" der Hydropolypenstöcke haben, wenn sie zugleich ausschließlich der Sitz der Keimstätte sind, was aber nur bei der Minderzahl von ihnen zutrifft (s. S. 259).

Teilung und Knospung kommen auch bei den übrigen Cnidariern vor, nur mit geringerem Formenwechsel als bei den Hydropolypen. Bemerkenswert unter diesen Erscheinungen ist einmal die fortgesetzt terminale Querteilung (Strobilation) und dann die verschiedene Knospenbildung der Scyphostomen. Die Strobilation, früher als Knospung gedeutet, ist eine typische Querteilung an larvalen Entwicklungsstufen, wobei die aufeinander folgenden Teilungsprozesse sich im Zusammenhang miteinander und mit einer auffallend frühen Regeneration der oralen Teile darstellen (Goette 1887).

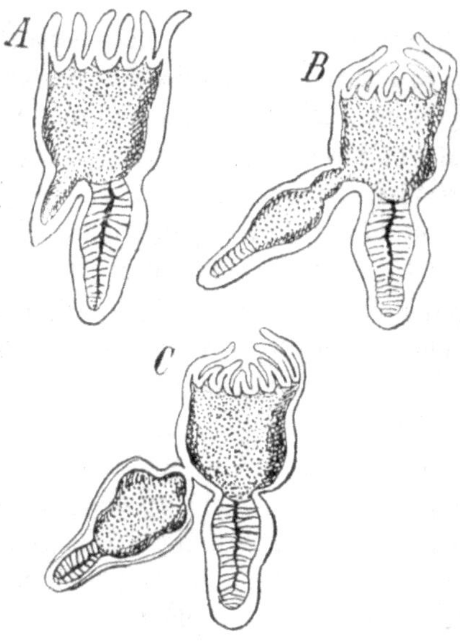

Fig. 81.

Knospenbildung an den Scyphostomen von Cotylorhiza tuberculata, nach Goette (1887), aus Korschelt u. Heider, Lehrbuch der vergleichenden Entwicklungsgeschichte (1910).

Unter den Knospen der Scyphostomen sind diejenigen hervorzuheben, die ich bei Cotylorhiza in aboraler Richtung und mit dem aboralen Fußende voran aus dem Muttertier hervorwachsen sah (Fig. 81). Es erinnert dies an die künstlichen oder accidentellen unvollständigen Längsspaltungen gewisser Turbellarien, die ich schon früher mit Knospungen verglich (Goette 1902, S. 91), wobei der kleine, schräg abgespaltene Lappen, je nachdem sein freies Ende nach vorn oder nach hinten gerichtet ist, entweder ein neues Kopfende oder ein neues Schwanzende regeneriert. Ich halte daher jene ausnahmsweise mit dem Fußende vorwachsenden Knospen der Scyphostomen für direkte Abkömmlinge entsprechender Teilungsprozesse.

Noch mehr verdienen unsere Aufmerksamkeit die von Sars und von mir beobachteten Stolonen derselben Scyphostomen, aus denen Knospen hervorwachsen (Sars 1841, Goette 1887). Da die Bildung von knospentragenden Stolonen sehr verbreitet ist (Hydropolypen, Scyphopolypen, Scyphomedusen, Bryozoen, Tunicaten), hat man sich daran gewöhnt, sie als sekundäre Wurzelausläufer und gleichzeitig als Knospenträger aufzufassen, ohne über ihren Ursprung ein Wort zu verlieren. Nun scheint mir aber dieser Ursprung zunächst bei den Hydropolypen sehr nahe zu liegen. Wie bereits Metschnikoff angab (1886), entsteht der erste Hydranth eines künftigen Stocks nicht unmittelbar aus der sich befestigenden Planula, sondern verwandelt sich zuerst in eine meist scheibenförmige, sich später verästelnde Hydrorhiza, aus der der erste Hydranth hervorwächst. Danach wäre die Hydrorhiza der ursprünglich liegende Stamm des künftigen Stocks, was sich bei allen jenen Hydropolypen unmittelbar bestätigt, deren Stock sich ausschließlich durch fortgesetzte Knospungen der Hydrorhiza aufbaut. Diese ihre ursprüngliche Bedeutung wird auch dadurch nicht aufgehoben, daß in einigen Arten die Stockbildung durch verzweigte Knospungen des ersten Hydranthen entsteht; denn in der Regel sind die verzweigten Hydranthen auch in größerer Zahl Auswüchse derselben Hydrorhiza.

Wenn man die knospentragenden Wurzelausläufer und Stolonen anderer Cnidarier mit der Hydrorhiza der Hydropolypen vergleicht, so ist die allgemeine Homologie aller dieser Teile nicht zu bezweifeln. Doch unterscheiden sich die basalen Stolonen der Scyphopolypen und noch mehr der Scyphostomen dadurch, daß sie wenigstens meist erst nachträglich und nicht beständig aus dem ersten Polypen auswachsen und dadurch der Eindruck von accidentellen und nur zur Fortpflanzung bestimmten Knospenträgern hervorrufen, wogegen ihre erste Bedeutung als Stamm oder Teil eines solchen Stammes ganz zurücktritt. Phyletisch bleiben aber Hydrorhiza und die knospentragenden Stolonen durchaus homologe Bildungen.

b) Die Schwämme.

Ich habe bei der vorliegenden Untersuchung der ungeschlechtlichen Fortpflanzung den Anfang nicht mit den niedersten Polyplastiden, den Schwämmen, gemacht, sondern die Nesseltiere vorangestellt, weil erst bei diesen die Beziehungen von Teilung und Knospung klar hervortreten, und die Diagnosen dieser zwei Vermehrungsarten sicher begründet werden können, nicht aber bei den Schwämmen. Schon äußerlich vermißt man an diesen Tieren eine bestimmte Grundform und eine ausgesprochene Individualität, so daß es kaum zu entscheiden ist, ob ein sich verzweigender Schwamm als ein Stock oder als ein einfaches Individuum aufzufassen ist (Goette 1902, S. 97). Ebenso schwierig blieb in der Regel die Unterscheidung, ob sich deutlich absetzende oder selbst ablösende Stücke eines Schwammes als Teilungsprodukte oder als Knospen zu bezeichnen seien.

Diese Schwierigkeiten hat auch Heider hervorgehoben (Korschelt u. Heider 1910, S. 473 f.) und um so mehr empfunden, als seine Definition von Teilung und Knospung sich wesentlich auf den verschiedenen Umfang der jeweiligen Neubildung, größer bei der Teilung, kleiner bei der Knospung, beschränkt. Nach meiner Auffassung lassen sich aber beide Vorgänge auch bei den Schwämmen, wenigstens theoretisch, gut auseinander halten, sobald erst die Vorfrage erledigt ist, ob die vorliegende Einzelerscheinung überhaupt zu einer Fortpflanzung oder zur individuellen Organisation des Ganzen gehört, was freilich oft schwer oder kaum zu entscheiden ist.

Hält man sich zunächst an die gewöhnliche Verzweigung einer Leucosolenia, so kann die Längsspaltung eines Stämmchens oder sein divergentes Auswachsen in zwei oder mehrere Zweige ebenso ein propagativer Vorgang wie ein besonderes individuelles Wachstum sein (Fig. 82).

Fig. 82.

Leucosolenia blanca, einfach und verzweigt, nach Heider, aus Korschelt u. Heider, Lehrbuch der vergleichenden Entwicklungsgeschichte (1910).

Denn da an den Zweigen kein Merkmal einer wirklichen Knospung (Regeneration und Ontogenese s. o.) wahrzunehmen ist, so könnte selbst nach einer Ablösung solcher Zweige, die dann selbständig weiter existierten, allenfalls eine mehr oder weniger zufällige Teilung, aber trotz allem äußeren Schein kein Knospungsakt erblickt werden, wonach die verzweigten Stämmchen als Stöcke zu bezeichnen wären.

Nun fand ich aber unverkennbare Ausnahmen von solchen Scheinknospen, indem offenbar seltene Auswüchse der Ephydatia fluviatilis durch eine deutlich nachweisbare Entwicklung sich als typische Knospen darstellten (Fig. 83). Es waren ihrer drei Stück an ganz kleinen Krusten jenes Schwammes, und zwar Anhänge seiner Außenschicht in verschiedener Größe, Form und Organisation.

1. Der jüngste Auswuchs (Fig. 83 A) bestand in einer annähernd kugeligen, kurz gestielten Blase von 0,1 mm Länge, ohne irgendeine

äußere Öffnung und selbst ohne Verbindung mit der Schwammhöhle, da der Stiel dicht, undurchbohrt war. Die dünne Blasenwand bestand in einem Plattenepithel, an dessen Innenseite die Anlagen einer zweiten Schicht in scheinbar getrennten Zellen zu sehen waren. Doch fehlte jede weitere gewebliche Differenzierung. — Aus dem soliden Stiel und der unvollkommenen Innenschicht schließe ich, daß die Blase aus einer soliden Wucherung der Außenschicht der Kruste entstanden war.

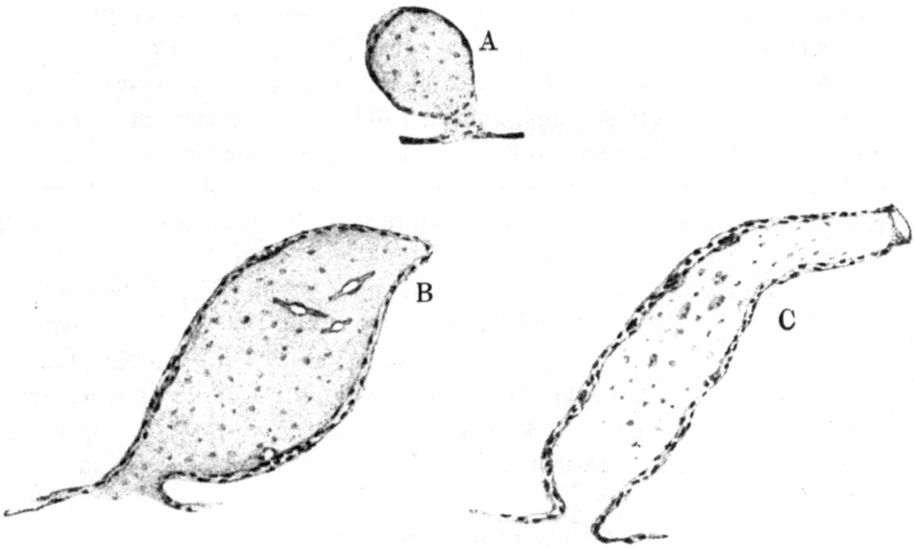

Fig. 83.

Ephydatia fluviatilis, drei Stufen von echter Knospung, Orig., A einschichtige, geschlossene Knospe mit solidem Stiel, B zweischichtige Knospe mit hohlem Stiel und einigen Spicula, C röhrige Knospe mit Osculum und Mesenchymnestern.

2. Eine zweite ähnliche Blase (Fig. 83B) war zapfenförmig, 0,9 mm lang, mit einem noch geschlossenen Halsstück, aber mit einem deutlich durchbohrten Stiel, so daß die Blasenwand als eine unmittelbare Fortsetzung oder Ausstülpung der zweiblättrigen Außenwand der Kruste erschien, um so mehr, als die Blasenwand bereits zwei Epithelien enthielt, zwischen denen getrennte Nester von dickeren Zellen lagen, die augenscheinlich aus dem inneren Epithel stammten. Es waren offenbar die gleichen dotterreichen Bildungszellen, wie sie häufig als „Archäocyten" beschrieben werden, und die in unserem Fall zweifellos aus anderen Körperzellen hervorgegangen waren. In dieser neuen Mittelschicht sah ich im ganzen drei kleine spindelförmige Nadeln und an einer Stelle eine noch geschlossene Geißelkammer.

3. Eine andere Kruste von Ephydatia (Fig. 83 C) trug einen zylindrischen Schlauch von 1,3 mm Länge mit einem weiten terminalen Osculum und einer etwas weiter entwickelten Mittelschicht, doch ohne Nadeln und Geißelkammern. Das hohle Stielende war so eingeschnürt, daß die baldige Abschnürung des Schlauches wahrscheinlich war.

Nach der verschiedenen Größe und Differenzierung dieser drei Auswüchse der Schwammkrusten sind sie als drei aufeinander folgende Entwicklungsstufen desselben Vorganges aufzufassen, nämlich eines lokalisierten Wachstums, das mit demjenigen der ganzen Kruste ebenso wie bei einer sonstigen Knospe divergiert. Die Entwicklung offenbart sich erstens in der Gesamtform des sich allmählich streckenden Auswuchses, dessen Hohlraum mit der subdermalen Höhlung des mütterlichen Organismus sekundär zusammenfließt, und daher eine wirkliche Ausstülpung des Schlauches vortäuscht, und wahrscheinlich unter dem Druck des von innen einströmenden Wassers sich termial öffnet (Osculum). Ebenso successiv erfolgt die gewebliche Ausbildung der Auswüchse, indem ihre anfangs indifferente Wand sich nacheinander in zwei Epithelien und eine Mittelschicht sondert und allmählich Nadeln und Geißelkammern erzeugt. Dies alles stimmt um so mehr mit einer regenerativen Knospenentwicklung überein, als sie trotz aller Abweichung von der Ontogenese zuletzt doch in die bei den Schwämmen allgemein verbreitete Jugendform eines Olynthus ausläuft und sich offenbar zu einer selbständigen Existenz ablöst.

Die beschriebenen Auswüchse von Ephydatia fluviatilis sind nach allem unzweideutige originale Knospen; und es ist nicht ausgeschlossen, daß sie sich auch bei anderen Schwämmen finden, gerade so wie die zuerst nur bei den Süßwasserschwämmen gefundene Gemmulae sich schließlich als ein auch bei anderen Schwämmen ziemlich verbreitetes Erzeugnis erwiesen haben.

Die Gemmulae werden schon seit langer Zeit und wohl mit vollem Recht zur Kategorie der Knospen gerechnet. Allerdings wachsen sie nicht an der Außenseite der Muttertiere hervor, sondern entstehen in deren Innerem aus Ansammlungen von indifferenten, dotterreichen Bildungszellen, deren im ganzen noch wenig bekannte Entwicklung erst erfolgt, nachdem sie aus der den Zellenhaufen gemeinsam umschließenden Kapsel ausgetreten sind. Trotzdem sie gegenwärtig unter dem besonderen Namen der „Archäocyten" gehen, halte ich sie für nichts anderes als die regenerativen Bildungszellen, die durch eine Art von Rückbildung aus wenig differenzierten Gewebszellen hervorgehen, wie ich es schon in der Entwicklungsgeschichte der Süßwasserschwämme (Goette 1886) und letzthin bei der physiologischen Regeneration beschrieb. Allerdings entstehen sie bei der Gemmulation nicht infolge eines Defekts, sondern aus einer anderen Veranlassung, nämlich wahrscheinlich, wie bei jeder Knospung, infolge eines irgendwie divergierenden Wachstums, wobei ebenso wie bei einer gewöhnlichen Regeneration ein erhöhtes, lokalisiertes Wachstum und damit eine gewisse Hemmung oder Rückbildung der Gewebsbildung stattfindet. Will man also jene epigenetisch entstandenen Bildungszellen „Archäocyten" nennen, so darf damit nicht die Vorstellung irgend einer Präformation verbunden sein, wie es gelegentlich geschieht.

Wahrscheinlich sind, wie es auch Heider annimmt (a. a. O.), die ebenfalls im Innern des Schwammes angelegten und erst spät hervortretenden „Brutknospen" von Tethya u. a. den Gemmulae homologe Bildungen, und würden unter dieser Voraussetzung die Entwicklung der Gemmulae gut illustrieren, indem man die Entstehung der Tethya-Knospen auf Grund der Beschreibung von Maas (1901) als einen regenerativen Vorgang bezeichnen kann.

c) Die Bryozoen.

Auch bei den Bryozoen haben Teilung und Knospung einen Hauptanteil an der Fortpflanzung; aber obgleich die genetischen Beziehungen dieser beiden Fortpflanzungsarten vielfach nicht zu verkennen sind, fehlt ein überzeugender Nachweis dafür, daß die Knospung dieser Tiere sich ebenso wie bei den Cnidariern von einer ursprünglichen Teilung ableiten lasse. Allerdings hat Seeliger einen solchen Ursprung in den Embryonen von Crisia und anderen cyclostomen Formen in derselben Weise wie an den Embryonen der Cnidarier sehen wollen (1896). Da es aber nach seiner eigenen Ansicht noch gar nicht feststeht, ob jene Vermehrung der Embryonen eine Teilung oder eine Knospung ist[1], so handelt es sich bei ihm noch nicht einmal um eine bestimmte Vorstellung über den Ursprung der Knospung bei den Bryozoen. Die sachliche Feststellung von Seeliger beschränkt sich vielmehr darauf, den genetischen Zusammenhang zwischen jener ungeschlechtlichen Vermehrung der Embryonen und der Knospung der fertigen Tiere dadurch wahrscheinlich zu machen, daß die embryonale Gastrulation und die Einsenkung des Ectoderms in den Knospen der fertigen Tiere, wodurch auch der Darm gebildet wird, gleichwertige Prozesse seien.

Dies ist aber derselbe irrige Schluß, der uns schon in der Diskussion über die Knospung der Margeliden begegnete (S. 262). Die Zellen des

[1] Harmer selbst, der Entdecker jener Vermehrung, hält sie für eine in die Embryonalzeit verlegte Knospung (1893) und ihm schließt sich Heider an (Korschelt u. Heider 1909, S. 649).

Blastoderms haben an sich so wenig eine besondere Fähigkeit zur Gastrulation, wie den Ectodermzellen des fertigen Tiers die Eigenschaft innewohnt, sich zum Polypid einzustülpen; beides geschieht nur durch die Formbedingungen der morphologischen Sonderung und folglich nicht durch die einzelnen Zellen, sondern durch die korrelativ zusammenwirkenden Zellenmassen. Ferner entsteht bei der Gastrulation der Blastula nur das Entoderm, woran sich eventuell später eine Ectodermeinstülpung zur Bildung des Schlundes und Vorraums anschließt, während die Ectodermeinstülpung der Knospe umgekehrt zuerst nur Schlund und Vorraum bildet, und das Knospenentoderm erst von dieser Anlage auswächst (Oka 1891). Endlich stülpt sich bei der Gastrulation nicht das fertige Ectoderm, sondern das Blastoderm ein (!). Jene Theorie von der Gastrulation in den Knospen ist also unbegründet und erklärt nichts.

So bleibt nichts anderes übrig als allein der Analogieschluß, daß die Knospung der Bryozoen einst in ähnlicher Weise aus Teilungen hervorging, wie es für die Hydropolypen erläutert wurde.

Trotzdem verdienen die Erscheinungen der ungeschlechtlichen Fortpflanzung bei den Bryozoen deshalb eine nähere Untersuchung, weil sie teilweise so merkwürdig mit einer einfachen Regeneration übereinstimmen, daß dies verschiedene Verwechslungen veranlaßt hat, und selbst mit mehr Berechtigung als bei der Teilung ein Zweifel entstehen kann, ob nicht in diesem Fall die Regeneration der Ausgangspunkt der Knospung gewesen sei.

Sucht man nach unverkennbaren typischen Beispielen der Knospung bei den Bryozoen, so bieten sie sich uns dort dar, wo die neuen Individuen am Rande von Stockindividuen frei hervortreten (Membranipora u. a.). Die Entwicklung der Knospe vollzieht sich nur vermittelst des Ectoderms und des Mesoderms des Muttertiers, ohne Beteiligung seines Darmentoderms oder Enteroderms. Das neue Cystid entsteht durch eine Art von Ausstülpung des mütterlichen Cystids, worauf das Ectoderm sich an einer bestimmten Stelle zur Bildung des Polypids (Vorraum, Schlund, Darm, Ganglion) nach innen einstülpt, und ein Teil des mütterlichen Mesenchyms sich ihm anschließt. Es bedarf keiner weiteren Erläuterung, daß in dieser ganzen Bildung wie bei jeder Knospenanlage eine regenerative, von der Ontogenese abweichende Entwicklung vorliegt; sind aber die morphologischen Grundlagen festgestellt, so tritt eine Fortsetzung der normalen Ontogenese ein (s. u.).

Ebenso verbreitet und typisch ist eine Regeneration an den Stockindividuen der Bryozoen. Sie erscheint als Folge einer Rückbildung und Auflösung des Polypids, und vollzieht sich in dem unveränderten alten Cystid genau ebenso wie die Polypidbildung in den Knospenanlagen.

Nun gibt es aber noch eine große Anzahl von Reproduktionen bei den Bryozoen, wobei die Entscheidung, ob eine Knospe oder eine einfache Regeneration vorliegt, nach der eben gegebenen Beschreibung nicht ohne weiteres getroffen werden kann. — Bei den Lophopoden schließen sich die Individuen überhaupt nicht voneinander ab, so daß die sämtlichen Polypide in einem gemeinsamen Cönosark stecken, aus dem einzelne Cystide entweder gar nicht oder erst spät hervortreten. Solange nun Knospung und einfache Regeneration nur durch die Anwesenheit oder den Mangel eines neuen Cystids unterschieden werden sollen, während die Polypide beiderseits in durchaus übereinstimmender Weise entstehen, bleibt es unsicher, was bei den Lophopoden Knospung oder Regeneration ist. Ebenso steht es mit dem Ersatz der abgeworfenen Köpfchen der Entoprocten (Pedicellina) an den darunter zurückbleibenden Stümpfen, und mit den an der Larve auftretenden ersten Polypid der Ectoprocten: in beiden Fällen schwankt die Deutung zwischen Regeneration und Knospung.

Zur Entscheidung in allen diesen zweifelhaften Fällen ist es unerläßlich, von einer exakten Definition beider Begriffe auszugehen, wie ich bereits angegeben habe (S. 266). Dabei ist namentlich im Auge zu behalten, daß die Knospung ein Fortpflanzungsakt ist, die Regeneration aber nur Defekte eines einzelnen Individuums mehr oder weniger vollständig ersetzt, ohne neue Individuen zu schaffen. Mit Hilfe dieser Merkmale gelingt es einigermaßen sicher, jene beiden verschiedenen Entwicklungsprozesse trotz ihrer großen Ähnlichkeit auseinanderzuhalten.

1. Die Bildung neuer Polypide in den Lophopodenstöcken ist nur dann eine Regeneration, wenn sie im engsten Zusammenhang mit der Rückbildung eines früheren Polypids erfolgt. In allen übrigen Fällen, namentlich wenn die neuen Anlagen von Polypiden an den schon weiter fortgeschrittenen Polypiden auftreten (Doppelknospen), hat man es mit einer wirklichen Fortpflanzung durch Knospung zu tun, wobei die unvollkommene Trennung der Individuen im Cönosark nicht schwerer wiegt als bei manchen Scyphopolypen mit reichlichem Cönosark. Die Unterdrückung der vollständigen Trennung ist eben eine sekundäre Erscheinung. — Doch sei hier darauf hingewiesen, daß jene ungleichen Doppelknospen der Vorstellung dienen können, daß sie aus einem ursprünglichen Teilungsprozeß hervorgegangen seien.

2. Der Ersatz der abgeworfenen Köpfchen der Entoprocten (Pedicellina) findet in der Weise statt, daß unter dem absterbenden Köpfchen ein neues am distalen Ende des Stumpfes entsteht, und zwar vermittelst der angegebenen regenerativen Entwicklung (Fig. 84). Diese Neubildung erklärt Seeliger für eine Knospe (1890, 1896),

während Heider (Korschelt u. Heider, 1909, S. 686, 692) noch schwankt, ob es nicht doch eine Regeneration sei. Seeliger sucht seine Ansicht im Anschluß an Salensky (1877) insbesondere durch die Übereinstimmung zwischen der neuen und der vorausgehenden ersten Polypidbildung im Köpfchen zu begründen, die ja unzweifelhaft vermittelst einer Knospung entsteht. Diese Erklärungen verfehlen aber ihr Ziel, weil sie von einer ungenügenden Unterscheidung der fraglichen Begriffe ausgehen.

Auf die von Seeliger hervorgehobene Übereinstimmung kommt es ja gar nicht an, da sie in derselben Weise sich in den typischen Rand-

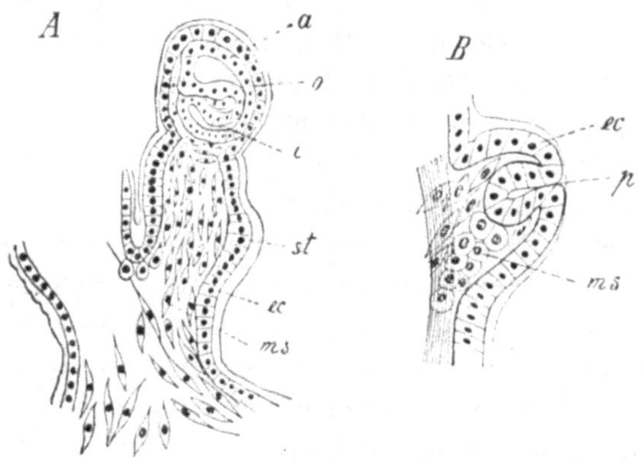

Fig. 84.

Pedicellina, nach Seeliger, aus Korschelt u. Heider, Lehrbuch der vergleichenden Entwicklungsgeschichte (1893); A Stolo mit sich abschnürendem Köpfchen (Teilung) und junger Knospenanlage *st*, B Knospe mit Polypidanlage *p*, *a* Atrium, *ec* Ectoderm, *i* Darmanlage, *ms* Mesenchym, *o* Mund.

knospen, wie in den ebenso typischen Regenerationen in den Binnenindividuen der Stelmatopoden zeigt, deren Unterschied dennoch niemand bezweifelt. Es ist überhaupt ein Mißverständnis, daß der Charakter eines Regenerats nur einigen der genannten Polypidbildungen und nicht vielmehr ihnen allen im Gegensatz zu den ontogenetischen Polypidbildungen zukommt. Der fragliche Unterschied hängt im Gegenteil lediglich davon ab, ob sie als Regenerat nur die Teilerscheinung in einem bereits vorhandenen und defekten Individuum oder die Begleiterscheinung eines sich neubildenden Individuums darstellen.

Gehen wir von dem Polypid aus, das im distalen Ende oder dem Köpfchen eines Seitenzweigs, also einer Knospe von Pedicellina entsteht (Fig. 84 A), so bedeutet es natürlich die regenerative Entwicklung dieser Knospe; und die unzweideutige noch indifferente Knospenanlage am Stiel desselben Zweigs und die weiter fortgeschrittene Bildungsstufe derselben Art (Fig. 84 B) sind ebensolche seitliche Knospen wie der ganze ursprüngliche Zweig. Wenn nun dessen Köpfchen durch eine Einschnürung zwischen ihm und dem Stiel sich zur Ablösung vorbereitet, so kann die darunter befindliche junge Knospe unter keinen Umständen als regenerativer Ersatz gelten. Denn gemäß unserer Definition (s. S. 4 ff.) kann ein Regenerat weder ohne einen unmittelbaren Zusammenhang mit dem Defekt existieren, noch statt eines Teils von einem Individuum selbst ein ganzes Individuum wie die letztgenannte Knospe sein. Indem aber im vorliegenden Fall die Vorstellung eines regenerativen Ersatzes des abfallenden Köpfchens überhaupt ausscheidet, tritt an deren Stelle der natürliche Vergleich mit einer propagativen Teilung in zwei ungleiche Hälften wie etwa bei Microhydra (s. S. 250): auf der einen Seite das vollorganisierte Köpfchen, auf der andern Seite der Stumpf, d. h. ein Cystid ohne Polypid.

Nun kann allerdings die Abschnürung des Köpfchens als Defekt des ganzen Zweigs gelten und dessen Regeneration hervorrufen, indem an Stelle jenes verlornen Köpfchens sich ein neues im distalen Ende des Stumpfes entwickelt. Dazu kann aber keine seiner Seitenknospen dienen (s. o.), sondern bloß ein Polypid innerhalb des bereits vorhandenen Cystids. Für diesen Kausalzusammenhang der Neubildung, der sich lediglich aus der Querteilung ergibt, ist es natürlich gleichgültig, daß die distale Teilungshälfte sich gleichzeitig in Rückbildung befindet, und diese vielleicht die äußerliche Veranlassung der Teilung ist. Will man noch ein genaueres Analogon dafür anführen, so kann es nur die Strobila der Scyphostomen sein, so daß jede sich von der Strobila ablösende Ephyra einem abfallenden Köpfchen der Pedicellina, der Rest der Strobila dem das Köpfchen tragenden Stiel entspricht.

Nach allem hat also dieser Fortpflanzungsvorgang der Bryozoen aus der Kategorie der einfachen Regeneration, die überhaupt keine Fortpflanzung bedeutet, aber auch der Knospung auszuscheiden, und gehört zur Propagation durch Teilung. Und daß eine solche genaue Unterscheidung der zweifelhaften Bildungen nicht überflüssig ist, wird die folgende Untersuchung beweisen.

3. Die Deutung des ersten Larvenpolypids. Die fertigen Larven der Bryozoen stellen eine längere Stufenreihe von verschiedenen Bildungsgraden dar, da viele von ihnen infolge einer phyletischen Rückbildung über das Gastrulationsstadium oder eine nächste Stufe nicht hinausgehen. Dazu kommt, daß die meisten Bryozoenlarven, nämlich diejenigen der Stelmatopoden vor dem Erscheinen des ersten Polypids einer vollständigen ontogenetischen Rückbildung unterliegen. Sie müssen daher nach einzelnen Kategorien getrennt betrachtet werden.

Die vollkommensten unter ihnen, die trochophoraähnlichen Larven der Entoprocten (Pedicellina) befestigen sich mit dem Rande ihres Vestibelum, worauf ihr im Innern abgeschlossener Eingeweidekomplex sich so dreht, daß seine Öffnungen (Mund, After) unter das nunmehr distale Körperende zu liegen kommen, wo das teilweise um- und neugebildete Vestibulum wieder nach außen durchbricht (s. Fig. 57). Auf diese Weise verwandeln sich die Anlagen aller inneren Organe der Entoproctenlarven in das definitive erste Polypid.

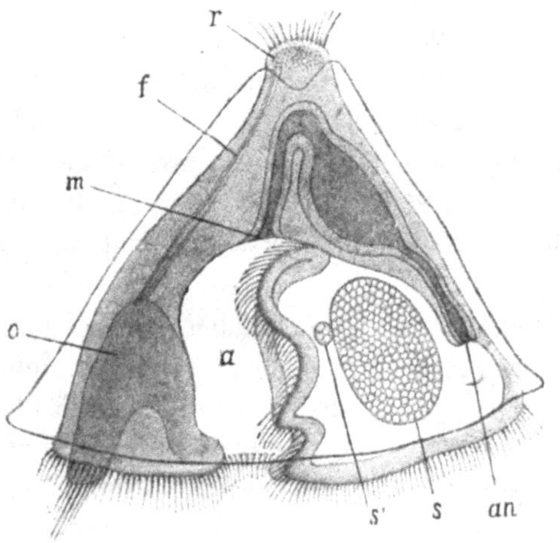

Fig. 85.

Cyphonautes (Membranipora), nach Heider, aus Korschelt u. Heider, Lehrbuch der vergleichenden Entwicklungsgeschichte (1893); *a* Atrium, *an* After, *f* Verbindungsfasern zwischen dem birnförmigen Organ *o* und dem retraktilen Scheibenorgan *r*, *m* Mund, *s* drüsige Ectodermverdickung (Homologon des Saugnapfs), *s'* ähnliches, kleineres Organ.

Unter den fertigen Larven der Stelmatopoden stimmen diejenigen von Membranipora (Cyphonantes) in ihrem Bau wesentlich mit den Entoproctenlarven überein (Fig. 85). Die Larven von Alcyonidium entbehren dagegen Vestibulum und After (Fig. 86), und ihnen schließen sich als letzte Rückbildungsstufe die völlig darmlosen Larven von Lepralia (Fig. 87), Bugula usw. an. Doch bleiben die zwei Hauptseiten der Larve, die durch das retraktile Organ oder die Scheitelplatte gekennzeichnete aborale Seite und die entgegengesetzte orale Seite bis zum Erscheinen der ersten vollkommenen Polypidanlage vollkommen deutlich und kenntlich. — Alle diese Larven heften sich mit der Mitte ihrer Oralseite an (S. 150, Fig. 87), wodurch deren Umlagerung wie bei den Entoprocten unmöglich wird; gleichzeitig oder schon vorher tritt eine vollständige Rückbildung der Larvenorganisation ein: alle inneren Organe und Gewebe verwandeln sich, bis auf einiges an die Scheitelplatte herantretende Mesenchym in eine breiige Masse, die an der Fußplatte des aufwachsenden Stöckchens zurückbleibt. Die Scheitelplatte senkt sich dagegen zur Bildung eines ganzen Polypids in derselben Weise ein, wie es für die späteren Knospen und Regenerationen angegeben wurde (s. o.). — Die den darmlosen Larven der Stelmatopoden gleichwertigen Embryonen der Lophopoden beginnen die Stockbildung insofern in ganz anderer

Weise, als ihr erstes Polypid an der oralen oder prostomialen Seite entsteht und die Befestigung daher umgekehrt mit der ganzen aboralen Seite erfolgt.

Diese erste Polypidbildung der Entoprocten wurde schon von den ersten Beobachtern (Barrois u. A.) und seither oft genug, aber allerdings ohne eine besondere Begründung als Knospung bezeichnet. Heider sah dagegen in demselben Polypid bloß eine Regeneration der zurückgebildeten Larvenorgane und somit den Abschluß der individuellen Ontogenese und Metamorphose was er mehrfach erläuterte (Korschelt u. Heider, I 1890—93, S. 1200 f., 1220 II. 1909, S. 680 f.). Wäre dies richtig, so könnte man daran denken, daß dieses regenerierte 1. Polypid der phyletische Ausgangspunkt für die sich unmittelbar daran anschließende Knospung des Bryozoenstocks wäre, und daß somit eine zweite Art des Ursprungs dieser ungeschlechtlichen Fortpflanzung gefunden wäre. Ich vermisse aber eine genügende Begründung jener Deutung, die vielmehr nach verschiedenen Seiten die größten Schwierigkeiten hervorruft.

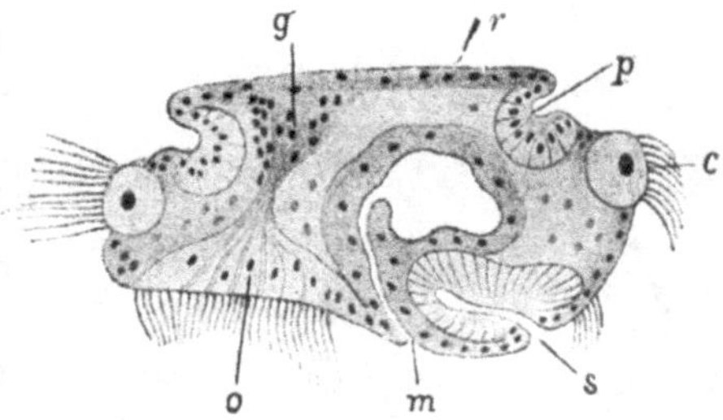

Fig. 86.
Alcyonidium mytili, Längsschnitt einer Larve, nach Barrois, aus Korschelt u. Heider, Lehrbuch der vergleichenden Entwicklungsgeschichte (1893); *c* Corona, *g* Hirn, *m* Mund, *o* birnförmiges Organ, *p* Mantelhöhle, *r* retraktiles Scheibenorgan, *s* Saugnapf.

Heider führt für seine Auffassung vor allem an, daß an der Bryozoenlarve bis zur ersten ganzen Polypidbildung ebenso wie bei der typischen Regeneration der Stockindividuen das Cystid unverändert erhalten und damit die Kontinuität des Individuums gewahrt bleibt. Folglich sei die erste Polypidbildung eine Regeneration an dem ursprünglichen Larvenindividuum, ähnlich der Regeneration in anderen Larvenmetamorphosen. Die Scheitelplatte wird daher geradezu mit einer Imaginalscheibe verglichen, von der aus der fehlende Kopfabschnitt der angehefteten Larve regeneriert wird. Jenes auf das Cystid bezügliche Argument wird aber durch den Hinweis auf die Lophopoden und ihre schon erläuterten Cystidverhältnisse hinfällig (s. S. 271).

Soweit die Anlagen ihrer Stockindividuen sich nicht unmittelbar an das Rudiment eines früheren Polypids anschließen, gelten sie unwidersprochen als Knospungsprodukte, ob sie nun in dem ungeteilten ursprünglichen, also embryonalen Cystid eingesenkt bleiben (Cristatella, Fig. 88) oder mit Einschluß des fraglichen 1. Polypids aus jenem gemeinsamen Cystid so weit hervortreten, daß sie von einem kurzen eigenen Cystid umgeben sind (Plumatella, Alcyonella). Es handelt sich dabei nicht um eine Ergänzung von Defekten, sondern um wirkliche Fortpflanzungsakte (Knospung); und wenn dies für alle Individuen vom 2. Polypid an allgemein anerkannt wird, so könnte das oft gleichzeitig mit jenem erscheinende 1. Polypid davon keine Ausnahme machen, wenn nicht zwingende Gründe dafür sprechen. Der Mangel eines eignen Cystids ist aber bei den Lophopoden und ihren Embryonen kein solcher Grund, und kann es folglich auch bei den Larven der übrigen Ectoprocten nicht sein. Es bliebe daher zu untersuchen übrig, ob die angebliche Regeneration durch den Gang ihrer Entwicklung sich als solche charakterisiert.

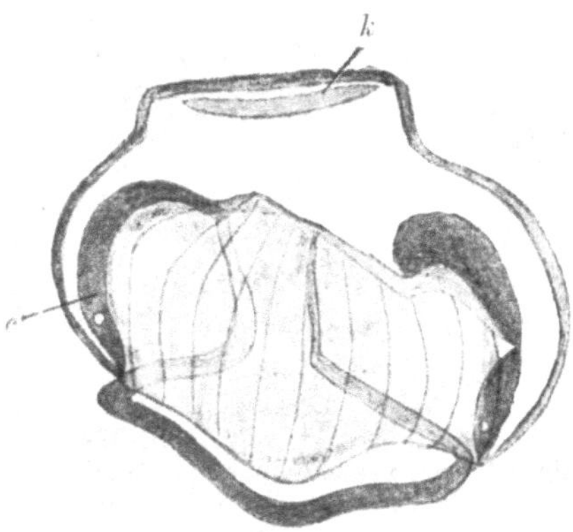

Fig. 87.
Lepralia unicornis, Larvenmetamorphose, nach Barrois (1886); Verbindung des Coronarandes und des Saugnapfs, *k* retraktiles Scheibenorgan.

Der Vergleich der Scheitelplatte mit einer Imaginalscheibe ist deshalb nicht angängig, weil die Imaginalscheiben Reste der zurückgebildeten und regenerationsbedürftigen Organe sind, die Scheitelplatte aber schon vor der Rückbildung des Darms, des Atrium usw. der Bryozoenlarven, z. B. eines Cyphonantes, neben und getrennt von ihm besteht. Überdies illustrieren gerade die echten Imaginalscheiben ganz besonders evident die schon erläuterte Tatsache, daß jede Regeneration an einen Defekt unmittelbar anknüpfen muß, weil sie von ihm örtlich bestimmt wird (Fig. 76). An dem Scheitel der Bryozoenlarve ist aber überhaupt nichts zu regenerieren, da dort gar kein Defekt entsteht.[1] Die Rückbildung tritt vielmehr an dem larvalen Organkomplex der Stelmatopoden ein, der sich gerade wie die gleiche Larvenorganisation der Entoprocten oder deren erste Polypidanlage an der prostomialen Seite entwickelt, und deren Rudimente eben dort, weit getrennt von der Scheitelplatte, in und an dem befestigten Fuß der Larve zurückbleiben, während die Scheitelplatte das neue Polypid an der entgegengesetzten aboralen Seite er-

[1] **Falls es sich bestätigte, daß, wie Prouho es für Flustrella angibt (1890), nicht die ursprüngliche Scheitelplatte selbst, sondern ein sekundäres Regenerat derselben die eigentliche Anlage des Polypids wäre, so änderte dies doch nichts an den hier zu diskutierenden Lagebeziehungen der ganzen übrigen Organisation.**

zeugt (Barrois 1877, 1886). Ich vermisse daher in dieser selbständigen Neubildung die Merkmale einer Regeneration.

Dies wird auch dadurch bestätigt, daß das angebliche Regenerat des Oozoids sich nicht einmal in dessen ursprünglichen Lagebeziehungen entwickelt. Denn wenn die prostomiale Strecke zwischen Mund und After von Cyphonautes, deren Lage auch nach ihrer Rückbildung kenntlich bleibt, durch eine gleiche Bildung an der entgegengesetzten, apikalen oder aboralen Seite „regeneriert" erscheinen soll, so hört nach meinem Dafürhalten der Begriff der Regeneration vollständig auf. Man kann auch nicht zugunsten jener Auffassung des 1. Polypids der Ectoprocten anführen, daß in der Larvenmetamorphose von Sacculina das Regenerat ebenfalls nicht den zugrunde gegangenen Teilen der Larve homolog wäre; denn bei dieser extremsten Heteromorphose stehen sich auf beiden Seiten zwei völlig unvergleichbare Organisationen gegenüber, und nicht der gleiche Bau wie bei den Bryozoen. Kurz — ich kann jenes aborale Polypid der Stelmatopoden nicht für ein Regenerat ihrer ursprünglichen larvalen Organisation halten.

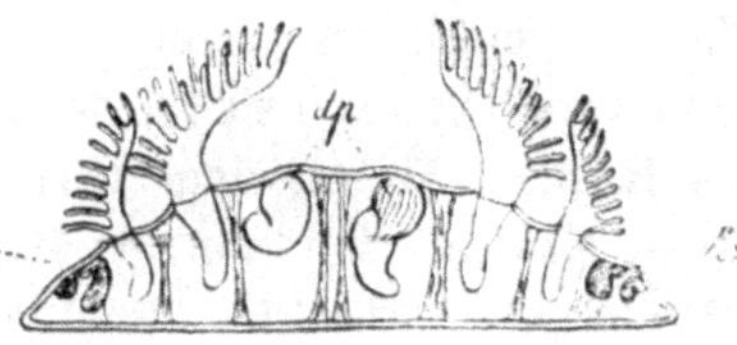

Fig. 88.

Cristatella mucedo, knospende Kolonie, nach Braem, aus Korschelt u. Heider, Lehrbuch der vergleichenden Entwicklungsgeschichte (1910), *dp* degenerierende Polypen, *kz* Knospen.

Offenbar legt aber auch Heider selbst kein sonderliches Gewicht auf das von ihm überhaupt nicht erläuterte Wesen der Regeneration, sondern nur darauf, daß das aborale Polypid der Stelmatopodenlarven als Schlußbildung der Ontogenese dieser Tiere ihre normalen, typischen Lagebezeichnungen offenbart, in dem Sinne, daß sie auf der kurzen Strecke zwischen Mund und After tatsächlich eine Rückenseite mit einem supraösophagalen Ganglion (Hirn) besitzen. Und zwar brachte ihn zu dieser Überzeugung nicht etwa die Entwicklungsgeschichte dieser Bryozoen, die einen direkten Vergleich zwischen den Lagebeziehungen der Larvenorganisation und des sogenannten 1. Polypids angeblich gar nicht gestatten (Korschelt-Heider I, S. 1229), sondern der von Lankaster und Caldwell stammende, rein destriptiv-anatomische Vergleich zwischen Phoronis und den Bryozoen (1882—83, 1885), sowie die Vergleiche zwischen den Larven dieser beiderlei Formen von Ostroumoff (1887), wonach der das Hirn tragende Präorallappen der erwachsenen Phoronis den ähnlichen Teilen der fertigen Bryozoen (postorales Feld mit Ganglion) homolog sei. Und dies sollte zwar für alle Ectoprocten gelten.

Nun wird freilich von den Beobachtern der Lophopoden übereinstimmend angegeben, daß ihr 1. Polypid an der Prostomialseite entsteht, und folglich auch die Strecke zwischen Mund und After mit dem zugehörigen Ganglion einer Bauchseite mit einem bauchmarkähnlichen Ganglion, und nicht einem Rücken und Hirn entspricht. Heider verzichtet darauf, diesen Widerspruch unter den Ectoprocten angesichts des „ungenügenden Zustandes unserer Kenntnisse der Bryozoenentwicklung" zu lösen und sieht eben die bezeichnete anatomische Homologie mit Phoronis für alle Ectoprocten als maßgebend an. — Auf der anderen Seite schließt er aber die Entoprocten, die von den Urhebern jener Theorie gerade in erster Linie herangezogen wurden, von derselben Homologie aus, weil sie an der Stelle, wo bei den Ectoprocten angeblich das Rückenfeld mit dem Hirn liegt, ein ontogenetisch sichergestelltes Prostomialfeld mit einem Bauchmark-ähnlichen Ganglion besitzen. Daher erklärt Heider, wenn auch nicht ohne einiges Bedenken, daß die Entoprocten und die Ectoprocten sich miteinander weder vergleichen noch vereinigen lassen (a. a. O. 1264).

Wie man sieht, steht die Deutung des aboralen Polypids mit recht wichtigen anderen Fragen in engem Zusammenhang und rechtfertigt daher schon eine ausgiebigere Behandlung.

Gegen die oben geschilderte Auffassung der Bryozoen ist mehreres einzuwenden. Erstens finde ich nicht, daß die bisher bekannt gewordene Entwicklungsgeschichte dieser Tiere so unzulänglich ist, daß die besprochenen Beziehungen nur durch den Vergleich mit Phoronis geklärt werden könnten. Denn daß das fragliche Polypid der Stelmatopoden wirklich aus der aboralen Scheitelplatte der Larve entsteht, ist auch ohne Bestätigung durch jenen Vergleich unbestritten; und daß das 1. Polypid der Lophopoden tatsächlich umgekehrt sich an der Prostominalseite entwickelt, kann doch deswegen nicht angezweifelt werden, weil sich daraus „Schwierigkeiten" für eine ganz bestimmte Beurteilung der Bryozoen ergeben (a. a. O., S. 1228), die jedoch bei einer anderen Auffassung derselben Verhältnisse nicht vorhanden sind. Denn die Knospung ist an keine bestimmte Stelle allgemein gebunden. Wird aber trotzdem in der Entwicklungsgeschichte den anatomischen Vergleichen der Vorrang eingeräumt, so kann dies natürlich nur unter der Voraussetzung geschehen, daß sie voll begründet sind; dies trifft aber im vorliegenden Fall nicht zu.

Die Caldwellsche Theorie bezog sich bekanntlich nicht nur auf alle Bryozoen, sondern stellte gerade die Entoprocten voran; und zweifellos ist die anatomische Übereinstimmung ihrer allgemeinen Form- und Lagebeziehungen mit denen von Phoronis ebenso groß wie die Übereinstimmung zwischen den Ectoprocten und Phoronis. Es ist also nicht folgerichtig, die Homologie nur für die Ectoprocten anzunehmen und die Entoprocten als Ausnahmen zu behandeln, namentlich da die Entwicklung der letzteren in der fraglichen prostomialen Anlage des 1. Polypids dasselbe aussagt wie diejenige der Lophopoden, und diese wiederum in derselben Beziehung den übrigen Ectoprocten, nämlich den Stelmatopoden widersprechen.

Endlich ist aber der Vergleich zwischen Phoronis und den Bryozoen nichts weniger als einwandfrei. Daß bei Phoronis die kurze Strecke zwischen Mund und After wirklich ein dorsaler „Präorallappen“ mit einem Hirn ist, ergab sich doch erst aus der Entwicklungsgeschichte dieses Wurms; daher mußten sich die angeblichen homologen Teile zunächst der Stelmatopoden ebenfalls ontogenetisch als dorsale darstellen. Das aborale Polypid bestätigt dies aber doch nur unter der Voraussetzung, daß es ein regenerierter Teil des Oozoids ist; dies wurde jedoch schon auf Grund des einzig möglichen Begriffs der Regeneration widerlegt (s. S. 276) und der Vergleich mit der Entwicklung der Phoronislarve „Actinotrocha“ offenbart die ganze Unhaltbarkeit jener angeblichen Homologie.

Aus der Entwicklungsgeschichte der Phoronis ergibt es sich unzweideutig, daß ihr späterer Präorallappen aus dem aboralen oder dorsalen Ectodermabschnitt hervorgeht, der in der Actinotrocha vom Munde über den Scheitel bis zum After reicht (Metschnikoff 1871, Caldwell 1882), In der Metamorphose wird der Vorderteil dieses Abschnitts einschließlich der „Scheitelplatte“ aufgelöst und nicht wieder hergestellt, so daß für den Präorallappen des fertigen Tiers nur das rückwärts vom ursprünglichen Scheitelfeld gelegene Ectoderm übrig bleibt. — Auf Grund der nicht zubeanstandenden Annahme, daß sowohl Actinotrocha wie die Stelmatopodenlarven allgemein trochophoraähnliche Bildungen sind, ist also das Homologon jenes ursprünglichen dorsalen Feldes von Actinotrocha bei Cyphonautes der gleiche Ectodermabschnitt, der sich vom Munde über den Scheitel bis zum After hinzieht. Auch an diesem Ectodermfeld werden bei der allgemeinen Rückbildung der Larve einige Teile aufgelöst, nämlich die ganze untere Zone (Corona usw.), so daß gerade die Scheitelplatte mit ihrer äußeren Umgebung übrig bleibt; diese letztere geht darauf in das Cystid über, und die Scheitelplatte in das Polypid, an dem sich erst sekundär das vielbesprochene kurze Feld zwischen den beiden Darmmündungen oder kurz gesagt das „Neuralfeld“ entwickelt.

Wie stellen sich nun die Homologien zwischen Phoronis und den fertigen Bryozoen dar? — Da das ganze Scheitelfeld von Actinotrocha zugrunde geht, so besitzt die fertige Phoronis überhaupt keinen Teil mehr, der der Scheitelplatte der Ectoproctenlarven und folglich dem aboralen Polypid und seinem angeblichen Präorallappen homolog sein könnte.

Damit ist das letzte Argument für die Auffassung des 1. Polypids der Ectoprocten als eines Regenerats des Oozoids widerlegt und können die Ergebnisse seiner gegenteiligen Deutung als Knospe zusammengefaßt werden.

1. Der Mangel eines eigenen Cystids ist kein Beweis gegen die Selbständigkeit und Knospennatur des ersten aboralen Polypids der Stelmatopodenlarven.

2. Dieselbe Polypidbildung widerspricht nach allen Homologien dem Begriff einer Regeneration des Oozoids oder einer Larvenmetamorphose.

3. Die Homologisierung der Stelmatopoden und der Phoronis auf Grund ihrer Ontogenese trifft nicht zu und kann daher für die Deutung des 1. Polypids der Ectoprocten gar nicht herangenogen werden.

Sobald dies feststeht, fallen auch alle Widersprüche und Schwierigkeiten der gegenteiligen Darstellung fort. — Wenn das aborale 1. Polypid der Stelmatopoden kein Regenerat der Larve ist, so kann es nur eine selbständige Ausbildung, d. h. eine Knospe sein. Für die Homologie einer Knospe sind natürlich nur die Beziehungen ihres eigenen Organkomplexes und dieses zu anderen erbgleichen Individuen maßgebend. Folglich sind die Einzelteile dieser ersten Knospe an der Ectoproctenlarve den sich zurückbildenden Teilen dieser Larve homolog und um es kurz zu machen: das Neuralfeld der Knospe ist dem Prostomialfeld des Embryo und der Larve gleichwertig.

Daraus folgt weiter, daß diese Bestimmungen unabhängig davon sind, ob die fragliche Knospe am Scheitelfeld (Stelmatopoden) oder infolge irgendwelcher besonderer Umstände am Prostomialfeld entsteht (Lophopoden); und endlich, daß die Ectoprocten sich in allen wesentlichen morphologischen Stücken in nichts von den Entoprocten unterscheiden. Der Umstand, daß das Larvenindividuum, das Oozoid der Ectoprocten nicht wie dasjenige der Entoprocten in die Stockbildung übergeht, sondern sich auflöst und die Stockbildung ihrer ersten Knospe oder ihren ersten Knospen überläßt, ist nicht nur für die angestellten Vergleiche nebensächlich, sondern hat auch die klarsten Seitenstücke in der Stockbildung gewisser Tunicaten, deren Oozoide ebenfalls infolge ihrer Rückbildung nur als Unterlage für ihre Knospen dienen (Distaplia, Botryllus, s. S. 284). — Die Organisation der Ectoprocten und der Entoprocten baut sich in durchaus homologer Weise über einem Prostomialfeld auf; beide Gruppen gehören aufs engste zusammen.

Es muß hier noch ein allgemeines Ergebnis unserer Untersuchung hervorgehoben werden, das den Ursprung der **Knospung** betrifft und somit zum Anfang dieses Abschnitts zurückführt. Vorderhand läßt sich bei den Bryozoen nirgends ein Hinweis auf jenen Ursprung finden. Nur angesichts der Tatsache, daß ihre das ganze Polypid umfassende Individualregeneration stets den Hauptteil des ganzen Individuums trifft, und daß dies mit der regenerativ verlaufenden Knospenanlage so auffallend übereinstimmt, konnte an eine genetische Beziehung dieser beiden Vorgänge gedacht werden (S. 270). Aber gerade dort, wo die Knospung zuerst auftritt, an dem Oozoid, konnte mit aller Bestimmtheit festgestellt werden, daß jene Ähnlichkeit eine täuschende ist, und die Knospung mit einer Individualregeneration nichts zu tun hat und daher so wenig wie die Teilung von ihr abgeleitet werden kann. Nur bei der bezeichneten Strobilation der Entoprocten ist es denkbar, daß das sich neu anlegende Köpfchen, indem es nicht am distalen Ende, sondern seitlich davon erscheint, die Merkmale einer Knospung erwirbt. Ich finde aber keinen Anlaß, dieser nebensächlichen Frage weiter nachzugehen.

Bei den Bryozoen findet sich ein Seitenstück zu der Gemmulae der Schwämme, nämlich die Statoblasten der Lophopoden. Nach den neuesten Untersuchungen (Braem 1890, Buddenbrock 1910) entstehen die Statoblasten innerhalb des Fasciculus aus einer zweischichtigen Anlage (Ectoderm, Mesoderm) und einer daraus hervorgehenden zweischichtigen Blase, dem Cystid, an dem das Polypid sich ebenso wie an der normalen Knospe entwickelt.

Aus diesem Tatbestand folgt nicht nur die Homologie zwischen Statoblasten und Gemmulae, sondern auch eine gute Begründung der regenerativen Knospung in beiden Prozessen. Insbesondere ist hervorzuheben, daß der histologischen Sonderung eine morphologische vorausgeht, die, soweit sie zum regenerativen Entwicklungsabschnitt gehört, von der normalen Ontogenese durchaus abweicht und erst relativ spät in den rein ontogenetischen Abschnitt übergeht.

d) Die Tunicaten.

Die ungeschlechtliche Fortpflanzung der Tunicaten ist außerordentlich mannigfaltig, da sie zweifellos aus verschiedenen Ursprüngen hervorging. Die natürliche Neigung, das Verschiedene auf einen einheitlichen

Ausgangspunkt zurückzuführen, oder doch unter einen gemeinsamen Gesichtspunkt zu bringen, verbunden mit einer ungenügenden Differenzialdiagnose von Teilung und Knospung haben dazu geführt, Erscheinungen dieser Art nach äußerlichen Ähnlichkeiten in Zusammenhang zu bringen, die keine andere Beziehung zueinander haben als das ganz allgemeine Ziel der ungeschlechtlichen Fortpflanzung. Daher soll untersucht werden, wie sich diese Beziehungen auf ontogenetischer Grundlage darstellen.

Von den beiden Kategorien der ungeschlechtlichen Vermehrung überwiegt bei den Tunicaten zweifellos die Knospung, die jedoch so verschieden verläuft, daß es sich empfiehlt, nicht nach der systematischen Ordnung vorzugehen, sondern mit den einfacheren Erscheinungen der Vermehrung zu beginnen, wie sie bei Amaroecium und Pyrosoma angetroffen werden.

1. In beiden Gattungen wird das sogenannte Postabdomen des Oozoids in eine gewisse Anzahl von Stücken quer geteilt, die sich zu neuen Individuen entwickeln, während der ursprüngliche Vorderkörper nur bei Amaroecium ebenfalls völlig regeneriert wird, bei Pyrosoma aber während der Entwicklung der hinteren Teilungsstücke als sogenanntes Cyathozoid allmählich zugrunde geht. Schon Giard nannte diese Fortpflanzung von Amaroecium ein „bourgeonnement" und Kowalewsky, der den Vorgang zuerst genauer beschrieb (1875), bezeichnete den dabei frei werdenden Vorderkörper als „Muttertier" und die Teilungsstücke des Postabdomens als „Knospen".

Diese Auffassung ist gegenwärtig freilich nicht mehr unbestritten, wird aber auch nicht völlig abgelehnt; d. h. es wird die Quergliederung des Postabdomens eine Teilung genannt, aber dieses mit einem Stolo prolifer verglichen und folglich die Deutung der Teilungsstücke als seine knospenähnlichen Erzeugnisse nahegelegt.

Bei der nahen Verwandtschaft von Teilung und Knospung könnte es nun freilich an sich von keinem großen Gewicht erscheinen, ob Teilungsstücke mit einigem Recht als Knospen gedeutet werden oder nicht. Weniger gleichgültig ist eine solche Entscheidung, wenn es sich um den Ursprung der Erscheinungen handelt; und daher sollen die Gründe, die für und gegen die angegebene Bedeutung des Postabdomens von Amaroecium und Pyrosoma sprechen, näher geprüft werden.

Nach Heider, der unserem Problem eine erschöpfende Darstellung widmet (Korschelt u. Heider 1910, S. 736, 753), ließe sich eine endgültige Entscheidung über den Ursprung der Stolonen bei den Tunicaten noch nicht fällen, weil die fraglichen ontogenetischen Tatsachen noch vielfach strittig sind. Immerhin könnten verschiedene Erklärungen als möglich ins Auge gefaßt werden. Heider geht davon aus, daß das

Postabdomen von Amaroecium (Fig. 89) und Pyrosoma den einfachen und typischen Stolonen von Clavellina und Salpa insofern gleich seien, als die beiderlei Bildungen aus Fortsetzungen oder Ausstülpungen der drei Keimschichten bestehen. Allerdings enthält das Postabdomen von

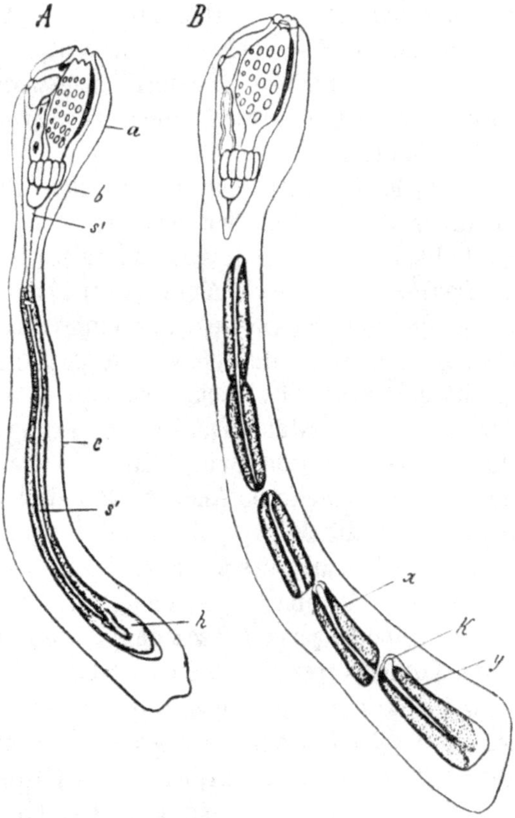

Fig. 89.

Amaroecium roseum, **Teilung** nach **Kowalewsky** (1874), **aus** Korschelt **u.** Heider, **Lehrbuch** der **vergleichenden** Entwicklungsgeschichte (1910), **A** vor **dem Beginn und** B **während** der **Teilung**; *a* **Thorax**, *b* Abdomen, *c* **Postabdomen**, *h* **Herz**, *k* **aufgetriebenes Vorderende des Epicards im** hintersten Blastozoid, *s* **Scheidewand (Epicard)**, *s'* **deren** basaler **Teil**, *x*, *y* **abgetrennte Teilstärke** des Postabdomens (junge **Blastoide**).

Amaroecium noch das Herz und später die Geschlechtsorgane, und das Postabdomen von Pyrosoma noch mehr Organanlagen. Dies ließe sich nach Heider entweder so erklären, daß die phyletischen Vorstufen dieser hinteren Körperhälften einfache Stolonen waren, in die die genannten Organe aus dem eigentlichen Körper allmählich eingewandert wären; oder die Stolonen entstanden umgekehrt dadurch aus einem

Postabdomen, daß dessen Organe sich in den Bereich des Vorderkörpers zurückzogen.

Dieser Erklärungsversuch kommt mir ziemlich gezwungen vor und ist wohl hauptsächlich durch solche äußere Ähnlichkeiten wie die Quergliederung eines hinteren Körperabschnittes bei den genannten Ascidien (Pyrosoma) und den Salpen veranlaßt worden. Sobald man aber die spezielle Ontogenese zu Rate zieht, von der doch bei entwicklungsgeschichtlichen Fragen die nächste Auskunft zu erwarten ist, so fehlt ontogenetisch jedes Merkmal zur Begründung der angegebenen Deutung des fraglichen Postabdomens.

Unter einem Stolo versteht man unter allen Umständen einen sekundären Auswuchs des eigentlichen Körpers, der bald als Wurzelausläufer fungiert, bald als Knospenträger zur ungeschlechtlichen Fortpflanzung dient. Das Postabdomen von Amaroecium und von Pyrosoma sind aber bloß je die hintere Hälfte einer einheitlichen Embryonalanlage. Die etwaige Erklärung, daß der widersprechende Befund cenogenetisch gefälscht sei, wäre hier nicht angebracht; denn eine cenogenetische Entwicklung des Postabdomens müßte wenigstens im Embryo angedeutet sein, wovon aber jede Spur fehlt, und die Annahme einer Cenogenese ohne jede ontogenetische Andeutung und ohne einen anderen zwingenden Grund wäre durchaus willkürlich.

Endlich beruht die Deutung des am Postabdomen sich abspielenden Fortpflanzungsprozesses als eine „Knospung" auf einer Verkennung dieses Begriffs. Denn indem jener Prozeß damit beginnt, daß das Postabdomen sich vom Vorderkörper ablöst, so liegt darin eine unzweideutige Trennung von zwei allerdings ungleichen, aber originalen Körperhälften vor, was ebenso wie bei der Querteilung eines Scyphostomum oder eines Wurms nur eine Teilung und nicht eine Knospung genannt werden kann. Und die Quergliederung des Postabdomens selbst ist natürlich nur eine Fortsetzung jener ersten Teilung. Mit einem Wort: gemäß der Ontogenese von Amaroecium und Pyrosoma ist weder ihr Postabdomen ein aus dem Vorderkörper hervorgewachsener Stolo, noch seine Quergliederung eine Knospung, und jede darauf gestützte Erklärung ein verfehlter Versuch. Die ungeschlechtliche Fortpflanzung von Amaroecium und des Oozoids von Pyrosoma ist ein unzweideutiger Teilungsprozeß am originalen Körper.

2. Es folgen hier die palleale Knospung von Botryllus und die sogenannte pseudostoloniale Knospung der Distomiden (Distaplia u. a.). Beide Fortpflanzungsarten sind unzweifelhafte Knospungen, aber mit recht verschiedenem Ursprung. Die Knospen von Botryllus entstehen durch eine Ausbuchtung zweier ectodermaler Schich-

ten des Muttertiers, der Haut und des Peribranchialepithels, sowie einer zwischen sie eindringenden Mesodermanlage (Fig. 90). Die Knospen der Distaplialarven entspringen dagegen außerhalb des Bereichs der Peribranchialsäcke aus den drei Körperschichten des Ectoderms, des Mesoderms und eines Epicardialfortsatzes des Kiemenderms (Fig. 91); nach ihrer Ablösung im jüngsten Zustande vermehren sich diese Knospen durch Teilung und neue Knospung.

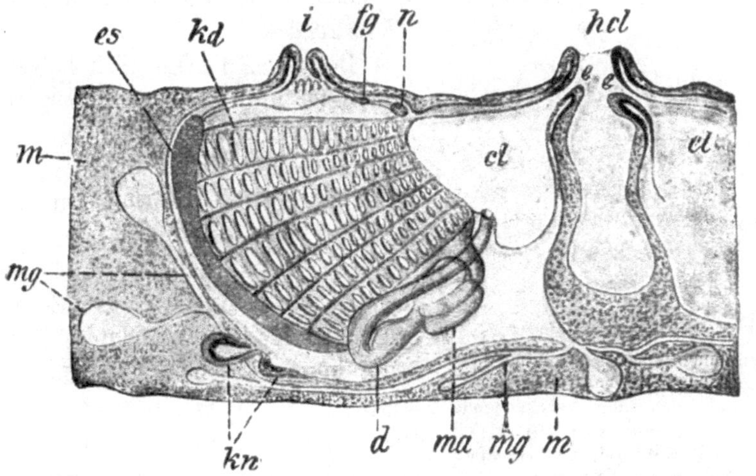

Fig. 90.

Botryllus sp., mit pallealer Knospung, aus Korschelt u. Heider, Lehrbuch der vergleichenden Entwicklungsgeschichte (1910), *cl* Kloake, *d* Darm, *e* Ausfuhröffnung, *es* Endostyl, *fg* Flimmergrube, *hcl* Hauptkloake, *i* Einfuhröffnung, *kd* Kiemendarm, *kn* Knospen, *m* Mantel, *ma* Magen, *mg* Mantelgefäße, *n* Ganglion.

Die pylorische Knospung der Didemniden und Diplosomiden steht so isoliert da, daß sie sich nach keiner Seite anschließen läßt und den besten Beweis liefert, daß es durchaus müßig ist, nach einem wirklichen Zusammenhang der verschiedenen Knospungsarten der Tunicaten zu suchen.

3. Wenn man endlich an eine Vergleichung aller Stolonen bei den Tunicaten herantritt, so muß man von vornherein von der Voraussetzung absehen, daß sie homologe Bildungen von gleichem Ursprung und Bau seien. Am klarsten zeigt sich die Geschichte der Stolonen von Clavellina (Fig. 60). Doch hat man von den nicht knospenden, solitären Ascidien auszugehen, da sie dieselben Stolonen wie Clavellina besitzen, wie ich nach der Untersuchung von Cione fand. Eine solche Ascidienlarve setzt sich bekanntlich mit einer der drei Haftpapillen fest, die wie bei den Amphibienlarven in der ventralen Umgebung des Mundes entstehen,

aber sehr bald durch eine vorn beginnende und rückwärts fortschreitende Abspaltung bis an das künftige Hinterende des Tiers verschoben werden. Das Haftorgan wird dann gestielt und enthält in seinem Ectodermschlauch das vom Blut durchsetzte Mesoderm, aber keinen epicardialen Fortsatz. Sobald der Mantel entstanden ist, drängt seine gallertige Masse jenen Ectodermschlauch von der Unterlage ab und übernimmt selbst die Befestigung; doch bleibt der Schlauch in dem Fußende des jungen Tiers zurück.

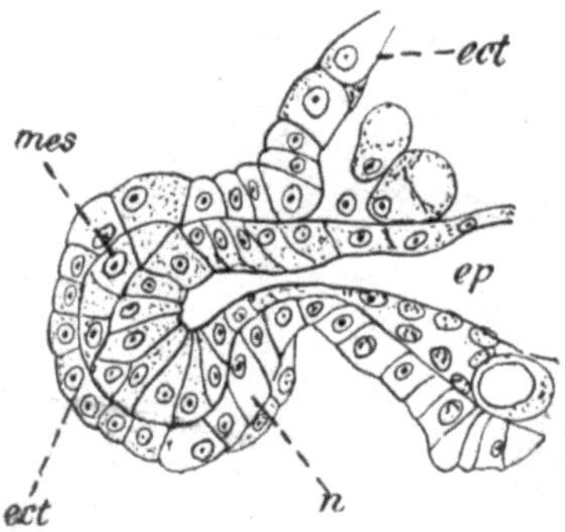

Fig. 91.
Distaplia magnilarva, Knospung, nach Salensky, aus Korschelt u. Heider, Lehrbuch der vergleichenden Entwicklungsgeschichte (1910); *ect* Ectoderm, *ep* Epicardium, *mes* Mesoderm, *n* Anlage des Nervensystems.

Der Stiel der kürzlich befestigten Cione (1 mm l.) ist schmäler als der Körper, aber merklich länger. Später nimmt er relativ an Länge ab, breitet sich aber auf der Unterlage aus. Dabei wächst zuerst der Mantel in unregelmäßige Lappen aus, worauf wurzelförmige röhrige Ausläufer des Ectodermschlauchs in jene Lappen eindringen. Man kann diesen Verästelungen den Namen von Wurzelsprossen oder Stolonen um so weniger vorenthalten, als sie steril bleiben und sich auf die Befestigung des Tiers beschränken. Nachdem diese aber auf die Tunica übergegangen ist, können die verzweigten, oft nach vorn gerichteten Ectodermröhren nur noch in der Art der Mantelgefäße der Botrylliden u. a., d. h. im Dienste der Ernährung wirken. Aus dem sich ausbreitenden Stielende wird dann allmählich eine Fußplatte.

Die Bildung des Stiels und der Stolonen habe ich an den jungen Clavellinen (C. rissoana) im allgemeinen nicht anders gefunden als bei Cione. Nur ist der hinter dem Eingeweideknäuel wurzelnde Stiel länger, und die Stolonen sind besonders stark verzweigt. Nach den Darstellungen von Seeliger (1893—1907) und Heider (a. a. O. S. 737) gewinnt man den Eindruck, als wenn jedes Individuum von Clavellina nur einen mit einem Epicardialsack versehenen und knospenbildenden Stolo und daneben mehrere sterile und nur zur Befestigung dienende Stolonen ohne Epicardialstränge besitze. Ich kann dies insofern nicht bestätigen, als ich alle Stolonen von gleichem Bau antraf, aber freilich nur wenige von ihnen Knospen tragen sah.

Seeliger hat die frühere Angabe von van Beneden und Julin, daß der Stolo prolifer eine echte, vom Kiemendarm stammende Epicardialröhre enthalte, dahin zurechtgestellt, daß diese zu einer zweischichtigen Scheidewand des Stolo zusammenfallende Bildung aus dem Pericard stamme. Dies wäre jedoch von untergeordneter Bedeutung, da das Pericardium ein Erzeugnis des Epicardiums ist; dagegen wird von Seeliger und Heider hervorgehoben, daß dieses Stolonenseptum in den stolonialen Knospen einer andern Ascidie, Perophora, ganz bestimmt aus dem Peribranchialsack entspringe, und diese Knospen daher mit den Pallealknospen von Botryllus übereinstimmten.[1]

Dies bedeutet aber noch keineswegs einen wirklichen Gegensatz zwischen den Befunden bei Clavellina und Perophora, da die beiden Angaben sich auf zwei verschiedene Generationen, einmal offenbar auf ein Oozoid (Clavellina) und das andere Mal auf eine Knospe (Perophora) beziehen, und die regenerative Knospenentwicklung, man kann beinahe sagen grundsätzlich von der Ontogenese abweicht. Wichtiger ist dagegen allerdings die von mir an Durchschnitten der Stolonen von Clavellina gemachte Beobachtung, daß bei diesen Tieren keine von jenen beiden Angaben zutrifft.

Ich fand nämlich in jenen Stolonen nur ganz unregelmäßige kutikulare Scheidewände mit einem Belag von Mesodermzellen, welche Scheidewände jedoch in keinem Zusammengang mit irgendeinem anderen Organ stehen, und namentlich mit den Knospen nichts zu tun haben, da ich die gastrulaähnliche Knospenanlage mit aller Deutlichkeit als eine terminale Einstülpung des dort verdickten schlauchförmigen Ectoderms antraf (Fig. 60 B). Die Knospen von Clavellina entstehen also ebenso wie bei den Bryozoen bloß aus dem Ectoderm und dem Mesoderm, weil die Stolonen wenigstens im Bereich der Knospenanlage entodermale Epicardialfortsätze überhaupt nicht enthalten. Die Ansicht, daß die Stolonen der Tunicaten durchweg aus einer dreischichtigen Röhre bestehen (vgl. Heider a. a. O. S. 742) ist irrig; bei den genannten sessilen Ascidien sind sie, wenigstens in den hinteren, hier allein in Frage kommenden Abschnitten dauernd zweischichtig, indem eine entoderme Anlage fehlt.

Die Stolonen von Cione und Clavellina offenbaren also einen merkwürdigen Funktionswechsel. Nach ihrem Ursprung dicht am Munde waren sie anfangs zweifellos nicht zu dauernder, sondern, wie die analogen Haftorgane der Amphibienlarven, nur zu vorübergehender Be-

[1] Dies ist nicht ganz richtig. Denn die von Lefevre bei Perophora beobachtete Scheidewand des Stolo entspringt ursprünglich gar nicht vom Peribranchialsack, wie Seeliger und Heider angaben, sondern vom allgemeinen Entodermsack der Knospen, worauf dieser Ursprung erst sekundär in den Peribranchialsack verlagert wird.

festigung bestimmt; erst nach ihrer Verschiebung bis ans Hinterende des Körpers wurden sie teils zu dauernden Befestigungsorganen, teils zu Mantelgefäßen und Knospenträgern.[1]

Ganz anders verhalten sich die Stolonen der Blastoide von Pyrosoma (Fig. 92) und den Salpen. Sie gehen tatsächlich aus dreischichtigen Ausstülpungen des Körpers (Ectoderm, Mesoderm, entodermales Epicardium) dicht hinter dem Endostyl hervor, so daß sie weder nach diesem ihren Aufbau, noch nach ihrem Ursprung mit den ursprünglich suboralen Haftorganen von Ciona und Clavellina verglichen werden können (s. u.). Dazu kommt, daß die Sprößlinge derselben Stolonen keine Knospen, sondern Teilungsprodukte sind, da die Stolonen ganz in ihnen aufgehen. Diese tragen also durchaus den Charakter einer Strobila, die sich an einem nur zur Fortpflanzung bestimmten Stolo prolifer entwickelte. Dennoch konnte die verbreitete alte Vorstellung, daß die Stolonen der Salpen Knospen erzeugen, deshalb noch immer in Geltung bleiben, weil man eine differenzielle Unterscheidung von Teilung und Knospung auf untergeordnete äußere Merkmale beschränkte.

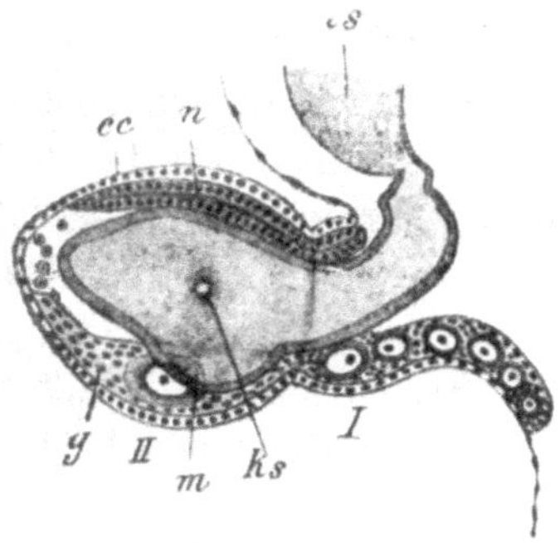

Fig. 92.

Stolo prolifer von Pyrosoma, an dem bereits die Scheidung in zwei Individuen (I, II) angedeutet ist, nach Seeliger, aus Korschelt u. Heider, Lehrbuch der vergleichenden Entwicklungsgeschichte (1910); *ec* Ectoderm, *es* Endostyl des Muttertiers, *g* Genitalstrang, *ks* erste Kiemenspalte, *m* Anlage des Darmkanals, *n* Anlage des Neuralrohrs.

Gewiß kommen diese beiden Kategorien ungeschlechtlicher Fortpflanzung einander oft sehr nahe, namentlich wenn bei Körperteilen, die in Entwicklung begriffen sind, der Formenwechsel eines Teilungsstücks ebenso auffallend wird wie derjenige einer Knospe. Trotzdem wird man bei ihrer Unterscheidung nicht leicht fehlgehen, wenn man für die Knospen an der Forderung festhält, daß sie sich unzweideutig als Erzeugnisse eines Muttertiers ergeben.

Wenn man also die am Stolo prolifer der Pyrosomen und Salpen entstehende Generation für Knospen erklärt, wie es allgemein geschieht, so scheint der Stolo freilich die Rolle des Muttertiers zu spielen, wenn er auch eigentlich selbst als eine Knospe aufzufassen ist. Dies beruht jedoch auf einer Täuschung, da das vermeintliche Muttertier völlig in

[1] Solange über die Entstehung der knospentragenden Stolonen von Perophora nichts mehr bekannt ist, als angegeben wurde, bleibt die Beziehung dieser Ascidie zu Clavellina durchaus zweifelhaft.

seine von ihm ausgehende Generation aufgeht, was aber nur für eine Teilung zutrifft, nicht aber für eine Knospung, die ohne ein relativ fortdauerndes Muttertier nicht denkbar ist. Die angeblichen Knospen sind daher nur die in regenerativer Entwicklung begriffenen Teilungsstücke eines heranwachsenden Stolo.

Dies ergibt sich auch phyletisch, aber nicht etwa auf Grund der Erklärung, daß die „pseudokolonialen" Knospen einer Distomide, indem sie bei dichter Aufeinanderfolge an derselben Stelle im Zusammenhang bleiben, einen knospentragenden Stolo darstellten. Dieser Schluß ist irrig, weil auf die angegebene Weise wohl eine Reihe von Knospen entsteht, die alle direkt am eigentlichen Muttertier hervorwuchsen, wogegen ein wirklicher Stolo fehlte, der die Knospen erst erzeugen sollte. Ferner sind jene auf Della Valle und seine nächsten Nachfolger zurückgehenden Angaben durch die neueren Beobachtungen Salenskys (1893) widerlegt, wonach die erste oder Primärknospe im Zustande eines dreischichtigen Säckchens jeweilig allein bleibt und sich bloß durch Querteilungen vermehrt. Nach diesem, wie mir scheint, maßgebendem Befund ist jede Primärknospe einer Distomide, z. B. der Distaplia allenfalls selbst ein durch Knospung entstandener Stolo, der in dem Maße als er auswächst, zugleich in Teilungsstücke zerfällt.

So bestätigt sich die Auffassung, daß die ungeschlechtliche Fortpflanzung der Tunicaten unter allen genannten gleich großen Gruppen von Tieren die größte Mannigfaltigkeit darbietet, und zwar nicht in Varianten derselben Ausgangsform, sondern in selbständig erworbenen Verschiedenheiten. Die Versuche, diese heterogenen Entwicklungsvorgänge irgendwie in Übereinstimmung zu bringen, verfehlten ihr Ziel hauptsächlich deshalb, weil eine ausreichende Definition der fraglichen Erscheinungen (Stolo, Teilung, Knospung) unterblieb und dadurch die Betrachtung vielfach auf falsche Wege gelenkt wurde. Dazu kommt noch ein Moment, das den Hauptantrieb zu jenen Versuchen geliefert haben dürfte, und das hervorgehoben zu werden verdient. Es ist die weitgehende Divergenz der Ontogenese und der regenerativen Entwicklung der Knospen und Teilungsstücke.

Manche Beobachter haben sich bemüht, die unbequemen Divergenzen der angegebenen Art irgendwie unter einen Hut zu bringen, als wenn die Anerkennung von solchen Verschiedenheiten ohne eine wenigstens vermutete Verwandtschaft ein Zeichen geringerer Einsicht wäre. Darum wurden von vornherein für die Ontogenese, sowie für die verschiedenen Stolonen und die Knospungs- und Teilungsvorgänge der

Tunicaten identische Entwicklungsverläufe mit den unvermeidlichen drei Keimschichten vorausgesetzt, ohne zu erwägen, ob eine solche Erklärung überhaupt nötig sei. Nach meiner Auffassung der regenerativen Entwicklung ist jene Voraussetzung ganz unangebracht, da eine Kongruenz der Ontogenese und der regenerativen ersten Phase der Knospung grundsätzlich ausgeschlossen ist. Der Ausgangspunkt und die Formbedingungen beider Entwicklungsverläufe sind eben grundverschieden (S. 4) und können daher nur durch eine allmähliche Änderung jener Bedingungen gewissermaßen auf Umwegen zum identischen Ziel führen.

Ich glaube auch nicht, daß diese Erklärung darunter leidet, daß, nachdem ich die fundamentalen Zusammenhänge der Regeneration in den einfachsten embryonalen Vorgängen klargelegt habe (S. 227), ich die Regeneration in komplizierter gebauten Organismen mit dem Recht des Analogieschlusses auf entsprechende allgemeine, und nur im einzelnen noch unbekannte Korrelationen der Entwicklungsvorgänge zurückführe. Wer freilich die Regeneration nur deskriptiv betrachtet oder sie nur mit präformierten Bildungsenergien der Zellen und Keimschichten zu erklären sucht, muß sich schon mit solchen vagen Hypothesen begnügen.

Die ontogenetischen und regenerativen Entwicklungsvorgänge bei Teilungen und Knospungen sollten hier nach dem Plan dieses Buchs nur in einigen ausgewählten Beispielen erklärt werden. Von einer systematischen Aufzählung der übrigen Darstellungen gleicher Erscheinungen, wie wir sie in dem ausgezeichneten Lehrbuch von Korschelt und Heider finden, habe ich um so eher absehen können, als ich nichts darunter fand, was nicht mit den hier genannten Beispielen in Übereinstimmung gebracht werden könnte. Dies bezieht sich vor allem auf die ungeschlechtliche Fortpflanzung der Würmer und schließlich auch der Protozoen.

3. Die Keimbildung.

Wie in den meisten Abschnitten der Entwicklungsgeschichte soll auch hier die Untersuchung mit den Polyplastiden beginnen.

Die Keime bezeichnen nicht nur den Ausgangspunkt jeder Ontogenese, sondern gehören gleichzeitig als ontogenetische Erzeugnisse mitten in die Ontogenese. Es könnte nur fraglich sein, ob die Darstellung ihrer Entwicklung nicht in dem Kapitel von der geweblichen Sonderung ihren richtigen Platz hat, da ihre Entstehung auf Prozessen innerhalb der Zellen beruht, worin wir doch das Hauptmerkmal der geweblichen Sonderung erblicken. Dagegen ist aber zu erwidern, daß das Ziel der Keimbildung trotzdem keine für das sich entwickelnde oder fertige

Individuum bestimmte. Gewebsbildung, sondern die Einleitung einer Fortpflanzung ist, die gerade in der Ontogenese mit der morphologischen Sonderung beginnt, so daß der fertige Keim zweifellos als das erste Glied dieser Sonderung zu betrachten ist. Es folgt daraus, daß die Keimbildung eine Mittelstellung zwischen der morphologischen und der geweblichen Sonderung einnimmt und am richtigsten ihren Platz in der besonderen Kategorie der Fortpflanzung findet.

Die eigentlichen Träger der sogenannten geschlechtlichen Fortpflanzung sind die weiblichen Keime, die Eier, deren Befruchtung durch die männlichen Keimelemente, die Spermien, nur eine regelmäßige, aber oft fehlende Begleiterscheinung der letzten Phase der Eibildung ist. Es empfiehlt sich daher, die letztere für sich allein voranzustellen oder doch überwiegend zu berücksichtigen, und die Befruchtung nebst der Geschichte der männlichen Keime in einem folgenden Abschnitt zu behandeln.

a) Das Ei.

Der Bau des ontogenetisch reifen Eies. Da das rein Deskriptive nicht in den Rahmen meiner Untersuchung gehört, soll hier nur das hervorgehoben werden, was allen Polyplastiden gemeinsam und für die Keimbildung im großen und ganzen von Bedeutung ist.

Jedes reife, entwicklungsbereite Ei hat den Formwert einer Zelle und besteht daher aus Plasma und Kern. Über den letzteren, auch „Furchungskern" genannt[1], ist hier weiter nichts zu bemerken; das Eiplasma ist dagegen durch seine Sonderung in zwei, namentlich physiologisch verschiedene Substanzen ausgezeichnet, das aktive Plasma (Protoplasma) und die Dottersubstanz (Deutoplasma). Das aktive Plasma hat, soweit es in der morphologischen Sonderung der Embryonalzeit tätig ist, die Eigenschaften eines gewöhnlichen, nicht besonders differenzierten Zellplasma; die für die spätere gewebliche Sonderung bestimmte Energie dieses Plasma kommt hier nicht in Betracht, da sie sich erst im späteren Verlauf der Ontogenese entwickelt (s. u.). Denn seine nächste Tätigkeit in der morphologischen Sonderung erschöpft sich in den zahlreichen Zellteilungen der Blastomeren und Embryonalzellen und der daneben einhergehenden Vermehrung der Kernsubstanz.

[1] Der Name Furchung entstand bekanntlich vor langer Zeit infolge einer unvollkommenen, rein äußerlichen Betrachtung gewisser Eiteilungen, ohne Beziehung zum Wesen des dadurch bezeichneten Vorgangs. Ist daher schon dieser Name gegenwärtig recht unpassend, seitdem man weiß, daß selbst das äußere Bild der Furchung bei zahlreichen Eiteilungen völlig fehlt, so sind Namen wie Furchungskern und dergl. erst recht unangebracht.

Ein so ansehnlicher Verbrauch von Energie verlangt nun so lange, als dem sich entwickelnden Embryo keine Nahrung von außen zugeführt wird, einen entsprechenden Ersatz, den eben die Dottersubstanz liefert.

Dieser „Reservestoff" zeigt sich meist in fester Form als kleinste Körnchen oder gröbere Körner, Schollen u. dgl.; und seine genannte Bedeutung wird dadurch bezeugt, daß er im Verlaufe der morphologischen und der ersten gewèblichen Sonderung schwindet, indem die Körner und Plättchen allmählich schmelzen und sich in aktives Protoplasma verwandeln. Die Dottersubstanz ist daher gewissermaßen als eine Protoplasmakonserve zu betrachten. — Auch in jenen Fällen, wo im Eiplasma feste Dotterteile vermißt werden, muß ein Reservestoff in einer nicht festen, halbflüssigen Form vorhanden sein; denn jene in der morphologischen Sonderung andauernden bedeutenden Leistungen des Eiprodukts setzen einen entsprechenden Ersatz der verbrauchten Substanz notwendig voraus.

Daraus versteht sich auch, daß die Masse der Dottersubstanz im Ei je nach der einzelnen Art verschieden ist. Sie muß verhältnismäßig um so größer sein, je länger die morphologische Sonderung überhaupt dauert, und je später eine Nahrungsaufnahme von außen stattfindet und umgekehrt. Die Eier, aus denen frühzeitig sich selbst ernährende Larven hervorgehen, oder die von einer größeren Zahl von ernährenden „Dotterzellen" umgeben sind (Cestoden, Trematoden), sowie diejenigen Eier, deren Entwicklungsprodukte durch eine Placentarverbindung mit dem Muttertier von diesem ernährt werden (Säugetiere), enthalten im Zusammenhange damit eine viel kleinere Portion von Dottersubstanz und sind im ganzen kleiner als z. B. die Eier der meisten Wirbeltiere und der Cephalopoden mit ihrem umfassenden „Nahrungsdotter", der hauptsächlich aus der Dottersubstanz des Eies besteht[1] und dessen Entwicklung sehr lange allein unterhält.

Das Protoplasma und die Dottersubstanz sind im Ei nicht gleichmäßig gemischt, sondern so verteilt, daß das Protoplasma an der Peripherie und nach dem Scheitel zu überwiegt (konzentrisch-polare Organisation des Eiplasma, S. 33, 36, 38). Wo diese Regelmäßigkeit nicht deutlich hervortritt, darf dennoch ein wirkliches Fehlen derselben nicht angenommen werden, da dort dieselben Folgen eintreten wie in den übrigen Fällen, wo sie unzweifelhaft auf jene sichtbaren Formbedingungen der morphologischen Sonderung zurückzuführen sind. — Auf die Hüllen der Eier braucht hier nicht näher eingegangen zu werden.

---

[1] Daß und wie jeder Nahrungsdotter, der zellige und der nichtzellige, aus dem Entoderm, als dem dotterreichsten Abschnitt des Embryo hervorgeht, habe ich zuerst 1875 für die Wirbeltiere festgestellt (vgl. 1882 S. 49, 1890 S. 75).

Die Entstehung des Eies. Bei der Verwandlung irgendeiner Embryonal- oder Körperzelle in eine Eizelle und ein fertiges Ei kommen wesentlich zweierlei Erscheinungen in Betracht: das längere Zeit andauernde Wachstum der Eizelle und die Veränderungen ihres Plasmas und ihres Kerns.

Die Eizelle wächst natürlich auf Kosten ihrer Umgebung, mögen es besondere Follikelzellen oder Nährzellen oder weniger spezialisierte Zellen und Zellprodukte des Keimlagers sein. Natürlich wird die Individualität der Eizelle dadurch nicht berührt, daß ganze Nährzellen mit ihr verschmelzen oder in sie aufgenommen werden; denn sie werden wie irgendeine andere Nahrung dem Plasma der Eizelle vollständig assimiliert. Daß damit die Bildung und Zunahme des Deutoplasma wenigstens mittelbar im Zusammenhange steht, bedarf keiner Erklärung. — Noch in größerem Maße wächst namentlich in der ersten Zeit der Kern der Eizelle, das sogenannte Keimbläschen, das übrigens nicht nur aus dem Plasma Substanz bezieht, sondern ihm auch Chromatin abgibt.

Neben dem Wachstum zeigt sich schon in den unreifen Eiern die beschriebene konzentrisch-polare Organisation des Plasma, für deren Entstehung jedoch bestimmte Ursachen nicht angegeben werden können. Es läßt sich nur sagen, daß sie nicht einfach auf bestimmte Lagebeziehungen der Eizellen zur Umgebung und daraus folgende bestimmte Richtungen der Nahrungszufuhr oder ähnliche Wirkungen zurückgeführt werden kann; denn jene Organisation bleibt in den Eiern aller Polyplastiden, und die bilateral-symmetrische Anordnung des Plasma bei allen Bilateralien dieselbe, obgleich die äußeren Lagebeziehungen der Eizellen mannigfach wechseln. Sie ist erblich.

Während nun mit der Entstehung des Deutoplasma und der Organisation des ganzen Eiplasma dessen Entwicklung bis zum fertigen Ei in der Hauptsache abgeschlossen ist, unterliegt das Keimbläschen zum Schluß einer eingreifenden Wandlung. Dabei sind zwei Phasen dieser sogenannten „Eireifung“ streng auseinander zu halten, 1. die Auflösung des Keimbläschens und die Herstellung eines neuen Kerns, 2. die Bildung und Ablösung der Richtungskörperchen vom Ei.

Gegenüber einer noch immer vorkommenden Ansicht lege ich auf die Tatsache Gewicht, daß das Keimbläschen bei der Reifung als solches zu existieren aufhört und nur einige seiner Chromatinteile sich zu einem neuen Kern vereinigen, während andere seiner früheren Bestandteile sich im Plasma auflösen. Wenn dies auch nicht in allen

Eiern der Polyplastiden mit derselben Evidenz beobachtet werden kann, so entscheiden doch meines Erachtens die bedeutsamen sicheren Erscheinungen gegenüber den einzelnen unklaren Fällen. Eine Identität des Keimbläschens und des folgenden neuen Kerns existiert ganz bestimmt nicht; und eine Erklärung des ganzen Vorgangs soll bei der entsprechenden Untersuchung der Protozoen gegeben werden.

Über die Richtungskörperchen ist hier nicht mehr zu sagen, als daß sie wirkliche Teilungsprodukte des ganzen Eies darstellen. Die dabei erzielte Reduktion der Chromosomen kommt für meine Darstellung nicht weiter in Betracht.

Allgemeine Bedeutung der Keimbildung; Körperzellen und Eizellen. Was voranstehend über die Entwicklung der Eizellen angegeben wurde, ist für ihre genauere deskriptive Kenntnis zweifellos unzulänglich, genügt aber für das hier verfolgte Ziel. Denn auch die eingehendste Beschreibung jener Entwicklungserscheinungen kann nicht mehr als die obigen kurzen Bemerkungen darüber konkret aussagen, worin die Eibildung im großen und ganzen eigentlich bestehe, oder was sie von den übrigen Zellen des in Entwicklung begriffenen Tiers grundsätzlich unterscheidet.

Es wurde schon hervorgehoben, daß die Keimbildung gewissermaßen zwischen der morphologischen und der geweblichen Sonderung steht. Sobald wir aber die Entstehung der einzelnen Eizelle ins Auge fassen, liegt natürlich der Vergleich mit der Gewebsbildung am nächsten. Im Gegensatz zur morphologischen Sonderung, deren Wesen und Inhalt sich in den sichtbaren Form- und Lagebeziehungen der Zellenmassen erschöpft, ist die Gewebsbildung nicht nur durch die sichtbare Differenzierung der einzelnen Zellen, sondern ebenso durch die physiologische Funktion der Gewebsteile gekennzeichnet: Die Funktion gehört zum Begriff der Gewebsbildung (S. 177). Und wie mannigfaltig auch die Funktionen der verschiedenen zelligen und nichtzelligen Gewebsteile sind, so stimmen sie doch darin überein, daß sie der Selbsterhaltung des Individuums dienen. Dementsprechend hat die Ontogenese das Ziel, nachdem sie die morphologische Organisation hergestellt hat, die einzelnen Embryonalzellen in Gewebszellen und Gewebsteile überzuführen, die sich nach dem Prinzip der Arbeitsteilung und gegenseitigen Korrelation immer fester und abhängiger in jene Organisation einfügen.

Durchaus abweichend davon ist die Entwicklung der Eizellen stets darauf gerichtet, statt in den Organismus des ganzen Individuums einzuwachsen, sich vielmehr aus diesem korrelativen Verbande bis zur vollen Selbständigkeit des fertigen Eies herauszulösen. Dies erinnert durchaus an das Verhalten der isolierten Blastomeren, die nach ihrer Trennung vom übrigen Embryo alle korrelativen Abänderungen, die sie in ihm erfuhren, wieder zurückbilden, um dem intakten Ei gleich zu werden, von dem sie ja durch eine Reihe von Teilungen, aber auch in Begleitung jener Abänderungen abstammen.

Dieser Vergleich darf aber nicht so weit übertrieben werden, daß man die Keimbildung ebenso wie die Regulation des isolierten Blastomers als eine Regeneration bezeichnet und beide Erscheinungen identifiziert. Das isolierte Blastomer wird durch die Trennung vom Embryo tatsächlich ein defektes Gebilde und erfährt eine Regeneration gerade infolge dieses Umstandes. Diese Regeneration beschränkt sich ferner auf eine durch die Elastizität des freien Blastomers bedingte Umlagerung des peripherischen Plasma zu der ursprünglichen Eiform, die nicht durch die Eiteilungen an sich, sondern durch die gegenseitige Korrelation der Blastomeren im Embryo abgeändert worden war.

Die sich zur Eibildung anschickende Embryonal- oder Gewebszelle verliert jedoch ihre korrelativ erworbenen Besonderheiten, z. B. ihren Charakter als Epithelzelle nicht infolge einer Auslösung aus dem Embryo, also sozusagen als defektes Gebilde, sondern wird erst am Schluß ihrer neuen Entwicklung selbständig. Und dies letztere besteht nicht etwa bloß in einer Regulation wie im isolierten Blastomer, sondern in einer Reihe von Neubildungen (Dotterbildung, Neubildung und Reduktion des Kerns), neben einem notwendig damit verbundenen Wachstum. So gehen z. B. die Eizellen der Hydropolypen, die außerhalb der Reifungsstätte zurückbleiben und daher nicht in passender Weise ernährt werden, einfach zugrunde (s. abortive Eizellen, Goette 1907).

Ursachen und Verlauf einerseits der Regulation der isolierten Blastomeren und anderseits der Eibildung sind also grundverschieden. Und während die Ursache jener Regulation in der künstlichen oder zufälligen Isolierung eines Blastomers besteht, ist sie bei der Eibildung zunächst völlig unklar und muß erst gesucht werden.

b) Die Keimbildung der Polyplastiden.

Bei der schon erörterten ungenügenden Klärung über die Begriffe der Präformation und der Epigenese lag es nahe, die Keimbildung, da sie nun einmal nach ihrem Verlauf aus dem engeren Rahmen der Ontogenese des Individuums herausfällt, eben auch als eine außerhalb des Kausalzusammenhangs der letzteren und namentlich der

Gewebsbildung stehende Erscheinung aufzufassen. Und nachdem es üblich geworden war, bei jedem entwicklungsgeschichtlichen Problem die letzte Verantwortung der Präformation aufzubürden, konnte es nicht fehlen, daß auch die Keimbildung nur als eine völlig präformierte ontogenetische Erscheinung galt. Daraus ergab sich naturgemäß die Gegenüberstellung von Keimzellen und Körper- oder Somazellen als von Anfang an zu divergenten Entwicklungsbahnen prädestinierten Elementen (Weismann, Korschelt-Heider, Lang, Hartmann u. A.). Empirische Beweise dafür sah man in der außerordentlich früh sichtbaren Differenzierung und Lokalisierung der Keimzellen in den jüngsten Embryonen verschiedenster Tiere (Ascaris, Sagitta, Moina, Aphiden, Dipteren).

Ich kann diese Auffassung aus mehr als einem Grunde nicht teilen. So wie ich die Präformation definiert habe, ist sie bei der Keimbildung schon nach den vorausgeschickten Untersuchungen über die morphologische Sonderung auszuschließen. Denn wenn die Keimzellen sich noch so früh von den übrigen Embryonalzellen herausheben, so geschieht dies doch vermittels der vorausgegangenen, epigenetisch verlaufenden morphologischen Sonderung, währenddessen das Material für Keim- und Somazellen gemeinsam in gewissen Blastomeren eingeschlossen war, also auch nur epigenetisch getrennt und auf verschiedene Stellen verteilt werden konnte. Daran ändert auch die strenge Lokalisation der jüngsten Keimzellen in den oben beispielsweise genannten Tieren gar nichts, da sie als Folge einer frühzeitigen Determination ebenfalls nur auf dem Wege der epigenetischen morphologischen Sonderung in die Erscheinung tritt.

Zu diesen allgemeinen Gründen gegen die Annahme einer Präformation der Keimzellen gesellen sich weiter noch einige spezielle Gründe. — Es ist nach meiner, später noch näher zu erläuternden Ansicht wenig angebracht, allgemeine ontogenetische Erscheinungen nach ihren phyletisch vorgeschritteneren Entwicklungsstufen zu beurteilen. Was bei seinem ersten Erscheinen in der Reihe der Tiere sich verhältnismäßig leicht verstehen und erklären läßt, verliert diesen Charakter im Verlauf der fortschreitenden Deszendenz, weil die anfangs einfachen und kenntlichen nächsten Ursachen entsprechend abgeändert und kompliziert werden. Statt also für die Erklärung der Keimbildung die Bilateralien heranzuziehen, wie es bisher geschah, wähle ich zu jenem Zwecke die Hydropolypen, an denen ich nicht nur die ursprünglichste Art der Keimbildung, sondern auch deren phyletischen Übergang in ihre ursächlich differenteren und weiter determinierten Erscheinungen fand (Goette 1907).

Ich stelle die Entstehung der einzelnen Eizelle voran, die ich in ihrer typischen Erscheinung überall, innerhalb der Hydranthen wie der Gonanthen ganz gleich fand. Natürlich liegt die Keimstätte, d. h. der Ort der ersten Anlage der Keimzellen überhaupt, innerhalb des Epithels, sei es des Ectoderms oder des Entoderms. Und die häufigste und zugleich bezeichnendste Art dieser Anlage ist die, daß eine Epithelzelle sich quer teilt, worauf die basale Hälfte unter zunehmendem Wachstum sich in eine Eizelle verwandelt, die andere, distale Hälfte aber als Epithelzelle fortdauert (Fig. 93), während die darunter liegende Eizelle allmählich aus dem Epithel in den Zwischenraum beider Epithelien hinausrückt. In solchen Fällen kann an dem Charakter der Mutterzelle als einer wirklichen Gewebszelle natürlich nicht gezweifelt werden und folglich auch nicht daran, daß die Eizelle aus einer Gewebszelle hervorging. Dann wäre es aber eine Willkür, anzunehmen, daß, falls eine ganze Epithelzelle zur Eizelle wird; wie es nicht selten vorkommt, sie den Charakter einer Gewebszelle vorher nur vortäuscht, eigentlich aber eine prädestinierte Eizelle sei. Dasselbe gilt ferner auch dann, wenn die Eizellen — oder Keimzellen überhaupt — nicht schon im Epithel hervortreten, sondern erst in dem parenchymatösen Keimlager, das sich aus dem Ectoderm oder dem Entoderm auslöst und zwischen ihm Platz greift.

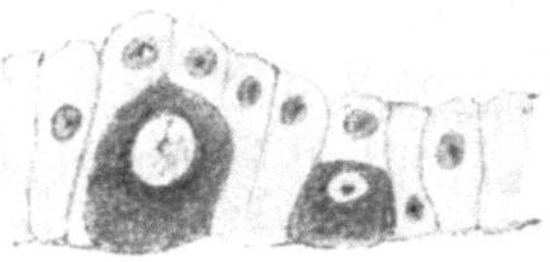

Fig. 93.
Eizellenbildung von Corydendrium parasiticum, nach Goette (1907).

Auf Grund solcher häufigen Beobachtungen kann von einem präformierten Gegensatz der Gewebs- und der Eizellen der Hydropolypen nicht die Rede sein.

Dies offenbart sich auch darin, daß diese Eizellen bei den älteren Formen der gegenwärtigen Hydropolypen noch keine lokalisierte Keimstätte haben. Man unterscheidet bekanntlich bei diesen Tieren die cönogone und die blastogone Keimstätte (Weismann), jene in den Hydranthen, diese in den Gonanthen, einschließlich der Medusen, gelegen. Da es vor den polymorphen Hydropolypen natürlich monomorphe gegeben haben muß, ähnlich unserer heutigen Hydra, deren Keimzellen sehr selten in den Knospen vorkommen, so kann auch nur die cönogone Keimstätte die ursprüngliche gewesen sein. So zeigt sie sich auch bei einer großen Zahl der gegenwärtigen polymorphen Hydropolypen, aber keineswegs lokalisiert, sondern über große Abschnitte des Stocks unregelmäßig verbreitet. Gelegentlich kann auch die Eibildung bis an das Mundende des

Hydranthen (Clava) oder bis in die Hydrorhiza (Campanularia calyculata) vordringen.

Dazu kommt, daß die Keimstätte nicht nur in den verschiedenen Arten der Hydropolypen, sondern oft schon innerhalb derselben Art zwischen beiden Körperschichten wechselt, so daß sie in einem Geschlecht ectodermal, im anderen entodermal ist (Clava, Syncoryne, Bougainvillea, Campanularia flexuosa, C. calyculata, Obelia). Noch auffallender ist das gelegentliche Übergreifen der Keimstätte aus einer Körperschicht in die andere bei demselben Individuum (Gonothyraea), sowie das häufige Vorkommen abortiver Eizellen außerhalb der eigentlichen Keimstätte (a. a. O.). Alle diese Erscheinungen bezeugen, daß die Fähigkeit zur Keimbildung überhaupt nicht an bestimmte Körperstellen des Muttertiers gebunden, sondern weit verbreitet ist, ohne daß sie überall zur Auslösung kommt.

Dies heißt aber mit anderen Worten, daß der Grund der effektiven Keimbildung nicht in irgendwelchen vom Ei her überkommenen „letzten“, sondern in solchen Ursachen zu suchen ist, die erst im Verlauf der Ontogenese epigenetisch zusammentreffen. Aber auch darüber hinaus zeigt das weitere Schicksal der cönogonen Eizellen ihre Abhängigkeit von ihrer Umgebung und insbesondere von der morphologischen Sonderung.

In den frühesten monomorphen Hydropolypen vom Typus der Hydra kamen die cönogonen Keimzellen am Ort ihrer Entstehung auch zur Reife, indem ihr notwendiges Wachstum durch die umgebenden Körperzellen ausreichend unterhalten wurde. Anders steht es bei den zahlreichen polymorphen Hydropolypen mit cönogoner Keimstätte. In ihnen kann die Fähigkeit zur Keimbildung oder die Keimbildungsenergie in den Körperzellen wohl zur ersten Wirkung kommen, also junge Eizellen hervorrufen; diese vermögen jedoch in derselben cönogonen Keimstätte nicht bis zur Reife zu wachsen, und gehen daher zugrunde, sobald sie irgendwie verhindert sind, an die für ihre Entwicklung allein zusagende Reifungsstätte innerhalb eines Gonanthen zu gelangen. Dies letztere geschieht dadurch, daß sie in die ihnen zunächst liegende Hydranthenknospe einwandern und sie auf diese Weise in einen Gonanthen verwandeln (a. a. O.). Diese Wanderung vollzieht sich aber hauptsächlich passiv, indem der im Bereich der Keimstätte befindliche Abschnitt des Hydranthenstocks sich zu einer Knospe ausstülpt, was ich a. a. O. ausführlich dargestellt habe.

Es ist nur ein scheinbarer Widerspruch, daß die Keimstätte in ihrer ursprünglich cönogonen Lage nicht fähig ist, das Wachstum der

Keimzellen zu unterhalten, nach ihrer Verlagerung in den Gonanthen dagegen diese Fähigkeit offenbart. Denn der wachsende Gonanth besteht aus einem während der Knospung sich entwickelnden jungen Gewebe, das mit dem älteren Gewebe des Hydranthen physiologisch nicht identisch ist.

Die Entwicklungsfähigkeit der cönogonen Keimzellen der polymorphen Hydropolypen hängt also korrelativ von zwei äußeren Bedingungen ab: von der lokomotorischen Tätigkeit der morphologischen Sonderung, die die Keimzellen aus der Keimstätte in die Reifungsstätte überträgt, und von der das Wachstum der Keimzellen unterhaltenden Tätigkeit ihrer Umgebung.

Dies geht aber nicht bei allen Hydropolypen in derselben Weise vor sich, so daß in dieser Hinsicht mehrere Kategorien dieser Tiere unterschieden werden müssen. Zur Vereinfachung der Darstellung werde ich jedoch im folgenden nur die weiblichen Individuen der von mir untersuchten Arten berücksichtigen.

Die 1. Kategorie (Fig. 94A) umfaßt alle Hydropolypen mit ausschließlich cönogoner Keimstätte (Corydendrium parasiticum, Eudendrium rameum, Dicoryne conferta p. p., Hydractinia echinata, Clava multicornis p. p., Cordylophora lacustris, Podocoryne carnea, verschiedene Arten der Plumulariden und Sertulariden, Campanularia flexuosa und calyculata, Gonothyraea loveni). Nur in der Mehrzahl dieser Arten ist die Lokalisation der Eizellen damit abgeschlossen, daß sie überhaupt in den Gonanthen eintreten, der eben in seinem ganzen Umfang als Reifungsstätte dient. In anderen Arten, z. B. in Podocoryne carnea, ist dagegen die Reifungsstätte innerhalb des Gonanthen (Meduse) auf dessen Scheitel beschränkt, wohin die Eizellen passiv, durch das Wachstum der Knospe, gelangen. Im einfachsten Falle geschieht es dadurch, daß einige Eizellen bereits an derjenigen Stelle der cönogonen Keimstätte lagen, die für den Scheitel der Knospe bestimmt ist, und woraus später das Manubrium der Meduse als eigentliche Reifungsstätte hervorgeht. Die seitlich davon befindlichen oder erst später einwandernden Eizellen können allerdings erst nachträglich jene Reifungsstätte oder die dort entstehenden Ovarien erreichen; aber auch diese Verlagerung erfolgt, wie ich gerade für die Medusenknospen von Podocoryne ausführlich nachwies, selbst wenn Eigenbewegungen der Eizellen mit tätig sind, in voller Abhängigkeit von der morphologischen Sonderung der wachsenden Knospe, die ihnen Richtung und Weg vorschreibt.

Es liegt also schon in der bezeichneten 1. Kategorie der Fall vor, daß während der Ontogenese von Medusenknospen deren vollkommen lokalisierte Ovarien auf durchaus epigenetischem Wege durch importierte cönogone Eizellen hergestellt werden.

Die 2. Kategorie (Fig. 94B) unserer Hydropolypen ist dadurch gekennzeichnet, daß neben den cönogonen, in die Knospen einwandernden Eizellen andere Eizellen erst in den Knospen selbst, also blastogon, entstehen. Zuerst erscheinen sie nur ausnahmsweise und in geringer Zahl (Dicoryne p. p., Clava p. p., Sertularella polyzonias); dann finden sie sich zahlreicher und ständig neben den cönogonen Eizellen ein, die zugleich in geringerer Zahl einwandern, weil sie infolge einer

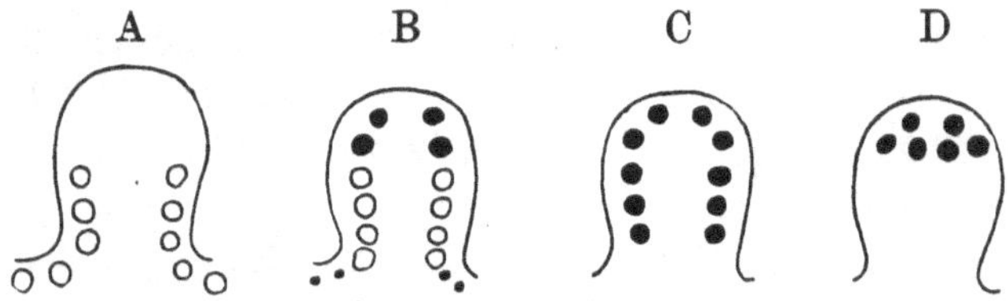

Fig. 94.

Schema der verschiedenen Lokalisation der Eibildung in den Hydropolypen, Orig., ○ in die Gonanthen einwandernde cönogone Eizellen, ● blastogone Eizellen, in B und C nicht lokalisiert, in D in der lokalisierten Reifungsstätte entstehend, ··· abortive, cönogone Eizellen in B.

verspäteten Entstehung teilweise nicht mehr in die sich scharf absetzenden Medusenknospen hineingelangen und daher im Cönenchym des Stocks zugrunde gehen (Syncoryne sarsi p. p., Pennaria cavolini p. p.).

Es treffen hier zwei merkwürdige Abänderungen der Keimbildung zusammen: ihre Verspätung und Abnahme in der cönogonen Keimstätte und ihr Auftreten in der neuen blastogonen Keimstätte. Genau genommen ist es aber nur ein und derselbe Vorgang, dessen Wirkungen bloß innerhalb und außerhalb des Gonanthen sich verschieden darstellen. Denn die blastogone Keimstätte ist doch nur der in die Gonanthen- oder Medusenknospe ausgestülpte Teil der cönogonen Keimstätte; tritt also in ihm eine Verspätung der Keimbildung ein, so kommt sie zum Teil erst im Gonanthen zustande und imponiert dann als blastogone Keimbildung, während die verspäteten Keimzellen des Cönenchyms teilweise vom Gonanthen ausgeschlossen werden.

Die 3. Kategorie (Fig. 94C) bildet nur eine Fortsetzung der 2., indem die cönogone Keimbildung ganz ausbleibt und vollständig durch blastogone Eizellen ersetzt wird, sei es, daß diese noch in den Seitenteilen der Medusenknospe entstehen und in der vorhin beschriebenen Weise in die definitive Reifungsstätte am Manubrium (Ovarien) epigenetisch verlagert werden (Syncoryne p. p., Bougainvillea fruticosa, Pennaria p. p., Obelia p. p.), oder daß sie gleich im Bereich der Ovarien auftreten (Dendroclava dohrni, Tubularia mesembryanthemum, Obelia p. p.).

Die schon innerhalb der 2. Kategorie eingetretene Verspätung der ursprünglich völlig cönogonen, also auch frühzeitigen Keimbildung kann natürlich nur durch epigenetische Ursachen veranlaßt sein, da sie doch von dem Zustande der keimbildenden Körperzellen abhängt. Dann ist es aber auch verständlich, daß die Keimbildungsenergie in den geweblich älteren und differenzierteren Körperzellen außerhalb der Gonanthen- und Medusenknospen schließlich ganz unterdrückt wird, in den jugendlichen Zellen dieser Knospen dagegen erhalten bleibt. Man kann dies auch so ausdrücken, daß die ursprünglich nicht lokalisierte (cönogone) Keimstätte sich phyletisch bis auf die Gonanthen selbst zusammenzieht.

Der beschriebene Wechsel der Keimstätten findet, namentlich wenn man die Entwicklung der männlichen Gonanthen hinzuzieht, vielfach in derselben Art statt, was — wie später näher ausgeführt werden soll — einen fortschreitenden phyletischen Prozeß bezeichnet, der mit einer nicht lokalisierten cönogonen Keimbildung beginnt und mit einer vollkommen lokalisierten blastogonen Keimbildung in richtigen Gonaden schließt, wobei Keimstätte und Reifungsstätte oder Gonade identisch sind. Unter solchen Umständen ist diese Identität, deren Ursachen bei Dendroclava, Tubularia, Obelia u. a., mit lokalisierter blastogoner Keimstätte, ohne weiteres nicht zu erkennen sind, nach dem Vorbilde von Podocoryne zu beurteilen. Denn dort sind die phyletischen Vorstufen der determinierten Gonaden noch in einer und derselben Ontogenese zu sehen und in ihrem epigenetischen Zusammenhange mit dem übrigen Organismus zu verstehen. Der Fortfall dieser Vorstufen in den genannten jüngeren Medusenformen ist aber eine der gewöhnlichsten cenogenetischen Erscheinungen (s. u.), wodurch der ursprüngliche Komplex der nächsten Bildungsursachen allerdings außerordentlich verändert wurde, aber ihre korrelative Verbindung überhaupt nicht aufgehoben und durch eine neuentstandene Präformation ersetzt werden konnte.

Sobald aber für eine größere Gruppe von Tieren, eben die Hydropolypen, feststeht, daß auch diejenigen Gonaden, die ontogenetisch sofort lokalisiert erscheinen, epigenetische Erzeugnisse sind, kann dasselbe für andere Tiergruppen mit dem Einwande nicht bestritten werden, daß dort die epigenetische Entstehung der lokalisierten Gonaden nicht nachweisbar sei. Das einzelne epigenetische Geschehen läßt sich eben nicht unter allen Umständen aus sich selbst, sondern in der Regel nur aus seinem Zusammenhange mit den phyletisch vorausgegangenen Ontogenesen erklären. Und wenn man auch im vorliegenden Falle die Hydromedusen außer acht läßt, so mangelt es doch selbst unter den Bilateralien nicht an Indizien für das natürliche Gesetz der Entwicklung, daß einer differenzierten, lokalisierten Organanlage eine weniger determinierte, variable Bildung phyletisch vorausging.

Man denke bloß an die Gonaden der verschiedenen Strudelwürmer. Wie soll man sich vorstellen, daß die massenhaften, im ganzen Körper unregelmäßig verstreuten, teils Sperma, teils Eizellen umschließenden Bläschen der Polykladen und die ähnlichen Hodenbläschen der Trikladen auch nur nach ihrer Lage präformiert sein könnten, die jedwede Lokalisation vermissen läßt? — Ist dies aber ausgeschlossen, so können die lokalisierten Gonaden anderer Turbellarien nur als Folgezustände der erstgenannten Gonaden gelten, auch wenn der wirkliche Übergang noch nicht aufgedeckt ist. — In welcher Weise dies möglich ist, lehrt die Geschichte der Hydropolypen, die ja auch die direkte Entstehung der Keimzellen aus Gewebszellen beweist.

Und auch dafür findet sich ein Seitenstück in der Untersuchung Hartmanns über die Dicyemiden (Fig. 95). Diese Tiere bestehen bekanntlich aus einem einfachen Epithelsack und einer großen Zentral- oder Axialzelle, die den Sack ausfüllt. In ihr entstehen auf endogenem Wege zuerst agametische Keimzellen und entwickeln sich an demselben Orte ontogenetisch zu jungen Tieren, die das Muttertier erst verlassen, nachdem ihre eigene Fortpflanzung begonnen hat (A, B). Spätere, auf dieselbe Weise entstandene Sprößlinge erzeugen dagegen während ihres Aufenthalts in der mütterlichen Axialzelle Keimzellen, die durch die Bildung von Reduktionskörperchen und eine darauf folgende Befruchtung sich als richtige Eier darstellen (C). Solche stammen aber nicht nur aus der Axialzelle ihres Muttertieres; daneben verwandeln sich vielmehr auch die epithelialen Außenzellen desselben Weibchens in Eier (D), aus denen Weibchen und Männchen, und in den folgenden Generationen von neuem Agameten hervorgehen.

An diesem merkwürdigen Generationswechsel interessiert uns hier nur die geschilderte Entwicklung der Eizellen. Denn mag auch bei den endoparasitischen Dicyemiden keine ursprüngliche Organisation vorliegen, so bleibt doch immerhin die Tatsache bestehen, daß ihre Außenzellen, die in den agametischen Generationen bis zuletzt Körperzellen darstellen, in den Weibchen frühzeitig auseinanderfallen und sich in Eier verwandeln.

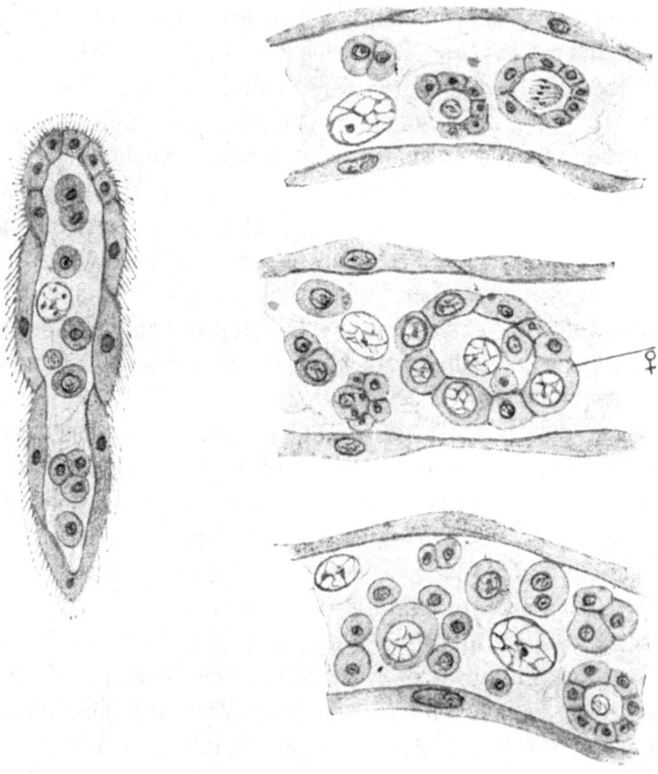

Fig. 95.

Verschiedene Zeugung der Dicyemiden, schematisch, nach Hartmann (1907), A Agamet mit Keimzellen und Embryonen, B ebenso mit Embryonen und jungen Agameten, C Agamet mit Geschlechtsgeneration, ♀ Weibchen mit der Umwandlung der Innen- und Außenzellen in Eizellen, D Agamet mit den getrennten Eizellen, die sich zu Agameten entwickeln.

Hartmann selbst beurteilt allerdings seine Befunde ganz anders. Er schließt sich der bereits besprochenen Ansicht an, daß die Polyplastiden schon ursprünglich „in propagatorische und gleichartig somatische Zellen" differenziert wären, und zwar in dem Sinne, daß „die Keimzellen als das Ursprüngliche zu betrachten sind" (Hartmann 1907, S. 55, 56). Demgemäß seien alle Außenzellen von Dicyema aus Keimzellen hervorgegangen und enthielten nach wie vor das ganze zur Keimbildung nötige Keimplasma. Sie nutzten dies aber nur in den Weibchen aus gewissen Gründen aus, wogegen sie dieselbe Eigenschaft in den agametischen Individuen verlören und zu vollkommen somatischen Zellen würden.

Diese Vorstellung soll offenbar den wirklichen ontogenetischen Vorgang bei der Fortpflanzung der Dicyemiden mit der Hypothese von der Präformation der Keimzellen in Einklang bringen; und dazu fügt Hartmann noch die weitere Annahme, daß die ersten Polyplastiden nur aus Keimzellen bestanden, die teils vorübergehend, teils dauernd in Körperzellen übergingen. Nachdem ich aber die Hinfälligkeit der Präformationslehre genügend erörtert habe, fehlt mir jede Veranlassung, den Angaben Hartmanns etwas andres zu entnehmen, als was sie unmittelbar besagen, nämlich daß die Außenzellen von Dicyema als das einzige polyplastide Gewebe dieser Tiere die Fähigkeit besitzen, sich unter Umständen sämtlich in Keimzellen zu verwandeln — dasselbe, was ich, nur in geringerem Grade, an den Hydropolypen nachwies.

Manches, was bei den Dicyemiden nicht klar hervortritt, zeigt sich übrigens bei einem noch viel einfacheren polyplastischen Organismus mit aller wünschenswerten Deutlichkeit, nämlich bei der Gattung Volvox, die hier in Ermanglung eines ähnlichen tierischen Lebewesens herangezogen werden soll. — Volvox globator und aureus entsprechen einer Blastula mit lauter gleichen Zellen, die durch ihre gallertartigen Hüllen hindurch vermittels plasmatischer Brücken miteinander zusammenhängen. Ein Teil dieser Zellen verwandelt sich in agametische Keime oder in wirkliche Eier und männliche Keime; doch brauchen diese verschiedenen Keimbildungen hier nicht weiter berücksichtigt zu werden, da nur die Beziehungen der Körperzellen zu den Keimzellen überhaupt in Frage kommen.

Vor allem läßt die Beobachtung von Volvox gar keinen Zweifel darüber aufkommen, daß seine Keimzellen, so frühe sich auch die ersten von ihnen zeigen, aus einer Abänderung der völlig uniformen Körperzellen hervorgehen. Diese müssen ferner sämtlich zur Keimbildung befähigt sein; denn die Verteilung der dazu gelangenden Zellen ist weit entfernt von einer bestimmten Lokalisation, die an eine Präformation auch nur erinnern könnte.[1]

---

[1] Allerdings überwiegt die Keimbildung in der Regel in einer Hemisphäre des Muttertiers. Dies kann aber von äußeren Umständen, z. B. von der Störung des Gleichgewichts nach dem ersten Beginn der Keimbildung oder ähnlichen Ursachen abhängen; ferner ist innerhalb der bevorzugten Hemisphäre die Verteilung der Keime, namentlich auffallend in den männlichen Geschöpfen, völlig regellos.

Trotz der allgemeinen Befähigung der Körperzellen zur Keimbildung erklärt es sich recht einfach, warum nur ein Teil von ihnen dieses Ziel erreicht. Jede sich zur Keimbildung anschickende Körperzelle muß auf Kosten der ihr angeschlossenen Nachbarzellen ansehnlich wachsen, um die zu ihrer Entwicklung und in letzter Linie zu der von ihr ausgehenden Ontogenese unentbehrliche bestimmte Größe zu erreichen. Auf diese Weise verbraucht jede Keimzelle eine Anzahl von Nährzellen, die aus der Zahl der keimfähigen Körperzellen ausscheiden, wozu noch diejenigen sich gesellen, die die Ernährung des Ganzen zu besorgen haben, bis endlich durch den Austritt der jungen Geschöpfe aus dem Binnenraum des Muttertiers dieses mit dem noch vorhandenen Rest von Körperzellen zerrissen und aufgelöst wird.

Der Lebensverlauf von Volvox beweist also von neuem, daß die Keimbildung, wozu wenigstens in den phyletisch ältesten und einfachsten Polyplastiden alle Körperzellen befähigt sind, rein epigenetisch auf eine Auswahl von Fortpflanzungszellen beschränkt und ebenso epigenetisch unterhalten wird.

Unter der kaum bestreitbaren Voraussetzung, daß die Ergebnisse unserer vergleichenden Untersuchung über die epigenetischen Beziehungen der Eibildung auch für die männlichen Keimzellen gelten, lasse ich hier die zusammenfassenden Sätze folgen.

Körperzellen und Keimzellen sind keine ursprünglich getrennten Kategorien von Elementen des polyplastiden Organismus, die Keimzellen vielmehr stets Umbildungsprodukte von Körperzellen.

Die Fähigkeit zur Keimbildung (Keimbildungsenergie) ist anfangs nicht an einzelne Körperteile und Körperzellen gebunden, sondern in allen gleicherweise vorhanden; sie kommt aber nur unter bestimmten epigenetischen Bedingungen und im Zusammenhange damit nur stellenweise zur Auslösung.

Die phyletisch fortschreitende Fixierung und Lokalisation dieser Bedingungen und folglich der effektiven Keimbildung bis zur Herstellung vollkommener Gonaden erfolgt ebenfalls auf epigenetischem Wege.

Mit diesen Ergebnissen ist aber die Geschichte der Keimbildung bei den Polyplastiden nicht erledigt. Zunächst wurde bloß ihr ontogenetischer Ursprung festgestellt; sie unterscheidet sich jedoch von allen sonstigen ontogenetischen Erscheinungen dadurch, daß sie, wie schon bemerkt, in ihrem ganzen Verlauf aus dem Rahmen der Ontogenese herausfällt und zu deren Ausgangspunkte, dem Zustande eines monoplastiden Körpers oder des fertigen Eies zurückkehrt. Und nachdem ich schon ausgeführt habe, daß ein solcher monoplastider Keimzustand auch phyletisch den Ausgangspunkt einer ersten polyplastiden Ontogenese gebildet haben mußte (s. S. 50ff.), so ist es klar, daß die Hauptursache der Keimbildung, die Keimbildungsenergie, schon vor der Entstehung der Polyplastiden existiert und gewirkt haben muß. Auch wird es wohl allgemein anerkannt, daß eine Keimbildung die derjenigen der Polyplastiden völlig entspricht, bei den Monoplastiden tatsächlich besteht, also von ihnen auf die Polyplastiden vererbt sein muß.[1]

c) Die Keimbildung der Protozoen und ihr Übergang zur Keimbildung der Polyplastiden.

Das beste Beispiel einer Keimbildung bei den Monoplastiden dürfte die von Schaudinn beschriebene geschlechtliche Fortpflanzung des Coccidium (Eimeria) schubergi bieten (Fig. 96). Das weibliche Geschlechtstier (Macrogamet) zieht sich kugelig zusammen und sammelt in seinem Plasma Reservestoffe (Dottersubstanz) an, worauf aus dem ursprünglichen oder Primärkern, unter Ausstoßung von zahlreichen Chromatinbrocken, ein neuer Kern (Sekundärkern) hervorgeht. Damit ist die Reifung des durchaus eiähnlichen Makrogameten beendigt. — Nach der Bildung des Sekundärkerns treten bei anderen Protozoen (Isospora, Adelea, Heliozoa) zweifellos echte Reduktions- oder Richtungskörperchen auf.

Es fragt sich nun, welche Beobachtungen es gestatten, den Übergang einer solchen Keimbildung in diejenige der Polyplastiden und natürlich der niedersten unter ihnen sich zu veranschaulichen. Dieser Übergang ist eigentlich schon beschrieben worden, als der Ursprung der morphologischen Sonderung der Polyplastiden untersucht wurde (s. o.). Magosphaera planula ist das einzige vollständig bekannte Beispiel jenes Übergangs, wobei Mono- und Polyplastidie in demselben Lebensverlauf miteinander vereinigt erscheinen. Allerdings haben wir von der Keimbildung der monoplastiden, amöboiden Individuen von Magosphaera bisher nichts Näheres erfahren. Da jedoch die encystierte Amöbe eine wirkliche Ontogenese mit morphologischer Sonderung

[1] Der einst aufgetauchte, aber nur kurzlebige Gedanke, daß die Keimbildung der Polyplastiden erst nachträglich von ihnen erworben wurde, gehört zu den Phrasen (nicht Hypothesen), mit denen man gelegentlich eine wirkliche Entwicklungsgeschichte zu ersetzen versuchte.

(Blastula) und Histiogenese der Zellen auslöst, was nach aller Erfahrung nur von einem Keime ausgehen kann, so darf mit aller Sicherheit angenommen werden, daß die Encystierung der Magosphaera-Amöbe eine Keimbildung darstellt.

Indem nun bei Magosphaera das ausgewachsene monoplastide Individuum sich in einen Keim verwandelt, wiederholt sich darin genau die Keimbildung solcher Protozoen wie das genannte Coccidium,

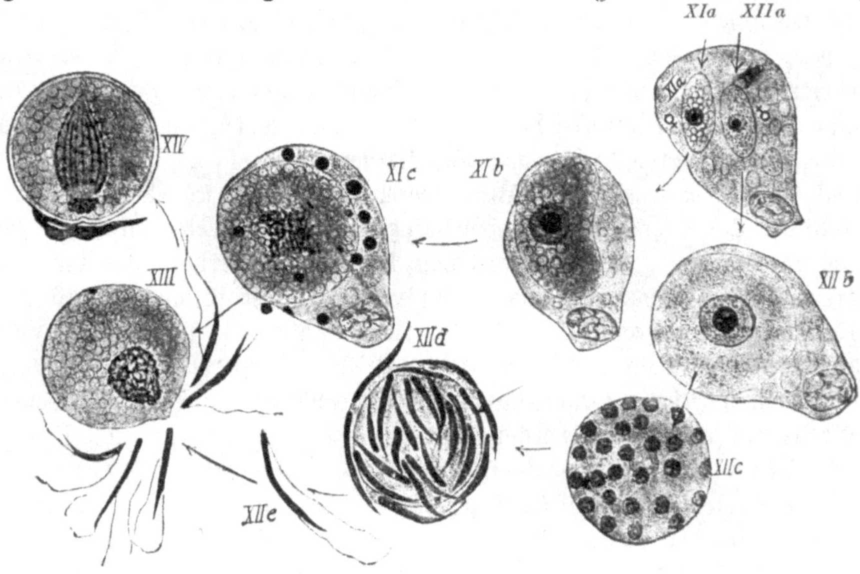

Fig. 96.
Coccidium schubergi, Reifung und Befruchtung nach Schaudinn, aus Doflein (1916); *XIa—c* Bildung des weiblichen Keims (Ei), *XIIa—d* Entwicklung des Spermatoblasts, *XIIe* Spermie, *XIII*, *XIV* Befruchtung.

aber nicht ebenso genau die Keimbildung vollkommener Polyplastiden. Dabei spielt die Polyplastidie als solche keineswegs die Hauptrolle; denn wenn wirklich sämtliche Zellen eines Polyplastids sich gleichzeitig in Keime verwandelten und daher auseinanderfielen, so würde darin nur der formale Unterschied gegenüber der Magosphaera enthalten sein, daß jedes ausgewachsene amöboide Individuum der letzteren bloß einen Keim, das polyplastide Individuum dagegen eine große Zahl lieferte. Beiden gemeinsam bliebe aber daneben die viel wichtigere Tatsache, daß die Keimbildung ausschließlich von der Keimbildungsenergie des einzelnen Plastids abhinge, und daß die ganze Substanz des Muttertiers in die Keimbildung aufginge. Beides trifft eben für die wirklichen Polyplastiden nicht zu und ist dort geradezu als unmöglich ausgeschlossen, wie die folgende Überlegung lehrt.

Wie ich schon ausführte (S. 293ff.), sind bei der Eibildung der Polyplastiden zwei Erscheinungen auseinanderzuhalten: die vollständige Umbildung des Plasma und des Kerns der eibildenden Zelle und deren gleichzeitiges Wachstum. Dieses korrelative Wachstum der Eizelle ist zweifellos für eine normale Ontogenese unentbehrlich. Dies ergibt sich schon aus den Schicksalen der entwicklungsfähigen isolierten Blastomeren. Mit der Regulation zum Zustand eines normalen reifen Eis gewinnen sie natürlich auch die Fähigkeit eines solchen, eine Ontogenese auszulösen. Da sie aber an Größe weit hinter einem solchen normalen Ei zurückstehen, und die Bedingungen eines gleichzeitigen, den Unterschied ausgleichenden Wachstums fehlen, so werden die durch sie erzeugten Embryonen und Larven sukzessiv kleiner, je jünger und kleiner die isolierten Blastomeren waren (Zoja, Maas u. A.), wodurch die Grenze ihrer Lebensfähigkeit bald erreicht wird und sie zugrunde gehen. Bei der normalen Eibildung innerhalb des mütterlichen Organismus sorgt das korrelative Wachstum dafür, daß die Eizellen die notwendige Größe erreichen; zugleich hindert es aber auch, wie wir sahen (s. o.), daß die sämtlichen Körperzellen des Muttertiers sich in Eier verwandeln, da die sie ernährenden Zellen für jenes Wachstum verbraucht werden. Kurz — die Eibildung der Polyplastiden verlangt einerseits ein bedeutendes Wachstum der Eizellen und bedingt gleichzeitig eine engere Auswahl unter den ursprünglich in gleicher Weise keimfähigen Körperzellen. Keinesfalls geht das ganze Polyplastid in seine Keime, geschweige in einen Keim, auf.[1]

Darin liegt ein wesentlicher Unterschied gegen die Keimbildung von Magosphaera und der Protozoen, die jene Merkmale der Polyplastidenkeime und namentlich deren Wachstum vermissen läßt. Der Grund dafür ist auch unschwer zu entdecken. Wenn bei Magosphaera die ganze ausgewachsene Amöbe sich in einen Keim verwandelt, so verfügt er bereits über das ganze für seine Ontogenese nötige Quantum von Substanz, das eben durch das vorausgehende Wachstum der Amöbe erworben wurde. Dies kann sich bei den echten Protozoen wiederholen; oder wenn die Keimbildung mit Teilungen verbunden ist, so können die kleinen Keimteile oder Sporen die für ihre weitere Entwicklung nötige Substanz als selbständig lebende Individuen durch nachträgliches Wachstum leicht erwerben.

---

[1] Bei der Verwandlung der Außenzellen der weiblichen Dicyemen in Eizellen bleibt immerhin die große Axialzelle als eine Art von „Restkörper“ zurück, der der Auflösung anheimfällt.

Denkt man sich nun den schon besprochenen Übergang von einer Magosphaera-ähnlichen Form zu einer Blastulaform (Volvox), indem nämlich die Zellen der „Flimmerkugel“ dauernd in Zusammenhang bleiben, so würde gleichzeitig die Keimbildung der Monoplastiden in die abweichende Keimbildung der Polyplastiden übergehen. Denn es würde alsdann den relativ kleinen Zellen der dauernden Flimmerkugel, sobald sie sich zur Keimbildung anschicken, das vorausgehende Wachstum des Amöbenzustandes fehlen, so daß es wie bei Volvox durch die Tätigkeit von benachbarten Nährzellen ersetzt werden müßte. Und infolgedessen würde nur eine Auswahl von Zellen des nunmehr vollkommenen Polyplastids zur Keimbildung gelangen, während der Rest des Muttertiers früher oder später zugrunde geht.

Ich komme nunmehr zu der speziellen Geschichte der Keimbildung bei den Protozoen. — Als ich diesen Gegenstand zuerst behandelte (Goette 1875), wurde eine Keimbildung bei den Protozoen, für die ich eintrat, überhaupt noch nicht anerkannt; heute gilt sie als ein Vorgang, der im Lebenskreislauf keines Protozoons fehlt, wenn es auch dafür keinen ausschließlich gebräuchlichen Namen gibt, und die Auffassungen über die grundsätzliche Bedeutung dieses Vorgangs noch vielfach auseinandergehen.[1]

Wenn man von dem schon besprochenen Beispiel des Coccidium schubergi ausgeht, so ist die Wesensgleichheit seiner Macro- und Microgameten mit den Eiern und Spermien der Polyplastiden unbestreitbar; demnach wäre gegen die Bezeichnung „Keime“ für jene Gameten nichts einzuwenden. Nun sind aber die entsprechenden Erscheinungen bei anderen Protozoen in mancher Hinsicht so abweichend, daß ich es zunächst vorziehe, ihnen den üblichen Namen „Sporen“ zu belassen, der dann freilich auf alle homologen Fortpflanzungskörper der Protozoen auszudehnen wäre.

Allerdings gilt gegenwärtig noch immer vielfach die Auffassung, daß die Fortpflanzung der Protozoen ausschließlich auf Teilungen beruht, sei es, daß diese an den typischen vegetativen Geschöpfen, oder an Gameten und ihren Befruchtungsprodukten (Zygoten) stattfinden (s. o. Teilung). Dabei wird die Gametenbildung bloß als eine Vorbereitung zur Befruchtung und diese als ein natürliches Mittel zur Verhütung einer vollständigen Desorganisation und Auflösung von nicht mehr lebenskräftigen Individuen angesehen. Und seitdem festgestellt ist, daß die Befruchtung der Polyplastiden und mancher

[1] **Eine ausführliche Übersicht über alle einschlägigen neuen Untersuchungen findet sich in dem grundlegenden Lehrbuch der Protozoenkunde von Doflein 1916.**

Protozoen wesentlich in der Verschmelzung der beiderlei Geschlechtskerne besteht, trat dagegen die von diesem Akt unabhängige Bedeutung der ganzen Gameten und ihres phyletischen Ursprungs völlig zurück. Für die Erhaltung der Art sorgten Teilung und Befruchtung; von einer selbständigen Bedeutung der Gameten oder gleichgebauten Agameten[1] hört man daneben wenig, noch weniger von einer Geschichte der Keimbildung überhaupt.

Offenbar geht diese Auffassung nicht von einem entwicklungsgeschichtlichen, sondern von einem histiologisch-physiologischen Standpunkt aus. Da nun der Gegenstand meiner vorliegenden Untersuchung im Gegenteil die Entwicklungsgeschichte im weitesten Sinne ist, so sehe ich alle Erscheinungen, die mit der Fortpflanzung der Protozoen zusammenhängen, in ganz anderen Beziehungen zueinander, als wie sie eben angegeben wurden. Um nun schon vorläufig die Richtung der folgenden Darstellung anzudeuten, seien hier einige Hauptpunkte hervorgehoben.

Nicht nur infolge naheliegender Überlegungen, sondern insbesondere auf Grund neuer eigener Beobachtungen sehe ich in der Sporenbildung und der Befruchtung zwei grundsätzlich getrennte Vorgänge, die sich nur in gewissen Fällen, also sekundär, miteinander verbinden. Der Einwand, daß die von mir beobachteten und nach meinem Dafürhalten den Ausschlag gebenden agametischen Einzelsporen gewisser Thalamophoren, nämlich der Difflugien (Goette 1916), eben nur Ausnahmen von geringerem Gewicht seien, ist hier nicht am Platz; denn Ausnahmen dieser Art könnte man nur Varianten eines typischen Vorgangs nennen, wogegen solche Abweichungen von demselben Vorgang, wie ich sie beschrieb, und die eine grundsätzlich andere Bedeutung als die übliche offenbaren, in der Regel das ursprüngliche und für unser Urteil maßgebende Geschehen darstellen.

Dies führt zu einem methodischen Gegensatz der Untersuchung. Während die histiologisch-physiologische Betrachtung sich meist auf die Untersuchung der differenzierteren, phyletisch vorgeschrittenen oder gar Endstufen einer Erscheinung beschränkt, zielt die Entwicklungsgeschichte auf den Zusammenhang aller verwandten Erscheinungen, womöglich bis zu ihrem Ursprunge, wo auch die Ursachen des Geschehens sich leichter feststellen lassen. Demgemäß soll im folgenden zuerst die Sporenbildung bei den Protozoen, und vor allem der weiblichen Sporen (Macrogameten) und der Agameten besprochen werden.

---

[1] Doflein versteht unter Agameten etwas anderes, nämlich gerade die typischen vegetativen Formen.

Die Sporenbildung. Die Sporen der Protozoen sind den Keimen der Polyplastiden entsprechende Fortpflanzungskörper, die ebenfalls als Neubildungen aus dem Körper des Muttertiers hervorgehen und durch allmähliche Metamorphosen sich in die Reifeformen ihrer Species verwandeln. In der Regel entstehen sie gleichzeitig in größerer Zahl im einzelnen Muttertiere; doch gehört diese meist durch einen Teilungsakt sich vollziehende Vermehrung nicht zu den integrierenden Merkmalen, sondern gleich der Befruchtung zu den nicht ständigen Begleiterscheinungen der Sporenbildung.

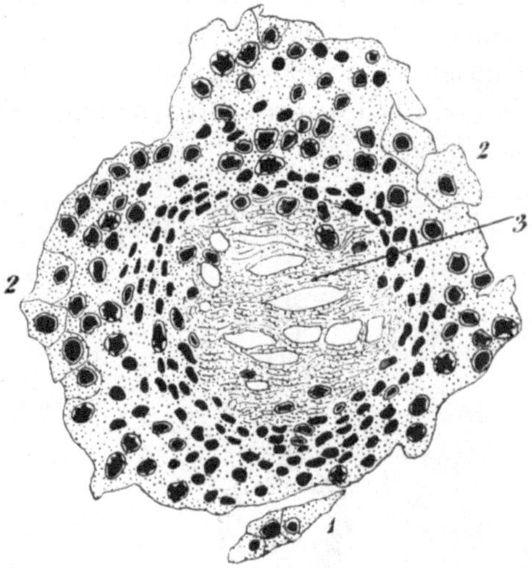

Fig. 97.
Amoeba proteus, Sporenbildung, nach Scheel, aus Hesse (1910); 1, 2 Sporen in der Ablösung innerhalb der Cyste, 3 Restkörper.

Selten können alle wesentlichen Merkmale der Sporenbildung an einer Species beobachtet werden; es läßt sich daher nur durch eine Vergleichung aller gerade bekannt gewordenen einschlägigen Erscheinungen eine zutreffende Vorstellung von den Ursachen und dem Verlauf der Sporenbildung gewinnen.

Amoebina. Die Sporenbildung von Amoeba proteus wird nach Scheel dadurch eingeleitet, daß das Tier sich encystiert und sein Plasma sich verdichtet, indem ein ansehnlicher Teil seiner Flüssigkeit vermittels einer kontraktilen Vakuole ausgepumpt wird. Darauf sammeln sich zahlreiche Neukerne, die in noch nicht bekannter Weise an Stelle des ursprünglichen Kerns entstanden sind, an der Peripherie der Plasmakugel und veranlassen dort die Entstehung kleiner indifferenter Sporen, während das umfängliche überschüssige Plasma im Innern des Körpers sich in einen der Auflösung anheimfallenden Restkörper verwandelt (Fig. 97).

Thalamophora. Schaudinn fand an Centropyxis aculeata (1903), daß der Weichkörper des sporenbildenden Tiers sich in zwei Massen sondert, nämlich einen Restkörper mit dem Primärkern (= Keimbläschen), die beide der Auflösung entgegen gehen, und eine für die Sporenbildung bestimmte Hälfte, deren Chromidium die Sekundär- oder Sporenkerne (= Eikerne) herstellt. Dasselbe fand ich bei Difflugia lobostoma (Fig. 98) mit den folgenden Ergänzungen. Der Restkörper samt dem Primärkern kann als das reduzierte Muttertier gelten; in der anderen Körperhälfte löst sich das Chromidium, soweit es nicht für die neuen Sporenkerne verbraucht wird, vollständig auf und die Kieselsplitter werden beseitigt, so daß das Plasma homogen erscheint. Um die Neukerne sondert es sich zu den Sporen ab. Entweder entwickelt sich eine größere Zahl von kleinen Sporen (Microamöben) oder nur einige wenige oder endlich eine einzige Macroamöbe, die sämtlich einige Zeit durchaus amöbenartig weiter leben. Dann

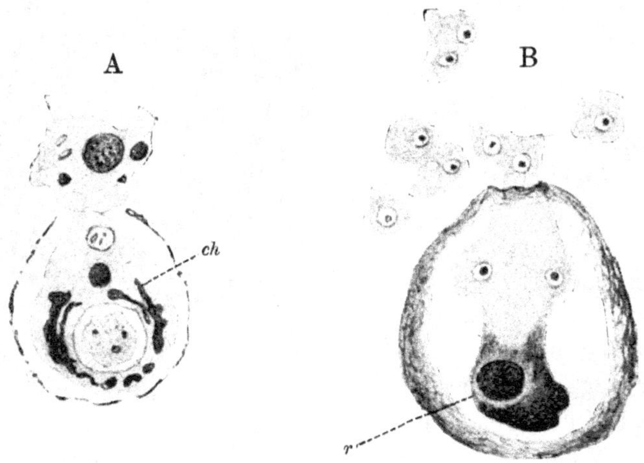

Fig. 98.
Difflugia lobostoma, Bildung einer Macroamöbe (A) und von Microamöben (B), nach Goette (1916); *ch* Chromidium, *r* Restkörper.

erzeugt jede solche Amöbe ein neues Chromidium aus dem Plasma, fällt neue Kieselsplitter aus, die zur Neubildung der Schale dienen, und metamorphosiert den einfachen Amöbenkern zu seiner definitiven Form. Darin läßt sich eine Ontogenese gar nicht verkennen.

Heliozoa. Die vollständige Auflösung der Organisation und die Verdichtung des homogen gewordenen Protoplasma ist bei Actinosphaerium sehr auffällig, die Art der Erneuerung der an Zahl verminderten Kerne noch unsicher. An den Sporen, die gelegentlich in der Einzahl bleiben, zeigt sich eine Reifung mit Autogamie; die Reifeform entwickelt sich aus der Spore (Hertwig 1898, Brauer 1908).

Radiolaria. Auch bei ihnen ist die Auflösung der Organisation des Muttertiers unverkennbar. Die Sporenkerne entstehen teils im Primärkern, teils aus Chromatinbrocken, die aus jenem hervortreten; ein Restkörper bleibt zurück, und die Schwärmsporen können nun durch eine umfängliche Entwicklung (Ontogenese) die Reifeform erreichen.

Sporozoa. Bei den Gregarinen verdichtet sich das Plasma während der Encystierung zu einer körnigen Masse; aus dem zerfallenden Primärkern tritt der neue Sporenkern hervor (Fig. 99), um sich durch Teilungen zu vermehren. Diese Kerne wandern an die Peripherie und veranlassen dort die Bildung von zahlreichen Sporen, worauf die zentrale Masse sich als Restkörper auflöst. — Die weiblichen Coccidien verwandeln sich in die „Oosporen" durch eine Verdichtung des Plasma und eine Verwandlung des Primärkerns vermittels eines Reifungsprozesses in den Sporenkern (vgl. Fig. 96). In den männlichen Coccidien entwickeln sich zahlreiche Neukerne aus Chromatinbrocken, die aus dem Primärkern auswandern. An der Peripherie bewirken sie die Bildung von spermienartigen Sporen, worauf die übrige Masse des männlichen Tiers zum Restkörper wird.

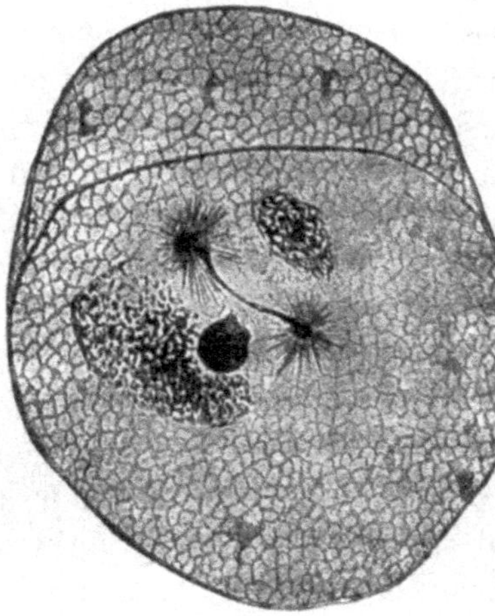

Fig. 99.
Lankasteria ascidiae, Reifung, nach Siedlecki, aus Doflein (1916).

Über die Sporenbildung der Infusorien ist zu wenig Sicheres bekannt, um sie in die vorliegende Untersuchung mit hineinzuziehen.

Aus den angeführten Tatsachen läßt sich also wenigstens für alle Hauptgruppen der Rhizopoden übereinstimmend entnehmen, daß ihre Sporenbildung sich in zwei Akte sondert, die Rückbildung der Organisation und Individualität des Muttertiers und die Neubildung der Sporen aus seiner Substanz. Beide Prozesse sind so innig miteinander verbunden, daß es oft schwer ist, sie genau und sicher voneinander zu trennen. Am besten gelingt es noch dort, wo sich ein Restkörper bildet und eine der Auflösung anheimfallende Masse des Muttertiers darstellt; doch gilt dies nicht für alle Rhizopoden in gleichem Maße, so daß vielfach andere Merkmale der Rückbildung herangezogen werden müssen.

Die Rückbildung des Muttertiers. Sie zeigt sich besonders deutlich bei Difflugia lobostoma (Goette 1916), wo sich Restkörper und Sporenmasse meist frühzeitig und als gutgesonderte kompakte Massen voneinander trennen, und im Restkörper die Auflösung des Plasma, seine Zersetzung, die Desorganisation des Chromidium und des ganzen Primärkerns ebenso unverkennbar sind wie die Merkmale der Neubildung in der Sporenmasse. Viel später offenbart sich jene Trennung bei den Amöben, Radiolarien und Gregarinen, wo erst nach dem Hervortreten der Sporen die zurückbleibenden Teile des Muttertiers als zugrundegehender Restkörper kenntlich werden. Bei den Heliozoen fehlt der Restkörper ganz, so daß die ganze Masse des Muttertiers in die Sporen aufgeht; dagegen ist die vollkommene Auflösung seiner Organisation einschließlich der Kerne und die Veränderung des Plasma bei Actinosphaerium so auffällig, daß von einer unmittelbaren Verwandlung des Muttertiers in seine Sprößlinge wie bei einer Teilung durchaus nicht geredet werden kann. Dies bedeutet also, daß es bei der Rückbildung des sporenbildenden Tieres nicht sowohl auf eine Auflösung der Substanz, sondern vielmehr auf eine Auflösung ihrer Organisation ankommt, worauf in ihrer Reorganisation sich die Neubildung und Entwicklung der Sporen vollzieht.

Dies wiederholt sich endlich in den weiblichen Coccidien (Schaudinn), die sich nur scheinbar unverändert in je eine Spore umsetzen. Denn die Vorbereitungen dieser Verwandlung, die Verdichtung des Plasma und die Reifungserscheinungen am Primärkern, beweisen auf das bestimmteste, daß der Verwandlung des weiblichen Coccidium in eine Oospore eine Reorganisation des ganzen Individuums vorausgeht. Und daß diese durchaus denselben Wert hat wie die mit der Bildung eines Restkörpers verbundene Metamorphose, ergibt sich aus dem Verhalten des männlichen Coccidium, das in seiner Hauptmasse nebst den Resten des Primärkerns in einen Restkörper übergeht, während es aus einem kleineren Teil seiner Substanz die Sporen oder die Microgameten herstellt. Angesichts dieser typischen Sporenbildung des männlichen Coccidium kann man seinem gametischen Gegenstück, dem weiblichen Macrogamet, die analoge Bedeutung einer gründlichen Reorganisation zum Zwecke seiner Verwandlung in eine Oospore nicht absprechen.

Die Rückbildung des werdenden Gameten ist also unter allen Umständen eine organisatorische Verjüngung des ursprünglichen Individuums; die Bildung des Restkörpers ist nur eine besonders prägnante Begleiterscheinung der Totalverjüngung.

Die Neubildung der Sporen. Die Reorganisation oder Verjüngung der Sporenmasse ist im Plasma weniger gekennzeichnet als in der Kernbildung. Das Plasma verliert alle seine Einschlüsse und wird nach der Auflösung des Chromidiums völlig homogen; die Sporenkerne sind dagegen in der Regel unverkennbare Neubildungen. Dies ist wiederum bei Difflugia lobostoma am auffälligsten (Fig. 100); denn ihre Sporenkerne entstehen in verschiedener und zunächst vorläufiger Form aus Chromidiumbrocken, die jedoch nicht aus dem Primärkern, sondern aus dem Plasma des Muttertiers stammen. Dies ist freilich eine Ausnahme, aber nicht von grundsätzlicher Bedeutung, wie es auf den ersten Blick scheinen könnte. Denn wenn auch die Sporenkerne sonst aus dem Primärkern hervorgehen, so sind es doch niemals Teilungsprodukte desselben, sondern sie verbrauchen nur Teile seines Chromatins, während die übrige Kernmasse zerstört wird und sich auflöst (Gregarinen, Coccidium ♂). Dies ist bei den Radiolarien nur äußerlich abgeändert, indem der Primärkern die neuen Kerne in größerer Zahl in seinem Innern entstehen läßt. Nur Coccidium ♀ täuscht auch hinsichtlich des Sporenkerns eine Kontinuität seiner Organisation mit derjenigen des Primärkerns vor; doch beweist seine Reifungserscheinung mit dem Austritt von Chromatin eine gründliche Reorganisation und Neubildung. Die genannten Unterschiede der Kernerneuerung sind also nur graduell und von keiner tieferen Bedeutung, da jeder Sporenkern stets nur die vorhandene Chromatinsubstanz, aber nicht die Gesamtorganisation des Primärkerns übernimmt.[1]

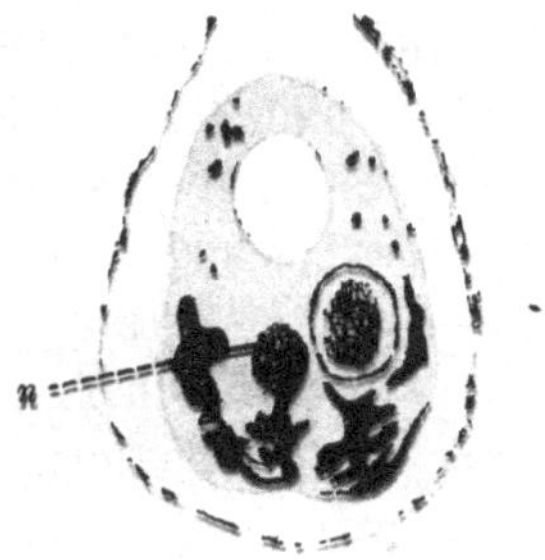

Fig. 100.
Difflugia lobostoma, Bildung eines Neukerns *n* aus dem Chromidium, nach Goette (1916).

So stellt sich uns die Sporenbildung der Protozoen weder als ein Teilungsakt oder eine Regeneration, noch als eine äußerliche Metamorphose des Muttertiers dar, sondern als eine vollkommene Neubildung, die nur die Substanz des Muttertiers benutzt, um auf Grund der neu entwickelten Organisation eine neue Individualität an Stelle der aufgelösten Individualität des Muttertiers zu setzen.

Es wurde schon auseinandergesetzt, daß die mit der Sporenbildung der Protozoen in der Regel verbundene Vermehrung der Sporen durch Teilung nur eine Begleiterscheinung ist (s. S. 311), die eben auch fehlen kann und mit dem eigentlichen Wesen der Sporenbildung in keiner Beziehung steht. Eine andere mit der letzteren zusammenhängende

---

[1] Überdies ist der Besitz eines Kerns kein notwendiges Erfordernis eines jeden Monoplastids, sondern stellt sich phyletisch als die Folge eines Zustands dar, in dem die kernlosen „Moneren" wie die Bakterien u. a. nur zerstreute Chromatinbrocken als Vorläufer eines eigentlichen Kerns enthalten. Die Kernbildung der Sporen von Difflugia ist also nur eine Vorstufe der gewöhnlichen Neubildung von Kernen aus der Chromatinmasse der vorausgegangenen Kerne.

Erscheinung wird dagegen weniger beachtet, obgleich sie ein integrierender Teil der in Rede stehenden Fortpflanzungsart ist: es ist die Entwicklung der Sporen bis zur Artform, die im allgemeinen durchaus der Ontogenese der Polyplastiden entspricht.

Allerdings ist diese Sporenentwicklung oft gar nicht kenntlich oder doch unscheinbar, z. B. bei den Amöben und den Sporozoen. Dagegen zeigt uns Difflugia lobostoma einen deutlichen Entwicklungsverlauf der amöboiden Jugendzustände mit einer Neubildung des Chromidium und der Schale, sowie der Fixierung der Gesamtform (Goette, 1916). Ähnliches lehrt uns Actinosphaerium und muß aus den Schwärmsporen der Radiolarien entnommen werden. Auch läßt es sich leicht feststellen, daß diese Entwicklung keineswegs auf Gewebsbildungen beschränkt ist; denn die verschiedenen reinen Formbildungen wie die Grundform u. ä. stehen außerhalb der Gewebsbildung, und die in einem früheren Kapitel erörterte Gesamtorganisation jedes Protozoons (S. 242ff.) steht in demselben Verhältnis zu seiner Gewebsbildung wie die morphologische Sonderung der Polyplastiden zu ihrer Histiogenese.

Endlich braucht man sich nur dessen zu erinnern, wie die Polyplastidie aus der Monoplastidie hervorging (S. 50, 51), um sich zu überzeugen, daß die Keim- und die Sporenbildung aller tierischen Lebewesen nach Ursprung und Verlauf in der Hauptsache durchaus übereinstimmen. Die Protozoen haben im Grunde dieselbe Fortpflanzungsart durch ontogenetische Entwicklung von Keimen wie die Polyplastiden.

d) Über den Ursprung der Keimbildung überhaupt.

Wenn die Keimbildung der Polyplastiden sich ohne Schwierigkeit von derjenigen der Protozoen ableiten läßt, so bleibt als letztes der uns hier beschäftigenden Probleme die Frage übrig, aus welcher Veranlassung die Keimbildung überhaupt, also auch die erste Keimbildung bei den Urorganismen, entstand. Denn wenn man sich ihren Bau noch so einfach vorstellt, so läßt sich doch kein grundlegender Unterschied zwischen einem solchen Organismus und etwa einem rezenten kernlosen Bacillus ausdenken. Auf Grund dieser allgemeinen Übereinstimmung des Baues aller Monoplastiden, also der Urorganismen und der rezenten Protozoen, darf geschlossen werden, daß auch die Keimbildung der letzteren, die ja in der gleichen Art auch den Bacillen nicht fehlt (s. Schaudinn), und deren nächsten Grund wir in der Rückbildung schon kennen lernten, im wesentlichen unverändert von den Urorganismen abstammte.

Um aber die folgende Darstellung nicht durch die Einbeziehung sekundärer und unbeständiger Begleiterscheinungen zu stören, sehe ich zunächst von jeder Vermehrung der sich bildenden Keime durch Teilung völlig ab.

In der Keimbildung der Protozoen vereinigen sich zwei Prozesse, die Rückbildung des keimbildenden Plastids und seine Verjüngung zu einem neuen Individuum (S. 295).[1] In der Regel ist dies nicht ohne weiteres kenntlich, kann aber durch eine vergleichende Untersuchung ebenso sicher ganz allgemein festgestellt werden wie etwa in dem Beispiel von Difflugia lobostoma. Während der Keimbildung dieses Tieres umfaßt sein Restkörper alle integrierenden Bestandteile der ursprünglichen Organisation (Plasma, Chromidium, Primärkern), die darauf, bis auf den für den Keim bestimmten und noch völlig unorganisierten Plasmaabschnitt, der Auflösung anheimfallen, so daß diese Erscheinung nur als wirklicher natürlicher Tod des Individuums aufgefaßt werden kann. Dies wiederholt sich weniger klar, aber durchaus analog, bei den übrigen Protozoen.

Allerdings kann ein solcher spontaner Tod auch in Abwesenheit einer Keimbildung den gesamten Organismus treffen; denn obwohl er ohne ein besonderes Merkmal kaum von einem accidentellen Tode zu unterscheiden wäre, scheint es mir doch sicher, daß u. a. der Tod von zwei plasmogamisch verbundenen erschöpften Difflugien, den ich mehr als einmal beobachtet habe (1916), nur als ein natürlicher aufgefaßt werden kann. Daraus folgt zwar, daß der natürliche Tod unabhängig von jeder Keimbildung eintreten kann, aber nicht umgekehrt, daß die Keimbildung der Protozoen ohne einen natürlichen Tod zustande kommt. Ist sie in der Tat, wie wir es sahen, eine Neubildung, dann kann das ihr vorausgehende keimbildende Substrat nicht das unveränderte elterliche Plastid oder ein unveränderter Teil davon sein, sondern dieses muß bis zur vollen Auflösung seiner individuellen Organisation zurückgebildet sein, so daß ausschließlich seine Substanz zur Keimbildung und zur Herstellung einer neuen Organisation und Individualität des neuen Lebewesens dient. — Die Keimbildung der Monoplastiden setzt den natürlichen Tod des keimbildenden Plastids notwendig voraus.

Um sich zu veranschaulichen, wie die fragliche Keimmasse ihre neue Entwicklungsfähigkeit erhält, erinnere ich an das Schicksal der künstlich isolierten Blastomeren, die nach ihrer Trennung vom übrigen

[1] Meine Darstellung vom „Ursprung des Todes“ (1883) habe ich vor 36 Jahren nicht so sicher begründen können, wie es gegenwärtig möglich ist, weshalb sie nunmehr in einigen Punkten zu verbessern ist.

Embryo entweder einfach absterben oder ebenfalls eine neue Entwicklungsfähigkeit erwerben, indem sie sich durch eine Regulation in den Zustand des intakten Eies verwandeln. Natürlich ist dies nicht identisch mit der normalen Keimbildung, vermag aber deren nächste Ursachen zu erläutern. Das regulationsfähige Blastomer erleidet durch seine Isolierung eine Rückbildung derjenigen Organisation, die es im Verlauf der Ontogenese gewonnen hatte, und kehrt daher zu deren indifferenten Ausgangspunkt zurück. Freilich hängt diese Regulationsfähigkeit davon ab, daß das Blastomer eine besondere Eigenschaft, eine genügende Elastizität besitzt, weshalb diejenigen Blastomeren, denen diese Eigenschaft fehlt, nach ihrer Isolierung einfach zugrunde gehen.

Eine analoge Erläuterung der allerersten Keimbildung der Urorganismen führt uns zu der folgenden Vorstellung. Wie wir sahen, hängt die fragliche Keimbildung so mit dem natürlichen Tode zusammen, daß er durch die Rückbildung der individuellen Organisation das Leben des Individuums allerdings vernichtet, das nunmehr unorganisierte, aber noch nicht aufgelöste Plasma dagegen — sei es zum Teil oder ganz — in dem Zustande zurückläßt, in dem es sich vor seiner ersten Organisation als ursprüngliches biologisches Anorgan befand. Bei dieser regressiven Metamorphose erhält unsere protoplasmatische Substanz auch die ihr einst eigentümliche Energie zur Entwicklung einer individuellen Organisation, also zunächst eines einfachsten Keims und Organismus wieder. Ich meine, daß darin die Analogie mit dem sich regulierenden Blastomer nicht zu verkennen ist. Dabei können wir aber nicht stehen bleiben.

Die Regulation eines isolierten Blastomers tritt eben nicht unbedingt ein, sondern nur dann, wenn es die erwähnte besondere Eigenschaft besitzt, ohne die es einfach zugrunde geht. Und auch dabei fehlt die Analogie der Keimbildung nicht, indem sie in Begleitung des natürlichen Todes ebenso gut ausbleiben wie eintreten kann. Nur wird dies durch etwas ganz anderes entschieden als durch eine zufällige Eigenschaft des Plasma.

Die Keimbildung ist überhaupt keine zufällige Erscheinung, sondern für die Fortdauer der Existenz der Lebewesen überhaupt unentbehrlich, da ein Ersatz der durch den natürlichen Tod eintretenden Verluste auf anderem Wege, etwa durch fortgesetzte Teilungen, ausgeschlossen ist. Die bekannte Ansicht Weismanns, daß Keimbildung und natürlicher Tod erst bei den Polyplastiden aufkamen und erblich wurden, während die Protozoen sich nur durch Teilung fortpflanzten, also bei der ununterbrochenen Fortdauer des Lebens unsterblich seien, konnte nur zu einer Zeit entstehen, als die Kenntnisse von der Fortpflanzung der Protozoen zu spärlich waren, um jedermann von der Keimbildung dieser Tiere, und im Zusammenhange damit von ihrem natürlichen Tod zu überzeugen. Mein damaliger Widerspruch dagegen in der Abhandlung „Über den Ursprung des Todes" hat daher wohl mehr Ablehnung als Billigung gefunden. Heute halte ich eine wiederholte und eingehende Widerlegung der Weismannschen Ansichten nicht mehr für nötig. Dagegen scheint mir eine Erläuterung der Notwendigkeit des natürlichen Todes und der Keimbildung wünschenswert.

Die gelegentlich gehörte Antwort, daß der natürliche Tod die notwendige Frage davon sei, daß der Organismus sich dauernd abnütze und seine Funktionsfähigkeit einbüße, erklärt keineswegs, warum die physiologisch regenerative Tätigkeit, die alle Energieverluste des Lebewesens ersetzt (s. Regeneration), an bestimmte zeitliche Grenzen gebunden ist. Ich erblicke vielmehr im natürlichen Tode das nicht zu umgehende Korrelat der epigenetischen Entwicklung, worauf alles biologische Geschehen beruht, die Entstehung der biologischen Anorgane nicht weniger als diejenige der Urorganismen und der darauf folgenden Protozoën. Denn die epigenetische Entwicklung jedes Lebewesens findet in seiner Vollendung das natürliche Ende ihrer progressiven Tätigkeit im Individuum, über das die Ontogenese nicht hinausgehen kann; ist aber dauernder Fortschritt ebenso ausgeschlossen wie ein Stillstand der noch vorhandenen Entwicklungsenergie, so kann sie nur noch regressiv, desorganisierend wirken, die einzelnen Korrelationen lockern und lösen, woraus eben jene Störungen entstehen, die man als die Abnutzungen des Organismus bezeichnet.

Der natürliche Tod der Monoplastiden ist kein zufälliger Erwerb, sondern das unvermeidliche, normale Ende der epigenetischen Entwicklung, aus der jedes Lebewesen hervorgeht. Das Altern ist nicht seine Ursache, sondern die zugehörige Begleiterscheinung.

Nun ist aber nicht jeder natürliche Tod der Monoplastiden mit einer Keimbildung verbunden (s. S. 317), sondern diese hängt ebenso wie die Regulationsfähigkeit eines isolierten Blastomers von einer besonderen Bedingung ab, die ich ganz allgemein darin vermute, daß das Plasma des in der Rückbildung begriffenen Geschöpfs sich zugleich in der vollen Keimbildungsenergie oder Reife befindet, widrigenfalls die Desorganisation zur vollständigen Auflösung des ganzen Individuums führt. Die erstere Erscheinung kann man füglich als propagativen Tod, die andere als sterilen Tod der Monoplastiden bezeichnen.

Keine von diesen beiden natürlichen Todesarten ist für das einzelne Individuum vorbestimmt, weil es offenbar von den wechselnden Lebensbedingungen abhängt, ob die den natürlichen Tod bedingende Rückbildung der Organisation mit der Keimbildungsreife des Plasma zusammenhängt oder nicht. Doch kann nur der erste Fall, der propagative Tod als der normale Abschluß des individuellen Lebens gelten, weil das Gegenteil, nämlich der Ausfall der in jedem monoplastiden Individuum nur einmal eintretenden Keimbildung und somit der sterile Tod bei häufiger Wiederholung die Existenz der Species gefährden würde.

Zum Schluß ist die Untersuchung über die Keimbildung der Monoplastiden noch in einer Richtung zu ergänzen. Da sie im unmittelbaren Anschluß an den propagativen Tod des Individuums erfolgt und auf einem Neuerwerb der Individualität und Organisation in dem desorganisierten Plasma beruht, so gibt es keine wirkliche Kontinuität des Lebens von Muttertier und Nachkommen. Denn nach meiner Auffassung kann es kein Leben ohne Individualität geben, sonst müßte die Existenz der protoplasmatischen Substanz vor ihrem Übergang in die Urorganismen ebenfalls „Leben" genannt werden, und es hörte eine grundsätzliche Unterscheidung von biologischen Anorganen und Organismen auf. Für den Begriff des Lebens reicht die Energie der organischen Substanz allein nicht aus, da es sich nicht um ihre einzelnen Tätigkeiten handelt, sondern um die Gesamtleistung der Selbsterhaltung, die natürlich ein bestimmt abgegrenztes Individuum voraussetzt. Ist also in der Deszendenzreihe die Individualiät einem steten Wechsel von Zerstörung und Neubildung, von natürlichem Tod und Verjüngung unterworfen, so muß auch das Leben in derselben Folge von Muttertier und Nachkommen diskontinuierlich sein.

Wie verhalten sich nun die besprochenen Beziehungen der Keimbildung bei den Polyplastiden im Vergleich zu denen der Monoplastiden? — Sobald man auf jede nähere Untersuchung verzichtet, wird man es dabei bewenden lassen, daß jene Erscheinungen von Keimbildung und natürlichem Tod in den beiden Hauptkategorien des Tierreichs eben nur als physiologische Analogien zu beurteilen seien. Bei der Prüfung ihres phyletischen Zusammenhangs zeigen sich aber unzweideutige Erscheinungen von wirklicher Verwandtschaft, obgleich Übereinstimmendes und Divergentes sich recht wundersam vermischen, und natürlicher Tod und Neubildung der Monoplastiden bei der Vererbung auf die Polyplastiden die ursprüngliche Bedeutung wechseln und in ganz neue Beziehungen eintreten.

Geht man von der schon erörterten Überlegung aus, daß der natürliche Tod der Polyplastiden unter allen Umständen ebenfalls als das natürliche Ende einer epigenetischen Entwicklung aufzufassen ist, so bleibt nur zu erklären übrig, ob und wie bei ihnen die beiden Arten desselben Todes, der propagative und der sterile Tod sich auch wiederholen. Der propagative Tod der Monoplastiden wird zweifellos in der Metamorphose der Keimzellen auf die Polyplastiden vererbt, hat aber dort natürlich ganz andere Folgen. Dieser „Zellentod“ der einzelnen keimbildenden Plastiden bleibt im allgemeinen und namentlich bei den höher organisierten Arten deshalb ohne jeden Einfluß auf das ganze Individuum, weil der Ausfall der wenigen Zellen gegenüber den zahllosen Zellen des Ganzen überhaupt nicht ins Gewicht fallen kann. Bei den niedersten Vielzelligen (Volvox, Orthonectiden, Dicyemiden, aber auch Gonanthen, Medusen u. ä.) verursacht aber die umfassende Keimbildung einen relativ so bedeutenden Ausfall von Somazellen im elterlichen Organismus, daß seine Existenzfähigkeit dadurch aufgehoben wird. Allerdings erfolgt in diesen Fällen der propagative Tod zunächst in den einzelnen Keimzellen, und erst infolgedessen im ganzen polyplastiden Individuum; doch hebt dies seine allgemeine Homologie mit dem propagativen Tod der Monoplastiden nicht auf. Es kann also gar nicht die Rede davon sein, daß dieser letztere den Polyplastiden vollständig fehle.

Bei der Mehrzahl der Polyplastiden vollzieht sich der persönliche Tod freilich ganz anders, indem der propagative Tod ihrer relativ wenigen Keimzellen offenbar spurlos verläuft und nur der sterile Tod als normale Erscheinungsform zurückbleibt, im Gegensatz zum relativ seltenen sterilen Tod der Monoplastiden. Es bleibt also eine Tatsache, daß der natürliche Tod der Monoplastiden auf die Polyplastiden vererbt wurde, aber freilich in der Art, daß die übliche Form des propagativen Todes, die bei den ersteren überwiegt, bei den Polyplastiden ganz erheblich zurücktritt und auf niedere Formen beschränkt bleibt, und der sterile Tod der herrschende wird.

Die in der Keimbildung regelmäßig stattfindende Diskontinuität des Lebens während der Generationsfolge muß natürlich auch bei den Polyplastiden in Geltung bleiben, weil der eigentliche Keimbildungsprozeß bei ihnen keine grundsätzliche Abänderung erfährt, also auch die früheren Folgen haben muß.

e) Die Befruchtung.

Auch diese weitverbreitete Begleiterscheinung der Keimbildung der Polyplastiden ist bei den Protozoen vorgebildet und bei einigen von ihnen vollständig erreicht.

Sie ist nach ihrem innersten Wesen ein Kopulationsprozeß, dessen phyletische Entwicklung bei den Protozoen mehrere deutlich gesonderte Stufen durchläuft, nämlich außer der einleitenden Vorstufe der Plasmogamie die Kopulation der vegetativen Reifeformen, die Kopulation der Sporen und die eigentliche Befruchtung (Goette, 1916).

Die Plasmogamie ist eine kurzdauernde, örtlich beschränkte Verbindung von zwei oder mehr Individuen, ohne Karyogamie oder sonstige Veränderung der Weichkörper. Nach meinen Beobachtungen an Difflugia lobostoma kann sie schon rein zufällig entstehen, indem z. B. einige Individuen denselben Nahrungsbissen gleichzeitig einzusaugen trachten und dabei an ihren Schalenmündungen vorübergehend verschmelzen. Es kann aber auch in einem nahrungsarmen Aufenthaltsort eine saugende Difflugie einen Artgenossen ansaugen, um aus dessen Plasma Nahrung zu beziehen. Eine solche plasmogamische Verbindung löst sich wieder, wenn der Zweck erreicht ist; sind aber zwei saugende Tiere aneinander geraten, so gehen sie beide in der Vereinigung zugrunde.

Die Plasmogamie ist also nur soweit mit einer Kopulation verwandt, als sie im Hunger eine triebmäßige Ursache einer nicht mehr rein zufälligen Verbindung zweier Artgenossen erkennen läßt; denn die Kopulationen entstehen in der Tat aus einer ähnlichen Veranlassung. Im übrigen unterscheiden sie sich ganz merklich.

Die Kopulation von vegetativen Formen ist eine dauernde und stets von einer Karyogamie begleitete Vereinigung von zwei oder mehr Individuen, und verläuft nach zahlreichen Beobachtungen an Difflugia lobostoma stets so, daß der chromatinarme aktive Kopulant die von ihm aufgesuchten passiven Kopulanten einsaugt, um zu dessen Kern zu gelangen, wobei er unter Umständen überflüssiges Plasma des passiven Kopulanten zurückläßt. Ein Geschlechtsakt ist dabei ausgeschlossen, weil der aktive Kopulant oft gleichzeitig oder rasch hintereinander mehr als einen Artgenossen einsaugt, und weil keine Sporenbildung folgt. Es kann sich also bei dieser Kopulation nur um eine Art von Ergänzung oder Aufbesserung der Kernsubstanz des aktiven Kopulanten handeln, die höchst wahrscheinlich durch dessen Chromatinmangel und „Chromatinhunger“ veranlaßt wurde. Die Wirkung dieser Kopulation ist vielleicht in der darauf folgenden Teilungsvermehrung zu suchen, die wie es scheint, von der bezeichneten Kernergänzung abhängt.

Eine ähnliche Erscheinung ist die namentlich bei den Infusorien häufige Konjugation, eine sehr beschränkte und kurzdauernde Verbindung von zwei Individuen, die je einen ihrer vermehrten Nebenkerne miteinander austauschen und zur Karyogamie mit einem zurückgelassenen Nebenkern des anderen Individuums veranlassen, worauf die beiden Tiere mit den karyogamisch ergänzten Kernen sich wieder trennen. Die durch die Konjugation erzielte Kernverjüngung hat wie bei der vorgenannten Kopulation eine mehrfache Teilung der getrennten Individuen zur Folge.

Der ebenfalls „Konjugation" genannte Vorgang bei den Peritrichen mag der Ausgangspunkt für die eben beschriebene echte Konjugation der übrigen Infusorien sein, ist aber tatsächlich ganz anderer Natur. Erstens handelt es sich dabei um geschlechtlich differenzierte Individuen (Macro-, Microgonidien), und zweitens um ihre dauernde Vereinigung oder Kopulation, wobei die Karyogamie nur im Macrogonidium stattfindet, und das Microgonidium nach der Hergabe eines Kopulationskernes teils zugrunde geht und teils aufgesogen wird. Dies fällt also in den Bereich der geschlechtlichen Kopulation, verdient also nicht den Namen einer Konjugation, obgleich es, wie gesagt, möglich ist, daß die Kopulation der Peritrichen nach entsprechenden Abänderungen sich in die echte Konjugation verwandelte. Diese halte ich jedenfalls für eine sekundäre Erscheinung.

Da nun die Befruchtung als ein Kopulationsprozeß mit den einfachen vegetativen Kopulationen zweifellos verwandt und von ihnen abzuleiten ist, so muß sich eine Vorstellung gewinnen lassen, wie dieser Übergang stattfand. Als Ursache der vegetativen Kopulation betrachte ich den Chromatinmangel und den daraus folgenden triebmäßigen Chromatinhunger des aktiven Kopulanten, was wahrscheinlich durch allzu häufige propagative Teilungen desselben herbeigeführt wird; die Karyogamie bewirkt alsdann die Wiederherstellung des Kerns. Nun ist es der gewöhnliche Hergang in dem allgemeinen phyletischen Fortschritt, daß ein variabler Zustand wie der zufällige Kerndefekt jenes Kopulanten mit allen seinen Folgen fixiert wird, und zwar vermittels einer gewissen Abänderung der Ursachen (s. IV, 2). An die Stelle der propagativen Teilungen treten die zeitlich und zahlenmäßig fixierten Reifungsteilungen, und im Zusammenhang mit der dadurch eingetretenen Veränderung des defekten Kerns entsteht die allgemeine, äußerlich oft kenntliche Änderung der ganzen Gameten (Micro-, Macrogamet), deren Entwicklung wahrscheinlich an den fertigen Individuen einsetzte, um allmählich bis zu den Sporenzuständen zurückzurücken. Denn während bei der vegetativen Kopulation nur die aktiven Kopulanten überhaupt eine Abänderung erfahren, erfolgt bei den Gameten Reifung und entsprechende Kernveränderung auch bei den passiven Kopulanten. Diese differenzierte Kopulation, die immer noch keine wirkliche Befruchtung ist, hat sich übrigens teilweise noch bis zum heutigen Tage erhalten.

Die Kopulation der Gameten bringt nun den Ausgleich des an den Kernen eingetretenen Defekts, und zwar infolge einer triebmäßigen Ursache, die ich im Anschluß an den bei der vegetativen Kopulation gebrauchten Ausdruck (Chromatinhunger) als Geschlechtshunger bezeichnet habe. Aber erst nach einer Reihe weiterer phyletischen Abänderungen wurde das erreicht, was wir nicht mehr schlechtweg einen Geschlechtsakt, sondern im besondern und ganz allein eine Befruchtung nennen, wie sie uns zuerst bei den Polyplastiden bekannt geworden ist. Ursprünglich verschmolzen offenbar beide Gameten vollständig miteinander, wie wir es noch jetzt bei den Sporen der meisten Protozoen beobachten; der Anfang einer Änderung ist aber bis zu den einfachsten vegetativen Kopulationen zurück zu verfolgen. Denn schon bei den Difflugien habe

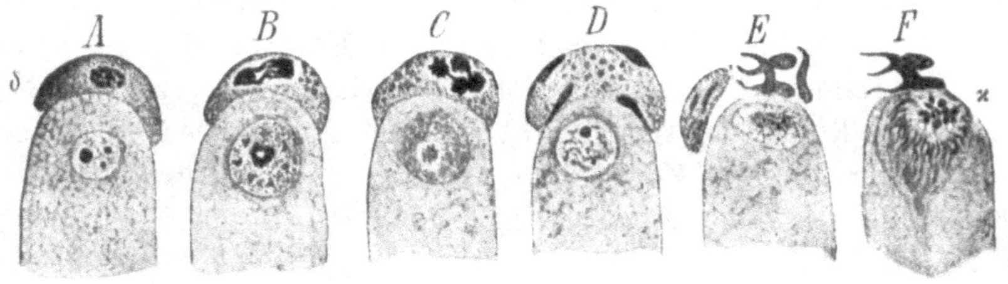

Fig. 101.
Adelea sp., Kopulation, aus Doflein, Lehrbuch der Protistenkunde (1916); Metamorphose und Auflösung des Microgameten δ, × Karyogamie.

ich nicht selten beobachtet, daß der aktive Kopulant einen oft ansehnlichen Teil des Plasma vom bewältigten passiven Kopulanten als entbehrlich zurückließ, sobald er nur dessen Kern erreicht hatte. Diese Beseitigung des Plasma des passiven Kopulanten zeigt sich darauf gründlich und auffallend bei den Coccidien, bei deren echter Befruchtung nur ein sehr kleiner Teil des ursprünglichen Microgameten in die Kopulation hineingetragen wird. Dazu bietet eben erst die Gattung Adelea eine deutlich erkennbare Übergangsstufe. Der Microgamet dieser Coccidienform heftet sich ganz oberflächlich an den Macrogamet an; dabei bleibt der letztere einkernig, wogegen der Kern des Microgameten sich in vier Stücke teilt, und nur eins davon zur Befruchtung in den Macrogameten eindringt, während die drei anderen Kernstücke mit dem gesamten Plasma des Microgameten als eine Art von neuem Restkörper außerhalb des Macrogameten zugrunde gehen (Fig. 101).

Hier liegt also schon die vollständige Auflösung der ursprünglichen Kopulation vor, indem die nur vorübergehende Berührung beider Gameten gewissermaßen nur die Brücke für die Vollziehung der Karyogamie bildet. Jedenfalls ist nicht daran zu denken, daß der zur Karyogamie bestimmte

Kern des Microgameten von einer unmerklichen Schicht von Plasma umgeben werde, und daher beides ein Plastid von der Bedeutung eines zum Macrogameten homologen Kopulanten herstellte; denn ein solcher Plasmarest wäre für den Erfolg der Karyogamie ebenso überflüssig wie das ganze übrige Plasma.

Endlich zeigt Coccidium das phyletische Endstadium des Befruchtungsprozesses, indem auch die bloße Berührung der ursprünglichen Kopulanten beseitigt ist, und die Karyogamie dadurch herbeigeführt wird, daß die Kopulationskerne beim Austritt aus dem Microgameten einen dünnen Protoplasmastreifen hervorziehen, aus dem sich die lokomotorische Geißel des neuen Körpers oder eben der Spermie entwickelt. Mit Hilfe dieses Transportmittels schwärmen alsdann die Spermien gegen die Oosporen aus, um einzeln in je eine Oospore einzudringen und in der Karyogamie die Befruchtung zu vollziehen. Diese phyletische Entwicklung der Befruchtung kommt also darauf heraus, daß die Kopulation zweier gleichartiger Plastide zum Zweck der Karyogamie in einem von ihnen durch einen Prozeß abgelöst wird, durch den eines jener Plastide schließlich durch ein nicht individualisiertes Element (Spermie) ersetzt wird, das durch seine selbständige Bewegung und Leistung durchaus an einen Hectocotylus erinnert. — Von einer Gleichwertigkeit der Gameten kann beim Übergang der Kopulation in die Befruchtung keine Rede sein.

Ganz natürlich schließt sich hier die Frage an, ob und wie die Oosporen und die Spermien nach ihrer uns bekannten physiologischen Bedeutung in bestimmter Weise nicht nur auf die Macro- und Microsporen, sondern auch auf die ersten vegetativen Kopulanten bezogen werden können. Dies entscheidet, wie mir scheint, in klarer Weise der Vergleich von Difflugia und Coccidium. Bei Difflugia unterscheide ich einen aktiven Kopulanten, der den passiven Kopulanten selbsttätig einsaugt und daher allein weiter existiert. Bei Coccidium entspricht nun die Oospore allerdings nach ihrer Fortdauer dem aktiven Kopulanten, wogegen die freibewegliche Spermie als Vertreterin des passiven Kopulanten gerade im Gegensatz zu dessen Rolle den ersteren selbständig aufzusuchen und das eigentliche „befruchtende Element" zu sein scheint. Dies ist aber nach den Beobachtungen Schaudinns irrig; denn während die Spermien in großen Massen ausschwärmen und so in die Nähe der Oosporen gelangen, vollzieht sich die Befruchtung erst dadurch, daß jede von den letzteren durch einen von ihr ausgehenden chemotaktischen Vorgang die Spermien anzieht und in sich einsaugt. Die Ospore ist also in jeder Hinsicht das aktive Element, und die schon in der vegetativen Kopulation angelegte geschlechtliche Differenzierung bevorzugt auch in der Folge die Oospore und spätere Eizelle als den eigentlichen Träger der Fortpflanzung.

Endlich wäre hier noch ein Wort darüber zu sagen, warum es zu einer so komplizierten erblichen Abänderung der vegetativen Karyogamie kam, da doch die agametischen Sporen, die schon vor den Gameten existierten und noch heute vorkommen (Difflugia, Arcella), mit ihren unveränderten Kernen dieselbe Ontogenese auslösen wie die kopulierten Gameten. Dies läßt sich aber aus demselben Grunde wie jede Fixierung einer Neubildung verstehen, nämlich weil der durch die geschlechtliche Karyogamie erzielte Vollkern unter bestimmten Umständen sich existenzfähiger erwies als der hermaphrotitische Kern der Agameten und daher dauernd vererbt wurde.

Die Befruchtung kommt unter den Protozoen allerdings nur bei den Coccidien in voller Entwicklung vor; bei den Polyplastiden wiederholt sie sich aber in großer Übereinstimmung und in weitester Verbreitung als die einzige Art von Kopulation und häufigste Begleiterscheinung der Fortpflanzung durch Keime. Nun wird freilich nicht leicht jemand die Befruchtung der Polyplastideneier von der bei den Coccidien vorkommenden Befruchtung direkt ableiten wollen; da ihr Ursprung aber dort nicht nachweisbar ist, so sind wir darauf angewiesen, ihre Geschichte in den offenbar analogen Erscheinungen bei den Protozoen uns zu veranschaulichen.

IV. Die phyletischen Leistungen der Ontogenese.

In den voranstehenden Abschnitten dieses Buches mußte sehr oft auf stammesgeschichtliche Erscheinungen Bezug genommen werden, auch wo es sich nur um die Erklärung ontogenetischer Vorgänge handelte. Dies konnte nur so lange als ein Übergreifen auf ein besonderes Nachbargebiet erscheinen, als man die empirischen Grundlagen des stammesgeschichtlichen Geschehens für etwas von der Ontogenese Verschiedenes, für eine ihr bloß analoge Erscheinung hielt. Nach der Auseinandersetzung im einleitenden Kapitel besteht aber jenes Geschehen nur in besonderen Beziehungen und Verbindungen von zahlreichen verschiedenen Ontogenesen, so daß die phyletische Entwicklung eigentlich weiter nichts ist als eine komplizierte ontogenetische Leistung.

Wenn man diese Entwicklung im ganzen gewöhnlich als Deszendenz bezeichnet, so trifft man mit diesem Wort durchaus nicht das wesentliche Merkmal des Vorgangs. Denn unter „Deszendenz“ versteht man nicht schlechtweg den realen Zusammenhang der Generationen, sondern den durch die Generationsfolgen vermittelten Zusammenhang der verschiedenen „Artformen" (s. S. 9); und die einzelne, allein unmittelbare Generationsfolge von Eltern und Nachkommen und der damit zusammenfallende Begriff der Vererbung sind keine ausschließlich stammesgeschichtlichen Vorstellungen, sondern gehören zunächst in die Reihe ontogenetischer Vorgänge, da sie, wie sich gleich zeigen wird, voll und ganz in der Keimbildung wurzeln. Ebenso verhält es sich mit der einzelnen erblichen Abänderung.

Genau genommen ist das eigentliche und ausschließliche Problem der Stammesgeschichte die Artbildung; und Vererbung und erbliche Abänderung sind die notwendig voranzustellenden Vorbegriffe, die obgleich nur ontogenetisch erklärbar, aus äußeren Gründen mit der Untersuchung der Stammesgeschichte verbunden werden.

1. Die Vererbung.

Es ist klar, daß die damit bezeichnete Erscheinung in der Geschichte der Organismen sehr wenig dem ursprünglichen Sinn ihres Namens entspricht. Denn das einzige, was dabei an eine bestimmte geregelte Übertragung von Dingen aus einem Besitz in einen andern erinnert, ist die äußere Erscheinung, daß die Nachkommen die körperliche Bildung ihrer Eltern wiederholen; und die naive Erklärung, daß infolgedessen nach dem bekannten „post hoc, propter hoc" die elterliche Reifeform irgendwie als Ursache derjenigen der Nachkommen aufzufassen sei, kommt heutigen Tages so wenig in Frage als die Vorstellung der alten Präformationstheorie, wonach der künftige Organismus in den Keimen bereits fertig vorgebildet sei.

Schon jene äußerliche Definition der Vererbung als der Erscheinung gleicher Körperbildung bei Eltern und Nachkommen gilt nicht uneingeschränkt und wörtlich, da sie sich sehr oft auf zwei Generationen bezieht, die nicht unmittelbar aufeinander folgen, sondern durch anders gebildete Generationen voneinander getrennt sind. Dies findet schon bei der sogenannten Larvenzeugung statt, indem z. B. Amblystoma in Europa regelmäßig (ausnahmsweise auch Triton) sich als Larve (Siredon) fortpflanzt, und diese Larve sich gelegentlich ebendort in ein vollkommenes Amblystoma verwandelt. Noch auffälliger ist diese Erfahrung in der Heterogonie der entoparasitischen Trematoden und im Generationswechsel der Hydropolypen u. a. Wenn es sich also von selbst versteht, daß die Keime unter allen Umständen die Vererbung vermitteln, so beweisen die eben genannten Beispiele, daß diese Vererbungsfähigkeit der Keime nicht von der elterlichen Organisation herstammt. Dann gibt es nur noch einen Weg zur Erklärung der Vererbung, den uns die Entwicklungsgeschichte der Keime aufdeckt.

Daß jede Ontogenese darauf abzielt, einen Organismus nach dem Vorbilde des elterlichen oder voreIterlichen Organismus herzustellen, ist zunächst Folge und Wirkung des sie auslösenden Keims, der eben alle Fähigkeiten zum Beginn einer solchen Ontogenese in sich vereinigt. Von demselben Keime *a* führt aber die Entwicklungsbahn nicht nur zu der zugehörigen Reifeform *a'*, sondern auch zu den Keimen *b* der folgenden Generation, die ja ontogenetisch aus *a* hervorgehen usf. (Fig. 102). Die von *a* ausgehende Entwicklung divergiert also nach zwei

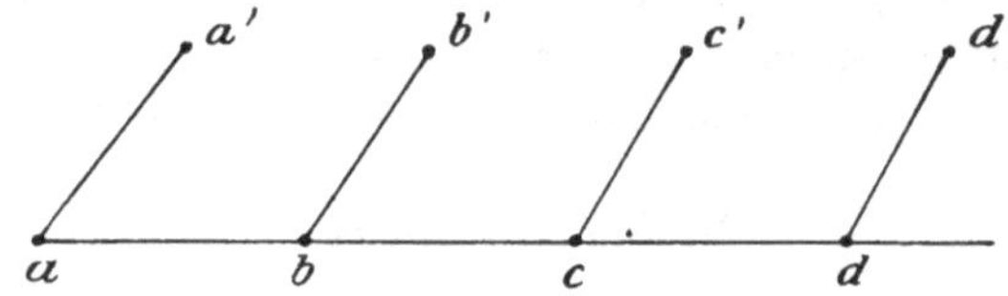

Fig. 102.
Schema der Vererbungsbahn, Orig.; *a—d* die durch die Keime führende Vererbungsbahn, *a'—d'* die außerhalb dieser Bahn liegenden Reifeformen der Generationsreihe.

Richtungen, von denen die eine in ihrem Endziel *a'*, d. h. in der Reifeform der 1. Generation abbricht, ohne in die Vererbungsbahn überzugreifen, die vielmehr in die zweite Richtung *a—b* übergeht und sich durch alle folgenden Keime *a—b—c—d* usf. fortsetzt. Diese einfache Tatsache habe ich schon 1875 so ausgesprochen, daß die Vererbung in Wirklichkeit nur von Keim zu Keim verläuft, während die Reifeformen *a'—b'—c'—d'* . . . außerhalb jener Bahn liegen und daher soweit sie untereinander gleich sind, nur äußere Zeichen des Vererbungsvorgangs, aber nicht der Ausdruck eines geradlinigen Zusammenhangs sind. Indem sie nur rückwärts, durch ihre Keime, an jenen Vorgang anknüpfen, können sie gewissermaßen bloß als seine Nebenprodukte angesprochen werden (Goette 1898).

Aus diesem Verlauf der Vererbungsbahn lassen sich Ursachen und Ursprung der Vererbung nach einiger Überlegung ziemlich sicher entnehmen. Vor allem ist es nicht überflüssig, sich zu vergegenwärtigen, daß die Vererbung allerdings auf ontogenetischen Erscheinungen beruht, nämlich auf einer gewissen Identität und einem gewissen Zusammenhang der Organisation in den aufeinander folgenden Generationen, daß sie aber nicht selbst zu den reellen ontogenetischen Vorgängen gehört. Sie ist vielmehr ein von uns selbst geprägter Relativbegriff, der die verwandtschaftlichen Beziehungen jener Organisationen zum Ausdruck bringt; und das einzige Reale und Konkrete, was mit diesem Begriff unmittelbar zusammenhängt, sind eben die ontogenetischen Vorgänge, aus denen die bestimmten Organisationen hervorgehen. Auch handelt es sich hier nicht um den deskriptiven Teil der fraglichen Entwicklung, sondern nur um ihren allgemeinen ursächlichen Zusammenhang.

Sobald man sich darüber verständigt hat, daß die Keime die eigentlichen Träger und Vermittler der Vererbung sind, gilt es eine Vorstellung davon zu gewinnen, wodurch die Kontinuität und Identität der verwandtschaftlichen Organisation zustande kommt. Mit der modernen Präformationstheorie hatte sich, wie wir sahen (S. 15), die Hypothese vom Keimplasma verbunden, das nicht nur angeblich jede Organisation verursachte, sondern durch direkte Übertragung von einem Organismus und einem Keim auf den andern die Kontinuität und Identität der Organisation in den aufeinander folgenden Generationen sicherte. Wie dies geschähe, wurde kaum angedeutet; es schien zu genügen, daß man vorläufig einen bezeichnenden Namen für die allmächtige Ursache alles ontogenetischen Geschehens oder doch für einen Hauptteil davon gefunden hatte. Eigentlich dachte nur Weismann daran, daß auch für andere Begleiterscheinungen der normalen Ontogenese, nämlich für die Variabilität, für Regeneration, Kreuzung u. ähnl. noch weitere Hypothesen nötig wären (S. 17ff.), während an die nicht weniger wichtige Erklärung der ersten Vererbung, im Zusammenhang mit der ersten Entstehung der Urorganismen überhaupt nicht herangetreten wurde.

Ich lehne jedoch die Keimplasmatheorie nicht nur deswegen ab, weil sie mit der Präformationslehre wesentlich identisch und daher der von mir vertretenen und empirisch allein nachweisbaren Epigenese widerspricht, sondern auch wegen ihrer sonstigen Fehlerhaftigkeit, indem sie gar nicht das zu leisten vermag, was man sich von ihr verspricht. Nachdem ich mich, wie ich glaube, nicht ohne Erfolg bemüht habe, die ganze Ontogenese bis zu den letzten Bildungen nur durch die Tätigkeit der organisierten Substanz zu erklären, kann ich die Notwendigkeit jener Keimplasmatheorie nicht anerkennen, die rein apriorisch die Annahme einer besonderen Bildungs- und Vererbungssubstanz vorschreibt, von deren Wesen und Tätigkeit, ja von ihrer ganzen Existenz wir weiter nichts erfahren, als daß sie ebenfalls die Ontogenese nebst Regeneration, Knospung und Vererbung begründe. Dazu kommt, daß wir uns das altbekannte Protoplasma als ursprünglich isotrope, passive Substanz zu denken haben, die Organisation und Leben erst von dem hypothetischen Keimplasma empfange. Nach allem ist diese Hypothese überflüssig; doch dies nicht allein.

Sobald man sich, ohne die Ontogenese gründlich zu prüfen, zuerst eine besondere Vererbungssubstanz ausdenkt, so wird man naturgemäß ihr jene Eigenschaften zuerkennen, die die wesentlichsten Merkmale der Vererbung sichern, nämlich die Kontinuität und Identität der organischen Substanz an der Stelle, wo der Übergang von einer individuellen Organisation zur folgenden stattfindet — im Keim. Dies ist so einfach und natürlich, daß eine Kritik unnötig erscheint. Aber gerade in diesem der Vererbung gewidmeten Kapitel liegt keine Frage näher, als wie sich das Keimplasma mit jenen beiden Eigenschaften verträgt. Denn sollen sie namentlich in den Keimen, beim ersten Auftreten der angeblichen Wirkungen des Keimplasma grundsätzlich vorhanden sein, so wäre dort ebenso grundsätzlich die Variabilität der Keimmasse ausgeschlossen, ohne die die Organismenwelt überhaupt nicht denkbar wäre. Und da es so viele verschiedene Keimplasmen geben soll wie Arten, Unterarten usw., so muß jedes von ihnen im Protoplasma der Keime neu entstanden, bzw. durch viele Generationen phyletisch entwickelt sein, oder mit anderen Worten: das Keimplasma muß ebenso veränderlich sein wie die Vererbung Beständigkeit voraussetzt.

Ob sich dieser gründliche Widerspruch in der Konstruktion des Keimplasma durch neue Hypothesen beseitigen läßt, wie es bekanntlich Weismann versuchte, habe ich nicht weiter zu untersuchen, da es mir durchaus möglich erscheint, mit Hilfe von gewissen, schon erörterten ontogenetischen Erscheinungen und Ergebnissen zu erklären, wie sich jene beiden Erfordernisse des vererbenden Keims, seine Kontinuität und Identität, und andererseits seine Variabilität sich miteinander vereinigen lassen.

Der Ausgangspunkt unserer Untersuchung kann natürlich nur dort liegen, wo der fragliche Vorgang der Vererbung sich vollzieht, also in der Genese der Keime. Und so wie wir sie uns schon klar gemacht haben, besteht sie wesentlich in der Verjüngung, die uns auch das Verständnis der Vererbung zu vermitteln vermag. Der Verjüngungsprozeß besteht in zwei Akten, erstens in der Rückbildung der keimbildenden Plastide, und zweitens in der Neubildung ihrer Organisation (S. 293). Die Rückbildung betrifft vor allem die Organisation der Keimbildner, die vollständig aufgelöst wird, dann aber auch die Substanz, von der wenigstens Teile des zerfallenden Kerns, bei gewissen Protozoen sogar der ganze Kern nebst Teilen des Protoplasma (Restkörper) zerstört und abgestoßen werden. So weit das Leben der organischen Körper und ihrer Organisation zusammenfällt, wird es in der Keimbildung tatsächlich unterbrochen, und die Diskontinuität des Lebens in der Keimbildung besteht zu Recht (S. 320). Das besondere Merkmal dieses „Zellentodes" besteht aber darin, daß der nicht aufgelöste Rest der Substanz imstande ist, sich zu reorganisieren.

Dieser zweite Teil der Verjüngung, die Neubildung oder Wiederherstellung der Organisation erinnert einigermaßen an die Regeneration, unterscheidet sich aber von einer solchen dadurch, daß die Verjüngung das ganze Individuum umfaßt und neu erschafft, und nicht wie bei der Regeneration nur einzelne Defekte desselben ersetzt. Insofern bleibt die stets partielle Regeneration eine Interpolation und Abart der Ontogenese und arbeitet mit denselben Mitteln wie diese, während die Verjüngung uns auf einen ganz anderen Ursprung hinweist.

Die Verjüngung vollzog sich zum ersten Mal natürlich in der Keimbildung der Urorganismen; und das, was sie wiederholte und vererbte, war eben die Entstehung der ersten Urorganismen, worüber schon das Nähere gesagt wurde (S. 183 ff.). Die biologischen Anorgane begannen ihre Organisation damit, daß ihre Urfunktionen durch die sich allmählich steigernden und fixierenden Korrelationen untereinander die körperliche Abgrenzung ihrer Substanz und damit eine Individualisierung begründeten, die ihren Abschluß in der Organisation jener Funktionen und der Differenzierung des Protoplasma fand. Damit begann die Existenz der Urorganismen und der Lebewesen überhaupt.

Sollen wir dies auf die Keimbildung anwenden, so finden wir zunächst den Zustand der biologischen Anorgane in der desorganisierten Substanz der Keimbildner wiederholt, wobei die Kontinuität der Substanz aufwärts bis zu den fertigen Keimen und rückwärts bis zu den noch unveränderten Anorganen gewahrt bleibt. Wäre nichts weiter hinzuzufügen, so würde der Zustand von biologischen Anorganen mitten in der Keimbildung besagen, daß dort die zeitlichen und sonstigen Bedingungen für die Entstehung von individuellen Organismen gerade so unbestimmt wären wie in den wirklichen biologischen Anorganen selbst. Tatsächlich greift aber die Neubildung der Keime schon in die Rückbildungsperiode zurück; und mit der genannten Kontinuität der Substanz verbindet sich schon ein weiteres Entwicklungsmoment, die Individualisierung. Ihr unmittelbarer Anfang, die bestimmte Abgrenzung der Substanz, die bei den biologischen Anorganen in eine „zeitlose" Periode fällt, ist bei den Keimen von vornherein zeitlich und räumlich gegeben, und deshalb besteht in der Verjüngung keine eigentliche Grenze zwischen Rückbildung und Neubildung. Vielmehr ist die räumliche Begrenzung in der regressiven Entwicklung der Keime schon ein Schritt über den Zustand der biologischen Anorgane hinaus, und folglich die Keimbildung eine „cenogenetische“ Wiederholung der ersten keimlosen Entstehung von Organismen.

Ist aber auf diese Weise die Vererbung der identischen Substanz und ihrer Individualisierung gesichert, so folgt weiter, daß die sich daraus neu entwickelnde Organisation des Keims *b* in der Hauptsache die ganze Organisation des vorausgehenden Keims *a* wiederholt. Die Vererbung von *a* auf *b* ist tatsächlich auf der Kontinuität der Substanz begründet. Aber so wenig diese Kontinuität, infolge der Unterbrechung der Organisation und des Lebens während der Keimbildung, wirklich vollkommen ist, so wenig kann es auch die Identität der Organisation in den aufeinander folgenden Generationen sein. Die protoplasmatische Substanz der Keime gehört zu den unstarren und plastischen organischen Substanzen und befindet sich daher bei ihrer Rekonstruktion und Reorganisation während der Rückbildung der Keimbildner in einem labilen Zustande, der starre Bildungen in der Organisation des fertigen Keims ausschließt. Trifft dies schon bei der Wiederherstellung der protoplasmatischen Substanz zu, so geschieht es in noch höherem Maß in der sich epigenetisch steigernden Organisation. Und damit ist die im allgemeinen ständige Variabilität der Keime erklärt und zugleich ihre Vereinigung mit der Vererbung dargetan.

Die Vererbung beruht auf einer durch die Verjüngung begründeten, unvollkommenen Kontinuität der Keimsubstanz und enthält in der Diskontinuität der Organisation vor und nach der Verjüngung erst recht die Ursachen der Variabilität.

2. Die erblichen Abänderungen.

Auf Grund unserer ontogenetischen Beobachtungen steht es meines Erachtens fest, daß der ganze Bau eines tierischen Organismus auf epigenetischer Entwicklung beruht, so daß alle seine Einzelteile, so wie sie in korrelativem Zusammenhang entstanden, auch nur in derselben Verbindung weiter existieren können. Diese Korrelation oder der gegenseitige Kausalzusammenhang aller Teile eines Organismus ist aber nicht gleichmäßig durchgeführt; er besteht erfahrungsgemäß teils aus variablen, nur locker gebundenen und daher sich leicht verändernden und aus fixierten Teilen, die in der Regel aus den ersteren hervorgegangen sind. Bleibt die Abänderung eines variablen Teils auf die 1. Generation beschränkt (individuelle Abänderungen), fehlt ihr also die Erblichkeit, so ist sie an sich für die phyletische Entwicklung ohne Bedeutung.

Die Erblichkeit wird nun dadurch erworben, daß die Abänderung durch eine Zunahme ihrer Korrelationen fixiert wird, sei es, daß dies durch eine Vergrößerung der eigenen Anlage oder durch die Beteiligung einer neu hinzugekommenen korrelativen Abänderung geschieht. Unter Umständen kann schon eine solche erstmalig vererbte Abänderung dauernd erblich werden (Mutation); oder dieselbe Abänderung und Vererbung verlaufen nicht in kontinuierlicher Folge, sondern werden mit häufigen Unterbrechungen wiederholt, was man als Variante bezeichnen kann. Der Unterschied der Mutation und der Varianten ist natürlich nur ein gradueller. Die Änderung beginnt stets mit einer Lockerung der früheren und dem Eintritt von neuen Korrelationen. Abgesehen von Rückschlägen und Ausgleichen, die hier nicht weiter in Betracht kommen, wird die einmal eingetretene Änderung einer Anlage und ihre Korrelation das dadurch bewiesene Übergewicht über die früheren Korrelationen im allgemeinen behalten; die Varianten werden sich daher früher oder später vermehren und so endlich zur dauernden Vererbung führen, während die Mutation dasselbe Ziel mit dem ersten Akt erreicht.

So bestimmt das Spiel der ontogenetischen Korrelationen den Ursprung und die phyletische Entwicklung der erblichen Abänderung, was durch verschiedene Beispiele empirisch erläutert und bezeugt werden kann.

Wenn an einem möglichst indifferenten Organismus, etwa an einer kugligen Planula, also einem Globoid sich eine lokalisierte Änderung *a* zeigt, so wird man meist mit Recht geneigt sein, ihre Entstehung einem Zufall zuzuschreiben. Sobald aber ein solches frei bewegliche Globoid sich vorher in ein Sphäroid mit der fortdauernden primär-strahligen Grundform verwandelt hat, kann die nunmehr auftretende Änderung *a* nicht jede beliebige Lage mit gleichem Erfolg einnehmen. Zunächst bestimmt die neue Längsachse des Sphäroids seine entsprechende geradlinige Schwimmbewegung mit einem Pol voran, weil jede andere Bewegungsrichtung störend wäre (S. 97, 98). Fällt nun die Abänderung *a* in die Längsachse desselben Körpers, so verträgt sie sich in der Regel gut mit jener Bewegung, wird leicht konserviert und dauernd fixiert (Heteropolie). Außerhalb derselben Längsachse würde jedoch die Änderung *a* entweder für die Bewegung hinderlich sein oder selbst durch sie gestört werden, und daher nicht so leicht fixiert und erblich werden. Die Hauptsache für die Fixierung von *a* ist also ihre Korrelation mit der Heteropolie.

Ich habe ferner bei der Besprechung der Bilateralsymmetrie hervorgehoben (S. 104ff.), daß die sie begründende 2. Heteropolie nicht ganz selbständig und zufällig entstanden sein dürfte, sondern daß sie wahrscheinlich aus einer einseitigen Ausbreitung der primären Scheitelbildungen irgendwelcher Art hervorging. Dies würde nun allgemein ausgedrückt heißen, daß die Variabilität nicht sowohl in zufälligen Sprüngen durch den Organismus fortschreitet, als vielmehr sich in Anknüpfung an schon vorhandene Differenzierungen ausbreitet. Und weitere Belege dafür finden sich in der ganzen Ursachenkette von der 1. Heteropolie der Planula bei den Hydropolypen bis zu ihrer Befestigung und der Bildung des Mundes, der Täniolen und Tentakeln.

Endlich wäre hier noch die Tatsache hervorzuheben, daß bei jeder Steigerung einer Abänderung die folgende Fixierung nicht allseitig in gleichem Maße erfolgt, sondern in der Regel neben den wirklich fixierten Teilen eines Organs noch einige variable Stellen zurückbleiben, die die Variation an derselben Stelle phyletisch weiter führen, wie man an jeder phyletischen Entwicklungsreihe eines höher differenzierten Organs meist sehr deutlich verfolgen kann. Daher behalten Organe und allgemeine Formbildungen, die durch verschiedene einzelne Abänderungen in divergierende Deszendenzreihen auslaufen, einen mehr oder weniger kenntlichen Grundstock von Übereinstimmungen von der ursprünglichen Identität ihrer gemeinsamen Stammform her, woraus eben der Begriff einer allgemeinen Homologie und Verwandtschaft hervorgeht.

Im Zusammenhange mit den zuletzt angegebenen besonderen Erscheinungen der artlichen Abänderung tritt sehr häufig und bei Vergleichungen störend ein merkwürdiger Wechsel der Ursachen im Verlauf der Deszendenz ein, was sich in der Regel durch zeitliche Verschiebungen der einzelnen Entwicklungsvorgänge und durch hinzutretende neue und weniger kenntliche Korrelationen erklären läßt. So wird die mehrfach erwähnte Mundbildung der Hydropolypen bald durch eine Befestigung verursacht, die unabhängig von der noch unvollkommenen Heteropolie erfolgt, bald schon an den frei schwimmenden Larven durch den Einfluß der Heteropolie allein bewirkt, während die Befestigung von ganz ähnlich organisierten Formen, z. B. der Trachylinen ganz unterbleiben kann (S. 78ff.).

Ähnlich verhält es sich mit dem phyletischen Wechsel der Gastrulationsursachen. Der morphologische Vorgang der Einwanderung von Außenzellen ins Blastocöl vollzieht sich zuerst nur an den Keimzellen (Volvox), die infolge ihres Wachstums und des dadurch bedingten Drucks im Blastoderm hineingedrängt werden. Aber schon die Stammzelle aller Keimzellen in den Embryonen der Orthonectiden gelangt nicht infolge eines eigenen Wachstums, sondern als völlig indifferentes

Entoderm durch einen wirklichen Gastrulationsprozeß in das Innere des Embryo, was sich bei allen weiteren Entodermbildungen wiederholt. Indem also der ganze Vorgang anfangs von der Keimbildung ausging, in der Folge jedoch durch die ungleiche konzentrische Ausdehnung des Blastoderms verursacht wurde, liegt zweifellos ein Wechsel der letzten Ursachen vor, obgleich genau genommen ihre nächste Wirkung, die im Blastoderm erzeugten Druckverhältnisse in allen Fällen wesentlich dieselben bleiben. Das eigentlich wechselnde sind die Korrelationen der Einzelteile untereinander.

Endlich sahen wir einen solchen Wechsel in einem dritten Beispiel wiederholt, indem die Gliederung und Cölombildung der Bilateralien aus einer bestimmten Anordnung der Gonaden entsprangen, aber in der Ontogenese der gegenwärtigen Anneliden der Gonadenbildung vorangehen, also nunmehr umgekehrt die morphologische Grundlage der Gonaden von sich aus bestimmen, bis diese Beziehungen bei den Arthropoden überhaupt verschwinden.

Die Erklärung dieses genetischen Funktionswechsels sehe ich überall darin, daß die primären Korrelationen einer Anlage sich allmählich ausbreiten, dabei neue Korrelationen hervorrufen, die die Wirkungen der primären Korrelationen aufrecht erhalten und als deren nächste ontogenetische Ursachen erscheinen, nachdem die ersten Ursachen zeitlich verschoben und unkenntlich geworden oder wirklich ausgeschaltet sind. Nur in diesem Sinne verstehen sich die experimentell festgestellten Wandlungen des ursprünglichen Zusammenhangs mancher Erscheinungen, wie z. B. der Durchbruch des Kiemendeckels der Froschlarven für den Durchtritt der vorderen Extremität (**Braus** 1906). Denn obgleich dieser Durchbruch ursprünglich ganz offenbar unter dem Druck der heranwachsenden Extremität erfolgte, vollzieht er sich gegenwärtig auch dann, wenn die Anlage des Arms vor seiner Überwachsung durch den Kiemendeckel entfernt wird, und zwar nach meiner Ansicht deshalb, weil eine sekundäre Korrelation dieses Organs an die Stelle der primären Ursache trat. — Noch deutlicher zeigt sich dies bei echten Regenerationen, die bei künstlichen Teilungen als deren Folgen stattfinden, bei spontanen Teilungen jedoch in der Regel lange vor der wirklichen Trennung der Hälften beginnen, wie es von den Anneliden u. a. altbekannt ist.

Zweifellos haben solche Erscheinungen dazu beigetragen, daß nicht nur in regenerativen, sondern auch in normalen ontogenetischen Prozessen als Ursachen des Geschehens, statt der allerdings meist sehr komplizierten epigenetischen Korrelationen, die Wirkungen präformierter und spezieller Energien angenommen wurden und werden, obgleich eine solche Hypothese noch viel unverständlicher bleibt als die Folgerung, daß der epigenetische Zusammenhang, der namentlich im ersten Ursprung einer Bildung oft ganz deutlich ist, später nur infolge der unübersehbaren Verwicklung der zahllosen Korrelationen unkenntlich wird, aber nach dem Analogiegesetz angenommen werden muß.

Dies ist der Grund, warum man die ontogenetische Epigenese ganz allgemein und soweit es geht, auf den ersten Ursprung einer Bildung oder eines Vorgangs zurückverfolgen soll; denn sobald dies gelingt, ist die Epigenese des weiteren Entwicklungsverlaufs gesichert, auch wenn er im einzelnen nicht klargelegt werden kann. Und so beruht jede Ontogenese im ganzen und in allen Einzelheiten auf einem ständigen Wechsel nicht nur der Erscheinungen, sondern auch ihrer Bildungsursachen; und die ontogenetischen Vorgänge, die ich unter diesem Namen des Wechsels besonders zusammenfaßte, sind im Grunde nichts weiter als besonders prominente Beispiele des allgemeinen und normalen, aber unter gewissen Bedingungen abgekürzten Verlaufs der Ontogenese.

Dies alles verdient natürlich eine besondere Beachtung, wenn man sich ganz speziell mit den phyletischen Leistungen der Ontogenese und den darin niedergelegten Urkunden der Stammesgeschichte beschäftigt. Ich finde aber nicht, daß als Grundlage für die Beurteilung dieses Materials bereits eine einwandfreie und methodisch geklärte Auffassung von den gesetzmäßigen Beziehungen zwischen dem stammesgeschichtlichen Fortschritt der Deszendenz und den beteiligten Ontogenesen vorliegt. Denn der unter dem Namen „biogenetisches Grundgesetz“ bekannte Versuch einer solchen Erklärung wird freilich häufig beanstandet, aber nicht gründlich analysiert, so daß man immer noch nicht weiß, was daran richtig und was unrichtig ist. Grund genug, um dieses „Gesetz“ einmal einer genaueren Kritik zu unterwerfen.

a) Das biogenetische Grundgesetz.

Es handelt sich dabei bekanntlich um die Ähnlichkeit zwischen den ontogenetischen „Stufen“ einer Tierform und den Reife- und Endformen anderer Tierarten, was schon vor langer Zeit aufgefallen war und so ausgedrückt wurde, daß die Ontogenese jedes Tieres eine Reihe anderer „Typen“ durchlaufe (Kielmeyer, Merkel, v. Baer). Erst Fr. Müller verwendete diese Erscheinung in der bekannten Abhandlung „Für Darwin“ im Sinne der Deszendenz- und Selektionstheorie Darwins, indem er die Ontogenese für eine wirkliche Wiederholung der Vorfahren- oder Ahnenreihe (Palingenese — Haeckel 1868) des fraglichen Tiers erklärte, die freilich nicht unverändert bliebe, sondern durch die Cenogenese (Haeckel) verfälscht würde.

Nach Fr. Müller geht die Palingenese folgendermaßen vor sich. Junge Tiere sollen, nachdem sie die Form der Eltern erreicht haben, „noch weiter schreiten", d. h. der elterlichen Reifeform *a* eine neue Stufe *b* hinzufügen, die auf die Nachkommen vererbt zu deren Reifeform wird, während *a* zu der ontogenetischen Vorstufe von *b* zurückrückt. Sobald man sich dies durch Vererbung und Selektion auf die ganze Art übertragen und durch die gesamte Ontogenese wiederholt denkt, ergibt sich diese als Rekapitulation der sämtlichen Ahnenformen in der ursprünglichen Reihenfolge. Danach wäre die Entwicklung des Individuums ein vollkommenes Abbild der Stammesentwicklung desselben Tieres.

Die auf diese Weise in die Ontogenese aufgenommene „geschichtliche Urkunde" soll aber dadurch gefälscht werden, daß zufällig entstandene Abänderungen in ihrem Verlaufe (zeitliche Verschiebungen, Ausfall von Entwicklungsstufen u. ähnl.) sich als vorteilhaft erwiesen und daher durch natürliche Auslese dauernd erhalten werden (Cenogenese). Von irgendeinem Zusammenhang dieser ontogenetischen Fälschungen mit dem phyletischen Fortschritt der Reifeformen spricht Fr. Müller um so weniger, als seine Beispiele sich hauptsächlich auf larvale Bildungen bezogen, für die ein solcher Zusammenhang ohne weiteres nicht kenntlich oder sogar ausgeschlossen ist.

Diese Gedanken Fr. Müllers hat Haeckel verallgemeinert und als biogenetisches Grundgesetz zusammengefaßt, wobei namentlich der Gegensatz der Palingenese und der Cenogenese als positive und negative Erscheinungen hervorgehoben wurde. Eine volle und allgemeine Anerkennung hat diese Lehre jedoch nicht gefunden, weil man mehr Ausnahmen als Bestätigungen einer vollkommenen Palingenese antraf, und weil die Annahme von cenogenetischen Abänderungen der Ontogenese der Willkür und dem Mißbrauch Tor und Tür öffnete. Trotzdem wird das biogenetische Grundgesetz herangezogen, wo es gerade zu passen scheint. Tatsächlich besteht es aber in einem großen Mißverständnis, und das, was der ganzen merkwürdigen Erscheinung zugrunde liegt, ist, wie ich es schon bei einer früheren Gelegenheit auseinandersetzte (Unters. zur Entwicklungsgesch. der Würmer, II. 1884), etwas ganz anderes, als was man mit den Namen Palingenese und Cenogenese bezeichnet.

Fr. Müller gewann seine Ansicht von den Vorgängen der Ontogenese nicht aus einem Studium ihrer Ursachen, sondern auf Grund gewisser Einzelerscheinungen und ihrer Erklärung nach den Grundsätzen der Darwinschen Selektionstheorie. Als besonders anschauliches Beispiel beschrieb er die späteren Entwicklungsstufen eines Röhrenwurms.

Am jungen Tier erschienen zuerst nur federförmige Kiemen am Kopf, wie bei einer Protula (*a*), von denen eine nach kurzer Zeit ein keulenförmiges Ende erhielt (*b* — Filigranastufe), das sich zuletzt in einen vollkommenen Deckel verwandelte, während der Stiel die Seitenzweige verlor und glatt wurde (*c* — Serpulastufe). Die in diesen aufeinander folgenden ontogenetischen Stufen sich offenbarende Palingenese erklärte Müller, soweit ich ihn verstehe, folgendermaßen.

Jeden ontogenetischen Verlauf betrachtet er als eine Reihe von verschiedenen Bildungsstufen, von denen jede durch ihre Nützlichkeit hervorgerufen und fixiert wurde, indem sie sich an die frühere Endstufe anschloß und sie dadurch zur Vorstufe zurückschob. Diese neue Vorstufe, z. B. die Protulaform *a* (s. o.) blieb durch denselben Nutzen, durch den sie entstanden war, auch weiterhin in der Ontogenese erhalten. Dies wiederholte sich bei *b* und *c*; der dreifache Nutzen, der die palingenetische Reihe *a*, *b*, *c* schuf, konservierte sie auch. Von einer Korrelation dieser Stufen untereinander erfahren wir nichts; sie würde auch schlecht in den Selektionsprozeß passen, der jene Stufen nicht nur schaffen und konservieren, sondern unter Umständen auch beseitigen soll, sobald nämlich durch den Ausfall der einen oder anderen Vorstufe oder aller Vorstufen sich ein neuer Vorteil herausstellte. Dann trete an Stelle der Palingenese *a*, *b*, *c* die einfache Stufe *c* oder eben eine Cenogenese, die also mit den vorangegangenen Stufen in keinerlei Zusammenhang stände.

In dieser Auffassung finde ich jedoch eigentlich lauter Fehlschlüsse. Zweifellos hat Fr. Müller in teilweise geistreicher Weise die Konstanz der Arten ganz im Sinne seines Meisters Darwin zu widerlegen verstanden. Aber darüber hinaus hat er in allen positiven Erläuterungen der Ontogenese ebenso geirrt wie Darwin, weil er gleich diesem die eigentlichen Zusammenhänge der individuellen Entwicklung unbeachtet ließ oder mißverstand. So wählte er gerade die Larvenentwicklung, die doch vielfach Ausnahmen von der typischen Ontogenese enthält, als Beispiele und Belege für die letztere und brachte dadurch die ganze Sache in Verwirrung.

Verfehlt ist vor allem die Auffassung, als wenn die Ontogenese, sei es eines Einzelteils oder des ganzen Individuums, aus selbständigen und für sich abgeschlossenen Entwicklungsstufen bestehe, die durch eine äußere Macht, den Nutzen, wie Bausteine zusammenfügt oder aus dem Zusammenhange heraus beseitigt würden. Aus einleuchtenden praktischen Gründen können wir allerdings die Annahme von Entwicklungsstufen für die ontogenetische Beschreibung nicht gut entbehren; rein sachlich bestehen aber keine wirklichen Grenzen zwischen solchen

Gliedern einer Entwicklungsreihe, die lediglich den Fortschritt eines ununterbrochenen Geschehens bezeichnen, wobei jeder einzelne Akt ebenso sich als die unmittelbare Wirkung einer vorausgehenden Ursache darstellt, wie er anderseits als Grund der nächsten Folge in sie übergreift.

Im Hinblick auf diesen korrelativen Zusammenhang der ontogenetischen Erscheinungen ist ihre Erklärung nur in ihren Ursachen und deren Korrelationen zu suchen, wogegen ihr etwaiger Nutzen bestenfalls im fertigen Körperteil zutage tritt, aber mit dessen Entstehung und selbst mit seiner Erhaltung in der Ontogenese gar nichts zu tun hat. Jede palingenetische Erscheinung beruht daher, soweit sie korrelativ begründet ist, ausschließlich auf ontogenetischen Vorgängen und Wirkungen. Und ebenso verhält es sich mit der Cenogenese.

Ihr Nutzen könnte bestenfalls erst wirken, nachdem die fragliche Rückbildung und Fälschung bereits eingetreten ist, nicht aber diese hervorrufen. Und dazu ist der Schwund der fraglichen ontogenetischen Anlagen unter allen Umständen dadurch bedingt, daß ihre Korrelationen gelockert oder aufgehoben sind. Kurz, diese und andere Widersprüche in der bisherigen Lehre von der Cenogenese laufen immer wieder darauf hinaus, daß Ursachen und Wirkungen miteinander verwechselt wurden, weil infolge des Übergewichts der Darwinschen Spekulation die ontogenetische Beobachtung vernachlässigt wurde.

Diese Ablehnung der Müllerschen, von Haeckel u. A. gebilligten Erklärung von Palingenese und Ontogenese kann jedoch erst völlig verstanden werden, wenn man zugleich die auf ontogenetischer und epigenetischer Grundlage aufgebaute Erklärung jener beiden Schlagworte dagegen hält.

Zuerst muß die Vorstellung zurechtgestellt werden, daß die Palingenese eine grundsätzlich unveränderte Wiederholung der Organisation der Vorfahren bedeute. Stets haben diese ontogenetischen „Vorfahrenformen“ nur den Wert von Homologien oder partiellen Übereinstimmungen mit den ursprünglichen Endstufen, so zwar, daß die Ähnlichkeit im ganzen und in den Einzelteilen um so größer ist, je kürzer der phyletische Abstand zwischen den rezenten und den Ahnenformen ist, und umgekehrt.

Dies ist eine bereits bejahrte Tatsache, die mit den Erscheinungen der Deszendenz und der Divergenz zusammenfällt und durch die willkürliche Selektionstheorie nicht begründet und geklärt wurde. Dies kann vielmehr nur von der vergleichenden Beobachtung erwartet werden.

Vergleicht man verwandte Ontogenesen in aufsteigenden und absteigenden Deszendenzlinien, so überzeugt man sich leicht, daß die

Vorstellung von selbständig gebildeten und aufeinander folgenden Stufen ebenso schematisch wie irrig ist. Jede ontogenetische Neubildung geht aus einer vorher bereits vorhandenen Bildung, also stets aus einer wirklichen Abänderung hervor, so daß die vorausgehende Form *a* und die folgende Form *b* in Korrelation stehen und bleiben. Die morphologische Sonderung der älteren und einfacheren Organismen liefert zahllose Beispiele dafür. Daraus folgt aber in Wirklichkeit nicht etwa die palingenetische Reihe *a*, *b* in der Ontogenese; denn die Ursachen der Neubildung *b* haben sich in der früheren Endstufe *a* zusammen gefunden, so daß diese beim Erscheinen von *b* nicht unverändert zurückbleiben kann. Dies wird durch eine kurze Überlegung evident.

Die Tatsache, daß *b* nicht einfach an die Stelle von *a* tritt, sondern ganz regelmäßig ein Homologen von *a* zurückläßt, beweist ohne weiteres, daß die frühere Endstufe *a* nicht in ihrer Gesamtheit, sondern nur zum Teil von der Abänderung betroffen wird. Die allseitigen Korrelationen, die jede ontogenetische Bildung fixieren, sind naturgemäß von verschiedener Stärke, so zwar, daß die Stellen der schwächeren Korrelationen die eigentlich variablen sind, die sich in *b* verwandeln. Aber auch der andere Teil von *a* kann, wenn er auch an der positiven Variation nicht teilnimmt, doch nicht ganz unverändert bleiben, da ihm mit dem variablen Teil einige seiner früheren Korrelationen entzogen werden. Diese mehr oder weniger kenntliche Abänderung wäre also durch a^{-1} zu bezeichnen, die als zurückbleibender Rest von *a* natürlich dem in der Bildung begriffenen *b* vorangeht. Daraus versteht sich, daß die Palingenese nicht als unmittelbarer Anschluß des neuen *b* an das vorige *a*, sondern als eine Metamorphose von dem früheren *a* in das gegenwärtige $a^{-1}b$ verläuft.

Dies wiederholt sich bei jedem neuen Bildungsfortschritt, wobei die korrelativen Änderungen der Vorstufen sich entsprechend steigern. Jede Palingenese ist grundsätzlich mit einer gleichzeitigen „Fälschung" der ontogenetischen Vorstufen, also einer Cenogenese verbunden. Die beiderlei Erscheinungen Palingenese und Cenogenese sind nur zwei verschiedene Seiten desselben Geschehens.

Man kann sich aber auch weiter davon überzeugen, daß es eine andere Cenogenese als jene Korrelation und notwendige Folge der Palingenese in der normalen Ontogenese nicht gibt, und daß folglich die Cenogenese schlechtweg nicht bloß ein Korrelat der Palingenese ist, sondern eben deshalb, einmal begonnen, ebenso fortdauert und sich successiv entwickelt wie die palingenetische Reihe. Doch ist ein Moment dieser Entwicklung noch besonders hervorzuheben.

Die cenogenetische Abänderung ist keine progressive, sondern eine **regressive** Entwicklung, und zwar in doppeltem Sinn einer **ontogenetischen** und einer **phyletischen Rückbildung**, wie es aus unserer bisherigen Untersuchung naturgemäß folgt.

Soweit sich die Variabilität in der Ontogenese äußert, ist sie natürlich zeitlich begrenzt, nämlich durch die morphologische und gewebliche Vollendung oder Endstufe jeder Anlage. Sobald nun die Palingenese von neuem eingreift, wird, wie wir sahen, die Vollendung der Endstufe a unterbrochen, indem sie sich zunächst in eine Vorstufe der neuen Endstufe b verwandelt. Und diese Rückbildung von a in a^{-1} steigert sich in der Folge bei jedem neuen palingenetischen Fortschritt in a^{-2}, a^{-3}..., die sich von der früheren Vollendung der fraglichen Bildung successiv entfernen, so daß zuerst die gewebliche, dann die morphologische Sonderung derselben Anlagen verschwindet. Nun handelt es sich aber in der ganzen palingenetischen Reihe nicht nur um die Rückbildung des Elements a unseres Schemas, sondern auch um die sich ihm anschließenden neuen Elemente b, c ... Die vollständige Reihe würde also lauten: a, $a^{-1} \cdot b$, $a^{-2} \cdot b^{-1} \cdot c$, $a^{-3} \cdot b^{-2} \cdot c^{-1} \cdot d$..., so daß die Kenntlichkeit der einzelnen Bildungselemente der Anlage durch die gesteigerten Korrelationen in der fortschreitenden ontogenetischen Reihe noch mehr abnimmt als in der zuerst betrachteten umgekehrten Richtung.

Bei dieser Auffassung der Palingenese und Cenogenese wird nicht nur ihre bisherige Deutung wesentlich korrigiert, sondern auch ihre richtige Verwendung für die Stammesgeschichte klargelegt. Nach Fr. Müller und Haeckel waren beide Begriffe rein äußerlich begründet, indem zufällige, durch Selektion erworbene Abänderungen sich nach irgendwelchen unbekannten Gesetzen in der Ontogenese unverändert aneinander reihen sollten, worauf diese Palingenese durch die ebenso zufällige und willkürlich wirksame Cenogenese gefälscht würde. Dagegen ergab sich uns die Variabilität der Organisation (s. S. 330ff.) aus dem eigensten, einer starren Formbildung widersprechenden Wesen der organischen Entwicklung, und die Fixierung der natürlichen Varianten als Wirkung der epigenetischen Korrelationen, also die ganze erbliche Abänderung als Ausfluß der Konstitution und eigensten Tätigkeit der Lebewesen selbst, woraus sich auch das Wesen der Palingenese und Cenogenese als der notwendig dazu gehörigen und stets korrelativ verbundenen ontogenetischen Erscheinungen offenbart.

Die praktische Bedeutung der beiderlei verschiedenen Gesichtspunkte für die Stammesgeschichte kann nach dem Gesagten nicht zweifelhaft sein. Wenn die Belege für das biogenetische Grundgesetz durchweg so geartet wären wie das Beispiel von der Entwicklung des Kiemendeckels der Röhrenwürmer, so ließe sich die Stammesgeschichte größtenteils unmittelbar und ohne jedes leitende Gesetz von der Natur ablesen. Jenes Beispiel von der scheinbar unveränderten Palingenese ist aber einmal eine sehr seltene und täuschende Erscheinung, weil bei der grundsätzlichen und ausnahmslosen Korrelation von Palingenese und Cenogenese die erste ohne die andere gar nicht vorkommen kann, und die Cenogenese im vorliegenden Fall nur deshalb vermißt wird, weil sie erst am Ende der ontogenetischen Reihe einsetzend unbedeutend ist und leicht übersehen wird. Aus demselben Grunde sind solche Beispiele ziemlich überflüssig; denn die rein anatomische Vergleichung genügte zu solchem Zweck. Dagegen bleibt die Aufdeckung einer weiter vorgeschrittenen Cenogenese auf der von Müller und Haeckel angegebenen Grundlage eine willkürliche Deutung von zufälligen Ähnlichkeiten.

Ganz anders gestaltet sich die Untersuchung der ontogenetisch begründeten Palingenese und Cenogenese. Es bedarf keiner ausführlichen Auseinandersetzung, daß die stets und gesetzmäßig abgeänderte Palingenese mit den Erfahrungen der Homologie zusammenfällt, deren phyletische Bedeutung in einem früheren Kapitel erläutert wurde (s. I 2a). Was dort als Tatsache beurteilt wurde, nämlich die in der Ontogenese rückwärts, gegen ihren Anfang zunehmende Übereinstimmung in der Bildung der divergierenden, verwandtschaftlichen Deszendenzreihen, soll hier nach seinem Ursprung erklärt werden. Jeder phyletische Fortschritt steigert die Cenogenese in jeder Richtung; nur ist die durch neue Abänderungen sich rückwärts steigernde Cenogenese immer geringer als die Cenogenese der fortschreitenden Entwicklungsreihe. Die ontogenetische Abänderung der ursprünglichen Bildung a in a^{-1}, a^{-2}, a^{-3} ... ist daher unter allen Umständen leichter zu erkennen als in den Verbindungen $a^{-1}\cdot b$, $a^{-2}\cdot b^{-1}\cdot c$, $a^{-3}\cdot b^{-2}\cdot c^{-1}$ .... Darauf beruht also auch die Vorschrift, die ontogenetischen Vergleiche an den frühesten Entwicklungsstufen auszuführen.

Allerdings läßt sich auch auf diesem Wege das ein für alle Mal eliminierte unverfälschte a nicht vollkommen, in allen seinen Einzelheiten rekonstruieren; man nähert sich aber diesem Ziel durch eine passende Auswahl der zu vergleichenden Ontogenesen, und namentlich durch eine Ausdehnung der Vergleiche auf die der Bildung a vorausgehenden Entwicklungsstufen. Ferner ist aber der Nachweis einer wirklich identischen Stammform zweier divergierender Arten überhaupt nicht nötig, weil die Angehörigen einer variierenden Art nur relativ und nicht völlig gleich sind, und in der Stammesgeschichte nur die ganzen Artformen und nicht ihre einzelnen variablen Mitglieder in Frage kommen.

So bleibt die Verwendung der richtig aufgefaßten Palingenese und ihres unentbehrlichen Korrelats, der Cenogenese, durchaus frei von dem Vorwurf eines willkürlichen Vorgehens, da diese Erscheinungen sich als gesetzmäßig geregelte Leistungen der Ontogenese erweisen. Nur darf freilich nicht unerwähnt bleiben, daß die vergleichend ontogenetische Untersuchung teils durch Lücken unserer ontogenetischen Kenntnisse und teils dadurch wesentlich erschwert wird, daß zu der erläuterten Cenogenese eines Körperteils oft noch eine solche von benachbarten Körperteilen hinzukommt und die gerade ins Auge gefaßte palingenetische Reihe verdeckt und verwischt. Unter solchen Störungen oder sekundären Cenogenesen nenne ich beispielsweise zwei häufige Rückbildungserscheinungen, die mit der Entwicklung des Nahrungsdotters und der Larvenbildung zusammenhängen.

Die physiologisch-biologische Bedeutung des Nahrungsdotters springt vielfach so in die Augen, daß als Hauptgrund seiner Entstehung oft genug die durch ihn unterhaltene Ernährung des Embryos angenommen wird. Wie ich aber schon auseinandergesetzt habe (s. S. 65, 67), hat die erste Anlage eines endogenen Nahrungsdotters nichts mit seinem Nutzen in jener Ernährung zu tun, sondern besteht in einer morphologischen Umbildung eines massigen Entodermabschnittes, wobei einzelne Entodermzellen rein zufällig zerstört werden. Erst nachdem diese Rückbildung sich korrelativ genügend gesteigert hat, kann ihr Produkt als Nährflüssigkeit in das unterdessen weiter entwickelte Darmepithel aufgenommen werden. In welcher Weise der Nahrungsdotter die morphologische Sonderung „fälschen" kann, erfahren wir aus der Embryonalentwicklung der Arthropoden, Cephalopoden und Wirbeltiere, wo er unter anderem die Gastrulation und die genetischen Beziehungen der Keimschichten zueinander teilweise völlig verdeckt. Die eigentümliche Bedeutung des Nahrungsdotters in morphologischer Beziehung zeigt sich aber darin, daß er, ohne sich in dauernde Körperteile zu verwandeln, frühzeitig aus der Ontogenese verschwindet und dadurch auch die durch ihn bedingte störende Cenogenese beseitigt.

Darin gleicht er den zahllosen Rückbildungen von Organen, die bei der Erforschung der Stammesgeschichte in verschiedener Richtung eine nicht unwichtige Rolle spielen (rudimentäre und larvale Bildungen). Nachdem ich diesen Gegenstand schon früher einer eingehenden Untersuchung unterzogen habe (Untersuchungen zur Entwicklungsgeschichte der Würmer, II, 1884, S. 19. 128), beschränke ich mich an dieser Stelle auf einige Bemerkungen über die Larvenformen.

Ich unterscheide an ihnen die metaphorischen und die autogonen Bildungen, die ersteren aus früheren Endstufen der Vorfahren hervorgegangen, die anderen aus selbständigen Neubildungen entstanden, beide jedoch stets bis zu einem gewissen Grade miteinander vereinigt. Ihr ontogenetisches Merkmal ist in beiden Fällen ihr wirklicher Schwund vor dem Abschluß der Ontogenese; und nur die Ursachen dieser Rückbildung sollen hier erläutert werden, besonders weil die dadurch entstehende Cenogenese eine Hauptquelle für Fr. Müllers Theorie von der Fälschung der Ontogenese war.

Sie stützte sich hauptsächlich auf die mißverständliche Vorstellung, als wenn die Larven besondere „Stufen" der Gesamtontogenese seien, die sich als Neubildungen und zwar wieder in Anpassung an äußere Lebensbedingungen in den Verlauf der Entwicklung einfügten, und infolge einer anderen Anpassung ebenso leicht im ganzen aus ihm ausschieden. Diese irrige Vorstellung von durchaus selbständigen larvalen Perioden oder Stufen konnte nur unter der Voraussetzung entstehen, daß man von der epigenetischen Grundlage jeder Ontogenese, von der Korrelation der Embryonalteile und damit von einer eigentlichen Entwicklungsgeschichte ganz absah, ihr Geschehen, wenn auch unausgesprochen, einer unverantwortlichen Präformation überließ und sich nur an das sichtbare Erscheinen und Vergehen der larvalen Bildungen hielt.

Auf Grund der nach meiner Ansicht allein maßgebenden epigenetischen Auffassung der Entwicklung ist aber die Larvenbildung ganz anders zu beurteilen. Sie umfaßt niemals die ganze Organisation des Embryos, sondern nur einzelne Teile davon, die gerade so wie die übrigen Anlagen durchaus korrelativ entstehen. Daher ist der frühe Schwund der larvalen Teile, die Larvenmetamarphose, keinesfalls ein Ausfall ganzer Bildungsstufen, keine Unterbrechung der ganzen Ontogenese, sondern bloß eine oft sehr beschränkte Rückbildung, z. B. wenn es sich lediglich um eine larvale Bewimperung handelt.

Und diese Rückbildung der Larvenbildung erfolgt genau durch dieselben korrelativen Ursachen wie der Schwund von nicht larvalen, sondern beliebigen anderen Körperteilen, die wir als Rudimente bezeichnen. In beiden Fällen beginnt die Rückbildung mit einem Stillstand der Funktion, der naturgemäß den Schwund des zugehörigen Organs zur Folge hat und dadurch korrelativ hervorgerufen wird, daß dieses Organ für seine Leistungen im heranwachsenden Organismus nicht mehr ausreicht oder umgekehrt überflüssig wird, weil es durch die gleichzeitige Entwicklung eines besser passenden neuen Organs ersetzt wird.[1]

---

[1] Daran ändert sich nichts trotz des unverkennbaren Unterschieds der rudimentären und der larvalen Körperteile, von denen die ersteren, die Rudimente, aus lebenslänglichen Organen hervorgehen, die Larvenbildungen dagegen stets während der Ontogenese ausscheiden.

Bezeichnende Beispiele bieten uns diejenigen Larven der Würmer und Mollusken, deren lokomotorische Wimperapparate durch muskulöse Organe (Stammmuskulatur, Parapodien der Anneliden — Kriechfuß der Schnecken) abgelöst werden.

Diese Korrelation zwischen der progressiven und der regressiven Entwicklung ist freilich nicht immer evident, und wird daher vielfach verkannt, woraus sich der täuschende Eindruck erklärt, daß die Larvenbildungen unabhängig vom übrigen Organismus entstehen und vergehen, nach Gesetzen, die ihnen von äußeren Ursachen, so vor allem durch die sogenannten nützlichen Anpassungen vorgeschrieben werden. Richtig ist daran nur, daß das Motiv für jede regressive Veränderung nicht allein in dem fraglichen Einzelteil enthalten ist, — denn dies wäre die vollkommenste Präformation —, sondern wesentlich außer ihm existiert, aber doch nur in seinen Korrelationen mit der übrigen Organisation, wozu in erster Linie seine oben gekennzeichnete Unzulänglichkeit der physiologischen Arbeit gehört. Will man die im ganzen Organismus selbst gegebene Fähigkeit zum Ausgleich jener Unzulänglichkeit eine Anpassung nennen, so ist nichts dagegen einzuwenden. Dann ist aber die Existenzfähigkeit, die erste und wesentlichste Eigenschaft jedes Lebewesens, die einzige Ursache aller seiner normalen Änderungen, einschließlich der Larvenmetamorphose, was jedoch mit Zweck und Nutzen nichts zu tun hat.

Die praktische Bedeutung der Rudimente und Larvenbildungen für die Stammesgeschichte braucht nicht näher erläutert zu werden: sie gehören zu den wichtigsten palingenetischen Merkmalen für die Rekonstruktion der gesuchten Vorfahrenformen.

b) Die Ursachen der erblichen Abänderungen.

Ich habe bisher nur von den autonomen Abänderungen gesprochen, die während der Keimbildung als Folge der natürlichen Variabilität der protoplasmatischen Substanz und ihrer Organisation entstehen. Allerdings können auch während der Ontogenese verschiedene äußere, d. h. außerhalb des normalen Ursachenkomplexes des reifen Eies befindliche Ursachen in die Entwicklung mit eingreifen, haben aber dann in der Regel abnorme Ergebnisse zur Folge. Ob sie wenigstens in den ersten ontogenetischen Vorgängen — später dürfte es ausgeschlossen sein — so mitwirken können, daß die Abänderung physiologisch normal bleibt, läßt sich zunächst nicht entscheiden, spielt aber im allgemeinen keine wesentliche Rolle.

Viel wichtiger ist die Untersuchung, in welcher Weise äußere Ursachen während der Entstehung des Eies es beeinflussen und vererbungsfähige Abänderungen an ihm bewirken können. Es ist einmal nicht ganz leicht, den Begriff solcher äußeren Ursachen in allen Fällen bestimmt abzugrenzen. Verhältnismäßig einfach ist die Bedeutung der Befruchtung als äußere Ursache zu verstehen, die am Schluß der Keimbildung in Tätigkeit tritt und bis zu einem gewissen Grade in ihrer Tätigkeit verfolgt werden kann. Weniger einfach ist die Definition der übrigen äußeren Abänderungsursachen der Keime, deren Wirkungen man nicht gerade glücklich als erworbene Abänderungen bezeichnet, im Gegensatz zu den durch Variation der Keimsubstanz oder durch Befruchtung entstandenen angeborenen Abänderungen.

Beginnen wir mit der durch die Befruchtung erzielten Abänderung der Ontogenese, so ist dabei zweierlei zu unterscheiden: das, was dabei geschieht, und was die Folge davon ist. Seitdem es, namentlich durch O. Hertwigs Untersuchungen, feststeht, daß die Befruchtung hauptsächlich in der Kopulation des weiblichen und des männlichen Kerns innerhalb des Eies, also in einer Karyogamie, besteht, kann von einer gleichwertigen Beteiligung der beiderlei Keime zur Herstellung der Energie des entwicklungsfähigen Eies nicht mehr die Rede sein. Das Ei liefert Plasma und Kern, und kann in der Parthenogenese ohne Beteiligung des Sperma die Ontogenese einleiten und bis zur Vollendung eines vollständigen Organismus sicherstellen. Von einer solchen selbständigen und positiven Leistung ist die Spermie überhaupt ausgeschlossen. Die Befruchtung ist nicht einmal für die Einleitung der Ontogenese grundsätzlich nötig, und wo diese Notwendigkeit erworben wurde, da wirkt die Spermie in dieser Beziehung, wie wir gegenwärtig wissen, nicht anders als gewisse anorganische, auf das Ei einwirkende Mittel. Es kommt hier also nur noch die Vererbung von besonderen, im Muttertier nicht vorhandenen väterlichen Merkmalen in Betracht.

Da die Spermie für den zu erzeugenden Nachkommen eigentlich nur Kernsubstanz liefert, so kann diese sich natürlich nicht direkt an der morphologischen Sonderung beteiligen, keine morphologische Bildung unmittelbar leisten, sondern nur dadurch wirken, daß sie an der Tätigkeit der mütterlichen Keimmasse teilnimmt, also vornehmlich bei der Gewebsbildung mittätig ist. Die vom Vater herrührende erbliche Abänderung müßte sich folglich auf das Gebiet der Histiogenese beschränken. Daß aber diese schon von Schaxel ausgesprochene Ansicht unbedingt richtig ist, halte ich noch nicht für entschieden. Denn so gut wie die Funktionen werdender Gewebe unter Umständen an sekundär morphologischen Bildungen (Heteromorphose, pathologische Bildungen) beteiligt sein können, ist ähnliches auch bei der Einwirkung der männlichen Kernsubstanz auf die Ontogenese wenigstens denkbar. In keinem Falle kann ich aber in der Vererbung väterlicher Merkmale eine Veranlassung finden, meine allgemeinen Vorstellungen über Vererbung und Epigenese zu verändern. Soweit die väterliche Organisation vererbt wird, wirkt sie nicht wie die weibliche Keimzelle, von der Verjüngung aus vollkommen neubildend, sondern nur in gewissen Grenzen abändernd.

Bei dieser Gelegenheit sei der an Mendels Beobachtungen geknüpften Kreuzungsversuche kurz gedacht. Sie gehören freilich in erster Linie in das Kapitel der erblichen Abänderung, aber deswegen nicht ohne weiteres in die vorliegenden Untersuchungen, weil sie sich hauptsächlich mit den Erscheinungen der vollendeten Abänderung, aber nicht mit deren Ursachen beschäftigen und das Hauptgebiet der phyletisch wirksamen erblichen Abänderung, nämlich die durch autonome Variabilität hervorgerufenen Neubildungen gerade ausschließen. Auch sind die auf Grund der Mendelschen Beobachtungen und Gesetze angestellten Kreuzungsversuche eher geeignet, die von mir gesuchten Zusammenhänge in verschiedenen Richtungen zu verdecken. Denn diese Zusammenhänge offenbaren sich gerade in eingeschlechtlichen, parthenogenetischen Fortpflanzungen oder in solchen von ganz gleichen Eltern völlig ungestört.

Außer der Befruchtung gibt es noch eine Quelle erblicher Abänderungen durch äußere Ursachen: die schon genannten erworbenen Abänderungen. Ich habe diesen Ausdruck vorhin bemängelt, weil man darunter etwas anderes versteht, als er eigentlich besagt. Denn daß ein selbständig lebender Organismus durch irgendwelche außer ihm befindliche Ursachen abgeändert werden könne, braucht doch nicht besonders hervorgehoben zu werden; und in der Tat soll eine „erworbene Abänderung" nur bedeuten, daß eine solche an einem elterlichen Organismus entstandene Abänderung auf die Nachkommen vererbt werden könne. Solche Erscheinungen sind auch wirklich, und zwar experimentell nachgewiesen worden; ich meine vor allem die bekannten Fischerschen Versuche an Schmetterlingen, deren durch Abkühlung der Puppen künstlich erworbene Färbungsvariationen mehr oder weniger genau sich an ihren normal aufgezogenen Nachkommen wiederholten, also wie es heißt, sich vererbten.

Bei einer Vergleichung solcher Fälle mit den autonomen (angeborenen) erblichen Abänderungen zeigt sich jedoch mehr als ein Gegensatz. Die autonomen Abänderungen beginnen, wie wir sahen, in den werdenden Keimen selbst, und ihre Vererbung verläuft darauf von Keim zu Keim; die erworbene Abänderung entsteht dagegen am elterlichen Organismus, trifft alsdann die Keime und erzeugt in ihnen die Vererbungsenergie zu einer gleichen Abänderung im Nachkommen. Die ganze Bedeutung dieses Gegensatzes ergibt sich bei einer näheren Prüfung des Ursprungs und des Wesens der fraglichen erworbenen Abänderung.

Daß die autonome Abänderung der in Entwicklung begriffenen Keime aus ihrer natürlichen Variabilität entspringt und sich in den Keimen der nächsten Generation durch den Verjüngungsprozeß wiederholt, also vererbt, bedarf nach der vorausgeschickten Auseinandersetzung keiner erneuten Erklärung. Dagegen ist die angebliche Übertragung einer neu erworbenen Abänderung vom fertigen Organismus auf seine Keime noch ebenso unerklärlich wie anfangs, als schon Darwin selbst sich veranlaßt sah, jene, wie es schien unerläßliche Annahme durch eine besondere Hypothese, die Pangenesistheorie, zu unterstützen. Und da sie wenig Anklang fand, trat neuerdings an ihre Stelle die Induktionshypothese, doch ohne wesentlich besseren Erfolg. Auch bedarf es meines Erachtens keiner eingehenden Kritik, um alle diese Hypothesen abzulehnen; denn sie verstoßen gegen die wichtigste Bedingung einer Hypothese, nämlich notwendig zu sein.

In den oben genannten und bisher noch immer bedeutsamsten Fischerschen Beispielen trifft die Kältewirkung zweifellos alle Anlagen der Schmetterlingspuppe gleichzeitig und gleicherweise wie jeder direkte anorganische Reiz. Es bleibt daher eine keineswegs gesicherte Annahme, daß der Kältereiz wohl die Färbung der Flügelanlagen, aber nicht ebenso unmittelbar und mit demselben Ziel die Keimanlagen beeinflußt, so daß diese erst sekundär einer von den abgeänderten Flügeln herrührenden Wirkung, „Induktion" genannt, unterworfen werden. Trotzdem könnte man diese ungeklärte Hypothese gelten lassen, falls die fragliche Vererbung bei allen Arten von erworbenen Abänderungen vorkäme. Nun beziehen sich alle bekannten und verbürgten Beispiele nur auf gewebliche, durch das Plasma vermittelte Abänderungen, während alle experimentellen Versuche mit morphologischen Abänderungen völlig versagen, so daß für die große Mehrzahl aller erworbenen Abänderungen eine Vererbung ganz ausgeschlossen ist. Dann fehlt aber jeder Anlaß, jene untergeordneten geweblichen Abänderungen, wie die Verfärbung der Haut u. ä. — man könnte sie konstitutionelle Abänderungen nennen —, auf einen rein hypothetischen Vorgang zurückzuführen und so zwei durchaus verschiedene, nebeneinander vorkommende Vererbungsprozesse anzunehmen. Denn die strittigen Ausnahmen, die konstitutionellen Abänderungen, fallen, wie sich gleich zeigen wird, aus der Kategorie der Vererbung eigentlich ganz heraus.

Wenn man in den besprochenen Versuchen die Keime durch die Kältewirkung **direkt abgeändert** sein läßt, so zwar, daß ihre ontogenetischen Erzeugnisse nicht etwa sämtlich, sondern tatsächlich bloß zum geringeren Teil und annähernd eine gleiche Färbung wie ihre Eltern erhalten, so liegt dabei etwas ganz anderes als eine Vererbung vor, nämlich eine direkte konstitutionelle Abänderung der Keime, die trotz ihrer Ähnlichkeit mit derjenigen der Eltern in keinem unmittelbaren, ursächlichen Zusammenhang steht. Die variable Wiederholung derselben Bildung im Muttertier und in seinen Nachkommen, z. B. infolge gleicher Ernährung, gleicher klimatischen Einflüsse u. a. ist eben gar keine Vererbung, sondern bloß eine in beiden Generationen gleichzeitig und auf gleichem Wege verursachte, aber in beiden nacheinander kenntlich werdende Abänderung. — Ferner setzt die Hypothese von der Wirkung erworbener Abänderungen, wie **Plate**, ihr eifrigster Vertreter, selbst hervorhob (1908), die Präformation im **Weismann**schen Sinne voraus, etwas, was ich gegen Schluß dieses Buches nicht noch einmal zu widerlegen mich veranlaßt fühle.

Alles, was hier über Abänderung und Vererbung vorgebracht wurde, zielte eigentlich auf eine Erklärung der Vorgänge, wodurch eine Ontogenese zustande kommt. Der Ausgangspunkt ist die Fortpflanzung durch Keime, und indem die **Keimbildung** in letzter Instanz auf die Entstehung der ersten Organismen zurückgreift (S. 318ff.), begründet sie in dem **Verjüngungsprozeß** einmal die **individuelle Entwicklung** oder Ontogenese und zugleich **Vererbung** und **Variabilität**. So war mit der ersten Ontogenese auch die erste Grundlage einer Stammesentwicklung gelegt: jede aus dem Keim geborene neue Variante brachte zum alten Erbe ein partielles Neue hinzu und schuf immer neue Glieder der ontogenetischen Kette. Aber die Korrelation aller einheitlich und epigenetisch entstehenden Glieder kann sich nur in einer entsprechenden Verbindung von Erbe und Abänderung offenbaren; und was eine Fälschung oder Cenogenese gescholten wird, ist die eigene Niederschrift der fortschreitenden Ontogenese selbst und nicht, wie es heißt, ein nachträglich durch äußere Anpassung gefälschtes Abbild einer ursprünglichen und selbständigen Stammesentwicklung, die es gar nicht gibt (s. Einleitung). **Die sogenannte Phylogenese ist eine Leistung der Ontogenese, und nicht umgekehrt.**

Damit soll aber nicht gesagt sein, daß, indem die Ontogenese in ihrer eben dargelegten Geschichte sich als vornehmste Urkunde der Stammesgeschichte der tierischen Organismen darstellt, sie zu diesem

Zweck auch mühelos ausgeschöpft werden könne. Man braucht sich nur den Inbegriff der Epigenese mit allen korrelativen Zusammenhängen der Teile und ihrer Bildungsursachen zu vergegenwärtigen, um sich davon zu überzeugen, daß es aussichtslos bleibt, alle jene Vorgänge wirklich und vollständig aufzudecken. Das Beste davon wird immer das ständige Bemühen bleiben, aus den unzähligen sichtbaren Ontogenesen durch Vergleiche das Wahrscheinliche von dem minder Wahrscheinlichen oder Unrichtigen zu scheiden; und die vorzüglichsten dazu dienenden Merkmale liefert die Untersuchung der Ursachen jedes ontogenetischen Geschehens.

Bekanntlich ist aber die letzte Aufgabe der Entwicklungsgeschichte der Tiere, nämlich die Darstellung ihrer Stammesgeschichte, vorherrschend nicht auf ontogenetischer, sondern auf biologischer Grundlage bearbeitet worden, und zwar wesentlich nach den von Darwin aufgestellten Richtlinien. Allerdings hat Darwin die Deszendenztheorie nicht zuerst gelehrt, aber durch zahllose Beweise und Erläuterungen zu allgemeiner Anerkennung gebracht und überdies Verlauf und Ursachen der Deszendenz bis zur Entstehung der Arten zu erklären versucht, ohne die Ontogenese heranzuziehen, ja, wie es scheint, ohne sie eigentlich zu kennen. Ich habe daher keine Veranlassung, an dieser Stelle auf die Darwinsche Lehre in ihrem ganzen Umfange näher einzugehen, nachdem ich sie 1875, 1898 und 1902 in ihren Hauptpunkten, und namentlich hinsichtlich des in der Artbildung angeblich herrschenden Zufalls, kritisiert und abgelehnt habe. Dagegen soll im folgenden Abschnitt noch einmal kurz zusammengefaßt werden, welche Stellung die von Darwin und manchen seiner Anhänger vernachlässigte Ontogenese in der Stammesgeschichte tatsächlich einnimmt.

3. Formbildung und Artbildung.

Darwin hat in seinen Hauptarbeiten grundsätzlich die Entstehung der Arten behandelt, und noch heute wird wohl vielfach angenommen, daß dies der eigentliche Angelpunkt in der Geschichte der Tierwelt sei, doch nach meiner Auffassung mit Unrecht. — Was geschieht nun eigentlich nach Darwin bei der Entstehung einer neuen Art?

Er ging von den fertigen Individuen und ihren natürlichen Variationen aus und erklärte deren Entwicklung zu neuen Arten für eine Wirkung der natürlichen Auslese oder der Selektion. Dieser angeblich die ganze Artbildung beherrschende Prozeß beginnt nach D. mit ganz unbedeutenden erblichen Abänderungen, die zufällig aus inneren oder äußeren Ursachen entständen und ebenso zufällig bis zu dem erforderlichen Maß gesteigert würden, wobei sie auf Grund ihrer Nützlichkeit für das sie besitzende Individuum und der zu ihren Gunsten ausfallenden Auslese unter andern Konkurrenten dauernd als Artmerkmale erhalten blieben. Von einer Mitwirkung der Ontogenese wurde dabei ganz abgesehen, Formbildung und Artbildung in keiner Weise unterschieden.

Ich finde dagegen auf Grund von Beobachtungen und Überlegungen, daß diese beiden Vorgänge, Formbildung und Artbildung, grundsätzlich auseinander zu halten sind, indem die Formbildung eine ausschließliche Leistung der Ontogenese ist, womit die Selektion ebenso wenig zu tun hat wie mit der biologischen Isolierung der neuen Arten (s. u.).

Der Anfang einer neuen Formbildung ist keineswegs vom Zufall abhängig, sondern in erster Linie von der Variabilität, die eine natürliche und notwendige Folge der Keimbildung ist. Denn bei der Verjüngung des keimbildenden Plastids ist einerseits eine unabänderliche, starre Kontinuität und Identität der früheren Substanz und Organisation, wie beispielsweise bei der Entstehung eines normalen Kristalls, und anderseits eine vollständige Herrschaft des Zufalls ausgeschlossen. Während im Zufall keine vorher bestandene Korrelation der Bildungsursachen existiert, bleibt die Variation eines genetischen Geschehens von einer solchen Korrelation abhängig und in ihrem Wechsel beschränkt. Die Variation entsteht, wird eventuell fixiert und entwickelt sich zu einer erblichen Abänderung; der Zufall kennt aber kein Werden. Die Ursachen der erblichen Abänderungen sind nicht in zufälligen äußeren Einwirkungen, sondern nur im variierenden Organismus selbst, bzw. in seinen variierenden Keimen zu suchen (Goette, 1902).

Verfolgen wir nun die Wirkungen der Variation im einzelnen, so äußert sie sich zuerst in den Varianten, deren anfangs schwache Korrelationen ihre Unbeständigkeit bedingen. Weiterhin steigert aber gerade die fortdauernde Variabilität die Zahl und folglich die Wirkung der einmal entstandenen Korrelationen und damit die Formbildung der Variante, indem jede Korrelation neue Variationspunkte schafft und dadurch weiter verankert wird. Die Vermehrung der gleichen Varianten und ihre Fixierung und Vererbung erzeugen schließlich die ständige Varietät, ohne daß an irgendeiner Stelle dieser Entwicklungsbahn der Eingriff eines bestimmten äußeren Moments, wie der auf dem Nützlichkeitsgrundsatz beruhenden Auslese, also der Darwinschen Selektion, sich wirklich zeigte oder auch nur notwendig erschiene.

So entsteht die Formbildung der einzelnen Varietät und geht der Artbildung völlig autonom entgegen. Allerdings ist die Möglichkeit zuzugeben, daß innerhalb einer Art mehrere verschiedene Varianten oder Varietäten sich nebeneinander entwickeln und dann in einen Konkurrenzkampf eintreten. Eine oder einige wenige unter ihnen mögen sich häufiger wiederholen und früher fixiert werden als die übrigen, weil sie sich leichter mit anderen Teilen korrelativ verbinden, und daher werden sie sich schneller ausbreiten. Durch diesen Vorsprung werden sie zu dominierenden Varietäten, die alle übrigen früher oder später völlig eliminieren können. Eine solche Auslese verläuft aber ebenso autonom wie die Formbildung und hat mit einer Nützlichkeit nichts gemein, weil die Entscheidung nicht durch die fertigen Individuen und deren Beziehungen zueinander, sondern durch die früheste Ontogenese gefällt wird, wo es solche biologische Beziehungen gar nicht gibt.

So kann die Formbildung der Varietäten nicht nur ohne jede darwinistische Selektion der Artbildung entgegengehen, sondern es gibt Fälle genug, wo die Artbildung überhaupt nicht zum Abschluß kommt, und die Formbildung allein zurückbleibt, wie es die folgenden Beispiele lehren.

Der Polymorphismus, womit die Anwesenheit oft zahlreicher ständiger Varietäten innerhalb einer Art bezeichnet wird, ist nicht nur eine häufige Erscheinung, sondern enthält auch keinerlei Merkmale, daß darin bloß eine vorübergehende Übergangsstufe zu neuen Arten vorliege. Die Formbildung der tierischen Organismen ist ein selbständiger Prozeß, der auch außerhalb der Artbildung fortdauern kann.

Noch vollkommener tritt uns dies im Generationswechsel entgegen, der darin besteht, daß die aufeinander folgenden Generationen einer Spezies regelmäßig alternierend an sehr verschiedene Bedingungen der Fortpflanzung gebunden sind, und deshalb eine entsprechend verschiedene Formbildung der fertigen Individuen zur Folge haben. Vor allem bekannt ist der Generationswechsel der Hydropolypen, dessen Kausalzusammenhang sich uns deutlich darstellt. Den Ausgangspunkt bilden die sessilen Polypen vom Typus der Hydra, die sich durch unabhängig nebeneinander entstehende Knospen und Keime fortpflanzen und daher monomorph bleiben. Die dimorphen (oder polymorphen) Reifeformen der übrigen Hydropolypen kommen dadurch zustande, daß die Polypengeneration im ursprünglichen Zustande neben den Knospen auch Keime erzeugt, diese aber nicht selbst weiter entwickelt, sondern in einzelne, passend gelegene Brutknospen (Gonanthen) eintreten läßt, wo ihre weitere Entwicklung phyletisch sich steigernde erbliche Abänderungen der Gonanthen veranlaßt, deren Brut zum Polypenzustande zurückkehrt.

Genau genommen ist der Name „Generationswechsel" für diese Erscheinung in der Regel nicht korrekt; denn die steril zurückbleibenden oder völlig sterilen polypoiden Knospenindividuen (Hydranthen) gehören ja zur selben Generation wie die Gonanthen, und beide sind folglich polymorphe Nachkommen desselben Oozoids. Erst bei solchen Formen wie Corymorpha u. ä. vertreten Polypen und Medusen völlig getrennte Generationen, da die erste Generation aus einem sessilen Polypen und die folgende Generation nur aus freien Medusen besteht. Diese Hydropolypen bilden aber gerade die Minderheit in ihrer Ordnung, und erst bei den entoparasitischen Trematoden gelangt der regelmäßige Generationswechsel (dort Heterogonie genannt) zur vollkommensten Entwicklung und ausschließlichen Herrschaft, um sich dann in weniger auffälligen Formen in anderen Tiergruppen zu wiederholen.

Wie aber auch die Neubildungen im Generationswechsel entstanden sein mögen, stets bleiben sie nur Individualformen innerhalb ihrer Species, ohne eine Andeutung eines Übergangs in wirkliche selbständige Arten.

Ist einmal die Frage nach der Formbildung erledigt, so bleibt von der eigentlichen Artbildung wenig zu sagen übrig. Natürlich setzt sie die Formbildung ganz allgemein voraus, ist aber weder als deren Fortsetzung noch als ihre Vollendung aufzufassen. Denn das, was sie kennzeichnet, ist nicht etwa ein bestimmter Grad der Formbildung, sondern lediglich die Trennung einer Varietät von anderen Varietäten und Arten durch eine vollständige Beseitigung der Fähigkeit zu ihrer gegenseitigen Kreuzung, also durch eine geschlechtliche Isolierung. Ob dabei äußere Momente, wie Auswanderung, Klima- und Nahrungswechsel u. a. mitwirken, um den entscheidenden physiologischen Zustand der neuen Art hervorzurufen, scheint mir ziemlich gleichgültig, wogegen es nicht überflüssig ist, zu bemerken, daß es bei dieser Isolierung nichts auszulesen gibt, also auch kein Nutzen mitwirken kann. Die definitive Artbildung ist gleich der vorausgehenden Formbildung eine Funktion des Organismus selbst und seiner Entwicklung; eine Selektion hat damit nichts zu tun.

Und doch gibt es in der Tierwelt eine richtige Selektion im Sinne Darwins, die er auch selbst behandelt hat; nur kommt sie bei der Entstehung der Arten überhaupt nicht in Frage und hat nur die biologischen Beziehungen der fertigen Arten untereinander zum Gegenstand. Dabei handelt es sich allerdings um einen Kampf ums Dasein und um eine Auslese des Passendsten, nämlich der in jeder Richtung widerstandsfähigsten Arten gegenüber den weniger begünstigten und daher in der Regel allmählich aussterbenden Arten. Diese natürliche und dezimierende Auslese, die ein vollkommenes Vorbild der künstlichen Zuchtwahl ist und zweifellos von größtem Einfluß auf Darwins Vorstellungen von der Entwicklung der Tierwelt war, zielt nun gerade nicht auf die Entstehung der Artformen oder von Neubildungen überhaupt, sondern ausschließlich auf den Zustand der jeweiligen Fauna, die weder aus der autonomen historischen Entwicklung der Tierwelt, noch aus den einzelnen Ontogenesen sich unmittelbar ergibt, vielmehr aus den fortdauernden, dezimierenden Eingriffen von außen her hervorgeht. Und wenn die Darstellung dieser rein äußerlichen biologischen Verhältnisse in ihrem Einfluß auf unsere Auffassung analoger menschlicher und sonstiger Erscheinungen unbedingt anzuerkennen ist, so bleibt es anderseits eine bedauerliche Verwechslung, wenn die Darwinsche Lehre im besonderen, seine vermeintliche Erklärung der Deszendenz, noch immer für eine entwicklungsgeschichtliche Leistung gehalten wird.

Allgemeine Ergebnisse.

Gegenstand und Ziel der vorliegenden Untersuchungen haben es mit sich gebracht, daß die Erörterung der zahlreichen darin behandelten Probleme in der Regel nicht einfach der Darstellung der empirischen Erscheinungen und Vorgänge parallel gehen und für sich abgeschlossen auf die einzelnen Kapitel verteilt werden konnte. Und da die äußere Einteilung sich naturgemäß an jene leitenden sichtbaren Erscheinungen anschloß, so entfiel die Behandlung der gleichen allgemeinen Ergebnisse, entsprechend ihren wechselnden Beziehungen zu den ersteren, oft auf recht verschiedene Stellen des Buches. Deshalb sei hier zum Schluß alles, was an allgemeinen Ergebnissen in den getrennten Einzeluntersuchungen gewonnen wurde, vereinigt zusammengestellt.

1. Es wurde gleich anfangs auf den methodischen Wert der im Bereich der Entwicklungsgeschichte notwendigen, aber vielfach vernachlässigten Definitionen hingewiesen, und aus diesem Anlaß von vornherein die Bedeutung der Hauptarten von Entwicklung bei den Tieren näher erläutert. Diese mehr oder weniger bloß formale Untersuchung führte bereits mit zu den wichtigsten allgemeinen Ergebnissen: daß nämlich die Gesamtheit dessen, was sich auf die Entstehung der tierischen Organismen bezieht, ihren ersten und letzten Grund in der Entwicklung der Individuen, in der Ontogenese hat, und daß ferner

die Regeneration und die Phylogenese gar nicht selbständige, der Ontogenese koordinierte Vorgänge der organischen Entwicklung darstellen, sondern die Regeneration nur gelegentlich abgeänderte Einzelteile der Ontogenese umfaßt, die sogenannte Phylogenese dagegen nicht einmal einen besonderen realen Entwicklungsvorgang, sondern nur bestimmte Beziehungen verschiedener Ontogenesen zueinander bezeichnet. Das Hauptmerkmal der Regeneration besteht in dem zeitlich und räumlich beschränkten Verlauf einer abnormen Ontogenese, wogegen die Phylogenese nur die historischen Zusammenhänge der verschiedenen Ontogenesen, nur die Stammesgeschichte zum Gegenstand hat.

2. Zur ersten Orientierung über die Richtung, in der die Entwicklungsursachen für jeden Einzelteil zu suchen sind, dienten schon vor langer Zeit die zwei grundsätzlichen Vorstellungen der Präformation und der Epigenese, die nach ihrem ursprünglichen Inhalt ebenfalls längst aufgegeben sind, deren Namen jedoch ohne eine genügende Erläuterung auf ähnliche allgemeine Grundursachen des gesamten ontogenetischen Geschehens übertragen wurden. Um die vermißte Definition dieser zwei Grundursachen zu gewinnen und ihr dabei den rein logischen, empirisch voraussetzungslosen Charakter zu wahren, habe ich dabei bloß von Ursachen und Wirkungen im allgemeinen gesprochen, die nach ihren zeitlichen und örtlichen Beziehungen zueinander und zum Ganzen in zwei Gruppen zerfallen: die nächsten Ursachen, die sich erst durch die Korrelation der verschiedenen Embryonalteile zur Herstellung jeder einzelnen ontogenetischen Bildung zusammenfinden, also in jedem Akte sich neu bilden, und die letzten Ursachen, die bereits im reifen Ei vorhanden sind. Angesichts dieser selbstverständlichen Feststellung sind von vornherein zwei einfachste Möglichkeiten für den ursächlichen Zusammenhang der ontogenetischen Vorgänge denkbar. Entweder entstehen sie als unmittelbare Wirkungen der letzten Ursachen, also durch Präformation, oder sie entstehen auf dem Wege der Epigenese, nämlich durch die in der Ontogenese selbst sich stets neu bildenden nächsten Ursachenkomplexe. Mit dieser rein formalen Definition ist die Wahl zwischen Präformation und Epigenese natürlich nicht entschieden, sondern die Entscheidung der empirischen Untersuchung überlassen.

Schon der erste ontogenetische Vorgang bei den Polyplastiden, um bei diesen anzufangen, nämlich die erste Eiteilung, ist nur scheinbar eine unmittelbare Wirkung von letzten, im intakten Ei ruhenden Ursachen, da diese Teilung überhaupt kein einfacher Akt, sondern eine zusammenhängende Reihe verschiedener Akte ist (s. S. 34ff.). Wenn wir die eigentliche letzte Teilungsursache in einer irgendwie veranlaßten Divergenz der ursprünglich allseitig gleichen Korrelation und inneren Wachstumsbewegung der Teile eines Ganzen erblicken dürfen (s. o.), so ist die Wirkung dieser Ursache in der Trennung der beiden Eihälften, in der Halbierung von Kern und Plasma beschlossen, aber damit keineswegs das vollständig bezeichnet, was die Eiteilung charakterisiert. Denn die bestimmte Verlagerung der getrennten Kernhälften, ihre Beziehungen zum umgebenden Plasma und die Korrelation der so entstandenen ersten Blastomeren untereinander gehören zu den epigenetischen Wirkungen und Vorgängen; und da alle weiteren Eiteilungen ebenso verlaufen, so steht schon für diese 1. Phase der Ontogenese fest, daß dabei keine Präformation vorliegt, weil die mitbeteiligten letzten Ursachen nur mit einem Teil, aber nicht mit dem ganzen Komplex der nächsten Ursachen der vollendeten Teilung identisch sind.

In ähnlicher Weise wurde für alle folgenden ontogenetischen Prozesse deren epigenetischer Verlauf unter Ausschluß jeder Art von Präformation erwiesen (vgl. das Stichwort Epigenese im Register).

3. Eine Hauptaufgabe ergab sich bei allen fundamentalen Einteilungen in der speziellen Ontogenese. Dazu gehört vor allem der Gegensatz der Monoplastidie und der Polyplastidie. Ihre differentielle Diagnose ist in den beiden Namen unmißverständlich gegeben; so einfach sie lautet, so umfassend sind doch die sich daraus ergebenden Folgerungen. Da diese Einteilung erst verhältnismäßig spät zur Anerkennung gelangte — 1886 rechnete Haeckel selbst noch die Schwämme zu den Protisten —, so ist es verständlich, daß alle übrigen sekundären Definitionen im Bereich jener Hauptkategorien der Tiere noch viel längere Zeit auf die altbekannten Polyplastiden gegründet blieben. So galt die Gewebsbildung, die man zunächst als heteroplastide Erscheinung kennen gelernt hatte, anfangs als ein ausschließliches Merkmal der Polyplastiden, das den monoplastiden Urtieren naturgemäß fehlen sollte; und so wurde bekanntlich durch Weismann den Urtieren nicht nur eine Keimbildung, sondern auch der natürliche Tod abgesprochen.

Es läßt sich auch nicht verkennen, daß die Unterschiede der gleichnamigen Erscheinungen bei den Monoplastiden und den Polyplastiden so bedeutend sind, daß ihre wesentliche Übereinstimmung vielfach verdeckt bleiben konnte, weil die entscheidenden Merkmale einseitig und daher willkürlich den Polyplastiden entnommen wurden. Freilich änderte sich infolge der genaueren Kenntnis der fraglichen Organismen und ihrer eingehenden Vergleichung manche veraltete Anschauung;

zu voller Klarheit gelangte man aber auch in diesen Dingen erst durch die Ontogenese. Nur dadurch, daß wir die individuelle Entwicklung der tierischen Organismen bis zu den einfachsten Protozoen hinab kennen lernen, gewinnen wir eine bestimmte Vorstellung von der Entstehung der genannten allgemeinen Lebenserscheinungen. Nicht bloß logische Überlegung überzeugt uns davon, daß die Polyplastiden aus Monoplastiden hervorgingen, sondern der ganze sichtbare Lebensverlauf der niedersten Polyplastiden offenbart uns unmittelbar den wirklichen Übergang von den einelementigen zu den vielelementigen Organismen (s. III, 3, c), lehrt uns darin den Wechsel der Organisation und des Lebens kennen und veranlaßt uns die entsprechenden Begriffe in ihrer allmählichen Wandlung richtig verstehen.

4. Dazu gehört vor allem der Begriff der Individualität, d. h. der bestimmten räumlichen Abgrenzung und innern Selbständigkeit der Organismen. Dieser Begriff bleibt unverändert, wenn auch sein Substrat ganz wesentlich wechselt. Die Individualität der Monoplastiden, der selbständigen Plastide, ist schon in den ersten Urorganismen gegeben, wird beim Übergang der Monoplastidie in die Polyplastidie, also bei Magosphaera, wenigstens zeitweilig, im Zustande der Wimperkugel beschränkt, indem Bau und Tätigkeit ihrer Zellen unmittelbar kenntlich von ihrer polyplastiden Verbindung abhängen (S. 49ff.); und bei den Polyplastiden bleibt die Individualität nicht einmal auf Zellenverbände beschränkt, sondern greift gelegentlich selbst auf Personenverbände über, wie bei den Siphonophoren.

Wie eingreifend der Unterschied des monoplastiden und des polyplastiden Zustandes ist, zeigt sich ferner sehr deutlich bei den entsprechenden Teilungsvorgängen. Die Vermehrung der Formelemente, der Plastiden durch Teilung ist bei den Protozoen ein richtiger Fortpflanzungsakt, ob er sich an den Keimen oder den Reifeformen vollzieht. Beim Übergang der Protozoen zu den Polyplastiden verwandelt sich aber derselbe Akt, nämlich die Zellteilung, schon in den Ei- und Blastomerenteilungen der Magosphaera, und erst recht bei allen echten Polyplastiden in einen ontogenetischen Vorgang, dessen Fortsetzung in den postembryonalen und den Reifeformen den Charakter einer geweblichen, „physiologischen" Regeneration annimmt. Diese ontogenetisch-phyletische Metamorphose ändert den Charakter des ursprünglichen Plastids grundsätzlich: das einfache Formelement der Protozoen behält die Bedeutung eines Individuums dauernd, verliert sie jedoch, sobald es sich in eines von den zahlreichen Plastiden eines Polyplastiden, also in eine Zelle verwandelt; denn die Individualität löst sich durch jene Wandlung vom ursprünglichen und selbständigen Plastid ab und überträgt sich auf den ganzen Zellenkomplex, nicht auf die einzelnen Zellen des Polyplastids.[1]

Mit diesem phyletischen Fortschritt geht aber die Änderung anderer allgemeinen biologischen Begriffe, namentlich des Lebens, der Fortpflanzung, des natürlichen Todes Hand in Hand.

5. Ebenso fehlerhaft wie die gekennzeichnete Mißdeutung der Individualität ist die noch häufigere Verwechslung von Leben und Lebenserscheinungen. — Ich wüßte nicht, wie man eine vollkommenere Definition des tierischen Lebens geben könnte, als wir dies auf Grund unseres eigenen Bewußtseins, also der einzigen unmittelbaren Erfahrung, so ausdrücken: das Leben ist die Selbsterhaltung eines Individuums durch die Korrelation seiner Funktionen (vgl. Goette 1902). Wer nun die einzelne Lebenserscheinung dem Leben überhaupt gleichsetzt — und dies geschieht oft genug —, verzichtet auf eine präzise Definition vom Leben; denn alsdann besteht es eben nicht in einer einheitlichen Tätigkeit, sondern zerfällt in beliebig viele Teilleben, wenn man nicht etwa noch einfacher und radikaler das Leben bloß als eine Eigenschaft der protoplasmatischen Substanz bezeichnet, so daß es folgerichtig schon vor der Existenz der ersten Organismen in den Urfunktionen der biologischen Anorgeen vorhanden gewesen wäre. Kurz, ein Leben, das weder individuell begrenzt noch individuell orientiert ist, ist meines Erachtens ein ebenso unklarer wie bedeutungsloser Begriff, und die Verwechslung von Leben und Lebenserscheinung ein Mißbrauch.

Und auch in dieser Frage weist uns die Ontogenese den richtigen Weg, indem wir von den uns nächstliegenden, aber komplizierten Erscheinungen ausgehend, um so einfacher und leichter verständlichere Zustände antreffen, je mehr wir uns rückwärts schreitend dem ontogenetischen Ursprung des organischen Lebens nähern. Darin zeigt sich uns ein weiteres methodisches Moment jeder Entwicklungsgeschichte: erst der Ursprung eines Entwicklungsvorgangs erklärt uns seinen Kausalzusammenhang, sein Wesen.

---

[1] Eigentlich wäre es an der Zeit, daß man den Namen der „einzelligen Tiere" aufgäbe; denn trotzdem jedes Protozoon zweifellos den Formwert einer Zelle besitzt, bleibt es vor allem ein individuelles Lebewesen, jede Zelle aber nur ein nicht individuelles Formelement eines solchen Lebewesens; wie denn auch die „Individualität", nebenbei bemerkt, ein ausschließlich physiologischer und kein morphologischer Begriff ist. — Im übrigen braucht man nicht weit nach Beispielen dafür zu suchen, daß die Vernachlässigung des Begriffs der Individualität, wie überhaupt jede Verwechselung der Existenzbedingungen eines Ganzen und seiner Teile weitgreifende Mißverständnisse zur Folge hat (S. 121).

Es ist eine irrige Ansicht, daß die Vorstellungen, die man sich vom ersten Ursprung des Lebens und der Lebewesen zu machen pflegt, bloß als theoretische Konstruktionen ohne eine empirisches Vorbild aufzufassen seien. Vielmehr liefert uns die eingehende Untersuchung der Ontogenese im weitesten Sinne gerade der niedersten Lebewesen, wie ich zeigte (s. I,3, III, 3), genügende empirische Anhaltspunkte für jene Vorstellungen. Die zwei Hauptmomente in der Keimbildung der Rhizopoden sind 1. die vollständige Rückbildung der morphologischen und geweblichen Organisation des elterlichen Individuums zu einer amorphen protoplasmatischen Substanz und 2. die Verjüngung dieser Substanz durch ihre Individualisierung und allmähliche Organisation zu einem neuen Lebewesen. Da nun eine solche Neubildung nach aller Analogie auch für die einfachsten, ersten Lebewesen anzunehmen ist, so dürfen wir darin ein Abbild und eine Wiederholung der Entstehung der ersten Urorganismen erblicken. Die Vorstufen des organischen Lebens wären also folgende.

Den Ausgangspunkt bildeten die biologischen Anorgane, d. h. protoplasmaartige, aber nicht organisierte und nicht individualisierte Substanzen, die einst unter besonderen, jetzt nicht mehr vorhandenen Existenzbedingungen allmählich aus elementaren anorganischen Stoffen hervorgingen. Trotzdem diese biologischen Anorgane durchaus kontinuierlich in das erste Protoplasma der Urorganismen übergingen und in ihren noch durchaus variablen Fähigkeiten oder Urfunktionen die Vorläufer der künftigen Lebensfunktionen besaßen, erreichten sie ihr Ziel erst dadurch, daß die allmählich gesteigerte Korrelation dieser ihrer Urfunktionen zur individuellen Abgrenzung und Organisation einzelner Körper führte, gerade so wie die Spore einer Difflugia sich aus der formlosen Sporenmasse herauslöst. Nicht die, obschon lebensfähige Substanz, sondern erst ihre individualisierte Organisation erzeugt Leben und Lebewesen.

Anderseits ging diese Entwicklung der Urorganismen durchaus epigenetisch vor sich, so daß außer den Urfunktionen auch die Substanz der biologischen Anorgane, das künftige Protoplasma einer allmählich fortschreitenden Entwicklung unterworfen blieb. Solange jedoch diese epigenetische Entwicklung der biologischen Anorgane an keine Individuen geknüpft war, fehlten ihrem Verlauf gesetzlich geregelte Grenzen: jene organischen Massen entstanden und zerfielen unter dem Einfluß ihrer wechselnden Umgebung ohne innere Notwendigkeit. Dies änderte sich mit der Entstehung des individuellen Lebens.

6. In dem Maße, als sich die werdende Organisation in individuellen Grenzen festigte, erhielt auch die epigenetische Entwicklung ein individuelles Ziel in der Vollendung des einzelnen Lebewesens (S. 319ff.).

Darüber hinaus gibt es nur noch eine regressive Tätigkeit der Ontogenese bis zum natürlichen Ende, dem natürlichen Tod.

Und auch dabei zeigt sich der Gegensatz der Monoplastiden und der Polyplastiden. Bei den ersteren sehen wir den Tod mit zweierlei Folgen eintreten, und nirgends deutlicher als bei Difflugia lobostoma: entweder löst sich das ganze Individuum vollständig auf (steriler Tod), oder es bleibt im normalen Verlauf neben dem absterbenden Restkörper eine amorphe Plasmamasse übrig, ein Abbild eines biologischen Anorgans, das die epigenetische Entwicklung als Spore wieder aufnimmt (propagativer Tod). — Diese Erscheinung des propagativen Todes vererbt sich zweifellos in der homologen Metamorphose der Keimzellen bei den Polyplastiden, bleibt aber namentlich bei deren höher organisierten Formen ohne merklichen Einfluß auf das ganze elterliche Individuum, weil der Ausfall der relativ wenigen Keimzellen gegenüber den zahllosen Zellen des Ganzen überhaupt nicht ins Gewicht fällt. Ist also gerade der sterile Tod das normale Ende der Polyplastiden, so liefern doch ihre niedersten Vertreter (Volvox, Orthonectiden, Dicyemiden) mit ihrem ausnahmsweise propagativen Tode den unmittelbaren Beweis, daß diese ursprüngliche Todesart der Monoplastiden erst im Bereich der Polyplastiden zurücktrat zugunsten des sterilen Todes, der also zu Unrecht als die einzige Todesart aller Lebewesen gilt.

7. Ebenso wie die Notwendigkeit des natürlichen Todes unverkennbar ist, gilt dasselbe auch hier für sein Widerspiel, die Fortpflanzung. Auch ihre zweifache Erscheinungsform als Keimbildung und als Teilung oder Knospung ist keinem Zufall entsprungen, sondern beruht ebenfalls auf einer allgemeinen Notwendigkeit, deren Begründung sich uns bei den Monoplastiden offenbart. Wie schon bemerkt, pflanzt sich jedes Protozoon nur einmal durch Keime fort, da dies mit dem natürlichen Tode des fraglichen Individuums zusammenfällt; und wenn schon die Keimbildung in der Regel eine multiple ist, so ist diese Vermehrung durch Teilung doch nicht in ihrem Wesen begründet, sondern wie die ungeschlechtliche Fortpflanzung überhaupt die Folge davon, daß die im übrigen seltene Monosporie der Gefahr des Aussterbens der Species nicht genügend zu begegnen vermag, was nur dadurch erreicht wurde, daß die Protozoen frühzeitig eine wenig beschränkte Teilungsfähigkeit erwarben und fixierten. Trotzdem also die Teilungen der Protozoen ganz unentbehrlich sind, können sie immerhin als ein mehr oder weniger accidenteller Erwerb gelten, während mit der Keimbildung außer dem ähnlichen Ersatz für die zugrunde gegangenen Individuen die wichtigsten Grundlagen für die phyletische Entwicklung der Tierwelt verbunden sind.

Nach den mehrfachen hier bereits vorausgegangenen Darstellungen von dem Verlauf der Keimbildung hebe ich nur noch einige Hauptpunkte hervor. Indem sie den Zustand der biologischen Anorgane wieder herstellt und die erste Entstehung der individuellen Lebewesen wiederholt, ist sie das älteste und relativ vollkommenste Beispiel einer Palingenese, die, weit davon entfernt, das Erzeugnis einer selbständigen Phylogenese zu sein, die es gar nicht gibt (S. 10), vielmehr mit der ersten Ontogenese zusammenfällt. In der Keimbildung offenbart sich uns ferner eine grundlegende Kontinuität neben ihrem Gegensatz. Die Kontinuität betrifft die protoplasmatische Substanz, worin der ganze Zusammenhang der epigenetischen Entwicklung im weitesten Sinne, von den biologischen Anorganen an bis zu den jüngsten Individuen wurzelt, während mitten in der Verjüngung des keimbildenden Plastids jede morphologische und histiologische Organisation und das Leben des elterlichen Organismus völlig unterbrochen und dadurch der Grenzpunkt beider Generationen, sowie der Anfang der Neubildung des Nachkommen bezeichnet wird. Jene Kontinuität sichert nun die Vererbung vom Eltertier und den Vorfahren her auf die Nachkommen, und anderseits begründet die Diskontinuität von Organisation und Leben einen gewissen labilen Zustand des sich verjüngenden Substrats und damit die Variabilität seiner Leistungen; beides die Hauptgrundlagen des phyletischen Fortschritts und der gesamten Stammesentwicklung.

8. Zu den natürlichen Einteilungen und Definitionen, die die methodischen Grundlagen der Entwicklungsgeschichte bilden, habe ich ebenfalls schon in einem einleitenden Abschnitt die Abgrenzung der morphologischen und der geweblichen Sonderung gerechnet. Es sind dies ontogenetische Leistungen, die nach äußeren Merkmalen leicht zu unterscheiden sind — geweblich: intrazelluläre Differenzierung, morphologisch: Formbildungen ganzer Zellenmassen —, aber doch ohne scharfe Grenzen zusammenhängen. Auch dafür läßt sich ein volles Verständnis nur an der Hand einer eingehenden entwicklungsgeschichtlichen Untersuchung gewinnen, und zwar wiederum nicht, ohne daß man auf den Ursprung des Lebens zurückgreift.

Indem mit der Individualisierung der biologischen Anorgane das beginnt, was wir unter der Organisierung des Lebewesens und unter seiner Existenz, also schlechtweg unter „Leben“ verstehen, sind darin ihre zwei später divergierenden Zweige, eben die morphologische und die gewebliche Sonderung zunächst noch ungetrennt vereinigt.

Zweifellos ist die gewebliche Sonderung als sichtbarer Ausdruck der im lebenden Individuum wirksamen und ihr eigentümlichen Funktionen schon bei den Protozoen bis zu einem gewissen Grade vorhanden, während das, was ich als morphologische Sonderung bezeichne, erst bei den vielzelligen Tieren möglich ist. Dies ist aber nicht so aufzufassen, daß diese morphologische Sonderung völlig getrennt von der geweblichen und von ihr unabhängig erst bei den Polyplastiden ganz neu entstand. Diese mißverständliche Auffassung ist vielmehr nur eine Folge davon, daß der Begriff der morphologischen Sonderung zu einer Zeit aufkam, und seinen Namen erhielt (s. S. 26), als noch nicht einmal die Zellenlehre feststand, und erst recht die Monoplastidie unbekannt war. Das, was nun einmal bei den Polyplastiden als morphologische Sonderung gilt, ist bei den Protozoen ebenfalls, nur in vereinfachter Form und sozusagen als Vorstufe vorhanden: es ist das, was ich die Gesamtorganisation dieser Tiere genannt habe (S. 242ff.).

Diese erste Formbildung der Urorganismen fällt eigentlich mit der Individualisierung als der einheitlichen Korrelation aller Funktionen eines Lebewesens zusammen, indem deren dauernder Zusammenhang nur in einer gesetzmäßigen Anordnung oder formalen Organisation denkbar ist. Und ähnlich wie die Individualität der Monoplastiden durch eine Art von Verschiebung in die Individualität der Polyplastiden übergeht (S. 50), verwandelt sich auch die Gesamtorganisation der Protozoen auf ontogenetischem Wege in die morphologische Sonderung der Polyplastiden, indem die korrelativen Lagebeziehungen des einheitlichen Plasma im Protozoon dieselben Wirkungen erzielen wie die gleichen Lagebeziehungen der einzelnen Zellenmassen untereinander im Polyplastid. Beispielshalber vergleiche man die Heteropolie einer Difflugia oder Vorticelle mit derjenigen eines Nesseltiers und die ontogenetische Metamorphose eines heteropolen Polyplastideneies in den heteropolen Embryo u. ähnl.

Daher kann die Gesamtorganisation der Protozoen als Analogie der morphologischen Sonderung betrachtet und beides als „Morphogenese" zusammengefaßt und der „Histiogenese" gegenübergestellt werden.

Indem man von Morphogenese und Histiogenese spricht, denkt man unwillkürlich an zwei koordinierte Kategorien des ontogenetischen Geschehens; genau genommen gibt es aber kaum einen schärferen Gegensatz als zwischen ihnen. Die Morphogenese hat natürlich ebenfalls das Protoplasma und Plastide zum Substrat, haftet aber nicht als dessen Eigenschaft an ihm, sondern besteht lediglich in den rein begrifflichen Form- und Lagebeziehungen der Teile eines Ganzen. Die Histiogenese ist dagegen nur das nicht immer sichtbare Merkmal eines wirklichen Vorgangs, einer protoplasmatischen Funktion, die im Grunde schon in einer Urfunktion der biologischen Anorgane vorgebildet war, aber erst durch die Entstehung eines individuellen Organismus, vermittels der einheitlichen Korrelation der Urfunktionen zu einer richtigen Lebensfunktion wird. Wenn also unbestreitbar die biologischen Anorgane die Ausgangspunkte für die Entstehung der Lebewesen sind, so stellen sich als deren nächste Ursachen nicht sowohl die ihnen anhaftenden Urfunktionen dar, sondern die durch deren Korrelation geschaffenen rein formalen oder morphologischen Beziehungen, auf Grund deren die Histiogenese erst sekundär in Tätigkeit tritt. In diesem Sinn gilt der Satz von den nächsten Ursachen des Lebens in der morphologischen Organisation.

Daß aber beide ontogenetischen Momente trotz aller grundlegenden Unterschiede durchweg ineinander greifen, hat sich uns mehrfach ergeben, und präsentiert sich besonders deutlich in der von mir sogenannten physiologischen Korrelation.

9. Über die Regeneration habe ich an dieser Stelle nur das zusammenfassend zu wiederholen, was sich auf ihre Definition bezieht; der bisherige Mangel einer solchen Erklärung hat es verschuldet, daß man aus den Mißverständnissen über die Unterschiede der Regeneration, der Ontogenese und der Regulation gar nicht mehr herauskam. Gerade die rein sachliche Vereinigung aller Erscheinungen, die irgendwie als Wiederherstellungen gestörter normaler Zustände bezeichnet werden können, veranlaßt viele fehlerhafte Schlußfolgerungen über das Wesen der Ontogenese und der Entwicklung überhaupt. Das nächste Beispiel dafür liefert die Einreihung der Regulation unter die Regenerationen, obgleich beide Vorgänge weit eher als richtige Gegensätze zu bezeichnen wären (S. 220). Noch verwirrender wurde die Verwechslung von Regeneration und Ontogenese, sobald man beides in der Teilung und Knospung nicht auseinander hielt, und anderseits die Regeneration für einen durchaus selbständigen, von der Ontogenese unabhängigen Entwicklungsvorgang erklärte.

Halten wir uns vor allem an die Teilungen und Knospungen, deren Werdegang nebst den damit verbundenen Regenerationen nach Ursprung und Verlauf so verschieden und getrennt von der Ontogenese erscheint, daß man sich veranlaßt sehen konnte, die gleichen Leistungen der beiderlei Vorgänge nicht mehr auf eine epigenetische Entwicklung, sondern auf das mystische Wirken präformierter Keimplasmen zurückzuführen (S. 17, 216). Auf Grund der früher zusammengestellten Beobachtungen und Überlegungen (S. 249) erklärt sich aber der Zusammenhang von Teilung und Regeneration in ganz natürlicher Weise.

Die Teilung und noch auffallender die daraus hervorgehende Knospung sind die Erfolge einer Wachstumsbewegung, die infolge einer besonderen Veranlassung an einer bestimmten Stelle des Individuums divergiert, wodurch auch die Korrelation der divergierenden Teile aufgehoben wird, und sie sich trennen. Der dadurch in jeder Hälfte entstandene Defekt der Organisation und Individualität verursacht wie gewöhnlich die fällige Regeneration, die sich in der Ontogenese als eine zeitlich abgeänderte Entwicklung und im fertigen Organismus als deren entsprechend abgeänderte Fortsetzung darstellt. Der Verlauf dieser Entwicklung ist naturgemäß ein epigenetischer, und ihre Leistung in letzter Instanz ein ontogenetisches Produkt, wie es in einigen Beispielen erläutert wurde (S. I, 1, 2).

Jede die Teilung und Knospung begleitende Regeneration ist sozusagen eine Variante der normalen Ontogenese. Die Regulation ist dagegen eine abnorme Rückbildungserscheinung außerhalb der eigentlichen Ontogenese.

10. Wenn man alles, was sich auf die phyletische Entwicklung der Organismen bezieht, zusammenfassen soll, so kommt es eigentlich auf eine Wiederholung der Grundzüge der allgemeinen Ontogenese heraus, da die Stammesentwicklung oder Phylogenese, wie ich gleich anfangs auseinandersetzte, als empirisches Seitenstück der Ontogenese gar nicht existiert, sondern sich durchweg als eine Leistung der letzteren erweist, und zwar in allen Einzelheiten ebenso wie im ganzen. Dies hat sich uns zwar in zahlreichen Fällen bestätigt, doch kam es noch nicht zu einer zusammenhängenden Darstellung aller Hauptmomente.

Schon die Hauptmittel der Stammesentwicklung, die Vererbung, die Variabilität, die Ausbildung und Aneinanderreihung der Vorfahrenformen, deren Abbild wir in der Ontogenese antreffen, sind nur in ihren tatsächlichen Erfolgen allgemein bekannt, aber ihr ursächlicher Zusammenhang und Ursprung keineswegs ebenso allgemein anerkannt. Die Vererbung wurde bisher nur durch das Keimplasma zu erklären versucht, die Variabilität dem Zufall überlassen, und die erblichen Abänderungen sollten sich nur durch die Selektion dauernd erhalten. Nach der systematischen Darstellung, die wir in Haeckels Auseinandersetzung vom biogenetischen Grundgesetz finden, würden von den erblichen Abänderungen, die sich nach zeitlicher Reihenfolge ansammeln, die älteren aus dem fertigen Organismus in die Embryonalperiode zurückgedrängt und bildeten so die Anfänge der Ontogenese, die also zunächst eine vollständige, unveränderte Wiederholung der früheren Zustände der fertigen Tiere, der Vorfahrenformen umfaßte (Palingenese). Diese palingenetischen Bildungen würden darauf ebenfalls zufällig und unter Mitwirkung der Selektion gefälscht (Cenogenese) und in embryonale Zustände verwandelt, so daß die definitive Ontogenese sich als das

Erzeugnis oder die Leistung der Stammesentwicklung herausstellt (Haeckel).

Nach dieser, meines Wissens einzigen bekannt gewordenen Erklärung und Darstellung der phyletischen Entwicklung der Tiere wären also deren Triebkräfte das präformierte Keimplasma, die Selektion, die hypothetische Palingenese und Cenogenese und der überall mitspielende Zufall. Für die cenogenetische Verwandlung der palingenetischen Bildungen in ontogenetische Entwicklungsstufen fehlt freilich jede Andeutung einer Erklärung, für alles andere jedoch jede sachliche Begründung, um so mehr, als das einzige empirische Material, das uns in dieser Beziehung zu Gebote steht, die Ontogenese selbst, als angebliche Wirkung der „Phylogenese" nicht zu deren Ursachen gehören könnte.

Dies alles steht im vollen Widerspruch zu den Ergebnissen, die ich gerade auf Grund der unmittelbaren Erfahrungen in der ontogenetischen Untersuchung gewann. Nach dem, was wir von der Keimbildung und Verjüngung positiv wissen, ist das Keimplasma für die Vererbung überflüssig, da die Variabilität, und daher der Ursprung der erblichen Abänderungen schon durch die Keimbildung verständlich und in ihr oder dem Organismus selbst begründet ist. Die natürlichen Grenzen der Variabilität und ihrer Korrelationen in dem sich verjüngenden Plasma schließen jeden wirklichen Zufall bei der Artbildung im weitesten Sinn aus, wie denn auch die Selektion nur auf die fertigen Arten beschränkt bleibt.

Palingenese und Cenogenese sind erst recht willkürliche Vorstellungen, die nicht der Beobachtung entnommen, sondern ersonnen wurden, um die vernachlässigte Untersuchung der Ontogenese zu ersetzen. Die elementarste Tatsache der letzteren besteht darin, daß eine jede erbliche Abänderung, die sich an einer Reifeform zeigt, als nächste Ursache eine ontogenetische Vorstufe voraussetzt, mag sie auch anfangs weniger kenntlich sein, und erst bei einem gewissen Grad der Abänderung deutlich hervortreten. Diese Vorstufe, die niemals fehlen kann, ist also der Anfang dessen, was man unter Palingenese versteht; sie kann ferner als ältere Entwicklungsstufe der Reifeform oder Endstufe niemals diese unverändert wiederholen oder überhaupt aus dem fertigen Organismus in die Ontogenese zurücktreten. Sie ist eben ausschließlich ein ontogenetisches Entwicklungsprodukt, das mit der fertigen Bildung als ihrem epigenetischen Folgezustand natürlich nicht identisch sein kann.

Der Unterschied endlich zwischen der Vorstufe und der Reifestufe entspricht dem, was durch Cenogenese bezeichnet wird; diese kann also weder als eine nachträgliche Abänderung noch als eine Art von Rückbildung einer vorausgegangenen Reifestufe angesprochen werden.

Daß aber eine solche Cenogenese ganz zufällig entstehe und durch Selektion konserviert werde, braucht als eine natürliche Folgerung der vorausgegangenen Fehler nicht weiter kritisiert zu werden. Alles in allem genommen ist in der ganzen bisherigen Lehre von der phyletischen Entwicklung keine Rede von den einzigen uns bekannten Tatsachen der Entwicklung, von der Ontogenese. Diese Tatsachen widerlegen ebenso wie die vorher besprochenen Annahmen vom Keimplasma usw. auch das gesamte biogenetische Grundgesetz und setzen an seine Stelle die unmittelbar aus der wirklich beobachteten Ontogenese geschöpften Erklärungen der epigenetischen Entwicklung, wie sie in den verschiedenen Abschnitten dieses Buchs näher auseinandergesetzt wurden. Und wenn mir dies nicht in allen Punkten bis zum klaren Abschluß gelungen sein sollte, so glaube ich doch das Hauptergebnis vertreten zu können, daß ausschließlich die in der Ontogenese offenbarte reale Entwicklung den Schlüssel zu der gesuchten Erkenntnis bietet. Nicht die Stammesentwicklung oder Phylogenese schuf die Ontogenesen, sondern es ist umgekehrt die Gesamtheit dessen, was man mit diesem Stichwort bezeichnet, eine Leistung der Ontogenese.

Unsere Erwägungen haben sich jedoch nicht auf die eigentliche Ontogenese und ihre epigenetische Entwicklung beschränkt, sondern führten uns notwendig bis zum ersten Beginn dieser Entwicklung und ihren Vorstufen. So wenig wie die einzelnen erblichen Abänderungen der fertigen Organismen entstanden jene Vorstufen des organischen Lebens zufällig in einem Akt. Bevor organische und gar protoplasmaartige Substanzen, die biologischen Anorgane, vorhanden waren, konnte es natürlich keine Urfunktionen, die Wirkungen äußerer Reize in ihnen geben; und wiederum bedurfte es neuer Entwicklungsperioden, bis diese regellosen Urfunktionen sich zu dauernder Korrelation zusammenfanden und endlich in den sich weiter ausbildenden biologischen Anorganen Organisationen schufen, die sich in getrennte Individuen verwandelten. In diesem Werden der Vorstufen des wirklichen Lebens muß bereits die erste Entstehung der Urorganismen als ein epigenetischer Entwicklungsprozeß anerkannt werden. Die Epigenese beherrscht alles organische Wesen und Sein.

Literatur.

Agassiz, A., Contributions to the Natural History of the Unit. States Am. III. 1860, IV. 1862.

Allman, A. mongraph of the Gymnoblastic or Tubularian Hydroids 1871. 1872.

Baer, K. E. v., Über Entwicklungsgeschichte der Tiere. 1828. 1837.

Barfurth, Regeneration und Verwandtes. — Fortschritte der naturwissenschaftlichen Forschung von Abderhalden. 6. Bd. 1912.

—, Berichte über Regeneration und Involution. — Merkel und Bonnet, Ergebnisse der Anatomie und Entwicklungsgeschichte.

Barrois, Recherches sur l'embryologie des Bryozoaires. 1877.

—, Mémoire sur la Métamorphose de quelques Bryozoaires. — Ann. sc. nat. (7 sér.). 1. Bd. 1886.

Beneden, E. van, De la distinction originelle du testicle et de l'ovaire. — Bulletins de l'Academie royale de Belgique. 37. Bd. 1874.

—, und Julin, Recherches sur la morphologie des Tuniciers. Arch. Biologie. 6. Bd. 1887.

Bourne, On the occurence of a Hydroid Phase of Linmocodium sowerbyi. — Proc. Roy. Soc. London. 38. Bd. 1885.

Braem, Untersuchungen über die Bryozoen des süßen Wassers. — Bibl. zool. 6. Heft. 1890.

—, Die Knospung der Margeliden usw. — Biol. Centralbl. 28. Bd. 1908.

Brauer, Über die Entwicklung von Hydra. Zeitschr. wiss. Zoologie. 52. Bd. 1891.

—, Über die Entstehung der Geschlechtsprodukte und die Entwicklung von Tubularia mesembryanthemum. Ebenda.

—, Über das Ei von Branchipus grubei von der ersten Bildung bis zur Ablage. — Abhandl. Berl. Akademie. 1892.

—, Über die Encystierung von Actinosphaerium eichhorni usw. — Arch. für Protistenk.· 13. Bd. 1908.

Braus, Vordere Extremität und Operculum bei Bombinatorlarven. — Morph. Jahrb. 35. Bd. 1906.

Bresslau, Beiträge zur Entwicklungsgeschichte der Turbellarien. — 1. Die Entwicklung der Rhabdocoelen und Allaiocoelen. — Zeitschr. wiss. Zool. 76. Bd. 1904.

Browne, On the Freshwater Medusa liberated by Microhydra ryderi Potts, and a Comparison with Limrocodium. — Quat. Journ. of Microsc-Science. 50. Bd. 1906.

Buddenbrock, Beiträge zur Entwicklung der Statoblasten der Bryozoen. — Zeitschr. wiss. Zool. 96. Bd. 1910.

Bunge, Weitere Untersuchungen über die Atmung der Würmer. — Zeitschr. f. physiol. Chemie. 14. Bd. 1889.

Busch, Beobachtungen über Anatomie und Entwicklung einiger wirbellosen Seetiere. 1851.

Bütschli, Beiträge zur Kenntnis der Flagellaten und einiger verwandter Organismen. — Zeitschr. wiss. Zool. 1878.

—, Protozoa. — Bronns Klassen und Ordnungen des Tierreichs. 1880—89.

Bütschli, Bemerkungen zur Gastraeatheorie. — Morph. Jahrb. 9. Bd. 1884.
—, Bemerkungen zur mechanischen Erklärung der Gastrula-Invagination. — Sitzungsber. Heidelberger Akad. Wiss. 1915.
Caldwell, Preliminary note of the structure, development and affinities of Phoronis. — Proc. Roy. Soc. London. 34. Bd. 1882—83.
Cano, Svilluppo dei Dromidei. — Atti. Accad. Napoli. 6. Bd. 1893.
Cerfontaine, Recherches sur le développement de l'Amphioxus. — Arch. Biol. 22. Bd. 1906.
Chabry, Contribution à l'embryologie normale et pathologique des ascidies simples. — Journ. d'Anatomie et de Physiologie. 1887.
Chun, Die Dissogonie, eine neue Form der geschlechtlichen Zeugung. — Festschrift für Leuckart. 1892.
—, Coelenterata. — Bronns Klassen und Ordnungen des Tierreichs II. 2. 1894.
Colucci, Sulla regenerazione parziale dell' occhio nei Tritoni. — Memorie della R. Accademia delle Scienze dell Inst. di Bologna. 1891.
Delage, Evolution de la Sacculine. — Arch. Zool. Expérimentale Tome 2. 1884.
Doflein, Lehrbuch der Protozoenkunde. 1916.
—, Das Tier als Glied des Naturganzen. 1914.
Driesch, Entwicklungsmechanische Studien I. — Zeitschr. wiss. Zool. 53. Bd. 1892.
—, und Morgan, Zur Analysis der ersten Entwicklungsstadien des Ctenophoreneies. — Arch. Entw. Mechanik. 2. Bd. 1895.
—, Resultate und Probleme der Entwicklungsphysiologie der Tiere. — Merkel und Bonnet, Ergebnisse der Anatomie und Entwicklungsgeschichte. 8. Bd. 1899.
Fischel, Über die Regeneration der Linse. — Anat. Hefte. 44. Bd. 1900.
Fischer, Experimentelle Untersuchungen über die Vererbung erworbener Eigenschaften. — Allg. Zeitschr. für Entomologie. 1901. 1902.
Fraisse, Die Regeneration von Geweben und Organen bei den Wirbeltieren usw. 1885.
Giard, Recherches sur les Synascidies. — Arch. Zool. Expér. 1. Bd. 1872.
Glaesner, Studien zur Entwicklungsgeschichte von Petromyzon fluviatilis. — Zool. Jahrb. 29. Bd. 1910.
Goette, Die Entwicklungsgeschichte der Unke. 1875.
—, Vergleichende Entwicklungsgeschichte der Comatula mediterranea. — Arch. mikr. Anat. 12. Bd. 1876.
—, Über Entwicklung und Regeneration des Gliedmaßenskeletts der Molche. 1879.
—, Untersuchungen zur Entwicklungsgeschichte der Würmer. — Beschreibender Teil 1882. Vergleichender Teil 1884.
—, Über die Entstehung und die Homologien des Hirnanhangs. — Zool. Anz. 1883.
—, Über den Ursprung des Todes. 1883.
—, Über den Generationswechsel der Cestoden. — Beiträge mecklenburgischer Ärzte zur Lehre von der Echinokokkenkrankheit. 1884.
—, Untersuchungen zur Entwicklungsgeschichte von Spongilla fluviatilis. 1886.
—, Entwicklungsgeschichte der Aurelia aurita und Cothylorhiza tuberculata. 1887.
—, Entwicklungsgeschichte des Flußneunauges (Petromyzon fluviatilis). 1890.
—, Bemerkungen zur Entwicklungsgeschichte der Mollusken. — Verhandl. Deutsch. Zool. Gesell. 1896.
—, Über Vererbung und Anpassung. Rektoratsrede Straßburg. 1898.
—, Über die Kiemen der Fische. — Zeitschr. wiss. Zool. 69. Bd. 1901.
—, Lehrbuch der Zoologie. 1902.
—, Über den Ursprung der Lungen. — Zool. Jahrb. 21. Bd. 1904.
—, Vergleichende Entwicklungsgeschichte der Geschlechtsindividuen der Hydropolypen. 1907. — Zeitschr. wiss. Zool. 87. Bd. und separat.

Goette, Microhydra ryderi, ein seltener Hydropolyp in Straßburg. — Mitteilungen der Philomatischen Gesellschaft in Elsaß-Lothringen. 4. Bd. 1909.

—, Die Entwicklung der Kopfnerven bei Fischen und Amphibien. — Arch. mikr. Anat. 85. Bd. 1914 und separat.

—, Die Gattungen Podocoryce, Stylactis und Hydractinia. — Zool. Jahrb. Abt. Syst. 39. Bd. 1916.

—, Über den Lebenscyclus von Difflugia lobostoma. — Arch. f. Protistenkunde. 37. Bd. 1916.

—, Einiges aus der Entwicklungsgeschichte der Cestoden. — Zool. Jahrb. Anat. Nr. 84.

—, Über die ungeschlechtliche Fortpflanzung von Microhydra ryderi. — Zool. Anz. 1920.

Grobben, Die Entwicklungsgeschichte der Moina rectirostris. — Arb. zool. Inst. Wien. 2. Bd. 1879.

—, (Claus-Grobben) Lehrbuch der Zoologie. 1917.

Gruber, Dimorpha nutans. — Zeitschr. wiss. Zool. 36. Bd. 1882.

Haeckel, Generelle Morphologie der Organismen. 1866.

—, Natürliche Schöpfungsgeschichte. 1868—1902.

—, Studien zur Gastraeatheorie. 1877.

Harm, Die Entwicklungsgeschichte von Clava squamata. — Zeitschr. wiss. Zool. 73. Bd. 1902.

Harmer, On the life history of Pedicellina. — Quat. Journ. micr. Sc. 27. Bd. 1887.

—, On the occurense of embryonic fission in cyclostomatous Polyzoa. — Quat. Journ. micr. Sc. 34. Bd. 1893.

Hartlaub, Über den Bau der Eleutheria. — Zool. Anz. 9. Bd. 1886.

Hartmann, Untersuchungen über den Generationswechsel der Dicyemiden. 1907.

Hasse, Über Regeneration bei Tubifex rivulosum. — Zeitschr. wiss. Zool. 65. Bd. 1898.

Hatschek, Über Entwicklungsgeschichte von Echiurus usw. — Arb. Zool. Inst. Wien. 3. Bd. 1881.

—, Über den gegenwärtigen Stand der Keimblättertheorie. — Verh. Deutsch. Zool. Gesell. 1893.

Heider, s. Korschelt und Heider.

Herbst, Über die Regeneration von antennenähnlichen Organen an Stelle von Augen. — Arch. f. Entwicklungsmech. 2. Bd. 1895.

Herlitzka, Contributo allo studio della capacità evolutiva dei due primi blastomeri nell' uovo di tritoni. — Arch. f. Entwicklungsmech. 2. Bd. 1895.

Hertwig, R., Über Microgromia socialis. — Arch. mikr. Anat. 10. Bd. Suppl. 1874.

—, R., Beiträge zur Kenntnis der Acineten. — Morph. Jahrb. 1. Bd. 1876.

—, R., Über Kernteilung, Richtungskörperbildung und Befruchtung bei Actinosphaerium eichhorni. — Abh. math.-phys. Kl. Akad. Wiss. München. 19. Bd. III. 1898.

—, O. und R., Die Cölomtheorie. 1881.

—, O., Präformation oder Epigenese. 1894.

—, O., Über die Stellung der vergleichenden Entwicklungsgeschichte zur vergleichenden Anatomie usw. — Hertwig, O., Handbuch der vergleichenden und experimentellen Entwicklungsgeschichte der Wirbeltiere. 3. Bd. II. 1906.

Hesse, Der Tierkörper als selbständiger Organismus. 1910.

His, Unsere Körperform und das physiologische Problem ihrer Entstehung. 1874.

Hubrecht, Proewe eener ontwickelungsgeschiedenis van Lineus obscurus. 1885.
Hyde, Entwicklungsgeschichte einiger Scyphomaedusen. — Zeitschr. wiss. Zool. 58. Bd. 1894.
Julin, Contribution à l'histoire des Mésozoaires. — Arch. de Biologie. 3. Bd. 1882.
Kennel, Über Teilung und Knospung der Tiere. 1888.
Kleinenberg, Die Entstehung des Annelids aus der Larve von Lopadorhynchus. — Zeitschr. wiss. Zool. 44. Bd. 1886.
Korschelt und Heider, Lehrbuch der vergleichenden Entwicklungsgeschichte der wirbellosen Tiere. Spezieller Teil 1890—1893. Allgemeiner Teil (Heider) 1902—1909.
Kowalewsky, Entwicklungsgeschichte der einfachen Ascidien. — Mém. Acad. St. Pétersbourg (7) 10. Bd. 1866.
—, Entwicklungsgeschichte des Amphioxus lanceolatus. — Mém. Acad. St. Pétersbourg (7) 11. Bd. 1867.
—, Über die Knospung bei den Ascidien. — Arch. m. Anat. 10. Bd. 1874.
—, Über die Entwicklungsgeschichte der Pyrosoma. — Arch. m. Anat. 11. Bd. 1875.
Kühn, Sproßwachstum und Polypenknospung bei den Thecaphoren. — Zool. Jahrb. Abt. Morph. 28. Bd. 1909.
Lang, Über den Einfluß der festsitzenden Lebensweise auf die Tiere usw. 1888.
—, Lehrbuch der vergleichenden Anatomie der wirbellosen Tiere. Portozoen. 1901.
—, Beiträge zu einer Trophocöltheorie. — Jen. Zeitschr. f. Naturk. und Med. 31. Bd. 1908.
Lankester, Ray, Polyzoa. Encyclop. Brit. 1885.
Lefevre, Budding in Perophora. — Journ. Morph. 14. Bd. 1898.
Leuckart, Die Parasiten des Menschen usw. 1. Bd. 1879—1886.
Maas, Die Keimblätter der Spongien und die Metamorphose von Oscarella. — Zeitschr. wiss. Zool. 63. Bd. 1898.
—, Die Knospenentwicklung der Tethya usw. — Zeitschr. wiss. Zool. 70. Bd. 1901 (1).
—, Experimentelle Untersuchungen über die Eifurchung. — Sitzungsber. Gesell. Morph. u. Physiol. München 1901 (2).
—, Über den Bau des Meduseneies. — Verhandl. Deutsch. Zool. Gesell. 1908.
Mayer, P., Zur Entwicklungsgeschichte der Decapoden. — Jen. Zeitschr. f. Naturw. und Med. 11. Bd. 1877.
Meisenheimer, Organogenese einer Lungenschnecke mit besonderer Berücksichtigung des Mesoderms und der mesodermalen Gewebe. — Zeitschr. wiss. Zool. 63. Bd. 1898.
Metschnikoff, Über die Metamorphose einiger Seetiere. — Zeitschr. wiss. Zool. 21. Bd. 1871.
—, Untersuchungen über Orthonectiden. — Zeitschr. wiss. Zool. 35. Bd. 1881.
—, Embryologische Studien an Medusen. 1886.
Meyer, E., Die Abstammung der Anneliden. Der Ursprung der Metamerie und die Bedeutung des Mesoderms. — Biol. Zentralbl. 10. Bd. 1890.
Morgan, T. H., Regeneration. Übers. von Moszkovsky. 1907.
Morin, Zur Entwicklungsgeschichte des Flußkrebses. — Sitzungsber. Neuruss. Gesell. 11. Bd. 1886.
—, Beobachtungen über die Entwicklung der Spinnen. — Schriften der Neurussischen Gesell. der Naturf. 13. Bd. 1888.
Mrazek, Cestoden-Studien II. Die morphologische Bedeutung der Cestodenlarven. — Zool. Jahrb. Abt. Anat. 39. Bd. 1916.
—, Über die Larve von Caryophyllaeus mutabilis. — Zentralbl. Bakteriologie. 29. Bd. 1. Abt. 1901.

Müller, Fr., Für Darwin. 1864.

Nägeli, Mechanisch-physiologische Theorie der Abstammungslehre. 1884.

Oka, Observations on fresh water Polyzoa. — Journ. Coll. Sc. Tokyo. 4. Bd. 1891.

Ostroumoff, Zur Entwicklungsgeschichte der cyclostomen Seebryozoen. — Mitt. Zool. Stat. Neapel. 7. Bd. 1887.

Pelseneer, Contribution à l'étude des Lamellibronches. — Arch. Biol. 11. Bd. 1891.

Plate, Bemerkungen über die Phylogenie und die Entstehung der Asymmetrie der Molusken. — Zool. Jahrb. 9. Bd. Anat. 1896.

—, Selektionsprinzip und Probleme der Artbildung. 1908.

Potts, A., Nord-American fresh water jelly fish. — American Naturalist. 31. Bd. 1897.

—, On the Medusa of Microhydra ryderi and on the knows Forms of Medusae inhabiting Fresh Water. — Quat. Journ. of Micr. Sc. 50. Bd. 1906.

Prouho, Recherches sur la larve de la Flustrella hispida. — Arch. zool. éxperim. 8. Bd. 1890.

Przibram, Embryogenese. 1907.

Rabl, Über „organbildende Substanzen" und ihre Bedeutung für die Vererbung. 1906.

Rajewsky, Bemerkungen über die Entwicklung des Polygordius und seiner Lovénschen Larve (russ.). — Sitzungsber. Gesell. Freunde der Naturf. Moskau. 10. Bd. 1873.

Rauber, Ontogenese als Regeneration betrachtet. 1908.

Rhumbler, Zur Mechanik des Gastrulationsvorgangs, insbesondere der Invagination. — Arch. f. Entwicklungsmechanik. 1902.

Roux, Einleitung zu den Beiträgen zur Entwicklungsmechanik des Embryo. — Zeitschr. Biol. 21. Bd. 1885.

—, Über die künstliche Hervorbringung „halber" Embryonen usw. — Virchows Archiv. 114. Bd. 1888.

—, Gesammelte Abhandlungen über Entwicklungsmechanik der Organismen. I. Bd. 1895; II. Bd. 1895.

—, Programm und Forschungsmethoden der Entwicklungsmechanik der Organismen. 1897.

—, Die Entwicklungsmechanik, ein neuer Zweig der biologischen Wissenschaft. — Vorträge und Aufsätze über Entwicklungsmechanik der Organismen. 1. Bd. 1905.

—, Vorträge und Aufsätze über Entwicklungsmechanik der Organismen. I. 1905 bis 1909; II. 1909—1911; III. 1911—1913.

—, Die Selbstregulation usw. — Abhandl. Leop. Carol. D. Akad. Naturf. 100. Bd. 1915.

Ryder, The development and structure of Microhydra ryderi. — American Naturalist. 19. Bd. 1885.

Salensky, Études sur les Bryozoaires entoproctes. — Ann. sc. nat. Zool. 5. Bd. 1877.

—, Morphologische Studien an Tunicaten. — Morph. Jahrb. 20. Bd. 1893.

Sars, Über die Entwicklung der Medusa aurita und der Cyanea capillata. — Arch. f. Naturgeschichte. 7. Bd. 1841.

Schaudinn, Über Haleremita cumulans. — Sitzungsber. Ges. naturf. Freunde. Berlin 1894.

—, Über das Zentralkorn der Heliozoen. — Verh. Deutsch. Zool. Gesell. 1896.

— und Siedlecki, Beiträge zur Kenntnis der Coccidien. — Ebenda 1897.

Schaudinn, Untersuchungen über den Generationswechsel der Coccidien. — Zool. Jahrb. Abt. Morph. 13. Bd. 1900.

—, Untersuchungen über die Fortpflanzung der Rhizopoden. — Arbeiten k. Gesundheitsamt. 29. Bd. 1903.

—, Beiträge zur Kenntnis der Bakterien und verwandter Organismen. I. Bacillus bütschlii. II. Bacillus sporonema. — Arch. f. Protistenkunde 1. Bd. 1902; 2. Bd. 1903.

Schaxel, Über den Mechanismus der Vererbung. 1916.

Scheel, Beiträge zur Fortpflanzung der Amöben. — Festschr. f. Kupffer. 1899.

Schmidt, Zur Kenntnis der Larvenentwicklung von Echinus microtuberculatus. Verh. Phys.-med. Ges. Würzburg. (2) 36. Bd. 1904.

Schulze, Fr. E., Untersuchungen über den Bau und die Entwicklung der Spongien. 4. Die Familie der Aplysinidae. — Zeitschr. wiss. Zool. 30. Bd. 1878.

Seeliger, Die ungeschlechtliche Vermehrung der endoprokten Bryozoen. — Zeitschrift wiss. Zool. 49. Bd. 1890.

—, Tunicata. — Bronns Klassen und Ordnungen des Tierreichs. 3. Bd. Suppl. 1893—1907.

—, Über Natur und allgemeine Auffassung der Knospenfortpflanzung der Metazoen. — Verh. Deutsch. Zool. Gesell. 1896.

Semper, Die Verwandtschaftsbeziehungen der gegliederten Tiere. — Arb. zool. Inst. Würzburg. 3. Bd. 1876.

Stein, Der Organismus der Infusionstiere. 1859. 1867.

Trinci, Di una nuova spezie di Cytacis gemmante del Golfo di Napoli. — Mitt. zool. Stat. Neapel. 16. Bd. 1903.

Ussow, Eine neue Form von Süßwasser-Coelenteraten. — Morph. Jahrb. 12. Bd. 1887.

Uzel, Studien über die Entwicklung der apterygoten Insekten. 1898.

Vejdovsky, Organogenie der Gordiiden. — Zeitschr. wiss. Zool. 57. Bd. 1894.

Wagner, v., Einige Bemerkungen über das Verhältnis von Ontogenie und Regeneration. — Biolog. Centralbl. 13. Bd. 1893.

Weinland, Über Energiegewinnung durch Zersetzung von Kohlehydrat ohne Sauerstoffzufuhr bei Ascaris lumbricoides. — Sitzungsber. Gesell. f. Morph. u. Physiologie in München. 17. Bd. 1901.

Weismann, Über die Dauer des Lebens. — Tagebl. 54. Versammlung D. Naturf. u. Ärzte i. Salzburg. 1881.

—, Die Entstehung der Sexualzellen bei den Hydromedusen. 1883.

—, Das Keimplasma, eine Theorie der Vererbung. 1892.

Wilson, Amphioxus and the Mosaic Theory of Development. — Journ. of Morphol. 8. Bd. 1893.

Wolff, Entwicklungsphysiologische Studien. I. Die Regeneration der Urodelenlinse. — Arch. experim. Mechanik. 1. Bd. 1895. — II. Weitere Mitteilungen zur Regeneration der Urodelenlinse. — Ebenda. 2. Bd. 1901.

Ziegler, Über den derzeitigen Stand der Cölomfrage. — Verh. Deutsch. Zool. Gesell. 1898.

Zoja, Sullo sviluppo dei blastomeri isolati delle uova di alcune meduse. — Arch. f. Entw.-Mech. 2. Bd. 1895.

Register.

Aal 170.
Abducens 213.
Abortive Eizellen 295. 298.
Acanthocystis 191.
Acoela 106.
Actinosphärium 245. 312. 314. 316.
Actinotrocha s. Phoronis 279.
Actinula s. Tubularia 93. 162.
Acusticus 205. 211. 212.
Adelea 195. 306. 324.
Aegineta 38. 59. 218 ff. 247.
Aeginopsis 57. 93.
Agameten 310. 326.
Aglaura 93. 162.
Alciopidae 166.
Alcyonella 276.
Alcyonium 118.
Alcyonidium 274 ff.
Allgemeine Ergebnisse 354 ff.
Altern 319.
Amaroecium 282—284.
Amblystoma s. Siredon.
Ambulacralfüßchen 169 ff.
Ammocoetes 171.
Amoeba 30. 33. 189. 246. 311. 314.
Amniota 66. 67.
Amphibia 64. 66. 172. 218.
Amphigonie 244.
Amphineura 144 ff. 168 ff.
Amphioxus 85. 87. 101. 103. 105. 143. 212. 218. 221.
Anabas 170.
Analogien 85.
Anatomie, vergleichende 12.
Angeborene Abänderungen 346. 347.
Anlagen 120.
Anneliden 87. 109. 141. 142. 143. 166.
Anorgane, biologische 185. 187. 193. 318. 331.
Anpassung 49. 86. 108. 109, 114—117. 144. 153. 173. 201. 248. 249. 345.
Antimeren s. Gegenstücke 95 ff. 140.
Aphiden 296.
Aplysilla 71.
Arbeitsteilung 199 ff. 200.
Arcella 326.
Archäocyten 267—269.
Archigastrula 69.
Archigetes 160.
Art 9 ff.
Artbildung 9. 10 ff. 327. 333 ff.
Artform 9 ff. 327.
Ascaris 159. 296.
Ascidien, Befestigung 118. 153 ff.; Regeneration 226; Teilung u. Knospung 284 ff.
Asseln s. Onisciden.
Astacus 68. 69.
Astrorhiza 44.
Asymmetrie der Schnecken 114 ff.; der Schollen 116 ff.; der Echinodermen 143.
Atemorgane 170.
Athecata 258.
Atmung der Entoparasiten 159.
Augenmuskelnerven 204. 212 ff.
Augmentation 245.
Aulastomum 157.
Aurelia 62. 63. 65. 128.
Auslese s. Selektion.
Außenreize 192.
Äußere Ursachen in der Ontogenese 234. 346.
Autogamie 312.
Autonome Abänderungen 345. 352.

Bacillus 245. 315. 316.
Balanoglossus 101.
Bandwürmer s. Cestodes.
Bauchmark 209 ff.
Becherauge s. Ocellus.
Befestigung d. Hydropolypen 79 ff. 88. 89; der Scyphozoen 146; der Bryozoen 118. 147 ff. 152; der Ascidien 153 ff.; im allgemeinen 144 ff. 156.

Befruchtung 15. 309. 321. 324. 326. 346 ff.
Beroë 225.
Bilateralia 95. 98. 102.
Bilateralsymmetrie 95. 98; ihr Ursprung 104 ff.
Bildungsgewebe, interstitielles 201. 202 ff.
Bildungstrieb 14. 19. 21.
Bildungszellen, regenerative 230 ff. 241. 268.
Binnengewebe s. Füllgewebe.
Biogenetisches Grundgesetz 44. 336 ff. 364. 366.
Biologische Anorgane 185 ff. 320. 331. 359. 361. 366.
Biologische Isolierung neuer Arten 351. 353. 359.
Bipalium 228.
Blastocöl 49.
Blastoderm 40. 122.
Blastostyle 151.
Blastula 39 ff. 222 ff.
Blutgefäße s. Gefäßbildung.
Bonellia 63. 239.
Botryllus 151. 280. 284 ff. 287.
Bougainvillea 298. 301.
Brachiopoden 118.
Branchipus 67.
Brutknospen von Tethya 269.
Bryozoen, Befestigung 118. 147 ff.; Regeneration 241. 270.; Knospung 269 ff.; das Larvenpolypid 271 ff.; Verwandtschaft aller Bryozoen 278. 280 ff.
Bugula 274.

Calianassa 33.
Campanularia 257. 258. 298. 299.
Cenogenese 110. 336 ff. 340. 341. 364 ff.
Centropyxis 31. 311.
Cephalopoden 116. 168. 292.
Cephalothoracica 167. 168.
Cercarien 159. 160.
Cereanthus 118.
Cestodes 142. 160. 292; ihre Larven 159 ff.
Chemotaxis 37. 40. 41.
Chiton 168. 209. 210.
Chordata 143.
Chromatinmangel 197; —-hunger 322. 323.
Chrysaora 255.
Cione 285 ff.
Clava 60. 61. 76. 79. 126. 298. 299. 300.
Clavatella 260. 262.
Clavellina 64. 153 ff. 285—287.
Clepsine 157. 158.
Clytia 52. 53. 54.
Coccidium 29. 40. 45. 306. 307. 313—315. 324. 325.
Cöloblastula 43. 122.
Cölogastrula 51. 70.
Cölom 118. 137 ff.
Cölomkammern 141.
Cöloplana 108.
Comatula 118.
Copepoden, parasitische 158.
Cordylophora 74 ff. 127. 138. 164. 299.
Corydendrium 164. 297. 299.
Corymorpha 353.
Coryne 74 ff. 90. 127. 128. 133. 139. 164.
Cotylorhiza, Knospen 164.
Crinoiden 153.
Crisia 269.
Cristatella 275. 277.
Ctenophora 106. 108. 130. 141; Regeneration 225 ff.
Ctenoplana 108.
Cyathozoid 282.
Cyclostomen 64. 85. 136.
Cyphonautes 152. 274. 276. 277.
Cysticercus 160. 161.
Cystoscolex 160.

Darmbildung d. Hydropolypen 76 ff.
Darmhäutung d. Schnecken 233.
Darmkiementaschen 170. 171.
Darwins Lehre 142. 208. 337. 350 ff. 354.
Delamination 57 ff.
Delphin 117.
Dendroclava 301.
Dendrocöla 209. 240.
Dendrocometes 190.
Descendenz 7. 9. 94. 326. 350.
Determination 119. 120 ff. 296.
Determinanten 17. 121. 296.
Deutoplasma s. Dottersubstanz.
Dezimierende Auslese 354.
Dicoryne 299. 300.
Dicyemidae 302 ff. 308. 321. 360.
Didemnidae 285.
Difflugia, Teilung 187 ff.; Plasmogamie 322; Kopulation 195 ff. 324—326; Keimbildung 245. 310. 312. 315—317. 362.
Diphasia 139. 257.
Diplosomidae 285.
Dipnoi 66. 171. 172.
Diptera 296.
Diskontinuität des Lebens 320. 330 ff. 361.
Distaplia 280. 284 ff. 289.
Distomidae 284 ff.
Divergenz, phyletische 8. 94.; — der Gewebsbildung 130; — des Wachstums 250 ff.
Dochmius 159.
Dotterschmelze 178.
Dottersubstanz 60. 178. 291.
Dotterzellen 292.
Dromia 67. 68.
Drüsenzellen 200.

Echinus 222 ff.
Echinodermen, Grundform 118 ff.; Larven 134; Gliederung 143; Metamorphose 153; Füßchen 169 ff.
Echinoidea 119.
Echiurus 210.
Ectoderm 51. 123 ff. 126. 135. 136.
Ectomesoderm 128 ff. 136.
Ectoparasiten 157 ff.
Ectoplasma 33. 38. 188.
Ectoprocta, Metamorphose 149 ff. 155 ff. 271 ff. 280. 281.
Ei (Eizelle) 15; sein Bau 291; seine Entstehung 293 ff. 295.
Einzellige Tiere 186 ff. 291. 357.
Eiplasma, konzentrisch-polare Sonderung 33. 36. 38. 293.
Eireifung 293. 306.
Eiteilungen 29 ff.; der Arthropoden 32. 218. 239. 245.
Eizellen s. Keimzellen.
Embryonalzellen 175.
Empfindungen 197—199.
Empfindungsreiz 197.
Enterocöl 110. 137 ff. 143.
Enterocöltheorie 137.
Enteroderm 131. 135.
Entoconcha 119.
Entoderm 51. 123 ff. 131.
Entodermlamelle 25. 63. 92. 164.
Entomesoderm 128.
Entoparasiten 159 ff.
Entoplasma 33 188.
Entoprocta 147 ff. 151. 271. 274. 281.
Entozoa s. Entoparasiten.
Entwicklung, Allgemeines 1 ff.
Entwicklungsstufen der Ontogenese 336. 344.
Ependym 205.
Ephelota 190.
Ephydatia, Knospung 266 ff.
Ephyra 273.
Epicardialfortsatz 286 ff.
Epidermis der höheren Wirbeltiere 231.
Epigenese 13. 15 ff. 19 ff. 34. 35. 39. 41. 55. 67. 103—105. 121. 146. 165. 174. 175 ff. 180. 189. 197. 198. 200. 224. 227. 242. 249. 254. 256. 261. 298. 300—302. 305. 319. 321. 336. 341. 344. 355 ff. 359. 366.
Epithel 179. 199 ff.
Erbliche Abänderungen 224 ff. 327 ff. 332. 345. 351. 364.
Ergebnisse, allgemeine 354.
Errantia 147.
Erworbene Abänderungen 346. 347.
Eucephalica 167. 168.
Eudendrium 151. 164. 299.
Euichthyes 170. 171.
Euglypha 31.
Eupagurus 42. 67.
Evolution 13. 17. 174.
Existenzfähigkeit 321. 345.
Experimentelle Untersuchung 16. 23 ff.

Facettenaugen 86.
Fälschung 340.
Fauna 354.
Federwechsel 233 ff.
Filigranastufe 338.
Fissurella 169.
Fixierung d. Abänderungen 322 ff.
Flagellaten 45.
Flustrella 276.
Formbedingungen 28.
Formbildung 8. 10. 351 ff.; von Flüssigkeiten 183; — und Artbildung 350 ff.
Fortpflanzung 244 ff.; der Protozoen 316. 360.
Frusteln 80. 250 ff.
Füllgewebe 124. 179. 201.
Funktion und Gewebe 177. 189. 191. 192. 206 ff. 215. 294. 362.
Furchung, Furchungskern 291.

Gameten 323. 324.
Ganglien 209. 211.
Ganglienzellen 205.
Ganoiden 66.
Gastropoden 168.
Gastrula 51 ff.
Gastrulation durch Einwanderung 52 ff.; durch Einstülpung und Umwachsung 61 ff.; ihr Ursprung 69 ff. 334 ff.
Gastruloid 132.
Gefäßbildung 201.
Gegenpol 96.
Gegenstücke s. Antimeren.
Gehörnerven 204.
Gemmulae 268. 269.
Genealogie 8; ihre Urkunden 12.
Generationswechsel 161. 302. 327. 352 ff.
Geruchsnerven 204.
Gesamtorganisation 198. 242. 243 ff. 247. 252. 316. 362.
Geschlechtsakt 324.
Geschlechtsknospen der Hydropolypen 263.
Gewebliche Sonderung s. Gewebsbildung.
Gewebsbildung 26. 27. 173 ff. 177 ff. 198. 215. 356. 361 ff.; — der Protozoen 181 ff.; — der Polyplastiden 199 ff.; regenerative — 239 ff.; Zusammenhang der — mit der morphologischen Sonderung 187. 188 ff.
Gewebsreife 178.
Geweihwechsel 233 ff.
Gliedertiere 141.
Gliederung 140 ff.
Globoid 96. 333.

Glockenhöhle 92. 164.
Glockenkern 90. 92. 93. 139. 164.
Glockenmund 139.
Gonaden 137. 302. 335.
Gonadensäckchen 141. 142.
Gonanthen, Entwicklung 92. 162 ff. 350 ff.
Gonocöl 137—139.
Gonothyraea 298. 299.
Gordius 138. 159.
Gregarinen 46. 313—315.
Grundformen der Polyplastiden 95 ff. 100 ff.; ihre Abänderungen 113 ff.
Grundgewebe 179. 188.
Gunda 138. 141.

Haarwechsel 233 ff.
Halbbildung 220.
Halecium 257.
Haleremita 255.
Haliotis 169.
Hauptkategorien d. Entwicklung 3 ff.
Häutung d. Wirbeltiere, Arthropoden, d. Raupen, Würmer 233 ff.
Hautkiemen 170.
Hectocotylus 325.
Heliozoa 189. 306. 313. 314.
Hermaphroditismus 244.
Heterogonie 327. 353.
Heteromorphose 5. 235. 277.
Heteroplastiden 25. 199.
Heteropoden 116. 168.
Heteropolie 52 ff. 78 ff. 97 ff. 105. 112. 113. 118. 333.
Hirn 106. 209 ff.
Hirnanhang 85.
Hirn-Rückenmark 205. 208. 211.
Hirudo 157.
Histiogenese s. gewebliche Sonderung.
Histiogenese u. Kernsubstanz 15. 346.
Holoblastische Eier 66.
Holothuria 134.
Holothurioidea 119. 134.
Homoidie 81 ff. 86 ff. 90 ff. 93. 103.
Homologie 81 ff. 262 ff. 334. 339; anatomische — 83 ff.; genentische — 84.
Homoplastiden 199.
Hydra 55. 58. 60. 252. 298.
Hydrocöl 118. 143.
Hydromedusen, Ursprung u. Ontogenese 91 ff. 163 ff. 262.
Hydropolypen, Regulation 218; Keimbildung 295 ff.; Generationswechsel 327.
Hydrorhiza 79. 81. 265.
Hydrotheca 155.
Hydrozoa 221.
Hypogastrica 90. 100. 101 ff. 103. 105 ff. 113.
Hypothesen, ihre Bedingungen 27. 155. 174. 175. 183.

Idioblasten 15.
Idioplasma 15. 216.
Idioplasson 17. 224.
Imaginalscheiben 232. 275. 276.
Individualformen 353.
Individualisierung 80. 187. 198. 215 ff. 253. 331.
Individualität 5. 51. 80. 121. 219. 227. 315. 357.
Individualteilung 36.
Individuelle Abänderungen 332.
Induktionstheorie 348 ff.
Infusorien, ihre Muskeln 216. 313.
Innenreize 194. 196.
Insektenovarien 74.
Isolierte Blastomeren 5—7. 24. 49. 218 ff. 306. 316. 317.
Isolierung, geschlechtliche 353.
Isospora 306.
Isotropie des Eis 15.

Kältewirkungen in Insektenpuppen 347 ff.
Kampf ums Dasein im Individuum 193. 353.
Keimbildung 244. 290 ff.; der Polyplastiden 297 ff.; der Protozoen und ihr Übergang zur Keimbildung der Polyplastiden 306 ff.; — überhaupt 309. 316. 317.
Keimbildungsenergie 298. 305. 306.
Keimblase s. Blastula.
Keimbläschen 293. 294.
Keimblätter s. Keimschichten.
Keimhöhle s. Blastocöl.
Keimlager 127. 138. 164.
Keimplasma (s. Idioplasma) 15. 304. 306. 329. 330. 363. 365.
Keimschichten 119 ff. 135 ff.; ihre spezifische Bedeutung 241 ff.
Keimstätte 297 ff.
Keimteilungen s. Eiteilungen.
Keimzellen u. Körperzellen 262. 294 ff. 305. 360.
Kernteilung, erbgleiche u. erbungleiche 15. 17.
Kiemen 170.
Kiemendeckel der Froschlarven 335.
Knospung 254 ff.; der Cnidarier 254 ff. 363 ff.; der Schwämme 265 ff.; der Bryozoen 151. 269 ff.; der Tunicaten 281.
Konjugation 194 ff. 322.
Konkrete Grundlagen d. Ontogenese 27.
Konstitutionelle Abänderungen 348.
Kontinuität des Lebens s. Diskontinuität.
Kontinuität der Substanz 330. 331 ff. 351. 361.
Kontraktile Elemente 200.
Konvergenz s. Homoidie.
Kopfnerven d. Wirbeltiere 212 ff.

Kopulation 194. 197. 322. 324.
Korrelation 20. 28; physiologische — 136. 201ff. 357. 363.
Kranzdarm 162.
Krebse 167. 239.
Kreuzachse 97.
Kristallisation 184.
Kugel s. Globoid.
Kutikularbildung 89. 155.

Labyrinthbläschen 204.
Lagenophrys 31. 191.
Landkrabben 172.
Lankasteria 313.
Laodice 52. 53.
Larvenbildung, —-formen 338. 343ff.
Larvenmetamorphose 234ff. 236ff. 243. 344ff.
Larvenpolypide der Bryozoen 273.
Larvenzeugung 327.
Lateralis 204. 211. 214.
Leben 44. 121. 181ff. 193. 215. 320ff. 358ff. 361.
Lebensfunktionen 359. 363.
Lepralia 150. 274.
Leucosolenia 266.
Ligula 142.
Linse, ihre Regeneration 240.
Liriope 56. 78.
Lizzia 241. 260.
Lokomotion 161ff.; der Medusen 162ff.; der Würmer 165ff.; der Arthropoden 167ff.; der Schnecken 168; der Echinodermen 169ff.
Lopadorhynchus 210.
Lophius 117.
Lophopoden 271. 274. 275. 280.
Lucernaria 163.
Lumbricidae 166.
Lumbricus 100. 102. 240.
Lungen 170ff.

Macroamöben 312.
Macrogameten 306ff. 323.
Macrogonidium 194 195. 323.
Macromeren 51. 103.
Macrostoma 67.
Magentaschen d. Cnidarier 137. 138.
Magenrinnen d. Cnidarier 141.
Magosphaera 47ff. 50. 51. 95. 162. 306ff. 357.
Mantelgefäße der Ascidien 286.
Margeliden, Knospen 90ff. 241. 262.
Massenbewegung der Embryonalteile 41.
Maulwurf 173.
Mauser 238.
Medianebene 98.
Medullarrohr s. Hirn-Rückenmark.
Medusen, ihre Schwimmbewegung 162ff.
Meduseide 164.
Membranipora 152. 270. 274.
Mendelsche Vererbungsregeln 347.
Mermis 159.
Meroblastische Eier 67.
Mesocöl 110.
Mesoderm 124ff. 126. 135. 136.
Mesostomeen 69.
Metameren, Metamerie 140. 141ff. 142.
Metamorphose, spontane 189ff. 194ff.
Microamöben 312.
Microgameten 194. 306. 323.
Microgonidium 194. 195. 323.
Microgromia 40. 44. 191.
Microhydra 76ff. 79. 80. 89. 155ff. 156ff. 250ff.
Micromeren 51. 103.
Milben 158.
Mitraria 106.
Mitrocoma 29. 52. 53.
Moina 75. 296.
Molche, Regeneration d. Gliedmaßen 233.
Molluskenfuß 114ff.
Monogonie 244.
Monoplastiden 356ff.
Morphallaxis 228. 230ff. 233.
Morphogenese s. morphologische Sonderung.
Morphologische Sonderung 26ff. 29. 361; ihr Ursprung 44ff.; Hauptkategorien der speziellen morphologischen Sonderung 81ff.; ihre äußeren Ursachen 43ff.; ihr Zusammenhang mit der geweblichen Sonderung 178ff. 361ff.
Morula 41. 43.
Mosaikarbeit 16.
Mundbildung der Hydropolypen 77ff. 80. 88ff. 145ff. 334; anderer Tiere 81. 112. 146ff.
Mutation 338.
Myelin 205.

Nahrungsdotter 65. 77; der Wirbeltiere 66; der Arthropoden 65. 67; der Hydropolypen 77; exogener — 68; endogener — 65; überhaupt 292. 343.
Narwal 117.
Naturexperimente 24. 25. 49. 80. 214. 215. 333ff.
Nährzellen 128. 164. 200. 293.
Nematoden 159ff.
Nemertinen 138. 141.
Neoepigenese 17. 22.
Neoevolution 17. 22.
Neopräformation 17.
Nephridien 137.
Nephrocöl 137.
Nervenbahnen 197. 208.
Nervenfunktionen 207.
Nervensystem, seine Entwicklung 203ff. 210.

Nervenverlauf 208 ff.
Neunauge s. Petromyzon.
Neuralfeld 279. 280.
Neurilemm 204.
Neuroblastentheorie 204 ff. 205.
Neuromuskelzellen 207 ff.
Nieren der Wirbeltiere 87.
Nützlichkeit 208. 338. 345. 351. 352.

Obelia 256. 257. 260. 298. 301.
Oceania 37. 52. 53.
Ocellen 86. 87.
Octorrhis 52. 53.
Oculomotorius 203. 205. 213.
Olynthus 268.
Oncosphaera 161.
Oniscidae 170. 172.
Ontogenese, Definition 3. 11 ff. 123. 354. 356; Einteilung 25 ff.; konkrete Grundlagen 27; phyletische Leistungen d. — 326; ihr Ursprung 349 ff.
Oosporen 313 ff. 325.
Opalina 31. 32.
Ophryocystis 245.
Ophthalmicus 213.
Opticus 204. 205.
Organbildende Substanzen 121.
Organe 201.
Organisation und Substanz 44 ff. 185. 188 ff. 215. 359.
Orthonectiden 73. 321. 334. 360.
Oscarella 132 ff.
Osculum 268.
Osphradium 115.
Ovarien 299 ff.
Ovoid 97. 106.

Paläontologie 12.
Palingenese 336 ff. 339. 340. 342. 361. 364 ff.
Pangenesistheorie 348.
Parapodien 165 ff.
Parasitismus 119. 156 ff. 239.
Parectoderm 127. 164.
Parenchymella 71. 75. 123 ff. 131.
Parentoderm 128.
Parthenogenese 244. 346.
Patella 169.
Pedicellina 271 ff. 274.
Pelagia 163.
Pelomyxa 246.
Pennaria 77. 300. 301.
Peribranchialsack 287.
Pericardium 287.
Periderm 155.
Peripatus 166.
Peritricha 190. 194 ff. 323.
Perophora 287.
Petromyzon 66. 171.
Pfortadersystem 201.
Phoronis 277 ff. 278. 280.
Phyletische Leistungen der Ontogenese 12. 35. 326 ff. 339. 364.
Phyletische Rückbildung 234 ff.
Phylogenese 3. 7 ff. 10. 142. 337. 340. 355. 361. 364 ff. 366.
Physiologische Korrelation 136. 201 ff. 357. 363.
Pilidium 102. 106.
Piscicola 157.
Plakina 132.
Plakoden des Wirbeltierkopfs 136.
Plakula 69.
Planaria 228.
Planulae, Knospen, Frusteln 80.
Plasmogamie 322.
Plastide 29. 357.
Pleurogastrica 101 ff.; ihr Ursprung 110 ff. 113. 146.
Plumatella 276.
Plumularia 128. 139. 257.
Plumularidae 129. 299.
Podocoryne 93. 129. 151. 299. 301.
Podophrya 190. 191. 194.
Polarität des Eis u. d. Blastomeren 38. 54; d. ganzen Körpers 145. 146. 149.
Polykladen 302.
Polygordius 102. 166.
Polymorphismus 352.
Polypide 147 ff. 271 ff.
Polypplastiden, Polyplastidie 44 ff.; Übergang von den Monoplastiden her 50. 51. 356 ff.
Polypodium 255.
Polypterus 171.
Polystomum 159.
Polyzootie 161.
Postabdomen der Tunicaten 282 ff.
Postformation 14.
Postgeneration 221.
Präformation 13 ff. 15. 19 ff. 121. 174. 176 ff. 216. 296. 355 ff.
Propagation 245 ff. 249.
Prosobranchier 114.
Prospektive Potenz 221.
Prostoma 51. 76. 101 ff. 112.
Prostomialnaht 101 ff.
Prostomialpol 52.
Protozoa, ihre Histiogenese 181 ff. 215; ihre Ontogenese 316.
Protoplasma 27 ff. 191. 192. 215.
Protulaform 338.
Pseudocöl 138.
Pseudogastrula 132.
Pseudopodien 191.
Pseudoradiale Gliederung d. Echinodermen 143.
Pteropoden 116. 168.
Puppen der holometabolischen Insekten 232; der Schmetterlinge 347 ff.
Pyrosoma 282 ff. 288.

Quergliederung der Bilateralien s. Metamerie.
Querteilungen von Blastomeren 52. 58. 59; der Hydranthen 250ff.; von Pedicellina 272ff.; von Tunicaten 282ff. 285ff.

Radialkanäle 92. 164.
Radialschläuche 92. 164.
Radiata s. Strahltiere.
Radiolaria 312. 314—316.
Raphidiophrys 44.
Rathkea und ihre Medusenknospen 52. 90ff. 241. 260ff.
Reductionskörperchen s. Richtungskörperchen.
Regeneration, Definition 4ff. 7. 215ff. 230. 232ff. 243. 244. 355. 363ff.; — d. Blastomeren u. Embryonen 5. 7. 215ff. 364; auf höheren Entwicklungsstufen 227; Morphallaxis 228; physiologische — 229. 236; accidentelle — 233. 235ff.; periodische — 233; unvollkommene — 235. 237ff.; die regenerative Gewebsbildung 239; die — der Protozoen 242; — bei Teilungen u. Knospungen 145. 246ff. 269ff.
Regenwurm s. Lumbricus.
Regulation von isolierten Blastomeren 218ff. 223ff. 295. 306. 363ff.
Reifungsstätte 298ff.
Reize 192ff.
Reizleitung 197.
Reservestoffe 178. 229. 291.
Restkörper 187ff. 308. 311. 314. 317. 330.
Rhabdonema 159.
Rhizopoden 313. 359.
Rhopalura 73.
Richtungskörperchen 293. 294.
Rostellum 160. 161.
Rückbildung, individuelle u. phyletische 234. 330. 341.
Rückbildung des Muttertiers 313ff.
Rudimente 344.

Sacculina 119ff. 238ff. 277.
Sagartia 240.
Sagitta 296.
Salpa 284. 288.
Sarcoptes 167.
Saugnäpfe der Cestoden 160.
Scheitelachse 96ff.
Scheitelplatte 105. 279.
Scheitelpol 35. 96. 105.
Schilddrüse 85.
Schlundbildung 81.
Schlundpforte 81.
Schlundrüssel 158.
Schnabelkerfe 158.
Schnecken, ihre Asymmetrie 114ff.; ihre Bewegung 168.
Schöpfungsakte 184.
Schollen, ihre Asymmetrie 116.
Schwämme, ihre Larven 71. 131ff.; ihre Knospen 265ff.
Schwimmbewegung, ihre Ursachen und Folgen 97. 333ff.
Scolex 160. 161.
Scyphomedusen, Beginn ihrer Schwimmbewegung 163ff.
Scyphopolypen, ihre Bilateralsymmetrie 117ff.; ihre Gliederung 141ff.; ihre Befestigung 145ff.; ihr Skelett 155ff.
Scyphostomen, ihre Strobilation 264; ihre Knospen u. Stolonen 264ff.
Scyphozoen 81. 146.
Scyphula 106ff.
Sedentaria 147. 149.
Seeigel 134. 222ff.
Seesterne 5. 119. 134.
Segmentalorgane d. Anneliden u. Nieren der Chordaten 87.
Seitennerven der Wirbeltiere 204. 211.
Seitenorgane 212.
Sekretbildung zur Befestigung 89.
Selachier 66. 67.
Selbstdifferenzierung 16. 22. 121. 224. 227.
Selbsterhaltung 294. 320. 358.
Selektion 10. 11ff. 339. 350. 351. 358. 364ff.
Septaltrichter 163.
Sensible und kontraktile Elemente 200. 206.
Serpulastufe 338.
Sertularella 90. 300.
Sertularia 257. 258.
Sertularidae 129. 254ff. 299.
Sinnesorgane 197. 200.
Siphonophoren 118. 357.
Siredon 213. 327.
Sklerosepten 141.
Solenogastres 209ff.
Somazellen 296ff. 302ff. 321.
Spadix 164.
Spermien 15. 291. 325.
Spinalnerven 211.
Sphaerastrum 44. 45.
Sphaeroid 96—98. 333.
Sphaerophrya 191.
Spontane Metamorphose 189ff.
Sporen, ihre Neubildung 314; ihre Ontogenese 316.
Sporenbildung 311.
Sporozoa 313.
Stammbäume 8. 10. 84.
Stammesgeschichte s. Phylogenie.
Stammesentwicklung s. Phylogenese.
Stammform 94. 113.
Statoblasten 281.
Stauromedusen 163.
Stelmatopoden 149ff. 274. 277ff. 280.

Sterroblastula 43.
Sterrogastrula 51.
Stockbildende Hydrozoen mit bilateraler Abänderung 118.
Stolonen der Cnidarier 264; der Tunicaten 283. 285 ff.
Strahltiere 95 ff.
Strahltypus, primärer 95 ff.; sekundärer 96 ff.
Strobilation der Scyphostomen 264. 273; der Pyrosomen und Salpen 288; der Bryozoen 273.
Strudelwürmer s. Turbellarien.
Stylochus 101. 105 ff. 209.
Stylonychia 191.
Substanz und Organisation 27 ff. 185 ff. 189. 215. 314. 359.
Subumbrella 162 ff. 165.
Suctoria 190.
Syncoryne 298. 300. 301.
Syncytium 205.

Täniolen 77 ff. 141.
Teil- und Halbbildungen 220 ff. 222 ff.
Teilung 29 ff. 245 ff. 250 ff. 253 ff. 282 ff. 363; — u. Regeneration 246 ff 252 ff.; — u. Knospung 249. 253 ff. 257; — d. Protozoen 253.
Teleostier 67.
Tentakelbildung der Hydropolypen 77 ff. 141.
Tethya 269.
Thalamophoren 31. 33. 311.
Thecaphora 257.
Theridium 42. 67.
Tiara 52.
Tod 317 ff. 319—321. 360.
Tomopteridae 166.
Tornaria 100.
Trachylinen 55. 77. 78. 93. 162. 163.
Trematoden 142. 165. 209. 292. 327. 353.
Trichosphaerium 31. 32.
Trikladen 302.
Triebe 196. 198. 199.
Triton 221. 327. 341.
Trochlearis 213.
Trochophora 102. 147.
Tubifex 240.
Tunicaten 118. 153. 241; ihre Teilung und Knospung 281 ff.
Turbellarien, ihre Gonaden 302; ihre Abstammung 106 ff.

Umbrellarschicht 164.
Unkenntlichkeit der Korrelation 336. 341.
Unsterblichkeit der Protozoen 318.
Untersuchungsmethoden 22.
Uranoscopus 117.
Urchordaten 143. 211.
Urdarm 51. 76. 77. 134 ff.
Urfunktionen 186 ff. 193. 198. 215. 359.
Urmund s. Prostoma.
Uroglena 46.
Urorganismen 183 ff. 291 ff. 362.
Ursachen, nächste und letzte 19. 20 ff. 355 ff.; veranlassende — 193. 194. 335.
Ursachen und Ursprung 44. 125. 126.
Ursachen der erblichen Abänderungen 315.
Urzeugung 183 ff.

Vagus 214.
Variabilität 186. 200. 330. 332 ff. 334. 340. 341. 351. 361. 364 ff.
Varianten 25. 117. 213. 330. 351.
Varietät 351. 353.
Vergleichende Beobachtung 22.
Vererbung 121. 327 ff. 330. 361. 364.
Vererbungsbahn 328.
Verjüngung 314. 317. 330. 332. 349.
Vermetus 168.
Verwandtschaft 82 ff. 94 ff. 334.
Visceralnerven der Fische u. Amphibien 204. 211. 214.
Vitalismus 216. 217.
Volvox 50. 72. 73. 95. 126. 128. 162. 200. 304. 305. 309. 321. 334. 360.
Vorticellidae 194. 362.
Vorfahrenformen 339.

Wachstum 77. 89. 99. 116. 231. 363.
Wechsel der Ursachen 88. 130. 142. 153. 334 ff. 335. 336.
Wirbeltiere, ihr Nahrungsdotter 66.
Wirbeltierkopf, seine Genese 211 ff.
Wundheilung 235.
Würmer, ihre Lokomotion 108. 165 ff.

Zellteilungen 29. 35. 39. 234. 357.
Zellentod 321. 331.
Zentralnervenorgane 208; der Wirbeltiere 211.
Zufall 104. 200. 319 ff. 350. 351. 365.
Zusammenziehung von Entwicklungsstufen 65. 337.
Zweckursachen 155. 156. 168. 172. 173.
Zygoten 309.

Berichtigungen.

S. 12, Z. 22 v. o. phylogenetische statt phylogenetisch.
S. 26, Z. 13 v. o. sind statt ist, histiologische statt histologische.
S. 31, Z. 16 v. o. enthaltene — unabhängige statt enthaltenen — unabhängigen.
S. 49, Z. 14 u. 16 v. o. Cyste statt Zyste.
S. 54, Z. 16, 17 v. o. Micro- und Macromeren statt Mikro- und Makromeren.
S. 65, Z. 14 v. o. die- statt die.
S. 70, Z. 8 v. o. Bilateralien.
S. 70, Z. 7 v. u., S. 71, Z. 1 v. o. Vorfahrenform statt Verfahrenform.
S. 76, Z. 11 v. u. den statt der.
S. 84, Z. 10 v. u. Sache statt Lage.
S. 96, Z. 7 v. u. eben statt aber.
S. 100, Z. 4 v. o. von statt an.
S. 100, Fig. 42 Bateson statt Batesoa.
S. 103, Z. 10 v. u. aus- statt aus.
S. 107, Fig. 47 Rippenqualle statt Rippenquelle.
S. 110, Z. 11 v. o. den statt der.
S. 110, Z. 17 v. u. wesentlichste statt Wesentlichste.
S. 110, Z. 15 v. u. Vertebraten statt Vertebreten.
S. 132, Z. 2 v. u. wann statt wenn.
S. 151, Z. 11 v. u. werden statt worden.
S. 163, Z. 12 v. o. Trachylinen statt Trychylinen.
S. 196, Z. 5 v. u. das statt des.
S. 202, Fig. 69 (B) intercelluläre statt intracelluläre — (C) intracelluläre statt intercelluläre.
S. 277, Z. 7 v. u. Lankester statt Lankaster.
S. 313, Fig. 99 Lankesteria statt Lankasteria.
S. 317, Z. 7 v. o. 313 statt 295.
S. 329, Z. 16 v. u. identisch ist statt identisch.

FSC
www.fsc.org
MIX
Papier | Fördert gute Waldnutzung
FSC® C083411

Zeitfracht Medien GmbH
Ferdinand-Jühlke-Straße 7
99095 Erfurt, Deutschland
produktsicherheit@kolibri360.de